新能源科技译丛

风力发电系统手册

（上册）

（美）帕诺斯 M. 帕达洛斯 　（美）斯蒂芬·瑞本纳克　（巴）马里奥 V. F. 佩雷拉

（希）尼科 A. 伊利亚迪斯　（美）维贾伊·帕普　编

郭书仁　译

中国三峡出版传媒

中国三峡出版社

图书在版编目（CIP）数据

风力发电系统手册：全 2 册/（美）帕诺斯 M. 帕达洛斯等编；
郭书仁译 . — 北京：中国三峡出版社，2017. 10
书名原文：Handbook of Wind Power Systems
ISBN 978 – 7 – 5206 – 0000 – 2

I. ①风… II. ①帕… ②郭… III. ①风力发电系统 – 手册 IV. ①TM614 – 62

中国版本图书馆 CIP 数据核字（2017）第 217794 号

Translation from the English language edition：
Handbook of Wind Power Systems
edited by Panos M. Pardalos, Steffen Rebennack, Mario V. F. Pereira,
Niko A. Iliadis, Vijay Pappu
Copyright© Springer-Velag Berlin Heidelberg 2013
Springer is part of Springer Science + Business Media
All Rights Reserved
北京市版权局著作权合同登记图字：01 – 2017 – 7287 号

责任编辑：彭新岸

中国三峡出版社出版发行
（北京市西城区西廊下胡同 51 号　100034）
电话：（010）57082645　57082566
http：//www. zgsxcbs. cn
E – mail：sanxiaz@ sina. com

北京环球画中画印刷有限公司印刷　新华书店经销
2018 年 1 月第 1 版　2018 年 1 月第 1 次印刷
开本：787×1092 毫米　1/16　印张：24.75
字数：464 千字
ISBN 978 – 7 – 5206 – 0000 – 2　定价：168.00 元（上、下册）

序　言

2000 年至 2006 年，全球风电装机容量翻了两番还多，平均每三年翻一番。截至 2012 年底，全球风电装机容量达 282GW，比上年增长 44GW。因此，风能被视为当前发展最快的能源。过去十年，一些因素推动了风力发电的发展，尤其是技术进步。此外，美国等国家对风力发电实施补贴，增加了风力发电技术的吸引力。

《风力发电系统手册》分为四部分：风力发电优化问题，风力发电系统并网，风力发电设施的建模、控制和维护，以及创新型风力发电。

本书涉及风力发电系统中出现的一些优化问题。Wang 等人处理了考虑风电不确定性的可靠性评估机组组合相关问题；Samorani 等人探讨了风场布局优化问题；此外，Yamada 等人提出了风电交易中使用的几种风险管理工具；最后，Sen 等人提出了创新型风能模型和预测方法。

风力发电系统并网是一个非常重要的问题，许多文献均有所涉及。Vespucci 等人探讨了将风力发电系统并入传统发电系统所用的随机模型；Santoso 等人探讨了风电场建模；Carpinelli 等人探讨了风电场配电系统稳态分析所用的确定性方法和概率性方法；此外，Resende 等人解决了大型风电并网先进控制功能相关问题；Tsikalakis 等人探讨了高风电穿透率引起的电网稳定性问题，而 Denny 等人探讨了高风电穿透率下电力系统的运行，并评估了电力系统中风电波动条件下的运行储备问题。

本手册部分章节侧重于风力发电设施的建模、控制和维护。Namak 等人对漂浮式风电机控制器进行了综述，Ramiĺrez 等人详细探讨了风电机组和风电场建模，Michalke 等人分析了风电机的电网支持能力，Castron-uovo 等人探讨了风电场和储能装置的协调，Rahman 等人探讨了海上风电与潮汐能混合发电系统，Ding 等人和 Milan 等人探讨了风力发电设施的维护和监测。

Hasager 等人研究了海上风能卫星遥感测量，Ramos 等人探讨了海上风电场交流发电系统的优化问题，Bratcu 等人探讨了低功率风能转换系统，Ahmed 等人对小型风力驱动设备进行了研究。

本手册各章节由风力发电和风能转换领域不同专业的专家共同编写。我们特此向本手册所有作者、审稿人员以及 Springer 致以最诚挚的谢意，感谢其提出的建设性意见及对本项目提供的大力支持。

帕诺斯 M. 帕达洛斯

斯蒂芬·瑞本纳克

马里奥 V. F. 佩雷拉

尼科 A. 伊利亚迪斯

维贾伊·帕普

目　录

上　册

第一篇　风力发电优化

第二篇 风力发电系统并网

下　册

第三篇　风力发电设施的建模、控制和维护

第一篇

风力发电优化

第一章
考虑风电不确定性的可靠性评估机组组合

Jianhui Wang，Jorge Valenzuela，Audun Botterud，Hrvoje Keko，
Ricardo Bessa 和 Vladimiro Miranda[①]

摘要： 本章论述了一项关于可靠性评估组合流程中风电不确定性建模的研究报告。该研究从经济效益和可靠性效益方面比较了风力发电建模的两种方法——确定性方法和随机性方法。报告中描述了两种方法的数学公式，并基于10机组测试系统得出了相应的数值结果。可得出如下结论：风电不确定性的场景描述及基于风电不确定性的电力系统备用容量可为市场参与者带来更高的效益。

术语

指数

i	风电机组指数，$i=1，\cdots，I$
j	热电机组指数，$j=1，\cdots，J$
k	时间周期指数，$k=1，\cdots，24$
l	发电模块指数，热电机组，$l=1，\cdots，L$

① J. Wang（✉）· J. Valenzuela · A. Botterud
阿贡国家实验室决策与信息科学部，美国阿贡 IL60439
e-mail：jianhui. wang@ anl. gov

J. Valenzuela
奥本大学工业与系统工程系，美国阿拉巴马州

H. Keko · R. Bessa · V. Miranda
葡萄牙计算机与系统工程研究所，葡萄牙波尔图

H. Keko · R. Bessa · V. Miranda
葡萄牙波尔图大学工程学院

m	备用需求模块指数，$m = 1$，$\cdots$，M
s	情况指数，$s = 1$，$\cdots$，S

常量

a，b，c	机组生产成本函数系数
$\alpha(s)$	运行备用率，情况 s
$WR(k)$	额外风能储备，周期 k
$D(k)$	负荷，周期 k
C_{ens}	电量不足成本
$CR_{rns,m}$	备用不足成本，模块 m
A_j	最低负荷下的运行成本，热电机组 j
$MC_{l,j}$	边际成本（或竞价），模块 l，热电机组 j
$\overline{PT_j}$	容量，热电机组 j
$\underline{PT_j}$	最低出力，热电机组 j
$\overline{\Delta_{l,j}}$	容量，模块 l，热电机组 j
CC_j	冷启动成本，热电机组 j
HC_j	热启动成本，热电机组 j
$G(\cdot)$	通用网络约束
T_j^{cold}	冷启动成本时间（去除最低停机时间），热电机组 j
T_j^{up}	最低正常运行时间，热电机组 j
$T_j^{up,0}$	最低正常运行时间，初始时间步，热电机组 j
T_j^{dn}	最低故障停机时间，热电机组 j
$T_j^{dn,0}$	最低故障停机时间，初始时间步，热电机组 j
SU_j	启动爬坡限制，热电机组 j
SD_j	停机爬坡限制，热电机组 j
RL_j	机组出力变化速率（升/降），热电机组 j
$W_i(k)$	实际最大风力发电量，风电机组 i，周期 k
$PW_i^{f,s}(k)$	预测最大风力发电量，风电机组 i，周期 k，场景 s
$prob_s$	事件概率，风力场景 s

变量

$c_j^p(k)$	生产成本，热电机组 j，周期 k

$c_j^u(k)$	启动成本，热电机组 j，周期 k	
$pt_j(k)$	发电，热电机组 j，周期 k	
$\delta_{l,j}(k)$	发电，模块 l，热电机组 j，周期 k	
$\overline{pt_j}(k)$	最大可能发电量，热电机组 j，周期 k	
$v_j(k)$	二元开/关变量，热电机组 j，周期 k	
$pw_i^s(k)$	发电，风电机组 i，周期 k，场景 s	
$cw_i^s(k)$	受限风力发电量，风电机组 i，周期 k，场景 s	
$ens^s(k)$	电量不足，周期 k，场景 s	
$rns_m^s(k)$	受限备用容量，周期 k，场景 s	
$r^s(k)$	备用要求（旋转），场景 s，周期 k	

1.1　概述

在很多电力市场中，发电商和电力购买者向独立电力系统营运商（ISO/RTO）提交报价，说明其愿意给出或支付的能源数量和价格[1]。电力市场通常分为日前（DA）市场和实时（RT）市场。在日前市场中，发电商提交卖电报价，消费者提交购电报价。ISO/RTO 使用最低成本的安全约束机组组合（SCUC）和安全约束经济调度（SCED）优化模型计算未来 24 小时的出清电价。ISO/RTO 的目标是在确保系统可靠性的同时，以最低成本满足要求。

但是，由于风力发电的不确定性和可变性，尤其是在机组组合阶段，风力发电的高穿透率使电力系统营运商在保持系统稳定运行方面面临着巨大挑战。因此，如何以最优方法使用发电机组克服风力发电的波动性变得至关重要。为解释负荷波动、电力中断和风电出力不确定性的原因，机组组合算法综合优化了能源和辅助服务。目前大部分研究主要关注如何在无需模拟完整市场程序的情况下将风力发电预测并入日前市场 SCUC。Barth 等人[2]介绍了 WILMAR（开放电力市场中的风电并网）模型的前期阶段，见文献［3］。最近，WILMAR 引入了一项更具综合性的机组组合算法，该算法以混合整数线性规划（MILP）为基础。但是，WILMAR 模型主要用作一种规划工具。Tuohy 等人[4]扩展了前述研究，采用 WILMAR 模型评估了随机风力和负荷对机组组合以及含大规模风电电力系统调度的影响，见文献［5］和［6］。WILMAR 模型的构建基于时前或日前系统调度所需的假设。分析中仅比较了调度阶段的几项备选调度方案。应通过分析实时市场的运作影响进一步审查这些方法的有效性，在实时市场中，实际风力发电可能会与预测值有所偏差。Ummels 等人[7]分析了荷兰电力系统中风力发电对热电机组组合和调度的影响，其中热电联产机组在荷兰电力系统中占有重要份额。Bouffard 和 Galiana[8] 提出了一项随机性机组组合模型，在确保系统安全的同时整合重要的风力发电。与预定义不同，分析中通过模拟各个场景中风力发电的实现确定备用要求。Ruiz 等人[9] 提出了一项随机公式，用于处理机组组合问题中的不确定性。传统确定性方法的随机性备选方案可以包括多种不确定性来源，而且也可以为每个方案设定系统备用要求。在相关文献［10］中，作者通过相同的随机性框架考虑机组组合问题中风电的不确定性和可变性。Wang 等人[11] 提出了一种 SCUC 算法，该算法考虑了风力发电的间歇性和可变性。风电不确定性通过不同的场景表示，Bender 分解算法可用于解决该问题。

在大多数现有市场，日前市场出清后，ISO/RTO 以电力系统的可靠性为中心执行一项修改后的组合程序，即可靠性评估组合（RAC）。在本程序中，购电报价替换为次日的预测负荷。由于该程序在日前市场出清几小时后执行，ISO/RTO 可根据可靠性问题导致的日前市场出清更改组合计划。RAC 程序执行完毕后，再次执行 SCED，每 5 分钟执行一次，实现机组的经济性调度。每小时整合一次 5 分钟价格，得到实时的时价格。在日前市场出清中，RAC 会生成一个新的组合计划。在实时市场中，SCED 决定了每小时调度结果和能源价格。市场结算以其与每小时日前交易的实时偏差为基础。超过日前数量的实时需求按实时价格支付超出的部分，低于日前数量的需求按实时价格获得剩余电量的补偿。在市场程序中，风电功率预测可以在很多方面发挥作用，如图 1-1 所示。从图中可知，风电功率预测可以帮助确定运行备用要求。运行备用要求是必要备用要求的一部分，可用来适应风力的不确定性和可变性。风电报价策略还应以风电功率预测为基础，以预测实时市场中的实际风电出力。ISO/RTO 在 RAC 程序中应用了最新的风电功率预测，可提供更准确的信息。此外，风电功率预测也可以用在日常运营中，为实时系统运营提供指导。文献［12］进一步讨论了风电功率预测在美国电力市场的应用。

考虑到日前市场通常会按照金融市场出清，本章中我们采用市场模拟模型通过模拟市场程序研究了风电功率预测在可靠性机组组合中的作用。该模型用来研究风电不确定性对机组组合和调度决策的影响，并分析其对系统运营备用要求的影响。本章旨在证明风电不确定性模型正确建模可以有效地处理当前市场中风电高穿透率造成的风电不确定性和可变性。同样，本章也描述了一种使用一系列场景描述风电不确定性的随机性方法，同时提出了一种采用风力发电功率点预测的确定性方法，并将其与随机性方法进行了比较。

下述章节给出了两种方法的数学公式，并得出了 10 机组电力系统的初步结果。

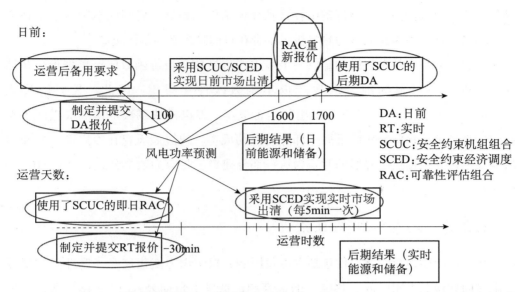

图 1 - 1　中西部独立输电系统运营商（Midwest ISO）市场运营时间轴，显示风电功率预测的作用①

1.2　机组组合与调度公式

　　一般机组组合约束条件符合文献［13］中介绍的确定性模型。但是，在介绍以各种场景呈现的风电和风电功率预测不确定性的基础上，我们对此随机模型进行了调整。文献［14］首次提出了随机性机组组合模型。出于完整性考虑，此处对相关公式进行了描述。

1.2.1　目标函数

　　目标是最小化预期生产成本、电量不足预期成本和备用削减预期成本以及启动成本的总额，如公式（1－1）所示。负荷约束和运行备用通过公式（1－2）和（1－3）表示。我们采用步进式备用需求曲线模拟 MISO 等系统运营商的备用需求，如公式（1－4）所示。该公式使某些情况下备用需求（以风电比例表示）的备用削减成本有所降低，避免出现负荷削减。我们认为风电备用容量有助于适应日前机组组合阶段的风力不确定性和可变性，这是因为我们没有模拟负荷预测误差和意外事件。如有必要，也可以缩减风电机组的数量，如公式（1－5）所示。应注意，由于

---

　　① 经 Elsevier 许可，转载自文献［12］。

风力场景不同，热电调度、生产成本、削减能源和备用成本也各不相同。所有风力场景必须符合负荷约束、运行备用容量及弃风条件。相反，启动成本则独立于各个风力场景。这是因为我们认为热电机组组合在日前阶段必须是固定的。

我们认为每个热电机组均是以一个步进式价格数量报价函数向市场报价，并且这些报价可通过将标准二次生产成本函数线性化得出。因此，我们用公式（1-6）～（1-9）表示一个热电机组的运行成本。发电模块系数可从二次生产成本函数中推导出。目标函数的最后一部分是启动成本。通过假设存在冷启动成本和热启动成本，并根据机组停机的时长为这一部分建模。相应的数学公式为（1-10）～（1-12）。

1.2.2　热电机组约束条件

热电机组的运行约束条件包括发电量限制、机组出力变化速率（升/降）、最低上限时间和最低下限时间。热电厂的最高和最低发电量如公式（1-13）所示。单位机组的最大输出功率 $\overline{pt}_j^s(k)$ 受公式（1-14）所示机组发电量限制、公式（1-15）所示启动爬坡限制和出力变化速率（升）限制、公式（1-16）所示停机爬坡限制和出力变化速率（降）限制以及公式（1-17）所示递减率限制的约束。旋转备用的可用量等同于最大潜在发电量和实际发电量的差值，即 $\overline{pt}_j^s(k) - pt_j^s$。因此，公式（1-5）中的备用要求考虑了公式（1-13）～（1-17）施加的约束力。每种风力场景均设有备用要求。

最终约束为最低上限和最低下限时间约束。最低上限时间的表达式为公式（1-18）～（1-20），分别表示规划期间的初始状态、中间时期以及最终时间步。最低上限时间限制的表达式为公式（1-21）～（1-23）。需要注意的是，所有风力场景必须包括表示发电限制和爬坡速率限制的公式（1-13）～（1-17），因为热电调度依赖于风力发电量。相反，表示最低上限和最低下限时间约束的公式（1-18）～（1-23）仅为机组组合函数，各个风力场景之间不存在差异。一般网络约束采用公式（1-24）表示。

$$\text{Min} \sum_{s=1}^{S} prob_s \cdot \left\{ \sum_{k=1}^{K} \sum_{j=1}^{J} c_j^{p,s}(k) + \sum_{k=1}^{K} C_{ens} \times ens^s(k) \right.$$
$$\left. + \sum_{k=1}^{K} \sum_{m=1}^{M} CR_{rns,m} \times rns_m^s(k) \right\} + \sum_{k=1}^{K} \sum_{j=1}^{J} c_j^u(k) \tag{1-1}$$

s. t.

$$\sum_{i=1}^{I} pw_i^s(k) + \sum_{j=1}^{J} pt_j^s(k) = D(k) - ens^s(k), \forall k, \forall s \qquad (1-2)$$

$$\sum_{j=1}^{J} \left[\overline{pt_j^s}(k) - pt_j^s(k) \right] \geqslant r^s(k), \forall k, \forall s \qquad (1-3)$$

$$r^s(k) = WR(k) - \sum_{m=1}^{M} rns_m^s(k), \forall k, \forall s \qquad (1-4)$$

$$pw_i^s(k) + cw_i^s(k) = PW_i^{f,s}(k), \forall i, \forall k, \forall s \qquad (1-5)$$

$$c_j^{p,s}(k) = A_j v_j(k) + \sum_{l=1}^{L} MC_{l,j}(k) \cdot \delta_{l,j}^s(k), \forall j, \forall k, \forall s \qquad (1-6)$$

$$pt_j^s(k) = \underline{PT}_j \cdot v_j(k) + \sum_{l=1}^{L} \delta_{l,j}^s(k), \forall j, \forall k, \forall s \qquad (1-7)$$

$$\delta_{l,j}^s(k) \leqslant \overline{\Delta}_{1,j}, \quad \forall l, \forall j, \forall k, \forall s \qquad (1-8)$$

$$\delta_{l,j}^s(k) \geqslant 0, \quad \forall l, \forall j, \forall k, \forall s \qquad (1-9)$$

$$c_j^u(k) \geqslant CC_j \cdot \left[v_j(k) - \sum_{n=1}^{N} v_j(k-n) \right], \forall j, \forall k \qquad (1-10)$$

其中 $N = T_j^{dn} + T_j^{cold}$

$$c_j^u(k) \geqslant HC_j \cdot \left[v_j(k) - v_j(k-1) \right], \quad \forall j, \forall k \qquad (1-11)$$

$$c_j^u(k) \geqslant 0, \quad \forall j, \forall k \qquad (1-12)$$

$$\underline{PT}_j \cdot v_j(k) \leqslant pt_j^s(k) \leqslant \overline{pt_j^s}(k), \quad \forall j, \forall k, \forall s \qquad (1-13)$$

$$0 \leqslant \overline{pt_j^s}(k) \leqslant \overline{PT}_j \cdot v_j(k), \quad \forall j, \forall k, \forall s \qquad (1-14)$$

$$\overline{pt_j^s}(k) \leqslant pt_j^s(k-1) + RL_j \cdot v_j(k-1)$$
$$+ SU_j \cdot \left[v_j(k) - v_j(k-1) \right] \qquad (1-15)$$
$$+ \overline{PT}_j \cdot \left[1 - v_j(k) \right], \quad \forall j, \forall k, \forall s$$

$$\overline{pt_j^s}(k) \leqslant \overline{PT}_j \cdot v_j(k+1) + SD_j \cdot \left[v_j(k) - v_j(k+1) \right], \forall j, \forall k = 1 \cdots 23, \forall s$$
$$(1-16)$$

$$pt_j^s(k-1) - pt_j^s(k) \leqslant RL_j \cdot v_j(k)$$
$$+ SD_j \cdot \left[v_j(k-1) - v_j(k) \right] \qquad (1-17)$$
$$+ \overline{PT}_j \cdot \left[1 - v_j(k-1) \right], \quad \forall j, \forall k, \forall s$$

$$\sum_{k=1}^{T_j^{up,0}} \left[1 - v_j(k) \right] = 0, \quad \forall j \qquad (1-18)$$

$$\sum_{n=k}^{k+T_j^{up}-1} v_j(n) \geqslant T_j^{up} \cdot \left[v_j(k) - v_j(k-1) \right], \qquad (1-19)$$

$$\forall j, \forall k = T_j^{up,0} + 1, \cdots, T - T_j^{up} + 1$$

$$\sum_{n=k}^{T} \{v_j(n) - [v_j(k) - v_j(k-1)]\} \geqslant 0, \quad \forall j, \forall k = T - T_j^{up} + 2, \cdots, T$$

$$(1-20)$$

$$\sum_{k=1}^{T_j^{dn,0}} v_j(k) = 0, \quad \forall j \qquad (1-21)$$

$$\sum_{n=k}^{k+T_j^{dn}-1} [1 - v_j(n)] \geqslant T_j^{dn} \cdot [v_j(k-1) - v_j(k)], \qquad (1-22)$$

$$\forall j, \forall k = T_j^{dn,0} + 1, \ldots, T - T_j^{dn} + 1$$

$$\sum_{n=k}^{T} \{1 - v_j(n) - [v_j(k-1) - v_j(k)]\} \geqslant 0, \quad \forall j, \forall k = T - T_j^{dn} + 2, \cdots, T$$

$$(1-23)$$

$$G(pw_i^s(k), pt_j^s(k)) \leqslant 0 \qquad (1-24)$$

1.2.3 确定性公式

用简化法表示时，上述公式仅考虑预测风力发电量的一种场景。在这种情况下，该公式相当于机组组合问题的一个确定性公式。选定的场景可以是预期风力发电量或风力发电功率点预测，也可以代表预测概率分布的某一分位数。

1.2.4 经济调度

为了实时估算调度成本，我们推导出了一项经济调度公式。现在假设机组组合运行过程中组合变量是固定的。由场景描述的风力发电量被实际风电出力代替（未考虑潜在的风电弃风）。因此，我们用公式表示确定性经济调度问题，该公式由一种风电场景下的公式（1-1）～（1-9）和（1-13）～（1-17）以及热电组合变量的固定值$v_j(k)$构成。该组合属于固定组合，因此未考虑启动成本与最低上限和下限时间约束。爬坡速率约束见公式（1-13）～（1-17），而且24小时问题同时得到解决。应注意的是，公式（1-3）中的运行备用要求也被应用在了ED公式中。

1.3 市场模拟

市场模拟设置已经落实到位，首先实现了日前市场出清。这在首次运行机组组合时完成，然后在日前风电功率预测的基础上完成经济调度（ED）。接着，根据新的预测执行 RAC，可以是确定性功率点预测，也可以是一组场景，解释如下。最后，实时 ED 在实际风况的基础上进行。最新风电功率预测以及热电机组前一日的机组状态和发电出力作为次日机组组合问题的初始条件。日前市场和实时市场运作的主要结果（机组组合、调度、可用备用容量、断电负荷、削减备用容量、价格等）在每个模拟日后进行计算并储存。

由于模拟的重点在于研究风电功率预测对系统运行的影响，所以我们考虑的唯一不确定性为风力发电量。未直接考虑其他不确定性，例如负荷或事故停电。因此，"风电备用容量"的额外数量对于解决风电使用不确定性的影响至关重要。采用随机性机组组合公式解决了额外的运行备用容量，这是因为我们在公式中应用了各场景中具有代表性的风力发电结果。但是，考虑到各个场景在获取所有潜在风电出力方面的准确性，随机性公式也可能需要额外的备用容量，以补偿模拟场景中无法获取的额外不确定性。在下面的案例研究中，我们通过很多案例研究了机组组合策略和运行备用政策对系统调度的影响。

1.3.1　确定性方法

在确定性方法中，日前市场使用了运营日未来 24 小时的风力发电功率点预测。RAC 程序的目标是确保电力系统的可靠性，因此该程序中使用了一项保守估计，例如第 20 个百分位。进行适当的机组组合后，SCED 会根据实际风力发电量对这些机组进行经济性调度。我们还假设不存在需求侧竞价。图 1 - 1 阐明了市场程序的不同阶段，以及风电数据在确定性方法中的应用。

1.3.2　随机性方法

在随机性方法中，与确定性方法一样，日前市场也使用了运营日未来 24 小时风电功率预测值。但是，与确定性方法中 RAC 所用功率点预测不同，RAC 在随机性方法中使用的是一组风电功率场景。这些场景是使用分位数回归和蒙特卡罗模拟[15,16]推导出来的。文献 [17] 综述了风电功率预测的最新技术水平，包括不确定性预测。同确定性方法一样，SCED 根据实际风力发电量完成了实时市场中的机组调度。我们再次假设负荷中不存在不确定性，也不存在发电中断。图 1 - 2 举例说明了风力发电数据的应用。我们还假设随机性方法中不存在需求侧竞价现象。

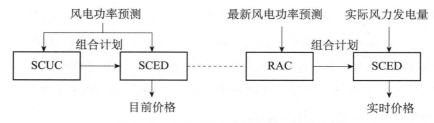

图 1－2　确定性公式中的风电功率预测

1.4　案例研究

　　使用了 10 机组电力测试系统研究可靠性机组组合问题。我们主要关注不同机组组合策略和风电备用需求的影响，在此案例研究中未考虑输电约束。因此，SCUC、SCED 和 RAC 成了无输电约束的机组组合与经济调度，并相继得到解决，如图 1－2和图 1－3 所述。表 1－1 列举了热电机组的技术特性。表 1－1 中的数值是根据文献［13，18］中的案例研究得出的。表中还添加了爬坡速率，并对成本系数稍加了修改。假设每个机组有四个大小相等的模块，每个模块的报价根据二次成本函数计算。机组 1 至机组 10 的生产成本均有所增加，机组 1 和机组 2 为基本负荷发电厂。

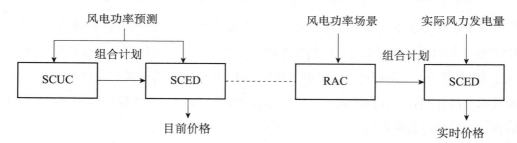

图 1－3　随机性方法中的风电功率预测

表 1－1　发电机数据

机组	$\overline{PT_j}$（MW）	$\underline{PT_j}$（MW）	RL_j（MW/h）	T_j^{up}（h）	T_j^{dn}（h）	In. state（h）
1	455	150	200	8	8	8
2	455	150	200	8	8	8
3	130	20	100	5	5	−5
4	130	20	100	5	5	−5
5	162	25	100	6	6	−6
6	80	20	80	3	3	−3
7	85	25	85	3	3	−3
8	55	10	55	1	1	−1
9	55	10	55	1	1	−1
10	55	10	55	1	1	−1

续表

机组	a_j（\$/h）	b_j（\$/MWh）	c_j（\$/MW^{2}h）	CC_j（\$/h）	HC_j（\$/h）	T_j^{cold}（h）
1	1 000	16	0.000 48	9 000	4 500	5
2	970	17	0.000 31	10 000	5 000	5
3	700	30	0.002	1 100	550	4
4	680	31	0.002 1	1 120	560	4
5	450	32	0.004	1 800	900	4
6	370	40	0.007 1	340	170	2
7	480	42	0.000 79	520	260	2
8	660	60	0.004 1	60	30	0
9	665	65	0.002 2	60	30	0
10	670	70	0.001 7	60	30	0

启动爬坡速率和停机爬坡速率 SU_j 和 SD_j 等于爬坡速率 RL_j。

　　电力系统模拟天数为 91 天。根据伊利诺伊州 2006 年 10 月至 12 月两个电力公用事业的历史数据绘制了时负荷曲线。负荷数据按比例缩小，以匹配测试电力系统的发电容量。图 1-4 显示了 11 月份的时负荷，假设预测负荷与实际负荷相等。做出这种假设是为了区分风电不确定性和负荷不确定性的影响。模拟中未考虑热电厂和风电场运行中断的情况。因此，模拟案例的结果仅显示风电不确定性的影响。备用容量削减的成本为 1 100（\$/MWh），缺电成本为 3 500（\$/MWh）。风力发电厂不提供风电备用容量，因此运营备用要求需要通过热电厂来实现。

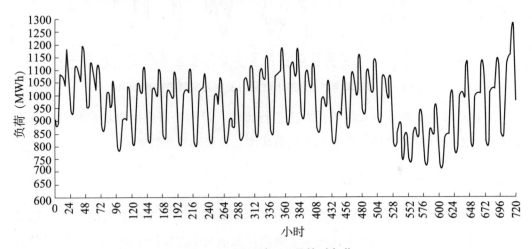

图 1-4　2006 年 11 月的时负荷

　　风力发电数据与 2006 年伊利诺斯州 15 个假设地点的风电功率预测值和实际风力发电量相对应。15 个地点的风力发电时间序列从国家可再生能源实验室（NREL）的东部风电接入和输电研究（EWITS）[19] 中获得。将气候模型与若干潜在风力发电场

风力发电系统手册

的组合电力曲线相结合，得出该数据。预测值是根据四个真实风力发电厂的观察预测值生成的。将 15 个地点的风力发电数据整合入一个时间序列。日前风电功率预测的准确性每天都在变化。在该预测中，91 天模拟期内每天各个时段的标准平均绝对误差（NMAE）在 8.4% 和 12.4% 之间浮动，最高的预测误差出现在中午到下午 6 点之间。

  假设风力发电的总装机容量为 500 MW，为简单起见，将其建模为一个大型风力发电厂。在 91 天的模拟期内，风力发电容量系数为 40%，在不考虑风电弃风的情况下，风电可以满足 20% 的负荷需求。风电与负荷的相关系数仅为 0.01，因此可认为二者不相关。在这些假设中，热电机组的总装机容量比峰值负荷高 10.8%。假设风电容量值为 20%，则系统的备用余量会增加至 17.4%。图 1 - 5 所示为 11 月的小时风力发电量实际值和预测值。

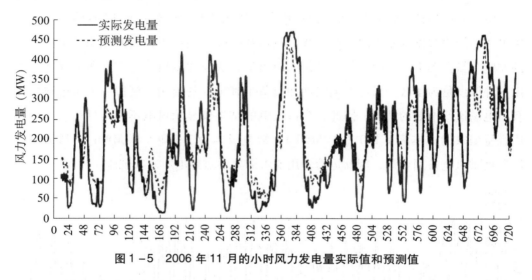

图 1 - 5　2006 年 11 月的小时风力发电量实际值和预测值

  下述章节会对确定性和随机性方法进行比较。目的是研究风电功率预测、备用要求和机组组合策略是如何影响系统运营成本、价格和可靠性的。

1.4.1　确定性方法

  为了研究不同备用余量的影响，引用了五个案例，相关参数参见表 1 - 2。这五个案例均采用相同的风电功率预测值来解决日前市场中的机组组合与经济调度问题，这是为了采用相同的风电数据实现日前市场出清。RAC 公式采用了风力发电第 20 个百分位数的估算值作为预测值。第 20 个百分位数是对实际风力发电量的保守预测，这意味着实际风力发电量将高于该预测值。在这种情况下，实际风力发电量与第 20 个百分位数的差值就是该系统的自身备用容量。对案例 D2 进行具体分析后可知，在机组合与经济调度中根据风电功率预测对日前市场中的热电厂进行组合和调度。将风电功率预测的备用余量设定为20%，以调节风力发电变化。另一方面，在 RAC 中根据风力发电的第20个百分位数估算值和相当于第20个百分位数估算值的40%的备用余量进行热电机组组合。经济调度中根据实际风力发电量进行实时市场中的热电机组调度，且备用余量与 RAC 程序中的备用余量相同。需要注意的是，所有备用要求均是风电功率预测的函数。此外，我们还对采用了完全风电功率预测的假设案例 D0 进行了模拟，其中机组合、经济调度和 RAC 预测值均为实际风力发电量。假设运营商未知该预测值是对实际风力发电量的完全预测，并设定了20%的备用余量，以适应潜在的风力发电变化。

表 1-2　确定性案例描述（10 机组系统）

案例	机组合与经济调度备用余量 α（%）	RAC 与经济调度备用余量 α（%）
D0[1)	20	20
D1	20	20
D2	20	40
D3	40	20
D4	40	40
D5	无余量	无余量

[1) 案例 D0 使用的是完全预测值。

本节对这六个案例的研究结果进行了总结。这些案例均通过1.2.1~1.2.4节所列的数学规划公式和 Lingo 12.0 解决。其中，解决整数规划问题时采用的 Lingo 公差为0.01（差值1%），并使用 Microsoft Excel 2007 作为输入和输出界面。使用8GB内存、配置3.33 GHz 英特尔双核处理器的个人电脑进行模拟，模拟一天的时长平均需要12s。表 1-3 总结了91 天模拟期内实时调度过程中的整体性能。

表 1-3　10 机组系统整体性能（确定性方法91 天模拟）

案例	断电负荷（MWh）	备用容量不足（MWh）	启动成本（M$）	生产成本（M$）	断电负荷成本（M$）
D0	0.00	5.5	100.70	34 357.24	0.00
D1	465.87	927.1	110.22	34 538.52	1 630.53
D2	137.37	1 678.6	110.70	34 676.18	480.80
D3	465.87	927.1	109.73	34 537.52	1 630.55
D4	137.37	1 678.6	110.49	34 676.46	480.80
D5	1 556.21	0.0	141.16	34 448.38	5 446.73

　　正如预期的，D0 的性能最佳，能够在任何时候向负荷供电，并能在确保机组联机率最低的同时保持最低启动成本和生产成本。但是，该案例是不切实际的，因为风电功率预测不可能存在绝对确定性。相反，案例 D5 在向负荷供电和总成本方面的性能最差。该案例共削减了 0.072% 的负荷（总负荷为 2 161 989MWh，其中削减了 1 556.21MWh）。电力不足概率为 0.0238（总时数 2 184 小时，断电 52 小时）。该案例的总成本（启动成本、生产成本和断电负荷成本）比最佳案例高出 16%。案例 D2 在向负荷供电方面是仅次于 D0 的第二佳案例。在案例 D2 中，总负荷削减量为 0.006%，比性能最差的 D5 案例改善了 91%。其电力不足概率为 0.004，降低了 83%，得出这一结果的前提是保持联机机组量比最差案例多 5.4%。除了上述改进之处以外，案例 D2 的总成本减少了 12.5%。案例 D4 与 D2 类似，但是其生产成本略高。案例 D1 和 D3 的性能相似，但其性能低于案例 D2 和 D4。

　　我们还对上述六个案例中的市场价格进行了比较。表 1－4 总结了每个案例在91 天模拟期内的日前市场价格和实时市场价格。

表 1－4　10 机组系统市场价格（确定性方法 91 天模拟）

案例	日前市场平均能源价格（美元/MWh）	实时市场平均能源价格（美元/MWh）	日前市场加权负荷能源价格（美元/MWh）	实时市场加权负荷能源价格（美元/MWh）
D0	26.91	26.91	27.60	27.60
D1	22.84	72.88	23.66	77.83
D2	22.76	64.64	23.56	68.88
D3	22.32	72.88	22.90	77.84
D4	22.76	64.64	23.50	68.89
D5	20.58	103.58	21.04	105.32

　　表 1－4 显示，案例 D0 中实时价格最低，且日前价格和实时价格相同，因为实际风力发电量既可用于日前市场出清，也可用于实时市场出清。六个案例中的日前市场价格相差不大，这是由于日前市场中的机组组合与调度问题均通过相同的风电功率预测解决。但是，实时市场价格远高于日前市场价格，原因在于风力发电量的第 20 个百分位数估值过高估计了实际风力发电量，从而增加了实时市场中的备用要求。在某些时段，备用要求会导致高成本热电厂的调度增加，有时还会造成备用容量和负荷削减。例如，在案例 D2 中，备用容量削减至 68 小时，负荷削减至 9 小时。案例 D5 中的实时市场平均价格最高，这是由于无备用要求，导致适应风力发电变化的高成本发电厂的调度增加。同时，负荷缩减后，价格提高至缺电成本（3500 美元/

MWh）。该案例中日前市场平均价格最低，这是由于备用容量削减未产生任何成本。

表 1-3 和表 1-4 的结果说明了风电不确定性建模以及选择恰当备用余量的重要性。

1.4.2　随机性方法

可通过三个案例检验随机性方法，相关参数见表 1-5。与确定性方法一样，三个案例均通过相同的风电功率预测来解决日前市场中的机组组合与经济调度问题。在这些案例中，RAC 公式使用了一组场景表现风力发电的不确定性。每个场景均设定一个备用容量，用于适应这些场景中未考虑的风电不确定性。在一个案例中，所有场景设定相同的备用率。为生成 10 月、11 月和 12 月的风电功率场景，我们采用了 1 月～7 月的数据（预测值和实际发电量）绘制分位数回归线[20]，并估算蒙特卡罗模拟的协方差矩阵。8 月～12 月的数据用作测试数据集。

表 1-5　随机性案例中的 10 机组系统描述

案例	机组组合与经济调度备用余量 α（%）	RAC 与经济调度备用余量 $\alpha(s)$[1)]（%）
S1	20	20
S2	40	20
S3	无备用余量	无备用余量

[1)] 所有场景均采用相同的备用率。

本节对这三个案例的研究结果进行了总结，见表 1-5。这些案例均通过 1.3.1～1.3.4 节所列的数学规划公式和 Lingo 12.0 解决。其中，解决整数规划问题时采用的 Lingo 公差为 0.01（差值 1%）。模拟一天的时长平均需要 3 分钟。表 1-6 总结了这三个案例在 91 天模拟期内的整体实时性能。此外，我们还对案例 D0 和 D2 的结果进行了对比。

表 1-6　10 机组系统整体性能（随机性方法 91 天模拟）

案例	断电负荷（MWh）	备用容量不足（MWh）	启动成本（M$）	生产成本（M$）	断电负荷成本（M$）
D0	0.00	5.5	100.70	34 357.2	0.00
D2	137.37	1 678.6	110.70	34 676.2	480.80
S1	0.00	0.0	158.84	35 501.0	0.00
S2	0.00	0.0	160.92	35 511.5	0.00
S3	0.00	0.0	158.43	35 317.3	0.00

我们还对这些案例中的市场价格进行了比较。表 1 – 7 总结了这三个案例在 91 天模拟期内的日前市场价格和实时市场价格。

表 1 – 7　10 机组系统市场价格（随机性方法 91 天模拟）

案例	日前市场平均能源价格（美元/MWh）	实时市场平均能源价格（美元/MWh）	日前市场加权负荷能源价格（美元/MWh）	实时市场加权负荷能源价格（美元/MWh）
D0	26.91	26.91	27.60	27.60
D2	22.76	64.64	23.56	68.88
S1	22.78	19.97	23.58	20.33
S2	22.79	19.94	23.53	20.30
S3	20.42	20.03	20.90	20.39

除了案例 D0，其他案例的总成本（启动成本 + 生产成本 + 断电负荷成本）是相当的。但是，各个案例中的机组联机率不同。各个案例中日前市场平均价格出现细小差异的原因是备用余量不同。对于实时价格，随机性方法案例与确定性方法案例 D2 存在很大的不同。三个随机性案例中的实时价格远低于案例 D2 及案例 D0（采用完全风电功率预测）中的价格，原因在于随机性方法中的联机热电厂数量大于案例 D0，从而在热电厂调度方面更具经济灵活性。需要注意的是，案例 S3 中未使用备用要求，但其性能与其他两项案例相似。这表明各风电功率场景足以处理风电不确定性。

1.5　结论

在本章中，我们采用了考虑可靠性机组组合的市场模拟模型比较各种机组组合策略，以解决风力发电的不确定性问题。结果显示，确定性方法可能不适合处理含大规模风电的运营规划中的复杂问题，而是旨在通过确定热电厂组合、规划充足的运营备用容量来管理风电功率预测中的不确定性问题，以适应风力发电的快速变化。另一方面，随机性方法在风电不确定性建模中采用了各种场景，并参考所有场景下的热电厂调度情况确定一种恰当的机组组合。根据模拟结果，我们得出如下结论：随机性方法是解决风电不确定性和可变性问题的一种有效替代方法，可用于在可靠性机组组合中设置充足的备用余量。

致谢　感谢美国能源部能效和可再生能源办公室通过风力和水力发电技术项目为本章所述的研究提供资金支持。原稿由 UChicago 阿贡有限责任公司和阿贡国家实验室（阿贡）联合编写。阿贡国家实验室隶属于美国能源部科学办公室，经营合同编号为 DE-AC02-06CH11357。

参考文献

[1] Midwest ISO Energy and Operating Reserve Markets Business Practices Manual. Available athttp：//www. midwestiso. org/home.

[2] Barth R，Brand R，Meibom P，Weber C（2006）A stochastic unit commitment model for the evaluation of the impacts of the integration of large amounts of wind power. In：9th international conference probabilistic methods applied to power systems，Stockholm，Sweden.

[3] Wind Power Integration in Liberalised Electricity Markets（Wilmar）Project. Available at：http：//www. wilmar. risoe. dk.

[4] Tuohy A，Meibom P，Denny E，O'Malley M（2009）Unit commitment for systems with significant wind penetration. IEEE Trans Power Syst 24（2）：592 – 601.

[5] Tuohy A，Denny E，Malley MO'（2007）Rolling unit commitment for systems with significant installed wind capacity. IEEE Lausanne Power Tech，pp 1380 – 1385，1 – 5 July，2007.

[6] Tuohy A，Meibom P，Malley MO（2008）Benefits of stochastic scheduling for power systems with significant installed wind power. In：Proceedings 10th international conference probabilistic methods applied to power systems（PMAPS），Mayagüez，Puerto Rico.

[7] Ummels BC，Gibescu M，Pelgrum E，Kling WL，Brand AJ（2007）Impacts of wind power on thermal generation unit commitment and dispatch. IEEE Trans Energy Convers 22（1）：44 – 51.

[8] Bouffard F，Galiana F（2008）Stochastic security for operations planning with significant wind power generation. IEEE Trans Power Syst 23（2）：306 – 316.

[9] Ruiz PA，Philbrick CR，Zak E，Cheung KW，Sauer PW（2009）Uncertainty management in the unit commitment problem. IEEE Trans Power Syst 24（2）：642 – 651.

[10] Ruiz PA，Philbrick CR，Sauer PW（2009）Wind power day-ahead uncertainty management through stochastic unit commitment policies. In：Proceed-

ings power systems conference and exhibition, Seattle, WA, Mar.

[11] Wang J, Shahidehpour J, Li Z (2008) Security-constrained unit commitment with volatile wind power generation. IEEE Trans Power Syst 23 (3), Aug 2008.

[12] Botterud A, Wang J, Miranda V, Bessa RJ (2010) Wind power forecasting in U. S. electricity markets. Electr J 23 (3): 71-82.

[13] Carrion M, Arroyo JM (2006) Acomputationally efficient mixed-integer linear formulation for the thermal unit commitment problem. IEEE Trans Power Syst 21 (3): 1371-1378.

[14] Wang J, Botterud A, Bessa R, Keko H, Carvalho L, Issicaba D, Sumaili J, Miranda V (2011) Wind power forecasting uncertainty and unit commitment. Appl Energy 88 (11): 4014-4023.

[15] Nielsen HA, Madsen H, Nielsen TS (2006) Using quantile regression to extend an existing wind power forecasting system with probabilistic forecasts. Wind Energy 9 (1-2): 95-108.

[16] Pinson P, Papaefthymiou G, Klockl B, Nielsen HA, Madsen H (2009) From probabilistic forecasts to statistical scenarios of short-term wind power production. Wind Energy 12 (1): 51-62.

[17] Monteiro, C., R. Bessa, V. Miranda, A. Botterud, J. Wang, G. Conzelmann. Wind Power Forecasting: State-of-the-art 2009. Technical report ANL/DIS-10-1. Argonne National Laboratory, 2009. Available online at: http://www. dis. anl. gov/projects/windpowerforecasting. html.

[18] Kazarlis SA, Bakirtzis AG, Petridis V (1996) A genetic algorithm solution to the unit commitment problem. IEEE Trans Power Syst 11 (1): 83-92.

[19] Eastern Wind Integration and Transmission Study (EWITS), National Renewable Energy Laboratory (NREL). Information at: http://www. nrel. gov/wind/systemsintegration/ewits. html.

[20] Nielsen HA, Madsen H, Nielsen TS (2006) Using quantile regression to extend an existing wind power forecasting system with probabilistic forecasts. Wind Energy 9 (1-2): 95-108.

第二章
风电场布局优化问题

Michele Samorani①

摘要： 解决风电场布局优化问题（WFLOP）是风电场设计中的一项重要内容，主要包括风电机组布局优化，以在最大程度上降低尾流效应，从而实现预期发电量最大化。虽然这个问题受到了科学界越来越多的关注，但是当前使用的方法并不能完全满足风电场开发商的需求，主要原因在于这些方法不能解决建设和协调问题。本章对风电场布局优化问题进行了描述，综述了当前的相关专著，并讨论了未来的研究中需要克服的挑战。

2.1 概述

　　风能是目前发展速度最快的可再生能源。2005 年至 2008 年间，全球风力发电量增加了一倍，总装机容量达 121.2GW。考虑到规模经济的相关因素，如降低安装和维护成本等，通常使用安装在风电场的风电机组将风能转换为电能。但是，随着成本的降低，受风电场内尾流效应的影响，风电机组的功率也会降低。风电机从风能中获取能量时，会产生向下风向传播的"尾流"，风速会受到影响，以至于风电机获取的能量也减少。在大型风电场中，尾流效应会导致严重的功率损失[1]，因此需要尽可能地降低尾流效应，从而实现预期输出功率最大化。风电场布局优化问题的关键在于风电机的布置（风电场布局），以实现预期发电量最大化。良好的求解方法能够为风电场开发商带来很高的收益。目前，通常采用很简单的规则解决该问题，如纵横式布局，即将风电机成排布置，并留出足够的间距（http：//www. offshorewindenergy. org）。但是，最近一些论文指出，不规则风电机布局产生的发电量比规则网格式布局更高[2~8]。

① M. Samorani（✉）
加拿大阿尔伯塔大学商学院，埃德蒙顿 AB T6G 2R6
e-mail：samorani@ ualberta. ca

涉及这一问题的专著研究很有限，且主要局限于风力工程和风能领域，但未进行优化。现有的算法仅包括遗传算法和模拟退火算法。因此，通过使用其他优化技术（如混合整数规划、动态规划、随机规划等），可能会使该问题得到改进。该问题通常被运筹学研究领域忽略，主要原因在于其具有非线性特征且获取问题实例数据比较有难度，这将在下文中进一步说明。

在本章中，我们介绍了风电场的建设流程，讨论了尾流效应引起的问题及其对发电量和维护成本的影响，综述了风电场布局优化问题的相关文献，评论了现有解决方法的优缺点，并提出了一些研究的方向。

2.2 风电场建设

本节简要描述了风电场开发项目的各个阶段。第一步就是寻找一个向风位置，以确保项目的经济效益。通常将风电场划分为 7 个风力等级（http：//www.awea.org），对应 7 种不同的平均风速区间。一般来说，在大型项目中，风力达到 4 级或以上的风电场潜在盈利性较高，但是，并不是所有高风力等级的风电场都具有可行性。实际上，一些风电场离输电网较远，或只能通过狭窄道路（较长的卡车无法通行）进入，这类风电场不具盈利性，这是由于电网接入成本和道路工程成本都太高。

确定合适的风电场后，应与土地所有者沟通，商议是否可以安装风电机。参与项目的土地所有者通常会获得一定比例的风电利润，如果修建道路或其他基础设施，其还会获得额外的补偿款。与土地所有者沟通并就租赁条款达成一致的过程不是很简单，通常需要几个月的时间。同时，风电场开发商通常会安装测风塔，以评估风电场各个部分的风速分布情况（或风向玫瑰图）。在全年主导风向不变的风电场，测量时间可能会持续一个月，但在风向存在季节变化的风电场，测量时间可能会持续两年。测量的精确度对项目来说是至关重要的，因为这些测量值会被用于研究风电场的最优布局以及评估风电场的预期年利润。但是，由于安装高测风塔的成本较高，一般会选择在远低于风电机轮毂高度的位置进行测量。在这种情况下，可使用大气模型（如"幂律模型"）[9]根据测量高度的风速推算轮毂高度的风速。同样也可采用其他测量方法，如多普勒声雷达（Doppler SODAR）和多普勒激光雷达（Doppler LIDAR）。如文献［10］所述，多普勒声雷达"可以测量小规模温度（密度）紊流脉动反向散射出的声能产生的风力"，而多普勒激光雷达"可使用微型颗粒或风传播气溶胶反向散射出的光能"测量风力。这两种技术能够精确计算风电场各部分的风力分布情况，无需安装测风塔。由于精确度较高[11]，激光雷达的使用越来越广泛。了解到可以使用该土地开展项目且获得风力分布图后，风电场布局优化问题便得以解决了。

风电机数量和型号的选择取决于多种因素。首先，需要注意的是，通常优先选择功率相对较高的风电机，因为风电机的成本及其发电量通常与其标称功率成正比。因此，风电机产生的净利润也与其标称功率成正比。然而，这并不适用于功率极高以及最先进的风电机，因为此类风电机的备件极其昂贵，并且维修成本很高。由于当前的趋势是安装功率越来越大的风电机，小型风电机成本显著下降。因此，风电机制造商可能会为了减少库存而低价出售一些小型风电机。另外，一些大型的风电场开发公司也有风电机库存，应在报废前使用。考虑到上述因素，风电场布局优化问题方面的专著通常假设风电机型号和数量已经预先确定。

2.3 风电机与尾流效应

与风电场布局优化问题有关的风电机特征如下：

- 切入风速 c_i；
- 切出风速 c_o；
- 额定速度；
- 标称功率；
- 功率曲线；
- 推力系数曲线；
- 风轮直径 d；
- 轮毂高度 z。

风速大于切入风速 c_i 时，风电机的叶片开始旋转，从而开始发电。发电功率大致会随着风速的提高而增加，直到达到额定风速。此时，风电机的控制系统会改变叶片的桨距，保持功率恒定，并等于标称功率。风速达到切出风速 c_o 时，风速过高，风电机会自动停机，防止损坏叶片。

功率曲线和推力系数曲线也是很重要的特征。这两种曲线分别记录了切入速度 c_i 和切出速度 c_o 之间各种风速下的发电功率和推力系数（C_t）的值。简单来说，推力系数用于测量风通过风电机叶片时获取的能量比例[12]。在功率曲线和推力系数曲线中，制造商通常会提供一些数据点，对这些数据点进行内插运算，获得中间点。例如，图 2-1 所示为维斯塔斯（Vestas）风电机 V63 的两种曲线，其中 $c_i = 5\text{m/s}$，

$c_o = 25\text{m/s}$，标称功率 $= 1.5\text{MW}$，额定速度 $= 16\text{m/s}$。对数据点 1，2，…，25m/s 进行了线性内插运算。

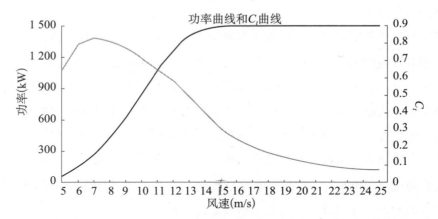

图 2 - 1   维斯塔斯（Vestas）风电机 V63 的功率曲线（黑线）和推力系数曲线（灰线）

风电机利用其从风中获取的能量在其后方形成了一个慢速或快速湍动空气锥面（尾流），这种现象称之为尾流效应（见图 2 - 2）。一些流体空气动力学领域的专家对该现象进行了研究。在这些研究中，Vermeer 等人[13]的实验重点在于确定能够准确描述风速降低和湍流强度方面尾流效应的数学模型。一些模型仅在接近产生尾流的风电机时有效（近场尾流模型），而另一些模型仅在远离产生尾流的风电机时有效（远场尾流模型）。Vermeer 等人[13]建议在 3 倍风轮直径距离之外使用远场尾流模型。在近场尾流模型中，湍流强度过强，风电机必须停机，以避免损坏叶片。虽然有人提出了更精确的计算方法（尤其是计算流体动力学（CFD），见文献［14］），但是现有的风电场布局优化专著仍然使用文献［15，16］中建议的模型，因为该模型简单且易于优化，能够有效地嵌入电脑程序中，如 PARK[17]。虽然较为简单，但是该尾流模型能够精确计算远场尾流情况下的风速降低[18,19]。

我们通过图 2 - 2 解释 Jensen 模型。风以 u_0 的速度从左向右吹，冲击风电机（使用左侧黑色矩形表示），风轮半径为 r_r。在下风向 x 米处，风速为 u，尾流半径（初始值为 r_r）变为 $r_1 = \alpha x + r_r$。其中 α 决定了尾流扩展的速度和距离，定义如下：

$$\alpha = \frac{0.5}{\ln \dfrac{z}{z_0}} \tag{2-1}$$

其中，z 表示产生尾流的风电机的轮毂高度，z_0 表示表面粗糙度，它取决于地形特征。

使用 i 表示产生尾流的风电机的位置，j 表示尾流影响的位置，u_0 表示环境风

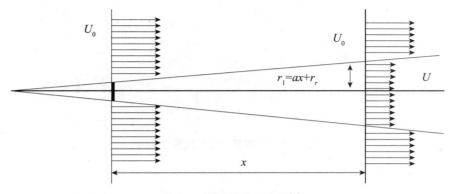

$$r_1 = ax + r_r$$

图2-2　尾流效应示意图[6]

速，u_j 表示 j 点的风速。然后：

$$u_j = u_0(1 - vd_{ij}) \qquad (2-2)$$

其中 vd_{ij} 表示位置 i 产生的尾流导致的位置 j 的速度衰减。可通过以下公式计算 vd_{ij}：

$$vd_{ij} = \frac{2a}{1 + \alpha\left(\dfrac{x_{ij}}{r_d}\right)^2} \qquad (2-3)$$

分子中的 a 被称为轴向干扰系数，通过以下公式计算：

$$a = 0.5(1 - \sqrt{1 - C_T}) \qquad (2-4)$$

分母中的 r_d 被称为下游风轮半径，通过以下公式计算：

$$r_d = r_r \sqrt{\frac{1-a}{1-2a}} \qquad (2-5)$$

x_{ij} 表示位置 i 和 j 之间的距离。我们采用的符号与文献［2～4，6，8］中使用的符号相同，同样也相当于文献［20］中使用的符号。

由于风电场中会安装很多风电机，产生的尾流会相互交叉，并同时影响风电机的下风向。在 Jensen 模型中，位置 j 处的总速度衰减 $v_{def}(j)$ 受多个尾流的影响，可通过以下公式计算：

$$v_{def}(j) = \sqrt{\sum_{i \in W(j)} vd_{ij}^2} \qquad (2-6)$$

其中 $W(j)$ 表示对位置 j 产生尾流影响的风电机。然后，在公式（2-2）中，用 $v_{def}(j)$ 代替 vd_{ij}，计算 u_j。我们通过图2-3加以解释。

其中，风以 $U_0 = 12\text{m/s}$ 的速度从左向右吹，风电机 A 和 B 产生的尾流影响位置 C。我们的目的是计算风速 U_C。相关数据如下：

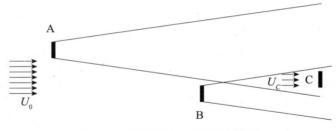

图 2 - 3　影响某一位置的多个尾流

· x_{AC} = 500m

· x_{BC} = 200m

· $z = 60$m

· $z_0 = 0.3$m

· r_r = 20m（即 D = 40m）

· C_T = 0.88

为了解决这个问题，我们使用公式（2 - 1）、（2 - 3）～（2 - 5）计算 vd_{AC} 和 vd_{BC}，得出：

· vd_{AC} = 0.020 8

· vd_{BC} = 0.111 6

部分结果可以解释如下：

· 如果 C 仅受 A 的影响，则位置 C 的环境风速会降低 2.08%。

· 如果 C 仅受 B 的影响，则位置 C 的环境风速会降低 11.16%。

然后，我们采用公式（2 - 6）计算总速度衰减，得出 $v_{def}(C) = 0.113\ 5$（位置 C 的风速降低了 11.35%），并采用公式（2 - 2）计算 $U_C = U_0(1 - v_{def}(C)) = 10.64$m/s。需要注意的是，虽然 B 位于 A 产生的尾流的内部，但它们的计算方法相同。

这个例子强调了多个尾流组合的一个重要特性：总速度衰减主要取决于产生尾流的距离最近的风电机。其中，总速度衰减 $v_{def}(C)$ 与风电机 B 产生的速度衰减 vd_{BC} 很接近。换言之，风电机 A 不会对位置 C 处的风速产生实质性影响，如果 A 不存在，风速 U_C 等于 10.66m/s。但是，我们并没有完全了解多个尾流的相互作用，这也是空气动力学领域很多研究的主题。Vermeer 等人[13]指出，最近的研究主要强调大型风电场中实际发电量和预计发电量之间的巨大差值，尾流的相互作用对这一差值的影响很大。

在以风向和环境风速为特征的场景 s 下，风电场的发电功率可以通过计算每台风电机位置 v_j^s 处的风速 $j \in L$ 得出。将 $P(v)$ 用作一个函数，并假设该函数已知，用于计算风速为 v 时一台风电机的功率。将所有风电机的功率相加，得出总功率值。如果存在多个场景，将各个场景中产生的功率相加，根据其实现概率 r_s 计算预期功率。根据现有文献，目标是实现总功率 T 函数值最大化：

$$T = \sum_{s \in S} r_s \sum_{j \in L} P(v_j^s) = \sum_{s \in S} r_s \sum_{j \in L} P\left[U_{s} \cdot \left(1 - \sqrt{\sum_{i \in W^s(j)} v d_{ij}^2}\right)\right] \tag{2-7}$$

其中，$W^s(j)$ 表示在场景 s 下对位置 j 产生尾流影响的风电机。虽然决定变量（如风电机的位置）并未在公式（2-7）中明确出现，但是 $W^s(j)$ 直接取决于这些决定变量。很明显，数学模型还应包括 $W^s(j)$ 的约束因素，以确保该模型的正确性。例如，在场景 s 中，位置 a 影响位置 b，位置 b 影响位置 c，则位置 a 也一定会影响到位置 c。由于这一问题不在本研究范围之内，在此不作讨论。

2.4 风电场布局优化相关专著

运筹学和运筹管理领域的研究往往忽略风电场布局优化问题。目前，刊载相关专著的期刊大多与能源和风力工程有关。这些文章中采用了现有的优化方法求解不同形式的风电场布局优化问题，并未关注求解方法本身。但是，这个问题受到了越来越多的关注，如图 2-4 所示是通过谷歌学术搜索关键词"风电场、尾流、风电机、位置、优化"得出的 1992 年至 2009 年发表的论文数量。需要注意的是，这些论文主要关注尾流效应模型，而不是风电场布局优化。尽管如此，此类论文的不断增加表明人们越来越关注风电场发电量精确评估，因此风电场的设计也会更加谨慎。

在下述讨论中，我们识别并查阅了与这一问题相关的比较著名的专著，重点关注优化领域可以解决的缺点及研究机会。Mosetti 等人[6]最早研究了风电场布局优化问题。其将风电场建模为 10×10 方形网格，并将这 100 个方格的中心作为风电机的拟定位置。为确保 Jensen 模型的有效性，每个单元的一侧均设置为 $5D$——虽然 $3D$ 就足够了[13]。所用的风电机轮毂高度 $z = 60\text{m}$，直径 $D = 40\text{m}$，恒定推力系数 $C_T = 0.88$。图 2-5 中所示的功率曲线表达如下：

$$P(U) = \begin{cases} 0 & U < 2 \\ 0.3U^3 & 2 \leq U < 12.8 \\ 629.1 & 12.8 \leq U < 18 \\ 0 & 18 \leq U \end{cases}$$

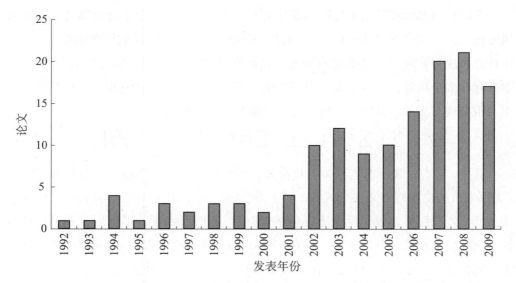

图 2-4 通过谷歌学术搜索关键词"风电场、尾流、风电机、位置、优化"得
出的 1992 年至 2009 年发表的论文数量

其中风速 U 的单位为 m/s，功率单位为 kW（图 2-5）。

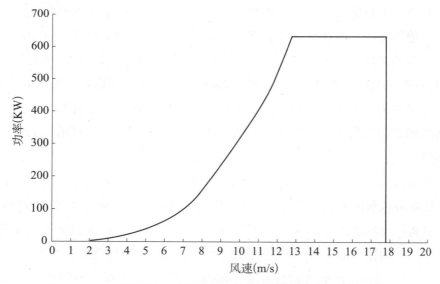

图 2-5 文献 [6] 中采用的功率曲线

Mosetti 等人[6]未预先确定风电机的数量，其研究旨在降低安装成本 $cost_{tot}$，同时实现功率 P_{tot} 最大化。其中功率已在前述章节进行了解释，此处仅界定安装成本：

$$cost_{tot} = N_t \left(\frac{2}{3} + \frac{1}{3} e^{-0.00174 N_t^2} \right) \qquad (2-8)$$

其中，N_t表示安装的风电机数量。一台风电机的成本（上述公式中括号内的表达式）随着N_t的增加而降低，反映了概述中提到的规模效益。采用的目标函数为：

$$Obj_{MOS} = \frac{1}{P_{tot}}w_1 + \frac{cost_{tot}}{P_{tot}}w_2 \qquad (2-9)$$

其中，加权值w_1始终比w_2小。

文献［6］中使用的求解方法基于遗传算法（GA）。基于遗传算法的求解方法有很多，这些方法是通过组合与选择的方式迭代产生的。在每次迭代过程中，各种求解方法相互组合，生成新的求解方法。一种求解方法使用 100 个二进制变量的矢量x_i表示（其中$i=1$，100），每个二进制变量表示位置i处的风电机。两种方法的有效结合也包括生成一种新的方法。在生成新方法后，其中一些组成部分可能会发生改变，显示出方法组合的多样性。此机制称为变异，与生物进化中的遗传变异相似。关于遗传算法的概述，请参阅文献［21］。

Mosetti 等人介绍了 3 个问题案例：A、B 和 C。在案例 A 中，风保持从北向南吹，速度为 12m/s；在案例 B 中，风速同样为 12m/s，但风向在 36 个角度内均匀分布，每个角度的非完整圆圆度均为 10°；在案例 C 中，上述 36 个方向上风速分三种：8m/s、12m/s、17m/s。图 2-6 所示为各种风速和风向的概率分布。

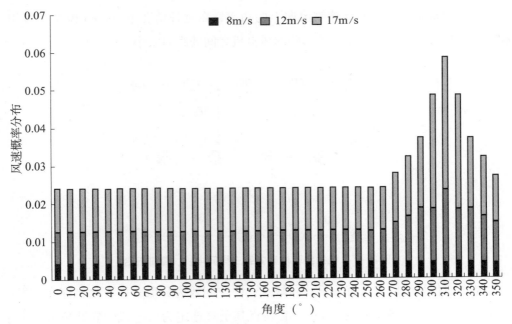

图 2-6 案例 C 的风速概率分布[6]

一项计算研究显示，通过遗传算法得出的求解方法中，目标函数值和效率高于通过在随机位置安装风电机得出的求解方法中的相应值。通常使用效率评估和比较求解方法，其定义如下[6]：

在相同的未扰动风况下，风电场中 N_t 台风电机获得的总能量与一台风电机 N_t 次获得的能量的比值。

Grady 等人[3]更改了遗传算法的参数设置，并重新进行了文献［6］中描述的实验。其研究显示，将 20 个亚群迭代 3 000 次，可以得到更好的求解方法。最近，Hou-Sheng[4]采用分布式遗传算法对这些结果进行了改进，其中每个亚群中一小部分高质量个体会迁移至另一个亚群。Sisbot 等人[8]提出了一个多目标遗传算法，其中包含两项目标，分别为实现功率最大化和最大程度降低成本。但是这种方法仅在风向和风速固定的情况下进行了测试。Sisbot 等人认为，通过假设可使用矩形单元替代方格单元，所以两台风电机之间的最小距离在主导风向上为 $8D$，在侧风向上为 $2D$。这也是以下风电场设计经验法则的基础（http：//guidedtour. windpower. org/en/tour/wres/park. htm，上次访问日期 01/06/2010）：

风电场中的风电机间距在主导风向上通常为 5～9 倍风轮直径，在主导风向的垂直方向上通常为 3～5 倍风轮直径（图 2 –7）。

这一简单方法仅考虑了主导风向，由此设计出的风电场布局可能不够完善。此外，该方法也未描述如何计算侧风向上的功率，在这种情况下 Jensen 模型不可用，因为产生尾流的风电机与受尾流影响的风电机之间的距离太小。

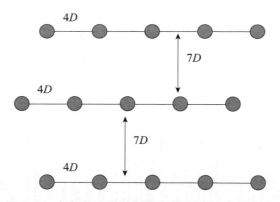

图 2 -7　根据经验法则安装三排风电机，每排五台

基于遗传算法的方法有一项共同缺点：解空间较为分散。换言之，存在一组预定义的潜在位置（各单元的中心），必须将其子集选定为风电机的安装位置。由于连续位置之间的距离是通过风轮直径分隔的，并且不可能选择中间位置，因此可能不会考虑潜在的更佳位置。为解决这个问题，我们可以考虑设计一个较密的网格，

如单元侧边更短的网格，但要设置邻近约束条件，避免产生不可行解。这些约束条件能够防止风电机的安装间距过小（小于 3 倍风轮直径长度）。然而，遗传算法无法以自然的方式嵌入约束条件，必须通过在目标函数求值程序中引入可行性检验的方式进行，这会使搜索速度明显减慢。尽管如此，引入邻近约束条件的计算影响仍然不明确，因为尚未进行过相关验证。

Aytun 和 Norman[2] 首次尝试了解决离散空间的限制问题。他们提出了一种局部搜索方法，需要重复考虑风电机的加装、拆除或移动，以提高目标函数值。加装操作随机生成一些位置，作为新增风电机的拟定安装位置；拆除操作需考虑所有现有风电机的拆除；移动操作尝试沿着预定方向将现有的风电机移动 4 倍直径的长度。考虑到进行加装操作时，会随机生成并评估一组新的待选位置，因此风电机可以安装在风电场中的任意位置。但是，并不能认为该方法考虑了连续解空间；相反，该方法考虑了离散空间，此类空间的潜在位置是随机生成的，而不是预先设定的。

Rivas 等人[7] 发表了类似的专著，提出了一项采用相同步骤集合（加装、拆除、移动）的模拟退火程序。由于模拟退火算法是一种邻域搜索，可接受非改进性步骤[22]，它能够克服文献 ［2］ 所述纯局部搜索的限制。除了完善求解方法以外，Rivas 等人[7] 开展了一项计算研究，以评估其方法所得解的质量与经验法则所得解的质量之间的差别。他们考虑了两个不同的问题：一是安装 106 台 3MW 的风电机，二是安装 64 台 5MW 的风电机，这两种问题安装的风电机总功率相似。每个问题都通过设定风电场的预定义地域延伸（或场地面积）求解，这相当于设定装机功率预定义密度（区域越小，密度越高）。Rivas 等人[7] 在求解这两个问题时既使用了自身提出的方法又使用了经验法则。图 2－8 对其研究结果进行了总结，列明了从这两个问题及所考虑的场地面积中得出的效率。浅色点表示根据经验法则得出的结果，深色点表示根据模拟退火程序得出的结果。显然，采用经验法则求解这两个问题（106 或 64 台风电机）时，风电场的效率会随着场地面积的增加而提高。通过图 2－8 中的两条线可以看出这一趋势。应注意的是，采用 Rivas 等人提出的方法求解这两个问题时，在 64 台风电机问题中所得解的质量高于 106 台风电机问题。

换言之，如果风电机的数量较少，但功率较大（如 64 台 5MW 的风电机），该方法相对于经验法则的优势很明显，但是在风电机数量较多但功率较小（如 106 台 3MW 的风电机）的情况下，就不存在这种优势。虽然这一特性仅适用于 Rivas 等人提出的方法，但其中可能暗含一种适用于所有方法的一般特性：如果安装的风电机数量较少，风电场布局会严重影响解的质量，同样，如果安装的风电机数量较多，

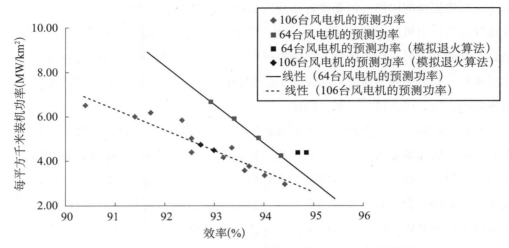

图2-8　Rivas等人[7]关于场地面积和风电机数量对效率的影响的研究

风电场的布局不会对解的质量造成太大影响。这一论点的论据基于多个尾流叠加的特性，据此可得：总速度衰减主要取决于产生尾流的距离最近的风电机（2.3节）。如果安装的风电机数量很多，则不管如何布置，大部分风电机都会受到至少一处尾流的影响；相反，如果安装的风电机数量较少，则可能只有少部分或几乎没有风电机会受到尾流的影响，例如沿着与风向垂直的方向安装一排风电机，呈直线排列。在风电机数量较多的情况下，优化布局会降低同时对风电机产生影响的平均尾流数量，但是对目标函数值的影响不大；在风电机数量较少的情况下，优化布局可能会防止风电机受到尾流的影响，同时也会对目标函数值产生很大影响。为证明这一观点，还需开展进一步研究。

　　下面讨论真正考虑连续解空间的第一种方法——文献［20］中提出的方法。这种方法旨在为预先确定风电机数量的海上风电场设计出最优布局。海上场景与陆上场景不同，其成本和发电量都明显依赖于风电机的位置。水深越深，安装和维护成本越高，发电量也越高，这是由于离岸距离越远，风速越快。因此，应在这两个对比效应之间找到一个最佳平衡点，从而确定风电机的离岸距离。设定的目标之一是最大程度降低平准化发电成本（LCOE），文献［23］中LCOE定义如下：

$$LCOE = \frac{C_C \times FCR + C_{O\&M}}{AEP} \qquad (2-10)$$

　　其中，C_C表示风电场的总建设投资成本（风电机、基础设施和输电成本）；FCR表示固定费用率，即现值系数，包括负债和权益成本、税费和保险；$C_{O\&M}$表示年度经营和维护成本；AEP表示年发电量。该目标函数与OBJ_{MOS}相似，但是其还包括经营和维护成本，因此更加完整。AEP 按照 2.3 节的描述计算，但是风力分布按照连续概率分布而非一系列场景进行描述的情况除外。特别是，与文献［20，24］一致，将风力数据与威布尔分布拟合，威布尔分布取决于风向、风速和风电机的位置。优化问题的变量是风电机安装位置的坐标，风电机的数量是固定的，通过目标函数最陡上升方向的梯度搜索进行优化。通过解决现实风电场中的两个风电机位置问题对该程序进行测试得到一个最终解，即一台风电机尽可能靠近电网接入点（以最大程度地降低电网接入成本），另一台风电机安装在能够尽可能降低相互之间尾流效应的位置，并尽可能靠近第一台风电机（间距为 3.5 倍风轮直径），以最大程度地降低互联成本。很明显，这一实例中考虑的风电机数量太少，无法证明该方法在解决涉及几十台风电机的现实问题时仍然有效。但是，这至少提供了一个框架，基于该框架可以延伸出多个有效的优化程序。为此，采用实际可行且完整的目标函数，通过威布尔分布对风特性进行精确建模，并考虑了其他专著中容易忽略的方面，尤其是电网接入成本和风电机的互联成本。目标函数可以很容易地嵌入启发式求解方法中，但是该目标函数较为复杂，且呈非线性分布，因此无法嵌入精确求解方法中。

2.5　结论

本章描述了风电场布局优化问题，这是风电场设计过程中需要解决的一个关键问题。设计出更好的布局有利于实现更高的发电量和利润。虽然该问题一直被运筹学领域所忽略，但最近受到了科学界越来越多的关注。我们已经描述了用于计算尾流效应对发电量的影响的数学模型，虽然该数学模型较为简单，但其效率和精确度较高。

目前已发表的专著对未来关于高效求解方法的研究提供了一个良好的开端，但是这些专著在某些方面却不尽如人意。首先，提出的求解方法都无法评估所得解的质量。换言之，现有的专著均无法计算功率的上界——不存在尾流效应时的功率除外。这些专著中提出的算法的求解质量比较高，但无法确定与最优解相比有多大差距。风电场开发商应了解这一情况，以决定是否值得花费更多时间选择更优的布局。其次，提出的算法均为启发式算法。另一方面，精确求解方法可以求得总体最优值或更紧凑的上界。在这个方面作出尝试的只有 Donovan[25]，他将风电场布局优化问题编制成整数规划，但是未考虑尾流效应。

在风速和尾流效应计算中还要考虑地形因素。现有专著通常只考虑平坦区域的

风力发电系统手册

状况（文献［20］除外），并假设整个风电场内的风力分布情况相同。这种假设适用于海上风电场，但是假设陆上风电场区域绝对平坦均匀是不现实的。山丘、河流、森林、道路或建筑物都会严重影响风力分布和尾流效应，而这些因素都未考虑。忽略这些因素的一个原因是，在计算目标函数值时，很难制定一种考虑这些信息的常规程序。这不仅在技术方面面临困难，还有一个问题是目前出版的专著中很少有相关描述，因此很难获取相关参考。但是，目前有一些软件包，能够根据陆上地形因素计算目标函数值，如 WaSP。WaSP 是一款计算机辅助设计程序，可用于风电场设计。WaSP 用户可以界定风力分布情况、风电机类型、风电场详细信息（包括自然因素）以及风电机位置。此外，该程序可以根据输入值预测年发电量。WaSP 不是免费软件，可登陆 http：//www. wasp. dk/Products/wat/WAThelp/获取操作信息。据知，该网址在计算年发电量方面的描述较为详尽。

尾流效应会导致风速下降，但其负面影响不止这一点。除了降低风速以外，由于尾流空气更加湍急，长远来看会造成叶片损坏，以致增加维护成本。虽然有一些关于湍流强度的研究[13,26]，但现有的方法往往忽略了这个方面。湍流对维护成本的影响往往会被忽略，这是因为无法准确描述该影响。虽然做出了一些努力[27]，但仍然没有找到合适的方法测量湍流产生的成本影响。但是，除了实现功率最大化这一目标以外，多目标优化技术还能够实现最大程度降低湍流强度等其他目标，或者，可以加入一项约束因素，防止出现较大的湍流强度值。

目前来看，忽略的最重要方面是安装阶段。尤其是在陆上项目中，虽然已求出了风电场布局优化问题的最优解，但是该求解方法并不一定可行，或并不一定可以最大程度地降低建设成本。实际上，需要考虑三个方面，包括土地所有者、道路建设和限制约束条件。如概述部分所述，土地所有者必须能够积极地参与到项目中。一些土地所有者很容易被说服而同意在其所有的土地上安装风电机，但也有一些土地所有者拒绝合作。在这种情况下，风电场开发商可能会考虑向他们提供更多补偿金。场地选择取决于风的强度及道路建设。影响项目决策的一个基本约束条件是，每台风电机的位置必须连接可进入的道路，否则就无法运输安装所需的一些施工材料。如果没有可用的道路，则风电场开发商需要进行道路建设。一般情况下，土地所有者（通常为农民）只同意沿农田边界修建道路，以降低对农业活动的影响。但是，在某些情况下并不存在这种约束条件，如在牲畜养殖区域。风电场开发商希望尽可能减少道路修建，但是至少要确保有完全连通的道路网，即从任意一点都可以到达另一点，而不需要通过公共道路。这样，用于安装风电机的起重机可以更方便地在整个道路网内移动，无需拆卸。另外一方面，如果公路网是由交叉分布的公共道路子网组成的，起重机需要通过该公共道路才可达到下一位置。但是，整装的起重机不能在公共道路上行驶，因此必须将起重机拆卸才能运送至另一个子网，然后再重新组装。很难获取运输成本信息（风电场开发商通常不会披露成本信息），其预计约为数万美元。此外，还有一些其他限制约束条件会影响风电机的位置。例如，风电机的安装位置不能太靠近房屋、军事设施、飞机场或非合作土地所有者的土地边界。另外，风电机的安装位置不能影响鸟类迁徙，也不能对景观造成不利的视觉影响。更多限制约束条件，请参阅文献［28］。

据知，风电场布局优化问题的现有公式完全忽略了所有这些协调因素。我们认为主要原因是无法在相关出版材料中获得相关参考信息。实际上，风电场开发商通常会对此类信息保密。但是，在不考虑这些因素的情况下，风电场布局优化问题仍然是一个抽象的演算过程。

致谢　感谢 John Callies 先生和 IBM 共享大学研究项目（SUR）对本章的编写提供的帮助。

参考文献

［1］ Méchali M，Barthelemie R，Frandsen S，Jensen L，Rethoré P et al（2006）Wake effects at horns rev and their influence on energy production. In：European wind energy conference and exhibition，Athens.

［2］ Aytun Ozturk U，Norman B（2004）Heuristic methods for wind energy conversion system positioning. Electr Power Syst Res 70：179 – 185.

［3］ Grady SA，Hussaini MY，Abdullah MM（2005）Placement of wind turbines using genetic algorithms. Renew Energy 30：259 – 270.

［4］ Hou-Sheng H（2007）Distributed Genetic Algorithm for optimization of wind farm annual profits. In：International conference on intelligent systems applications to power systems，Kaohsiung，Taiwan.

［5］ Kusiak A，Song Z（2009）Design of wind farm layout for maximum wind energy capture. Renewable Energy 35：685 – 694.

［6］ Mosetti G，Poloni C，Diviacco D（1994）Optimization of wind turbine positioning in large wind farms by means of a Genetic algorithm. J Wind Eng Ind Aerody 51：105 – 116.

[7] Rivas RA, Clausen J, Hansen KS et al (2009) Solving the turbine positioning problem for large offshore wind farms by simulated annealing. Wind Eng 33: 287 - 297.

[8] Şişbot S, Turgut Ö, Tunç M et al (2010). Optimal positioning of wind turbines on Gökçeada using multi-objective genetic algorithm. Wind Energy 13: 297 - 306.

[9] Petersen EL, Mortensen NG, Landberg L et al (1998) Wind power meteorology. Part I: climate and turbulence. Wind Energy 1: 25 - 45.

[10] Kelley ND, Jonkman BJ, Scott GN, et al (2007) Comparing pulsed doppler LIDAR with SODAR and direct measurements for wind assessment. In: American Wind Energy Association wind power 2007 conference and exhibition. Los Angeles, California.

[11] Frehlich R, Kelley N (2010) Applications of scanning Doppler Lidar for the wind energy industry. The 90th American meteorological society annual meeting. Atlanta, GA.

[12] Ainslie JF (1988) Calculating the flow field in the wake of wind turbines. J Wind Eng Ind Aerodyn 27: 213 - 224.

[13] Vermeer LJ, Sørensen JN, Crespo A (2003) Wind turbine wake aerodynamics. Prog Aerosp Sci 39: 467 - 510.

[14] Wilcox DC (1998) Turbulence Modeling for CFD. La Canada, DCW Industries, CA.

[15] Jensen NO (1983) A note on wind generator interaction. Risø DTU national laboratory for sustainable energy.

[16] Katic I, Højstrup J, Jensen NO (1986) A simple model for cluster efficiency. In: Europe and Wind Energy Association conference and exhibition, Rome, Italy.

[17] Katic I (1993) Program PARK, calculation of wind turbine park performance. Release 1.3 + +, Risø National Laboratory, Rosklide.

[18] Barthelmie R, Larsen G, Pryor H et al (2004) ENDOW (efficient development of offshore wind farms): modelling wake and boundary layer interactions. Wind Energy 7: 225 - 245.

[19] Barthelmie R, Folkerts L, Larsen GC et al (2006) Comparison of wake mod-

el simulations with offshore wind turbine wake profiles measured by Sodar. J Atmos Oceanic Technol 23: 888 – 901.

[20] Lackner MA, Elkinton CN (2007) An analytical framework for offshore wind farm layout optimization. Wind Eng 31: 17 – 31.

[21] Goldberg DE (1989) Genetic algorithms in search optimization and machine learning. Addison-Wesley Longman Publishing Co. Inc, Boston.

[22] Brooks SP, Morgan BJ (1995) Optimization using simulated annealing. J R Stat Soc D (The Statistician) 44: 241 – 257.

[23] Manwell JF, McGowan JG, Rogers AL (2002) Wind Energy Explained. Wiley, West Sussex.

[24] Garcia A, Torres JL, Prieto E et al (1998) Fitting wind speed distributions: a case study. Sol Energy 62: 139 – 144.

[25] Donovan S (2005) Wind farm optimization. University of Auckland, New Zealand.

[26] Crespo A, Hernandez J (1996) Turbulence characteristics in wind-turbine wakes. J Wind Eng Ind Aerody 61: 71 – 85.

[27] Kelley, ND, Sutherland HJ (1997) Damage estimates from long-term structural analysis of a wind turbine in a U. S. wind farm environment. In: Prepared for the 1997 ASME Wind Energy Symposium, Reno, Nevada. NREL/CP-440-21672, Golden, CO: National Renewable Energy Laboratory. pp 12.

[28] Burton T, Sharpe D, Jenkins N et al (2001) Wind energy handbook. Wiley, New York.

第三章
风电交易风险管理工具：天气衍生品

Yuji Yamada[①]

摘要：风力发电功率在很大程度上取决于风况，具有不稳定性或不确定性，这是风电应用中存在的一个很大难题，因此风功率预测非常重要，同时也是电力行业确保风力发电市场正常运转的关键。但是，由于存在预测误差，风功率预测中还会产生其他问题。本章总结了风力发电市场中管理此类风险所用的常规工具，重点关注潜在的保险索赔或所谓的天气衍生品。天气衍生品合约以天气指数为基础，其中天气指数数值根据气象数据得出。

本章介绍了基于风况及风况预测信息的天气衍生品。或者，我们称之为"风况衍生品"，其收益取决于风况的预测误差。标准天气衍生品的标的指数根据观测的气象数据（如温度）得出，但本文讨论的风况衍生品的标的指数根据预测数据得出，且其收益取决于实际数据和预测数据的差值。此类衍生品合约可能有助于对冲输出功率预测误差或风能业务中风况预测误差导致的潜在损失（或风险）。我们以日本一座风电场的经验数据为例，阐述了风况衍生品的对冲效应。

3.1 概述

受世界风力发电量日益增长的影响，新能源市场中出现了与风险管理和运营有关的新问题。由于风力发电输出功率在很大程度上依赖于风况，因此其具有不稳定性或不确定性，这是实际应用中一个很大的难题。这个问题可能会明显反应在电网发电计划和频率控制方面，因此各国亟需提高风电预测的精确度。

风况预测非常重要，同时也是电力行业确保风力发电市场正常运转的关键。但是，由于存在预测误差，风功率预测中还会产生其他问题。本章中总结了风力发电

---

① Y. Yamada（✉）

日本筑波大学商业及科学研究生院，日本东京文京区大冢 3-29-1，112-0012

e-mail：yuji@ gssm. otsuka. tsukuba. ac. jp

市场中管理此类风险所用的常规工具，重点关注潜在的保险索赔或所谓的天气衍生品，这对风力发电市场中的风电交易具有潜在作用。

天气衍生品合约以天气指数为基础，其中天气指数为变量，其数值根据气象数据得出。此类合约的收益基于特定地点（如日本东京）在特定时期内的天气指数（如温度、雨、雪、风等）。虽然描述天气动力学的标的变量有很多，但目前大多数合约都以温度指数为基础，例如月平均温度或采暖度日数/降温度日数（HDDs/CDDs）。此处的采暖度日数和降温度日数与基准温度有关，用于表示与温度有关的冬季/夏季能源需求。例如，采暖度日数可定义为基准温度减去日平均温度值和零[1]之间的最大值，且每月的合约基于特定日历月的累计采暖度日数。

天气衍生品与金融衍生品的区别在于天气衍生品的标的指数（如气象数据）没有直接现金价值，这与股票或债券不同。因此，天气衍生品交易的方式通常是保险，而不是投资，机构/个人可能会利用天气衍生品来降低与不利或不可预见天气条件有关的风险。应注意，保险与衍生品之间的区别在于保险收益由与标的有关的损失决定，但是，对于衍生品来说，收益是由标的指数决定的，例如天气衍生品中的气象数据。

需要注意的是，世界范围内的交易总额在日益增长。天气风险管理协会①的数据显示，天气交易的总限值在2003～2004年的十二个月内达到了47亿美元，但是在2005～2006年期间，总限值增长了近10倍，达到452亿美元。天气衍生品交易的方式有很多：一级市场交易为场外市场交易（OTC），双方进行私下交易；二级市场的增长部分在芝加哥商业交易所（CME）进行交易，其中列举了自2010年6月起美国24个城市、欧洲11个城市、加拿大6个城市、日本6个城市以及澳大利亚与温度有关的天气衍生品交易。②

本章介绍了基于风况及风况预测信息的天气衍生品。或者，我们称之为"风况衍生品"，其收益取决于风况的预测误差。文献［2］首次介绍了基于预测误差的天气衍生品合约，在本章中，主要解释相关的研究结果。大多数有关天气衍生品的文献都讨论了与温度有关的问题[3~9]，其中标的指数根据观测的气象数据（如温度）得出。但本章讨论的天气衍生品的标的指数根据预测数据得出，且其收益取决于实

---

① 参见 http：//www.wrma.org/。

② 参见 http：//www.cmegroup.com/。

际数据和预测数据的差值。此类天气衍生品合约可能有助于对冲输出功率预测误差或风能业务中风况预测误差导致的潜在损失（或风险）。

我们使用了以下符号：变量的观测值序列表示为 x_n（$n = 1$，$\cdots$，N），样本均值和样本方差分别表示为 $\mathrm{Mean}(x_n)$ 和 $\mathrm{Var}(x_n)$。$\mathrm{Cov}(x_n, y_n)$ 和 $\mathrm{Corr}(x_n, y_n)$ 分别表示样本协方差和样本相关性，其中 y_n（$n = 1$，$\cdots$，N）表示另一变量的观测值序列。实数集用 $\Re$ 表示，$n \times m$ 实数矩阵用 $A \in \Re^{n \times m}$ 表示。

本章其他部分结构如下：3.2 节主要解释衍生品的基本结构，并介绍了定价问题的一些依据。在本节中，我们使用一个符合零期望值条件的收益函数表达一般定价问题。3.3 节主要介绍与风速预测误差有关的风况衍生品，并通过介绍风电场的损失函数提出了一个对冲问题。此外，本节综合考虑收益和损失函数，定义了四种类型的问题。3.4 节主要介绍经验性分析，我们以日本一座风电场的经验数据为例阐述了风况衍生品的对冲效应。在 3.5 节中，我们进一步讨论了与预测误差有关的风险管理，并提出了未来的研究方向。3.6 节对本章进行了总结。

3.2　衍生品的基本结构

在讨论风况衍生品之前，我们需要了解金融衍生品中常用的一些基本术语和收益结构。

3.2.1　衍生品定价基础

远期合约是相对简单的一种金融衍生工具。远期合约签订时价值为零，合约双方约定在未来某一时刻（$T > 0$）按约定的价格（远期价格）买卖约定数量的标的资产（如股票）。如果到期日股票价格高于远期价格，则买方会盈利，金额为股票实际价格与远期价格的差值；如果股票价格跌至远期价格以下，则买方会亏损。在任何情况下，买方盈利（或亏损）均表示为

$$S_T - F_0 \tag{3-1}$$

其中，S_T 表示 T 时的股票价格，F_0 表示合约签订时预先设定的远期价格。考虑到现金结算因素，我们可以说远期合同在 T 时刻的"收益"为 $S_T - F_0$。图 3-1 所示为远期合同的收益函数，其中 x 轴表示 S_T，y 轴表示收益。从图中可以看出，收益函数与远期合同呈线性相关。

但是，看涨期权的收益函数具有非线性结构，如图 3-2 所示，其中看涨期权是指在未来某一时刻（$T > 0$，即到期日）按约定的价格 K（执行价格）购买股票的权

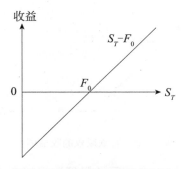

图 3 - 1　远期合约的收益函数

利，而非义务。与远期合同不同，如果在 T 时刻 $S_T \leq K$，期权持有人不一定要购买标的股票，在这种情况下，期权无价值。换言之，$S_T \leq K$ 时，在 T 时刻期权价值为 0。注意，如果 $S_T > K$，期权持有人的收益可能为 $S_T - K$，与远期合同相似。考虑到这两种情况，在 T 时刻看涨期权的收益可以表示为

$$\max(S_T - K, 0) \tag{3-2}$$

图 3 - 2 所示为 S_T 的收益函数。

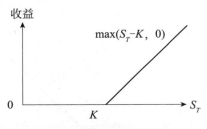

图 3 - 2　看涨期权的收益函数

看跌期权是指在未来某一时刻 T 以执行价格 K 卖出股票的权利。同样，S_T 的收益函数可以表示为

$$\max(K - S_T, 0) \tag{3-3}$$

如图 3 - 3 所示。

虽然可以引入与标的股票买卖时间选择有关的灵活性期权合约，但本章我们主要介绍收益产生在未来某一时刻（$T > 0$）的期权及其他衍生品。合约签订时的定价问题可以表达为：

求出合约签订时的期权价值，在 T 时刻的收益由给定的收益函数确定，例如图 3 - 2 中的看涨期权收益函数或图 3 - 3 中的看跌期权收益函数。

使用 V_0 表示合约签订时的期权价值，则 V_0 表示履行此期权合约的初始成本。另外，远期合约的初始成本始终为 0，这是远期合约和期权合约的本质区别。

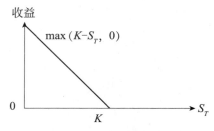

图 3 - 3　看跌期权的收益函数

在期权合约中不支付初始成本，而是假设期权持有人在 T 时刻支付固定金额，即在产生收益的时间支付。支付的固定金额对应于初始成本 V_0，但还要考虑时间价值，其中无风险利率（$r > 0$）是合约签订时和 T 时刻的复合利率。T 时刻的固定支付金额可以表示为 $e^{rT}V_0$，且在合约签订时已知。我们可以将此类合约看成看涨期权情况下固定支付金额 $e^{rT}V_0$ 和不确定收益 $\max(S_T - K, 0)$ 之间的"掉期"。此种情况下，看涨期权的 S_T 的收益函数（用 $\psi(S_T)$ 表示）可以调整为

$$\psi(S_T) := \max(S_T - K, 0) - e^{rT}V_0 \tag{3-4}$$

如图 3 - 4 所示。

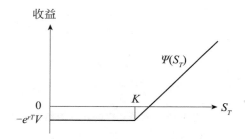

图 3 - 4　执行价格为 K 的看涨期权掉期的收益函数

注意，公式（3 - 4）表示的价值可以看做期权持有人在 T 时刻的现金流，而合约对方（即期权卖方）的现金流可以表示为

$$-\psi(S_T) \tag{3-5}$$

因此，公平合约可能会将 $\psi(S_t)$ 的期望值设为 0，公式如下：

$$\mathrm{E}[\psi(S_T)] = 0 \tag{3-6}$$

其中 E 表示期望值算子，则 V_0 可以表示为

$$V_0 = \mathrm{e}^{-rT}\mathrm{E}[\max(S_T - K, 0)] \tag{3-7}$$

同样，对于远期合约，我们可以得出

$$\mathrm{E}[S_T - F_0] = 0 \tag{3-8}$$

其中，远期价格表示为

$$F_0 = \mathrm{E}[S_T] \tag{3-9}$$

根据资产定价的基本定理[10]，如果 E 是根据风险中性概率测度确定的，则定价公式（3-7）有效，这与文献［11，12］的原始结果"Black-Scholes-Merton 期权定价模型"一致。另一方面，在经验数据分析中，我们通常研究实际测度，从观测数据的样本统计值（如样本均值和样本方差）中获取标的概率分布的变量。虽然可以采用合适的测度转化技术将实际概率测度转化为风险中性概率测度，但为简单起见，本文假设可根据实际概率测度得出风险中性概率测度，并对实际概率测度的衍生品价值进行了评估。需要注意的是，实际和风险中性概率测度之间关系不在本文的讨论范围内，有兴趣的读者可以参阅文献［13］。

3.2.2　收益函数的一般定价问题

如 3.2.1 节结尾部分所述，看涨期权掉期合约的收益函数（3-4）符合条件（3-6）。另外，远期价格也符合条件（3-8）。这些条件通常认为掉期合约和远期合约的 S_T 收益函数期望值为 0，即

$$\mathrm{E}[\psi(S_T)] = 0 \tag{3-10}$$

例如，远期合约的 ψ 可以表示为

$$\psi(x) = x - F_0$$

看涨期权的 ψ 可以表示为

$$\psi(x) = \max(x - K, 0) - \mathrm{e}^{rT} V_0$$

因此，该问题可以重新表达为：

求出一个满足 $\mathrm{E}[\psi(S_T)] = 0$ 条件的 ψ，且 $\psi \in \Psi$，其中 Ψ 为函数集合，如下所示：

在远期合同中：$\Psi := \{\psi(x) = x - F_0 \mid F_0 \in \Re\}$ $\tag{3-11}$

在看涨期权中：$\Psi := \{\psi(x) = \max(x - K, 0) - \mathrm{e}^{rT} V_0 \mid V_0 \in \Re\}$ $\tag{3-12}$

可以看出，在任何情况下，只要条件（3-10）满足 Ψ 中的特定收益函数，则该合约为公平合约，所以我们可以通过将 $\psi \in \Psi$ 看做变量而得出合适的收益函数。这是以下章节中构造风况衍生品收益函数的基本理念。

3.3　有关预测误差和对冲问题的风况衍生品

在本节中，我们会阐述与预测误差有关的风况衍生品，并明确相关对冲问题。

3.3.1　风电场损失函数和问题设置

在风电交易中，我们通常考虑两种角色——卖方和买方，其中卖方被假定为风电场，负责根据风功率预测信息提交卖电报价。潜在电力销售合约描述如下，其中详细说明了与风功率预测误差有关的损失函数：

一般来说，受可交易数量不确定性的影响，风电价格通常较低。本文中我们假设未经预测的电价为 3 日元/kWh。如果通过预测提前对可交易量进行报价，则电价预计较高，但是卖方必须保证所报价交易量，如果出现短缺，应支付相应罚金。如果预测电价为 7 日元/kWh，短缺罚金为 10 日元/kWh，这些假设与预测中讨论的现状相似[14]。在这种情况下，预测误差导致的损失函数如图 3 - 5 所示，表示输出功率预测误差 $P - \hat{P}$（实际输出功率减去预测值）与预测误差导致的损失之间的关系。注意，即使预测误差为正值，我们也可以将这种情况视为以合理价格出售电力的机会损失。

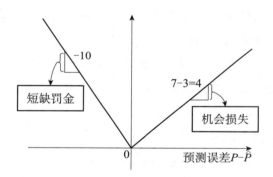

图 3 - 5　损失函数示例

考虑到上述情况，我们可以更加精确地表达该问题。使用 $n = 1, \cdots, N$ 表示时间指数（如小时指数），并明确了以下变量：

P_n：n 时的总输出功率；

$\hat{P}_n$：P_n 的预测值（提前 1 天计算）。

买方同意使用参考值 $\hat{P}_n$ 进行风电交易，如果预测误差超过某一水平，则应支付罚金。

用 $\varepsilon_{p,n}(n = 1, \cdots, N)$ 表示 n 时的风功率预测误差，罚金或售电机会损失会导致卖方遭受损失。假设使用损失函数 $\phi(\varepsilon_{p,n})$ 定义与风功率预测误差有关的损失，例如，如果卖方为风电场所有者，则损失函数如图 3 - 5 所示。同样，也有可能使预测值足够精确或使预测误差低于特定（较低）水平。在这种情况下，可以认为卖方能够从更高的电价中获利，此时损失为负值，即 $\phi(\varepsilon_{p,n}) < 0$。我们假设

$$\text{Mean}(\phi(\varepsilon_{p,n})) = 0 \qquad (3-13)$$

因此，平均利润/损失总值为 0。注意，我们采用的是样本均值，而不是期望值算子 E，下节将对经验数据进行分析。

还要考虑这样一种情况：卖方希望根据 $\phi(\cdot)$ 使用与风速预测误差有关的天气衍生品补偿 $\varepsilon_{p,n}$ 损失。为此，定义以下变量：

W_n：n 时的风速；

$\hat{W}_n$：W_n 的预测值（提前 1 天计算）。

用 $\varepsilon_{w,n}$ 表示风速预测误差。不失一般性，假设 $\text{Mean}(\varepsilon_{w,n}) = 0$。用 ψ 表示收益函数，则

$$\text{Mean}(\psi(\omega_{w,n})) = 0 \qquad (3-14)$$

注意，对于简单的远期合同，$\psi(\varepsilon_{w,n})$ 可以表示为线性函数，例如：

$$\psi(\varepsilon_{w,n}) = \varepsilon_{w,n} \qquad (3-15)$$

根据以上设置，我们首先要考虑以下问题：

（P1）给定风况衍生品的损失函数和收益函数，求出风况衍生品的最优数量。

（P2）给定损失函数，求出风况衍生品的最佳收益函数。

我们将对风况衍生品的对冲效应进行研究，并证明使用风速预测误差相关风况衍生品对冲非电量误差导致的损失非常有效。

然后，我们考虑存在收益函数的标准衍生品合约中的一种状况，但是损失函数仍有改进空间，如风电场所有者的损失函数。可将该问题看作逆向问题（P3），表示如下：

（P3）给定风况衍生品的收益函数，根据风功率预测误差得出最优损失函数。

最后，我们将收益函数和损失函数的同时优化问题表达为（P4），如下：

（P4）同时优化风况衍生品的收益函数和损失函数。

3.3.2　标准最低变量对冲问题

根据上一小节所述的符号和定义，第一个优化问题（P1）表达式如下：

$$\min_{\Delta \in \Re} \text{Var}(\phi(\varepsilon_{p,n}) + \Delta\psi(\varepsilon_{w,n})) \qquad (3-16)$$

合约电量优化问题可以看作标准的"最低变量对冲"，最优数量 Δ^* 可以计算为

$$\Delta^{*} = -\frac{\mathrm{Cov}(\phi(\varepsilon_{p,n}),\psi(\varepsilon_{w,n}))}{\mathrm{Var}(\psi(\varepsilon_{w,n}))} \qquad (3-17)$$

为预测对冲效应，我们将方差下降率（VRR）定义为：

$$\mathrm{VRR}: = \frac{\mathrm{Var}(\phi(\varepsilon_{p,n}) + \Delta^{*}\psi(\varepsilon_{w,n}))}{\mathrm{Var}(\phi(\varepsilon_{p,n}))} \qquad (3-18)$$

最小方差可以通过以下公式计算：

$$\mathrm{Var}(\phi(\varepsilon_{p,n}) + \Delta^{*}\psi(\varepsilon_{w,n}))$$
$$= \mathrm{Var}(\phi(\varepsilon_{p,n}))(1 - [\mathrm{Corr}(\phi(\varepsilon_{p,n}),\psi(\varepsilon_{w,n}))]^{2}) \qquad (3-19)$$

可以得出：

$$\mathrm{VRR} = 1 - [\mathrm{Corr}(\phi(\varepsilon_{p,n}),(\varepsilon_{w,n}))]^{2} \qquad (3-20)$$

注意，VRR 满足

$$0 \leqslant \mathrm{VRR} \leqslant 1 \qquad (3-21)$$

关于最小方差，较小的 VRR 可以实现更好的对冲效应。

至于标准最小方差对冲，在求解线性回归问题时也可以得出最优数量，其中 $\phi(\varepsilon_{p,n})$ 是 $\psi(\varepsilon_{w,n})$ 的回归，且回归系数可以给出固定损失和收益函数的最优数量。如果直接对天气衍生品的收益函数进行优化，可以得到更好的对冲效应，这可以通过非参数回归技术实现，而且我们发现，使用非参数回归相当于直接选择适当的收益函数优化衍生品合约。

3.3.3 基于非参数回归的最小方差对冲

在本节中，我们首先介绍了非参数回归技术，然后定义了第二个优化问题（P2）的公式。

在上节中，我们提到合约电量优化问题可以表达为标准最小方差对冲，并且可以通过线性回归求解。同样，也可以通过非参数回归技术并采用类似方法求解收益函数优化问题（P2）或损失函数优化问题（P3）。假设损失函数（或收益函数）固定，可以采用非参数回归得出收益函数（或损失函数），这将有助于说明哪种函数为明确函数。为此，我们使用上划线表示损失函数（或收益函数）固定，如下所示：

$$\phi(\cdot) = \overline{\phi}(\cdot)(\text{或 } \psi(\cdot) = \overline{\psi}(\cdot))$$

3.3.3.1 广义加性模型

本文介绍的非参数回归技术旨在得出（三次）平滑样条曲线，使用两个连续的衍生品将各回归样条函数之间的惩罚残差平方和（PRSS）最小化。分别用y_n和x_n表示因变量和自变量，通过平滑函数$h(\cdot)$和残差ε_n得出y_n，公式如下

$$y_n = h(X_n) + \varepsilon_n,\ \mathrm{Mean}(\varepsilon_n) = 0 \qquad (3-22)$$

此处函数$h(\cdot)$是将PRSS最小化的（三次）平滑样条曲线，

$$\mathrm{PRSS} = \sum_{n=1}^{N}(y_n - h(x_n))^2 + \lambda \int_{-\infty}^{\infty}(h''(x))^2 dx \qquad (3-23)$$

在两个连续衍生品的函数$h(\cdot)$中，λ是一个已知参数。在公式（3-23）中，第一项用于测量数据的紧密度，第二项用于惩罚函数的曲率。应注意，如果$\lambda=0$，并且$h(\cdot)$通过多项式函数得出，则该问题被简化为标准回归多项式，应采用最小二乘法求解。结果显示公式（3-23）有明确且唯一的极小化变量，通过广义交叉验证标准可以得出最优λ参考值（参见文献［15］）。应注意，回归样条可以延伸为以平滑样条加和表示的多变量，称为广义加性模型（GAM，参见文献[16]）。还要注意的是，GAM可以采用免费软件"R（http：//cran. r-project. org/）"计算得出，在本章中将非参数回归的平滑样条视为GAM。我们将使用GAM求解（P2）～（P4），并评估风况衍生品的对冲效应。

应注意，一般不会将这一问题描述为无约束最优化问题，而是将其重新表达为受函数$h(\cdot)$约束的最优化问题，如下所示：

$$\min_{h(\cdot)} \sum_{n=1}^{N}(y_n - h(x_n))^2$$
$$\mathrm{s.\,t.} \int_{-\infty}^{\infty}(h''(x))^2 dx \leq \alpha \qquad (3-24)$$

其中，α为已知参数。基于与文献［15］相似的论据，我们可以证明问题（3-24）的目标函数是一个凸约束二次函数，最小化问题（3-24）与以下问题相同：

$$\max_{\lambda>0}\left\{\min_{h(\cdot)}\left\{\sum_{n=1}^{N}\{y_n - h(x_n)\}^2 + \lambda\left(\int\{h''(x)\}^2 dx - \alpha\right)\right\}\right\} \qquad (3-25)$$

其中使用了拉格朗日乘子$\lambda>0$。因此，可以看出，（3-23）中的固定值α与（3-24）中的固定值λ相对应，采用了GAM的非参数回归问题可能会被重新表达为平滑约束样本方差的最小化问题。

3.3.3.2 衍生品合约的优化

在使用了非参数回归的最小方差对冲的情况下，可以建立第二个优化问题（收益函数优化问题）的公式：

收益函数优化问题：

$$\min_{\psi(\cdot)} \mathrm{Var}(\overline{\phi}(\varepsilon_{p,n}) + \psi(\varepsilon_{w,n}))$$

$$\mathrm{s.\,t.} \int_{-\infty}^{\infty} (\psi''(x))^2 \mathrm{d}x \leqslant \alpha \tag{3-26}$$

最小化问题（3-26）可以通过 $y_n := \overline{\phi}(\varepsilon_{p},_n)$、$x_n := \varepsilon_{w,n}$ 和 $h(\cdot) := -\psi$ （·）重新表示为（3-24），因此该问题也可以使用 GAM 求解。用 $\psi^*(\cdot)$ 表示优化收益函数，则 VRR 可以表示为

$$\mathrm{VRR}: = \frac{\mathrm{Var}(\overline{\phi}(\varepsilon_{p,n}) + \psi^*(\varepsilon_{w,n}))}{\mathrm{Var}(\overline{\phi}(\varepsilon_{p,n}))} \tag{3-27}$$

虽然可能通过求解 GAM 得到最佳收益函数，但需要强调的是，我们采用线性回归对收益函数 $\psi^*(\cdot)$ 稍作了改进，得到：

$$\min_{a \in \Re} \mathrm{Var}(\overline{\phi}(\varepsilon_{p,n}) + a\psi^*(\varepsilon_{w,n})) \tag{3-28}$$

这种情况下，VRR 可以表示为

$$\mathrm{VRR} = \frac{\mathrm{Var}(\overline{\phi}(\varepsilon_{p,n}) + a^*\psi^*(\varepsilon_{w,n}))}{\mathrm{Var}(\phi(\varepsilon_{p,n}))} \tag{3-29}$$

或

$$\mathrm{VRR} = 1 - [\mathrm{Corr}(\overline{\phi}(\varepsilon_{p,n}), \psi^*(\varepsilon_{w,n}))]^2 \tag{3-30}$$

其中，$a^* \in \Re$ 是求解公式（3-28）的回归系数。应注意，公式（3-30）独立于 a^* 或函数 $\psi^*(\varepsilon_{w,n})$ 的换算因数，如果给定 $\psi^*(\cdot)$，则可以计算出公式（3-30）。因此，我们使用公式（3-30）的右侧表示 VRR。可以很容易得出，公式（3-27）中的 VRR 是公式（3-30）的一个上界。但是，如 3.4.2 节结尾所述，公式（3-27）和（3-30）之间的差值很小。

3.3.4 损失函数优化和同步优化

3.3.4.1 最优损失函数

接下来，考虑风况衍生品收益函数已知的情况，但是我们需要得出可以使用风况衍生品的损失函数，也就是说，存在一个具有收益函数的标准衍生品合约，但是损失函数仍有改进空间，例如风电场所有者的损失函数。

假设损失函数 $\phi(\varepsilon_{p,n})$ 符合

$$\mathrm{Mean}(\phi(\varepsilon_{p,n})) = 0 \tag{3-31}$$

$$\mathrm{Var}(\phi(\varepsilon_{p,n})) = c \tag{3-32}$$

我们可以计算符合上述已知收益函数 $\psi = \overline{\psi}$ 约束条件的最优损失函数，因此

$$\text{Mean}(\overline{\psi}(\varepsilon_{w,n})) = 0 \qquad (3-33)$$

那么该问题可以表达为损失函数优化问题：

$$\min_{\phi(\cdot)} \text{Var}(\phi(\varepsilon_{p,n}) + \overline{\psi}(\varepsilon_{w,n}))$$

$$\text{s. t.} \int_{-\infty}^{\infty} (\phi''(x))^2 \mathrm{d}x \leqslant \alpha, \qquad (3-34)$$

$$\text{Var}(\phi(\varepsilon_{p,n})) = c$$

应注意，如果用一个三次自然样条函数计算得出 ω，则约束条件 $\text{Var}(\phi(\varepsilon_{p,n})) = c$ 也是一个二次方程式。因此，可以通过在方差约束中引入另一种拉格朗日算符将该问题重新表达为无约束最优化问题。另一方面，我们还可以直接采用 GAM 求解该问题，无需考虑方差约束（即 $\text{Var}(\phi(\varepsilon_{p,n})) = c$），这与收益函数优化问题（3-26）类似。然后，我们可以按比例缩放极小函数，以满足方差约束条件（3-32）。这种情况下，条件（3-31）也满足。

用 $\hat{\phi}(\cdot)$ 表示问题（3-34）的无方差约束优化程序（即 $\text{Var}(\phi(\varepsilon_{p,n})) = c$），可以采用 GAM 计算得出。按比例缩放 $\hat{\phi}(\cdot)$，使其符合（3-32）的条件，由此可以得到最优损失函数 $\phi^*(\cdot)$，公式如下：

$$\phi^*(\cdot) = \frac{c}{\text{Var}(\phi(\varepsilon_{p,n}))} \phi(\cdot) \qquad (3-35)$$

应注意，对于收益函数 $\overline{\psi}(\cdot)$ 和损失函数 $\phi^*(\cdot)$ 已知的风况衍生品，其最优数量可以通过求解 3.3.2 节描述的标准最小方差对冲问题得出，VRR 可以通过以下公式计算得出：

$$\text{VRR} = 1 - [\text{Corr}(\phi^*(\varepsilon_{p,n}), \overline{\psi}(\varepsilon_{w,n}))]^2 \qquad (3-36)$$

3.3.4.2　同步优化

值得一提的是，可以考虑收益函数 $\psi(\phi_{w,n})$ 和损失函数 $\phi(\varepsilon_{p,n})$ 同步优化。VRR 可以使用收益函数和损失函数之间的相关性计算得出，即

$$1 - [\text{Corr}(\phi(\varepsilon_{p,n}), \psi(\varepsilon_{w,n}))]^2$$

由于相关性越大，VRR 的值越小，因此 VRR 的最小化可以归结为 $\phi(\varepsilon_{p,n})$ 和 $\psi(\varepsilon_{w,n})$ 之间相关性的最大化。所以，收益函数和损失函数同步优化的表达式如下：

同步优化问题：

$$\max \mathrm{Corr}(\phi(\varepsilon_{p,n}), \psi(\varepsilon_{w,n}))$$

$$\text{s. t.} \quad \int_{-\infty}^{\infty} (\phi''(x))^2 \mathrm{d}x \leqslant \alpha_{\phi},$$

$$\int_{-\infty}^{\infty} (\psi''(x))^2 \mathrm{d}x \leqslant \alpha_{\psi} \qquad (3-37)$$

$$\mathrm{Var}(\phi(\varepsilon_{p,n})) = c$$

同步优化问题可以使用迭代算法通过求解收益函数优化问题（$\phi(\cdot) = \overline{\phi}(\cdot)$）或损失函数优化问题（$\psi(\cdot) = \overline{\psi}(\cdot)$）求解。以下为使用的迭代算法：

迭代算法：

1. 已知 $\phi(\cdot) = \overline{\phi}(\cdot)$，求 $\psi(\cdot)$，以求解收益函数优化问题。使用 $\psi^*(\cdot)$ 表示最优函数，且 $\overline{\psi}(\cdot) = \psi^*(\cdot)$。

2. 已知 $\psi(\cdot) = \overline{\psi}(\cdot)$，求 $\phi(\cdot)$，以求解损失函数优化问题。使用 $\phi^*(\cdot)$ 表示最优损失函数，且 $\overline{\phi}(\cdot) = \phi^*(\cdot)$。

3. 重复第 2 步和第 3 步，直到目标函数（3-37）不再发生变化。

需要注意的是，通过上述迭代算法得出的最优损失函数符合（3-32）的条件，而且还可以设定附加约束条件，以在损失函数和收益函数中体现更多实际情况。虽然可能需要指定 α_{θ} 和 α_{ϕ}，以求解上述迭代算法，但是通过使用 GAM，而不是将这些参数设定为算法的优先值，可以在任何步骤进行 $\phi(\cdot)$ 和 $\psi(\cdot)$ 平滑参数优化选择。

备注 1：

上述迭代算法属于交替条件期望（ACE）算法（参见文献［16］第 7 章）。ACE 算法旨在实现两个随机变量 X 和 Y 的 $\theta(Y)$ 和 $f(X)$ 之间的最优转换，从而将平方误差损失 $\mathrm{E}[(\theta(Y) - f(X))^2]$ 最小化。由于零函数可以使平方误差最小化，ACE 算法存在约束条件，所以 $\theta(Y)$ 在每一步都有单位方差，这与方差约束条件（3-32）几乎相同。文献［16］中讨论了 ACE 算法的收敛性，为简洁起见，在此未进行详细说明。

3.4　经验性分析和数值实验

在本章节中，我们论证了问题（P1）～（P4）的求解方法，并使用了输出功率、风速方面的经验数据及相关预测值预测了对冲效应。

3.4.1　数据描述与初步分析

本节我们引用了日本一座风电场的输出功率数据，这些数据是根据数值天气预报和风电机的发电性能预测的。数值气象预测通过以下两个步骤完成：

- 日本气象厅预报未来 51 小时内区域光谱模型的逐时气象参数，每天两次（上午 9 时至下午 9 时）。
- 将这些气象参数看作初始值和边界值，公共气象预测公司计算出了更精准的次日（截至下午 12 时）逐时气象参数。

在本章中，我们采用的是从伊藤忠 Techno-Solutions 株式会社开发的本地循环评估与预测系统（LOCALS）中获取的关于日本一座风电场风速和输出功率的数据[17,18]。该数据集如下①：

数据规范：

风电场总输出功率的实际值和预测值，以及风电场观测塔处风速的实际值和预测值。

数据期间：

2002 — 2003 年（1 年），每天的逐时数据。

数据总量：

每个变量含有 8 000 项数据，不包括缺失值。

用 $n=1$，$\cdots$，N 表示时间指数（其中 $N \simeq 8\,000$），并假设实际输出功率和 n 时刻的风速分别表示为 P_n 和 W_n。同样，用 $\hat{P}_n$ 和 $\hat{W}_n$ 表示从 LOCALS 中获取的输出功率和风速的预测值，这些预测值是在观测出实际数据前一天中午之前计算得出的。图 3−6 所示为风速 W_n 和输出功率 P_n 的散布图，其中输出功率 P_n 为标准值，最大值等于 100。从图 3−6 中我们可以得出：

- 风速超过约 2m/s 时，发电机开始发电。
- 风速为 5~15m/s 范围内时，输出功率随着风速的增加而增加。

此外还要注意，每台发电机都有功率输出限制，因此风电场总功率输出也是有限的，如图 3−6 所示。

图 3−7 所示为以下公式的偏残差图

$$W_n = a_w \hat{W}_n + b_w + \varepsilon_{w,n}, \quad n = 0,\cdots,N, \quad \text{Mean}(\varepsilon_{w,n}) = 0 \qquad (3-38)$$

---

① 本章使用的所有数据均由伊藤忠 Techno-Solutions 株式会社提供。

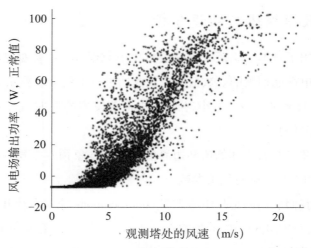

图 3-6 风速 W_n（m/s）与输出功率 P_n（W）关系图

即（$\hat{W}_n, W_n - b_w$）的散布图，其中 a_w 和 b_w 分别为回归系数和截距，$\phi_{w,n}$ 为残差，满足（$\phi_{p,n}$）=0。偏回归线采用固定直线绘制，如图 3-7 所示。这种情况下，残差的样本方差为

$$\mathrm{Var}(\varepsilon_{w,n}) \simeq 5.12 \tag{3-39}$$

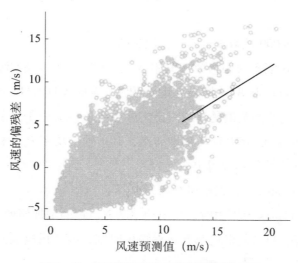

图 3-7 风速预测值与实际测量值关系图

另一方面，适用于图 3-7 中同一数据的回归样条 $f(\cdot)$ 采用了 GAM，如图 3-8 中的实线所示，其中 $f(\cdot)$ 满足

$$W_n = f(\hat{W}_n) + \varepsilon_{w,n} \tag{3-40}$$

这种情况下，残差的样本方差为

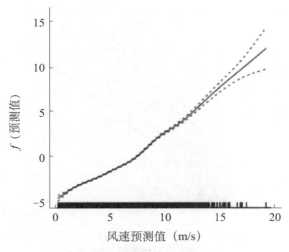

图 3-8　风速的样条回归方程

$$\mathrm{Var}(\varepsilon_{w,n}) \simeq 4.95 \qquad (3-41)$$

注意，计算的测量值样本方差为 11.0，预测值和线性回归显示风速方差降低了 50%（从 11.0 降至 5.12），GAM 显示风速方差稍有改进（从 5.12 至 4.95）。在本节中，我们将风速预测误差定义为通过 GAM 得出的风速预测误差，即 $\varepsilon_{w,n}$，见（3-40）。

同样，我们可以针对输出功率 P_n 的预测值 $\hat{P}_n$ 绘制偏残差图，如图 3-9 所示，其中实线是根据偏残差的线性回归绘制出的。这种情况下，残差的样本方差为 249。图 3-10 中的实线表示采用了 GAM 的回归样条函数 $g(\cdot)$，满足

$$P_n = g(\hat{P}_n) + \varepsilon_{p,n}, \qquad n = 0, \cdots, N \qquad (3-42)$$

可以看出，此时残差样本方差为 239，而输出功率的样本方差测量值为 504。与风速方差类似，预测值和回归线显示输出功率方差降低了一半（从 504 降至 249），GAM 显示输出功率方差稍有改进（从 249 至 239）。

除了（3-42）中的残差，我们还可以使用其他方法确定输出功率预测误差。如本节开头所述，可以采用数值气象预测来预估输出功率，因此，我们也可以定义一项回归模型，其中输出功率 P_n 为因变量，风速预测值 $\hat{W}_n$ 为自变量，即

$$P_n = h(\hat{W}_n) + \varepsilon_{p,n} \qquad (3-43)$$

其中 $h(\cdot)$ 为回归样条，可以使 PRSS 最小化。

图 3-11 所示风速预测值与输出功率测量值关系图，图 3-12 中的实线表示回归样条 $h(\cdot)$。在这种情况下，残差的样本方差为

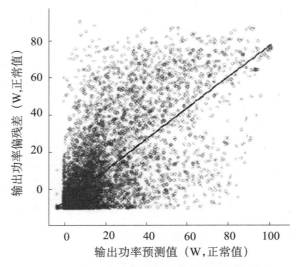

图 3 - 9 输出功率预测值与实际测量值关系图

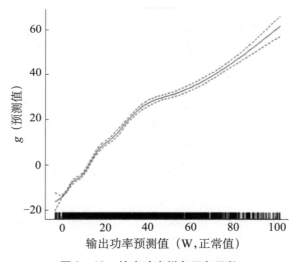

图 3 - 10 输出功率样条回归函数

$$\text{Var}(\varepsilon_{p,n}) \simeq 254 \qquad\qquad (3-44)$$

这实际上高于（3-42）中的残差。但是结果证明，配合使用最佳风况衍生品时，使用（3-43）中的预测误差不仅能够实现较好的对冲效应，而且对冲损失方差也较小。因此，我们使用（3-43）中的残差 $\varepsilon_{p,n}$ 确定输出功率的预测误差。文献［19］使用了根据（3-42）中的残差判定的预测误差进行了经验性分析。

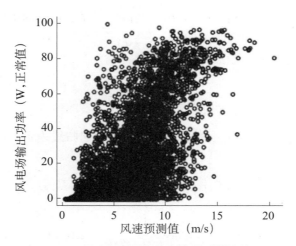

图 3 – 11　风速预测值与输出功率测量值关系图

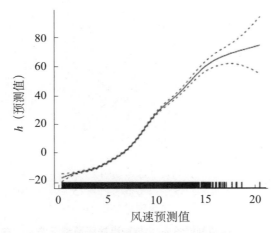

图 3 – 12　通过风速预测得出的输出功率样条回归函数

3.4.2　构建风况衍生品

接下来，我们将介绍风况衍生品的构建，并论证其在风电业务中的对冲效应。

首先求解最小方差对冲问题，其中损失函数和收益函数均为线性函数，这是最简单的情况。表达式如下：

$$\phi(\varepsilon_{p,n}) = \varepsilon_{p,n}, \quad \psi(\varepsilon_{w,n}) = \varepsilon_{\omega,n} \qquad (3-45)$$

不失一般性。这种情况下，该问题被简化为求解以下回归函数的线性回归：

$$\varepsilon_{p,n} = a_w \varepsilon_{w,n} + \eta_n \qquad (3-46)$$

其中，η_n 为残差。由于线性回归计算 a_w 可以使 $\eta_n = \varepsilon_{p,n} - a_w\varepsilon_{w,n}$ 的方差最小化，

所以根据条件（3-45）下问题（3-16）中的回归系数得到的最优数量为

$$\Delta^* = -a_w \tag{3-47}$$

其中

$$a_w = \frac{\mathrm{Cov}(\varepsilon_{p,n}, \varepsilon_{w,n})}{\mathrm{Var}(\varepsilon_{w,n})}. \tag{3-48}$$

图 3-13 所示为 $\varepsilon_{w,n}$ 和 $\varepsilon_{p,n}$ 的散布图，用线性回归线表示。样本相关性的计算函数为

$$\mathrm{Corr}(\varepsilon_{p,n}, \varepsilon_{w,n}) \simeq 0.76 \tag{3-49}$$

VRR 的计算函数为

$$\mathrm{VRR} = 1 - \mathrm{Corr}(\varepsilon_{p,n}, \varepsilon_{w,n})^2 \simeq 0.43 \tag{3-50}$$

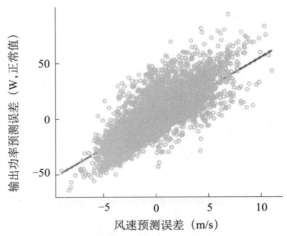

图 3-13　风速预测误差 $\omega_{w,n}$ 与输出功率预测误差 $\omega_{p,n}$ 关系图

可以看出，风速误差 $\varepsilon_{w,n}$ 和输出功率误差 $\varepsilon_{p,n}$ 的相关性很高，在损失函数和收益函数均为线性函数的情况下，使用风况衍生品可以将样本方差降至 43%。

现在我们通常使用 GAM 计算最优收益函数。图 3-14 中的实线表示在 $\phi(\cdot)$ 为线性函数的情况下求解问题（3-26）得出的最优收益曲线。这种情况下，VRR 可通过以下表达式计算：

$$\mathrm{VRR} = \frac{\mathrm{Var}(\varepsilon_{p,n} + \psi^*)(\varepsilon_{w,n})}{\mathrm{Var}(\varepsilon_{p,n})} \simeq 0.407 \tag{3-51}$$

其中 $\psi^*(\cdot)$ 表示最优收益函数。另外，对冲损失 $\varepsilon_{p,n} + \psi^*(\varepsilon_{w,n})$ 的方差可通过以下表达式计算

$$\mathrm{Var}(\varepsilon_{p,n} + \psi^*(\varepsilon_{w,n})) \simeq 103 \tag{3-52}$$

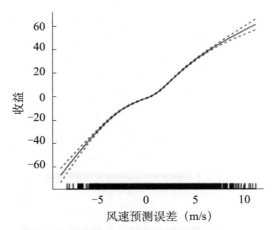

图 3 – 14　通过 GAM 得出的最佳收益函数 $\omega_{w,n}$

　　上述方差实际上低于采用公式（3 – 42）通过最佳风况衍生品得出的对冲损失方差（119）。因此可以得出，如果我们采用公式（3 – 43）而非（3 – 42）限定预测误差，即使原损失方差较大，通过将其与风况衍生品整合，也可以使其降低。

　　以下考虑损失函数 $\phi(\cdot) = \overline{\phi}(\cdot)$ 已知的情况，如图 3 – 15 所示，其中均值约束为零［公式（3 – 13）］，即

$$\overline{\phi}(\varepsilon_{p,n}) := 4\,|\varepsilon_{p,n}|^{+} + 10\,|\varepsilon_{p,n}|^{-} - \mu \qquad (3 - 53)$$

　　其中

$$\mu := \mathrm{Mean}(4\,|\varepsilon_{p,n}|^{+} + 10\,|\varepsilon_{p,n}|^{-})$$

且对于 $x \in \Re.$，$|\cdot|^{+}$ 和 $|\cdot|^{-}$ 可以定义为

$$|x|^{+} := \max(x,\,0),\quad |x|^{-} := \min(x,\,0)$$

图 3 – 15 中的实线表示求解问题（3 – 26）的最优收益函数。在这种情况下，（3 – 27）中的 VRR 计算如下：

$$\mathrm{VRR} = 0.546\,194\,6\cdots\cdots \qquad (3 - 54)$$

而公式（3 – 30）的右侧表达为

$$1 - [\,\mathrm{Corr}(\phi(\varepsilon_{p,n}),\psi^{*}(\varepsilon_{w,n}))\,]^{2} = 0.546\,192\,7\cdots \qquad (3 - 55)$$

从这个例子中我们可以看出，公式（3 – 30）可以较为精确地计算 VRR。

3.4.2.1　最优损失函数与同步优化

本小节中，我们介绍了求解问题（P3）的一个算例分析，用于计算最优损失函数，并求解（P4）的同步优化问题。

在本示例中，$\varepsilon_{p,n}$ 和 $\varepsilon_{w,n}$ 之间存在较强的线性关系，因此更要考虑收益函数与

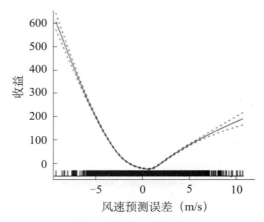

图 3 – 15   风速预测误差 $\omega_{w,n}$ 的最优收益函数

$\varepsilon_{w,n}$ 呈非线性关系的情况。假设已经存在一种衍生品合约，其中收益与风速预测误差 $|\varepsilon_{w,n}|$ 成比例。此时，$\psi |\omega_{w,n}|$ 满足（3 – 14），该收益函数可以表达为：

$$\psi(\varepsilon_{w,n}) = \bar{\psi}(\varepsilon_{w,n}) := |\varepsilon_{w,n}| - \text{Mean}(|\varepsilon_{w,n}|) \tag{3 – 56}$$

图 3 – 16 所示为与 $\varepsilon_{w,n}$ 有关的收益函数。

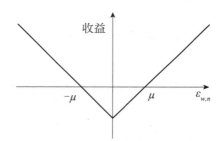

图 3 – 16   与风速预测误差 $\omega_{w,n}$ 有关的收益函数（求解损失函数优化问题）

使用（3 – 56）中的给定收益函数求解（P3）。假设损失样本方差 $\phi(\varepsilon_{p,n})$ 满足

$$\text{Var}(\phi(\varepsilon_{p,n})) = \text{Var}(\varepsilon_{p,n}) \tag{3 – 57}$$

假设最优损失函数满足上述方差约束条件，求解问题（3 – 34）。图 3 – 17 中实线表示最优损失函数，该函数是使用 GAM 并根据（3 – 35）按比例缩放极小函数得出的。在这种情况下，VRR 为

$$\text{VRR} \approx 0.56 \tag{3 – 58}$$

以下论证（P4）的同步优化。此外还通过 $\varepsilon_{w,n}$ 的绝对值介绍了非线性特征。假设风况衍生品的收益为 $|\varepsilon_{w,n}|$ 的函数，并考虑以下公式的最大值问题

$$\text{Corr}(\phi(\varepsilon_{p,n}), \psi(|\varepsilon_{w,n}|)) \tag{3 – 59}$$

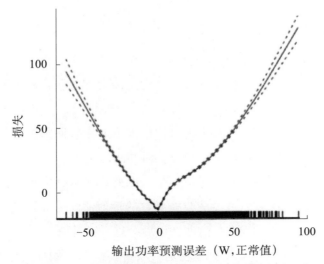

图3-17　与输出功率预测误差 $\omega_{p,n}$ 有关的最优损失函数

我们在每一步均对固定损失函数 $\phi(\cdot)$ 或固定收益函数 $\psi(\cdot)$ 采用迭代算法，得到（3-59）的最大值。假设收益函数最初设定为（3-56）中的函数，求解损失函数优化问题。这种情况下的初始损失函数如图3-17所示。我们重复迭代算法中的第1步和第2步，直到目标函数不再发生变化或目标函数值的相对变化低于一个极小数。在这个例子中，8次迭代后可以得出：

$$VRR = 0.53 \tag{3-60}$$

图3-18所示为8次迭代后的最优损失函数，其中损失函数可按比例缩放，以满足方差约束条件（3-57）。可以看出，与图3-17中的损失函数相比，该损失函数更平滑。

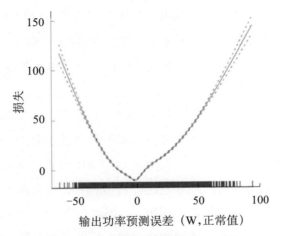

图3-18　8次迭代后的最优损失函数

3.5　进一步讨论

本研究的主要架构总结如下：

·本研究基于预测误差构建了一种天气衍生品合约，该合约也可能适用于其他情况（或业务）和（或）其他指标（如温度、降雨量等）。

·本研究采用平滑函数对最小方差对冲情况下非参数回归技术的应用进行了介绍，可以看作基于线性回归的标准最小方差对冲的泛化。

本章中，我们假设收益函数为平滑函数。因此，只有标准衍生品合约可用的情况下，可能需要采用标准看跌或看涨收益函数的近似值。另外，同步优化迭代算法的收敛性也是一个很重要的问题。这些在以后会进一步讨论。

在此应指出，预测误差风险管理也是一项重要问题，例如蓄电池系统的应用，即可以安装蓄电池，以应对风电场预计输出功率的短缺情况。应注意，安装蓄电池不仅有利于在特定时期内实现预计输出功率，还可以降低风电可变性对电网频率造成的影响。但是，安装蓄电池会产生额外成本[20]，最糟糕的情况是，风电场按照最大预测输出功率报价，但实际输出功率为零，此时安装蓄电池的成本将取决于风电场的总容量。随着蓄电池容量的降低，安装成本也变得越来越低，但是在这种情况下，输出功率短缺的可能性也会增加。因此，在这种情况下，我们需要使用风况衍生品对冲预测误差产生的损失。为使风电业务实现盈利，需要研究如何实现蓄电池容量和风况衍生品引入数量的最优平衡。

3.6　总结

在本章中，我们介绍了基于风况及风况预测信息的天气衍生品，即"风况衍生品"。风况衍生品的收益是由预测误差决定的，但标准天气衍生品仅通过气象数据（如温度）得出标的指数。换言之，本文讨论的风况衍生品使用的是预测数据，且其收益取决于实际数据和预测数据之间的差值。

本文首先介绍了金融衍生品的一般基础结构，然后提出了几个定价问题方面的函数。特别是，我们通过一个满足零期望值条件的收益函数论证了一个一般定价问题。此外还介绍了预测误差方面的风况衍生品，使用预测值并基于潜在的销售合约得出了风场的损失函数。最后，综合利用收益函数和损失函数设置了以下四种优化问题：第一种为合约电量优化问题，可用于计算给定损失函数和收益函数的风况衍生品的最优数量。第二种是收益函数优化问题，可采用非参数回归技术（GAM）构建最优收益函数。第三种是损失函数优化问题，可求出满足给定风况衍生品收益函数的最优损失函数。在这种情况下，存在一个具有收益函数的标准衍生品合约，但是损失函数仍有改进空间，例如风电场所有者的损失函数。第四种是损失函数和收益函数的同步优化问题，可以通过给定收益函数或损失函数的迭代算法求解。为估计对冲效应，我们把 VRR 定义为有对冲或无对冲损失方差的比率。

我们引用日本一座风电场的总输出功率数据、风电场观测塔处的风速数据及相关预测值进行了经验性分析。该风电场的输出功率是根据数值气象预测和风电机的发电性能预测得出的。特别是，我们采用了从伊藤忠 TechnoSolutions 株式会社开发的 LOCALS 系统中得到的输出功率和风速预测数据。基于这些经验数据，我们首先求解了损失函数和收益函数均为线性函数情况下的合约电量优化问题。在这种情况下，从 VRR 中可以看出，使用风况衍生品可以将样本方差降至 43%。然后，我们采用 GAM 计算得出最优收益函数，其中 VRR 值≃0.407。另外，我们还考虑了给定损失函数的情况，即为销售合同中使用的损失函数，然后将原始 VRR 与其近似公式（1 平方相关系数）进行比较。在这种情况下，我们可以得到较高精确度的近似值。

然后，我们通过风速预测误差的绝对值引入非线性特征，求解损失函数优化问题。假设该收益函数与风速预测误差大小成比例，求解这个问题后，得出 VRR≃0.56。然后，我们采用迭代算法求解同步优化问题，其中初始收益函数被设为与上述损失函数优化问题相同。重复迭代程序，直到目标函数的相对变化低于一个极小值。求解同步优化问题后，我们得出，与损失函数优化相比，VRR 出现了改进，从 VRR≃0.56 降至 VRR≃0.53。

致谢　本文作者感谢伊藤忠 Techno-Solutions 株式会社 H. Fukuda、R. Tanikawa 和 N. Hayashi 为本章的编写作出的评论和讨论。

参考文献

［1］ Jewson S，Brix A and Ziehmann C（2005）Weather derivative valuation—the meteorological statistical financial and mathematical foundations. Cambridge University Press，Cambridge.

［2］ Yamada Y（2008）Optimal hedging of prediction errors using prediction errors. Asia-Pacific Finan Mark 15（1）：67–95.

［3］ Brody DC，Syroka J，Zervos M（2002）Dynamical pricing of weather derivatives. Quant Financ 2：189–198.

[4] Cao M, Wei J (2004) Weather derivatives valuation and market price of weather risk. J Futures Mark 24 (11): 1065 - 1089.

[5] Davis M (2001) Pricing weather derivatives by marginal value. Quant Financ 1: 305 - 308.

[6] Kariya T (2003) Weather risk swap valuation Working Paper Institute of Economic Research. Kyoto University, Japan.

[7] Platen E, West J (2004) Fair pricing of weather derivatives. Asia-Pacific Finan Mark 11 (1): 23 - 53.

[8] Yamada Y (2007) Valuation and hedging of weather derivatives on monthly average temperature. J Risk 10 (1): 101 - 125.

[9] Yamada Y, Iida M, and Tsubaki H (2006) Pricing of weather derivatives based on trend prediction and their hedge effect on business risks. Proc inst stat math 54 (1): 57 - 78 (in Japanese).

[10] Harrison JM, Pliska SR (1981) Martingales and stochastic integrals in the theory of continuous trading. Stoch Process Appl 11 (3): 215 - 260.

[11] Black F, Scholes M (1973) The pricing of options and corporate liabilities. J Polit Econ 81: 637 - 654.

[12] Merton RC (1973) Theory of rational option pricing. Bell J Econ Manage Sci 4 (1): 141 - 183.

[13] Shreve SE (2004) Stochastic calculus for finance (2): continuous-time models. Springer, New York.

[14] Takano T (2006) Natural Energy Power and Energy Storing Technology, trans Inst Electri Eng Jpn (B) 126 (9): 857 - 860 (in Japanese).

[15] Wood SN (2006) Generalized additive models: an introduction with R. Chapman and Hall, London.

[16] Hastie T, Tibshirani R (2005) Generalized additive models. Cambridge University Press, Cambridge.

[17] Enomoto S, Inomata N, Yamada T, Chiba H, Tanikawa R, Oota T and Fukuda H (2001) Prediction of power output from wind farm using local meteorological analysis. Proceedings of European Wind Energy Conference, Copenhagen, Denmark, p 749 - 752.

［18］ Tanikawa R （2001） Development of the wind simulation model by LOCALS and examination of some studies，Nagare，p. 405 – 415 （in Japanese）.

［19］ Yamada Y （2008） Optimal design of wind derivatives based on prediction errors. JAFEE J 7：152 – 181 （in Japanese）.

［20］ Tanabe T，Sato T，Tanikawa R，Aoki I，Funabashi T，and Yokoyama R （2008） Generation scheduling for wind power generation by storage battery system and meteorological forecast. IEEE Power and Energy Society General Meeting—Conversion and Delivery of Electrical Energy in the 21st Century，pp 1 – 7.

［21］ Geman H （1999） Insurance and Weather Derivatives，Risk Books.

［22］ Takezawa K （2006） Introduction to nonparametric regression. Wiley，New Jersey .

第四章
创新风力发电模型与预测方法

Zekâi Şen[①]

摘要： 能源是几乎所有社会活动的主要驱动力。化石燃料是人类获得能量的主要来源，尤其是煤炭和石油。但是，此类能源的利用会排放温室气体，从而对空气和水产生直接有害影响。近些年的气候变化均与化石燃料的开发利用有关，因此开发和利用清洁环保能源成了当今世界各国最为关心的课题之一。在众多替代性能源中，风力发电正越来越引起人们的关注。在一些公开文献资料中，描述了很多典型的风电计算方法。本章介绍几种创新型风电计算方法及其应用，包括统计时间推理、空间结构累积半变异函数、统计摄动和创新型风力发电公式及 Betz 极限对比。

4.1 概述

目前，全球能源面临的主要挑战是应对气候变化威胁，满足日益增长的能源需求，并确保能源供应安全。可再生能源技术，尤其是风能技术，是目前可在全球范围内大规模普及的有效能源工具，有助于解决气候变化问题和全球环境问题。增加可再生能源使用可以减少二氧化碳排放，降低空气污染水平，创造高附加值工作岗位，还有助于降低对进口化石能源（通常来源于政治不稳定地区）的依赖程度。

凭借多年实践经验，人们识别出了许多能源类型，并将其实际应用于日常生活中。如今，这些能源类型被分为两大类：不可再生（化石）能源和清洁环保的可再生能源。其中，可再生能源包括太阳能、风能、波能、潮汐能、地热能和太阳氢等。本章旨在介绍风力发电的基础知识和建模方法。

---

① Z. Şen（✉）
伊斯坦布尔科技大学土木工程学院水力学与水资源专业，土耳其伊斯坦布尔马斯拉克 34 469
e-mail：zsen@ itu. edu. tr

4.2　全球环流

太阳系和地球大气层是一个巨大的动力系统，由于空气差温加热，大气呈水平运动，从而产生水平气压梯度，差温和梯度是区域性或地方性大气变化的表现。赤道和两极之间的巨大温差使得空气在全球范围内运动，热空气由赤道向两极运动，而冷空气则由两极流向赤道。除了全球风系外，还存在地方性风，如海风和山谷风。但是，地方性风（如湖风）的速度取决于局部温差。此外，还存在梯度风，其产生与弯曲等压线有关。在行星边界层内，除了低层大气中的气压和温度梯度的影响外，地表粗糙度也会降低风速。风能相当于这些气团运动的动能。

一般情况下，风能主要受两组变量的影响：大气边界层内的气象变量和自然或人为活动（如城市化）形成的地表特征。其中，主要的气象变量为温度和气压，即使低层大气中的微小短暂波动也会导致温度和气压变化，从而迫使气团移动，形成风。同时，风向也会发生变化，这是一种矢量，而不是标量变量。此外，风速变化无规律，因此风速预测是一项科学难题。

另一方面，地貌（地表）特征也会改变大气对风速的影响，此类特征包括地表粗糙度、海槽、延长谷、山脉、高原、自由面体（海洋、湖泊）和大陆块结合部。但是，地貌影响的变化仅存在空间特征。

虽然大气层的平均厚度只有10km，但是在对流层中会出现各种气象事件，还会发生全球性的对流运动。地球绕太阳运动的季节周期会造成全球温升率差异。赤道地区因受到太阳直射升温最直接，高纬度地区（南北极）也会受半球与太阳之间角度的影响而经历季节变化。这些全球性和季节性差异导致全球范围热量分配不均，同一纬度的空气密度不均衡。由于赤道地区的炎热和两极地区的寒冷，对流单体会引起空气从赤道向两极地区流动（见图4-1）。

全球环流的两个主要驱动因子为太阳辐射以及大气和地球自转。季节性变化是由地轴与地球绕太阳公转的轨道平面的夹角造成的。太阳直射时，单位面积内的太阳辐射强度较大，热量会从赤道向两极地区输送（见图4-1）。因此，大气不是固定在地球上的，而是会独立旋转。在地球自转的同时，空气对流单体从赤道向两极旋转运动。随着地球沿赤道以28km/min的速度自西向东旋转，空气也会自西向东运动。但是，由于高纬度地区的地球直径小于低纬度地区的地球直径，因此地球自转的速度在赤道和两极不同。地球自转的线速度自赤道向两极递减，在南北纬60°处，地球自转线速度是赤道上的一半，导致空气向东流动的速度高于地球自转的速

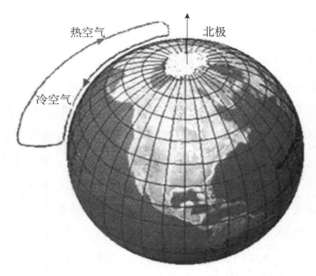

图4-1　北半球大气环流（不考虑地球自转）

度，因此空气流动在北半球向右偏，在南半球向左偏。主导地面风是由地球绕地轴旋转和角动量守恒产生的。风在北半球沿纵向运动时，风向会发生变化。叠加在该循环之上的是气旋和反气旋在中纬度地区的移动，这会扰乱整体流动。此外，与西风带快风速核心一样，喷流也会影响地面风。

　　宇宙中不同尺度的运动均表明能量的存在，即时间、空间运动的能力。因此，风能也存在时间和空间类型，两种类型之间相互作用。图4-2所示为1mm至1 000km尺度的大气运动。

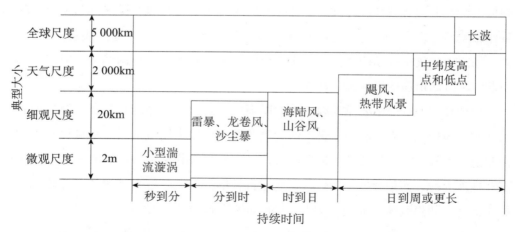

图4-2　大气运动尺度

小尺度和大尺度范围内的大气运动在距离和时间上各不相同。这些尺度之间相互作用，且空气流动（风型）较为复杂。全球环流围绕旋涡运动，旋涡又围绕小型旋涡流动，直到达到微小尺度。

图 4-3 显示的三个对流单体是受科里奥利力（地球自转偏向力）而非赤道至两极之间巨型对流单体（图 4-1）的影响产生的。空气从赤道向北流动时会向右偏转（北半球），随着纬度的增加，地转偏向力也将增大，到北纬 30°转变为向赤道方向流动。从极地向赤道流动的空气也一样，气流向右偏转，在北纬 60°附近转变为向极地方向流动。这会导致分别在南北半球形成三个巨大的大气环流圈。

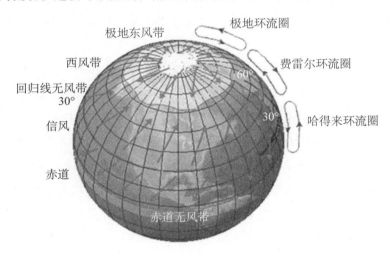

图 4-3 北半球大气环流（考虑地球自转）

赤道与北纬 30°之间的赤道环流圈称为哈得来环流圈，北纬 30°至 60°之间的大气环流圈称为费雷尔环流圈，北纬 60°与极地之间的向极环流圈称为极地环流圈。

在空气存在温差或湿度差以及空气动量不同的情况下会形成风，并会因平流（空气水平运动）发生变化。另一方面，气压梯度力一般都与等压线垂直，从高压指向低压。无论风速大小，气压梯度力始终存在，水平气压梯度力可以改变风速和风向。气压梯度力也是驱动大气中形成水平风的唯一动力。其他动力（如科里奥利力、拉力、离心力，甚至是平流）在风速为零的情况下会消失。因此，这些动力可以改变风向和风速，但是无法在平静条件下形成风。

4.3 气象与动力

物理能量可以被看作一种功，即力与距离的乘积，因此，问题在于这是一种什么力以及如何描述这个距离才能实现能量计算。如果这种力是风压（垂直于气流方向上单位面积所受到的风的压力），且距离等于时间与速度的乘积（4.7 节），则可以直接计算出风能。根据物理原理可知，压力存在于有风速的情况下，并且该压力与风速之间存在直接关系，风能也是如此。因此，如果最后得出风能是风速和风向的函数，也符合逻辑，风速数据可以满足简单的风能计算。风速和风向来源于低大气层（对流层）气象条件。

有些气象特征也是可再生能源，如风能、太阳辐射、水力和波能。如果这些可再生能源的气象特征不明确，能源投资会出现重大缺口[43]。风速会随着时间、区域和海拔而变化（见图4-2）。这些因素之间关系最显著的是风速与海拔，随着海拔升高，风速也会增加，两者之间呈非线性正比例关系，但是风速增加速率会随高度增加而不断降低（参见4.4节）。

由于地球表面凹凸不平，吸收的热能也因空间和时间而不同。由此会产生温度、压力和密度差，然后形成一种力，推动空气流动。很明显，根据地表特征，一些区域在从大气边界层风能中提取动能方面具有优势，这为风速建模提供了一种新趋势。风在气象轨迹运动中发挥着主要作用。Petersen等人[37]在其论文中提及了风力发电气象学，并详细研究了气象与风电之间的关系。Petersen等人称，风力发电气象学是一门实用科学，建立在边界层气象学基础之上，用于描述气候学和地理学之间的密切关系。风力发电气象学不是一个标准的气象术语，而是同时涉及气象学、应用气候学和流体物理学。

在最有效的气象变量中，温度、压力和湿度是形成风的主要原因（参见4.6节）。在风力工程中，往往会忽略湿度的可变性，通常认为空气条件是干燥的。这会导致明显的计算和能源规划误差[43]。

气象变量（如压力、温度、密度和湿度）的时空变化会形成推动力，形成低大气层（对流层）运动。除了牛顿的机械力平衡和气体状态方程，很难通过质量、动量和能量守恒对这种变化性进行量化。低气压和大气波周围的大气运动（如地转风、梯度风、高空风和地面风）可以根据相关方程进行解释，表示具有数值模型的大气空间变量，该数值模型取决于初始和边界条件。求解这些联立方程并不容易，只能通过时间变量比率和具有变差区间的有限元来求解[22]。

4.3.1 风型

地转风具有两个主要特征：一是不存在摩擦力，二是方向与等压线平行。自然风与地转风充分逼近，尤其是对流层上部的地转风。这是因为只有在等压线平直且无其他作用力的情况下，才能认为风是由地球自转形成的，但上述条件在越接近地表的位置越难满足。地转假定显示科里奥利力与气压梯度力之间存在平衡。

由于在作用于地转风的力中还考虑了离心力，因此梯度风不存在直流，并且可以代表实际状况下的风。在考虑了离心力的高低压系统中，形成的风接近实际情况[37,39]。

地形效应对风的形成影响很大，因此存在另外一种风型，即地形风。例如，在狭窄的山体中，山体向风侧的空气受到压缩，风速显著增加，这就是所谓的隧道效应。在地形较为复杂的地带，风能资源相对匮乏，而且风速还会受到高湍流的影响，这也是由于山体向风侧的风被压缩，而且空气接近山脊时，会再次膨胀，急剧流向山体背风向的低压区域。这种情况属于另外一种隧道效应，称为山丘效应。海面和湖面很平，因此粗糙度非常低。随着风速增加，会在海面形成波浪，粗糙度也随之增加。粗糙度等级对风力条件的影响很大。高粗糙度是指地形中存在很多树木和建筑物，而海面的粗糙度等级是最低的。高粗糙度等级会导致出现高湍流区域。对于风来说，层流是指不同流层中没有旋涡运动和空气混合的流线型气流。但是，在湍流中，既存在旋涡运动，也存在空气混合。

海拔达到100m的地面对风速的影响较大。地表粗糙度和障碍物也会使风速降低。受地表特征的影响，接近地表的风向与地转风的风向略有不同。其中，地形风分为海陆风、山谷风和绝热风。白天陆地升温速度比海洋升温速度快，因此空气上升，从陆地流向海洋，最终在地平面形成低压，因此海洋上的冷气流会流向陆地，形成海风。傍晚会出现一段平缓期，即海陆温度相等。在夜间，风向与白天相反。但是由于夜间海陆温差较小，风速较低。例如，来自东南亚的季风实际上是一种大型的海陆风，受海陆升温或降温速度不同的影响，在不同季节风向也不同。

山区会形成很多天气类型，例如，在南（北）半球形成的起源于南（北）向坡的山谷风。山坡和相邻位置的空气温度上升后，空气密度会下降，空气沿着山坡表面向高处流动。在夜间，风向相反，形成下坡风。如果谷底是倾斜的，空气会沿着山谷向低处或高处移动，形成峡谷风。山体背风面向下流动的风可能会非常强劲。

天气系统是形成多风区的另一主要因素。一般来说，海陆相互作用的区域为多风区，风速和风向条件较为稳定。日间升温和降温速率的差异导致在山谷形成二级多风区。根据太阳位置和区域定位[50]，天文季节性因素对升温和降温作用影响很大。尽管这些因素在风力工程应用方面存在优势，但是其间断性却不利于风能研究。因此，间断性是风能研究的主要问题。

风是指天气尺度下的气团运动，受其条件和运动的影响，这些气团存在势能和动能。受压力作用后，势能转化为动能，从而形成风。水平风的移动覆盖面积比垂直风移动覆盖面积大。在风能计算和应用中，垂直风可以忽略不计。

太阳能可以产生风能，风受气流扰动和摩擦的影响在地表分散开来。可以比较地表单位面积内的风力动能。来自地球外的太阳辐射仅有2%被转化为风能，35%的太阳辐射在距地表1km的高空处分散。这种风能可以转化为其他形式的能量。Gustavson[21]假设地表1km高空以内可利用的风能为10%。可利用的风能数量取决于当地气候变化，但是在确定此标准方面存在很大的不确定性。风能是一种储量非常大的能源。

4.4　风速随高度的变化而变化

对流层从地面延伸至平均海拔11km处，但通常只有最低的几千米会受到下垫面特征的直接影响。我们可以将大气边界层（ABL）界定为大气层的一部分，它直接受到地表的影响，并会形成持续一小时左右的表面应力。这些应力包括摩擦阻力、蒸发作用、蒸腾作用、热传递、污染物排放和地势导致的气流改道。从几百米处到几千米处，不同时间和空间的边界层厚度各不相同。

混合层可以分为云层和云下层。在稳定边界层（SBL）条件下，风速会随着高度增加而变化，如图4-4所示。从图中可以看出，稳定边界层（约500m）的风速随高度变化呈指数规律变化。这表明，距地表的高度越高，产生的风能就越多。风速随着高度上升而增加，直到与大气边界层之上自由大气层的地转风风向和风速相同。

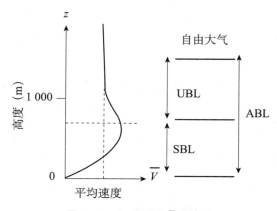

图4-4　平均风速 $\bar{V}$ 轮廓线

在不稳定边界层，地表温度高于空气温度，地表使空气升温，在大气边界层之上形成了一个覆盖逆温层。在覆盖逆温层区域，稳定层结使湍流减弱。不稳定边界层通常会在太阳能辐射很强的日间产生。在稳定边界层，地表温度低于空气温度，空气使地表升温。一般情况下，接近地表的风较弱，逆温层区域最高处的风力通常最强（低空急流）。稳定边界层经常在夜间出现。

在地形平坦的区域，除了稳定性，湍流强度还是离地高度和粗糙度长度的函数，但是湍流强度距地面较近，也可以仅视为稳定性的函数。大气边界层的空气流动具有以下一般属性：

1. 风速随高度上升而不断增加；

2. 大气边界层内存在风速波动；

3. 湍流分布至宽频率区域；

4. 在不同高度的湍流之间存在关系，这些关系在低风速时比在高风速时强。

Erasmus[18]采用客观分析方法对复杂地形条件下的风边界层进行了评估。在其模型中，地形作用不会对风的流动产生影响。所有数学算法均考虑了表面粗糙度、河谷坡降、风向变化和质量守恒等因素。此外，Şen[47]也提出了一种与地形有关的风能计算。

大气边界层内的风速通常会随高度变化呈对数规律变化。在非中性情况下，风速轮廓线与对数模式略有偏离。稳定边界层的风速轮廓线凹向下，不稳定边界层的风速轮廓线凹向上（见图 4-4）。在工程应用中，平均风速轮廓线 $\bar{V}$（1小时内的平均值）通常采用幂定律近似值表示。以下关系式通过幂定律描述在两个不同高度（z_1 和 z_2）的两个速度值（v_1 和 v_2）：

$$\frac{v_1}{v_2} = \left(\frac{z_1}{z_2}\right)^n \tag{4-1}$$

其中 n 表示幂律指数，典型值为 $1/7 = 0.14$[42]。这个方法中还存在一个问题，即在不同高度、表面粗糙度和稳定性条件下 n 的值不同，因此方程（4-1）的作用非常有限。在幂定律应用中还涉及许多假设，包括以下内容：

1. 假设风速 v（风速轮廓线随海拔 z 的变化而变化）遵循幂定律，地表的风速值为0。

2. 方程（4-1）中有一项隐含假设，即不同海拔的风速记录相互独立。这一假设在实际情况中是成立的，本节稍后会进行论证。从物理角度来看，两个海拔越接近，互相关系数就越大。

3. 方程（4-1）假设风速轮廓线为平滑曲线，根据不同海拔的风速算术平均值绘制。但是，这些平均值有时会出现波动，因此绘制风速轮廓线时必须考虑方差和标准偏差。

根据平稳性校正的对数风速轮廓线得到的高度 z 处平均风速表达式更具真实性和有效性。该表达式基于相关理论分析，表述如下：

$$v = \frac{u_*}{k}\ln\left(\frac{z}{z_0}\right) \qquad (4-2)$$

其中 u_* 表示摩擦速度，k 表示冯卡曼常数（0.4），z_0 表示粗糙度长度。在不稳定条件下，风速梯度会减弱（地表升温，垂直混合增加），在稳定条件下，风速梯度会上升（地表降温，垂直混合受到抑制）。粗糙度长度实际上是指与地平面之间的距离，其中风速在理论上应为 0。地形分类采用一种简单但较为主观的方法。总结文献中所列 z_0 至各个高度的风速测量值和风向，编制一个表格，列举不同地表类型的粗糙度长度。从无线电探空仪测量值和示意图（标准尺度为 1∶10.000 ～ 1∶50.000）可以看出，z_0 可以通过现场周围数千米半径内的地表类型推测得出。但是，不同文献中 z_0 数值表存在很大差异，最早的来自 Davenport[15]，如表 4 – 1 所示。

表 4 – 1 不同地形的粗糙度长度

地表分类	描述	$z_0(\mathrm{m})$
1	开阔水域，最小风区为 5km	0.000 2
2	光滑平坦的滩涂，有积雪；植被少，无障碍物	0.005
3	宽阔平坦区域；有草，很少有障碍物	0.03
4	高低不平、开阔的低矮农作物区域；间或有大型障碍物	0.1
5	高低不平的高农作物区域；分散有障碍物	0.25
6	高低起伏的果园、灌木丛；很多障碍物	0.5
7	封闭的大型障碍物覆盖区域（郊区、森林）	1.0
8	噪杂的城市中心，有高低耸立的建筑物	>2

摩擦效应与地表粗糙度成正比，会阻碍地表附近的空气运动。地表粗糙度是指地形、森林、湖泊、洼地、山丘、山谷的作用和性质以及树木密度。此外，建筑物在垂直方向上也会产生不同的风速和风速梯度[53]。实际情况下，600m 处及以上的风速轮廓线基本处于水平状态，这是由于这个高度以上不存在明显的粗糙度效应，风速等于梯度风速[24]。

大气边界层厚度随着地表粗糙度的降低而减小。随着粗糙度降低，接近地表的轮廓线也越来越陡。由于大气边界层中风速随高度的变化显著，引用的风速值必须基于海拔进行测量。关于地面风，国际公认的标准高度为10m。很多气象观测站通常会在其他海拔而不是标准高度测量风速。此外，还进行了许多研究，得出了高度外推法的解析式，如方程（4-1）所示。因此，大气稳定度在风速轮廓线和大气边界层厚度的形成方面发挥着重要作用。作为第一近似值，指数 n 必须根据大气的稳定性特点而相应变化。Sutton[42] 建议将 n 与另一个参数 p 联系起来，将大气稳定性条件表示如下：

$$n = p/(2-p)$$

表4-2显示了各种稳定性条件下的 p 值。此外，Sutton还将 n 值与温差联系起来，如表4-3所示。

表4-2　稳定性条件，n 值和 p 值

稳定性条件	p	n
大型温度垂直梯度	0.20	0.11
零或小型温度垂直梯度	0.25	0.14
缓变逆温	0.33	0.20
显著逆温	0.50	0.33

表4-3　温差与 n 值

温差	n
-20 至 -19	0.145
-19 至 -17	0.170
-19 至 -18	0.250
-18 至 -17	0.290
18 至 -17	0.320
-17 至 -16	0.440
-16 至 -14	0.530
-14 至 -13	0.630
-13 至 -12	0.720
-12 至 -11	0.770

一般情况下，建筑区的指数值为0.40；树木茂盛的地区、城市和郊区的指数值为0.28；平坦开阔的乡村、湖泊和海洋的指数值为0.16。

4.5 幂定律动态演示

在世界各地的很多气象观测站，观测塔的高度达 100m，达到了大气表面层。风速计位于观测塔的不同高度处，以记录不同时间的风速和风向及其变化。如前所述，温度因素、边界层和大气因素会对幂律指数值产生不同的影响。但是，所有这些因素都隐含在测风记录中，因此应采用同一种方法测定两个固定高度 z_1 和 z_2 处相同风速时程时的指数估计值。由于风电场内的海拔是固定的，只有方程（4-1）中的速度记录 v_1 和 v_2 发生了变化。因此，可以用平均风速和不稳定偏差（摄动）表示这些风速。

$$v_1 = \bar{v}_1 + v'_1 \tag{4-3}$$

和

$$v_2 = \bar{v}_2 + v'_2 \tag{4-4}$$

其中上标线表示平均值，斜线表示摄动项。非重叠时间间隔的风速数据分析显示，给定位置和高度的平均风速数据的估计值不同。将这两个表达式带入方程（4-1），得出

$$\frac{\bar{v}_1 + v'_1}{\bar{v}_2 + v'_2} = \left(\frac{z_1}{z_2}\right)^n$$

或者进行代数运算，得出

$$\left(\frac{\bar{v}_1}{\bar{v}_2}\right)\left(1 + \frac{v'_1}{\bar{v}_1}\right)\left(1 + \frac{v'_2}{\bar{v}_2}\right)^{-1} = \left(\frac{z_1}{z_2}\right)^n \tag{4-5}$$

左侧第三个括号内的表达式可以展开，得到二项展开式，如下所示：

$$\left(\frac{\bar{v}_1}{\bar{v}_2}\right)\left(1 + \frac{v'_1}{\bar{v}_1}\right)\left[1 - \left(\frac{v'_2}{\bar{v}_2}\right) + \left(\frac{v'_2}{\bar{v}_2}\right)^2 - \left(\frac{v'_2}{\bar{v}_2}\right)^3 + \left(\frac{v'_2}{\bar{v}_2}\right)^4 - \cdots\right] = \left(\frac{z_1}{z_2}\right)^n \tag{4-6}$$

注意，$v'_1/\bar{v}_1$ 和 $v'_2/\bar{v}_2$ 明显小于 1，因此，在进一步公式中可以忽略。对该表达式左侧进行代数计算后，取两侧的算术平均数，最终可得到：

$$\left(\frac{\bar{v}_1}{\bar{v}_2}\right)\left[1 - \frac{v'_1 \bar{v}'_2}{\bar{v}_1 \bar{v}_2} + \left(\frac{v'_2}{\bar{v}_2}\right)^2\right] = \left(\frac{z_1}{z_2}\right)^n \tag{4-7}$$

虽然界定 $\bar{v}'_1 = \bar{v}'_2 = 0$，但是方程（4-7）是一个近似表达式，因为 $\bar{v}'_1 \bar{v}'^2_2$ 的值几乎为 0。对称（高斯）摄动、奇数幂的算术平均值（如 $\bar{v}'_1 \bar{v}'^2_2$）也界定为 0。根据随机过程理论[14]，$\bar{v}'_1 \bar{v}'^2_2$ 可以写成与标准偏差、s_1 和 s_2 以及自相关系数、风速时程 v_1 和 v_2 之间的 r_{12} 有关的表达式，最终表达式为：

$$\left(\frac{\bar{v}_1}{\bar{v}_2}\right)\left(1 - \frac{s_1 s_2}{\bar{v}_1 \bar{v}_2}r_{12} + \frac{s_2^2}{\bar{v}_2^2}\right) = \left(\frac{z_1}{z_2}\right)^n \tag{4-8}$$

考虑两个海拔的风速时程，表达式中的所有项均已知，只有 n 值未知。因此，可利用方程（4-8）判定 n 值。当不同海拔的两个风速时程互相独立时，该表达式可以简化为典型方程（4-1）。在这种情况下，$r_{12}=0$。另外，左侧第二个括号内的项取值范围为 0~1。

$$n = \frac{\ln(\bar{v}_1/\bar{v}_2) + \ln(1 - C_{v1}C_{v2}r_{12} + C_{V_2}^2)}{\ln(z_1/z_2)} \tag{4-9}$$

其中 C_{v1} 和 C_{v2} 分别是高度 z_1 和 z_2 处的变量系数。为了阐述方法论的适当性，Kaminsky 和 Kirchhoff[33] 采用了位于康涅狄格州沃特福德市的 Millstone 核电站 1975 年的风速数据，并记录了该地点四个不同高度处恢复速率为 96% 的 15 分钟平均值，如表 4-4 第一栏所示。

表 4-4　风速汇总

高度（m）	平均风速（m/s）	标准偏差（m/s）	互相关系数
9.75	4.15	2.43	0.795
43.28	5.45	2.95	0.875
114.00	6.73	3.32	0.975
136.25	6.87	3.55	1.000

互相关系数是特定高度和 136.25m 高度处之间的风速记录相关系数。从该表中可以看出，统计参数随着高度的上升而增加。尤其是，最后一栏的互相关系数显示，两个海拔之间的差距越小，相关系数越大，这与预期结果一致。此外，与地表之间的距离越小，空气不稳定性越大。根据公式（4-9），可以计算 136.25m 高度处和其他高度之间的幂律指数值 n，如表 4-5 所示。

表 4-5　指数计算

高度（m）	典型方程	扩展方程［方程（4-9）］
9.75	0.19	0.129
43.28	0.20	0.158
114.00	0.11	0.174

虽然风能总量在世界许多地方的经济意义还未显现出来，但人类从早期就开始利用风能为各种活动提供动力，包括从低处向高处抽水，驱动水力和其他机械力研

磨谷物等。现今，有些地区还在利用风能产生边际收益，其中荷兰的风车就是一个最典型的实例。二十世纪初开始了风能计算公式的科学探究，并开始发展现代技术。最近几十年，风能的重要性体现在对环境的保护作用上，虽然在某种程度上，现代风场也存在噪音和有形污染，但目前主要考虑空气污染。风能属于清洁能源，其在发电领域的应用越来越广泛，以期缓解化石燃料燃烧造成的空气污染[11]。在美国一些地区，风电占总发电量的 20%。实际上，1973 年经济危机后，受经济限制的影响，风能的重要性越来越得到人们的重视；目前，欧洲西部的一些国家建设了很多风电场[1,19,52]。

虽然风电机技术发展迅速，但仍然需要采用科学方法对时空活动进行评估。本文旨在根据可用的气象变量建立风能计算公式，并进行解释。这些公式为了解、控制和预测总风能计算中的空间、高度、时间和气象变量提供了依据。

4.6 随机性风能计算公式

几乎所有的风功率研究都依赖于风速的算术平均数，这是最简单的风功率密度集中趋势测量，即概率分布函数[34,46]。另一方面，许多著作者根据详细的风速统计数据计算风功率预测值，其中包括标准偏差、方差、偏斜系数和峰态。在这些研究中，概率密度函数（PDF）如对数正态分布、伽马（Pearson III）分布、威布尔分布、瑞利分布可用于适应风速频率经验值。特别是，Justus 等人[26,29]主张在风速研究中应用双参数威布尔分布。这一建议在世界很多地区的风功率计算中被采纳。但是，在一些研究中未通过测试风速数据来验证双参数威布尔分布的适用性，而是进行自动计算。一些研究未采用真实的风速数据，但假设双参数威布尔分布适用于其立方数，如 Hennessey[23] 所述。Auwera 等人[4]认为，三参数威布尔分布比双参数威布尔概率密度函数更适用于风速数据。

在海平面平均空气密度为 $\rho = 1.225 \mathrm{g/cm}^3$、温度为 15℃的标准大气中，单位时间和单位面积内的瞬时风能 E_U 可以表示为：

$$E_U = 1/2 \, \rho V^3 \qquad (4-10)$$

其中 V 表示风速，单位为 m/s，功率单位为 W/m^2。虽然环境空气密度不是风功率的控制变量，但海平面标准密度的整合假设受到了质疑。在高海拔观测站，海平面密度假设对可用的风功率过高估计了近 30%[38]。采用的空气密度校正系数来自同一著作者，用于将海平面的风功率估计值转化为风场的风功率估计值。密度校正系数取决于场地海拔和月平均温度的年度循环。空气密度随温度和气压变化，即海拔（参见 4.6 节）。此外，给定风电机的功率曲线取决于空气密度。受温差和后继压差的影响，到达地球大气层的太阳辐射在风形成方面发挥着显著作用。风是指大气压差引起的大气水平方向的运动，在这一定义中，要明确指出"空气"是干燥还是湿润的。在截至目前的应用中，普遍假定标准大气中的空气是干燥的，具有以下具体特点：

1. 空气完全干燥；

2. 海平面平均压力为 1 013.25hPa；

3. 同一水平面上的平均温度为 15℃；

4. 同一水平面上的空气密度恒等于 1.225kg/m³。

上述假设在实际应用中会受到不同程度的限制。根据随机过程中的相依随机变量理论[36]，如果空气密度和风速相互独立，则方程（4-10）两侧的期望值应得出

$$E(E) = \frac{1}{2}E(\rho V^3) \qquad (4-11)$$

但是，根据协方差表达式的定义，两个相依随机变量相乘可以用协方差和单个随机变量期望值的乘积表示，如下：

$$Cov(\rho, V^3) = E(\rho V^3) - E(\rho)E(V^3) \qquad (4-12)$$

此外，如果风速和空气密度之间的相关系数用 r 表示，则以单个随机变量的协方差和标准偏差表示的典型定义公式如下：

$$r = \frac{Cov(\rho, V^3)}{S_\rho S_{V^3}} \qquad (4-13)$$

因此，进行简单的代数运算后，替换上述两个表达式之间的 $Cov(\rho, V^3)$，可得

$$E(\rho V^3) = E(\rho)E(V^3) + rS_\rho S_{V^3} \qquad (4-14)$$

将前一表达式代入方程（4-11），得出风能计算公式的通用格式：

$$E(E) = \frac{1}{2}[E(\rho)E(V^3) + rS_\rho S_{V^3}] \qquad (4-15)$$

该表达式可以简化成几种简单方法：

1. 方括号中的第二项是该表达式与目前文献所列公式的主要区别。空气密度恒定时，该项值消失，因为 $r=0$，并且方程（4-15）可以简化为方程（4-10）。

另一方面，如果整个持续时间内的空气密度恒定，即 $E(\rho) = \rho$，则

$$E(E) = \frac{1}{2}\rho E(V^3) \qquad (4-16)$$

2. 瞬时空气密度和风速测量值之间没有交互相关性，因此方程（4-10）生效。在方程（4-15）中，r 起着十分重要的作用，具体取决于 r 的实际值（-1 至 +1）。从逻辑上来看，空气密度越大，风速越小。由于潮湿的空气比干燥的空气轻，水分可以起到润滑作用，从而使空气形成更高的风速。因此，风速和空气密度之间的交互相关性可能为负值。这一论据显示方程（4-11）得出的值大于方程（4-15），因此方程（4-15）可以重新写成：

$$E(E) = \frac{1}{2} E(\rho) E(V^3) \left[1 + r \frac{S \rho S_V^3}{E(\rho) E(V^3)} \right] \tag{4-17}$$

因此，方括号内的表达式可以定义为校正系数 α，且为无因次系数。

$$\alpha = 1 + r \frac{S \rho S_V^3}{E(\rho) E(V^3)}$$

考虑了变异系数 C 后，还可以将该表达式重新表达为标准偏差与算术平均数的比值。因此，前一表达式中的两个此类比值分别可以表达为空气密度的变异系数 $C\rho$ 和风速立方数 C_{V^3}。最终，该表达式可以简化为

$$\alpha = 1 + r C \rho C_{V^3} \tag{4-18}$$

该表达式表明，如果存在较小的变异系数（尤其是小于 1 的变异系数），则右侧第二项可以忽略不计。在这种情况下，可以采用常规公式。另外，虽然存在许多不确定性，但并不值得进行校正。另一方面，对于相对较大的变异系数，上述第二项不可忽略，这意味着常规公式可能会高估风能潜力。很明显，只有当 $r=0$ 时，相对误差才会等于 0。本文所列公式为给定空气密度和风速时序的校正系数评估提供了依据。

4.6.1 应用

为了显示实际情况下的随机变化率，图 4-6、图 4-7、图 4-8 和图 4-9 均采用了土耳其西北部恰纳卡莱气象观测站（图 4-5）1995 年记录的日温度、压力、空气密度和风速测量时序数据。

该地区是土耳其最有潜力的风力发电区域，位于东经 40°08′、北纬 26°24′，平均风速为 4.13m/s，风能密度为 93.50W/m²[45]。尤其是，温度、压力和空气密度时序呈年度季节性变动，风速平稳波动，没有明显可见的周期性或趋势。考虑到风速的这一特征，我们可以采用方程（4-16）粗略地计算风能。

表 4-6 所列为空气密度和风速的统计特征。此外，计算的空气密度与风速立方数之间的相关性等于 -0.52。

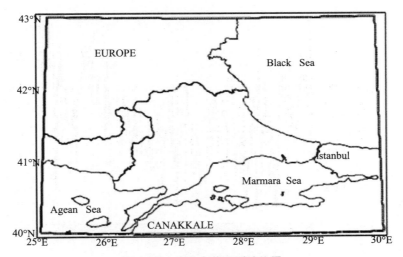

图 4-5　恰纳卡莱观测站位置

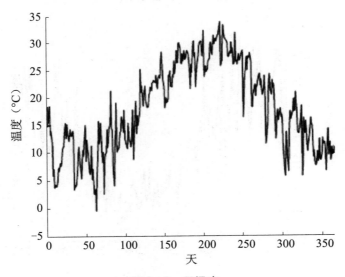

图 4-6　日温度

表 4-6　恰纳卡莱观测站统计数据

参数	空气密度（g/cm³）	风速立方数 [（m/s)³]
平均数	1.216	266.037
中位数	1.216	166.375
模式	1.216	300.763
标准偏差	0.036	441.203
最大值	1.298	4 330.750
最小值	1.143	0.512

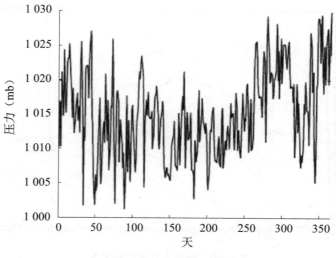

图 4-7　日压力时序

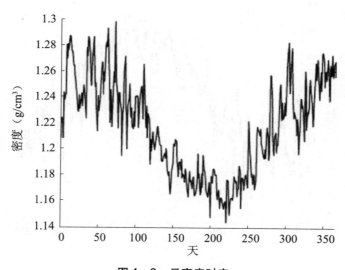

图 4-8　日密度时序

风速变化比空气密度变化的幅度大。一般来说，由于空气密度的变化幅度较小，这个因素往往会被忽略，并假设空气密度恒等于算术平均数（1.216g/cm³，如表 4-6 所示）。但是，虽然空气密度的变化幅度较小，但其可能会对风能计算产生显著影响。为了确认这一点，我们首先将表 4-6 中的数据代入方程（4-18）。

首先，空气密度变异系数和风速立方数时序的变异系数分别为 $C_\rho = 1.216/0.036 = 33.778$ 和 $C_V^3 = 226.037/441.203 = 0.603$。将这些值和互相关值代入方程（4-18），得出校正系数为 $\alpha = 0.975$。

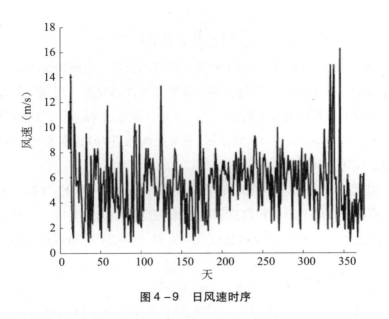

图 4 – 9 日风速时序

4.7 时空风能和动力学的理论公式

在安装有风电机的地区，表面 A 垂直于风向时，理论上来讲，在某时间间隔 t 内的风能总量 E_T 可以根据方程（4 – 10）计算得出，即 $E_T = AtE_U$。本方程中的隐含假设包括：

1. 该地区任意一点的风速几乎相同，不存在湍流效应。

2. 某时间间隔内的平均风速不发生明显变化。根据通用气体定律 $P = R\rho T$，任意一点的空气密度 $\rho(\text{kg/cm}^3)$ 取决于绝对温度 $T(\text{K})$ 和压力 $P(\text{hPa})$，其中 R 表示通用气体常数，在干燥空气条件下等于 2.87。消去通用气体定律和方程（4 – 10）中的 ρ，可以得出[46]

$$E_u = \frac{1}{2R}\left(\frac{P}{T}\right)V^3 \qquad (4 - 19)$$

这是考虑气象变量个体效应的最明确的风能计算公式。方程（4 – 19）适用于任何观测站和时间点，并且可以得出 (T, P, V) 三倍数的瞬时测量值。

4.7.1 能量比

通过考虑两个不同时间或地点的能量比，方程（4 – 19）可以扩展为两点式。我们将方程（4 – 19）中 i 点和 j 点的比率定义为：

$$\frac{E_{u_i}}{E_{u_j}} = \left(\frac{P_i}{P_j}\right)\left(\frac{T_j}{T_i}\right)\left(\frac{V_i}{V_j}\right)^3 \qquad (4-20)$$

其中，i 和 j 表示空间或时间轴中两个不同点的位置。右侧的压力比与气象学中的 σ 坐标系相似。如 Holton[24] 所述，等压坐标系有许多优点，例如气象数据通常基于等压面，因此可以将声波完全过滤。另一方面，在 σ 坐标系中，纵轴是指标准化的表面压力 P_j，因此 $\sigma_{i,j} = P_i/P_j$。假设 $\sigma_{i,j}$ 在地平面的值为 1，在大气顶层的值为 0，在大气顶层，风能为 0。

同样，温度比 $\tau_{j,i} = T_j/T_i$ 表明，在对流层中，$T_j > T_i$，则 $\tau_{j,i} < 1$，而在逆温层中，$\tau_{j,i} > 1$。最后，由于表面粗糙度对垂直方向的影响，$V_i > V_j$，因此，预计速度比 $v_{i,j} = V_i/V_j$ 的值会大于 1。将这些比值代入方程（4-20），可以得出能量的无因次方程式：

$$e_{i,j} = \sigma_{i,j}\tau_{j,i}v_{i,j}^3 \qquad (4-21)$$

其中，$e_{i,j}$ 表示能量比。该表达式还适用于不同气象变量的各种等值面，如下所示。

1. 等压面：等压面是指气压相同的面，不存在气压梯度，因此只要 i 和 j 点处于等压面，则 $\sigma_{i,j} = 1.0$，方程（4-21）转化为：

$$e_{i,j} = \tau_{j,i}v_{i,j}^3 \qquad (4-22)$$

该公式表示，受任意两个等压点之间温差的影响，风速会发生变化（见图 4-10）。从物理角度来看，如果 $\tau_{j,i} < 1.0$，则 $v_{i,j} > 1.0$，反之亦然。

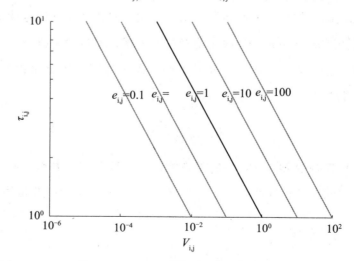

图 4-10　风速比与温度比变化关系图

2. 等温面：等温面是指气温相同的面，不存在温度梯度。在这种情况下，存在压力差才会产生风，因此 $\tau_{i,j} = 1.0$，方程可以转化为：

$$e_{i,j} = \sigma_{i,j} v_{i,j}^3 \qquad (4-23)$$

显然，如果用 $\sigma_{i,j}$ 替代 $\tau_{j,i}$，则类似公式也适用于 $e_{i,j}$ 和 $v_{i,j}$ 的变化。从物理角度来看，气流从高压区域流向低压区域。受气流摩擦损失的影响，预计从气压外周至气压中心风速会逐渐降低，因此，如果 $v_{i,j} < 1.0$，则 $\sigma_{i,j} > 1.0$，反之亦然。

4.7.2　垂直风能变化

在某个固定时刻和位置，可以计算风能变化与垂直风向和距地表的高度 h 之间的相关性。Bennett 等人[7]描述了高空大气数据对低空风速估计值的影响。首先要考虑等温大气情况（不存在垂直温度变化），在这种情况下，对风力发电产生影响的变量为压差和风速。许多教材中的垂直气压变化表示为：

$$P(h) = P_0 \exp\left(-\int_0^h \frac{dh}{H}\right) \qquad (4-24)$$

其中，$H = RT/(gM)$，表示大气标高。M 表示大气的平均分子量，在 100km 内，均可视为恒定值。此外，g 表示重力加速度，其值取决于 h 的值，但是其在 100km 内的变化可以忽略不计，误差水平为 3%。因此，在等温大气中，方程（4-24）可以重新写成：

$$P(h) = P_0 e^{-h/H} \qquad (4-25)$$

其中，H 表示高度，气压基于系数 $e^{-1} = 0.37$ 降低，即气团 2/3 以内的高度。

另一方面，假设大气的恒定递减率为 β，高度 h 处的温度可以表示为 $T = T_0 - \beta h$，其中 T_0 是与 P_0 相对应的温度。在这种情况下，气压相对于高度的变化可以表示为：

$$P(h) = P_0 \left(1 - \frac{\beta}{T_0} h\right)^{3.41/\beta} \qquad (4-26)$$

应注意，在此公式中，β 的单位为 °C/100m。气压-高度表达式基于物理基础，速度-高度模型基于经验基础。第一个此类经验表达式为典型的幂律模型，如下：

$$V(h) = V_m \left(\frac{h}{h_m}\right)^\gamma \qquad (4-27)$$

其中，V_m 是高度 h_m 处的速度测量值，γ 是指数，取决于测量地点周围的表面粗糙度。最后，将方程（4-26）和（4-27）代入方程（4-20），经代数运算后得出：

$$\frac{E}{E_m} = \left[\left(1 - \frac{\beta}{T_0} h\right) \Big/ \left(1 - \frac{\beta}{T_0} h_m\right)^{-1}\right]^{\frac{3.41}{\beta} - 1} \left(\frac{h}{h_m}\right)^{3\gamma} \qquad (4-28)$$

该表达式为风能随高度变化的通用表达式。但是，国际航空委员会（ICAN）特别指出，11km 内的标准大气压为 $P_0 = 1\,013.2$hPa；$T_0 = 288$K 且 $\beta = 0.65℃/100$m。因此，代入这些值，方程（4-28）变为：

$$\frac{E}{E_m} = \left(\frac{1 - 2.25 \times 10^{-5}h}{1 - 2.25 \times 10^{-5}h_m} \right)^{4.25} \left(\frac{h}{h_m} \right)^{3\gamma} \qquad (4-29)$$

4.7.3 气象风能动力学

大气动力学受基本物理学原理的约束，例如能量守恒定律、质量守恒定律、动量守恒定律、气体状态等。与基本的气象变量相同，包括温度、压力和风速，风能计算和能量场也必须具备时空连续性。因此，可以通过连续介质概念计算出能量变化。流体动力学中常用的能量计算类型有两种。在欧拉参考坐标系中，某个固定点可以被视为其相关气象变量。风能场变量为 T、P 和 V，三个变量之间的关系可以简单地表示为：

$$E = \alpha \frac{P}{T} V^3 \qquad (4-30)$$

其中，α 恒等于 $R/2$。假设第一位近似值，能量变化 dE 可以表示为泰勒级数展开式，如下：

$$dE = \left(\frac{\partial E}{\partial P} \right) dP + \left(\frac{\partial E}{\partial T} \right) dT + \left(\frac{\partial E}{\partial V} \right) dV + \varepsilon \qquad (4-31)$$

其中，ε 表示高次项造成的误差分量。将方程（4-31）的偏导数代入该展开式，可以得出：

$$dE = \alpha \left(\frac{V^3}{T} dP - \frac{P}{T^2} V^3 dT + 3 \frac{P}{T} V^2 dV \right) \qquad (4-32)$$

这是一项关键表达式，通过该表达式可以计算与重要气象、空间和时间变量有关的能量变化率，如下：

1. 随风速的变化：用方程（4-32）除以极小的风速增量 dV，可以得出：

$$\frac{dE}{dV} = \alpha \left(\frac{V^3 dP}{T dV} - \frac{P}{T^2} V^3 \frac{dT}{dV} + 3 \frac{P}{T} V^2 \right) \qquad (4-33)$$

其中，dE/dV 表示每风速增量的能量变化率。同样，风速造成的压力和温度增量分别表示为 dP/dV 和 dT/dV。dV 和 dT/dV 可以根据给定观测站的气象测量值得出。

2. 随温度的变化：另一方面，用方程（4-32）除以 dT，可以得到随温度变化的能量变化率，如下：

$$\frac{\mathrm{d}E}{\mathrm{d}T} = \alpha\left(\frac{V^3}{T}\frac{\mathrm{d}P}{\mathrm{d}T} - \frac{P}{T^2}V^3 + 3\frac{P}{T}V^2\frac{\mathrm{d}V}{\mathrm{d}T}\right) \qquad (4-34)$$

3. 随压力的变化：此外，还可以得出与气压有关的风能率：

$$\frac{\mathrm{d}E}{\mathrm{d}P} = \alpha\left(\frac{V^3}{T} - \frac{P}{T^2}V^3\frac{\mathrm{d}T}{\mathrm{d}P} + 3\frac{P}{T}V^2\frac{\mathrm{d}V}{\mathrm{d}P}\right) \qquad (4-35)$$

根据上述三个能量率表达式，可以得出以下通用解释：

1. 如果给定测量点无压力、温度和速度变化，则方程（4-33）～（4-35）会得出与方程（4-19）相同的结果。某些短期或长期的实践性研究中不会出现这种情况，在研究期间，气象变量通常会出现一些波动。因此，方程（4-19）可以直接应用于瞬时测量气象变量或平均气象变量。

2. 如果压力和温度变化可以忽略不计，且风能计算仅以风速为基础，则与速度增量有关的能量率可由方程（4-32）变为：

$$\frac{\mathrm{d}E}{\mathrm{d}V} = 3\alpha\frac{P}{T}V^2 + \varepsilon_{PT} \qquad (4-36)$$

其中误差值 ε_{PT} 为

$$\varepsilon_{PT} = \alpha\left(\frac{V^3}{T}\frac{\mathrm{d}P}{\mathrm{d}V} - \frac{P}{T^2}V^3\frac{\mathrm{d}T}{\mathrm{d}V}\right) = \alpha\frac{P}{T}V^3\left(\frac{1}{P}\frac{\mathrm{d}P}{\mathrm{d}V} - \frac{1}{T}\frac{\mathrm{d}T}{\mathrm{d}V}\right) \qquad (4-37)$$

4.8　新风能计算公式与 Betz 极限比较

在 20 世纪的头几十年里，飞机的出现和发展引起了对螺旋桨的广泛分析和设计研究，这种螺旋桨可以直接应用于风电机。Betz[10]认为，理想情况下风能所能转换成动能的极限比值为 16/27，即 Betz 极限，这与可从风中获取的能通量有关。

有两个基本物理流程可以限制感应式风电机的最大风能利用系数。首先，风轮可以通过降低其扫掠面积内的质量流率，增加逆风静压和可转化的风能。其次，风轮可以将尾部的部分线性动能转化为转动动能，但无法再转化为机械能。第一个减速过程将所有叶尖速比的风能利用系数限制在 0.593（16/27），即 Betz 极限，或更准确地说，为 Lanchester-Betz 极限[9]。尾部旋转速度较低时，就会接近该极限值。

风轮在从自然风中获取的能量是有限的，因为空气不会停止流动并积聚在风轮后。穿过流线管和风轮盘的气流如图 4-11 所示[17]。

根据 Betz[10]，在最大功率捕获条件下，风轮处的气流速度会降至逆风向风速值 V 的 2/3，最终空气流速会降至风轮顺风向初始风速的 1/3。这意味着从原始风能中

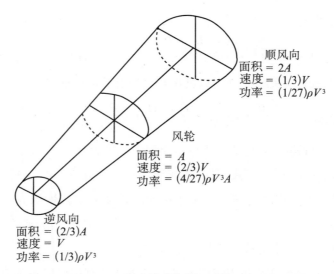

顺风向
面积 = $2A$
速度 = $(1/3)V$
功率 = $(1/27)\rho V^3$

风轮
面积 = A
速度 = $(2/3)V$
功率 = $(4/27)\rho V^3 A$

逆风向
面积 = $(2/3)A$
速度 = V
功率 = $(1/3)\rho V^3$

图 4 – 11 最大功率条件——Betz 极限

捕获的能量最多为 24/27。一般来说，将风电机性能表示为功率输出与通过风电机扫掠面积的风功率的比值。从图 4 – 11 反映的情况来看，这个比值为 16/27。

4.8.1 典型公式与 Betz 极限

从风能相关教材中可以得知，单位时间和单位面积内的风功率可以用方程（4 – 10）表示。另一方面，采用 Betz 极限方法可根据动量比推导出风功率公式。如果逆风向（风轮前）和顺风向（风轮后）的风速分别表示为 V_u 和 V_d，则风电机可以吸收的功率为：

$$P_A = m(V_u - V_d)V_m \qquad (4 - 38)$$

其中，m 表示单位时间内穿过风轮的空气质量，$V_m = 0.5(V_u - V_d)$ 表示实际穿过风轮的平均风速。风的动能变化比可以表示为：

$$E_k = (1/2)m(V_u^2 - V_d^2) \qquad (4 - 39)$$

显然，这两个表达式解释的是同一现象，因此两表达式结果相等。假设穿过风轮的风速方向是轴向的，并且整个风轮扫掠面积 A 内的风速相同，则风轮前的风速减速度（$V_u - V_m$）等于风轮后的风速减速度（$V_u - V_m$）。因此，风轮捕获的能量可以用空气密度表达，公式为：

$$P_E = \rho A V_m(V_u - V_d)V_m \qquad (4 - 40)$$

首先将 $V_m = 0.5(V_u - V_d)$ 代入上述公式，进行代数运算，即：

$$P_E = (1/4)\rho A V_1^2(1 + \alpha)(1 - \alpha^2) \qquad (4 - 41)$$

其中 $\alpha = V_d/V_u$ 表示速度比（$0 < \alpha < 1$）。为了明确最大功率提取的可能性，应区分前一表达式中的 α，然后使结果等于 0，则得出 $\alpha = 1/3$。因此，将 $\alpha = 1/3$ 代入前述表达式，可以得出 Betz 极限公式：

$$\boldsymbol{P}_{\text{Betz}} = (8/27)\boldsymbol{\rho V}_u^2 \qquad (4-42)$$

与理想风轮的可提取风能［方程（4-10）］相比，可以将方程（4-42）重新表述为：

$$\boldsymbol{P}_{\text{Betz}} = (1/2)(16/27)\boldsymbol{\rho V}_u^2 \qquad (4-43)$$

其中 Betz 极限的值 $16/27 = 0.593$ 很明确。因此，在完全没有损失的情况下，可利用的风能的最大比率为 59%。方程（4-43）的推导式未直接考虑动量变化。下述章节将考虑动量变化，从而推导出风功率。

4.8.2　新推导式

为了得到更可靠、更准确的动能公式，应考虑空气的流动性和空气密度。风穿过风电机风轮之前及穿过风轮之后会形成减速力（参见图 4-11）。这一减速力可以用单位时间内穿过风轮的空气质量和速度变化来表示。另外，空气质量是空气密度和穿过风轮的气量的函数。反过来，空气密度是气压和气温的函数，同时气压和气温也是海拔高度的函数。风能是指单位时间内可用的总能量。风电机风轮将风能转化为机械-转动能，这样会降低气团的运动速度。风电机无法完全捕获风能，因为在风轮拦截区域，气团会被完全拦截。鉴于以上描述，根据牛顿第二定律，我们可以将影响风电机物理性能的力表示为：

$$F = m \cdot \mathrm{d}V/\mathrm{d}t \qquad (4-44)$$

其中，m 表示单位时间内通过风轮的空气质量，则单位时间内（恒定值 m）的动量变化比可以表示为 $m\mathrm{d}v$，等于由此产生的推力。其中，$\mathrm{d}V$ 表示风轮逆风速度和顺风速度的差值。在时间周期 T 内，逆风向空气质量覆盖的距离为 VT，因此在该时间周期内穿过风轮的空气体积等于 AVT，A 表示风轮扫掠面积。因此，气团可以表示为 ρAVT，将其代入方程（4-44），可得

$$F = \rho ATV\mathrm{d}V/\mathrm{d}t \qquad (4-45)$$

另一方面，能量（或功）可以用力乘以距离来表示，即 $\mathrm{d}L$，如下：

$$\mathrm{d}E = F\mathrm{d}L = \rho ATV\mathrm{d}V\mathrm{d}L/\mathrm{d}t \qquad (4-46)$$

其中 $\mathrm{d}L/\mathrm{d}t$ 等于速度 V，因此该表达式可以简化为：

$$\mathrm{d}E = \rho ATV^2\mathrm{d}V \qquad (4-47)$$

最后，根据以下方程，对两侧进行整合运算，可以得出总能量：

$$E = (1/3)\rho ATV^3 \tag{4-48}$$

同样，单位面积和单位时间内的风功率可以表示为

$$E_w = (1/3)\rho V^3 \tag{4-49}$$

显然，该表达式与方程（4-43）中的对应值的唯一差别是，该表达式的数字因数为 1/3，而不是（16/27）·（1/2）。本文提出，理论上使用方程（4-49）得出的结果更加准确，因为该方程从开始进行物理推导时就考虑了空气的流动性。

4.8.3 公式比较

如上所述，根据方程（4-10）中的动能原理推导出基本功率公式后，方程（4-43）考虑了动量效应。Betz 极限 16/27 是该表达式的一个因数，由此可得出 Betz 风功率公式，如方程（4-43）所示。另一方面，方程（4-49）中推导出的风功率表达式从开始就考虑了动量变化比。方程（4-43）和方程（4-49）如图 4-12 所示，根据 Betz 极限公式，两个表达式非常接近，得出的风功率估值均略低。

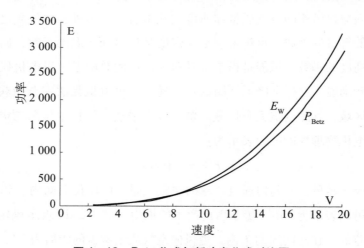

图 4-12 Betz 公式与新功率公式对比图

但是，实际有效速度范围内的差值不超过 10%。对于风速较小的情况，两个表达式得出的结果相同，但是随着风速增加，结果的差值也变大。Betz 未考虑不可避免的涡流损耗产生的影响。对于叶尖速比高且叶片几何形状佳的风电机，涡流损耗非常低。

4.9　风功率摄动

Taylor[51]在很多关于湍流的研究中使用了摄动方法。由于风还表示大气中的湍流现象，因此瞬时风速 V 可视为由两个分量构成，即平均风速 $\bar{V}$ 和方程（4-3）中的摄动项 V'。摄动项的期望值为0，即 $\mathrm{E}(V')=0$，且其方差等于瞬时风速的方差，即 $\mathrm{V}(V)=\mathrm{V}(V')$。将方程（4-3）代入方程（4-11），进行随机运算后，得出：

$$\mathrm{E}(P)=\frac{1}{2}\rho[\mathrm{E}^3(V)+3\mathrm{E}(V)\mathrm{E}(V'^2)+\mathrm{E}(V'^3)] \tag{4-50}$$

其中，用 P 代替 E。在很多论文中，该表达式很常见，如果大括号内的最后一项忽略不计，则该表达式可以写成一个近似形式：

$$\mathrm{E}(P)=\frac{1}{2}\rho[\mathrm{E}^3(V)+3\mathrm{E}(V)\mathrm{E}(V'^2)] \tag{4-51}$$

该表达式非常适用于对称概率分布，如高斯分布，但自然状态下的风速不可能呈对称分布。大多数情况下，风速呈威布尔、伽马、卡方、对数正态等形式分布。在下面的章节中，威布尔分布中采用了方程（4-50）中的精确风功率期望值。

随机变量（如风能）方差的一般随机定义可以表示为：

$$\mathrm{V}(P)=\mathrm{E}(P^2)-\mathrm{E}^2(P) \tag{4-52}$$

右侧第二项是方程（4-50）中期望值的平方，要求得 $\mathrm{V}(P)$，必须计算 $\mathrm{E}(P^2)$。将方程（4-3）代入方程（4-11）中，然后取两侧的平方值，得出理想的期望值，如下：

$$\mathrm{E}(P^2)=\frac{1}{4}\rho^2\mathrm{E}[\bar{V}^6+6\bar{V}^5V'+15\bar{V}^4V'^2+20\bar{V}^3V'^3+15\bar{V}^2V'^4+6\bar{V}V'^5+V'^6] \tag{4-53}$$

定义 $\mathrm{E}(V')=0$，最后一个方程式可以显式形式表示，如下：

$$\mathrm{E}(P^2)=\frac{1}{4}\rho^2[\mathrm{E}^6(V)+15\mathrm{E}^4(V)\mathrm{E}(V'^2)+20\mathrm{E}^3(V)\mathrm{E}(V'^3)$$
$$+15\mathrm{E}^2(V)\mathrm{E}(V'^4)+6\mathrm{E}(V)\mathrm{E}(V'^5)+\mathrm{E}(V'^6)] \tag{4-54}$$

但是，在对称概率分布的情况下，该表达式可以简化为以下形式，由于摄动项的奇次期望值等于0，因此：

$$\mathrm{E}(P^2)=\frac{1}{4}\rho^2[\mathrm{E}^6(V)+15\mathrm{E}^4(V)\mathrm{E}(V'^2)+15\mathrm{E}^2(V)\mathrm{E}(V'^4)+\mathrm{E}(V'^6)] \tag{4-55}$$

将该表达式与方程（4-50）共同代入方程（4-52），进行代数运算，得出：

$$V(P) = \frac{1}{4}\rho^2 \big[6E^4(V)E(V'^2) + 15E^2(V)E(V'^4) - 9E^2(V)E^2(V'^2) - E^2(V'^3)$$
$$- 2E^3(V)E(V'^3) - 6E(V)E(V'^2)E(V'^3) + E(V'^6) \big] \qquad (4-56)$$

这是风速值发生摄动后得出的一项通用方差方程,适用于任何概率分布函数。在下面的章节中,威布尔分布中采用了方程(4-50)和方程(4-56)。

4.9.1　威布尔分布和风功率

世界范围内大多数风速评估均采用双参数威布尔概率分布(WPD)[26,28]。有证据表明,威布尔概率分布是一种估计各气候区未来风功率的有效工具。Petersen 等人[37]证明,在丹麦,威布尔风速概率分布可以有效地评估风电场的未来风功率。文献 [12] 中综述了威布尔参数估算值的相关统计方法,重点考虑效率因素。将风速视为符合双参数威布尔分布的随机变量。此类分布的密度函数可以表示为:

$$f(V) = \frac{a}{b}\left(\frac{V}{a}\right)^{b-1}\exp\left[-\left(\frac{V}{b}\right)^b\right] \qquad (4-57)$$

其中,a 表示相同因次 V 的尺度参数,b 表示无因次形状参数。在威布尔分布的很多应用中,需要使用统计动差。一般而言,威布尔概率分布风速 V 的 k 阶统计动差可以表示为:

$$E(V^K) = a^k\Gamma\left(1 + \frac{k}{b}\right) \qquad (4-58)$$

因此,在威布尔分布中,通过解析,可以得出期望值($k=1$)和方程(4-52)中的方差,如下:

$$E(V) = a\Gamma\left(1 + \frac{1}{b}\right) \qquad (4-59)$$

且

$$V(V) = a^2\left[\Gamma\left(1 + \frac{2}{b}\right) - \Gamma\left(1 + \frac{1}{b}\right)\right] \qquad (4-60)$$

为了从方程(4-50)中得出威布尔风速概率分布和风功率期望值的解析式,必须求出大括号内各项的值。第一项可以根据方程(4-58)求出,但其他两个摄动项必须通过以下方程计算得出:

$$E(V'^2) = a^2\left[\Gamma\left(1 + \frac{2}{b}\right) - \Gamma^2\left(1 + \frac{1}{b}\right)\right]$$

第三个动差期望值变为:

$$E(V'^3) = E(V - \overline{V})^2 = E(V^3) - 3E(V)E(V^2) + 2E^2(V)$$

根据方程（4-58），将该表达式应用于威布尔分布，表达如下：

$$\mathrm{E}(V'^3) = a^3 \left[\Gamma\left(1 + \frac{3}{b}\right) - 3\Gamma\left(1 + \frac{1}{b}\right)\Gamma\left(1 + \frac{2}{b}\right) + 2\Gamma^3\left(1 + \frac{1}{b}\right) \right]$$

最后，将必要的期望值项代入方程（4-50），进行代数运算，得出：

$$\mathrm{E}(P) = \frac{1}{2}\rho a^3 \Gamma\left(1 + \frac{3}{b}\right) \qquad (4-61)$$

另一方面，要从方程（4-56）中得出风功率方差的显式表达式，必须求出其他高阶矩摄动项。第四阶摄动项期望值通常表示为：

$$\mathrm{E}(V'^4) = \mathrm{E}(V - \overline{V})^3$$
$$= \mathrm{E}(V^4) - 4\mathrm{E}(V)\mathrm{E}(V^3) + 6\mathrm{E}^2(V)\mathrm{E}(E^2) - 4\mathrm{E}^3(V)\mathrm{E}(E) - \mathrm{E}^4(V)$$

但是，对于威布尔分布，代入必要的动差后［使用方程（4-58）］，可以得出：

$$\mathrm{E}(V'^4) = a^4 \left[\Gamma\left(1 + \frac{4}{b}\right) - 4\Gamma\left(1 + \frac{3}{b}\right)\Gamma\left(1 + \frac{1}{b}\right) \right.$$
$$\left. + 6\Gamma\left(1 + \frac{2}{b}\right)\Gamma^2\left(1 + \frac{1}{b}\right) - 3\Gamma^4\left(1 + \frac{1}{b}\right) \right]$$

另一方面，摄动速度项的第5阶动差表达式为：

$$\mathrm{E}(V'^5) = \mathrm{E}(V - \overline{V})^5$$
$$= \mathrm{E}(V^5) - 5\mathrm{E}(V)\mathrm{E}(V^4) + 10\mathrm{E}^2(V)\mathrm{E}(E^3) - 10\mathrm{E}^3(V)\mathrm{E}(E^2)$$
$$+ 5\mathrm{E}^4(V)\mathrm{E}(V) - \mathrm{E}^5(E)$$

将该表达式应用于威布尔分布，表达如下：

$$\mathrm{E}(V'^5) = a^5 \left[\Gamma\left(1 + \frac{5}{b}\right) - 5\Gamma\left(1 + \frac{4}{b}\right)\Gamma\left(1 + \frac{1}{b}\right) + 10\Gamma\left(1 + \frac{3}{b}\right)\Gamma^2\left(1 + \frac{1}{b}\right) \right.$$
$$\left. - 10\Gamma\left(1 + \frac{2}{b}\right)\Gamma^3\left(1 + \frac{1}{b}\right) + 4\Gamma^5\left(1 + \frac{1}{b}\right) \right] \qquad (4-62)$$

此外，随机定义的第六阶摄动矩可以扩展为以下形式：

$$\mathrm{E}(V'^6) = \mathrm{E}(V - \overline{V})^6 = \mathrm{E}(V^6) - 6\mathrm{E}(V)\mathrm{E}(V^5) + 15\mathrm{E}^2(V)\mathrm{E}(E4)$$
$$- 20\mathrm{E}^3(V)\mathrm{E}(E^3) + 15\mathrm{E}^4(V)\mathrm{E}(V^2)$$
$$- 6\mathrm{E}^5(E)\mathrm{E}(E) + \mathrm{E}^6(V)$$

将该表达式应用于威布尔分布，其特定对应值为：

$$\mathrm{E}(V'^6) = a^6 \left[\Gamma\left(1 + \frac{6}{b}\right) - 6\Gamma\left(1 + \frac{5}{b}\right)\Gamma\left(1 + \frac{1}{b}\right) + 15\Gamma\left(1 + \frac{4}{b}\right)\Gamma^2\left(1 + \frac{1}{b}\right) \right.$$
$$\left. - 20\Gamma\left(1 + \frac{3}{b}\right)\Gamma^3\left(1 + \frac{1}{b}\right) + 15\Gamma\left(1 + \frac{2}{b}\right)\Gamma^4\left(1 + \frac{1}{b}\right) - 5\Gamma^6\left(1 + \frac{1}{b}\right) \right]$$

$$(4-63)$$

将这些必要项代入方程（4-56），进行必要运算，得出理想的风功率方差，如下：

$$V(P) = \frac{1}{4}\rho^2 a^6 \left[\Gamma\left(1 + \frac{6}{b}\right) - \Gamma^2\left(1 + \frac{3}{b}\right) \right] \qquad (4-64)$$

取该表达式的平方根可以得出风功率的标准偏差，如下所示：

$$S_P = \frac{1}{2}\rho a^3 \sqrt{\Gamma\left(1 + \frac{6}{b}\right) - \Gamma^2\left(1 + \frac{3}{b}\right)} \qquad (4-65)$$

最后，可以将变异系数定义为标准偏差与风功率期望值之比，如下所示：

$$C_V = \frac{S_P}{\mathrm{E}(P)} = \sqrt{\frac{\Gamma\left(1 + \frac{6}{b}\right) - \Gamma^2\left(1 + \frac{3}{b}\right)}{\Gamma\left(1 + \frac{3}{b}\right)}} \qquad (4-66)$$

或更简洁地表示为：

$$C_V = \sqrt{\frac{\Gamma\left(1 + \frac{6}{b}\right)}{\Gamma^2\left(1 + \frac{3}{b}\right)} - 1} \qquad (4-67)$$

4.9.2　垂直外推法威布尔分布参数

将风力数据外推至标准高程，可以形成一种基于平均风速值的主观方法。采用方程（4-10）时，此类外推法的不可靠性均会反映在风能 E 的计算中。大多数情况下，气象观测站的风速是在观测塔的不同海拔高程处测得的，并使用这些数据绘制风速轮廓线，进行进一步的风载荷或能量计算。Justus 等人[26,28] 以及 Justus 和 Mikhail[27]采用威布尔概率分布函数得出了经验风速相对频率分布（柱状图），而且推导出了一些威布尔概率分布函数参数外推法的公式。方程（4-58）～（4-60）给出了双参数威布尔概率分布函数的平均值和方差。另一方面，方程（4-9）证明了同一垂直方向上两个不同高度的风速之间的关系，包括相关系数（r_{12}）、变异系数和方差。在双参数威布尔概率分布函数中，变异系数如方程（4-67）所示。通过方程（4-59），可计算得出 a 值：

$$a = \frac{\mathrm{E}(V)}{\Gamma\left(1 + \frac{1}{b}\right)} \qquad (4-68)$$

采用标准数学教材中伽马方程的近似展开式，对方程（4-67）进行代数运算后，可以得出 b 值：

$$b = \frac{1}{C_V^{1.086}} \tag{4-69}$$

将上述两个海拔的表达式代入方程（4-9），得出：

$$\left(\frac{v_1}{v_2} \right) \left[1 - (b_1 b_2)^{-0.921} r_{12} + b_2^{-1.841} \right] = \left(\frac{z_1}{z_2} \right)^n \tag{4-70}$$

或幂指数变为：

$$n = \frac{\mathrm{Ln}(v_1/v_2) + \mathrm{Ln}\left[1 - (b_1 b_2)^{-0.921} r_{12} + k_2^{-1.841} \right]}{\mathrm{Ln}(z_1/z_2)} \tag{4-71}$$

因此，威布尔概率分布函数参数确定后，如果可从可用风速时序数据中得出互相关系数，则可以得出幂指数。应注意，代入 $r_{12}=0$ 和 $S_{V_2}=0$ 后，前一表达式简化为典型对应表达式。

4.9.3　应　用

本文引用了康涅狄格州沃特福德市 Millstone 核电站 1975 年的风速数据（Kaminsky 和 Kirchhoff[33]）论证前述章节所制定方法的有效性。实际上，很难找到适用于所制定方法的数据。上述风速数据中记录了沃特福德市四个不同高度（9.75m、43.28m、114m 和 136.25m）处恢复速率为 96% 的 15 分钟平均值。表 4-3 记录了平均风速 V、标准偏差 S 和相关系数 r 的值。

互相关系数是特定高度和 136.25m 高度处之间的风速记录相关系数。从该表中可以看出，统计参数随着高度的上升而增加。尤其是，最后一栏的互相关系数显示，两个海拔之间的差距越小，相关系数越大，这与预期结果一致。此外，与地表之间的距离越小，空气不稳定性越大。根据公式（4-69），可以计算 136.25m 高度处和其他高度之间的幂律指数值 n，如表 4-7 所示。

表 4-7　指数计算

高度（m）	典型值	展开式（方程 18）
9.75	0.19	0.13
43.28	0.20	0.16
114.00	0.11	0.18

4.10　风能可靠性统计研究及其应用

风能 E 相当于质量为 m、速度为 v 的移动气团产生的动能通量〔见方程（4-10）〕。

風力发电系统手册

在流体动力学和空气动力学中，测量 m 的值几乎是不可能的，更可取的方法是采用比质量 $\rho = m/V$。将 m 代入该表达式以及方程（4-10），得出

$$E = \frac{1}{2}\rho Vv^2 \qquad (4-72)$$

但是，风是空气的水平运动，因此空气体积 V 可以表示为 $V = AL$，其中 A 表示垂直固定控制截面，L 表示水平距离。该距离与风速有关，即 $L = vt$。将 $V = AL$ 和 $L = vt$ 代入方程（4-72），得出

$$E = \frac{1}{2}\rho Atv^3 \qquad (4-73)$$

在实际应用中，还需要考虑单位垂直面积和单位时间内的风能，在方程（4-10）中称为单位风能 E_U。一般而言，绝对温度 T、气压 p 和比质量 ρ 的变化通过气体状态方程相互关联：

$$p = \rho RT \qquad (4-74)$$

其中，R 表示通用气体常数，在干燥空气条件下等于 2.87，p 的单位为 hPa，T 的单位为 K，ρ 的单位为 kg/cm^3。最后，消去方程（4-73）和方程（4-74）中的 ρ，得到：

$$E_U = \alpha(\frac{p}{T})v^3 \qquad (4-75)$$

其中，α 为常数，在前述情况下等于 $0.5/R$ 或 0.174。右侧的气象变量可在任意气象观测站采用传统方式测得，但是 E_U 无法直接测得。因此，存在可用的气象数据时，问题在于如何根据这些测量值估算风能。

4.10.1　一阶统计分析

从 p 值、T 值和 v 值的记录中可以看出，其测量值会随时间发生波动，波动的形式取决于天气类型。在某种程度上，这些测量值被视为具有持久性的随机变量。因此，根据给定观测站的时间轴进行的风能评估也具备随机性特点。因此可以在风能评估中使用统计技术。方程（4-96）表示四个变量 E_U、p、T 和 v 之间的非线性关系。采用泰勒级数展开式的线性项可以得出随机变量非线性函数的近似值[2,8]。例如，如果 Y 是几个随机变量的函数，如下：

$$Y = f(X_1, X_2, \cdots, X_n) \qquad (4-76)$$

则 $f(X_1, X_2, \cdots, X_n)$ 可以被扩展为关于平均值 $\overline{X}_1 - \overline{X}_n$ 的泰勒级数。考虑线性一阶项和平均值（上标线标记），得出：

$$Y = f(\overline{X}_1, \overline{X}_2, \cdots, \overline{X}_n) + \sum_{i=1}^{n} (X_i - \overline{X}_i) \frac{\partial f}{\partial X_i} + \varepsilon \qquad (4-77)$$

其中，偏导数根据各自的平均值求值，s 表示误差项，包含高阶项。因此，Y 的平均值 $\overline{Y}$ 可以表示为：

$$\overline{Y} = f(\overline{X}_1, \overline{X}_2, \cdots, \overline{X}_n) \qquad (4-78)$$

Y 的方差为 σ_Y^2，其隐式表达式为：

$$\sigma_Y^2 = \sum_{i=1}^{n} \left(\frac{\partial f}{\partial X_i}\right)^2 \sigma_{X_i}^2 + \sum_{i=1}^{n} \sum_{j=i}^{n} \left(\frac{\partial f}{\partial X_i}\right) \left(\frac{\partial f}{\partial X_j}\right) \mathrm{Cov}(X_i, X_j) \qquad (4-79)$$

其中 $\sigma_{X_i}^2$ 是随机变量 X_i 的方差，$\mathrm{Cov}(X_i, X_j)$ 是 X_i 和 X_j 的方差，定义如下：

$$\mathrm{Cov}(X_i, X_j) = \rho_{x_i x_j} \sigma_{x_i} \sigma_{x_j} \qquad (4-80)$$

其中 $\rho_{x_i x_j}$ 是 X_i 和 X_j 的相关系数。但是，如果所有随机变量均为独立变量，则协方差等于 0，方程（4-79）也相应简化为：

$$\sigma_Y^2 = \sum_{i=1}^{n} \left(\frac{\partial f}{\partial X_i}\right)^2 \sigma_{X_i}^2 \qquad (4-81)$$

应注意，这些方程不需要对随机变量分量的概率分布形式进行假设。

4.10.2 风能的统计特性

根据前述章节中所列的表达式，如果主要能源为随机变量，则其具有平均值和方差。为了导出显式解，将方程（4-75）右侧的所有变量均视为随机变量。因此，根据方程（4-78），风能的平均值变为：

$$\overline{E}_U = \alpha \frac{\overline{p}}{\overline{T}} = \overline{V}^2 \qquad (4-82)$$

另一方面，结合方程（4-79）和方程（4-80），风能方差 σ_E^2 可以表示为：

$$\sigma_E^2 = \left(\frac{\partial E_U}{\partial p}\right) \sigma_p^2 \left(\frac{\partial E_U}{\partial T}\right) \sigma_T^2 + \left(\frac{\partial E_U}{\partial V}\right) \sigma_V^2 + 2\left(\frac{\partial E_U}{\partial p}\right) \left(\frac{\partial E_U}{\partial T}\right) \rho_{pP} \sigma_p \sigma_T$$

$$+ 2\left(\frac{\partial E_U}{\partial p}\right) \left(\frac{\partial E_U}{\partial V}\right) \rho_{pV} \sigma_p \sigma_V + 2\left(\frac{\partial E_U}{\partial T}\right) \left(\frac{\partial E_U}{\partial V}\right) \rho_{TV} \sigma_T \sigma_V \qquad (4-83)$$

其中 σ_i^2 和 ρ_{ij} 表示相关指数的方差和线性相关系数。方程（4-83）中的偏导数如下：

$$\frac{\partial E_U}{\partial p} = \frac{\overline{E}_U}{\overline{p}} \qquad (4-84)$$

$$\frac{\partial E_U}{\partial T} = -\frac{\overline{E}_U}{\overline{T}} \qquad (4-85)$$

且

$$\frac{\partial E_U}{\partial V} = 3 \frac{\bar{E}_U}{\bar{V}} \qquad (4-86)$$

将上述偏导数代入方程（4-83），进行简单运算，得出：

$$\sigma_E^2 = \left(\frac{\sigma_P^2}{\bar{p}} - \frac{\sigma_T^2}{\bar{T}} + 3\frac{\sigma_V^2}{\bar{V}}\right)\bar{E}_U - 2\bar{E}_U^2\left(\frac{\sigma_P \sigma_T}{\bar{p}\bar{T}}\rho_{pT} - 3\frac{\sigma_P \sigma_V}{\bar{p}\bar{V}}\rho_{pV} + 3\frac{\sigma_T \sigma_V}{\bar{T}\bar{V}}\rho_{TV}\right) \qquad (4-87)$$

如果气象变量 p、T 和 V 呈线性独立，即 $\rho_{pV} = \rho_{pV} = \rho_{TV} = 0$，则方程（4-87）可以简化为：

$$\sigma_E^2 = \left(\frac{\sigma_P^2}{\bar{p}} - \frac{\sigma_T^2}{\bar{T}} + 3\frac{\sigma_V^2}{\bar{V}}\right)\bar{E}_U \qquad (4-88)$$

结合任意气象观测站的时序 p、T 和 V，可以计算其统计参数。然后，将统计参数代入方程（4-82）和方程（4-87），得出风能平均值和方差。方程（4-87）假设等压和等温大气状况的形式较为简单。例如，如果在等压环境下测量风速场，即 $\sigma_p = 0$，则风能方差公式可以简化为：

$$\sigma_E^2 = \left(3\frac{\sigma_V^2}{\bar{V}} - \frac{\sigma_T^2}{\bar{T}}\right)\bar{E}_U - 6\frac{\sigma_T \sigma_V}{\bar{T}\bar{V}}\rho_{TV}\bar{E}_U^2 \qquad (4-89)$$

另一方面，如果大气活动发生在等温环境下，则 $\sigma_T = 0$，从而可以得出：

$$\sigma_E^2 = \left(\frac{\sigma_P^2}{\bar{P}} + 3\frac{\sigma_V^2}{\bar{V}}\right)\bar{E}_U + 6\frac{\sigma_P \sigma_V}{\bar{p}\bar{V}}\rho_{pV}\bar{E}_U^2 \qquad (4-90)$$

4.10.3 风能风险与可靠性

一般来说，可靠性是指某一活动不会造成任何不良后果的几率。例如，切入风速 v_0 会产生比任何预定阈值 E_0 更多的风能。因此，这一概率 $P(E > E_0)$ 便称为可靠性，但是其互补事件 $P(E < E_0) = 1 - P(E > E_0)$ 表示失效性，即风险。但是，E 的准确概率分布函数是未知的，但是切比雪夫不等式可以根据 $\bar{E}$ 和 σ_E 确定可靠性。在缺乏准确的风能概率分布函数的情况下，平均值和标准偏差就足以对给定上下限内的随机变量概率作出准确界定。为此，使用切比雪夫不等式对本文中的数学符号进行了阐述：

$$P(\,|E - \bar{E}_U| \geq \lambda\sigma_E) \leq \frac{1}{\lambda^2} \qquad (4-91)$$

注意，1倍、2倍和3倍标准偏差的 λ 分别等于1、2、3。在风能计算中，考虑大于或等于上限值（即概率分布函数上尾）的各项值，并假设概率分布函数几乎为对称函数。结合图 4 – 13，用于计算风力发电量时方程（4 – 91）可以重新写做：

$$P\left[(E - \bar{E}_U) \leq \lambda \sigma_E\right] \leq \frac{1}{2} - \frac{1}{2\lambda^2} \qquad (4-92)$$

实际上，该表达式是风能风险的基本方程。图 4 – 13 以图示方式列出了前述表达式中使用的数学符号。

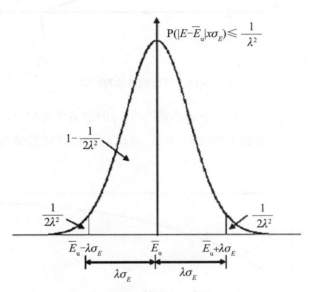

图 4 – 13　切比雪夫不等式图示

$\frac{1}{2}\lambda^2$ 取最大值时，可以假设其值为 1，那么 λ 的最小值等于 $\sqrt{0.5}$。如上所述，关于实践中的可靠风能发电，其他值必须始终大于下限值 E_L，下限值可以表示为：

$$E_L = \bar{E}_U - \lambda \sigma_E \qquad (4-93)$$

关于该方程的图示，请参见图 4 – 14。很明显，λ 的最小值和最大值分别为 $\sqrt{0.5}$ 和 $\bar{E}_U/\sigma_E$，可通过将已知数据代入方程（4 – 82）和方程（4 – 87）计算得出。

E_L 和 λ 参数的可行域和非可行域显示在同一图表中。如果 $\bar{E}_U/\sigma_E$ 可靠性较低，则不可能实现风能发电，方程（4 – 93）可以重新表示为：

$$\lambda = \frac{E_u - \bar{E}_L}{\sigma_E} = U_E \qquad (4-94)$$

什么是标准能量值？由此，风能的标准可靠性可以表述为：

$$P(E \geq E_L) = 1 - \frac{\sigma_E^2}{2(E_L - \bar{E}_u)^2} = 1 - \frac{1}{2U_E^2} \qquad (4-95)$$

风力发电系统手册

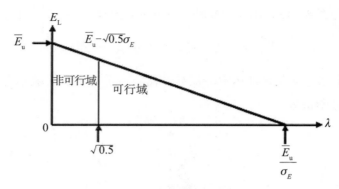

图4-14   可行域与非可行域

如果$0 < P(E > E_L) < 1$，则前一表达式可将U_E的定义域确定为$\sqrt{0.5} < U_E < +\infty$。已知风险为补充说明，根据方程（4-95）可以绘出标准风险曲线和可靠性曲线，如图4-15所示。

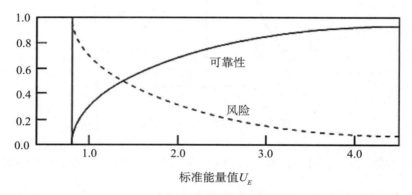

图4-15   可靠性与风险曲线

为得出给定可靠性（或风险）水平下的能量下限值，必须执行以下步骤：

a. 如果存在可用的气象数据，可以利用方程（4-82）和方程（4-87）计算$\bar{E}_u$和σ_E的值。

b. 针对所涉及的观测站绘制特殊的$\lambda - E_L$曲线图，如图4-2所示。得出可行和不可行参数的空间分界值，即$E^* = \bar{E}_u - \sqrt{0.5}\sigma_E$。

c. 可靠性水平α通常为必需项，90%或95%适用于实际应用。

d. 用图4-15中的纵轴表示可靠性值，横轴表示标准能量值U_E。

e. 通过方程（4-95）计算下限值，得出$E_L = \bar{E}_u - \sigma_E U_E$。

f. 确定是否$0 < E_L < E^*$。如果为否，返回步骤c，采用可靠性下限值，并重复后续步骤，直到满足上述条件。最终可以得出特定风电场的风电机可靠性（风险）

水平。

另外，还可以根据以下步骤得出与特定下限值对应的可靠性（或风险）：

（a）在上述步骤 a 中得出参数后，采用 E_L 表示能量下限值。

（b）通过方程（4-95）计算标准能量值。

（c）确认是否 $U_E > \sqrt{0.5}$，如果为否，则返回步骤（a），增大 E_L 的值，并从图 4-15 中获取相应的可靠性（风险）值。

4.10.4 应用

前述章节阐述的方法采用的是土耳其西北部的格克切岛观测站的气象数据（图 4-16）。

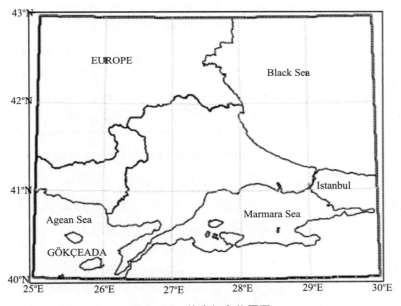

图 4-16 格克切岛位置图

这是土耳其境内风力最强的区域，土耳其所有的风能研究均首先关注该观测站的可用数据。很多著作者曾研究过该区域的风能潜力，但没有人涉及可靠性（风险）计算，而是直接应用方程（4-10）中的公式，且考虑的是标准大气条件，视 ρ 值为恒定值。同样，这种现象也发生在传统威布尔函数的风速频率分布参数[3,16,25,32]或风能统计参数中，如算术平均数和方差。

表 4-8 第 2 栏和第 3 栏分别记录了格克切岛观测站各月的风能算术平均数和标准偏差。通过前述步骤可以计算得出可靠性（风险）值，表 4-8 也记录了每个月

的决定性数值。

表 4-8 格克切岛观测站风能可靠性（风险）计算

月份	$\bar{E}$ (W/m^{-2})	σ_E (W/m^{-2})	$\bar{E}_u / \sigma_E$	E^*	E_L	
					90%	95%
1 月	1 085.4	100.2	10.83	1 014.5	857.7	754.4
2 月	151.6	19.5	7.75	137.8	107.3	87.2
3 月	151.0	21.4	7.04	135.8	102.4	80.4
4 月	184.7	26.4	6.99	166.0	124.7	97.6
5 月	88.8	8.3	10.70	82.9	70.0	61.4
6 月	107.0	13.8	7.75	97.2	75.7	61.5
7 月	132.9	8.3	15.90	127.0	113.9	105.2
8 月	173.0	11.8	14.55	164.6	146.0	133.7
9 月	153.4	13.1	11.65	143.8	122.5	109.8
10 月	142.0	10.2	13.90	134.8	118.8	108.3
11 月	290.8	54.0	5.38	252.6	168.2	112.6
12 月	137.2	47.5	2.88	103.6	29.4	-19.6

图 4-15 显示，可靠性水平 90% 或 95% 所对应的单位能量值分别为 2.25 和 3.3。可靠性下限值 E_L 会随着可靠性水平的上升而降低。实际上，在 12 月份 95% 的可靠性水平下，不可能产生可靠的风能。给定可靠性水平下的 E_L 值越大，风力发电量越大。从这一点来看，风力发电量较大的月份的优先顺序为 1 月、11 月、8 月、4 月、3 月等。

4.11 风速与地势的区域评估

对流层的动态气象结构和地形特征会使风速出现时空变异性。在大规模的风能应用中，除了选址、规模、运行和维护政策以外，可行性的建立还依赖于区域性风变率。Corotis 等人[13]采用了自相关和互相关分析方法，以确定某一风电场一天 8~12h 内、一个月 10~17 天内的风力记录之间，以及类似时间间隔内不同风电场之间 100km 距离或以上的风力记录之间存在重大相关性。他们证明，伊利诺斯州北部的七个地点冬季和夏季 100km 左右距离的日常平均值关联性较大，相关系数达到 0.8 以上。

以区域为基础，要根据其他地点的记录预测某一地点的风力状况，必须获得有关地形和天气类别的详细信息。虽然互相关函数的定义可以根据任意两地点的平均值直接指出变化的相关性，但该函数存在以下缺点：

1. 在可靠性计算中，自相关和互相关公式要求风速数据呈对称（正态、高斯）频率分布。有许多文献研究了呈威布尔、伽马或对数正态频率分布的风速，均呈偏斜状态。但是，本章介绍的点累积半变异函数（PCSV）技术不要求风速数据为对称数据。

2. 相关函数根据各地点的风速算术平均数估量其变异性。但是，在区域性计算中，必须测定两地点的相对变率。为此，提出了半变异函数（SV）或累积半变异函数（CSV）概念，并将两者结合形成点累积半变异函数（PCSV），用于对风变率进行区域评估。

通过研究某一地点 3 个月的风力记录和风力发电系统区域网中的数据，Barros 和 Estevan[6] 提出了一种评估风功率潜能的方法。其关键假设为"风速具有某种程度的区域相关性"，这一假设具有逻辑性，但是除了采用互相关和自相关技术之外，他们并未提出一种客观有效的区域变率计算方法。其观点未能实现对空间相关性的客观测量。Skibin[40] 提出了以下问题：

1. 什么是"合理的区域相关性"？风速周平均值的相关系数是一种较好的区域相关性测量方法吗？我们必须客观地回答这些问题。本节采用了 PCSV 技术回答这些问题。

2. 计算得出的平均值代表实际值吗？

3. 利用空间相关性系数得出的结果是否适用于风电机的选址？

在确定某一地点周围风速测量的有效性时，必须考虑地形条件和气候条件。而且，任何风速预测方法都应考虑地形特征和气候特征。影响面积越小，地形、天气和气候特征越趋同，模型也更简单。但是，某一地点周围半径达 1 000km 以上区域可能会包含各种山谷和山脊地带气候，以及不同强度的高低压区域。此外，在地表特征（如海陆河湖交界处）和粗糙度参数不同的多相地区，局域风速轮廓线和风能潜力均会受到显著影响。山丘、山谷和平原之间的高度变化对风能潜力的影响有很高的敏感性。风速变化不仅受地形的影响，而且受不同流态的影响，即山峰条件下的上升-下降影响、背风面位置的逆风影响和流动分离影响。距离选址地点越远，这些因素的影响就越小。因此可以认为，距离选址地点越近，相关性越大。我们已经注意到，在不同地点中，较小区域的相关系数较高[6]。此外，要更加准确地预测风能潜力，必须计算出风速方差。

Barchet 和 Davis[5] 提出，影响半径约为 200km 时，可以得出更准确的估算值。

但是，这一信息具有区域相关性，且需要使用一种客观技术计算特定地点的影响半径。

某一地点的风速测量值取决于两种因素：总体天气系统（通常涵盖数百公里）和观测站附近的地形。因此，采用风速测量统计数据计算某一区域的风能潜力需要对各个点的风速统计数据进行外推，而不是进行测量。

地表和障碍物的综合效应导致地面附近的风速整体降低，这一效应被称为地表粗糙度。地形因素（如山丘、峭壁、山脊和悬崖）也会对风速造成影响。粗糙度和地形是影响风速的两大主要因素。

本节旨在介绍点累积半变异函数（PCSV）技术，以描绘风场附近的风速和地形变化，从而评估粗糙度、空间相关性、气候学特征和风能潜力。与相关函数相反，PCSV 技术更加全面，适用于所有分布函数。实际上，经典统计学的中心极限定理表明，无论随机变量采用何种基础概率分布函数，其连续累加值或平均值均接近正态分布[20]。

4.11.1 点累积半变异函数

大多数区域变异程度的量化是通过统计方差、协方差或相关函数实现的。由于前述非正态（偏斜）分布函数和（或）风电机位置的不规则性，方差、协方差或相关函数无法完全解释区域相关性。某一区域内所有现象的变异性均可通过比较相对变化测出。例如，如果两地点的距离为 d，风速为 S_i 和 S_{i+d}，则相对变异性（偏差）可以简单地表示为 $S_i - S_{i+d}$。两风速值越接近，偏差越小。如果某一区域的现场风速测量点为 m 个，则会存在 $N = m(m-1)/2$ 个偏差值。偏差有正负之分，如果区域变异性测量表示这些偏差的总和，则该结果无法准确地反映实际情况，这是因为各个偏差相加，正负值会相互抵消，得到的总偏差值更小。为了得到一种基于偏差的区域变异性客观测量方法，要考虑偏差平方（正数）。由此，偏差平方 $D^2(d)$ 与距离 d 之间存在相关性，公式如下：

$$D^2(d) = (S_i - S_{i+d})^2 \tag{4-96}$$

该表达式还表示区域性变异风速的结构函数。方程（4-96）假设，距离 d 越小，结构函数的值越小。评估风能潜力时，风速的区域变异性可能是由活跃的天气现象和地表粗糙度（即地形）导致的。

根据方程（4-96），经典半变异函数技术可以被定义为研究领域内所有可用结构函数的算术平均数[35]。

$$\gamma_d = \frac{1}{2N(d)} \sum_{i=1}^{N(d)} (S_i - S_{i+d})^2 \qquad (4-97)$$

其中，γ_d 表示半变异函数在距离 d 处的值，$N(d)$ 表示等距观测值总数。我们注意到，在方程（4-97）中，出于理论要求，用结构函数的算术平均数除以2。

半变异函数提供了一种适用于多个地点的空间相关性测量方法，可以替换时序自协方差。半变异函数随笛卡儿坐标系上的距离变化而变化，这种相关性被称为半变异函数。半变异函数技术非常适用于不规则空间数据，但也存在实际操作困难[44]。另一方面，文献［44］中还提出了累积半变异函数（CSV）概念，弥补了半变异函数在识别区域化变量空间相关性结构方面的大部分缺点。但是，累积半变异函数的定义与半变异函数的定义相似，唯一的不同在于连续累加过程。累积半变异函数不仅具有半变异函数的全部优点，还提供了一种推导区域化变量区域相关性行为理论模型的客观方法。

点累积半变异函数（PCSV）是指某个点（地点）的累积半变异函数。PCSV 用于确定某一点周围的风速区域变异性，而不是整个地区的风速变异性。PCSV 表示某一特定地点研究区域内各个点的区域性影响。因此，PCSV 的数量等于观测点的数量。每个 PCSV 都为附近地点变异性解释提供了依据，而且，对比不同地点的 PCSV 可以得到描述某区域内区域化变量多相性的重要信息。根据以下步骤处理 m 个地点的可用风速数据，可以得到某一特定地点的样本 PCSV。

根据风速数据计算特定区域内风速的算术平均数 $\bar{S}$ 和标准偏差 S_s。用每个风速数据减去平均数，然后用得到的差值除以标准偏差，以实现风速数据的标准化。由此，地点 i 的标准化风速值变为：

$$s_i = \frac{S_i - \bar{S}}{S_s} \qquad (4-98)$$

2. 计算给定地点和其他地点之间的距离。如果有 m 个地点，则有 $m-1$ 个距离，表示为 d_i（$i = 1, 2, \cdots, m-1$）。

3. 计算每对风速之间的平方差，与方程（4-96）相似；由此，每段距离都有相应的平方差 $(s_D - s_i)^2$，其中 s_D 和 s_i 分别表示给定地点和第 i 个地点的区域化变量。因此，共有 $m-1$ 个风速平方差。为符合方程（4-97）的要求，只需取这些平方差值的一半。

4. 按升序排列这些距离，并绘制距离 d_i 与半平方差连续累加和的关系图。因此，我们可以得到一个不减函数，也就是给定地点的样本 PCSV。图 4-17 所示为一个典型的 PCSV。上述步骤显示，PCSV（$\gamma(d_i)$）可以表示为：

$$\gamma(d_i) = \frac{1}{2}\sum_{i=1}^{m-1}(s_D - s_i)^2 \qquad (4-99)$$

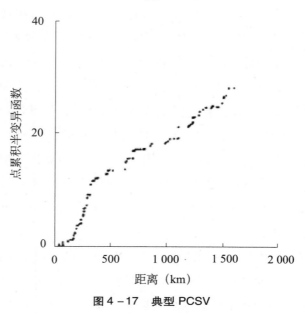

图 4 – 17　典型 PCSV

5. 执行上述步骤后，会得到 m 个关于风速的样本 PCSV。

样本 PCSV 是描述各个地点周围区域性风速变化特征的潜在信息来源。这些特征包括地点附近的影响半径、区域相关性和区域化变量的结构性能，例如块金效应、海底山脊作用和非均质性，这些都将在后述章节中解释。适用于风速数据的方法同样适用于海拔数据，形成海拔样本 PCSV。由此可以得出同一观测站风速样本 PCSV 和海拔样本 PCSV 对比图，共分为 5 个类别（A、B、C、D 和 E），如图 4 – 18 所示。如上所述，在进行 PCSV 计算之前，对风速和海拔数据进行了标准化校正，因此样本 PCSV 无纵轴维度。这样可以将同一地点的风速和海拔样本 PCSV 显示在同一个笛卡儿坐标系上。

每个类别的比较图代表观测站的不同天气和地形条件。以下为每种比较图的解释说明[47]。

A 类：所有距离的风速和海拔 PCSV 技术重合，偏差较小。在实践中，此类偏差的误差范围为 ±10%。这种情况下，风速模式完全取决于地形特征和天气条件，并受低行星边界层地势的影响。

B 类：海拔 PCSV 完全位于风速 PCSV 之下，表明主导空气流对风速的影响大于

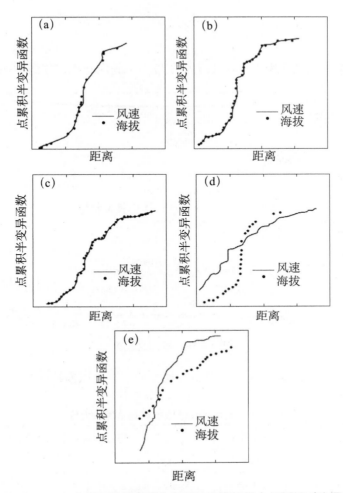

图 4-18　5 个类别的风速样本 PCSV 和海拔样本 PCSV 对比图

地形对风速的影响。因此，风速区域变异性比地形粗糙度的影响更大。与 A 类相比，B 类情况可能会产生更多的风力发电量。

C 类：与 B 类相反，所有距离的风速 PCSV 都小于海拔 PCSV。因此，区域变异性对风速的影响小于地形对风速的影响。由于地形作用，与 A 类和 B 类相比，C 类情况可产生的风力发电量相对较小。

D 类：在观测站附近的某些距离，气流导致的天气作用大于地形变化作用。但是，在较远距离处，情况恰好相反。

E 类：与 D 类情况相反，观测站周围可能由高山环绕，因此风力发电量较小。

4.11.2　应用

样本 PCSV 方法被应用于土耳其境内的 35 个风速测量点，如图 4 − 19 所示[30,31]。

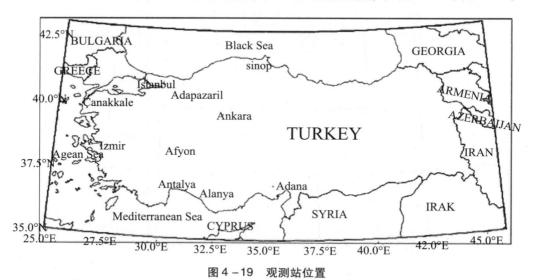

图 4 − 19　观测站位置

表 4 − 9 列举了土耳其 10 个主要中心地点的位置和风速特征。

表 4 − 9　土耳其部分城市观测站的风力特征

观测站名称	纬度	经度	海拔（m）	风速（m/s）	类别
1. 亚达那（Adana）	36.98	35.30	20	1.4	E
2. 阿达巴扎（Adapazari）	40.68	30.43	31	1.7	C
3. 阿菲永（Afyon）	38.75	30.53	1 034	2.7	B
4. 阿拉尼亚（Alanya）	36.55	32.00	7	1.9	D
5. 安卡拉（Ankara）	39.95	32.88	891	1.8	B
6. 安塔利亚（Antalya）	36.86	30.73	51	2.7	B
7. 恰纳卡莱（Çanakkale）	40.13	26.40	3	3.9	C
8. 伊斯坦布尔（Istanbul）	40.97	29.08	33	3.2	C
9. 伊兹密尔（Izmir）	38.40	27.17	25	3.6	E
10. 西诺普（Sinop）	42.03	35.17	32	3.6	A

本研究涉及的 35 个观测点的样本 PCSV 如图 4 − 20 所示。需要注意的是，每个横轴的尺度相同，但纵轴的尺度不同。

样本 PCSV 有很多解释方法，以下仅介绍几种典型方法。结合基本定义，熟悉

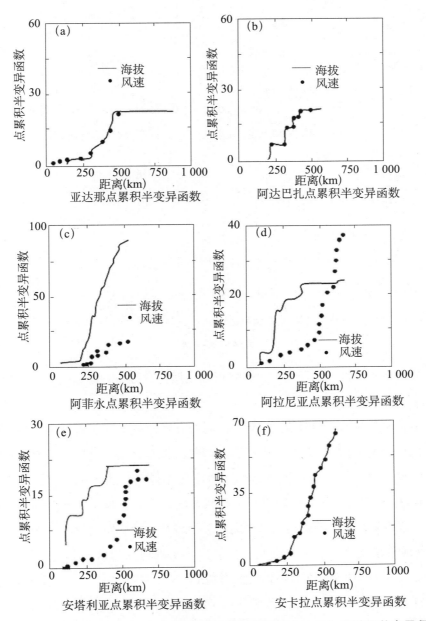

图4-20　10个地点的 PCSV：(a) 亚达那点累积半变异函数，(b) 阿达巴扎点累积半变异函数，(c) 阿菲永点累积半变异函数，(d) 阿拉尼亚点累积半变异函数，(e) 安塔利亚点累积半变异函数，(f) 安卡拉点累积半变异函数，(g) 恰纳卡莱点累积半变异函数，(h) 西诺普点累积半变异函数，(i) 哥兹塔比点累积半变异函数，(j) 伊兹密尔点累积半变异函数

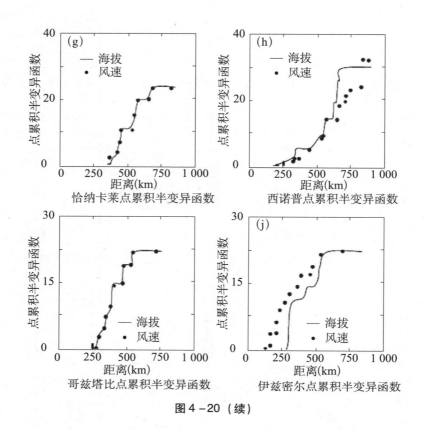

图 4 –20（续）

PCSV，并进行解释性应用研究后，读者可以根据自身目的对任意地点的风力发电潜力加入其他重要解释。

1. 不同地点的风速和海拔 PCSV 有不同的表现形式，这表示该地点周围的区域性风速变化具有多样性。例如，亚达那和阿拉尼亚地区的 PCSV 显著不同。综合所有样本 PCSV，可以看出，在土耳其不同地点均能得出上述 5 种类别的样本 PCSV。一些样本 PCSV 的初始部分（短程）呈凸状弯曲，然后出现单个或多个断续的直线（长程）。这表明，在短的距离上，空间相关性较强，随着距离增加，相关性不断减弱。这种现象在亚达那、阿拉尼亚、安卡拉、安塔利亚的风速 PCSV 中尤为明显。除安卡拉以外，这种模式在其他地区的海拔 PCSV 中并不常见。安卡拉的风速 PCSV 和海拔 PCSV 的开始部分均呈凸状弯曲，且两种 PCSV 均从零距离开始。有些 PCSV 没有曲率，而是呈现出很多断续的直线，且水平距离轴上有截距。这在海拔 PCSV 中很常见，且大量的断续直线表明相关观测站不同距离之间的不均一性。

2. 综合考虑各个观测站的风速 PCSV 和海拔 PCSV 以及前述五种类别（A、B、C、D 和 E），可以将各个地点的 PCSV 分类，如表 4 –9 最后一栏所示。类别相同的观测站视为一类，因此土耳其的观测站可以划分为五个不同的风速同类区域。

3. 一些样本 PCSV 不经过原点，这表明风速或海拔变化不是一个区域性的平滑过程。例如，在风速 PCSV 中，风速受某些地形和/或气象因素的影响，这进一步表明，空间风速特征和均质条件不起主导作用，且除地形因素以外，气象因素（风向、气压、温度和湿度）也会同时或相继影响区域性风速变化。

4. 一些海拔 PCSV 在横轴（距离）上有明显的截距，如图 4 – 20 所示。由此，根据方程（4 – 99）得到 $S_D \cong S_i$，表示区域地形结构中的结构控制。

5. 一些样本 PCSV 经过原点（安卡拉 PCSV），表明区域变异性（此处是指风速和海拔）具有连续性。连续性是指相关区域变量中不存在块金效应或明显的不连续性。

6. 一些样本 PCSV 在中程上呈"弯曲"形状。实际上，这一范围相当于距离尺度，即湍流中的影响半径[51]。影响半径是指 PCSV 达到特定量级的半径，即 c，可以根据方程（4 – 4）简单地表示为：

$$\lim_{d_i \to \infty} \gamma(d_i) = c \qquad (4-100)$$

初始曲率表示这些地点的区域化变量具有区域相关性，越趋向弯曲距离范围的末端，相关性越小[48]。曲线呈凸状弯曲，表示区域结构相关性为正值。另外，曲率还表示区域化变量具有连续的区域相关性，区域相关性结构不仅受外部因素的影响，还受对流层中区域化变量衍生现象的影响。

7. 样本 CSV 有助于确定区域现象的基本衍生机制。同样，样本 PCSV 也可以提供相关地点的风速衍生机制线索。例如，如果样本 PCSV 经过原点，且只包含直线部分，则区域性变量符合无区域相关性的独立（白噪声）过程。但是，如果样本 PCSV 为直线，但未经过原点，则移动平均过程描述了区域变异性的基本衍生机制[48]。

CSV 的曲率一般表示自回归过程，其中马尔可夫过程和自回归整合移动平均（ARIMA）过程用一组参数表示理论 CSV[48]。一般情况下，初始曲线部分后会显示直线，这表示区域化变量的基本产生过程符合区域性的马尔可夫过程，但是如果曲线在长程上延续，且曲率降低，则自回归整合移动平均过程为比较实用的模型。此处必须说明，如果存在其他随机性过程，有必要对理论性 PCSV 的完整概念展开进一步研究，这可以帮助我们找到最适用于区域化风速数据的 PCSV。

8. 如果初始曲线部分后显示单条直线，则长程直线部分的斜率与风速或海拔变化的标准偏差有关。

4.12　以风速时序为基础的风能评估

虽然风能总量在世界许多地方的经济意义还未显现出来，但人类从早期就开始利用风能为各种活动提供动力，包括从低处向高处抽水、驱动水力和其他机械力研磨谷物等。现今，有些地区还在利用风能产生边际收益，其中荷兰的风车就是一个最典型的实例。二十世纪初开始了风能计算公式科学探究，并开始发展现代技术。最近几十年，风能的重要性体现在对环境的保护作用上，虽然在某种程度上，现代风场也存在噪音和有形污染，但目前主要考虑空气污染。风能属于清洁能源，其在发电领域的应用越来越广泛，以期缓解化石燃料燃烧造成的空气污染[11]。在美国一些地区，风电占总发电量的20%[41]。实际上，1973年经济危机后，受经济限制的影响，风能的重要性越来越得到人们的重视；目前，欧洲西部的一些国家建设了很多风电场[1,19,52]。

在可再生能源中，风能为化石燃料提供了潜在的替代选择，而且由于经济成本较低，风力发电受到了越来越多的关注。化石燃料燃烧会对低层大气造成污染，二氧化碳排放量增加，导致全球气候变暖，即温室效应，因此目前亟需找到一种可再生且成本较低的能源来代替化石燃料。因此，近几年也出现了大量有关太阳能和风能研究的科学文献。几乎所有的风功率研究都依赖于风速的算术平均数，这是最简单的风功率密度集中趋势测量，即概率分布函数[34,49]。另一方面，许多著作者根据详细的风速统计数据计算风功率预测值，其中包括标准偏差、方差、偏斜系数和峰态。在这些研究中，概率密度函数（PDF）如对数正态分布、伽马（P－III）分布、威布尔分布、瑞利分布可用于适应风速频率经验值。特别是，Justus等人[26,28,29]主张在风速研究中应用双参数威布尔分布。这一建议在世界很多地区的风功率计算中被采纳。但是，在一些研究中未通过测试风速数据来验证双参数威布尔分布的适用性，而是进行自动计算。一些研究未采用真实的风速数据，但假设双参数威布尔分布适用于其立方数，如Hennessey[23]所述。Auwera等人[4]认为，三参数威布尔分布比双参数威布尔概率密度函数更适用于风速数据。

4.12.1　典型风能计算公式

由于风速属于动力学变量，因此风能与动能密切相关。实际上，考虑不同的物理定义和空气的比密度ρ，可以根据方程（4－10）计算出非常基本的风能E_U。应用该公式时，必须明确以下假设：

1. 假设标准空气密度为时空常数，即 $\rho = 1.23\text{g/cm}^3$，也就是说空气是干燥的，无水蒸气，因此温度和气压变化不会影响风能计算。

2. 单位时间和单位面积内的风能有效。该面积为风电机叶片的扫掠面积，因此与风电机设计有关，但是时间与时序的时间间隔或风能计算的时间间隔密切相关，例如计算特定地点每天、每周、每月或每年的风能潜力。

3. 实际上，该公式中的风速为瞬时速度。但是，在有限时间内，必须考虑平均速度，因为这种情况下的风速可视为常数。我们必须注意，在本阶段我们需要将速度立方的平均值（而不是平均速度的立方数）代入方程（4-10）。

4. 虽然自然状态下的风速变化更具随机性（算术平均数除外），但是方程（4-10）中并未采用其他重要统计参数，如方差、偏斜度、峰度等。

文献中还提出了其他一些替代方案，以弥补方程（4-10）在应用中的不足之处。例如，可以用平均速度 $\bar{V}$ 和波动项 ε 来表示风速，而不是用算术风速值来计算所考虑时间间隔内的风速方差。波动项实际上是风速与时间间隔内平均风速的偏差，因此波动项的值可以为正，也可以为负。确切地说，该波动项的平均值等于 0，且存在常数方差 σ_ε^2。假设本阶段的波动项适用于正态概率分布函数，该函数的偏斜系数为 0。由此，将 $V = \bar{V} + \varepsilon$ 代入方程（4-10），进行代数运算，可以得出：

$$E = \frac{1}{2}\rho(\bar{V}^3 + 3\bar{V}\sigma_\varepsilon^2)\qquad(4-101)$$

该表达式考虑了两个连续风速测量实例之间风速的均匀变化，而且实际应用中还存在一个问题：在初始时刻采用风速数据还是在最终时刻采用恒定风速数据？但是，采用初始和最终风速测量值的算术平均数可以得出另一个恒定速度。因此，我们不考虑特定时期内的风速变化，而是考虑风速方差。

考虑基于气压和温度变化的空气密度相关性可以改进风能计算，因此，根据气态方程，可以得出：

$$E_\text{U} = \alpha\left(\frac{P}{T}\right)V^3\qquad(4-102)$$

其中 α 为常数，等于 $0.5/R$ 或 0.174，R 表示通用气体常数，在干燥空气条件下等于 2.87，P 的单位为 hPa，T 的单位为 K，ρ 的单位为 kg/cm^3。右侧的气象变量可在任意气象观测站采用传统方式测得，但是 E_U 无法直接测得。因此，存在可用的气象数据时，问题在于如何根据这些测量值估算风能。针对这些公式得出的公共点为：在所考虑时间间隔内风速不是恒定不变的，可能会增加或降低。

4.12.2 推荐的风能计算公式

前述风能计算公式均无法直接应用于风速的特定时序。例如，在使用方程（4－10）计算特定时期内的总风能时常常会犯这样一个错误，即直接将平均风速 $\bar{V}$ 代入该公式。因此，方程（4－10）表达为以下形式：

$$E_T = \frac{1}{2}\rho\bar{V}^3\tau \qquad (4-103)$$

该表达式中存在一个明显错误，即假设平均风速为瞬时风速，并在所涉及时间间隔内同样有效。我们还可以利用方程（4－10）计算风能总量，将速度立方数的平均值代入该方程，得出：

$$E_T = \frac{1}{2}\rho\bar{V}^3\tau \qquad (4-104)$$

此外还要计算所考虑时间间隔内速度立方数的平均值。该方程在逻辑上优于方程（4－103），但是由于要取风速的立方值，其中会包括极端风速，这会对整体风能计算产生意外影响。实际上，在方程（4－101）中将风速方差假设为 0 是一种特殊情况，这相当于假设所考虑时间间隔内的风速是均匀的。这不代表风能计算的实际情况。

另外，我们还可以利用方程（4－101）并结合关于平均风速值的风速变化方差来计算风能总量。在该方程中，首先确定基本时间间隔 τ，然后计算平均风速、风速方差和风速立方数平均值。因此，风能总量计算公式变为：

$$E_T = \frac{1}{2}\rho(\bar{V}^3 + 3\bar{V}\sigma_s^2)\tau \qquad (4-105)$$

该表达式考虑了风速时序的平均偏差，得出的风能总量结果大于使用方程（4－104）计算的结果。图 4－1 所示为具有代表性的风速时序和标准偏差。但是，结合方程（4－1）的基本定义，我们可以得出更精确的风能总量近似值。因此，在极短的时间间隔 dt 内，可以计算出极小能量 dE，方程如下：

$$dE = \frac{1}{2}\rho V^3 dt \qquad (4-106)$$

但是，根据给定时序可以看出，两个连续时间间隔 t_1 和 t_2 内的风速分别为 V_1 和 V_2，并假设这两个时间段之间的风速变化为线性变化。假设此段的斜率 α 为常数，因此，极短的时间间隔 dt 对应的极小速度为 dV，则 $dV = \alpha dt$ 或 $dt = dV/\alpha$，将上式代入方程（4－106），得出：

$$dE = \frac{1}{2}\rho V^3\frac{dV}{\alpha} \qquad (4-107)$$

因此，在 $t_1 - t_2$ 时间间隔内的条件下，对该方程进行整合，整合结果为风能总量 E_T，进行代数运算，可以得出：

$$E_\mathrm{T} = \frac{1}{8} \frac{\rho}{\alpha} (V_2^4 - V_1^4) \qquad (4-108)$$

另一方面，定义 $\alpha = (V_2 - V_1)/(t_2 - t_1)$，如果假设时序内基本定期时间间隔为一个单位且等于 1，则 $\alpha = (V_2 - V_1)$，将该式代入前一表达式，进行必要运算，得出：

$$E_\mathrm{T} = \frac{1}{8} \rho (V_2 + V_1)(V_2^2 + V_1^2) \qquad (4-109)$$

上式表示基本时序内一个单位时间可产生的风能总量。如果给定时间段内有多个基本时间间隔，则将方程（4-109）中的相似表达式相加，得出风能总量。这就是本文推荐并采用的基本风能总量计算方程。实际上，若假设风速均匀，即 $V_2 = V_1$，则方程（4-109）可以简化为方程（4-10）。根据定义，该公式考虑了风速线性变化可能产生的所有偏差，估计使用该公式计算得出的风能总量结果是最大的。

参考文献

［1］ Anderson M（1992）Current status of wind forms in the UK. Renew Energy Syst.

［2］ Ang AH, Jang WH（1975）Probability concepts in engineering planning and design. Wiley, New York.

［3］ Aslan Z, Menteş S, Tolun S（1993）Gökçeada rüzgar enerji potansiyelinin belirlenmesi（Wind power determination at Gökçeada station）. First national clean energy symposium. Meteorology Department, İstanbul Technical University, pp 104-112（in Turkish）.

［4］ Auwera LD, De Meyer F, Malet LM（1980）The use of the Weibull three-parameter model for estimating mean wind power densities. J Appl Meteorol 19：819-825.

［5］ Barchet WR, Davis WE（1983）Estimating long-term mean winds from short-term wind data, report 4785, Battelle, PNL, p 21.

［6］ Barros VR, Estevan EA（1983）On the evaluation of wind power from short wind records. J Appl Meteorol 22：1116-1123.

［7］ Bennett M, Hamilton PM, Moore DJ（1983）Estimation of low-level winds from upper air data. IEE Proc 130（9）：517-520, Pt A.

［8］ Benjamin JR, Cornell CA（1970）Probability statistics and decision making for civil engineers. McGraw-Hill, New York.

[9] Bergey KH (1980) The Lanchester-Betz limit. J Energy 3 (6): 382-384.

[10] Betz A (1926) Schraubenpropeller mit geringstem Energieverlust. Göttinger Nachrichten, mathematisch-physikalische Klasse, pp 193-213.

[11] Clarke A (1988) Wind farm location and environmental impact. Network for Alternative Technology and Technology Assessments C/O EEDU, The Open University, UK.

[12] Conradsen K, Nielsen LB (1984) Review of Weibull statistics for estimation of wind speed distribution. J Climatol Appl Meteorol 23: 1173-1183.

[13] Corotis RB, Sigl AB, Cohen MP (1984) Variance analysis of wind characteristics for energy conversion. J Appl Meteorol 23: 1477-1479.

[14] Cox DR, Miller HD (1965) The theory of stochastic processes. Methuen, London.

[15] Davenport AG (1963) The relationship of wind structure to wind loading. In: Proceedings of conference wind effects on structures, National Physics Laboratory, London, England, pp 19-82.

[16] Doğan V (1991) Gökçeada için rüzgar enerji potansiyelinin istatistiksel metotlarla incelenmesi statistical investigation of Gökfçeada wind potential. Istanbul Tech Univ J: 31 (in Turkish).

[17] Dunn PD (1986) Renewable energies: sources, conversion and application. Peter Peregrinus Ltd, p 373.

[18] Erasmus DA (1984) A boundary layer wind flow model for areas of complex terrain. Unpublished Ph. D. Thesis, University of Hawaii, p 975.

[19] EWEA (1991) Time for action: wind energy in Europe. European Wind Energy Association.

[20] Feller W (1968) An introduction to probability theory and its application. Wiley, New York, p 509.

[21] Gustavson MR (1979) Limit to wind power utilization. Science 204 (4388): 13-17.

[22] Haltiner GJ (1971) Numerical weather prediction. Wiley, New York, p 317.

[23] Hennessey JP Jr (1977) Some aspects of wind power statistics. J Appl Meteo-

rol 16: 119 - 128.

[24] Holton JR (1972) An introduction to dynamic meteorology. Academic Press, New York, p 319.

[25] İncecik S, Erdoğmuş F (1994) An investigation of wind power potential in western coast of Anatolia. Renew Energy.

[26] Justus CG, Hargraves WR, Yalçin A (1976) Nationwide assessment of potential output from wind powered generators. J Appl Meteorol 15: 673 - 678.

[27] Justus CG, Mikhail A (1967) Height variation of wind speed and wind distribution statistics. Geophys Res Lett 3: 261 - 264.

[28] Justus CG, Hargraves WR, Mikhail A (1976b) Reference wind speed distributions and height profiles for wind turbine design and performance evaluation applications, ERDA ORO/5107 - 76/4.

[29] Justus CG (1978) Wind and wind system performance. Franklin Institute Press, Philadelphia.

[30] Kadioğlu M (1997) Trends in surface air temperature data over Turkey. Int J Climatol 17: 511 - 520.

[31] Kadioğlu M, şen Z (1998) Power-law relationship in describing temporal and spatial precipitation pattern in Turkey. Theor Appl Climatol 59: 93 - 106.

[32] Kahraman G (1993) Gökfeada' da Uğurlu ve Doruk tepe istasyonlari ruzgar enerji potansiyelinin incelenmesi. Istanbul Tech Univ J: 64.

[33] Kaminsky FC, Kirchhoff RH (1988) Bivariate probability models for the description of average wind speed at two heights. Sol Energy 40 (1): 49 - 56.

[34] Malet LM (1978) Element d' appreciation de l' energie eolienne en Belgique. IRM Publishing Services B, no. 59.

[35] Matheron G (1963) Principles of geostatistics. Econ Geol 58: 1246 - 1266.

[36] Papoulis A (1965) Probability, random variables, and stochastic processes. McGraw Hill, New York, p 583.

[37] Petersen EL, Troen I, Frandsen S, Hedegard K (1981) Wind atlas for Denmark. Riso National Laboratory, DK-4000 Roskilde, Denmark, p 229.

[38] Reed JW (1979) Wind power climatology of United States—Supplement, SAND78 - 1620.

[39] Schlatter TW (1988) Past and present trends in the objective analysis of mete-orological data for nowcasting and numerical forecasting. 8th conference on nu-merical weather prediction. American Meteorological Society, pp 9 − 25.

[40] Skibin D (1984) Comment "On the evolution of wind power from short wind records". J Appl Meteorol 23: 1477 − 1479.

[41] Sorensen HA (1983) Energy conversion systems. Wiley, New Jersey.

[42] Sutton OG (1953) Micrometeorology: a study of physical process in the lowest layers of the Earth's atmosphere. McGraw-Hill, New York.

[43] Şahin AD (2004) Progress and recent trends in wind energy. Prog Energy Combust Sci Int Rev J 30: 501 − 543.

[44] Şen Z (1989) Cumulative semivariogram models of regionalized variables. Int J Math Geol 21: 891 − 903.

[45] Şen Z, Sahin AD (1997) Regional assessment of wind power in western Tur-key by the cumulative semivariogram method. Renew Energy 12 (2).

[46] Şen Z (1997) Statistical investigation of wind energy reliability and its appli-cation. Renew Energy 10: 71 − 79.

[47] Şen Z (1999) Terrain topography classification for wind energy genera-tion. Renew Energy 16: 904 − 907.

[48] Şen Z (1992) Standard cumulative semivariograms of stationary stochastic processes and regional correlation. Int J Math Geol 24 (4): 417 − 435.

[49] Şen Z (1996) Statistical investigation of wind energy reliability and its appli-cation. Renew Energy 10: 71 − 79.

[50] Şen Z (2008) Solar energy fundamentals and modelling techniques: atmos-phere, environment, climate change and renewable energy. Springer, Lon-don, p376.

[51] Taylor GI (1925) Eddy motion in the atmosphere. Phil Trans R Soc Lond A 215 (1): 1 − 26.

[52] Troen I, Petersen EL (1989) European wind atlas, commission of the Euro-pean communities. Riso National Laboratory, Roskilde, p655.

[53] Wark K, Warner CF (1981) Air pollution. Its origin and control. Harper Col-lins Publishers, New York, p526

第二篇

风力发电系统并网

第五章
风力发电系统与传统发电系统并网：
随机模型和性能测量

Maria Teresa Vespucci，Marida Bertocchi，

Asgeir Tomasgard 和 Mario Innorta[①]

摘要： 本章介绍了实现水电站与配备抽水蓄能系统的风电场之间日常协调所用的一个随机规划模型，并以情景树的形式呈现了每小时风力发电量的不确定性。假设可以利用风力发电量预测误差数据得出风力发电量预测误差场景，并将此类预测误差场景与天气预测信息结合，建立风力发电场景。评估随机模型数值时考虑采用事前和事后测量法：事前性能评估基于多阶段随机规划随机解修正值，由 Escudero（TOP 15（1）：48 – 66，2007 年）和 Vespucci（Ann Oper Res 193：91 – 105，2012 年）提出；事后性能评估由 Schütz（Int J Prod Econ，2009 年）提出，依照随机规划值进行定义，并采用随机参数的真实数值。两种测量方法都显示了采用随机方法的优势。

5.1 简介

电力行业和电力市场变幻莫测，管制力度愈显宽松，竞争日益激烈，与此前的

① M. T. Vespucci（✉）· M. Bertocchi
贝加莫大学经济学与定量方法管理系，意大利贝加莫 via dei Caniana 2 24127
e-mail：maria-teresa. vespucci@ unibg. it

M. Bertocchi
贝加莫大学数学、统计学、计算与应用系，意大利贝加莫 via Dei Caniana 2 24127
e-mail：marida. bertocchi@ unibg. it

A. Tomasgard
挪威科技大学工业经济与技术管理系，挪威特隆赫姆，7491
e-mail：asgeir. tomasgard@ iot. ntnu. no

M. Innorta
贝加莫大学信息技术与数学方法系，意大利贝加莫达尔米内 Via Marconi 5a 24044
e-mail：mario. innorta@ fastwebnet. it

垄断环境相比，电力公司将面临着更高风险，同时也获得了更多机遇。目前，人们已经开始尝试使用可再生资源（光伏太阳能、风能、地热能、生物质和余热）替代传统资源（煤、天然气、石油），不断研发各种发电技术，致力于减少燃料消耗，从而降低环境污染。引入可再生能源发电技术后，更需要开发适用的决策支持模型，以协调能源生产系统中传统技术和新技术的应用，目前已建立了运行调度模型。如果将大量风电并入电力系统，由于本地电力需求与风力发电量不平衡（主要体现在风力发电的间歇性），将导致输电网不稳定，见文献［1］及相关参考资料。将间歇性电力并入电网，最传统的方法是利用其他发电厂提供备用容量。水力发电在确保电网平衡方面起到了关键作用，见文献［2～6］。为了研究将大量风电并入电力系统所涉及的技术和经济问题，本文引用了随机规划模型，见文献［7～10］。

文献［11］基于相关数据分析了典型发电商的运营情况，这些发电商通过有效协调风力发电与水电站运行调度关系以实现利益最大化。在本章提出的运行调度模型中，分析对象是同时拥有水电站和风电场的发电商。在该模型中，参数"每小时风力发电量"取决于风速预测值，采用的时间取值范围为"天"，这是由于天气预测有效期一般为24～36小时。我们建立了两个随机调度模型，其中，以情景树的形式表现未来24小时内"每小时风力发电量"的不确定性，并通过分位数回归和自回归移动平均法（ARIMA）使每个情景对应一个概率值。为了评估使用随机规划方法的方便性，我们采用了事前测量法（见文献［11］和［12］）和事后测量法（见文献［13］）评估随机规划的数值。

本章结构如下：在5.2节中，根据对"每小时风力发电量"不确定性情景树的节点表示，为抽水蓄能水电站和风电场组成的联合发电系统建立了日常运行调度模型。5.3节讨论了形成误差预测相关场景的两种方法，即分位数回归和ARIMA。5.4节讨论了拟建模型的事前和事后性能测量。通过对比说明了发电商实施确定性方案而不采用随机方案时可能承担的损失。

5.2 随机模型

本节介绍了实现水电站与配备抽水蓄能系统的风电场之间日常协调所用的一个线性随机规划模型，并考虑了风力发电的不确定性。考虑调度问题时，时间范围取值为一天（24～36小时），时间单位为"小时"。

在该模型中，假设发电商在与客户签订的双边合同中对每小时发电量做出了承诺。如果发电商的发电量未达到承诺的每小时发电量，其可以从现货市场购买电力。

类似地，如果发电商的发电量超过了双边合同中承诺的每小时发电量，则其可以选择在现货市场出售电力，或者使用多余的电量向上游水库抽水蓄水，作为潜在能源储备。假设发电商旨在实现利润最大化，则电力市场价格较高时，发电商更倾向于在现货市场出售电力；电力市场价格较低时，发电商将减少水力发电量，并向上游水库抽水蓄水。

发电商被假定为价格接受者，因此每小时现货价格属于外生模型参数。为了研究风力发电不稳定性对发电商决策的影响，假设每小时电力售价 λ_t［欧元/MWh］和购买价 $\mu_t \geq \lambda_t$ 为已知参数，即未来 24 小时内每小时风力发电量的预测值是唯一的随机参数。将在模型未来开发中考虑能源价格的随机性。

根据对次日每小时电力输出的预测，发电商应寻求可将水力发电系统利益最大化的规划方案，并且考虑技术约束条件以及中期规划对研究当天可用于发电的蓄水量的限制：必须在每天结束时，保证各水库达到最低蓄水量，最低蓄水量由中期规划确定。

许多参考文献都通过随机规划解决水力发电规划问题[14~18]。本章中，我们主要评估风力发电的随机性对水电系统日常运行的影响。

在下文中，我们对风力发电不确定性的描述、水力发电系统中适用的模型以及与现货市场的相互关系进行了建模。

5.2.1　表示每小时风力发电量预测的随机参数

文献［19］和［20］通过情景树的形式呈现了每小时风力发电量的不确定性。情景树的结构分为一组节点 $\{1, \cdots, n, \cdots, N\}$ 和一个指示符 $pred(n)$，且每个节点 n（$2 \leq n \leq N$）均与其原型相关联。根据情景树节点建立随机模型，则概率值 p_n 与各节点 n（$1 \leq n \leq N$）相关联。

将"一天"划分为 K 个阶段，其中，T_k 表示第 k 阶段（$1 \leq k \leq K$）的小时集。在第 1 阶段，维度向量 $|T_1|$ 与情景树的根节点相关联，表示 1 至 $|T_1|$ 小时内的已知风力发电量。在第 k 阶段（$2 \leq k \leq K$），以节点集 N_k 表示风力发电不确定性：各节点与表示 $|T_{k-1}| + 1$ 至 $|T_{k-1}| + |T_k|$ 小时内风力发电量预测的维度向量 $|T_k|$ 相关联。随机参数 $WP_{t,n}$（MWh）表示在节点 n 和时间 t 时的每小时风力发电量预测。使用情景树表示的情景数量与叶节点的数量相等，可通过指示符 $pred(n)$ 从叶节点到根节点追溯包含一个情景中每小时风力发电量预测的二十四维向量。例如，图 5 - 1 所示情景树表示 27 个场景，包含 40 个节点。其中，最初的 13 个节点为分支节点：$N_1 =$ 第 1 阶段的节点 $\{1\}$，$N_2 =$ 第 2 阶段的节点 $\{2, 3, 4\}$，N_3 包含第 3 阶段的节

点5～13，N_4包含第 4 阶段的节点 14～40。

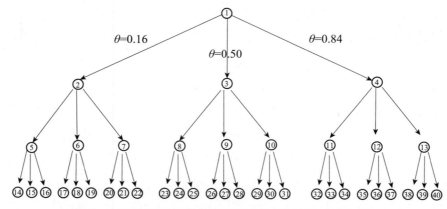

图 5-1　通过分位数回归方法得出的四阶段情景树的结构

5.2.2　水电系统模型

水电系统由许多梯级组成，即水压互联的水电站、抽水储能水电站和水库。从数学角度来看，水电系统模型可通过一个定向多重图表示（见图 5-2），其中，节点表示蓄水（水库），弧段表示水流（发电、抽水或溢水）。

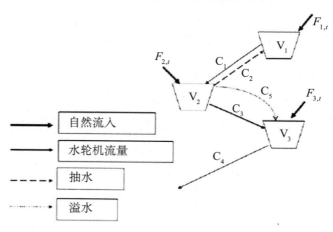

图 5-2　水电系统

分别用 J 和 I 表示节点集和弧段集，以弧段-节点关联矩阵 A（若弧段 i 偏离节点 j，则 $A_{i,j} = -1$；若弧段 i 进入节点 j，则 $A_{i,j} = 1$；否则，$A_{i,j} = 0$）表示蓄水与水流的相互关系。能量系数 k_i（MWh/10^3 m^3）与弧段 $i \in I$ 对应（若弧段 i 表示发电，则 $k_i > 0$；若弧段 i 表示抽水，则 $k_i < 0$；若弧段 i 表示溢水，则 $k_i = 0$）。由于 $i \in I$、$j \in J$、$t \in T_k$、$n \in N_k$ 以及 $1 \leq k \leq K$，水电系统随机模型的决策变量如下：

- $q_{i,t,n}$ ($10^3\mathrm{m}^3/\mathrm{h}$)，节点 n 中时间 t 时弧段 i 上的水流：该变量表示节点 n 的水轮机排水量（弧段 i 表示发电时）、抽水量（弧段 i 表示抽水时）或者溢出水量（弧段 i 表示溢水时）。

- $v_{j,t,n}$ ($10^3\ \mathrm{m}^3$)，节点 n 中时间 t 结束时水库蓄水量 j。

$q_{i,t,n}$ 和 $v_{j,t,n}$ 的可行值通过描述水电系统的以下技术约束条件确定：

- 对于 $1 \leqslant k \leqslant K, t \in T_k$ 和 $n \in N_k$

$$0 \leqslant q_{i,t,n} \leqslant \bar{q}_i (i \in I) \tag{5-1}$$

$$0 \leqslant v_{j,t,n} \leqslant \bar{v}_j (j \in J) \tag{5-2}$$

$$v_{j,t,n} = v_{j,t-1,\rho} + F_{j,t} + \sum_{i \in I} A_{i,j} \cdot q_{i,t,n} (j \in J) \tag{5-3}$$

- 对于 $n \in N_k$

$$v_{j,T,n} \geqslant v_{j,T} (j \in J) \tag{5-4}$$

约束条件（5-1）要求，第 k 阶段，时间 $t \in T_k$ 和节点 $n \in N_k$ 弧段 $i \in I$ 上的水流 $q_{i,t,n}$ 应为非负，并有上限，最大水流量为 $\bar{q}_i$（$10^3\mathrm{m}^3/\mathrm{h}$），可为弧段 i 中的水轮机水流、抽水水流或溢出水流。

约束条件（5-2）要求，第 k 阶段，时间 $t \in T_k$ 和节点 $n \in N_k$ 结束时，水库 $j \in J$ 的蓄水量 $v_{j,t,n}$ 应为非负，并有上限，水库 j 的最大蓄水量为 $\bar{v}_j$（$10^3\mathrm{m}^3$）。

质量平衡等式（5-3）表达了两个后续时段 $t-1$ 和 t 的蓄水量的关系。若时间 $t-1$ 和 t 属于第 k 阶段，则 $\rho = n$；若时间 $t-1$ 属于第 $k-1$ 阶段，时间 t 属于第 k 阶段，则 $\rho = pred(n)$。水库 j 的初始蓄水量以参数 $v_{j,0,1}$（$10^3\mathrm{m}^3$）表示。参数 $F_{j,t}$（$10^3\mathrm{m}^3/\mathrm{h}$）表示时间 t 时水库 $j \in J$ 的自然流入量，在日规划期距中假定为已知。本章中未考虑突发洪水或暴雨等极端天气场景。约束条件（5-3）要求，节点 n 中时间 t 结束时水库 j 的蓄水量 = 前一时间结束后的蓄水量 + 时间 t 时的流入量（即上游水电站水轮机流量、从下游水电站抽入的水量、上游水库的溢出水量）- 时间 t 的流出量（即排入下游水电站的水轮机流量、抽至上游水电站的水量、溢出至下游水库的水量）。

约束条件（5-4）要求，在每个场景中，时间 T 结束时水库 j 的蓄水量下限为 $v_{j,T}$（$10^3\mathrm{m}^3$），即当前规划期结束时的最低蓄水量，以便确保水库在下一规划期开始时达到所需的初始蓄水量。

5.2.3　与现货市场和目标函数的相互关系

发电商必须确保在规划期内每段时间 t 均达到一定的电力负荷，以参数 L_t

（MWh）（$1 \leq t \leq T$）表示，具体数值由与客户签订的双边合同确定。如果每小时发电总量低于 L_t，发电商必须从现货市场购买一定数量的电力，以便满足负荷需求。设时域为日，负荷需求为已知参数，但是，在文献[21]等涉及长期负荷需求的论文中，该参数可能是随机的。需从现货市场购买的电量以非负决策变量 $buy_{t,n}$ 表示。另一方面，如果每小时发电总量超出双边合同规定的负荷，发电商可在现货市场出售超出部分电量，或者使用多余的电量抽水蓄能。在现货市场出售的电量以非负决策变量 $sell_{t,n}$ 表示，而用于抽水蓄能的电量则表示为 $\Sigma_{i \in I, k_i < 0} |k_i| \cdot q_{i,t,n}$。因此，约束条件为：

$$\sum_{i \in I} k_i \cdot q_{i,t,n} + WP_{t,n} + buy_{t,n} - sell_{t,n} = L_t \tag{5-5}$$

$$buy_{t,n} \geq 0, \quad sell_{t,n} \geq 0 \tag{5-6}$$

若 $1 \leq k \leq K$、$t \in T_k$ 且 $n \in N_k$，描述与现货市场的相互关系。

发电商的目的是使预期日净收入最大化，表示为：

$$\sum_{k=1}^{K} \sum_{n \in N_k} \left[p_n \cdot \sum_{t \in T_k} (\lambda_t \cdot sell_{t,n} - \mu_t \cdot buy_{t,n}) \right] \tag{5-7}$$

综上所述，在用于风电场与抽水蓄能水电站优化协调的随机线性规划模型中，将根据约束条件（5-1）～（5-6）将目标函数（5-7）最大化。为了明确起见，我们在图5-3 和图5-4 中分别列出了确定性模型和随机模型的输入变量、程序和输出变量。

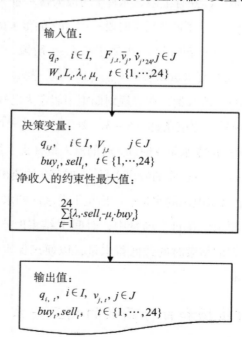

图5-3　确定性方法输入值、输出值和程序流程图

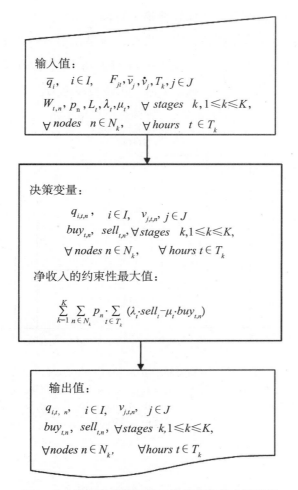

输入值：

$\overline{q}_i,\quad i \in I,\quad F_{jt}, \overline{v}_j, \dot{v}_j, T_k, j \in J$

$W_{t,n}, p_n, L_t, \lambda_t, \mu_t,\quad \forall\ stages\quad k, 1 \leqslant k \leqslant K,$

$\forall\ nodes\quad n \in N_k,\qquad \forall\ hours\quad t \in T_k$

决策变量：

$q_{i,t,n},\quad i \in I,\quad v_{j,t,n}, j \in J$

$buy_{t,n}, sell_{t,n}, \forall\ stages\quad k, 1 \leqslant k \leqslant K,$

$\forall\ nodes\ n \in N_k,\qquad \forall\ hours\ t \in T_k$

净收入的约束性最大值：

$$\sum_{k=1}^{K} \sum_{n \in N_k} p_n \cdot \sum_{t \in T_k} (\lambda_t \cdot sell_t - \mu_t \cdot buy_{t,n})$$

输出值：

$q_{i,t,\ n},\quad i \in I,\quad v_{j,t,n}, j \in J$

$buy_{t,n}, sell_{t,n}, \forall\ stages\ k, 1 \leqslant k \leqslant K,$

$\forall nodes\ n \in N_k,\qquad \forall hours\ t \in T_k$

图 5-4 随机方法输入值、输出值和程序流程图

通过随机模型确定的水电-风电系统的调度和规划可能与通过确定性模型确定的系统有很大不同，如下述实例所示。假设水力发电系统由三座水电站构成，其中一座为抽水蓄能水电站，见图 5-2。已知最开始六个小时的风力发电量为 0，即 $1 \leqslant t \leqslant 6$ 时，$WP_{t,1} = 0$；$7 \leqslant t \leqslant 12$ 时，预计 $WP_{t,2} = 10$，概率值 $p_2 = 0.3$，或者 $WP_{t,3} = 400$，概率值 $p_3 = 0.7$。确定性模型以 $7 \leqslant t \leqslant 12$ 时的预测平均值 $WP_t = 283$ 为基础求解，从而求得图 5-5a 中的解，式中，$q_{i,t}$ 表示水轮机排水量（$i = 1$，3，4）和抽水量（$i = 2$）。图 5-5b 列出了随机解中的水轮机排水量和抽水量。应注意，随机解显示，在第 1 阶段的 6 个小时内，用 5 个小时抽水，而确定解显示未进行抽水。此外，在随机解中，仅梯级末级的水电站发电，也就是说，在上游水库中节约了更多势能。图 5-6a 和图 5-6b 显示了在低功率风力发电场景中第 1 阶段时间内使用确

定解和随机解的影响。由图可知，如果在第 1 阶段采用确定解，为满足双边合同承诺，必须在第 2 阶段购买大量电力；另一方面，如果在第 1 阶段采用随机解，则无需在第 2 阶段购买电力。图 5 – 6c 和图 5 – 6d 对大功率风力发电场景进行了对比：如果在第 1 阶段采用随机解，将会在第 2 阶段出售更多电力。

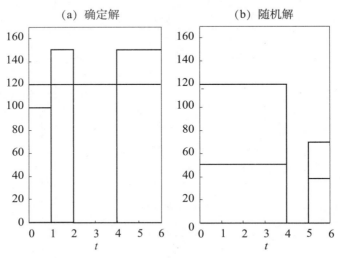

图 5 – 5　通过确定性模型计算的水流最优值为 $q_{i,t}$，其中 $1 \leqslant i \leqslant n$，$1 \leqslant t \leqslant 6$。（a）$q_{1,t} = 100$、$t \in (0, 1]$，否则为 0；$q_{2,t} = 0$、$t \in (0, 6]$；$q_{3,t} = 100$、$t \in (0, 1] \cup [3, 4]$，否则为 150；$q_{4,t} = 120$、$t \in (0, 6]$。通过随机模型得到的相应值为：（b）$q_{1,t} = 100$、$t \in (0, 6]$；$q_{2,t} = 50$、$t \in (0, 4]$，$q_{2,t} = 0$、$t \in (4, 5]$，$q_{2,t} = 38$、$t \in (5, 6]$；$q_{3,t} = 0$、$t \in (0, 6]$；$q_{4,t} = 120$、$t \in (0, 4]$，$q_{4,t} = 0$、$t \in (4, 5]$，$q_{4,t} = 70$、$t \in (5, 6]$。

5.3　创建场景

　　根据可用数据采用不同方法创建可以代表风力发电不确定性的各类场景。文献［11］中，首先根据历史风速数据创建风速场景，再使用风场功率曲线根据风速场景计算发电场景，从而获得风力发电场景。

　　本章中，我们开发了一套用于创建风力发电场景的替代方法，该方法结合了天气预测信息以及风力发电预测误差时序所得信息。当可使用预测发电和实测发电数据序列并且具有一套基于气象因素模拟和预测的风力发电预测系统时，该方法非常适用。文献［22］中，已根据高分辨率的区域大气模拟系统（RAMS）开发了风力发电预测系统（见文献［23］），用于模拟和预测气象因素，并且以可减少系统误差和计算风场预测功率的后置处理器作为设计基础。在文献［22］所述预测系统中，向 RAMS 中输入了通过天气预测确定性模型所得边界条件，以便提前一天生成风力

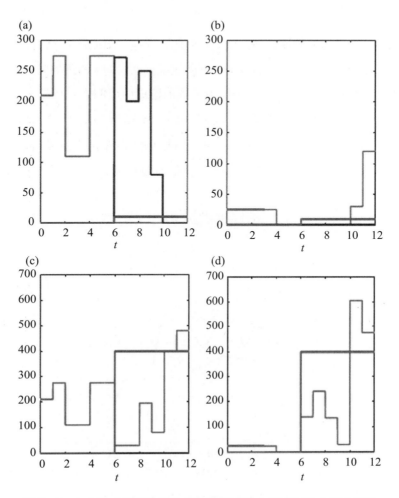

图 5-6　1~12 小时风力发电量以及出售电力和购买电力的最优值

（a）确定性模型，小型风力发电；（b）随机模型，小型风力发电；
（c）确定性模型，大型风力发电；（d）随机模型，大型风力发电。

预测每小时时序。随后，通过模型输出统计方法对风速进行修正，降低系统误差，见文献［24］。最后，使用所得风速通过风场功率曲线计算预测电功率。为了检验预测发电量的情况，已通过位于丹麦的 KLIM 风电场的相关数据对该风力发电预测系统进行了测试，该类数据以 ViLab 模式为框架提供，由欧洲 POW'WOW 项目[25] 推广。采用 2002 年 12 月 16 日至 2003 年 4 月 30 日期间以 ViLab 模式生产的数据集创建本文使用的风力发电场景。对于每一时间 t，该数据集包含以下信息：

1. WP_t^M：时间 t 的实测风力发电量；

2. WP_t^R：首先采用 RAMS 预测时间 t 的风速，再使用风场功率曲线求得时间 t

风力发电系统手册

的预测风力发电量;

3. WP_t^C:首先采用 RAMS 预测时间 t 的风速,再通过 RAMS 计算校正所得预测值(以便降低系统误差),最后采用用风场功率曲线求得的时间 t 的预测风力发电量。

每天预测期的前几个小时,WP_t^C 的值比 WP_t^R 的值更接近 WP_t^M,如图 5 – 7 和图 5 – 8 所示。图 5 – 7 和图 5 – 8 分别列出了 2002 年 12 月 16 日和 2002 年 12 月 17 日的 WP_t^M、WP_t^R 和 WP_t^C 值。但是,需要注意的是,在某些时候仍然存在相关预测误差。根据这一情况以及论文 [8] 和 [26],我们引入了一套创建预测误差 e_t 场景的方法,定义如下:

$$e_t = WP_t^M - WP_t^C \tag{5-8}$$

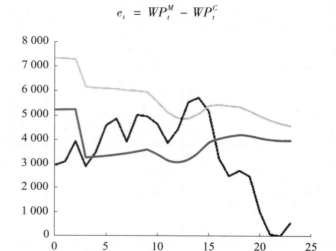

图 5 – 7　2002 年 12 月 16 日的 WP_t^M(黑线)、WP_t^R(深灰线)和 WP_t^C(浅灰线)

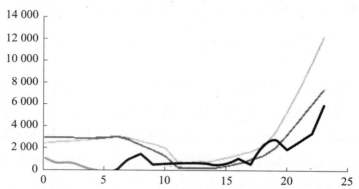

图 5 – 8　2002 年 12 月 17 日的 WP_t^M(黑线)、WP_t^R(深灰线)和 WP_t^C(浅灰线)

我们考虑了估算预测误差的两套备选方法,即分位数回归法[27]和自回归移动平均法(ARIMA),见 [28] 和 [29]。

5.3.1 分位数回归法

采用以下模型描述发电预测误差 e_t：

$$e_t = \alpha + \sum_{d=1}^{D} \beta_d \cdot e_{t-d} \tag{5-9}$$

式中，D 表示时滞次数。通过采用分位数回归法，可计算模型参数 α 和 β_d 的 $(1 \leqslant d \leqslant D)$ 数值，从而计算超平面 $H(\theta)(0 \leqslant \theta \leqslant 1)$，$\theta\%$ 的样本数据位于超平面之上，$(1-\theta)\%$ 的样本数据位于超平面之下。可通过确定 α 和 $\beta_d (1 \leqslant d \leqslant D)$ 的值加以实现，从而解决问题：

$$\min\theta \cdot \sum_{t:e_t \geqslant \alpha + \sum_{d=1}^{D} \beta_d \cdot e_{t-d}} \left(e_t - \alpha - \sum_{d=1}^{D} \beta_d \cdot e_{t-d} \right)$$
$$+ (1-\theta) \cdot \sum_{t:e_t < \alpha + \sum_{d=1}^{D} \beta_d \cdot e_{t-d}} \left(\alpha + \sum_{d=1}^{D} \beta_d \cdot e_{t-d} - e_t \right) \tag{5-10}$$

即将实测值 e_t 和模型预测值的差异最小化，正差采用 θ 加权，负差采用 $1-\theta$ 加权。

为建立图 5-1 所示的平衡场景树（各枝节节点可能性相同），已将区间 $[0, 1]$ 划分为子区间 $[0, 1/3]$、$[1/3, 2/3]$ 和 $[2/3, 1]$，并分别以其平均值 0.16、0.50 和 0.84 表示。已计算出分位数回归超平面 $H(\theta)(\theta = 0.16、0.50$ 和 $0.84)$：建立三个超平面任意一点的概率为 $1/3$。对于 θ 的三个考虑值，采用了时滞值 $D = 1$、2、3 计算出模型参数 α 和 β_d。时滞 $D = 1$ 时得出数据的最佳拟合，并使用表 5-1 所列 α_θ 和 β_θ 值创建预测误差场景树。

表 5-1 $D = 1$ 时的最优分位数回归系数

$D = 1$	$\theta = 0.16$	$\theta = 0.50$	$\theta = 0.84$
α_θ	$-1\,220.16$	-11.19	$1\,111.17$
β_θ	0.81	0.91	0.93

假设第 1 阶段各时间的预测误差已知，并且通过下式计算：

$$e_{t,1} = WP_t^M - WP_t^C, \ t \in T_1 \tag{5-11}$$

第 2 阶段各时间的不确定性用节点 $n = 2$、3、4 表示，分别与 $\theta = 0.16$、0.50 和 0.84 的分位数回归模型对应。三个节点中，第 1 阶段时间的预测误差值计算如下：

$$e_{t,n} = \alpha_\theta + \beta_\theta \cdot e_{t-1,1} \tag{5-12}$$

剩余第 2 阶段各时间的预测误差值为：

$$e_{t,n} = \alpha_\theta + \beta_\theta \cdot e_{t-1,n} \qquad (5-13)$$

对图 5 – 1 所示场景树的所有枝节节点重复该过程。最终，可通过下式求得风力发电量预测值 $WP_{t,n}$：

$$WP_{t,n} = WP_t^C + e_{t,n} \qquad (5-14)$$

图 5 – 9 中所示为风力发电场景和实测风力发电量对比图。从图中可知，风力发电场景与实测风力发电量的差距在合理范围内。

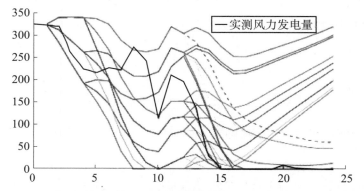

图 5 – 9   实测风力发电量和通过分位数回归法得出的风力发电场景树

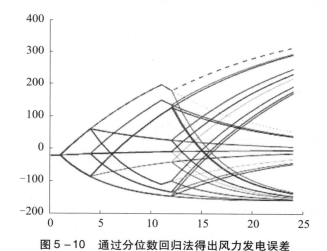

图 5 – 10   通过分位数回归法得出风力发电误差

5.3.2   自回归积分移动平均法（ARIMA）

可以假设使用自回归积分移动平均模型描述历史发电预测误差（图 5 – 10）。

$$e_t = \gamma + \sum_{d=1}^{D} \delta_d \cdot e_{t-d} + \sum_{c=1}^{C} \eta_c \cdot \varepsilon_{t-c} \qquad (5-15)$$

拟合模型时，可通过 ARIMA（1，0，1）得出最低标准偏差，即无积分（数据无偏差）、自回归部分滞后一次（$C=1$）且移动平均部分滞后一次（$D=1$），系数 $\gamma = 148.678$、$\delta_1 = 0.822\,093$、$\eta_1 = 0.142\,345$。根据方程（5-15），可生成预测误差场景，随后使用所得预测误差场景根据下式得出发电预测场景：

$$WP_t = WP_t^C + e_t \qquad (5-16)$$

最终，通过采用 Pflug 和 Hochreiter[30] 介绍的反向场景消减法得出了 27 个场景，并通过相同数量场景所含的信息对分位数回归法和 ARIMA 法进行了比较。图 5-11 所示为通过 ARIMA 法得出的每小时风力发电量的场景，以及采用反向场景消减法得出的简化场景树。

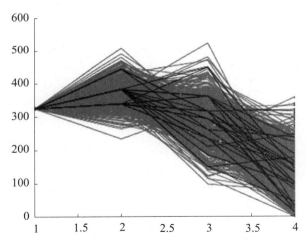

图 5-11 通过 ARIMA 法（灰线）得出的 500 个每小时风力发电场景；
通过反向场景消减法（黑线）得出的简化场景树

5.4 性能测量

文献中介绍了两种评估建模不确定性的值的方法。第一种方法是用于求解二阶段问题的事前性能测量，如随机解的值（VSS），见文献［31］。假设场景树代表了随机参数的未来实现情况，事前性能测量对比了通过随机模型获得的结果（其中，场景树表示随机参数不确定性）和通过对应确定性模型得出的结果（其中，不确定参数为最佳事前信息），即在场景树上计算的平均场景。在求得不确定性前，可采用此种方法评估使用随机模型得出的值。

第二种方法（见文献［13］）是事后性能测量：只能在求得不确定性后进行，

因为其采用的是随机参数的实际值。本文中，计算了使用随机模型求解的实际结果。

5.4.1　事前性能评估

为了评估建模不确定性的值，采用了文献［31］中介绍的以下程序，评估二阶段模型随机解的值：

1. 求解随机模型，得出即时即地解（HNS）的最优值；

2. 求解期望值（EV）问题或平均值问题，即随机参数在所有阶段均采用依照场景树计算的期望值的确定性问题；

3. 求解期望平均值（EEV）问题，即通过在随机问题中代入期望值问题一阶段决策变量最优值得到的 EV 问题；

4. 计算随机解的值（VSS）：对于极大值问题，其定义为：

$$VSS = HNS - EEV \qquad\qquad (5-17)$$

为了解决多于两个阶段的随机问题，我们通过引入随机解修正值（MVSS）的方式扩展了 VSS 的定义，如下：

$$MVSS = HNS - MEEV \qquad\qquad (5-18)$$

MVSS 是即时即地解客观值（最优值）与修正期望平均值（MEEV）问题客观值（最优值）的差额，对于四阶段随机问题，通过以下程序计算 MVSS。用 $\mathscr{T}$ 表示用于计算即时即地解的场景树，设 $\mathscr{T}_n, n \in N_k (k = 1、2、3)$ 表示 $\mathscr{T}$ 的子树，且根在节点 n 中，设 $\mathscr{T}^{(r)}$（$r = 1、2、3$）表示将子树 $\mathscr{T}_n (n \in N_r)$ 代入 $\mathscr{T}$ 求得的场景树，随机参数的期望值通过 $\mathscr{T}_n$ 计算得出。用 $\mathrm{SP}^{(r)}$ 表示随机参数不确定性以场景树 $\mathscr{T}^{(r)}$ 表示的问题。为了计算 MEEV 的（客观）值，应首先求解问题 $\mathrm{SP}^{(1)}$，再求解问题 $\mathrm{SP}^{(2)}$，其中，问题 $\mathrm{SP}^{(2)}$ 的第 1 阶段变量指定为通过 $\mathrm{SP}^{(1)}$ 确定的最优值；最后，求解问题 $\mathrm{SP}^{(3)}$，其中，问题 $\mathrm{SP}^{(3)}$ 的第 1 阶段和第 2 阶段变量分别指定为通过 $\mathrm{SP}^{(1)}$ 和 $\mathrm{SP}^{(2)}$ 确定的最优值。本程序确定了真实情形下求解的顺序。事实上，假设将通过仅由一个场景表示的不确定性求解规划问题，通过场景树 $\mathscr{T}$ 描述随机参数的趋势。如果只求得了随机参数第 1 阶段的值，第 2 阶段至第 4 阶段的随机参数值的最佳预测可用 $\mathscr{T}^{(1)}$ 表示，并可求解问题 $\mathrm{SP}^{(1)}$。求得随机参数的第 2 阶段数值，若概率值为 $p(n)$，此类数值为节点 $n(n \in N_2)$ 表示的数值；因此，若概率值为 $p(n)$，求解问题时必须考虑：

- 节点 n（$n \in N_2$）所示随机参数的已知值；

- 第 3 阶段和第 4 阶段的随机参数取子树 T_n 的期望值；
- 第 1 阶段变量必须取在第 1 阶段计算的最优值。

求解问题 $SP^{(2)}$，第 1 阶段变量必须与通过 $SP^{(1)}$ 确定的最优值相等。在第 3 阶段实施了类似的程序（图 5 – 12）。

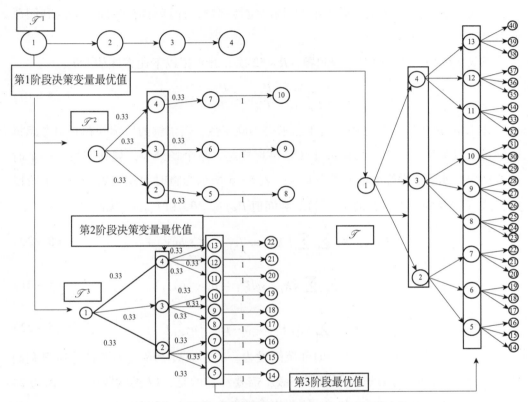

图 5 – 12　修正期望平均值（*MEEV*）目标函数的计算

5.4.2　事后性能评估

文献［13］中介绍了二阶段随机模型的评估程序，该评估程序基于随机参数的实际值得出了随机规划值（*VSP*）。每周求解一次[13]所列的问题，时间周期为四周，其中，第一周在第 1 阶段，剩余三周在第 2 阶段。可通过滚动时域方法求得年度规划：第一个四周问题在第 1 至 4 周求解，第二个四周问题在第 2 至 5 周求解，以此类推。共求解了 52 个四周问题，时域跨越 55 周。计算 *VSP* 的方法要求考虑以下问题：

1. 求解 52 个四周随机问题，每个问题中，随机参数的第 1 阶段数值为实际值；计算 52 个问题与第一周相关的利润总和（P_{STOCH}）；

2. 求解 52 个四周平均值问题；计算 52 个问题与第一周相关的利润总和（P_{EV}）；

3. 求解 52 个随机参数值为实际值的四周确定性问题；计算 52 个问题与第一周相关的利润总和（P_{PIR}）；

4. 求解随机参数值为实际值的 55 周确定性问题；计算与前 52 周相关的利润总和（P_{PI}）。

求解 STOCH、EV 和 PIR 等问题，$R=52$ 次，并根据以下比率评估 VSP：

$$\frac{P_{STOCH}}{P_{PI}}, \quad \frac{P_{EV}}{P_{PI}}, \quad \frac{P_{PIR}}{P_{PI}} \tag{5-19}$$

在水电-风电组合问题中，由于已求得不确定性，需求解的后续问题必须考虑将时间范围设为一天，因为约束条件（5-4）规定，每个场景中，规划期最后一个时间段结束时水库 j 的蓄水量下限为 $\underline{v}_{j,T}$。表 5-5 所示为将时间范围划分为多个阶段的方式（涉及的各类问题的 T_k^r 集）。利润值 P_{STOCH}、P_{EV} 和 P_{PI} 计算如下：

$$P_{STOCH} = \sum_{r=1}^{R} \sum_{t \in T_1^r} (\lambda_t \cdot sell_{t,1} - \mu_t \cdot buy_{t,1}) \tag{5-20}$$

$$P_{EV} = \sum_{r=1}^{R} \sum_{t \in T_1^r} (\lambda_t \cdot sell_{t,1} - \mu_t \cdot buy_{t,1}) \tag{5-21}$$

$$P_{PI} = \sum_{t=1}^{24} (\lambda_t \cdot sell_{t,1} - \mu_t \cdot buy_{t,1}) \tag{5-22}$$

由于所有问题都必须考虑将时间范围设为一天，通过 PIR 类问题计算所得利润值与通过 PI 类问题计算所得利润值一致。需要注意的是，PI 类问题中，可认为 24 小时全部属于节点 1。P_{STOCH} 和 P_{EV} 的数值表示发电商重新规划其发电决策后可获得的日总利润，可分别通过随机模型和平均值模型测得。P_{PI} 的数值表示发电商充分了解未来趋势时可获得的利润。

5.5 数值结果

本节中，我们讨论了求解相关随机模型得出的数值结果。对于数据输入，模拟框架以 ACCESS 2000 为基础；对于数据输出，模拟框架以 EXCEL 2000 和 MATLAB 12 为基础；对于采用 CPLEX 求解程序建模和求解的优化问题，模拟框架以 GAMS 21.5 为基础。在本文探讨的所有情况下，水电系统由一个梯级、三座水库和三座水电站组成，其中一个水电站为抽水蓄能水电站，如图 5-2 所示（水电系统输入数据见表 5-2 和表 5-3）。

表 5 - 2　水库数据：库容、初始和最小最终蓄水量、自然流入量

水库	$\bar{\nu}_j$	$\nu_{j,0}$	$\underline{\nu}_{j,T}$	$F_{j,t}$
V_1	1 000	100	0	1
V_2	2 000	1 000	500	1
V_3	2 000	1 000	500	1

表 5 - 3　水电站弧段数据：能量系数和容量

弧段	k_i	$\bar{q}_i$
c_1	1.0	100
c_2	- 1.7	50
c_3	1.1	150
c_4	0.9	120
c_5	0.0	50

5.5.1　案例研究 1

案例研究 1 中，每小时风力发电的不确定性以图 5 - 1 所示场景树表示，其特点是有一个为期 1h 的初始阶段，随后是分别持续 3h、8h 和 12h 的三个固有阶段（即枝节阶段）。各节点包含以下信息：节点号 n（$1 \leqslant n \leqslant 40$）、时间 $t \in T_k$ 时的风力发电预测（即与节点 n 所属阶段相关的时间）和节点概率 p_n。根据前述章节所述预测误差，通过以分位数回归法为基础的预测程序生成了各节点 n 的每小时风力发电值。如前所述，我们已经构建了一个平衡场景树，其中，同一阶段的所有节点的概率相同。在图 5 - 13 中，我们列出了通过分位数回归法所得风力发电各场景与实测风力发电的差异。

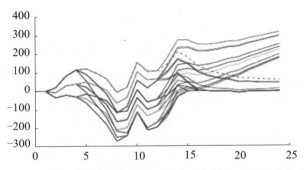

图 5 - 13　通过分位数回归法所得风力发电各场景与实测风力发电的差异

基于在求得不确定性后重复决策过程的想法，我们采用了适用于前述章节所述多阶段问题的程序。

表 5 - 4 列出了采用两类场景（ARIMA 和分位数回归）对确定性模型和随机模型进行的事前对比。

表 5 - 4　两类场景的 MVSS

利润值（欧元）	分位数回归场景	ARIMA 场景
EV 模型	3 701. 27	3 672. 73
HNS 模型	3 626. 65	3 669. 87
MEEV 模型	1 714. 97	3 612. 03
MVSS	1 911. 68	57. 84

两类场景的 MVSS 值差异较大。这可能表明，分位数回归场景可更好地说明风力发电的长期波动性。事实上，从图 5 - 9 和图 5 - 11 可知，通过分位数回归法构建的场景很少聚集在平均场景周围，表明该类场景可以表现出更极端的情形。

完全信息期望值（EVPI）表现了模型参数的随机性（见文献 [31]）。EVPI 被定义为以下两者间的差值：（1）通过求得可能实现风力发电最优解（即各类场景）计算的观望解（WSS）的期望值；（2）随机模型的最优客观值（HNS）。具体如下：

$$EVPI = WSS - HNS \qquad (5-23)$$

对于分位数回归场景，EVPI = 3657. 39 - 3626. 65 = 30. 74，即必须提前支付 30. 74，作为完全信息的回报，约占最优利润的 1%。

本案例分析表明，适合采用分位数回归法描述风力发电的不确定性。

5.5.2　案例分析 2

本节旨在以已实现风力发电值为基础，评估使用与平均值模型相关的随机模型的优势。我们进一步验证了 5.2 节所述随机模型，以便开展 5.4.2 节所述事后性能评估。根据案例分析 1 所得结果，我们将重点分析通过分位数回归法得出的场景树。

本案例分析中，假设规划期最初 3h 的风力发电量已知。每隔三小时求解一次调度模型，直至午夜。时序涉及的小时数不断减少，求解三类问题（STOCH、EV、PI）8 次。每次求解包含 3h 的第 1 阶段和表 5 - 5 所述后续阶段。

表5-5 计算 VSP 所用 T_k^r 集的要素

r	T_1^r	T_2^r	T_3^r	T_4^r	场景数量
1	$\{1, 2, 3\}$	$\{4, 5, 6\}$	$\{7, \cdots, 12\}$	$\{13, \cdots, 24\}$	27
2	$\{4, 5, 6\}$	$\{7, 8, 9\}$	$\{10, \cdots, 15\}$	$\{16, \cdots, 24\}$	27
3	$\{7, 8, 9\}$	$\{10, 11, 12\}$	$\{13, \cdots, 18\}$	$\{19, \cdots, 24\}$	27
4	$\{10, 11, 12\}$	$\{13, 14, 15\}$	$\{16, \cdots, 18\}$	$\{19, \cdots, 24\}$	27
5	$\{13, 14, 15\}$	$\{16, 17, 18\}$	$\{19, 20, 21\}$	$\{22, 23, 24\}$	27
6	$\{16, 17, 18\}$	$\{19, 20, 21\}$	$\{22, 23, 24\}$	–	9
7	$\{19, 20, 21\}$	$\{22, 23, 24\}$	–	–	3
8	$\{22, 23, 24\}$	–	–	–	1

通过5.3.1节所述分位数回归法构建了场景，该场景的每个阶段均与表5-5所列计划一致。对于与 $r=1$ 对应的配置，我们求得以下事前测量值 $MVSS = 35.34$，且 $EVPI$ 百分比为 46.80%。求解该结果时考虑了较高的负荷需求。我们注意到，所得结果与案例分析1所得结果相反，即当负荷较低时，求得的 $MVSS$ 值更高，但 $EVPI$ 值更低。我们计算了各负荷值的 $MVSS$ 和 $EVPI$，并报告了中间负荷的以下结果：$MVSS$ 为 28.83，$EVPI$ 百分比为 48.98%。

表5-6列出了通过求解三类问题得出的数值：

假设根据已实现风力发电量求得的24h的高负荷最优利润 $P_{PI} = 1332.83$，可得出：

$$\frac{P_{STOCH}}{P_{PI}} = 90.75\% , \quad \frac{P_{EV}}{P_{PI}} = 59.56\% \tag{5-24}$$

表5-6 随机模型、平均值模型和完全信息模型的最优利润

负荷	P_{STOCH}	P_{EV}	P_{PI}
高	1 209.48	793.89	1 332.83
中	1 404.08	1 017.98	1 452.83

类似地，假设根据已实现风力发电量求得的24h的中间负荷最优利润 $P_{PI} = 1452.83$，可得出：

$$\frac{P_{STOCH}}{P_{PI}} = 96.64\% , \quad \frac{P_{EV}}{P_{PI}} = 70.07\% \tag{5-25}$$

事后性能测量表明，就平均值模型而言，随机法具有明显优势。

5.6 结论

本章中，我们介绍了用于日水电-风电系统调度问题的随机多阶段线性模型，并提出了每小时风力发电场景。为了研究场景构建对最优解的影响，我们分析了两种场景构建方法，即分位数回归法和自回归积分移动平均法。根据随机解的值可知，分位数回归场景能够比 ARIMA 场景更好地描述不确定性。此外，我们还提出了多阶段随机模型的两类测量方法，即事前和事后测量。我们列出了两类测量方法的差异，并探讨了证明事后测量法可提供更多信息的案例。

致谢 感谢贝加莫大学 Fondi di Ateneo 2009—2010 科研项目基金（由 M. Bertocchi 和 L. Brandolini 组织）和 Accordo Regione Lombardia Metodi di integrazione delle fonti energetiche rinnovabili e monitoraggio satellitare dell'impatto ambientale（CUP：F11J10000200002）科研项目基金（由 A. Fassó 组织）为本研究提供的支持。同时，诚挚感谢米兰 RSE 提供的数据支持。

参考文献

[1] Moura PS, de Almeida AT（2010）Large scale integration of wind power generation. In：Rebennack S et al（eds）Handbook of power systems I, energy systems. Springer, Berlin, pp 95 – 119.

[2] Castronuovo ED, Lopes JAP（2004）On the optimization of the daily operation of a wind-hydro power plant. IEEE Trans Power Syst 19：1599 – 1606.

[3] Castronuovo ED, Lopes JAP（2004）Optimal operation and hydro storage sizing of a wind-hydro power plant. Int J Elec Power 26：771 – 778.

[4] Castronuovo ED, Lopes JAP（2004）Bounding active power generation of a wind-hydro power plant. In：International conference on probabilistic methods applied to power systems, IEEE, New York, 705 – 710.

[5] Denault M et al（2009）Complementarity of hydro and wind power：improving the risk profile of energy inflows. Energy Policy 37（12）：5376 – 5384.

[6] Matevosyan J, Sonder L（2007）Short-term hydropower planning coordinated with wind power in areas with congestion problems. Wind Energy 10（3）：195 – 208.

[7] Nørgård P, Giebel G., Holttinen H, Söder L., Petterteig A（2004）Fluctuations and predictability of wind and hydropower, WILMAR deliverable D2.1, Risø-R-1443.

［8］ Barth R, Söder L, Weber C, Brand H, Swider D (2006) Documentation methodology of the scenario tree tool, WILMAR Deliverable D6. 2 (b), Institute of Energy Economics and the Rational Use of Energy (IER), University of Stuttgart, Stuttgart.

［9］ Garcia-Gonzalez J et al (2008) Stochastic joint optimization of wind generation and pumped-storage units in an electricity market. IEEE Trans Power Syst 23: 460 – 468.

［10］ Meibom P, Barth R, Brand H, Weber C (2007) Wind power integration studies using a multistage stochastic electricity system model. In: IEEE power engineering society, pp 1 – 4.

［11］ Vespucci MT, Maggioni F, Bertocchi M, Innorta M (2010) A stochastic model for the daily coordination of pumped storage hydro plants and wind power plants. Ann Oper Res. doi: 10. 1007/s10479-010-0756-4.

［12］ Escudero LF, Garin A, Merino M, Perez G (2007) The value of the stochastic solution in multistage problems. TOP 15 (1): 48 – 66. doi: 10. 1007/S11750-007-00005-4.

［13］ Schütz P, Tomasgard A (2009) The impact of flexibility on operational supply chain planning. Int J Prod Econ. doi: 10. 1016/j. ijpe. 2009. 11. 004.

［14］ Dentcheva D, Römisch, W (1998) Optimal power generation under uncertainty via stochastic programming. In: Stochastic programming methods and technical applications. Lecture notes in economics and mathematical systems, vol 458 Springer, New York, pp 22 – 56.

［15］ Fleten SE, Kristoffersen T (2008) Short-term hydropower production planning by stochastic programming. Comput Oper Res 35 (8): 2656 – 2671.

［16］ Latorre J, Cerisola S, Ramos A (2007) Clustering algorithms for scenario tree generation: application to natural hydro inflows. Eur J Oper Res 181 (3): 1339 – 1353.

［17］ Nowak M, Römisch W (2000) Stochastic Lagrangian relaxation applied to power scheduling in a hydro-thermal system under uncertainty. Ann Oper Res 100 (1 – 4): 251 – 272.

［18］ Wallace SW, Fleten SE (2003) Stochastic programming models in energy. In: Ruszczynski A, Shapiro A (eds): stochastic programming. Handbooks in operations research and management science vol 10. Elsevier, Amsterdam, pp 637 –

677.

[19] Dupačová J, Consigli G, Wallace SW (2000) Scenarios for multistage stochastic programs. Ann Oper Res 100 (1 −4): 25 −53.

[20] Kaut M, Wallace SW (2007) Evaluation of scenario-generation methods for stochastic programming. Pac J Optim 3 (2): 257 −271.

[21] Philpott A, Craddock M, Waterer H (2000) Hydro-electric unit commitment subject to uncertain demand. Eur J Oper Res 125: 410 −424.

[22] Alessandrini S, Decimi G, Palmieri L, Ferrero E (2006) A wind power forecast system in complex topographic conditions. In: Proceedings of the European wind energy conference and exhibition ewec 2009.

[23] Pielke R, Cotton W, Walko R, Tremback C, Lyons W, Grasso L, Nicholls M, Moran M, Wesley D, Lee T, Copeland J (1992) A comprehensive meteorological modeling system: RAMS. Meteorol Atmos Phys 49: 69 −91.

[24] von Bremen, L (2007) Combination of deterministic and probabilistic meteorological models to enhance wind farm forecast. J Phys Conf Ser 75 (1): 012050.

[25] Kariniotakis G, Pinson P, Marti I, Lozano S, Giebel G (2007) POW'WOW virtual laboratory for wind power forecasting: ViLab, In: EWEC'07 Conference, Milan, Italy 7 −10 May 2007.

[26] Söder L (2004) Simulation of wind speed forecast errors for operation planning of multi-area power systems. In: Proceedings of international conference on probabilistic methods applied to power systems, IEEE: doi: 10.1109/pmaps. 2004. 243051, pp. 723 −728.

[27] Koenker R, Bassett G Jr (1978) Regression quantiles. Econometrica 46 (1): 33 −50.

[28] Engle RF, Granger CWJ (1987) Co-integration and error-correction: Representation, estimation and testing. Econometrica 55: 251 −276.

[29] Davidson J (2000) Econometric Theory. Blackwell Publishing.

[30] Pflug G, Hochreiter R (2007) Financial scenario generation for stochastic multi-stage decision processes as facility location problem. Ann Oper Res 152 (1): 257 −272.

[31] Birge J, Louveaux F (2000) Introduction to stochastic programming. Springer, New York.

第六章
风电系统并网：风电场建模

Mithun Vyas，Mohit Singh 和 Surya Santoso[①]

摘要： 在美国，风电有望成为未来发电组合的重要组成部分。调查发现，到 2030 年，风电将占美国总发电量的20%[1]。在不久的将来，电力系统规划者和运营商将面临大量风电并网带来的巨大挑战。要确定大型风电场对系统稳定性的影响，必须构建可靠的计算机模型。但是，在大多数动态模拟软件中，并无直接可用的风电机模型。商用风电机技术的多元化和制造商自定义性质更不利于建模。要解决这一问题，需要开发一套适用于所有电力系统动态模拟软件的通用建模框架。

6.1 概述

6.1.1 动机

在美国，风电有望成为未来发电组合的重要组成部分。调查发现，到 2030 年，风电将占美国总发电量的20%。在不久的将来，电力系统规划者和运营商将面临大量风电并网带来的巨大挑战。要确定大型风电场对系统稳定性的影响，必须构建可靠的计算机模型。但是，在大多数动态模拟软件中，并无直接可用的风电机模型。商用风电机技术的多元化和制造商自定义性质更不利于建模。要解决这一问题，需要开发一套适用于所有电力系统动态模拟软件的通用建模框架。本章描述了用于以下风电机的通用模型的开发：

1. 定速风电机；
2. 具备转子电阻控制功能的风电机；
3. 配备具有磁通矢量控制功能的双馈感应发电机（DFIG）的风电机。

---

① M. Vyas · M. Singh · S. Santoso （⊠）
德克萨斯大学奥斯汀分校，美国奥斯汀
e-mail：ssantoso@ mail. utexas. edu

本章重点讨论采用感应发电机的风电机，这是因为此类风电机在已安装风电机中占比最高，且与其他类型的风电机相比，其对大型电力系统的影响更大。本文对风电机模型进行了详细描述，并具体说明了行业内和学术界广泛使用的两类软件平台上此类风电机模型的实施情况，即 PSCAD/EMTDC 和 MATLAB/SIMULINK。尽管此类模型主要用于研究风电机和电力系统的相互关系，但其亦可用于研究风电机内气动、机械和电气性能的交互作用。

6.1.2　风电机技术

定速风电机运行时风轮转速变化率在2%以内，并采用了与电网直接相连的鼠笼式感应电机。风轮叶片以定桨距安装在轮毂上，在高风速条件下，叶片绕流从层流变为湍流，从而限制了从风中获取的动能，避免感应电机和传动系统出现过热和超速。采用此类设计的风电机称之为失速型风电机。失速调节的一个不利影响在于，从风中获取的能量是次优能量。相反，变速型风电机的设计可以确保风电机在各种不同的风轮转速下运行。由于采用的设计不同，风轮转速可能随着风速或其他系统变量的变化而不尽相同。变速型风电机中，叶片通常不是完全固定在轮毂上，而是可以在一定角度范围内转动，使其背风或迎风。与定速风电机相比，额外的速度和风能控制功能可以保证从风中获取更多能量。对于 DFIG 风电机，与电网联接时，需安装功率变流器。基于变流器系统的一个主要优势在于该类系统允许进行独立的有功功率和无功功率控制。

定速风电机成本低、设计坚固、可靠耐用且易于维护，并已得到了现场应用[2]。过去15年，已安装了大量定速风电机，并且安装数量仍在攀升[3]。虽然变速风电机装机容量所占比重较大，但定速风电机的市场地位仍不可忽略。因此，定速风电机仍然有望继续在电力系统领域发挥重要作用。各类文献中介绍了许多风电机动态模型，但大部分重点都是变速风电机的建模[4~9]。此类模型通常导致机械传动系统和气动计算过于简单化，因为其目的是评估和探讨功率和风轮转速控制机制。在本文建立的模型中，采用模块法表示了风电机的各项功能。一个程序块代表气动计算，另一个程序块代表机械传动系统，第三个程序块代表发电机。此外，还可能包括一个控制程序块。将所有程序块整合，形成一个完整的风电机模型，并在 PSCAD/EMTDC 和 MATLAB/SIMULINK 中运行。此模型是一个基础平台，可通过该平台开发更多先进的变速风电机模型。

变速风电机采用绕线转子感应电机作为发电机，并通过控制转子电阻或使用

DFIG 风轮电路中的功率电子变流器实现输出功率控制。本章详细解释了转子电阻控制的原理，并探讨了实现最优功率捕获的不同控制策略。此外，还探讨了 DFIG 技术，并使用可用的风电场现场数据开发并验证了一套适用模型。

6.1.3 风电机建模背景

风力发电机组（WTGS）的建模可以广义地分为：

1. 静态建模；

2. 动态建模。

WTGS 静态模型可用于负荷潮流研究、电能质量评估和短路计算等稳态分析或准稳态分析；WTGS 动态模型则用于各类系统动态分析，如稳定性研究、控制系统分析、优化技术等。WTGS 的静态模型通常以简单的电压源（V）、电压和有功功率电源（V, P）或者有功和无功电源（P, Q）为特征。模型的选择取决于特定应用以及 WTGS 的种类[10]。图 6-1 的树形图显示了模型类型以及其具体应用。本章重点探讨了用于研究暂态稳定性的功能模型。

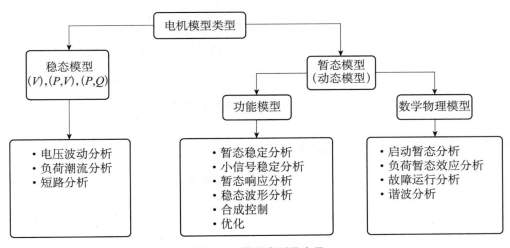

图 6-1 模型类型及应用

通常，WTGS 可配备一个同步或异步发电机，直接或通过功率电子变流器与电网连接，通过气动力矩控制（叶片桨距控制、失速控制）和（或）发电机力矩控制（改变转子电阻、磁通矢量控制）实现输出功率优化。所述可能性形成了一个通用的模型框架，其框图如图 6-2 所示。该通用框架与软件相互独立，用于表示在本章中建模的各类风电机技术，并对各类技术进行了适当修正。本章探讨了通用框架的各程序块，提出了各程序块的物理理论，并描述了其实施情况。最终，通过有效结合此类程序块，成功构建了完整的模型。

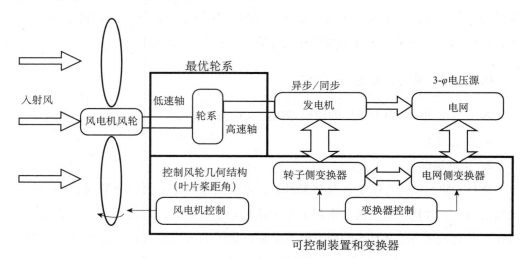

图 6-2　通用风力发电机组功能框图

6.1.4　章节结构

下一节探讨了构成通用框架的各程序块的原理和理论。后续章节采用通用模块描述了前述三类技术中风电机模型的具体实施情况（通过 PSCAD/EMTDC 和 MAT-LAB/SIMULINK 平台进行）。本节探讨了建模中的一些实际问题，如各子系统中控制器的整定。此外，本节还讨论了 DFIG WTGS 的建模和验证。

6.2　建模概念和相关理论

风电机主要用于捕获风中的动能，并将其转换为电能。可将风电机与采用蒸汽动能的传统发电机组进行类比。从建模的角度来看，定速风电机由以下部件组成：

1. 风轮和叶片组（原动机）；
2. 轴和齿轮箱组（传动系统和变速器）；
3. 感应发电机；
4. 控制系统。

上述各部件之间的相互关系确定了可从风中捕获的动能的数量。图 6.3 所示为基础定速风电机中各部件的相互关系。电气子系统的建模相当简单，因为电力系统建模软件通常包含内置的感应发电机模型。但是，气动和机械传动系统的建模更具挑战性。此类部件的建模基于描述其运行原理的微分和代数方程。以下描述了上述四类部件的建模。

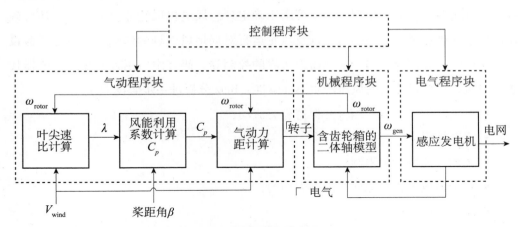

图6-3　失速型定速风电机框图

6.2.1　气动模型

气动程序块由三个子系统构成：叶尖速比计算、风能利用系数（C_p）计算和气动力矩计算。风速（v_{wind}）和桨距角（β）为用户自定义输入值。由于模型旨在研究风电机对电网事件的动态响应，通常假设出现电网事件时风速为常数。但是，模型允许在模拟运行开始时将风速输入信号设定为任意值，并在运行过程中进行调整。此外，还可采用实际风速数据的时间序列。

6.2.1.1　气流中的可用动能及其捕获

以速度 v 移动的质量为 m 的物体所含动能（KE）均可表达为：

$$KE = \frac{1}{2}mv^2 \tag{6-1}$$

作为机电能量转换装置，风电机可从风中捕获动能，并将捕获的动能转换为风轮的机械能，最终通过发电机转换为电能。可通过下式计算气流所含动能：

$$P_{wind} = \frac{d(KE)}{dt} = \frac{1}{2}m'v^2 \tag{6-2}$$

式中，m' 表示质量流率。对于风轮半径为 R、扫掠面积为 A 的风电机，可通过方程式（6-3）计算可在该扫掠面积内捕获的动能：

$$P_{wind} = \frac{1}{2}\rho Av^3 \tag{6-3}$$

式中，ρ 表示空气密度，$A = \pi R^2$，v 表示移动的空气质点或普通气流的速度。

风力发电系统手册

目前，通常采用 Betz 模型（1926 年）确定风电机捕获的风能。Betz 模型是一套基于线动量理论开发的简单模型，不仅可用于确定理想风电机风轮捕获的风能，还可确定风施加在理想风轮上的推力，以及风轮运行对局地风电场的影响。分析时，假设了一个以流管表面及其两个横截面为边界的控制卷。研究中，用致动盘或变流器代表风电机，使穿过流管的风压产生不连续性。Betz 分析进一步假设[12]：

- 气流均匀、不可压缩，并保持稳态流动；
- 无摩擦阻力；
- 风轮叶片数量无限制；
- 致动盘或风轮扫掠面积内推力均匀；
- 尾流不回转；
- 风轮远上游和远下游静压与未扰动环境静压相等。

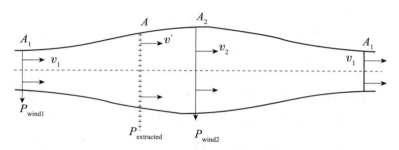

图 6 - 4　进入变流器前后的风流条件

图 6 - 4 所示为变流器的风流条件。采用此类变流器捕获的风能可以用进入变流器前后的移动空气质点的差异表示。变流器捕获的风能如方程式（6 - 4）所示：

$$P_{\text{extracted}} = P_{\text{wind1}} - P_{\text{wind2}} = \frac{1}{2}\rho(A_1 v_1^3 - A_2 v_2^3) \qquad (6 - 4)$$

图 6 - 4 描述了进入变流器前后的风速变化。为实现最佳能量转换效率，要求通过变流器后的风速（v_2）为零。从物理角度来看，这种条件是不可能的，因为这需要使进入变流器前的风速为零，使空气静止。另一种更实用的变流器可在气流进入变流器前使气压升高，同时降低风速，从而施加依照方程式（6 - 5）计算的力：

$$F = m'(v_1 - v_2) \qquad (6 - 5)$$

因此，从风中捕获的风能可按方程式（6 - 6）计算：

$$P_{\text{extracted}} = Fv' = m'(v_1 - v_2)v' \qquad (6 - 6)$$

对比这两项方程式，求得 $P_{\text{extracted}}$［方程式（6 - 4）~（6 - 6）］，假设通过变流器的质量流率为常数，通过变流器的风速则为平均风速 $v' = \frac{1}{2}(v_1 + v_2)$。可通过以下方程计算变流器捕获的风能：

$$P_{\text{extracted}} = \frac{1}{4}\rho A(v_1^2 - v_2^2)(v_1 + v_2) \qquad (6-7)$$

如此，便可通过以下等式求得风能利用系数（ $P_{\text{extracted}} < P_{\text{wind}}$ ）：

$$C_p = \frac{P_{\text{extracted}}}{P_{\text{wind}}} \qquad (6-8)$$

上述等式表示风轮捕获的风能与风流中可用风能的比率，称为风能利用系数，有时亦称为 Betz 系数。如此前所述，Betz 根据线动量理论创建了 1D 模型，并采用了一些假设条件进行分析。当 $\dfrac{v_2}{v_1} = \dfrac{1}{3}$ 时，风能利用系数最高可达 0.593，这是 C_p 的理论最大值。由于存在气动损失，风能利用系数的实际值不可能达到 0.593。实践中，导致无法实现 C_p 最大值的原因有三：

1. 风轮尾流效应；
2. 可用风轮叶片数量有限，且存在相关叶尖损失；
3. 气动阻力不为零[12]。

将在下一节中介绍叶片桨距角（ β ）为特殊值时 C_p 和叶尖速比（ λ_r ）的关系。可通过该关系得出 $C_p - \lambda_r$ 曲线。可采用 $C_p - \lambda_r$ 曲线确定任何风速和风轮转速组合的风能利用率。此类曲线提供了 C_p 最大值和最优叶尖速比的即时信息。可通过风电机测试和建模获取此类信息的相关数据[12]。

6.2.1.2　桨距角风能利用系数与叶尖速比的关系

根据 C_p（风能利用系数）、叶尖速比（ λ_r ）和叶片桨距角（ β ）间的经验关系编制一个查找表，规定一个 C_p 值，作为风速和叶尖速比的给定值。叶片桨距角可定义为旋转面与叶片弦线间的夹角。叶尖速比为叶尖线速度与风速的比率[12]：

$$\lambda_r = \frac{\omega_{rot}R}{v_1} \qquad (6-9)$$

式中，R 表示风轮半径，ω_{rot} 表示风轮角速度。

下式为 C_p、λ_r 和 β 间的一种经验关系。方程式（6-10）用于生成 C_p 的查找表。已知 λ_r 和 β 值时，可求得相应 C_p 的值。通过方程式获得的 $C_p(\lambda_r)$ 曲线仅适用于桨距角 β 为正值的情况。

$$C_p(\lambda,\beta) = c_1\left(c_2\frac{1}{\Lambda} - c_3\beta - c_4\beta^x - c_5\right)e^{-c_6\frac{1}{\Lambda}} \qquad (6-10)$$

$$\frac{1}{\Lambda} = \frac{1}{\lambda + 0.88\beta} - \frac{0.035}{1 + \beta^3} \qquad (6-11)$$

假设系数 $c_1 \sim c_6$ 的值分别为 $c_1 = 0.5$、$c_2 = 116$、$c_3 = 0.4$、$c_4 = 0$、$c_5 = 5$ 和 $c_6 = 21$[10]。一旦确定 C_p，便可通过方程式（6-3）、（6-8）和（6-12）计算风轮气动力矩。采用了 6.2.1.3 节介绍的传动系统机械模型确定发电机角速度 ω_{gen} 和风电机风轮角速度 ω_{rot}。构建的所有模型中都将 ω_{gen} 作为感应发电机的输入值。

$$P_{extracted} = \tau_{rot}\omega_{rot} \qquad (6-12)$$

图 6-5 所示为通过方程式（6-10）得出的 C_p 与 λ_r 特性。需要注意的是，此类曲线仅适用于叶片桨距角为正值的情况。

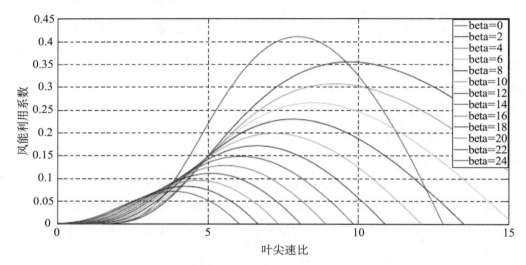

图 6-5 风能利用系数 C_p 与叶尖速比 λ_r 的函数关系

6.2.1.3 叶片桨距

可通过叶片桨距角控制直接改变风电机的风能利用系数。由于其可确定运行功率系数，叶片桨距可有效控制风轮的机械输出功率。可通过减小或最小化其临界值的迎角降低风轮机械功率。限制风能利用系数，便可限制从风中捕获的风能。此类功率控制亦称为桨距控制，可用于以下目的：

● 将给定风速下的机械功率输出最大化，优化风电机功率输出，通常用于低于额定风速的低风速和中等风速环境。

● 避免高于额定风速的强风环境下机械功率输出过高。持续检查机械功率，使其始终低于强风环境下的额定值。

● 避免已断开连接的风电机转动[11]。

可通过两种常用方法使用桨距角调节风电机的功率输出。

● 主动式变桨距控制：对于变速变桨距风电机，速度变化或叶片桨距角变化都可能影响风电机的运行和功率输出。若低于额定功率，风电机变速运行，在定桨距下优化叶尖速比。达到额定功率后，通过发电机力矩控制维持输出功率，通过桨距控制保持风轮转速。在高风速条件下，发电机功率输出保持恒定，风轮转速增加。风流中增加的能量储存为动能，导致气动力矩降低，风轮减速。若风速持续较高，可通过改变桨距降低风轮气动效率，从而降低风轮转速。

- 被动式变桨距控制：使用风速提供执行机构功率，调整叶片桨距角，形成风电机功率曲线。此类风电机设计中，风轮转速或风速变化产生的影响与叶片桨距角变化有关。

6.2.2　机械传动系统模型

风电机传动系统通常由风轮、低速风轮轴、传动比为 a 的齿轮箱、发电机高速轴和（同步或感应）发电机本体构成。对于采用同步发电机的风电机，通常要求使用高极数发电机，以降低发电机轴的机械速度。此时，传动系统可不采用齿轮箱。传动系统的惯性矩 90% 以上源自风轮（叶片和轮毂）[10]，另外，6%～8% 源自发电机，2%～4% 源自其余部件。发电机扭转刚度很高，约比风轮轴扭转刚度高两个数量级，比带叶片的轮毂的扭转刚度高出 50 倍，因此，不能忽略传动系统元件的扭转振动。传统系统元件的特性（频率和振幅）会影响风电机的性能。因此，不可能将传动系统构建为一个集中式单质量模型。通常，风轮和发电机的质量远远大于齿轮箱的质量。如果忽略齿轮箱的质量，可将其他两个轴的属性（刚性常数和扭转常数）整合成一个当量轴，形成一个二质量模型，如图 6-6 所示。此外，由于二质量模型的当量轴并非无限刚性，二质量模型通常无法简化为单质量模型。因此，二质量模型是最佳选择。

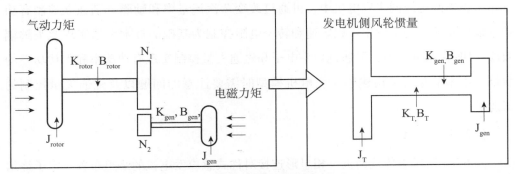

图 6-6　传动系统二质量模型

据图 6-7 可知，风轮气动力矩被发电机电磁力矩抵消。据图 6-6 可知，风轮

风力发电系统手册

转速 ω_{rot}、力矩 τ_{rot} 和惯性矩 J_{rot} 均指发电机侧数据,且采用的齿轮箱传动比为 a。

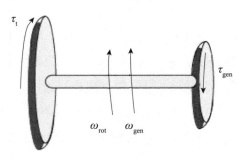

图 6-7 受到反向力矩作用的传动系统二质量模型

通过平衡各质量的力矩,可求解形成的微分方程,分别确定风轮转速 ω_{rot} 和发电机转速 ω_{gen}。对于各回转质量,惯性矩 J 和角加速度 θ'' 的乘积必须等于作用于质量上的力矩的总和。

风电机风轮力矩可通过下式表示:

$$J_T \theta''_T = \tau_T - B_{eqv}(\omega_T - \omega_G) - K_e qv(\theta_T - \theta_G) \qquad (6-13)$$

对于发电机力矩通过下式表示:

$$J_G \theta''_G = -\tau_G + B_{eqv}(\omega_T - \omega_G) - K_e qv(\theta_T - \theta_G) \qquad (6-14)$$

方程式(6-13)和(6-14)中下标 T 表示齿轮箱发电机侧的风轮参数,下标 G 表示发电机参数。

6.2.3 感应发电机建模

感应发电机无需与电网同步,因此其在风电机领域备受青睐。风电机在不同风速条件下运行,因此轴速度各不相同,传统的同步发电机不适用于此类应用。在与汽轮机相连的传统同步发电机中,可通过改变蒸汽流量率和励磁分别独立控制有功功率输出和无功功率输出。以定速和转子电阻控制为基础的技术无法实现此类解耦效应。DFIG 风电机中,可通过功率电子和磁通矢量控制实现有功功率和无功功率的解耦。本小节介绍了构建感应发电机模型时需要注意的问题以及磁通矢量控制的概念。

6.2.3.1 概述

图 6-8 所示为传统两极三相星形连接对称式感应发电机的绕组布置。定子绕组与等量匝数 N_s 和电阻 r_s 一致。转子绕组与等量匝数 N_r 和电阻 r_r 近似相同。模型中,假设气隙均匀,绕组呈正弦分布。

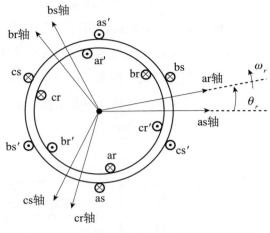

图 6-8 绕组原理图

图 6-8 中，用基础线圈表示各相的绕组。线圈一侧以⊗表示，表明假定的电流正方向沿定子朝下（在平面内）。同一线圈的另一侧以⊙表示，表明假定的电流正方向在平面外。轴 as、bs 和 cs 分别表示电流流入 a 相、b 相和 c 相定子绕组产生磁场的正方向。可通过右手定则在相绕组上确定此类方向。同样地，图中还显示了转子绕组的轴 ar、br 和 cr。此类转子轴固定在转子上，并以角速度 ω_r 旋转。转子相对于正轴 as 的角位移为 θ_r。在静止 abc 参考坐标系中，发电机各相电压、电流和磁通匝链数之间的关系如图 6-9 所示。

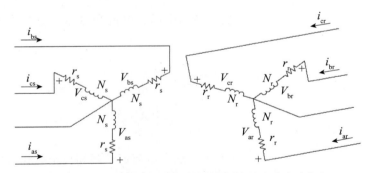

图 6-9 等效电路（两极三相星形连接感应发电机）

6.2.3.2 参考坐标系理论及克拉克（Clarke）和帕克（Park）变换

众所周知，对于旋转电机，电感是转子转速的函数。因此，除非转子静止不动，描述发电机运行的微分方程（电压方程）的系数会随时间变化。很难采用此类复方程构建可以用于动态分析的发电机模型。可选择一个以适当速度旋转的参照系以非

风力发电系统手册

时变的形式表达此类时变方程。使发电机变量参照旋转坐标，不仅可以降低发电机建模的难度，还有助于更好地了解发电机的运行情况。构建基于双馈感应发电机的风电机模型主要采用两种变换：克拉克和帕克变换。两种变换完全不同，分别用于实现感应发电机的有功功率控制和无功功率控制。结合使用时，两类变换将 abc 轴定子量转换为 α-β 定子量（静止两轴坐标亦称为 α-β 坐标）——克拉克变换，最终转换为转动 $qd0$ 坐标（帕克变换），如图 6-10 所示。

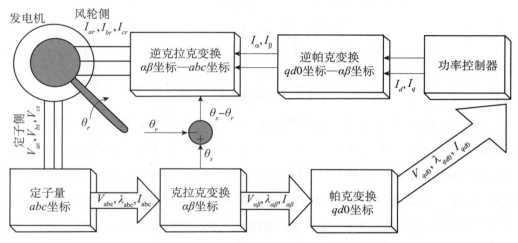

图 6-10　DFIG 所用 abc-$\alpha\beta$-$qd0$ 变换框图

6.2.3.2.1　abc 坐标变换为 $qd0$ 坐标

在静止 abc 参考坐标系中，发电机各相电压、电流和磁通匝链数之间的关系可表示如下：

$$\vec{V}_{abcs} = \vec{r}_s \vec{i}_{abcs} + \frac{\mathrm{d}(\vec{\lambda}_{abcs})}{\mathrm{d}t} \tag{6-15}$$

$$\vec{V}'_{abcs} = \vec{r}_s \vec{i}'_{abcs} + \frac{\mathrm{d}(\vec{\lambda}'_{abcs})}{\mathrm{d}t} \tag{6-16}$$

式中，λ 是磁通匝链数，下标 s 和 r 分别表示与定子侧和转子侧相关的变量和参数。对于转子侧，方程式（6-16）表示发电机参数。方程式（6-15）～（6-16）中的磁通匝链数可表示如下：

$$\vec{\lambda}_{abcs} = \vec{L}_{sr} \vec{i}_{abcs} + \vec{L}'_{sr} \vec{i}'_{abcr} \tag{6-17}$$

$$\vec{\lambda}'_{abcr} = \vec{L}'^{T}_{sr} \vec{i}'_{abcs} + \vec{L}'_r \vec{i}'_{abcr} \tag{6-18}$$

根据方程式（6-15）～（6-18）得出的合成电压方程式如下：

$$\vec{V}_{abcs} = \left(\vec{r}_s + \frac{\mathrm{d}\vec{L}_{sr}}{\mathrm{d}t} \right) \vec{i}_{abcs} + \frac{\mathrm{d}\vec{L}'_{sr}}{\mathrm{d}t} \vec{i}'_{abcr} \qquad (6-19)$$

$$\vec{V}'_{abcr} = \frac{\mathrm{d}\vec{L}'^{T}_{sr}}{\mathrm{d}t} \vec{i}_{abcs} + \left(\vec{r}'_r + \frac{\mathrm{d}\vec{L}'_r}{\mathrm{d}t} \right) \vec{i}'_{abcr} \qquad (6-20)$$

据方程式（6-19）和（6-20）可知，电压、电感和电流位于静止 abc 参考坐标系中，且具有时变性。时变方程的分析和建模非常复杂。可通过克拉克和帕克变换将此类时变量转换为非时变量。采用帕克变换，可将 abc 坐标量转换为 $qd0$ 坐标量。$qd0$ 坐标以同步频率旋转。

$$\vec{V}_{qd0s} = \vec{r}_s \vec{i}_{qd0s} + \omega_{qds} \vec{\lambda}_{dqs} + \frac{\mathrm{d}\vec{\lambda}_{qd0s}}{\mathrm{d}t} \qquad (6-21)$$

$$\vec{V}'_{qd0r} = \vec{r}'_r \vec{i}'_{qd0r} + (\omega_s - \omega_r) \vec{\lambda}'_{dqr} + \frac{\mathrm{d}\vec{\lambda}'_{qd0r}}{\mathrm{d}t} \qquad (6-22)$$

式中，ω_s 和 ω_r 分别为同步旋转的 $qd0$ 坐标和转子坐标的转速。

可按照上述方式在同步转动 $qd0$ 参考坐标中表示绕线转子感应发电机。假设定子电流平衡，则可形成一个强度恒定并以同步转速（ω_s）旋转的复合定子磁场（H_{total}）[13]。采用克拉克变换，可得出 θ_s，$qd0$ 坐标以同步转速 ω_s 旋转。由于定子磁场和 $qd0$ 旋转坐标的角速度相同，就 $qd0$ 旋转坐标的 q 和 d 轴而言，定子磁场矢量 $\vec{\lambda}_{\text{total}}$ 固定不变。如果以该种方法确定 $qd0$ 旋转坐标 q 轴方向，则其可与 $\vec{\lambda}_{\text{total}}$ 完全对齐，沿 q 轴的磁强度为 0。图 6-11 所示为静止 abc、$\alpha\beta$ 和旋转 $qd0$ 坐标系定子磁场的 MATLAB 图。图 6-12 所示为沿 q 轴的等效定子磁链对齐。

$\vec{\lambda}_{\text{total}}$ 沿 q 轴对齐，

$$\lambda_{qs} = \vec{\lambda}_{\text{total}} \qquad (6-23)$$

且

$$\lambda_{ds} = 0 \qquad (6-24)$$

将方程式（6-23）~（6-24）代入方程式（6-21）~（6-22），可求得 V_{ds} 和 V_{qs}：

$$V_{ds} = -\omega_s \lambda_{qs} = \omega_s \lambda_{\text{total}} = 常数 \qquad (6-25)$$

以及

$$V_{qs} = 0 \qquad (6-26)$$

据方程式（6-25）可知，定子场速度 ω_s 为常数，因此，V_{ds} 为非时变量，V_{qs} 几乎可以忽略不计，$\lambda_{ds} = 0$，可通过下式计算定子 q 轴电流：

$$i_{qs} = \frac{\lambda_{qs} - L_m i'_{qr}}{L_{ls} + L_M} \qquad (6-27)$$

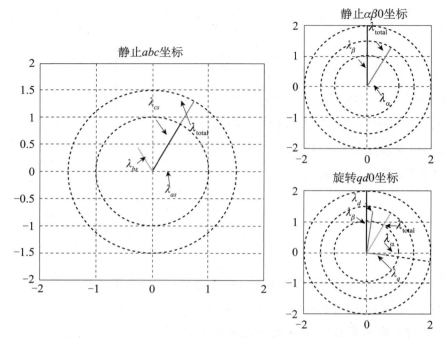

图 6 - 11　从 abc 坐标变换为旋转 $qd0$ 坐标

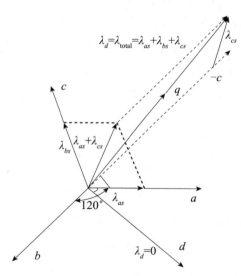

图 6 - 12　沿 q 轴对齐等效定子磁链 λ_{total}

同样地，可通过下式计算定子 d 轴电流：

$$i_{ds} = \frac{-L_m i'_{dr}}{L_{ls} + L_M}\qquad\qquad (6-28)$$

通过上述结果可知，定子电流与转子电流线性相关。方程式（6-27）和（6-28）

中的电感和磁链数量为非时变量，因此，可通过适当调整转子 q 轴和 d 轴电流控制定子 $qd0$ 轴电流。下一步显示发电机有功功率和无功功率输出可以解耦，并且可以通过控制转子 q 轴和 d 轴电流分别实现有功功率和无功功率控制。可通过下式推导定子绕组中的有功功率和无功功率：

$$S = V_s I_s^* \qquad (6-29)$$

$$V_s = V_{qs} + jV_{ds} \qquad (6-30)$$

$$I_s = I_{ds} + jI_{qs} \qquad (6-31)$$

因此，视在功率 S 表示为：

$$S = P_s + jQ_s = (V_{qs}I_{ds} + V_{ds}I_{qs}) + j(V_{ds}I_{ds} - V_{qs}I_{qs}) \qquad (6-32)$$

$$P_s = \frac{3}{2}(V_{qs}i_{ds} + V_{ds}i_{qs}) \qquad (6-33)$$

$$Q_s = \frac{3}{2}(V_{ds}i_{ds} - V_{qs}i_{qs}) \qquad (6-34)$$

$V_{qs} = 0$，则方程式（6-33）和（6-34）可表示为：

$$P_s = \frac{3}{2}V_{ds}i_{qs} \qquad (6-35)$$

$$Q_s = \frac{3}{2}V_{ds}i_{ds} \qquad (6-36)$$

根据方程式（6-35）、（6-36）、（6-27）和（6-28），可将有功功率和无功功率方程简化如下：

$$P_s = \frac{-3}{2}\omega_s\lambda_{qs}\left(\frac{\lambda_{qs} - L_m i'_{qr}}{L_{ls} + L_M}\right) \qquad (6-37)$$

$$Q_s = \frac{3}{2}\omega_s\lambda_{qs}\left(\frac{L_m i'_{dr}}{L_{ls} + L_M}\right) \qquad (6-38)$$

据方程式（6-37）～（6-38）可知，λ_{qs}、ω_s、L_{ls}、L_M、L_m 等量均为非时变量，因此，可将方程式（6-37）～（6-38）进一步简化为：

$$P_s = (k_{ps1} - k_{ps2})i'_{qr} \qquad (6-39)$$

$$Q_s = k_{qs}i'_{dr} \qquad (6-40)$$

式中，k_{ps1}、k_{ps2}、k_{qs} 分别为有功功率和无功功率方程式的常数。据方程式（6-39）～（6-40）可知，对于感应发电机，可通过 q 轴转子电流单独控制定子有功功率 P_s，通过 d 轴转子电流单独控制定子无功功率 Q_s。

6.3 风电机模型开发与应用

本节描述了在 PSCAD/EMTDC 和 MATLAB/SIMULINK 平台开发的风电机模型。

开发的首个模型为定速风电机模型，在额定风速条件下输出额定有功功率。风电机以恒定的角速度（rpm）运行，在额定风速下可获得最大功率。需要注意的是，本模型中，叶片桨距角保持不变。因此，在风速变化的情况下，风电机的效率较低。定速风电机的叶片桨距角为预设值，根据当地的风速确定。获得最大功率时的叶片桨距角随 C_p 与 λ_r 特性的不同而变化。在模拟中，将额定风速设定为 14m/s，切入和切出风速分别为 6m/s 和 20m/s。叶片桨距角设定为 $-6.1667°$。根据现有的基本模型，可进一步将定速模型升级为变速风电机模型[14]。变速风电机的优势在于，可以通过调整发电机的力矩在风速变化时获得最大/额定功率。确切地说，与定速风电机相比，变速风电机的发电机转速变化更大，可产生最大力矩，从而在不同的最大发电机转速下获得最大功率。

为使额定功率输出超过额定风速，可实施不同控制策略。目前，可通过两种方式产生高于额定风速的额定功率：

- 桨距控制；
- 基于转子电阻的控制。

桨距控制的原理是通过改变叶片桨距角获得超过额定风速条件下的额定功率，但该方法无法控制发电机的力矩速度特性。可将其形象化为定速风电机，该定速风电机以计算给定风速和输出功率下的最佳桨距角获得的可变桨距角运行，并在风电机运行时从物理上改变风轮叶片桨距角。由于转子电阻不断变化，发电机转速也相应变化，风电机以依照输出力矩绘制的新力矩速度曲线运行，因此基于转子电阻的控制方法对风电机力矩－速度特性的控制程度更高，从而满足功率要求。

如前所述，如果风电机采用感应发电机，其可直接或通过功率电子变流器与电网连接。使用变流器（整流器和逆变器）转换发电机转子侧和定子侧时，该系统称为双馈感应发电机系统（DFIG）。采用 DFIG 可对发电机进行独立的有功功率（P）和无功（Q）功率控制。采用变速转子电阻控制或变速桨距控制策略时，可获得所需有功功率，但无法控制发电机吸收或产生的无功功率。下述章节探讨了定速、变速和 DFIG 风电机系统模型开发的详细程序。以下所示为风电机模型列表。所有模型均采用感应发电机，额定值分别为 $V_{ll} = 690V$、$S = 1.8MVA$。可从附录部分查阅包含定子和转子电阻在内的详细机械参数表。风电机额定功率输出设定为 1.5MW。

风电机模型的不同配置如下：

- 定速风电机模型。
- 变速风电机模型：

　　转子电阻控制；

　　恒定功率策略；

　　恒定电流策略。

● 双馈感应发电机模型。

6.3.1　定速风电机

对于定速风电机，在整个扫掠过程中，切入和切出风速分别为 6m/s 和 20m/s，发电机转速变化不大。针对定速风电机开发的气动模型同样适用于其他型号的风电机。气动模型唯一的功能是向发电机提供速度输入。由于发电机转速输入随风速变化而变化，发电机功率输出也会相应变化。对于定速风电机，构建输出功率分布图时，切入风速不断增加，从 6m/s 增至峰值 14m/s（额定风速），然后因风轮叶片的被动失速不断下降。图 6 - 13 所示为依据图 6 - 3 所列总体布置图构建的定速风电机模型框图。图 6 - 14 所示为 PSCAD 软件中的模拟模型组件。

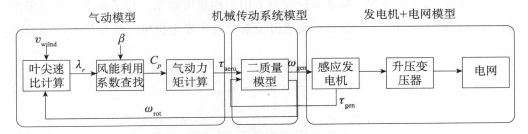

图 6 - 13　定速风电机通用模型

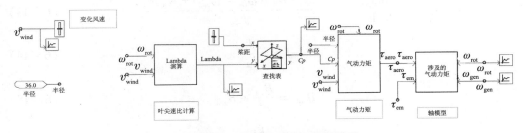

图 6 - 14　风电机 PSCAD 模拟模型

6.3.1.1　PSCAD/EMTDC 软件中的定速风电机模型

从框图中可以看出，可通过方程式（6 - 9）使用风速变量 v_{wind} 和风轮转速 ω_{rot} 计算叶尖速比（λ_r），式中，$R = 36m$。将 λ_r 和一个叶片桨距角作为查找表的输入值，可计算风能利用系数（C_p）的对应值。方程式（6 - 10）和（6 - 11）列出了适用于所有

模型的 C_p、λ_r 和叶片桨距角（β）的相互关系。得出的 C_p 与 λ_r 特性如图 6-5 所示。求出 C_p 后，可代入气动力矩计算式，计算风轮的瞬时气动力矩。图 6-15 所示为气动力矩计算块的内部框图。

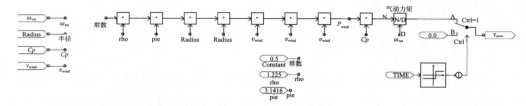

图 6-15 气动力矩计算

由于风轮轴为低速轴，转速为 15 至 20rpm，因此在 6 极电机中必须配置一个齿轮系，与感应发电机中的高速轴（以 125.667rad/s 的基础频率旋转）连接，使其转速达到 1 200rpm。为了构建齿轮系模型，我们将转子低速轴、齿轮系和发电机高速轴合并为一个二质量模型。二质量模型由三个微分方程（6-41）、（6-42）和（6-48）确定，并假设传动比 $a = 70$。附录部分提供了用于构建齿轮系、转子和发电机轴模型的详细常数列表。以下所列为用于构建齿轮系和转子发电机轴二质量模型的微分方程集。

$$\frac{\mathrm{d}X_1}{\mathrm{d}t} = \omega_{\mathrm{rot}} - \omega_{\mathrm{gen}} \tag{6-41}$$

$$\frac{\mathrm{d}\omega_{\mathrm{rot}}}{\mathrm{d}t} = \frac{\tau_{\mathrm{aero}} - B_{\mathrm{eqv}}(\omega_{\mathrm{rot}} - \omega_{\mathrm{gen}}) - K_{\mathrm{eqv}}X_1}{J_{\mathrm{rotr}}} \tag{6-42}$$

$$\frac{\mathrm{d}\omega_{\mathrm{gen}}}{\mathrm{d}t} = \frac{-\tau_{\mathrm{gen}} - B_{\mathrm{eqv}}(\omega_{\mathrm{rot}} - \omega_{\mathrm{gen}}) + K_{\mathrm{eqv}}X_1}{J_{\mathrm{gen}}} \tag{6-43}$$

$$J_{\mathrm{rot}} = \frac{J_{\mathrm{rot}}}{a^2} \tag{6-44}$$

$$B_{\mathrm{eqv}} = \frac{B_{\mathrm{rot}}}{a^2} + B_{\mathrm{gen}} \tag{6-45}$$

$$k_{\mathrm{eqv}} = \frac{\dfrac{K_{\mathrm{rot}}}{a^2}K_{\mathrm{gen}}}{\dfrac{K_{\mathrm{rot}}}{a^2} + K_{\mathrm{gen}}} \tag{6-46}$$

可使用根据方程式（6-47）、（6-48）得出的 $\omega_{\mathrm{rot}} = \omega_{\mathrm{gen}} = 125.66\mathrm{rad/s}$ 积分器集的初始条件求解方程式（6-41）、（6-42）和（6-48）。τ_{aero} 表示发电机轴气动力矩，可通过除以传动比求得。J_{rot} 表示发电机轴转子的惯性矩。感应发电机的电磁力

矩输出 τ_{gen} 通过乘以额定发电机力矩（15 914.67N·m）由单位当量转换得出［方程式（6-12）］。将 τ_{gen} 的负值用于二质量模型，因为二质量模型将通过转子力矩运行。向发电机馈入 ω_{gen} 前，通过除以额定速度（125.667rad/sec）将其转换为单位当量。

$$N = \frac{120f}{P} \tag{6-47}$$

$$\omega_{\text{gen}} = \frac{2\pi N}{60} \tag{6-48}$$

式中，N 表示发电机转速（rpm），P 表示极数，f 表示同步频率。

PSCAD 发电机模型直接与电网连接。使用呈三角形-星形连接的升压变压器将定子接线柱与三相电压源（代表电网）连接。模型准备就绪后，要设定叶片桨距角，维持 1.5MW 的额定电源。观察发现，$\beta = -6.166°$ 时，可获得 1.5MW 的最大功率。随后，保持 β 固定不变，将发电机输出 1.5MW 功率时的风速设定为额定风速。随后，模型在 6m/s 至 20m/s 的风速范围内运行，模型的功率分布图如图 6-16 所示。

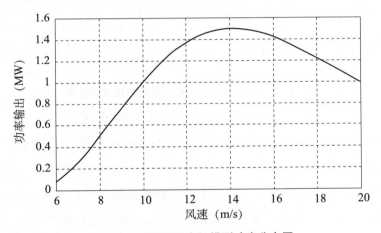

图 6-16　定速风电机模型功率分布图

从风电机功率分布图中可以看出，固定风速达 14m/s，固定桨距为 -6.166° 时，可获得 1.5MW 的额定功率。由于风速不断变化，功率也会随之变化。达到额定风速时，生成的电功率与风电机的额定值相等；超过额定风速时，发电机失速。发电机失速是通过利用升力系数中的过失速裁剪和牵引系数的相应增加实现的，当风速增加时，发电机失速会设定输出功率上限。从图 6-16 中可以看出，风速超过 14m/s 时，发电机功率输出下降到 1.5MW 以下。需要注意的是，风速为 6m/s 时，发电机输出大幅下降，约为 0.079MW。风电机之所以失速，是因为风速增加时迎角增加，叶片大部分进入失速区。失速效应降低了风轮效率，限定了输出功率上限。失速调节发电机通常受气动特性过失速不确定性的影响，可能导致功率级不准确，叶片承受额定风速或更高风速载荷。

对于定速风电机，风轮转速和发电机转速随风速变化而发生的变化较小。从图 6 - 17(a) 和 6 - 17(b) 中可以看出，风速为 14m/s 时，发电机转速达到最大值 126.281rad/s，随后因被动失速开始下降。整体滑差变化最大为 - 0.49%。随后，将通过 PSCAD 模型所得结果与通过类似的 MATLAB/SIMULINK 模型所得结果进行比较，表明模型可以在不同平台实施。

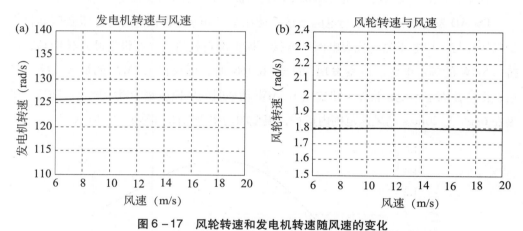

图 6 - 17　风轮转速和发电机转速随风速的变化

（a）发电机转速随风速的变化；（b）风轮转速随非风速的变化。

根据模型绘制的力矩与滑差关系图显示，力矩增幅很大。随着风速增加，发电机转速并未出现明显增加，如图 6 - 17(a) 所示，在风速达到 14m/s 时，发电机转速达到最大值。风速达到 14m/s 时发电机力矩达到最大值，当风速超过额定风速时，力矩减小。图 6 - 18 所示为风速 6m/s 至 20m/s 期间发电机的力矩-滑差特性。

6.3.1.2　MATLAB/SIMULINK 软件中的定速风电机模型

为证明图 6 - 13 所示模型的通用性，将通过定速风电机的 PSCAD/EMTDC 模型所得结果与通过 MATLAB/SIMULINK 模型所得结果进行对比。采用的风电机建模方法类似。最初，在 SIMULINK 中构建了一个模拟风轮叶片、风轮轴、传动系统和发电机轴的气动模型。随后，向感应发电机模型中馈入发电机转速输出 ω_{gen}，并在鼠笼模式（转子电路短路）下运行。SIMULINK 中的内置电机模型提供了大量可供选择的电机规格。可根据模型需求定制发电机。设定参考坐标时，选择较多，包括静止坐标系、同步坐标系和转子坐标系。发电机定子通过三角形-星形连接式 0.69/34.5kV 升压变压器与三相无线链路控制（RLC）电压源连接。电压源 X/R 比设定

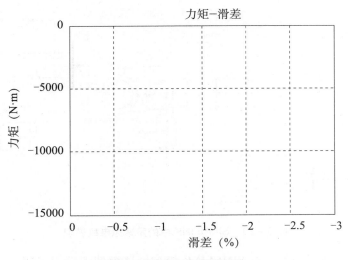

图6-18 力矩与滑差特性

为10。图6-19所示为在SIMULINK软件中开发的气动模型的内部框图。通过两种模型所得的结果非常相近。

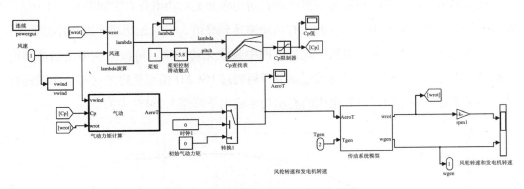

图6-19 SIMULINK中的气动模型

对图6-20所示气动模型规定了风速斜坡输入，模拟时间设定为100s，斜坡速率0.14m/s²，初始风速6m/s，即100s时，风速达到峰值20m/s。风轮叶片桨距角设定为-5.8°，将叶尖速比（λ）和桨距角（β）作为输入值，采用经验查找表确定C_p。确定C_p后，用于计算可用风能的子系统块将使用C_p确定可从风中捕获的风能，从而确定风轮叶片的气动力矩。

随后，将该输入值用于风轮轴、传动系统和发电机轴的二质量模型，求解发电机转速（ω_{gen}）和风轮转速（ω_{rot}）的微分方程。将求出的发电机转速（ω_{gen}）馈入SIMULINK中的异步电机模型，同时，转子电路短路、中性点接地（鼠笼模式）。随后，将通过电机模型求得的电磁力矩（τ_{em}）反馈到二质量模型。图6-20

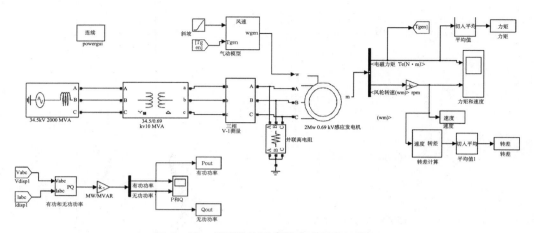

图 6 – 20　SIMULINK 中的定速风电机模型

显示了定速风电机采用的完整 SIMULINK 模型，该模型中采用了测量定子电压和电流所需的万用表，输出值分别为 V_{abc} 和 I_{abc}。通过测得的电流和电压确定流经电机定子电路的有功功率和无功功率。

通过风电机的 SIMULINK 模型得出的有功功率和无功功率分布图如图 6 – 21 所示。从图中可以看出，风速为 14m/s 时，有功功率达到峰值，但对无功功率没有控制作用。无功功率仍然为负，表明发电机持续从电网中吸收无功功率。可根据模型绘制典型的定速风电机功率分布图，并可与前述章节所列通过 PSCAD 模型获得的功率分布图进行对比。风速超过额定值后，发电机的有功功率输出下降至 1.2MW 左右。

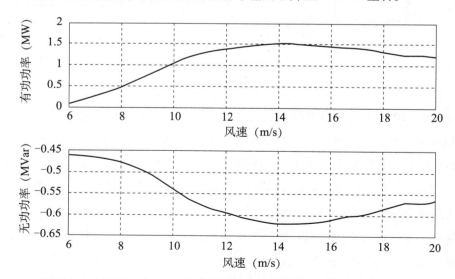

图 6 – 21　SIMULINK 中定速风电机模型的有功功率和无功功率分布图

　　在力矩分布中，可以观察到与电机有功功率输出相似的下降趋势（见图6-22），风速为14m/s时，τ_{em}达到峰值，约为-12kN·m，风速超过14m/s时，τ_{em}下降。电机转速曲线显示，风速从6m/s增加至20m/s的过程中，电机转速变化不大，几乎保持在1 200rpm，当风速达到额定值14m/s时，电机转速达到最高值，约为1 205rpm。整体而言，ω_{gen}随风速的变化很小。从图6-23所示的力矩-滑差特性中可以看出，在最大力矩（约为-12 000N·m）条件下，滑差达到最大值（-0.49%）。因此，仅当感应发电机滑差或速度达到唯一一个特定数值时，才会出现峰值力矩（产生峰值有功功率）。通过两种平台构建的模型显示了定速风电机的运行和功能特性。所得结果在很多方面都较为相似。所得功率分布图、力矩、速度和力矩-滑差特性清楚地显示了达到额定风速后的失速效应。构建上述两个模型后，可详细研究定速风电机的工作原理及并网问题。

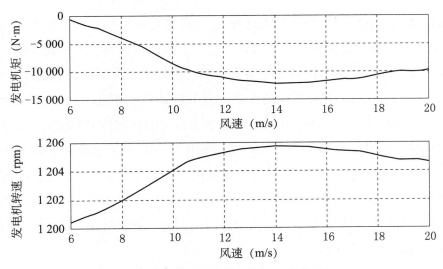

图6-22　SIMULINK中的发电机力矩和转速分布图

6.3.2　变速风电机

　　如前述章节所述，对于定速风电机，设定风轮叶片桨距角后，将不再对发电机功率输出实施主动控制。但是，在变速电机中，可以通过力矩控制来控制输出功率。对于变速风电机，可采用多种力矩控制方法确保在风速超过额定值时功率输出恒定不变。本章主要介绍了两种力矩控制方法，即：

- 气动力矩控制；
- 发电机力矩控制。

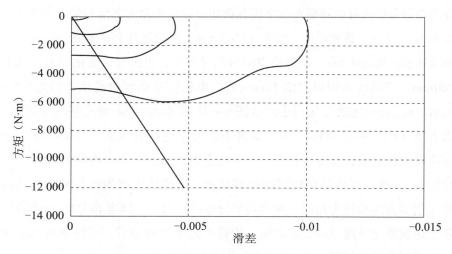

图 6 -23　SIMULINK 中感应发电机的力矩-滑差特性

　　风轮的气动力矩输出由叶尖速比和 C_p、风轮几何结构（叶片桨距和副翼设置）、风速、偏航误差和风轮阻力确定。由于无法控制风速，可采用其他参数控制气动力矩。叶尖速比的任何变化均会引起风轮效率变化，从而改变风轮力矩。风轮几何结构变化（即风轮桨距角变化）会引起提升力和阻力变化，从而改变力矩输出。调整叶片桨距，可通过减小或增加迎角的方式调整力矩输出。变桨距风电机的风轮叶片可在最高效率（最高功率输出）下运行，获得相对较大的迎角（图 6 -24）。迎角较大时，风轮叶片位置变化（通常将风电机移动至失速区）的控制精度更高、速度更快、整体操作过程中产生的噪音更小。缺点在于，由于失速气流的不稳定性，开始运行时产生的失速会引起负荷不稳定、控制精度低、风电机承受的推力大等问题。

　　对于发电机力矩控制，可通过设计特性或使用功率变流器改变发电机力矩。如定速风电机模型部分所述，连接电网的发电机在转速变化很小或恒定的条件下运行，并以同步转速或接近同步转速的速度提供所需力矩，具体情形取决于电机的种类（感应电机或同步电机）。对于连接电网的感应发电机，ω_{gen} 的变化仅占同步转速的很小比例，因此力矩峰值较小且影响较小。相反，对于同步发电机，任何强制力矩变化都会引起瞬时补偿力矩，导致力矩较大，从而引起功率振荡。

　　使用功率变流器后，感应发电机可以快速达到所需目标力矩。变流器确定拟注入电机绕组的电流的频率、相位角和数值，使电机能够设定任何所需力矩值，从而控制发电机的功率输出。

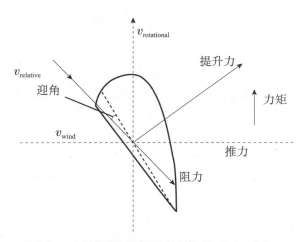

图 6 – 24　水平轴风电机叶片的几何结构[12]

6.3.2.1　桨距控制

如上所述，在风速不断变化的条件下，可通过改变风轮叶片的几何结构（叶片桨距角 β）实现气动力矩控制。桨距控制与同步发电机中的蒸汽调速器功能多少有些相似，因为两类机构都是用于控制发电机的机械输入功率。可将其形象化为定速运行，即风速超过额定值时，桨距角最佳，并达到最大功率。

6.3.2.2　转子电阻控制

本节描述了采用 PSCAD/EMTDC 对变速风电机进行模拟的结果。采用 PSCAD 对风电机进行建模和模拟，并使用绕线转子感应发电机的内置电机模型实施恒定功率和恒定电流策略。将风轮桨距角设定为 −6.483°（额定桨距），风速为 14.2m/s（额定风速）时达到最大功率输出 1.5MW。风电机发电机采用 6 极 690V、1.8MVA 绕线转子感应发电机。

6.3.2.2.1　超过额定风速时维持功率恒定的恒定功率策略

恒定功率策略旨在在失速区内风速超过额定值时保持 WTGS 功率输出恒定。对于定速 WTGS，风速超过额定值时，输出功率下降。使用 PI 控制器后，可以改变感应发电机转子电阻，确保有功功率输出保持恒定。为了保持有功功率输出恒定，将有功功率参考值与实际功率进行对比，随后将误差信号馈入 PI 控制器。PI 控制器的输出值为单相转子电阻的新值。因此，计算得出的转子电阻值与所有三相转子电阻值相同。要使额定滑差率为 2.25%，转子电路中应包含 0.048Ω 的内部转子电阻。图 6 – 25 所示为应用了 PI 控制的 PSCAD 框图[14]。

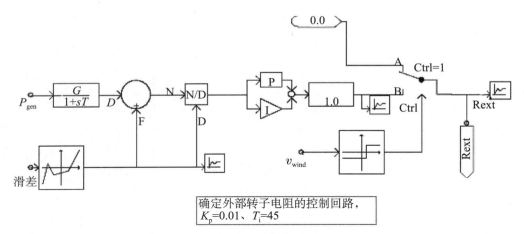

图 6 – 25　采用 PI 控制器的 PSCAD 中的 R_{ext} 评估模块

风速为 14.2m/s、输出功率为 1.5MW 时，额定滑差率为 2.25%。风速超过额定风速时，发电机输出功率下降。为了保持输出功率恒定，将 R_{ext} 的计算值计入转子电路，增加力矩，从而增加输出功率。为了计算 R_{ext} 的精确值，将发电机的实际功率与额定功率（1.5MW）进行对比，并将相应误差转换为单位功率（以额定功率为基础），再将误差信号馈入 PI 控制器。PI 控制器的输出开始收敛时，可求得 R_{ext}。

采用 Ziegler Nichols 整定算法[15]整定 PI 控制器，步骤如下：

1. 设定一个非常高的积分时间常数值（ $T_i = 10^6\text{s}$ ），求得临界增益 K_c。临界增益 $K_c = 0.026$ 时，PI 回路输出开始持续振荡，低于 K_c 时，输出开始收敛，达到一个常数值。随后，可通过所示公式 $K_i = \dfrac{1.2 \times K_c}{P_c} = 0.0226$ 求得积分增益 K_i，其中，$K_p = 0.45 \times K_c = 0.011$，$P_c = 0.6\text{s}$ 表示 PI 控制器输出的振荡周期，$T_i = \dfrac{1}{K_i} = 45\text{s}$。

2. Ziegler Nichols 法是一个迭代过程。采用上述计算所得数值作为初始值，根据表 6 – 1 对控制器进行微整定。表 6 – 1 显示了增加或减少比例增益和积分增益 K_p 和 K_i 时产生的影响，在对 PI 控制器进行微整定时可作为参考。

表 6 – 1　PI 控制器整定查找表

参数	上升时间	稳定时间	超出	稳态误差
K_p	下降	变化小	上升	下降
K_i	上升	上升	上升	消除
K_d	不确定	下降	下降	无

据图 6-26 可知，风速超过额定值 14.2m/s 后，功率保持恒定。通过 PSCAD 模型可得，当风速从 14.2m/s（额定风速）至 15.2m/s、16.2m/s 阶跃变化时，有功功率激增。图 6-27 显示，当风速以 1m/s 的幅度阶跃变化时（从 14.2m/s 至 16.2m/s），有功功率激增。由此可知，风速从 14.2m/s（额定风速）变化至 15.2m/s 时，会产生一个较大的下冲（1.5-1.2MW），主要原因是积分器的比例增益和积分增益。对 PI 控制器进行低下冲和上冲整定时，稳定时间增加。从该图中还可以看出，风速从 15.2m/s 至 16.2m/s 阶跃变化时，下冲很小（1.5-1.41MW）。

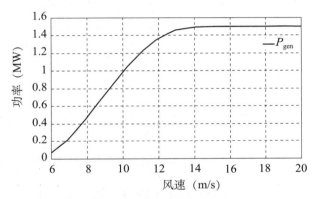

图 6-26 采用了转子电阻控制的变速风电机风电功率分布图

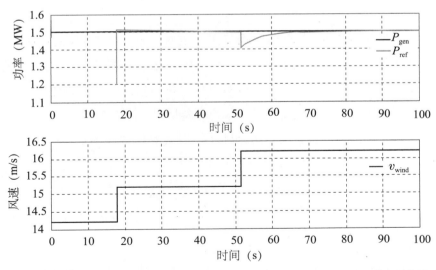

图 6-27 功率激增：风速从 14.2m/s 至 15.2m/s、16.2m/s 阶跃变化时采用 PI 控制的恒定功率策略

风速从 18m/s 变化至 19m/s 时的功率激增（1.5MW）（见图 6-28）高于风速从 15.2m/s 变化至 16.2m/s 时的激增（1.38MW）。由此可知，风速从 18m/s 至 19m/s（下冲 1.5-1.33MW）和 19m/s 至 20m/s（下冲 1.5-1.26MW）阶跃变化

风力发电系统手册

时，下冲变大，稳定时间减少。使用 PID 控制器可使下冲减小，但稳定时间会增加，这一平衡看似比较合理。

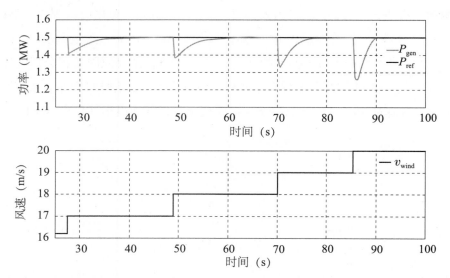

图 6-28　功率激增：风速从 17m/s 至 18m/s、19m/s、20m/s 阶跃变化时采用 PI 控制的恒定功率策略

由此可知，当风速超过额定值时，发电机功率输出可保持恒定，为 1.5MW。随着滑差增大，转子电流频率 I_{rrms} 增加。

6.3.2.2.2　运行区的力矩-滑差特性

图 6-29 所示的力矩-滑差特性图显示，风速为 6～14.2m/s 时，滑差变化较大。滑差变化增加是因为内部转子电阻 $R_{int}=0.048\Omega$，而且也可以调整滑差变化，使额定滑差保持在 2%～2.5%。由于电磁力矩（负）增加时，滑差变化大，可使用 PI 控制器控制风电机，确保发电机功率输出保持恒定，为 1.5MW。

此外，可使用以下电磁力矩公式绘制力矩-速度特性图（图 6-30）：

$$\tau_e = \frac{3}{\omega_s} \cdot \frac{V_s^2}{\left(R_s + \dfrac{R_{rs}}{s}\right)^2 + (X_{ls} + X_{lrs})} \cdot \frac{R_{rs}}{s} \qquad (6-49)$$

式中

τ_e：电机电磁力矩；

V_s：发电机端电压；

ω_s：同步转速；

R_s：定子电阻；

R_{rs}：定子侧转子电阻；

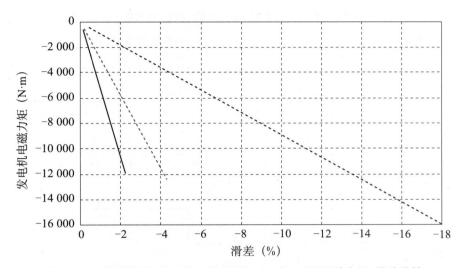

图 6-29　风速为 8m/s、16m/s 和 20m/s 时 R_{ext} 不同的力矩-滑差特性

X_{ls}：定子漏抗；

X_{lrs}：定子侧定子漏抗。

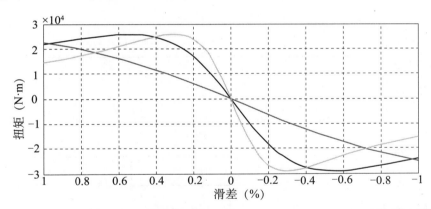

图 6-30　风速分别为 8m/s、16m/s 和 20m/s，R_{ext}=0、0.039、0.22Ω 时的力矩-滑差特性

　　为了提升发电机瞬时响应，风速阶跃变化时，也可采用 PID 控制器。PID 控制器的整定与 PI 控制器相似。

　　在 PI 控制回路设置微分器，过冲降低、稳定时间减少，但同时增加了系统的不稳定性。对于 PID 控制器，所得结果表明，其不仅使下冲降低、过冲消除，并且所得稳态值精度很高。从图 6-27 所示功率激增可知，下冲低至 1.2MW，过冲低至 1.52MW。与之相反，PID 控制器的功率激增将下冲提升至 1.38MW，并且几乎消除了过冲。这一提升可归功于增设的微分器和降低的积分器时间常数值。

　　如图 6-31 所示，使用 PID 控制器后，可降低下冲并几乎消除过冲。当风速从

14.2m/s 至 15.2m/s 阶跃变化时，输出功率下降至 1.38MW，随后保持额定值。类似地，当风速从 15.2m/s 至 16.2m/s 变化时，下冲降低至 1.41MW。

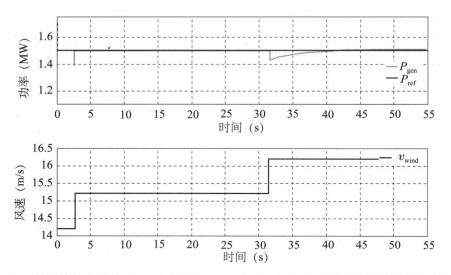

图 6-31　功率激增：风速从 14.2m/s 至 15.2m/s、16.2m/s 变化时采用 PID 控制的恒定功率策略

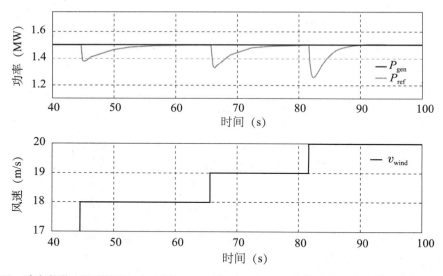

图 6-32　功率激增：风速从 17m/s 至 18m/s、19m/s、20m/s 变化时采用 PID 控制的恒定功率策略

　　风速从 17m/s 至 18m/s、19m/s、20m/s 阶跃变化时，可观察到相似的功率激增分布图，如图 6-32 所示。该分布图与采用 PI 控制器所得分布图相似。因此，在降低过冲方面，PID 控制器比 PI 控制效率更高。

　　6.3.2.2.3　超过额定风速时维持功率恒定的恒定电流策略

　　变速风电机模型应用的另一个方法是恒定电流法。恒定电流法中，转子电流的波动不得超过一个带宽。最初，采用根据 $I_{ref} - I_{ract}$ 获取的误差信号实现恒定电流。上式中，I_{ref} 表示额定风速（额定桨距）下转子电流的均方根值，I_{ract} 表示风速超过额定值时转子电流的均方根值。我们试图保持转子电流与其额定值一致，可以发现，风速超过额定值时，功率输出下降。风速为 14.2m/s 至 20m/s 时，输出功率的总变化为（1.5 – 1.45）MW。尽管转子电流维持在一个额定值，但对于变速风电机，误差电流法无法提供预期的恒定输出功率。这是因为在维持恒定电流的同时只考虑了电流强度，而未考虑转子电流的相位角。

为了保持输出功率恒定，在计算 R_{ext} 的整体控制回路中添加了另一个 $P_{ref} - P_{act}$ 误差回路，其中，$P_{ref} = 1.5MW$，P_{act} 表示风速超过额定值时产生的实际功率。随后，向 PI 控制器传递误差信号，求得 PI 控制器输出 $I_{rated} = I_{ref}$。将 I_{ref} 与 I_{act} 对比，并输出至 PI 控制器。PI 控制器的输出形成预计的 R_{ext}。该方法有效，并且可最终保持功率输出恒定。风电功率分布图与图 6 – 26 所示一致，因为在超过额定值的所有风速下，输出功率均收敛至 1.5MW。

最初，使用 PI 控制器实施恒定电流策略。可使用恒定功率策略中采用的整定算法对串联 PI 控制器进行整定。

为 PI 回路 1（图 6 – 33）设定的积分时间常数值并不用作最终值，主要是因为，最终值 T_i（积分时间常数）还取决于对 PI 回路 2（图 6 – 33）进行的适当整定。

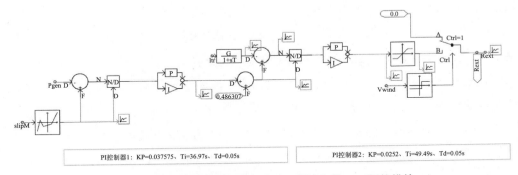

PI控制器1：KP=0.037575、Ti=36.97s、Td=0.05s　　PI控制器2：KP=0.0252、Ti=49.49s、Td=0.05s

图 6 – 33　采用内置 PI 控制器的 PSCAD 的 R_{ext} 评估模块

图 6 – 34 列出了风速从 14.2m/s 至 15.2m/s、16.2m/s 阶跃变化时的功率激增。稳定时间随输出稳定前的振荡增加而增加。

这种情况下，下冲很低（0.5MW），但过冲可达 1.9MW。主要是因为存在两个 PI 控制器，可将功率输出和转子电流误差最小化，得出 R_{ext}，从而实现功率输出恒定（1.5MW）。风速从 15.2m/s 至 16.2m/s 阶跃变化时的功率激增程度较轻，下冲和过冲很低，分别为 1.4MW 和 1.55MW。

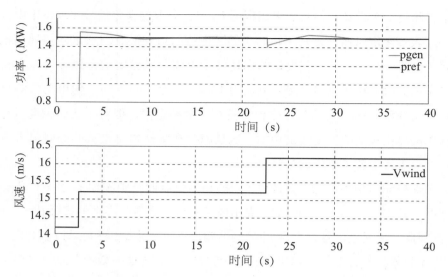

图 6-34　功率激增：风速从 14.2m/s 至 15.2m/s、16.2m/s 阶跃变化时采用 PI 控制的恒定电流策略

　　虽然振荡一段时间后功率输出收敛，但与恒定功率策略相比，采用恒定电流策略产生的功率激增更严重。求得各风速下的参考电流的同时，与恒定功率策略中的转子电流振荡相比，该方法下的转子电流振荡更严重。

　　图 6-35 所示为风速从 17m/s、18m/s、19m/s 至 20m/s 阶跃变化时的功率激增。风速从 17m/s 至 18m/s 阶跃变化时，输出功率从 1.38MW 波动至 1.57MW。相似地，风速从 18m/s 至 19m/s 以及从 19m/s 至 20m/s 阶跃变化时，产生的振荡更大。虽然振荡增加，但是功率输出在一段时间后开始收敛，并稳定在一个常数值（1.5MW）。

　　比较实现恒定功率的两种方法，恒定功率策略明显比恒定电流策略更好，这主要是因为风速阶跃变化引起功率激增时，采用该方法产生的功率振荡更小。此外，采用恒定功率策略产生的转子电流振荡也较小。由于恒定电流策略在维持恒定电流的同时只考虑了电流强度，而未考虑转子电流的相位角，因此采用恒定电流策略得出的结果的准确度不及恒定功率策略。为提高转子电阻估算的准确度，采用了 PID 控制器。从所得结果可知，下冲和过冲均得以降低。与 PI 控制器相比，整定 PID 控制器的难度较高，主要因为增益 K_d（微分增益）不准确，导致系统不稳定（图 6-36）。

　　为 PID 回路 1 设定的积分时间常数值并不用作最终值，主要是因为，最终值 T_i 还取决于对 PID 回路 2 进行的适当整定。

　　使用了 PID 控制器的功率激增情况优于 PI 控制器，风速从 14.2m/s 至 15.2m/s 阶跃变化时，下冲减小，输出功率降至 1.23MW。相似地，风速如图 6-37 变化时，

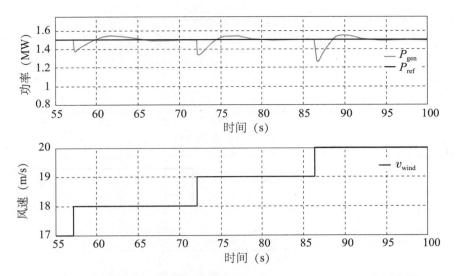

图 6 - 35　功率激增：风速从 17m/s 至 18m/s、19m/s、20m/s 阶跃变化时
采用 PI 控制的恒定电流策略

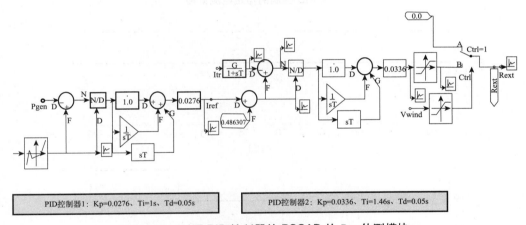

PID控制器1：Kp=0.0276、Ti=1s、Td=0.05s

PID控制器2：Kp=0.0336、Ti=1.46s、Td=0.05s

图 6 - 36　采用 PID 控制器的 PSCAD 的 R_{ext} 估测模块

功率输出的振荡周期和稳定时间都会减少。

　　可以断定，虽然风速从 17m/s 至 18m/s、19m/s、20m/s 变化时功率振荡较小，但内置 PID 控制器的性能明显优于内置 PI 控制器。分别对比图 6 - 34 和图 6 - 37、图 6 - 35 和图 6 - 38，可以看出，采用恒定电流策略产生的输出波动远远大于采用恒定功率策略产生的输出波动。

　　通过 PI 控制器和 PID 控制器对变速风电机实施了恒定功率策略和恒定电流策略。在超过额定值（14.2m/s）的风速条件下，输出功率均维持在 1.5MW。对比 PID 控制器与 PI 控制器的性能，可以看出，PID 控制器有助于减少输出功率响应中

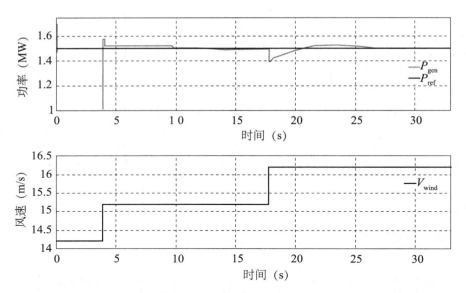

图 6-37　功率激增：风速从 14.2m/s 至 15.2m/s、16.2m/s 阶跃变化时
采用 PID 控制的恒定电流策略

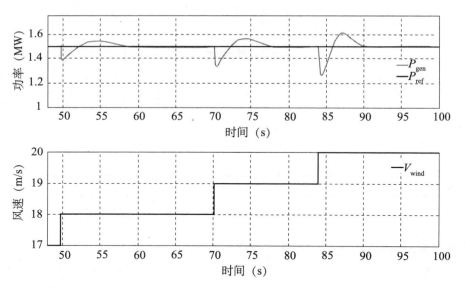

图 6-38　功率激增：风速从 17m/s 至 18m/s、19m/s、20m/s 阶跃变化时
采用 PID 控制的恒定电流策略

产生的下冲、过冲和振荡。同时，与恒定电流策略相比，恒定功率策略的响应速度
更快，并且几乎不会产生振荡。

6.3.2.3　混合控制

对于定速风电机，设置桨距角（β），确保在风速超过额定值的条件下，功率

输出可随风速增加而降低。可通过方程式（6-3）～（6-8）求出捕获的风能。对于转子电阻控制，向转子电路增加外部电阻，改变获得最大发电机力矩的滑差或发电机转速。由于以电子方式实现外部电阻，其可快速响应风速的增加[14]。但是，由于增设了外部电阻，转子热损失可达数百千瓦。要解决这一问题，可调整叶片桨距角的值，实现功率控制，这是因为 C_p 与桨距角相互独立。由于风轮叶片惯性较大，桨距率较低，只能通过重新调整桨距将转子电阻计入电路。

图 6-5 所示为不同桨距角的 C_p 与 λ 关系曲线。在较低风速到中等风速区，可控制桨距角，使得风电机以最佳条件（最大 C_p 条件）运行。在高风速区域，桨距角增大。图 6-24 所示为水平轴风电机的叶片几何结构。桨距角增加，迎角减小，提升力减小，输出功率降低。相似地，桨距角减小，功率输出增加。因此，在低风速条件下，设定的桨距角较低；在高风速条件下，桨距角增加至相对较高的数值。

6.3.3 双馈感应发电机

对于转子电阻控制，变速风电机可以更好地优化风轮输出功率，因此，改变转子电阻可引起滑差变化，从而在超过额定值的风速条件下获得所需力矩。利用功率变流器控制感应发电机，以实现变速运行，这样可实现独立的有功功率和无功功率控制。DFIG 是一种绕线转子感应发电机，其转子绕组通过功率变流器与电网连接。并网时使用了两个电压型逆变器（VSI），通过直流侧电容器连接。可使用 DFIG 转换逆变器-变流器组两个方向的功率，确保发电机可以在高于或低于同步转速的条件下运行。发电机的运行转速高于同步转速时，电力潮流从转子电路向电网传输；发电机的运行转速低于同步转速时，电力潮流从并网定子电路向转子电路传输。注入转子电路的转子电流可控制流入电网的有功功率和无功功率以及发电机滑差。为此，采用参考坐标系理论求得 $qd0$ 轴转子电流，独立控制电机的有功功率和无功功率输出。

与传统感应发电机相比，DFIG 配置有诸多优势：

● 可实现有功功率和无功功率独立控制；

● 控制产生或吸收的无功功率，从而对电网提供电压支持，并维持电网电压稳定。

图 6-39 所示为 DFIG 风电机系统原理图。在 DFIG 风电机中采用的是绕线转子感应发电机。由于只有部分有功功率输出流经转子电路，变流器的额定功率只需为额定风电机功率输出的20%～30%。DFIG 风电机通过一套控制系统调节转子内的电流，以尽可能多地捕获风能。

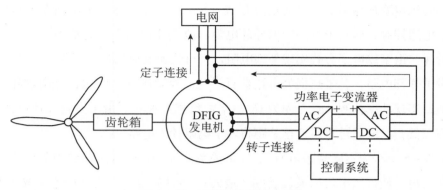

图 6 - 39　DFIG 风电机原理图

参照风电场的铭牌额定功率为 204MW，包含 136 台 DFIG 风电机，每台额定功率为 1.5MW。通过改变模型参数，还可以对其他风电场进行建模。参照电站与 138kV 输电系统连接。集电系统采用 34.5kV 馈线，并临近输电站。该风电场配备了一套调压器，可根据风电机的无功功率容量控制输电站的电压。风电场内无其他额外无功补偿。

先后对典型在用 DFIG 风电机和通用风电场模型的子系统进行建模。此类功能包括有功功率和无功功率独立控制，以及发电机转速和叶片桨距角控制。总结如下：

- 发电机/变流器模型；
- 变流器控制模型；
- 风电机机械模型；
- 桨距控制模型；
- 集电系统。

图 6 - 40 所示为此类子系统的连接及其所交换的信号。

模型代表了风电场中典型 WTGS 的集合终端特性。在实际风电场中，本地电网收集风电机的电力输出，并集中在电网上的一个单独连接点。由于风电场中的发电机通常类型相同，可以将所有风电机并行设置，形成一个具有单机等效阻抗的单机等效大型风电机。单机等效风电机的额定功率等于风电场中所有风电机的综合额定功率。单机等效也表明所有发电机在同一时间产生相同功率输出。这种方法假设风电场占地面积很小，且风速均匀。

需要注意的是，DFIG 在基本频率下的电气动态性能由变流器确定。DFIG 中发电机和变流器的综合电气特性与电流调节式电压源逆变器相似，在建模中，可将其简化为等效的调节电流源。因此，可将发电机与变流器结合，并建模为一个单相电

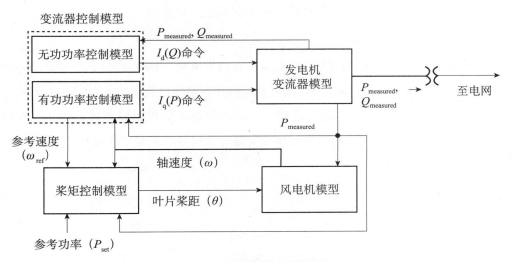

图 6 - 40 DFIG 模型结构

流源。该电流源可通过磁通矢量控制进行调节，以获得所需有功功率和无功功率流。

磁通矢量控制可对有功功率和无功功率进行解耦控制。若需对有功功率和无功功率输出进行解耦控制，必须建立一个基于磁通矢量控制的控制器模型。如前所述，DFIG 风电机采用绕线转子感应电机。在静止 abc 参考坐标系中，电机各相电压、电流和磁通匝链数间的关系具有时变性。在该参考坐标系中进行的分析非常复杂，因此，将时变量转换入适用的旋转参考坐标系（即旋转 $qd0$ 参考坐标系），使之转换成非时变量。假设流入定子的电流为平衡电流，这些平衡电流产生一个强度恒定的复合定子磁场，并以同步转速旋转。由于定子磁场的角速度与 $qd0$ 旋转坐标系相同，定子磁场矢量相对于 $qd0$ 旋转坐标系中 q 轴和 d 轴固定不变。参考坐标系中 d 轴的方向与定子磁场矢量对齐。可通过调整定子 q 轴和 d 轴电流控制有功功率和无功功率。可通过调整转子 q 轴和 d 轴电流控制定子 q 轴和 d 轴电流。因此，可使用下式计算定子有功功率和无功功率：

$$P_s = k_{ps} \cdot i'_{qr} \qquad\qquad (6-50)$$

$$Q_s = -k_{qs1} + k_{qs2} \cdot i'_{qr} \qquad\qquad (6-51)$$

式中，k_{ps}、k_{qs1} 和 k_{qs2} 分别为定子有功功率和无功功率的常数。方程式（6-50）和（6-51）表明，可分别通过转子 q 轴和 d 轴电流控制定子有功功率和无功功率。在正序模型和三相模型中，变流器控制程序块生成 q 轴和 d 轴参考电流，如图 6-40 所示。三相模型中，在电流流入集电系统前，通过逆帕克变换[13]将此类 q 轴和 d 轴电流变回三相电流。此外，还按照与文献［22］所述相同的方式构建了其他子系统模型（即变流器控制模型、风电机机械模型和桨距控制模型）。

6.3.3.1　PSCAD 模型

本节描述了采用 PSCAD/EMTDC 对双馈感应发电机（DFIG）电流调节表示进行模拟的结果（图 6 – 41）。双馈感应发电机可以控制风电机发电机的有功功率和无功功率。对 DFIG 电流调节表示进行建模，并采用磁通矢量控制原理显示独立的有功功率和无功功率控制。下文列出了建模并实施矢量控制的步骤，以及所得结果。

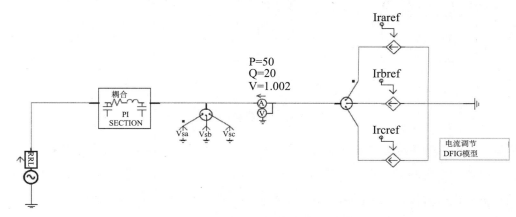

图 6 – 41　PSCAD 中的 DFIG 模型

1. 进行克拉克变换（abc –$\alpha\beta$）：将定子电压 V_{sa}、V_{sb}、V_{sb} 从三轴（abc）量转换为两轴（$\alpha\beta$）量 V_α 和 V_β。整合所得两轴电压，得到相应磁通值（λ_α、λ_β）。确定定子磁通 λ_s 的瞬时值、幅值和角位置。在 $P_{genref}=50MW$、$Q_{genref}=20MVAR$ 条件下进行样本测试运行，得到瞬时定子磁通幅值和角位置的样本值。$\lambda_{total}=|\lambda_s|=$ 常数，其中，角位置为瞬时值，在模拟运行期间不断变化。因此，可得出一个定幅旋转矢量 λ_s（图 6 – 42）。

2. 进行帕克变换（$\alpha\beta$ – dq0）：建立一个同步旋转坐标 $qd0$，同步转速为 ω_s，使定子磁通与 d 轴对齐，得出 $|\lambda_d|=|\lambda_s|=$ 常数，$|\lambda_q|=0$。

同时，计算定子 d 和 q 电压，求得 $V_d=0kV$、$V_q=28.2107kV$（图 6 – 43）。

3. 假设可用风能足以产生所需水平的视在功率，则将有功功率和无功功率参考值分别设定为样本值，即 $P_{genref}=50MW$、$Q_{genref}=20MVAR$。对比参考功率值与实际功率，可得出调节电流源的参考电流值。

4. 可通过逆帕克变换将沿 dq 轴得出的参考或指令电流（I_d，I_q）转换为沿 $\alpha\beta$ 轴的电流（I_α，I_β），并且最终通过逆克拉克变换转换为沿 abc 轴的电流（I_{raref}，I_{rbref}，I_{rcref}）。通过矢量控制理论确定的有功功率和无功功率方程式显示：I_q 控制发

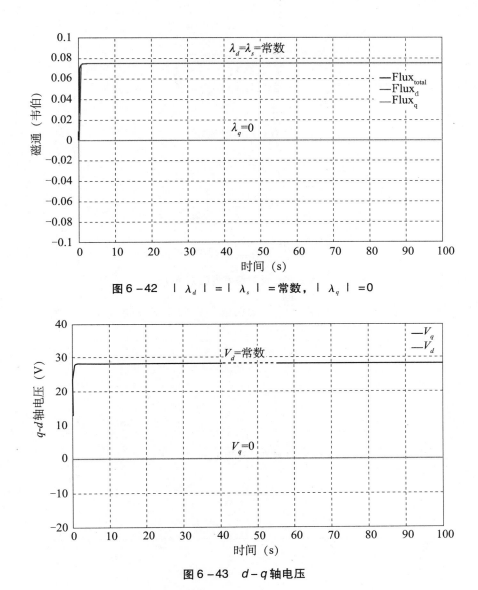

图 6-42 ｜λ_d｜=｜λ_s｜=常数，｜λ_q｜=0

图 6-43 $d-q$ 轴电压

机的有功功率，I_d 控制发电机的无功功率（图 6-44）。

5. 测量功率输出，测得所需功率的不同数值，并通过产生的功率准确跟踪所需功率数值。此外，为了实现有功功率和无功功率的解耦或独立控制，保持 Q_{genref} = 20MVAR 恒定，P_{genref} = 50～400MW，阶跃为 50MW，并记录相对应的 P_{gen} 和 Q_{gen} 值。从图 6-46 中可以看出，当所需有功功率从 50MW 增至 400MW（以 50MW 的步幅阶跃变化）时，无功功率保持恒定。在过渡周期，存在较小过冲，但功率输出可很快稳定。因此，无功功率变化与有功功率需求并无关联。从图 6-46 中还可以看出，无功功率以 20MW 的步幅阶跃变化时，不会导致 DFIG 的有功功率输出发生变化。

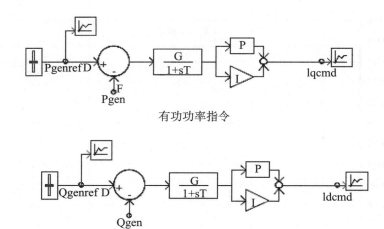

有功功率指令

无功功率指令

图 6 − 44　计算参考电流 I_d 和 I_q

因此，图 6 − 46 表明，可实现独立的有功功率和无功功率控制（图 6 − 45）。

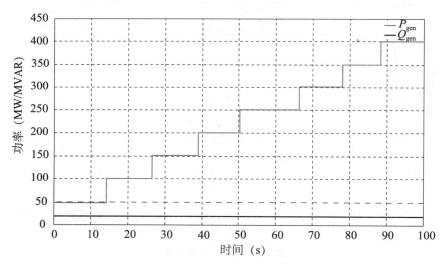

图 6 − 45　阶跃变化步幅为 50MW 时 $P_{genref} = P_{gen} = 50 \sim 400\text{MW}$，$Q_{genref} = Q_{gen} = 20\text{MVAR}$

6.3.3.2　MATLAB/SIMULINK 模型

SIMULINK 模型涉及以下部分的建模：

1. 构建 abc—$\alpha\beta$—$qd0$ 和逆变换模块。

2. 采用受控电流源以定子或电网频率注入参考电流。

3. 整定 PI 控制器，将 P_{ref} 和 Q_{ref} 分别与 P_{gen} 和 Q_{gen} 进行比较，计算指令电流 I_d 和 I_q。

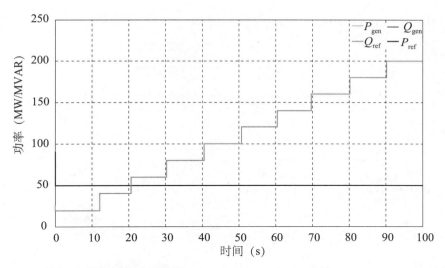

图 6-46 阶跃变化步幅为 50MW 时 $Q_{genref} = Q_{gen} = 50\sim400MW$，$P_{genref} = P_{gen} = 50MW$

4. 演示实现功率跟踪以及有功功率和无功功率解耦控制。

5. 编制查找表，并计算 14.2m/s 额定风速条件下额定有功功率为 1.5MW 的 1.8MVA 电机的参考有功功率和参考无功功率。

测量电网频率为 60Hz 时 abc 坐标系内的定子电压，并转换为 $\alpha\beta$ 静止坐标系，通过 V_{abc} 求得两轴电压 V_α 和 V_β。此外，对电压信号进行积分运算，求得 $\alpha\beta$ 轴的磁通量。然后构建旋转 $qd0$ 坐标系，q 轴与定子磁场对齐。新建的 $qd0$ 坐标系以电网频率或定子频率旋转。构建 $qd0$ 坐标系并得出表示 q 轴与定子磁场保持同轴度的电压样本输入值后，要构架 DFIG 模型，必须采用受控电流源（代表感应发电机）向电网注入电流。

由于 SIMULINK 中配置有受控电流源，可使用 SIMULINK 内置的电流源控制块，并可使用模拟三相电压源的整个控制块作为代表输电线的电网和 π 形节。以下所示为最初使用的电网参数和输电线参数规格（图 6-47 和图 6-48）。

电网电压 $= V_s = 34.5kV$；

电网频率 $= f_s = 60Hz$；

MVA 基础 $= 100$；

X/R 比 $= 10$。

三相线路输电线参数：

$R = 0.256\,8\Omega/km$；

$L = 2 \times 10^{-3}H/km$；

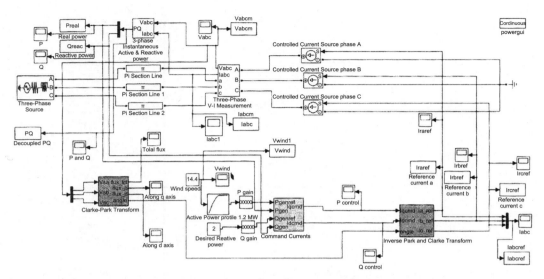

图 6 - 47　SIMULINK 中的 DFIG 模型框图

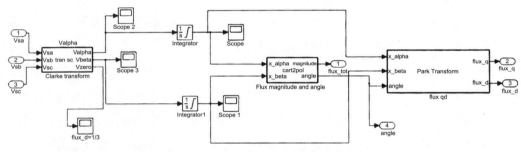

图 6 - 48　$abc—\alpha\beta—qd0$ 变换框图

$C = 8.6 \times 10^{-9} \text{F/km}$；

线路长度 $= 100\text{km}$。

采用 SIMULINK 内置 3 - ϕ 万用表计算 I_{abc} 和 V_{abc} ，并采用内置复功率测量装置测量有功功率和无功功率。分别将有功功率和无功功率的实际值与参考值进行对比，求得 PI 控制器指令电流 I_{qcmd} 和 I_{dcmd} 。采用 6.3.2.2 节所述 Ziegler Nichols 法整定 PI 控制器。

PI 控制器整定完成后，采用逆帕克变换和逆克拉克变换转换指令电流 I_{qcmd} 和 I_{dcmd} ，求得受控电流源的参考电流 I_{aref}、I_{bref}、I_{cref}。如图 6 - 49 所示，可单独控制有功功率和无功功率，实现"功率因子校正"或"电压调整"，即风电机可通过产生无功功率保持电压稳定或保证无功功率输出为 0MVAR。为了演示给定风电机的有功功率跟踪，采用表 6 - 2 中的数据绘制功率分布图。表 6 - 2 所示为特定风速条件下产生的有功功率。对于引用的风电机，在 14.4m/s 的风速条件下，额定桨距角为 +0.165°，发电机额定有功功率为 1.2MW（电机额定容量为 1.8MVA）。对于给定的 C_p 和 λ_r，所得最大额定功率为 1.2MW（图 6 - 50）。

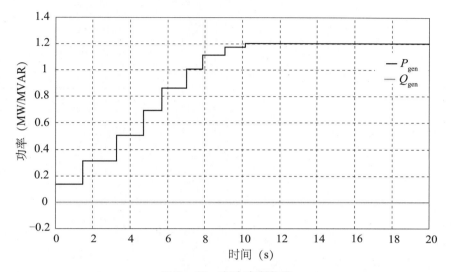

图 6 - 49　有功功率激增

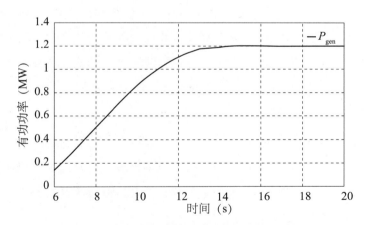

图 6 - 50　DFIG 风力发电有功功率分布图

表 6 - 2　功率跟踪

风速（m/s）	有功功率 P（MW）
6	0.138 232
7	0.312 485
8	0.504 339
9	0.692 401

风力发电系统手册

续表

风速（m/s）	有功功率 P（MW）
10	0.864 456
11	1.00 413
12	1.10 796
13	1.17 216
14.4（额定）	1.2
15	1.2
16	1.2
17	1.2
18	1.2
19	1.2
20	1.2

6.3.4　DFIG 模型验证

验证程序旨在证实 DFIG 模型与真实 DFIG 风电场一致，尤其是在故障条件下。使用一个故障案例对时域模型进行了测试，并通过源自真实 DFIG 风电场的数据提供了三相电压和电流（集电系统与电网连接的母线处）的实际数据。此外，将无功功率需求量设为 0，但有功功率（取决于风速）设为不同的常数值。三相模型的验证程序如图 6－51 所示。

6.3.4.1　MATLAB 脚本中有功功率和无功功率的计算

在图 6－51 所述 MATLAB 脚本中进行了以下计算。将从时域模型中提取的电压（v_{abcs}）和电流（i_{abcs}）从静止 abc 坐标系转换至旋转 $qd0$ 参考坐标系上的等效值。该转换可通过下表所示帕克变换实现：

$$[T_{qd0}] = \frac{2}{3} \begin{bmatrix} \cos\theta_q & \cos\left(\theta_q - \frac{2\pi}{3}\right) & \cos\left(\theta_q + \frac{2\pi}{3}\right) \\ \sin\theta_q & \sin\left(\theta_q - \frac{2\pi}{3}\right) & \sin\left(\theta_q + \frac{2\pi}{3}\right) \\ \frac{1}{2} & \frac{1}{2} & \frac{1}{2} \end{bmatrix} \qquad (6-52)$$

然后，可使用以下变换方程[13]将相电压和电流量转换到 $qd0$ 域。

$$[v_{qd0s}] = [T_{qd0}] \cdot [v_{abcs}] \qquad (6-53)$$

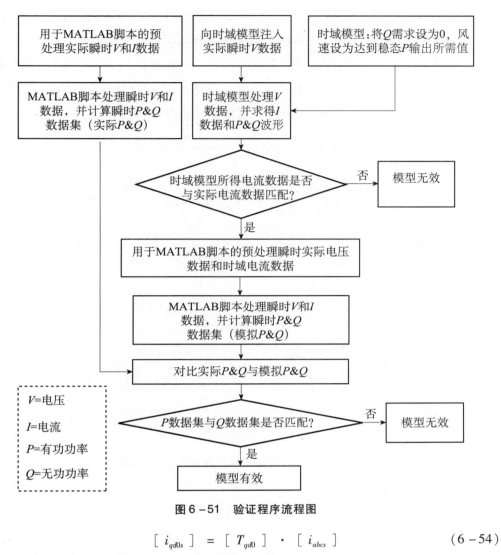

图 6－51　验证程序流程图

$$[i_{qd0s}] = [T_{qd0}] \cdot [i_{abcs}] \qquad (6-54)$$

将 d 轴与 q 轴量对齐，使 d 轴电压为 0。随后，可采用以下方程式（下标 s 表示定子量）计算有功功率和无功功率：

$$P_s = \frac{3}{2}(v_{qs} \cdot i_{qs}) \qquad (6-55)$$

$$Q_s = -\frac{3}{2}(v_{qs} \cdot i_{ds}) \qquad (6-56)$$

6.3.4.2　基于故障前数据的验证

验证程序的第一步是采用实际故障数据中的故障前电压和电流数据计算相量域中各相的故障前有功功率和无功功率。由于系统处于稳态，且电压平衡，使用 A 相

185

的一个稳态电压和电流周期便可以完成计算。采用的符号法则考虑流出风电场模型的有功功率和无功功率为正，流入风电场模型的有功功率和无功功率为负。得出相量域的有功功率和无功功率后，将使用获得的脚本对实际数据和时域模型输出数据进行对比。通过实际数据获得的有功功率和无功功率值与从时域模型所得数据非常匹配，同时，也与通过相量域计算所得数据匹配（见图6-52）。

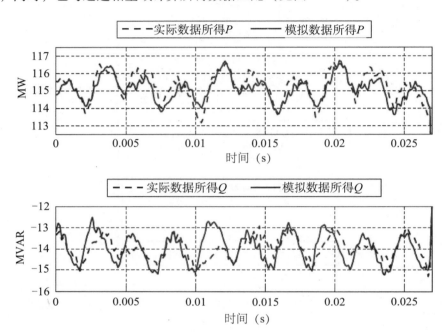

图6-52　稳态：无功功率对比（实际模型和时域模型）

A相相量域计算如下所示：

$$V_{rms} = 80.74kV$$

$$I_{rms} = 559.38kA$$

$$(V_{ph} - I_{ph}) = -8.96°$$

$$P_{1\phi} = V_{rms} \cdot I_{rms} \cdot \cos(V_{ph} - I_{ph}) = 44.61MW$$

$$Q_{1\phi} = V_{rms} \cdot I_{rms} \cdot \sin(V_{ph} - I_{ph}) = -7.03MVAR$$

$$P_{3\phi} = 3 \cdot (44.61)MW = 133.84MW$$

$$Q_{3\phi} = 3 \cdot (-7.03)MVAR = -21.10MVAR$$

6.3.4.3　故障时间验证

本文采用了前述验证程序评估时域模型在故障条件下的性能，生成了有功功率和无功功率数据集1和2，并综合绘图，用于对比匹配程度（见图6-53）。结果表明，数据集在量级和相位方面都非常匹配。风电场模型很好地模拟了稳态和故障条件下真实风电场的特性。实际有功功率和无功功率数据集（实际 P 和 Q）与模拟有功功率和无功功率数据集（模拟 P 和 Q）之间存在一些较小差异，这可能是由于为确保时域模型的通用性，对时域模型进行了简化，因此无法直接显式地对感应发电机和功率电子变流器进行建模。

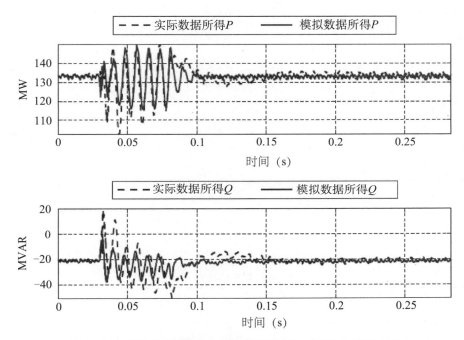

图 6-53　故障条件下实际和模拟有功功率、无功功率数据对比

　　已使用瞬时电压、电流、有功功率和无功功率故障数据对三相 WPP 模型进行了综合验证，同时提出了一种可使用 POI 点可用电压和电流数据计算 WPP 有功功率和无功功率输出的方法。结果表明，正如预期所料，三相模型可更好地模拟实际案例中发现的故障情况。

6.4　结论

　　本章介绍了直连式定速风电机模型、变速转子电阻控制风电机模型和 DFIG 风电机模型，以及此类模型的验证过程。建模过程包括经常被过度简化的风电机气动转子和传动系统表示。提出的风电机和风电场模型可用于风电并网研究的相关教育活动及各类实践研究，如功率曲线生成、风电并网、短路、风电机动态交互作用、电力系统稳定性等。

附录 6. A

电机规格

极数	6
额定电压 (1–1)	690V
额定功率	1.8MVA
基础角频率	376.99rad/s
定子/转子匝数比	0.379
惯性角矩	0.578s
定子转子电阻	0.0054p.u.
绕线转子电阻	10^{-6}p.u.
磁化电感	6.83309p.u.
定子漏电感	0.08p.u.
转子漏电感	0.04782p.u.

轴模型机械数据

J_{rot}	转子惯性矩 (kg·mm)	$J_{rot} = 4\ 950\ 000$kg·mm
J_{gen}	发电机惯性矩 (kg·mm)	$J_{gen} = 80$
J_{q2}	齿轮箱惯性矩 (kg·mm)	$J_{q2} = 15$kg·mm
K_{rq1}	转子轴弹簧常数 (N·m/rad)	$K_{rq1} = 9\ 800\ 000$N·m/rad
K_{q2g}	发电机轴弹簧常数 (N·m/rad)	$K_{q2g} = 2\ 950\ 000$N·m/rad
D_{rot}	转子阻尼 (N·m·s/rad)	$D_{rot} = 0$N·m·s/rad
D_{q2}	齿轮箱阻尼 (N·m·s/rad)	$D_{q2} = 2.4$N·m·s/rad
D_{gen}	发电机阻尼 (N·m·s/rad)	$D_{gen} = 0$N·m·s/rad
D_{rq1}	转子轴阻尼 (N·m·s/rad)	$D_{rq1} = 13\ 500$N·m·s/rad
D_{q2g}	发电机轴阻尼 (N·m·s/rad)	$D_{q2g} = 30$N·m·s/rad
f_n	标称频率 (Hz)	$f_n = 60$Hz
P_{gn}	标称机械功率 (MW)	$P_{gn} = 1.5$MW
a	传动比	$a = 70$
p	发电机极对数	$p = 3$

术　语

λ_r	叶尖速比
ρ	空气密度
λ	磁通匝链数
f	频率
P	有功功率
Q	无功功率
V	电压
I	电流
L	电感
R	电阻
β	叶片桨距角
β_0	叶片初始桨距角
β_q	从正静止 a 相轴到转动 q 轴所测得角度
ω	角速度
τ	力矩
J	惯性矩
B	阻尼常数
K	轴刚度
N	传动比
θ	轴扭曲

上标和下标

$'$	定子参数
s	定子量
r	转子量
d	d 轴量
q	q 轴量
abc	abc 参考坐标系参数
$qd0$	qd 0 参考坐标系参数
l	漏量（与电感配合使用）
m	互变量（与电感配合使用）
rms	均方根量
ph	相量
1ϕ	单相量

3ϕ	三相量
G,gen	发电机
T,rot	转子
eqv	当量值（发电机和转子结合）

参考文献

［1］20% Wind Energy by 2030：Increasing Wind Energy's Contribution to U. S. E-lectricity Supply, U. S. D. O. E. , July 2008.

［2］Ackermann T（ed）（2005）Wind power in power systems. Wiley, New York.

［3］Hansen AD, Hansen LH（2007）Wind turbine concept market penetration over 10 years（1995－2004）. Wind Energy 10（1）：81－97（Wiley Online Library）.

［4］Slootweg JG, Polinder H, Kling WL（2001）Dynamic modeling of a wind turbine with doubly fed induction generator. In：Proceedings of 2001 power engineering society summer meeting, 2001. IEEE, vol 1. pp. 644－649.

［5］Uctug MY, Eskandarzadeh I, Ince H（1994）. Modeling and output power optimization of a wind turbine driven double output induction generator. Electric power applications, IEE proceedings, vol 141. pp 33－38.

［6］Kim S-K, Kim E-S, Yoon J-Y, Kim H-Y（2004）PSCAD/EMTDC based dynamic modeling and analysis of a variable speed wind turbine. In：Proceedings of 2004 power engineering society general meeting, 2004. IEEE, vol 2. pp 1735－1741.

［7］Slootweg JG, Kling WL（2003）Aggregated modeling of wind parks in power system dynamics simulations. In：Proceedings of 2003 power tech conference proceedings, 2003 IEEE Bologna, vol 3. p6.

［8］Delaleau E, Stankovic AM, Dynamic phasor modeling of the doubly-fed induction machine in generator operation. www. ece. northeastern. edu/faculty/stankovic/Conf_ papers/lsiwp03. pdf.

［9］Gagnon R, Sybille G, Bernard S, Pare D, Casoria S, Larose C（2005）Modeling and real-time simulation of a doubly-fed induction generator driven by a wind turbine. www. ipst. org/ TechPapers/2005/IPST05_ Paper162. pdf.

［10］ Lubosny Z（2003）Wind turbine operation in electric power systems: advanced modeling. Springer, Berlin.

［11］ Akhmatov V（2005）Induction generators for wind power. Multiscience Publishing Company, Essex, UK.

［12］ Manwell JF, McGowan JG, Rogers AL（2003）Wind energy explained: theory design and applications. Wiley, New York England Reprinted with corrections August.

［13］ Krause PC（1986）Analysis of electric machinery. McGraw Hill Co, New York.

［14］ Burnham DJ, Santoso S, Muljadi E（2009）Variable rotor resistance control of wind turbine generators. In: Power and energy society general meeting, 2009. PES' 09. IEEE, 26 – 30 July 2009.

［15］ Hang CC, Astrom KJ, Ho WK（1991）Refinements of the Ziegler-Nichols tuning formula. Control Theory and Applications, IEE Proceedings D, vol 138, No. 2.

［16］ E. Muljadi and C. P. Butterfield, Pitch-controlled variable-speed wind turbine generation. In: Industry applications conference, 1999. Thirty-fourth IAS annual meeting. conference record of the 1999 IEEE, vol 1. pp 323 – 330. 3 – 7 October 1999.

［17］ Singh M, Santoso S（2007）Electromechanical and time-domain modeling of wind generators. Power engineering society general meeting, 2007. IEEE, 24 – 28 June 2007.

［18］ Singh M, Faria K, Santoso S, Muljadi E（2009）Validation and analysis of wind power plant models using short-circuit field measurement data. Power & energy society general meeting, 2009. PES '09. IEEE, 26 – 30 July 2009.

［19］ Santoso S, Hur K, Zhou Z（2006）Induction machine modeling for distribution system analysis—A time domain solution. Transmission and distribution conference and exhibition, 2005/2006 IEEE PES, pp 583 – 587. 21 – 24 May 2006.

［20］ Muljadi E, Butterfield CP, Ellis A, Mechenbier J, Hochheimer J, Young R, Miller N, Delmerico R, Zavadil R, Smith JC（2006）Equivalencing the collector system of a large wind power plant. IEEE power engineering society, annual conference, Montreal, Quebec, 2006 IEEE PES.

[21] Muljadi E, Pasupulati S, Ellis A, Kosterov D (2008) Method of equivalencing for a large wind power plant with multiple turbine representation. In: 2008 IEEE power and energy society general meeting-conversion and delivery of electrical energy in the21st century.

[22] Muljadi E, Ellis A (2008) Validation of wind power plant dynamic models. IEEE power engineering society general meeting, Pittsburgh, 20 – 24 July 2008.

[23] Muljadi E, Butterfield CP, Parsons B, Ellis A (2007) Effect of variable speed wind turbine generator on stability of a weak grid. IEEE Trans Energy Conversion 22 (1): 29 – 36.

[24] Muljadi E, Nguyen TB, Pai MA (2008) Impact of wind power plants on voltage and transient stability of power systems. In: Energy 2030 conference, 2008. ENERGY 2008. IEEE, 17 – 18 Nov 2008.

第七章
含风电场的配电系统稳态分析的确定性方法

P. Caramia，G. Carpinelli，D. Proto 和 P. Varilone[①]

摘要： 风电场会对配电系统的稳态性能产生一些影响，进行分析时，必须考虑此类影响。本章主要探讨适用于含风电场的平衡和非平衡配电系统稳态分析的确定性方法。选择合适算法求解电力潮流非线性方程组，进行稳态分析。潮流分析中举例说明了一些风电场模型，即考虑了定速、半变速和变速风力发电系统。此外，本章还介绍了 17 节点平衡系统和 IEEE 34 节点非平衡测试配电系统的数值应用，并结合多种风电场模型进行了讨论。

7.1 概述

近年来，连接配电网络的分散式发电（DG）机组的数量持续增加，预计在未来仍将保持增长势头。事实上，节约能源和降低环境影响方面的需求以及技术发展和客户不断增长的高可靠性电力需求都促进了发电机组并网数量的增长。促使发电机组数量剧增的其他重要驱动因素与全新的自由化电力市场密切相关。此类发电机体积相对较小，交货时间短并采用了多种技术，可确保电力市场不同参与者（如电力

① P. Caramia
意大利那不勒斯帕斯诺普大学工程学院，意大利那不勒斯 Centro Direzionale，Is. 80143
e-mail：pierluigi. caramia@ uniparthenope. it

G. Carpinelli（✉）· D. Proto
那不勒斯费德里克二世大学电子工程和信息技术学院，意大利那不勒斯 Claudio 路 21 号
e-mail：guido. carpinelli@ unina. it

D. Proto
e-mail：danproto@ unina. it

P. Varilone
卡西诺大学电气与信息工程学院，意大利卡西诺 G. Di Biasio 路 43 号
e-mail：varilone@ unicas. it

公司、独立发电商和客户）灵活应对瞬息万变的市场条件。此外，此类发电机还可催生其他辅助电力服务，如无功电源和备用电源。

虽然分布式发电机组可基于不同种类的一次能源，但配电系统中风力发电机的数量仍在不断增加。目前，风力发电在全球可再生能源发电中占有很大比例。

可以预见，风力发电机组（WTGU）将在未来得到广泛应用，这就要求配电系统工程师准确合理地计算风电机组对配电系统产生的影响。事实上，风电机组与配电系统互联后，配电系统的特点将发生很大的变化。传统配电系统设计的假设条件为无源网络，并入风电机组后（通常全部为分散式发电机），该假设不再有效，取而代之的是有源网络，因此需要解决许多新的技术问题，如配电网络规划和运行（尤其是网络保护协调）、稳态分析以及电能品质问题。

在这种情况下，迫切需要研究含 WTGU 的有源配电网络中出现的相关问题，从而更好地了解和量化大量并入此类发电机可能对配电系统的运行和性能产生的技术影响。尤其是，有大量参考文献涉及了含风力发电配电系统的电力频率稳态分析。分析中采用了潮流方法，即采用合适的算法求解非线性方程组，确定配电系统的电气状态，以此推导电压分布和系统损失。此外，相关文献还深入研究了在潮流评估时考虑的 WTGU 模型[1~15]。

涉及的潮流有两种，即假设所有输入数据均为已知数据的确定潮流和假设一些输入数据受不确定性影响的概率潮流。

本章主要探讨确定潮流，结构如下：7.2 节简要描述了不含风电场的配电系统的潮流方程数学公式。7.3 节分析了平衡和非平衡配电系统。事实上，配电系统可在不平衡负荷条件下运行并以缺相馈线为特点，进行稳态分析时，必须考虑系统中的所有不平衡因素。然后，介绍了含风电场的配电系统的潮流方程数学公式。本章首先列出了相关文献中提出的主要 WTGU 模型，然后讨论了将模型代入潮流方程的相关问题，同时，再次考虑了平衡和非平衡配电系统。最后，在 17 节点平衡测试配电系统和 IEEE 34 节点非平衡测试配电系统中进行了数值应用。此外，还对各类 WTGU 模型进行了测试和对比。

本章仅讨论含风电场的配电系统的潮流问题，并未分析涉及输电系统和海上风电场的案例。

7.2 不含风电场的配电系统的潮流方程

下述小节综述了平衡和非平衡配电系统的潮流方程，本文只提及包含风电场模型的数学公式。

7.2.1　平衡系统的潮流方程

分析中采用平衡电力系统，其中，1 号至 n_{load} 号节点为负荷节点，$n_{load}+1$ 号至 n_{bus} 号为发电机节点（最后一个节点为平衡节点）。在负荷节点中，对有功功率和无功功率（PQ 节点）赋值，发电机节点中不含平衡节点，对有功功率和电压振幅（PV 节点）赋值。系统单相表示充分，通过以下非线性方程组（潮流方程）[17]描述系统稳态：

$$P_i^{sp} = V_i \sum_{j=1}^{n_{bus}} V_j [G_{ij}\cos\theta_{ij} + B_{ij}\sin\theta_{ij}], \quad i = 1,\cdots,n_{bus} - 1$$

$$Q_i^{sp} = V_i \sum_{j=1}^{n_{bus}} V_j [G_{ij}\sin\theta_{ij} - B_{ij}\cos\theta_{ij}], \quad i = 1,\cdots,n_{load}$$

$$(7-1)$$

式中：

P_i^{sp}、Q_i^{sp} 分别指各负荷及不含平衡节点的发电机节点的额定有功功率，以及各负荷节点的额定无功功率；

V_i、δ_i 指电压幅值和参数；

G_{ij}、B_{ij} 指导纳矩阵 i–j 节点中的电导和电纳；

n_{bus}、n_{load} 分别指系统节点数量和负荷节点数量；

$\theta_{ij} = \delta_i - \delta_j$。

非线性方程（7-1）表示负荷节点和不含平衡节点的发电机节点的有功功率平衡，以及负荷节点的无功功率平衡。

方程（7-1）中的部分有功功率和无功功率无法赋值，但必须表示为节点电压的函数。当负荷具有电压依赖性有功功率和无功功率时，即是如此。可以很容易地将电压依赖性代入方程（7-1）。如果节点 k 仅包括具有该依赖性的负荷，则以下表达式成立：

$$P_{0k} \left(\frac{V_k}{V_{0k}} \right)^{\alpha} = V_k \sum_{j=1}^{n_{bus}} V_j [G_{kj}\cos\theta_{kj} + B_{kj}\sin\theta_{kj}]$$

$$Q_{0k} \left(\frac{V_k}{V_{0k}} \right)^{\beta} = V_k \sum_{j=1}^{n_{bus}} V_j [G_{kj}\sin\theta_{kj} - B_{kj}\cos\theta_{kj}]$$

$$(7-2)$$

其中，P_{0k} 和 Q_{0k} 表示参考电压 V_{0k}（通常为额定电压）下的有功和无功负荷功率，α 和 β 表示依照负荷确定的常量。

可采用牛顿-拉普森算法（NRA）或高斯-塞得尔算法（GSA）求解方程组

风力发电系统手册

（7-1）或（7-2）。但是，相关文献表明，在某些情况下，由于配电系统具有某些特性（如径向结构和高 R/X 比），NRA 和 GSA 无法有效对此类系统进行稳态分析。此时，应采用更稳健、高效的方法。下文中，将以一个径向配电系统为例，简要介绍上述方法。

拟用方法可分为两类：

1. 对惯用 NRA 或惯用 GSA[18,19] 进行适当修改后得到的方法。

2. 基于前推/后推扫掠程序的方法[20~26]。

扫掠算法是一种非常有效的配电网络分析方法，因为该方法计算工作量低、稳健性高且内存需求低。由于配电网络的径向结构，该类算法通过线段反向和正向的迭代扫掠计算网络的电流、功率和电压，各线段在电源侧有母节点（发送节点），在负荷侧有子节点（接收节点）（图7-1）。在下图中，下标 s 和 r 分别表示发送端和接收端。

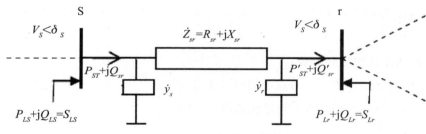

图7-1　径向配电系统通用线段

正向扫掠主要包括使用 Kirchoff 定律[20] 或二元二次方程[21~26] 对馈线或支线从发送端到接收端的节点电压进行计算；反向扫掠主要包括对馈线或支线从接收端到发送端的电压和（或）电流进行累加。通常，通过上述程序为所有节点的暂时起始电压赋值；在迭代过程中，变电站配电节点电压为常数，其他节点电压不断变化。为简单起见，我们只考虑 PV 节点。

尤其是，文献 [20] 中采用了 Kirchoff 公式。首先，计算了各接收节点 r 的节点电流注入 $\bar{I}_r^{(k)}$：

$$\bar{I}_r^{(k)} = (\dot{S}_{Lr}/\bar{V}_r^{(k-1)})^* - \dot{Y}_r \bar{V}_r^{(k-1)} \qquad (7-3)$$

式中，$\bar{V}_r^{(k-1)}$ 表示第 $(k-1)$ 次迭代时节点 r 的电压，$\dot{S}_{Lr}$ 表示节点 r 的负荷功率注入，$\dot{Y}_r$ 表示所有节点 r 所有并联导纳的总和，其中 * 标志表示复数共轭算子。

然后进行反向扫掠，采用以下方程计算接收节点至发送节点的支路电流：

$$\bar{J}_{sr}^{\,k} = -\,\bar{I}_r^{\,\langle k \rangle} + \sum_{m \in M} (\bar{J}_{rm})^k \tag{7-4}$$

式中，$\bar{J}_{sr}^{\,k}$ 表示节点 s 和 r 间支路的电流，$\bar{I}_r^{\,\langle k \rangle}$ 通过方程（7-3）求得，$\sum_{m \in M}$ $(\bar{J}_{rm})^k$ 表示节点 r 流出电流的总和，M 表示与接收节点连接的所有线路的集合。

最后，通过以下方程（反向扫掠）计算始于发送节点的接收电压：

$$\bar{V}_r^{\,k} = \bar{V}_s^{\,k} - \dot{Z}_{sr}\bar{J}_{sr}^{\,k} \tag{7-5}$$

式中，$\bar{V}_r^{\,k}$ 表示节点 r 的电压，$\bar{V}_s^{\,k}$ 表示节点 s 的电压，$\dot{Z}_{sr}$ 表示节点 s 和节点 r 间支路的串联阻抗。

在文献［21］中，使用扫掠法计算了从接收节点到发送节点的有功和无功支路功率，并包含了功率损失（反向扫掠），而采用二元二次方程计算了从发送节点到接收节点的节点电压（正向扫掠）。

采用的二元二次方程如下：

$$V_r^{\,4} + [2(P_r R_{sr} + Q_r X_{sr}) - V_s^2]V_r^2 + (P_r^2 + Q_r^2)(R_{sr}^2 + X_{sr}^2) = 0 \tag{7-6}$$

式中，V_r、P_r 和 Q_r 分别表示接收节点的电压、有功功率和无功功率，V_s 表示发送节点的电压。P_r 和 Q_r 包括馈入接收节点的所有节点的功率和损耗。

文献［22］采用了与文献［21］相似的迭代程序，并结合了各类精确的负荷模型（压敏负荷模型）。拟在反向扫掠中采用的接收节点和发送节点电压间的方程如下：

$$V_r = [V_s^2 - 2(P_r R_{sr} + Q_r X_{sr}) + (P_r^2 + Q_r^2)(R_{sr}^2 + X_{sr}^2)/V_s^2]^{1/2} \tag{7-7}$$

文献［23］提出了一项扫掠算法，在正向扫掠时采用多项方程式，反向扫掠时采用梯形方程。可依据线损模型的双曲线参数并采用指数负荷模型推导多项方程式，如下：

$$\begin{aligned}
A_{sr}^2 V_r^{\,4} + 2A_{sr}V_r^{\,2}Z_{sr}(P_{L0}V_r^{\alpha}\cos(\theta_Z - \delta_A) + Q_{L0}V_r^{\beta}\sin(\theta_Z - \delta_A)) \\
- V_s^{\,2}V_r^{\,2} + (P_{L0}^2 V_r^{2\alpha} + Q_{L0}^2 V_r^{2\beta})Z_{sr}^2 = 0
\end{aligned} \tag{7-8}$$

式中，A_{sr} 表示 $\dot{A}_{sr} = \cosh\gamma_{sr}$ 的幅值，$\gamma_{sr} = \sqrt{\dot{Z}_{sr}\dot{y}_{sr}}$、$\dot{Z}_{sr}$ 和 $\dot{y}_{sr}$ 分别表示线路阻抗和并联导纳（图 7-1 显示 $\dot{y}_{sr} = 2\dot{y}_s = 2\dot{y}_r$），$Z_{sr}$ 表示 $\dot{Z}_{sr}$ 的幅值，θ_Z 和 δ_A 分别表示 $\dot{Z}_{sr}$ 和 $\dot{A}_{sr}$ 的相角，P_{L0} 和 Q_{L0} 表示标称电压下的有功和无功负荷功率，α 和 β 表示负荷系数，见方程（7-2）。

采用多项方程式（7-8）计算正向节点电压，可求得新的负荷有功功率和无功功率,从而求得负荷电流。最后,可通过已知线路阻抗和前述负荷电流计算新的电压值,进行反向推导。

文献 [24] 还提出了一种计算配电系统潮流的方法。在反向扫掠中,计算各支路发送端功率,同时考虑负荷功率和损失。在正向扫掠中,采用反向扫掠过程中求得的功率,通过以下方程根据发送电压计算接收端电压:

$$V_r = \sqrt{(V_s - \Delta V')^2 + \Delta V''^2} \qquad (7-9)$$

式中,可分别通过 $\Delta V' = \dfrac{R_{sr}P_s + X_{sr}Q_s}{V_s}$ 和 $\Delta V'' = \dfrac{X_{sr}P_s - R_{sr}Q_s}{V_s}$ 求得 $\Delta V'$ 和 $\Delta V''$。此时,P_r 和 Q_r 仍然包括馈入接收节点的所有节点的功率和损耗。

文献 [25] 采用的算法与文献 [24] 所用算法相似,但计算电压所用的方程稍有不同。

最后,采用文献 [26] 中提出的算法计算接收端功率 P_r 和 Q_r,包括负荷功率,此类功率取决于负荷电压(指数负荷模型)以及有功和无功损耗。从发送端开始正向扫掠,通过以下方程计算接收端的电压幅值:

$$V_r = \left\{ \frac{K_{sr} \pm [K_{sr}^2 - 4(R_{sr}^2 + X_{sr}^2)P_r^2 \sec^2\phi_r]^{1/2}}{2} \right\}^{1/2} \qquad (7-10)$$

其中,$K_{sr} = V_s^2 - 2P_r(R_{sr} + X_{sr}\tan\phi_r)$,$\phi_r = \tan^{-1}(P_r/Q_r)$。

7.2.2 非平衡系统潮流方程

在非平衡系统中,则采用相坐标,使用一个三元向量表示电压、功率和电流(每相一个向量);此外,所有系统组件均采用三相表示,从而以导纳子矩阵表示发电机、变压器(所有可能的绕组连接)和线路。

在非平衡电力系统中,第 1 至 n_{load} 号节点为负荷节点,第 $n_{load}+1$ 至 $n_{load}+n_g$ 号节点为发电机节点,第 $n_{load}+n_g+1$ 至 $n_{load}+2n_g = n_{bus}$ 号节点为发电机内部节点(最后终端和内部节点为平衡节点),多数通用三相潮流方程可表示如下[17]:

$$(P_i^p)^{sp} = V_i^p \sum_{k=1}^{n_{bus}} \sum_{m=1}^{3} V_k^m [G_{ik}^{pm}\cos\theta_{ik}^{pm} + B_{ik}^{pm}\sin\theta_{ik}^{pm}]$$

$$(Q_i^p)^{sp} = V_i^p \sum_{k=1}^{n_{bus}} \sum_{m=1}^{3} V_k^m [G_{ik}^{pm}\sin\theta_{ik}^{pm} - B_{ik}^{pm}\cos\theta_{ik}^{pm}] \quad p = 1,2,3; i = 1,\cdots,n_{load}$$

$$(7-11a)$$

$$(P_i^p)^{sp} = V_i^p \sum_{k=1}^{n_{bus}} \sum_{m=1}^{3} V_k^m [G_{ik}^{pm}\cos\theta_{ik}^{pm} + B_{ik}^{pm}\sin\theta_{ik}^{pm}]$$

$$(Q_i^p)^{sp} = V_i^p \sum_{k=1}^{n_{bus}} \sum_{m=1}^{3} V_k^m [G_{ik}^{pm}\sin\theta_{ik}^{pm} - B_{ik}^{pm}\cos\theta_{ik}^{pm}]$$

$$(P_j^{gen})^{sp} = \sum_{p=1}^{3} V_j^P \sum_{k=1}^{n_{bus}} \sum_{m=1}^{3} V_k^m [G_{jk}^{pm}\cos\theta_{jk}^{pm} + B_{jk}^{pm}\sin\theta_{jk}^{pm}]$$

$$(V_i)^{sp} = f(\bar{V}_i^1, \bar{V}_i^2, \bar{V}_i^3) \quad p=1,2,3; \quad i=n_{load}+1,\cdots,n_{load}+n_g-1;$$

$$j = n_{load}+n_g+1,\cdots,n_{bus}-1 \tag{7-11b}$$

$$(P_i^p)^{sp} = V_i^p \sum_{k=1}^{n_{bus}} \sum_{m=1}^{3} V_k^m [G_{ik}^{pm}\cos\theta_{ik}^{pm} + B_{ik}^{pm}\sin\theta_{ik}^{pm}]$$

$$(Q_i^p)^{sp} = V_i^p \sum_{k=1}^{n_{bus}} \sum_{m=1}^{3} V_k^m [G_{ik}^{pm}\sin\theta_{ik}^{pm} - B_{ik}^{pm}\cos\theta_{ik}^{pm}]$$

$$(V_i)^{sp} = f(\bar{V}_i^1, \bar{V}_i^2, \bar{V}_i^3) \quad p=1,2,3; i=n_{load}+n_g \tag{7-11c}$$

式中：

G_{ik}^{pm}、B_{ik}^{pm} 分别指电导矩阵 [G] 和电纳矩阵 [B]，将节点 i 与 p 相关联，节点 k 与 m 相关联；

$(P_i^p)^{sp}$、$(Q_i^p)^{sp}$ 分别指 p 相节点 i 的额定有功功率和无功功率；

V_i^p、δ_i^p 分别指 p 相节点 i 的电压幅值和参数；

$\theta_{ik}^{pm} = \delta_i^p - \delta_k^m$。

方程（7-11a）表示负荷节点的各相有功功率和无功功率平衡；方程（7-11b）表示发电机终端节点的各相有功功率和无功功率平衡，以及不含平衡节点的发电机节点的有功功率和电压调节平衡；方程（7-11c）表示平衡发电机终端节点的各相有功功率和无功功率平衡，以及平衡发电机节点的电压调节平衡。关于方程式的更多详情，请参见文献 [17]。

还可采用牛顿-拉普森算法（NRA）或高斯-塞得尔算法（GSA）求解方程组（7-11a）、（7-11b）、（7-11c）。但是，相关文献表明，在一些情况下，NRA 或 GSA 不适用于非平衡系统。因此，采用了更稳健、高效的方法。

文献 [10] 介绍了对 GSA 进行适当调整后得到的两个新矩阵，即支路电流和节点电流的关联矩阵 [BIBC] 及节点电压和支路电流的关联矩阵 [BCBV]；同时，通过简单乘法求解电力潮流方程。

特别是，[BIBC] 矩阵通过以下关系将支路电流矢量 [$\bar{B}$] 与节点电流注入 [$\bar{I}$] 联接：

$$[\bar{\mathbf{B}}] = [\mathbf{BIBC}] \, [\bar{\mathbf{I}}] \tag{7-12}$$

式中，常数矩阵［**BIBC**］基于配电馈线的拓扑结构，只有非零输入 +1。特别是，如果一个三相线段位于节点 i 和 j 之间，则其在［**BIBC**］矩阵中以一个 3×3 的单位矩阵表示。

［**BCBV**］矩阵将支路电流矢量［$\bar{\mathbf{B}}$］与节点电压和空负荷节点电压［$\Delta\bar{\mathbf{V}}$］的差值联接：

$$[\Delta\bar{\mathbf{V}}] = [\mathbf{BCBV}][\bar{\mathbf{B}}] \tag{7-13}$$

式中，常数矩阵［**BCBV**］也是基于配电馈线的拓扑结构。特别是，如果一个三相线段位于节点 i 和 j 之间，则其在［**BCBV**］矩阵中以一个 3×3 的复矩阵［$\dot{\mathbf{Z}}_{sr}$］表示，包括中性效应或地面效应。

结合（7-12）和（7-13）可得：

$$[\Delta\bar{\mathbf{V}}] = [\mathbf{BCBV}][\mathbf{BIBC}][\bar{\mathbf{I}}] = [\mathbf{DLF}][\bar{\mathbf{I}}] \tag{7-14}$$

然后，可通过以下迭代计算求解非平衡三相配电潮流：

$$\bar{I}_i^{\,k} = \left(\frac{P_i + \mathrm{j}Q_i}{\bar{V}_i^{\,k}}\right)^* \tag{7-15}$$

$$[\Delta\bar{\mathbf{V}}^{k+1}] = [\mathbf{DLF}][\bar{\mathbf{I}}^k]$$

其中，k 表示迭代次数，符号 $*$ 表示复数共轭算子。

文献［27，28］中介绍了基于正向/反向扫掠算法的计算方法，是文献［20］所述平衡系统相关算法的自然扩展。在文献［27］中，算法步骤相同。非平衡系统的扩展包括使用以下三相方程取代方程（7-3）～（7-5）：

$$\begin{bmatrix} \bar{I}_r^1 \\ \bar{I}_r^2 \\ \bar{I}_r^3 \end{bmatrix}^k = \begin{bmatrix} (\dot{S}_r^1/\bar{V}_r^1)^* \\ (\dot{S}_r^2/\bar{V}_r^2)^* \\ (\dot{S}_r^3/\bar{V}_r^3)^* \end{bmatrix}^{k-1} - \begin{bmatrix} \dot{Y}_r^1 & 0 & 0 \\ 0 & \dot{Y}_r^2 & 0 \\ 0 & 0 & \dot{Y}_r^3 \end{bmatrix} \begin{bmatrix} \bar{V}_r^1 \\ \bar{V}_r^2 \\ \bar{V}_r^3 \end{bmatrix}^{k-1} \tag{7-16}$$

$$\begin{bmatrix} \bar{J}_{ls}^1 \\ \bar{J}_{ls}^2 \\ \bar{J}_{ls}^3 \end{bmatrix}^k = -\begin{bmatrix} \bar{I}_r^1 \\ \bar{I}_r^2 \\ \bar{I}_r^3 \end{bmatrix}^k + \sum_{m\in M} \begin{bmatrix} \bar{J}_{rm}^1 \\ \bar{J}_{rm}^2 \\ \bar{J}_{rm}^3 \end{bmatrix}^k \tag{7-17}$$

$$
\begin{bmatrix} \bar{V}_r^1 \\ \bar{V}_r^2 \\ \bar{V}_r^3 \end{bmatrix}^k = \begin{bmatrix} \bar{V}_s^1 \\ \bar{V}_s^2 \\ \bar{V}_s^3 \end{bmatrix}^k - [\dot{Z}_{sr}] \begin{bmatrix} \bar{J}_{ls}^1 \\ \bar{J}_{ls}^2 \\ \bar{J}_{ls}^3 \end{bmatrix}^k \tag{7-18}
$$

在方程（7-16）中，对于接收节点和 p 相，S_r^p、$\bar{I}_r^p$、$\dot{Y}_r^p$ 和 $\bar{V}_r^p$ 分别为预定（已知）的视在功率、电流注入、所有并联元件的导纳以及相电压；k 表示迭代次数。方程 (7-17)用于反向扫掠，其中，对于接收节点和 p 相，$\bar{J}_{ls}^p$ 和 $\bar{J}_{rm}^p$ 表示与接收节点连接的线段 1 和线段 m 中的电流；M 表示与接收节点连接的所有线路的集合。方程（7-18）用于正向扫掠，其中，$[\dot{Z}_{sr}]$ 表示发送节点和接收节点间线段的三相线路阻抗矩阵。文献［29］扩展了上述算法，以分析收敛性。文献［28］也采用了类似方法。

7.3　含风电场的配电系统的潮流方程

平衡和非平衡配电系统的潮流方程可与描述风力发电机组（WTGU）模型的方程式合并，将在下一小节详述。此类模型取决于整个风能转换系统，通常按照以下两个标准分类。第一个标准是确定是否配备了电力电子装置，采用该标准，可将系统分为以下几类[3]：

1. 不配备电力电子装置的系统（即直接与配电系统连接的感应发电机）；

2. 配备部分规模额定功率变流器的系统（即配备转子电阻变流器的感应发电机或双馈感应发电机）；

3. 配备完整规模功率电力电子装置的系统（即配备具有有功功率和无功功率控制功能的静态变流器的感应发电机或同步发电机）。

第二个分类标准是指按照速度特性分类，采用该标准，可将系统分为以下几类[1]：

1. 定速 WTGU（直接与配电系统连接的感应发电机，由叶片角度固定或配备有调节叶片角度的桨距调节机构的风电机驱动）；

2. 半变速 WTGU（配备转子电阻变流器的感应发电机）；

3. 变速 WTGU（双馈感应发电机，或配备满量程静态变流器的同步/感应发电机）。

7.3.1　平衡系统的潮流方程

本小节中，首先在考虑按照速度特性进行分类的前提下，介绍了相关文献中涉

风力发电系统手册

及的主要 WTGU 模型，随后探讨了将此类模型代入潮流方程的相关问题。

7.3.1.1　定速 WTGU

此类模型包括直接与配电系统连接的感应发电机模型。严格意义上讲，感应发电机的转子速度各异，但差异较小，因此此类发电机可视为定速 WTGU。尽管目前最受欢迎的风力发电机是双馈感应发电机（7.3.1.3 节），但 WTGU 的装机容量绝大多数基于感应发电机。为此，在分析潮流采用的模型中，相关文献对定速 WTGU 分析最多。本小节将对提出的一些主要模型进行分析。通常，可根据潮流方程式表示 WTGU 的方法将此类模型分为两类：PQ 节点模型和 RX 节点模型。在 PQ 节点模型中，通过有功功率和无功功率描述 WTGU；在 RX 节点模型中，当发电机参数和滑差已知时，通过阻抗描述 WTGU。以下所示为一些比较常见的 PQ 节点和 RX 节点模型。[①]

在文献［4］中，根据稳态条件下感应发电机的等效电路（图 7-2a），提出了一个 PQ 节点模型和一个 RX 节点模型。在图 7-2a 中，$\bar{V}$ 表示节点电压，X 表示转子 X_r 和定子 X_s 漏抗的总和，X_m 表示磁化电抗，X_c 表示用于功率因数改进的电容器组的电抗，R 表示定子 R_s 和转子 R_r 电阻的总和，s 表示滑差。

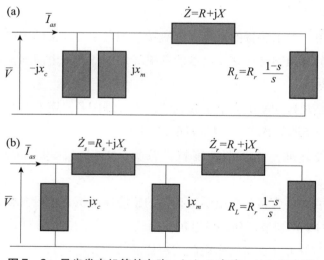

图 7-2　异步发电机等效电路：(a) Γ 电路；(b) T 电路

忽略 PQ 节点模型有功功率损失，假定产生的有功功率 P 等于机械功率 P_m（风

---

① 需要注意的是，文献［14］中提出了一种 PX 节点模型，其中，P 表示有功功率，X 表示发电机非线性磁化电抗。但是，此模型并不常用。

电机机械功率输出）。假定机械功率为常数，并以风电机功率曲线的形式作为风速的函数计算。

采用基于有功功率的二次方程式计算无功功率 Q。可得出以下表达式（图 $7-2a)$[①]：

$$Q = -\left(V^2 \frac{X_c - X_m}{X_c X_m} + X \frac{V^2 - 2RP_m}{2(R^2 + X^2)} - X \frac{\sqrt{(V^2 - 2RP_m)^2 - 4P_m^2(R^2 + X^2)}}{2(R^2 + X^2)} \right)$$
$$(7-19a)$$

$$Q = -\left(V^2 \frac{X_c - X_m}{X_c X_m} + \frac{X}{V^2} P_m^2 \right) \qquad (7-19b)$$

可在图 $7-2a$ 中的异步发电机等效电路中应用波切洛特定理，得出表达式（$7-19a$），忽略电阻 R 及漏抗 X 的压降，得出近似式（$7-19b$）。上述两个表达式清楚地显示了无功功率对有功功率和电压的依赖性。

在文献［4］中，牛顿型算法采用了上述模型；此外还使用了表达式（$7-19b$）。带 WTGU 的节点被视为经典 PQ 节点。离线确定有功功率（正）［方程（$7-1$）］，有功功率在迭代潮流计算中视为常数。无功功率［方程（$7-19b$）］取决于节点电压，因此，未离线确定无功功率，且不视为常数，而会不断变化。惯用 PQ 节点的无功功率可以离线赋值，并且在迭代过程中始终为常数，但在实际操作中，无功功率随着迭代次数的不同而不断变化，并且其数值在每一次迭代中根据电流节点电压的数值变化而变化。但是，我们仍然可以将无功功率的电压视为常数值。很明显，在这种情况下，有功功率和无功功率可以离线赋值，并保证该值在迭代过程中保持不变。在正常运行条件下，该假设不会产生较大误差。文献［13］中也采用了本模型。

如前所述，在 RX 模型中，以基于图 $7-2b$ 所示异步发电机稳态模型的阻抗表示 WTGU。结果如下：

$$\dot{Z}_g = (R_s + jX_s) + \frac{jX_m\left(\dfrac{R_r}{s} + jX_r\right)}{\dfrac{R_r}{s} + j(X_r + X_m)} \qquad (7-20)$$

增加了电抗为 X_c 的并联电容器。

为简单起见，我们仅考虑一台 WTGU，并提出以下程序，求解潮流方程，包括

---

① 需要强调的是，本节所列 WTGU 有功功率和无功功率公式采用的符号与 7.2.1 节和 7.2.2 节所列潮流方程采用的符号一致。

前述 WTGU 模型：

1. 设各异步发电机中 $s = s_r$，其中 s_r 为额定滑差。采用（7－20）计算 $\dot{Z}_g$ 的第一个值。

2. 计算导纳 $\dot{Y}_g = 1/\dot{Z}_g$，并将其纳入系统导纳矩阵。

3. 运行潮流方程。采用 WTGU 处的节点以及电流滑差值计算转子电流 $\overline{I}_R$ 和电机的机械功率（ $P_m = -R_r \dfrac{1-s}{s} I_R^2$，图 7－2b）。

4. 采用电流滑差值和指定的风速值计算叶尖速比和功率系数，然后计算风电机功率。

5. 对比第 3 步和第 4 步求得的机械功率值。如果不匹配度低于预设容许偏差，则停止运算；反之，则计算更新的滑差值，然后返回第 2 步。

采用牛顿型迭代程序计算更新的滑差值，得到指定的节点电压（通过上述程序第 3 步得出的值），求解以未知滑差表示的设风电机功率等于电机机械功率的方程式。实际运算中，通过两个序贯迭代程序得出系统状态，即：A. WTGU 节点被视为 PQ 节点（有功功率和无功功率为零）的经典潮流分析；B. 采用风电机机械功率和发电机机械功率之间的平衡计算电机滑差。在文献［5］所述论文［4］的相关讨论中，建议采用统一求解方法代替作者提出的序贯法。统一求解法可同时求解多个方程，如潮流方程、设电机机械功率等于风力捕获功率的方程。

文献［6］采用了统一求解法。将 WTGU 表示为 PQ 节点，其中有功功率和无功功率在迭代过程中不断变化。根据图 7－2a 所示异步发电机等效电路（忽略定子电阻和电容器电纳），可用以下表达式计算有功功率和无功功率：

$$
P = -\frac{V^2 R_r s}{R_r^2 + s^2 X^2}
$$

$$
Q = -\left(\frac{V^2}{X_m} + \frac{sPX}{R_r} \right)
$$

$$（7－21）$$

需要注意的是，考虑有功功率和无功功率输出中的未知发电机滑差，可得出方程（7－21），然后进一步应用设电机机械功率等于风电机功率的方程。

采用了著名的牛顿－拉普森算法求解潮流方程。

文献［2］提出了一种新的 WTGU 模型，并纳入了扫掠算法。可根据图 7－2a 所示的异步发电机等效电路得出以下有关有功功率和无功功率输出的表达式，在前述等效电路中，励磁支路中包含 R_m，且忽略了电容器：

$$P = -\left(\frac{V^2}{R_m} - \frac{R^2 P_m}{Z^2} + \frac{RV^2}{2Z^2} - \frac{R\sqrt{(2RP_m - V^2)^2 - 4P_m^2 Z^2}}{2Z^2} + P_m \right)$$

$$Q = -\left(\frac{V^2}{X_m} - \frac{XRP_m}{Z^2} + \frac{XV^2}{2Z^2} - \frac{X\sqrt{(2RP_m - V^2)^2 - 4P_m^2 Z^2}}{2Z^2} \right)$$

(7-22)

据文献［2］可知，对于特定风速，方程（7-22）中的机械功率 P_m 可以离线赋值，并独立于滑差值，由于该机械功率是从转子转移到定子的机械功率，其符号为负。

需要注意的是，无功功率表达式与方程（7-19a 或 7-19b）中的表达式相同，但有功功率输出 P 与文献［4］中提出的 PQ 节点模型采用的数值不同，因为有功功率输出包含了有功功率损失和机械功率 P_m。

通过以下程序对含 WTGU 的配电系统进行稳态分析：

1. 设定指定风速下配电系统节点电压以及 WTGU 机械功率的初值，迭代计数 i =1。

2. 采用方程（7-22）计算 WTGU 的有功功率和无功功率。

3. 采用以下方程计算 WTGU 的负荷和电流：

$$\bar{I} = \left(\frac{P + jQ}{\bar{V}} \right)^*$$

(7-23)

式中，$\bar{V}$ 表示第 i 次迭代的节点电压，P 和 Q 分别表示负荷和 WTGU 的有功功率和无功功率。

4. 分别采用 WTGU 的负荷和功率数据计算从各支路输送的有功功率、无功功率（包括功率损失）和各线路电流。

5. 采用特定扫掠潮流算法的正向电压公式计算各线路接收端的节点电压。

6. 若满足收敛公差要求，进入第 7 步；否则，设置 $i=i+1$，返回第 2 步。

7. 打印结果。

文献［2］通过对比文献［20～27］中大量扫掠算法的结果，评估了 WTGU 对两套配电系统功率损失和电压分布的影响。

文献［12］中提出了两个 WTGU 模型，本质上与方程（7-22）表示的模型相似。此类模型对定义有功功率和无功功率输出的方程中所含接收电压采用了不同的表达式。扫掠潮流算法采用了此类模型，此外，在 MATLAB/Simulink SimPowerSystems Blockset（动力系统仿真模块组）中还采用此类模型对配电系统进行模拟。

此外，文献［1］中提出了一个 PQ 节点模型。该模型中，假设在指定风速值条

件下有功功率输出 P 与制造商（以功率曲线形式）提供的数值相等。

由于有功功率输出可表示为节点电压与滑差的函数（图 7 – 2b，不含电容器），可得：

$$P = \frac{[R_s(R_r^2 + s^2(X_m + X_r)^2) + sR_rX_m^2]V^2}{[R_rR_s + s(X_m^2 - (X_m + X_r)(X_m + X_s))]^2 + [R_r(X_m + X_s) + sR_s(X_m + X_r)]^2}$$

$$(7 – 24)$$

由于 P 和所有电机参数均为已知参数，可将方程（7 – 24）重新表示为二次方程，确定未知滑差 s，并通过下式求解：

$$s = \min \left| \frac{-b \pm \sqrt{b^2 - 4ac}}{2a} \right|$$

式中：

$$a = PR_s^2(X_m + X_r)^2 + P[X_mX_r + X_s(X_r + X_m)]^2 - V^2R_s(X_r + X_m)^2$$

$$b = 2PR_sR_rX_m^2 - V^2R_rX_m^2$$

$$c = PR_r^2(X_m + X_s)^2 + P(R_rR_s)^2 - V^2R_r^2R_s \qquad (7 – 25)$$

最后，可根据图 7 – 2b 中不含电容器的等效电路，将无功功率输出表示为节点电压和计算的滑差的函数，具体如下：

$$Q = - \frac{[X_mX_rs^2(X_m + X_r) + X_ss^2(X_m + X_r)^2 + R_r^2(X_m + X_s)]V^2}{[R_rR_s + s(X_m^2 - (X_m + X_r)(X_m + X_s))]^2 + [R_r(X_m + X_s) + sR_s(X_m + X_r)]^2}$$

$$(7 – 26)$$

需要注意的是，有功功率和无功功率表达式（7 – 24）和（7 – 26）与前述表达式（7 – 22）（根据图 7 – 2a 所示等效电路中的各种假设情况求得）不同，这是因为前者是根据图 7 – 2b 所示等效电路求得，其中，励磁支路位于定子和转子之间。

文献 [1] 采用了扫掠算法求解上述 PQ 节点模型，将功率转换为复数电流注入。需要注意的是，文献 [2] 表明，方程（7 – 25）具有多个解，且包含多个公式，结构非常复杂，增加了潮流分析的计算负担。

7.3.1.2　半变速 WTGU

此类模型包括配备以下装置的 WTGU：变桨距控制风电机，以及带绕线转子的感应发电机，其中绕线转子直接与由电力电子变流器控制的外电阻连接。由于配备了变桨距控制器和电阻控制器，WTGU 的有功功率输出与风速低于额定风速时的最大功率以及风速高于额定风速时的额定功率相等。可通过制造商提供的功率曲线推导功率值。计算无功功率输出时需要尤其注意，因为转子电阻和电机滑差都是未知变量。Divya 和 Rao 在文献［1］中提出了一套非常简单的方法，解决了这一难题。他们考虑到可将有功功率和无功功率输出的表达式写做唯一未知数的函数，即 $R_{eq} = R_r/s$，从而将两个未知数（滑差和转子电阻）简化为唯一未知数。事实上，求解方程（7-24），可将有功功率输出表达为新未知数 R_{eq} 的二次函数，求解该二次函数，可得以下结果：

$$R_{eq} = \min \left| \frac{-b_1 \pm \sqrt{b_1^2 - 4a_1 c_1}}{2a_1} \right|$$

式中：

$$a_1 = P[R_s^2 + (X_m + X_s)^2] - V^2 R_s^2$$

$$b_1 = 2PR_s X_m^2 - V^2 X_m^2$$

$$c_1 = PR_s^2 (X_m + X_s)^2 + P(X_m^2 - (X_m + X_r)(X_m + X_s))^2 - V^2 R_s (X_m + X_r)^2$$

$$(7-27)$$

得出 R_{eq} 后，可通过以下方程计算无功功率输出：

$$Q = -\frac{\{R_{eq}^2 (X_m + X_s) - [X_m^2 - (X_m + X_r)(X_m + X_s)](X_m + X_r)\}V^2}{\{R_{eq}R_s + [X_m^2 - (X_m + X_r)(X_m + X_s)]\}^2 + [R_{eq}(X_m + X_s) + R_s(X_m + X_r)]^2}$$

$$(7-28)$$

文献［1］同样采用扫掠算法求解上述 PQ 节点模型，将功率转换为复数电流注入。

7.3.1.3　变速 WTGU

此类模型包括配备以下装置的 WTGU：变桨距控制风电机，以及双馈感应发电机（DFIG）或带背靠背变流器（GBBC）的异步发电机和同步发电机。

需要注意的是，双馈感应发电机属于异步电机，通过绕线转子和滑环直接与电网连接；变流器通过滑环与转子电路连接。控制变流器，同步速度可在 ±30% 左右的范围内变化。此外，可控制有功功率和无功功率。

配备背靠背变流器的发电机通过全功率电压源变流器与电网连接。可控制有功功率输出和无功功率输出。

通常会运行 WTGU 控制器，确保有功功率输出等于风速低于额定风速时的最大功率和风速高于额定风速时的额定功率。可根据制造商提供的功率曲线推导功率值。可通过变流器控制无功功率，并假定根据设定值进行赋值。在一些情况下，运行控

风力发电系统手册

制器，确保功率因数始终为固定值。

在文献［7］和［1］中，均将 WTGU 构建为等效 PQ 节点模型。

如前所述，假设有功功率输出等于风速低于额定风速时的最大功率和风速高于额定风速时的额定功率。对于无功功率输出，以下公式适用：

$$Q = -Q^{sp}$$

或

$$Q = -P\frac{\sqrt{1-\cos^2(\varphi)^{sp}}}{\cos(\varphi)^{sp}} \qquad (7-29)$$

式中，Q^{sp}和 $\cos(\varphi)^{sp}$ 分别为无功功率和功率因数的给定值。文献［13］中采用了相同的模型，其中，无功功率的给定值取 0。

文献［7］采用著名的牛顿-拉普森算法求解潮流方程，包括 WTGU 模型。

文献［1］中，扫掠算法采用了上述 PQ 节点模型，将功率转换为复数电流注入。

文献［7］也表明，可通过控制上述 WTGU 确保输出电压为常数。这种情况下，可将 WTGU 构建为 PV 节点模型（即有功功率输出和节点电压均为常数）。可将该模型纳入潮流计算方程，并采用牛顿-拉普森算法求解。

7.3.1.4 异常电压条件下的变速 WTGU

在 7.3.1.3 节所述的两类 WTGU 中，由于控制器配有可限制有功分量、无功分量和总电流强度的限制器，因此可限制有功功率和无功功率输出。由于发电机的设计确保不会超出限制，限制器对正常运行条件（节点电压约为额定值的 ±10%）无任何影响。但是，在一些情况下，可能超过此类限制（主要是由于配电系统电压调节不良），此时应考虑使用限制器。①

文献［1］中提出了一种算法，考虑使用限制器，实现不同控制目的。作者认为，在一般情况下，电流各分量（有功分量、无功分量和总电流强度）均不应超过相应的容许值。潮流计算中包含的模型应考虑计算和验证各电流分量，确定其是否超过限值。若未超过限值，则 7.3.1.3 节所列程序适用。若超过限值，则必须重新计算有功功率输出和无功功率输出，使其满足限值。若总电流超出限值，但必须优先保证无功功率输出为常数，则采用的程序会有所不同，在这种情况下，应降低有功功率输出，确保无功功率输出值为给定值。有功或无功电流分量超出限值时采用的程序也不相同。关于出现上述各类超限情况时采取程序的更多详情，

---

① 若遇异常电压条件，定速和半变速 WTGU 通常会跳闸关闭。

请参见文献 [1]。

同样，在文献 [1] 中，扫掠算法中采用了上述程序，将功率转换为复数电流注入。

7.3.2 非平衡系统的潮流方程

如前所述，部分研究人员研究了平衡系统的 WTGU 模型，考虑了几乎所有可能的 WTGU 配置。在相关文献中，仅出版了几篇有关非平衡系统 WTGU 模型的论文。本小节将对此进行论述。

文献 [8] 提出了一套适用于定速 WTGU（直接与配电系统连接的感应发电机）的三相模型。

每个异步电机都以三相潮流方程表示，这些方程表示 WTGU 处节点的三个相位中各相位的实部和虚部电流。平衡方程如下：

$$I_{asR,i}^{p} = \sum_{k=1}^{n_{bus}} \sum_{m=1}^{3} V_k^m [G_{ik}^{pm} \cos\theta_{ik}^{pm} - B_{ik}^{pm} \sin\theta_{ik}^{pm}]$$

$$\qquad\qquad (7.30)$$

$$I_{asI,i}^{p} = \sum_{k=1}^{n_{bus}} \sum_{m=1}^{3} V_k^m [G_{ik}^{pm} \sin\theta_{ik}^{pm} + B_{ik}^{pm} \cos\theta_{ik}^{pm}]$$

式中，$I_{asR,i}^{p}$ 和 $I_{asI,i}^{p}$ 分别表示通过异步电机注入网络各相中的相电流的实部和虚部分量。关于方程（7-30）中其他符号的解释，请参见 7.2.2 节。

可通过图 7-2(b) 所示不带电容器的三相感应电机的等效电路求得方程（7-30）中异步电机注入的相电流的实部和虚部分量。图 7-2(b) 所示电路适用于正序网络和负序网络，二者的唯一区别在于"等效电阻"R_L 的值，R_L 可通过以下方程求得：

$$R_{Ld} = \frac{1-s_d}{s_d} R_r$$

$$\qquad\qquad (7-31)$$

$$R_{Li} = \frac{1-s_i}{s_i} R_r$$

式中，正序滑差 s_d 可通过下式求得：

$$s_d = \frac{n_s - n}{n_s} \qquad\qquad (7-32)$$

式中，n_s 表示同步转速，n 表示转子转速。

众所周知，负序滑差 s_i 可表示为正序滑差 s_d 的函数，如下：

$$s_i = 2 - s_d \qquad\qquad (7-33)$$

这样，序阻抗仅取决于异步电机的正序滑差 s_d。

异步电机的相电流可表示为：

$$[\mathbf{I}_{as}] = [\mathbf{A}][\mathbf{Y}_1][\mathbf{A}]^{-1}[\mathbf{V}_\Delta] \qquad (7-34)$$

式中：

$$[\mathbf{A}] = \begin{bmatrix} 1 & 1 & 1 \\ \exp\left(\mathrm{j}\,\dfrac{4}{3}\pi\right) & \exp\left(\mathrm{j}\,\dfrac{2}{3}\pi\right) & 1 \\ \exp\left(\mathrm{j}\,\dfrac{2}{3}\pi\right) & \exp\left(\mathrm{j}\,\dfrac{4}{3}\pi\right) & 1 \end{bmatrix} \qquad (7-35)$$

$$[\mathbf{Y}_1] = \begin{bmatrix} \dfrac{1}{\sqrt{3}}\exp\left(-\mathrm{j}\,\dfrac{1}{6}\pi\right)\dot{Y}_{gd} & 0 & 0 \\ 0 & \dfrac{1}{\sqrt{3}}\exp\left(\mathrm{j}\,\dfrac{1}{6}\pi\right)\dot{Y}_{gi} & 0 \\ 0 & 0 & 1 \end{bmatrix} \qquad (7-36)$$

方程（7-34）中，$[\mathbf{V}_\Delta]$ 表示馈入异步电机的节点处的线间电压矢量（表示为两相电压之差）；方程（7-36）中，序导纳 $\dot{Y}_{gd}$、$\dot{Y}_{gi}$ 可表示如下：

$$\dot{Y}_{gd} = \dfrac{\dfrac{1}{R_s + \mathrm{j}X_s}\left[\dfrac{R_r + R_{Ld} + \mathrm{j}(X_r + X_m)}{(R_r + R_{Ld} + \mathrm{j}X_r)\mathrm{j}X_m}\right]}{\dfrac{1}{R_s + \mathrm{j}X_s} + \left[\dfrac{R_r + R_{Ld} + \mathrm{j}(X_r + X_m)}{(R_r + R_{Ld} + \mathrm{j}X_r)\mathrm{j}X_m}\right]}$$

$$\dot{Y}_{gi} = \dfrac{\dfrac{1}{R_s + \mathrm{j}X_s}\left[\dfrac{R_r + R_{Li} + \mathrm{j}(X_r + X_m)}{(R_r + R_{Li} + \mathrm{j}X_r)\mathrm{j}X_m}\right]}{\dfrac{1}{R_s + \mathrm{j}X_s} + \left[\dfrac{R_r + R_{Li} + \mathrm{j}(X_r + X_m)}{(R_r + R_{Li} + \mathrm{j}X_r)\mathrm{j}X_m}\right]} \qquad (7-37)$$

式中，"等效电阻"如方程（7-31）所示。可通过简化感应电机的等效电路求得类比关系，该类比关系的主要特征在于向输入端子输入定子参数前，增加了励磁电抗。

对方程（7-34）进行的分析表明，还存在另一个未知数，即发电机正序滑差。因此，必须新增一个方程，即联系通过风电机功率曲线所得机械功率与异步电机产生的三相有功功率 P_{el} 的平衡方程（忽略有功功率损失），具体如下：

$$P_{el} = \mathrm{real}([\mathbf{V}_f]^{\mathrm{T}}[\mathbf{I}_{as}^*]) \qquad (7-38)$$

式中：

$$[\mathbf{V}_f] = [\mathbf{T}_r][\mathbf{V}_\Delta] = [\mathbf{A}][\mathbf{T}][\mathbf{A}]^{-1}[\mathbf{V}_\Delta] \tag{7-39}$$

$$[\mathbf{T}] = \begin{bmatrix} \dfrac{1}{\sqrt{3}}\exp\left(-\mathrm{j}\dfrac{1}{6}\pi\right) & 0 & 0 \\ 0 & \dfrac{1}{\sqrt{3}}\exp\left(\mathrm{j}\dfrac{1}{6}\pi\right) & 0 \\ 0 & 0 & 1 \end{bmatrix} \tag{7-40}$$

而且，$[\mathbf{I}_{as}^*]$ 为方程（7-34）所示矩阵 $[\mathbf{I}_{as}]$ 表示的相电流的共轭矩阵。

在文献［8］中，将模型纳入了一个通过牛顿-拉普森算法求解的三相潮流方程。

文献［9］根据上述电流公式求得的 PQ 平衡方程，将 WTGU 表示为以牛顿-拉普森算法求解的潮流框架下的等效三相 PQ 节点。

文献［10］针对直接与非平衡配电系统连接的感应发电机提出了一个简化模型。该模型中，假设各相的无功功率是其有功功率的函数，具体如下：

$$Q^1 = -a_0 - a_1 P - a_2 P^2 \tag{7-41}$$

式中，a_0、a_1 和 a_2 指通过实验所得的常数[4]。

在文献［10］中，将模型纳入了 7.2.2 节所述三相潮流方程中。

在文献［29］中，Zhu 和 Tomsovic 将分散式发电机划分为 PQ 或 PV 节点。对于 PQ 节点，采用的模型与用于恒功率负荷模型基本相同，唯一的差异在于，该模型中，电流注入节点。对于 PV 节点，如果计算所得无功功率超出无功发电限值，则将无功功率设定为限值，将发电机组视为一个 PQ 节点。

7.4　数值应用

数值应用部分分为三个小节：

- 7.4.1 节分析了不同 WTGU 的性能，确定了节点电压和风速的给定值；
- 7.4.2 节通过潮流分析评估了风力发电机组对 17 节点平衡系统的影响；
- 7.4.3 节重复了 7.4.2 节进行的分析，评估了风力发电机组对 IEEE 34 节点非平衡测试配电系统的影响。

由于上述数例中均未出现收敛性问题，可采用牛顿-拉普森算法。

7.4.1　不同风力发电机组的性能

本节从不同风速和终端供电电压产生（吸收）的有功（无功）功率方面对失速

型（定速）、变桨距（定速）和半变速 WTGU 的性能进行了分析。表 7-1 列出了感应发电机的电路参数[1,30]；对于分析中考虑的所有 WTGU，假设电容器组阻抗 X_c 等于相应感应发电机励磁阻抗 X_m。

表 7-1 感应发电机的电参数

	风力发电机组类型		
	失速型、定速[1]	变桨距、定速[30]	半变速[1]
标称功率（MW）	1.0	0.6	1.0
标称电压（V）	690	690	690
R_s（p.u.）	0.007 141	0.009 199	0.005 671
X_s（p.u.）	0.215 52	0.094 52	0.152 50
R_r（p.u.）	0.006 30	0.008 191	0.004 62
X_r（p.u.）	0.088 216	0.113 421	0.096 618
X_m（p.u.）	3.360 6	4.095 7	2.898 5
X_c（p.u.）	3.360 6	4.095 7	2.898 5

考虑并应用了 7.3.1 节所述 WTGU 模型，并对定速失速型 WTGU 采用了 RX 模型。

对于变桨距定速 WTGU 和半变速 WTGU，分别采用方程（7-26）和方程（7-28）计算吸收的无功功率；相反，假设注入的有功功率与制造商（以功率曲线形式）提供的数值相等。

由于变速 WTGU 产生的有功功率等于风速低于额定风速时的最大功率和风速超过额定风速时的额定功率，本节并未分析此类 WTGU 的性能。因此，对于给定的风速值，可假设该类 WTGU 的有功功率输出等于制造商以功率曲线形式提供的数值。相反，可通过变流器控制吸收的无功功率，再根据设定值将其假设为给定值。

图 7-3、图 7-4 和图 7-5 所示为三种终端电压（0.9 p.u.、1.0 p.u. 和 1.1p.u.）条件下有功功率（蓝线）和无功功率（红线）随风速的变化。

由图可知，对于定速失速型 WTGU：

● 风速从切入风速增至标称风速时，有功功率随风速增加而增加；风速超过标称风速时，有功功率略有下降。此外，给定风速下，有功功率随电压的增加而略有增加。

● 风速从切入风速增至标称风速时，无功功率需求随风速增加而增加；风速超过标称风速时，无功功率略有下降。与有功功率不同，终端电压的变化会对无功功率产生巨大影响。给定风速下，终端电压增加，无功功率需求显著降低。

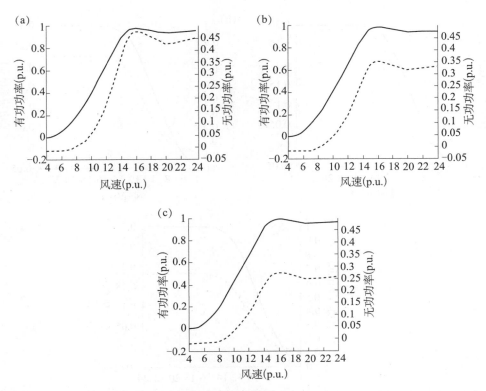

图 7 – 3   定速失速型 WTGU（$P=1MW$）的有功功率（实线）和无功功率（虚线）与风速
关系图：（a）中 $V=0.9$p. u.，（b）中 $V=1.0$p. u.，（c）中 $V=1.1$p. u

由图可知，对于变桨距定速 WTGU：

● 有功功率不受终端电压变化的影响，但会随风速变化而变化，如发电机功率曲线图所示。

● 无功功率需求随电压振幅下降而增加，当风速从切入风速增至标称风速时，无功功率需求也会随风速增加而增加，当风速超过标称风速时，无功功率保持恒定。

对于半变速 WTGU：

● 有功功率不受终端电压变化的影响；但是，当风速从切入风速增至标称风速时，有功功率会随风速增加而增加，如发电机功率曲线图所示。

● 无功功率需求变化趋势与变桨距定速 WTGU 中无功功率需求随电压和风速变化的趋势一致。

7.4.2   平衡配电系统的负荷潮流

对图 7 – 6 所示 17 节点平衡式三相网络采用了风力发电机潮流分析[31]。该系统

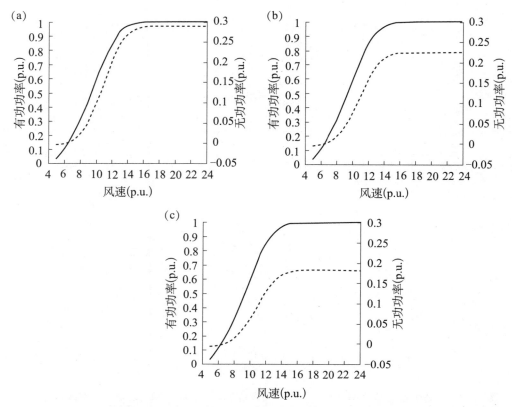

图 7 - 4　变桨距定速 WTGU（P=0.6MW）的有功功率（实线）和无功功率（虚线）与风速
关系图：（a）中 V=0.9p.u.，（b）中 V=1.0p.u.，（c）中 V=1.1p.u

包含 16 个 12.5kV 节点和一个 138kV 节点（1 号）。表 7 - 2 和表 7 - 3 列出了研究的
测试系统的主要数据。系统基极电压为 10MVA。分析中共进行了四次案例研究，在
四个案例中，风电穿透率不断增加。

案例一	无风力发电机组
案例二	1.0MW，位于 9 号节点的半变速 WTGU，风速 =10m/s
	1.0MW GBBC，位于 13 号节点的变速 WTGU，风速 =15m/s
案例三	1.0MW，位于 9 号节点的半变速 WTGU，风速 =10m/s
	1.0MW GBBC，位于 13 号节点的变速 WTGU，风速 =15m/s
	1.0MW DFIG，位于 15 号节点的变速 WTGU，风速 =13m/s
案例四	1.0MW，位于 9 号节点的半变速 WTGU，风速 =10m/s
	1.0MW GBBC，位于 13 号节点的变速 WTGU，风速 =15m/s
	1.0MW DFIG，位于 15 号节点的变速 WTGU，风速 =13m/s
	1.0MW，位于 17 号节点的定速失速型 WTGU，风速 =11m/s

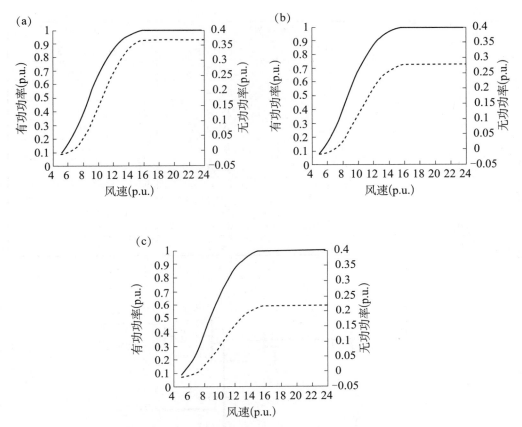

图 7-5　半变速 WTGU（$P=1.0$MW）的有功功率（实线）和无功功率（虚线）与风速关系图：（a）中 $V=0.9$p.u.，（b）中 $V=1.0$p.u.，（c）中 $V=1.1$p.u

各 WTGU 分别通过电抗为 0.12p.u.（基础电抗）的 1.2MVA 变压器与配电系统节点连接。定速失速型 WTGU 和半变速 WTGU 的感应发电机相关参数如表 7-1 所示。

表 7-2　节点数据

节点代码	线性负荷		电容器
	P（MW）	Q（MVAR）	Q_c（MVAR）
1	0	0	-1.2
2	0	0	-
3	0.2	0.12	-1.05
4	0.4	0.25	-0.6
5	1.5	0.93	-0.6
6	3.0	2.26	-1.8
7	0.8	0.5	-

续表

节点代码	线性负荷		电容器
	P（MW）	Q（MVAR）	Q_c（MVAR）
8	0.2	0.12	−0.6
9	1.0	0.62	−
10	0.5	0.31	−
11	1.0	0.62	−0.6
12	0.3	0.19	−1.2
13	0.2	0.12	−
14	0.8	0.5	−
15	0.5	0.31	−
16	1.0	0.62	−0.9
17	0.2	0.12	−

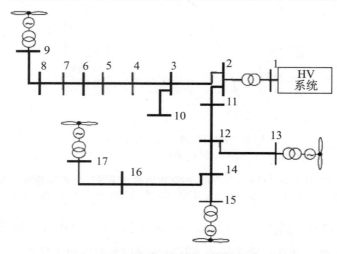

图 7−6　17 节点平衡式三相测试配电系统[31]

表 7−3　线路数据

开始节点	结束节点	R（%）	X_1（%）	X_c（%）
HV 系统		0.050	0.354	0
1	2	0.031	6.753	0
2	3	0.431	1.204	0.0035
3	4	0.601	1.677	0.0049
4	5	0.316	0.882	0.0026
5	6	0.896	2.502	0.0073
6	7	0.295	0.824	0.0024

续表

开始节点	结束节点	R（%）	X_1（%）	X_c（%）
7	8	1.720	2.120	0.004 6
8	9	4.070	3.053	0.005 1
3	10	1.706	2.209	0.004 3
2	11	2.910	3.768	0.007 4
11	12	2.222	2.877	0.005 6
12	13	4.803	6.218	0.012 2
12	14	3.985	5.160	0.010 1
14	15	2.910	3.768	0.007 4
14	16	3.727	4.593	0.010 0
16	17	2.208	2.720	0.005 9

分析中再一次考虑并采用了 7.3.1 节所述 WTGU 模型。

对于定速失速型 WTGU，考虑采用 RX 模型和 PQ 模型。

对于半变速 WTGU，采用方程（7-28）计算吸收的无功功率，并且假设注入有功功率与制造商（以功率曲线形式）提供的数值相等。

对于变速 WTGU（GBBC 和 DFIG 配置），采用了文献［1］中提出的模型。将吸收的无功功率确定为零［方程（7-29），$\cos\varphi = 1$］，假设注入有功功率与制造商提供的数值相等。

图 7-7、图 7-8、图 7-9 和图 7-10 所示为通过各案例分析得出的电压分布；图 7-10a 和图 7-10b 适用于案例分析四，分别表示根据 RX 模型和 PQ 模型模拟定速失速型 WTGU。

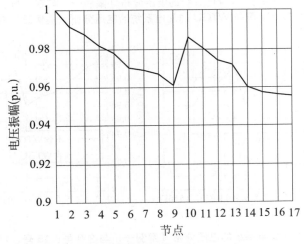

图 7-7　不含 WTGU 配电系统的电压分布：案例一

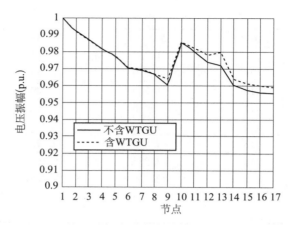

图7-8　不含 WTGU 配电系统的电压分布（案例一）与在 9 号及 13 号节点处
配备 WTGU 的配电系统的电压分布（案例二）对比

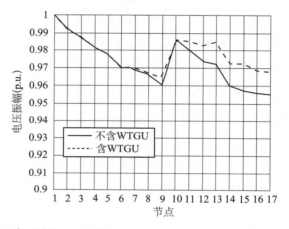

图7-9　不含 WTGU 配电系统的电压分布（案例一）与在 9 号、13 号及
15 号节点处配备 WTGU 的配电系统的电压分布（案例三）对比

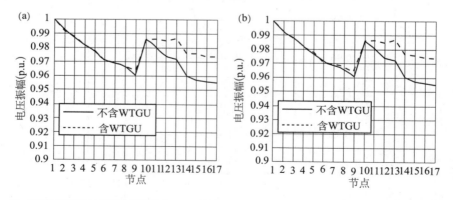

图7-10　不含 WTGU 配电系统的电压分布（案例一）与在 9 号、13 号、15 号和 17 号节点处
配备 WTGU 的配电系统的电压分布（案例四）对比。17 号节点处定速失速型 WTGU 的
RX 模型（a）和 PQ 模型（b）

表 7 - 4 所示为含 WTGU 配电系统的节点处负荷潮流结果汇总。最后，从表 7 - 5 中可以看出，与不含 WTGU 配电系统的功率损失（案例一）相比，由于存在 WTGU（案例二、三和四），有功功率损失减少。

表 7 - 4　WTGU 节点处负荷潮流结果汇总

案例	节点	WTGU 类型	风速（m/s）	P（MW）	Q（MVAR）	电压（p.u.）
二	9	半变速	10	0.67	0.12	0.96
	13	变速 GBBC	15	0.88	0	0.98
三	9	半变速	10	0.67	0.12	0.96
	13	变速 GBBC	15	0.88	0	0.98
	15	变速 DFIG	13	1.0	0	0.97
四	9	半变速	10	0.67	0.12	0.96
	13	变速 GBBC	15	0.88	0	0.98
	15	变速 DFIG	13	1.0	0	0.97
	17	定速失速型（RX 模型）	11	0.52	0.08	0.97
四	9	半变速	10	0.67	0.12	0.96
	13	变速 GBBC	15	0.88	0	0.98
	15	变速 DFIG	13	1.0	0	0.97
	17	定速失速型（PQ 模型）	11	0.53	0.09	0.97

与预期一致，随着 WTGU 产生的有功功率的增加，电压幅值增加，系统功率损失减少。尤其是，在 WTGU 生产的功率与功率负荷需求相对应的支路中，电压振幅增幅更大。

表 7 - 5　功率损失减少

案例	百分比
二	24
三	43
四[a]	51
四[b]	51

a：定速失速型 WTGU 的 RX 模型；b：定速失速型 WTGU 的 PQ 模型。

7.4.3　非平衡配电系统的负荷潮流

对于图 7 - 11 所示的改良版非平衡 IEEE 34 节点测试系统，亦采用了含风力发电机组系统的潮流分析法[32]。IEEE 34 节点测试系统是一个实际配电系统，包含 83 个系统节点，电压水平为 24.9kV。配电网络在唯一一个变电站位于 800 节点上方，变压器将电压从 69kV 转换为 24.9kV。其他节点仅为支路节点。

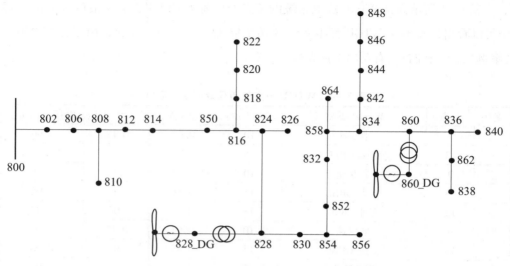

图 7 – 11   IEEE 34 节点配电测试系统[32]

本系统包含一个单相、三相线路和负荷混合体。系统线路 808～810、816～818、818～820、820～822、824～826、854～856、858～864 和 862～838 为单相线路，其余为三相线路。表 7 – 6 列出了有功和无功负荷相功率。完整的网络数据和参数可参阅文献〔32〕。分析的网络不含调压器。该配电系统中，在 828 号节点处和 860 号节点处各连接了一个 330kW 定速失速型 WTGU。完整的发电机数据可参阅文献〔4〕。

表 7 – 6   有功和无功负荷相功率

节点	P_a（kW）	Q_a（kVAR）	P_b（kW）	Q_b（kVAR）	P_c（kW）	Q_c（kVAR）
806	–	–	30	15	25	14
810		–	16	8	–	–
820	34	17	–	–	–	–
822	135	70	–	–	–	–
824	–	–	5	2	–	–
826	–	–	40	20	–	–
828	–	–	–	–	4	2
830	16.9	8.0	9.9	4.9	24.6	9.8
832	139.1	69.6	137.6	68.8	137.0	68.5
858	7	3	2	1	6	3
834	4	2	15	8	13	7

续表

节点	P_a (kW)	Q_a (kVAR)	P_b (kW)	Q_b (kVAR)	P_c (kW)	Q_c (kVAR)
844	152.4	116.5	143.0	111.2	143.5	111.6
846	–	–	25	12	20	11
848	20	16	43	27	20	16
860	36	24	40	26	130	71
836	30	15	10	6	42	22
840	27.3	16.2	31.3	18.2	9.3	7.2
838	–	–	28	14	–	–
864	2	1	–	–	–	–
856	–	–	4	2	–	–

图 7 – 12 所示为含 WTGU 和不含 WTGU 情况下的相电压分布；表 7 – 7 所示为含 WTGU 时各节点处的潮流结果汇总。

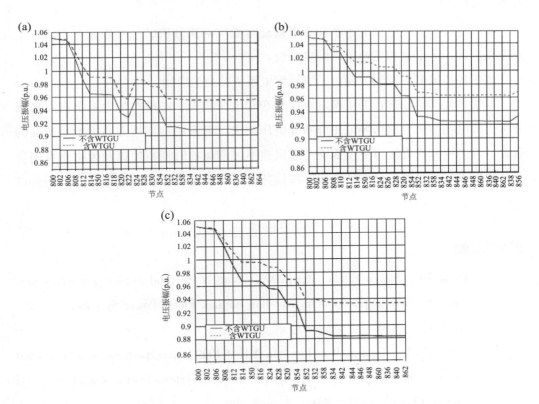

图 7 – 12　不含 WTGU 配电系统的电压分布与在 828 号节点和 860 号节点处配备 WTGU 的配电系统的电压分布对比：相 a（a）、相 b（b）及相 c（c）

表 7 - 7　WTGU 节点潮流结果汇总

节点	WTGU 类型	风速 (m/s)	相位	P (MW)	Q (MVAR)	电压 (p. u.)
828	定速失速型	15	a	0.115	0.072	0.986
			b	0.117	0.075	1.00
			c	0.118	0.073	0.988
860	定速失速型	15	a	0.114	0.073	0.954
			b	0.119	0.077	0.964
			c	0.117	0.070	0.933

接入风力发电机后，会增加所有节点处的电压幅值；此外，研究案例中，系统的有功功率损失降低了约 52%。

7.5　结论

本章分析了含风电场的平衡和非平衡配电系统潮流分析的一些确定性方法，主要涉及定速、半定速和变速风力发电系统。

基于各类风电场模型，探讨了测试配电系统的数值应用。

本章主要结论如下：为了确定电压分布和电压损失，必须对配电系统进行稳态分析，风电场会极大地影响电压分布和电压损失。可采用概率性方法进行更准确的研究，因为概率性方法可更全面地考虑风速不可避免的时变特性以及配电系统的负荷。将在下一章对概率性方法进行详细描述，并对确定性方法和概率性方法的特点进行比较。

参考文献

[1] Divya KC, Nagendra Rao PS (2006) Models for wind turbine generating systems and their application in load flow studies. Electr Power Syst Res 76 (9 - 10): 844 - 856.

[2] Eminoglu U, Dursun B, Hocoaglu MH (2009) Incorporating of a new wind turbine generating system model into distribution systems load flow analysis. Wind Energy 12 (4): 375 - 390.

[3] Blaabjerg F, Chen Z, Kjaer SB (2004) Power electronic as efficient interface in dispersed power generation systems. IEEE Trans Power Deliv 19 (5): 1184 - 1194.

［4］ Feijòo AE, Cidràs J（2000）Modeling of wind farms in the load flow analysis. IEEE Trans Power Deliv 15（1）：110－1115.

［5］ Feijòo AE, Cidràs J（2001）Modeling of wind farms in the load flow analysis. IEEE Trans Power Deliv 16（4）：951（Discussion of the paper）.

［6］ Liu B, Zhang Y（2008）Power flow algorithm and practical contingency analysis for distribution systems with distributed generation. Eur Trans Electr Power（Published online）.

［7］ Zhao M, Chen Z, Blaabjerg F（2009）Load flow analysis for variable speed offshore wind farms. IET Renew Power Gener 3（2）：120－132.

［8］ Carpinelli G, Pagano M, Caramia P, Varilone P（2007）A probabilistic three-phase load flow for unbalanced electrical distribution systems with wind farms. IET Renew Power Gener 1（2）：115－122.

［9］ Caramia P, Carpinelli G, Pagano M, Varilone P（2005）A probabilistic load flow for unbalanced electrical distribution systems with wind farms. In：cigre symposium on power systems with dispersed generation, Athens, 13－16 April 2005..

［10］ Teng JH（2008）Modelling distributed generations in three-phase distribution load flow. IET Gener Transm Distrib 2（2）：330－340.

［11］ Ellis A, Muljadi E（2008）Wind power plant representation in large-scale power flow simulations in WECC. In：Proceedings of IEEE power engineering society, general meeting, Pittsburgh, 20－24 July 2008.

［12］ Eminoglu U（2009）Modeling and application of wind turbine generating system（WTGS）to distribution systems. Renew Energy 34（11）：2474－2483.

［13］ Coath G, Al-Dabbagh M（2005）Effect of steady-state wind turbine generator models on power flow convergence and voltage stability limit. In：Proceedings of Australasian universities power engineering conference（AUPEC 2005）, vol 1. www. itee. uq. edu. au/～aupec/aupec05/AUPEC2005/Volume1/S113. pdf.

［14］ Pecas Lopes JA, Maciel Barbosa FP, Cidras J（1991）Simulation of MV distribution networks with asynchronous local generation systems. In：Proceedings of 6th Mediterranean electrotechnical IEEE conference, vol 2. Ljubljana, pp 1453－1456.

[15] Diduch CP, Rost A, Venkatesh B (2006) Distribution system with distributed generation load flow. In: Proceedings of large engineering systems conference on power engineering, Halifax, pp 55 - 60.

[16] Bracale A, Carpinelli G, Di Fazio A, Russo A (2014) Probabilistic approaches for steady state analysis in distribution systems with wind farms. In: Pardalos PM, Pereira MVF, Rebennack S, Boyko N Handbook of wind power systems. Energy Systems. Springer, Berlin. doi: 10.1007/978-3-642-41080-2_7.

[17] Arrillaga J, Arnold CP, Harker BJ (1990) Computer analysis of power systems. Wiley, New York.

[18] Zhang F, Cheng S (1997) A modified newthon method for radial distribution system power flow analysis. IEEE Trans Power Syst 12 (1): 389 - 397.

[19] Teng JH (2002) A modified gauss-seidel algorithm for three phase power flow analysis in distribution networks. Electr Power Energy Syst 24 (2): 97 - 102.

[20] Shirmohammadi D, Hong HW, Semlyen A, Luo GX (1988) A compensation-based power flow method for weekly meshed distribution and transmission networks. IEEE Trans Power Syst 3 (2): 753 - 762.

[21] Cespedes RG (1990) New method for the analysis of distribution networks. IEEE Trans Power Deliv 5 (1): 391 - 396.

[22] Haque MH (1996) Load flow solution of distribution systems with voltage dependent load models. Electr Power Energy Syst 36 (3): 151 - 156.

[23] Eminoglu U, Hocoaglu MH (2005) A new power flow method for radial distribution systems including voltage dependent load models. Electr Power Syst Res 76 (1 - 3): 106 - 114.

[24] Semlyen A, Luo GX (1990) Efficient load flow for large weekly meshed networks. IEEE Trans Power Syst 5 (4): 1309 - 1316.

[25] Rajicic D, Ackovski R, Taleski R (1994) Voltage correction power flow. IEEE Trans Power Syst 9 (2): 1056 - 1062.

[26] Satyanarayana S, Ramana T, Sivanagaraju S, Rao GK (2007) An efficient load flow solution for radial distribution network including voltage dependent load models. Electr Power Compon Syst 35 (5): 539 - 551.

[27] Cheng CS, Shirmohammadi D (1995) A three-phase power flow method for

real-time distribution system analysis. Trans Power Syst 10 (2): 671 – 679.

[28] Thukaram D, Banda HMW, Jerome J (1999) A robust three phase power flow algorithm for radial distribution systems. Electr Power Energy Syst 50: 227 – 236.

[29] Zhu Y, Tomsovic K (2002) Adaptive power flow method for distribution system with dispersed generation. Trans Power Deliv 17 (3): 822 – 827.

[30] Khadraoui MR, Elleuch M (2008) Comparison between optislip and fixed speed wind energy conversion systems. In: Proceedings of 5th international multi-conference on systems, signals and devices, Philadelphia University, Amman, Jordan.

[31] Chang WK, Grady WM, Samotji MJ (1993) Meeting IEEE-519 harmonic voltage and voltage distortion constraints with an active power line conditioner. In: IEEE-PES winter meeting, New York.

[32] Kersting WH (2001) Radial distribution test feeders. In: IEEE power engineering society winter meeting, 28 Jan-1 Feb, vol 2. pp 908-912 (websitehttp://ewh.ieee.org/soc/pes/ dsacom/testfeeders.html).

第八章
含风电场的配电系统稳态分析的概率性方法

A. Bracale，G. Carpinelli，A. R. Di Fazio 和 A. Russo[①]

摘要：本章探讨了含风电场的配电系统稳态分析的概率性方法。进行概率分析时，充分考虑了配电系统负荷和风力发电量的随机性。本章提出了几种求解配电系统状态的概率函数和因变量（如电压振幅和线路潮流）的方法。此类方法主要侧重于风电场概率模型分析，可采用一种经典概率方法（如蒙特卡洛模拟、卷积过程和特殊分布函数）进行概率潮流计算。此外，本章还提出了 17 节点平衡测试配电系统和 IEEE 34 节点不平衡测试配电系统的数值应用，并结合不同风电场模型进行了讨论。

8.1　概述

当前，迫切需要研究含风电场的有源配电网络中出现的相关问题。此外，相关参考文献通常重点研究含风力发电机组配电系统的稳态分析。大多数情况下，采用常用的潮流方法进行此类分析。涉及的潮流有两种，即假设所有输入数据均为已知

---

① A. Bracale

意大利那不勒斯帕斯诺普大学工程学院，意大利那不勒斯 Centro Direzionale 区，Is. C4
e-mail：antonio. bracale@ uniparthenope. it

G. Carpinelli （✉）
那不勒斯费德里克二世大学电子工程和信息技术学院，意大利那不勒斯 Claudio 路 21 号
e-mail：guido. carpinelli@ unina. it

A. R. Di Fazio
卡西诺大学电气与信息工程学院，意大利卡西诺 G. Di Biasio 路 43 号
e-mail：a. difazio@ unicas. it

A. Russo
都灵理工大学能源工程系，意大利都灵 Duca degli Abruzzi 大街 24 号
e-mail：angela. russo@ polito. it

数据的确定潮流和假设一些输入数据受不确定性影响的概率潮流。本章主要探讨概率潮流。

概率性方法的重要性体现在以下方面：风力发电量的不确定性会对配电系统的中长期系统规划和短期运行产生显著影响。因此，随着风电场市场渗透率不断提高，电力系统运行和管理的不确定性也不断增加。这就表明，必须选择适用于电力系统长期和日常运行的概率分析工具，合理控制电力规划成本，并在电力系统运行时实现更好的拥塞管理。

此外，配电系统还存在欠电压和过电压等诸多问题。负荷较低、风力发电量较高时，可能产生过电压，损害系统部件，因此防止出现过电压问题尤为重要。确定性负荷潮流分析通常基于某些特定负荷和风力发电量条件，而这些条件不易识别，因此使用这种分析方法不足以解决问题[2]。

概率性方法能够提供系统变量（如节点电压等）可能具有定值的概率，因此，是一种研究存在不确定性因素的配电系统的有效方法。通常，将各节点的功率输入相关因素（即负荷值及风力发电容量）视为随机变量，以此确定此类变量的概率特征。从概率的角度确定随机输入变量的特征，然后采用概率性方法求解电压、损耗以及线路潮流等随机输出变量的特征值。

本章综述了计算不含风电场的平衡和不平衡配电系统的概率潮流的数学公式（8.2节）。然后提出了一些用于风电场稳态分析的主要概率模型[2~17]，并探讨了计算含风电场的配电系统概率潮流的数学公式（8.3节）。最后，介绍并讨论了17节点平衡配电系统和IEEE 34节点不平衡测试配电系统中的数值应用。

8.2　不含风电场的配电系统的概率潮流

据前一章所述，对于平衡和不平衡配电系统，在给定的网络配置中，均可采用由非线性方程组组成的潮流方程，如下：

$$\boldsymbol{Y}_b = g(\boldsymbol{X}) \tag{8-1}$$

式中，$\boldsymbol{X}$ 表示状态变量（电压振幅和参数）的输出向量；$\boldsymbol{Y}_b$ 表示输入变量向量（即有功功率和无功功率注入）；g 为非线性函数。在概率潮流中，$\boldsymbol{X}$ 和 $\boldsymbol{Y}_b$ 分别表示输出和随机输入变量向量。

可根据方程组（8-1）进行配电系统概率分析。我们将在下述小节中逐一分析：

- 非线性蒙特卡洛模拟（NLMC）；

- 线性蒙特卡洛模拟（LMC）或直流蒙特卡洛模拟（DCMC）；
- 卷积过程（CP）；
- 特殊分布法（SD）。

第一种方法将蒙特卡洛模拟用于非线性潮流方程；第二种方法将蒙特卡洛模拟用于在期望值域附近线性化的非线性方程组或直流潮流方程；第三种方法基于进行线性化后采用的卷积过程；最后一种方法基于一种特殊分布函数，该函数用于逼近随机输出变量概率函数。

本章中，我们将分析在风电场模型中采用的主要方法。

8.2.1　非线性蒙特卡洛模拟

NLMC 程序包括多次求解潮流方程，每次求解时，假设根据概率密度函数生成的一组随机输入变量为方程（8-1）中的 Y_b 向量元素。重复该过程，直到随机输出变量的概率密度函数的估值足够准确。可将变化容差系数用做终止判据[18]。

8.2.2　线性或直流蒙特卡洛模拟

LMC 模拟程序是指在蒙特卡洛模拟过程的各个步骤中求解线性方程组，而不是非线性方程组（8-1），从而大大减少运算量。该方法要求增加两个预模拟步骤，以得出蒙特卡洛模拟中采用的最佳线性系统。

第一步，使用随机输入变量均值 $\mu(Y_b)$ 作为输入数据，求解确定潮流，即

$$g(X_0) = \mu(Y_b) \tag{8-2}$$

若状态向量解 X_0 已知，则可在预模拟第二步围绕该点将潮流方程（8-1）线性化，如下：

$$X \cong X_0 + A[Y_b - \mu(Y_b)] \tag{8-3}$$

式中，矩阵 A 是在点 X_0 处求得的雅可比矩阵的逆矩阵。

在蒙特卡洛模拟中，根据随机输入变量概率密度函数，采用线性方程（8-3）计算随机输出变量的近似概率密度函数。

需要注意的是，由于在预期值域（点 X_0）附近将潮流方程线性化，若偏移该值域，将出现计算误差。随机输入变量概率密度函数的方差越大，则该类计算误差越大，与方程组的非线性行为直接相关。

对于 LMC 模拟，还可考虑联系状态向量 X 与其他相关因变量的闭型关系。例如，可考虑状态向量 X 与因变量向量 D 之间的以下关系：

$$D = g_D(X) \tag{8-4}$$

得出因变量（即线路潮流）的统计特征：

DCMC 法是指在蒙特卡洛模拟过程的各个步骤中求解直流功率潮流方程，而非非线性方程组（8-1），从而减少运算量。

假设电压幅值等于标称值，电压损失为零，则可通过下式求得直流功率潮流[19]：

$$P = B\delta \tag{8-5}$$

式中，P 表示节点功率注入的向量，B 表示电纳矩阵，δ 表示电压参数的向量。

8.2.3　卷积过程

卷积过程分为三个步骤。

前两步与 8.2.2 节所述 LMC 模拟中进行的预模拟步骤相同；完成上述两个步骤，得到潮流方程的线性形式，从而以随机输入变量线性组合的形式表示各随机输出变量。

第三步是将卷积过程以下述形式应用于线性方程（8-3）：

$$f(X_i) = X_{0i} + f(z_{i1}) * f(z_{i2}) * \cdots * f(z_{in}) \tag{8-6}$$

式中：

- f 表示概率密度函数；
- X_{0i} 表示向量 X_0 的第 i 项；
- $*$ 表示卷积；
- Z_{ij} 表示（i，j）项 A_{ij} $[Y_{bj} - \mu(Y_{bj})]$；
- A_{ij} 表示矩阵 A 的（i，j）项；
- Y_{bj} 表示向量 Y_b 的第 j 项。

可根据拉普拉斯变换采用数值法求解方程（8-6）。或者，可采用快速傅里叶变换[20]将方程变换为频域，缩短运算时间并提高运算精度。

已知，卷积过程的运算量取决于正态分布随机输入变量的数量；事实上，由于定义该函数时只需确定预期值和协方差矩阵，可简单地把所有正态分布函数集合成一个唯一的正则等效函数。因此，方程（8-6）包含离散函数或其他概率密度函数以及该正则等效函数，更便于运算。

采用卷积过程求解有功和无功线路潮流等因变量的概率密度函数，需要将状态变量向量 X 和因变量向量 D 之间的非线性关系（8-4）线性化。因此，我们可以求

风力发电系统手册

向量 $\boldsymbol{D}_0$ 的值，如下：

$$\boldsymbol{D}_0 = g_D(\boldsymbol{X}_0) \qquad (8-7)$$

围绕点 X_0 将方程（8-4）线性化，可得：

$$\boldsymbol{D} \cong \boldsymbol{D}_0 + \boldsymbol{A}_D(\boldsymbol{X} - \boldsymbol{X}_0) \qquad (8-8)$$

式中：$\boldsymbol{A}_D = \left[\dfrac{\partial g_D}{\partial X}\bigg|_{X=X_0}\right]\boldsymbol{A}$

与方程（8-3）相似，方程（8-8）将向量 $\boldsymbol{D}$ 的各随机元素表示为状态向量 $\boldsymbol{X}$ 随机元素的线性组合。可将与方程（8-6）中相似的卷积过程运用于方程（8-8），求得因变量概率密度函数的近似函数。

考虑直流潮流方程时，可将方程（8-6）运用于方程（8-5）。

8.2.4　特殊分布法

对于某些概率密度函数，当部分矩或累积量已知时[1]，可以明确确定其解析表达式，在特殊分布法中使用此类概率密度函数逼近随机输出变量的概率密度函数。这样，求解随机输出变量概率密度函数的问题就成了仅求解其一阶矩或累积量的问题。

该方法分为以下三个步骤：

第一步，在预期值域附近将非线性方程组（8-1）线性化，将状态向量的各随机元素表示为随机输入向量元素的线性组合；此外还可以采用直流功率潮流方程。

第二步，采用已知闭型关系求得随机输出变量概率密度函数的一阶矩或累积量，该闭型关系合理使用了第一步中得出的线性关系。

第三步，采用近似分布逼近随机变量的概率密度函数（电压振幅）。

前两步比较简单。对于第三步，若拟逼近真实边际概率密度函数的矩或累积量已知，便可采用几种方法解析化描述概率密度函数的形式。

文献［21］采用了皮尔逊分布进行概率功率潮流分析。皮尔逊分布是一个概率密度函数族，用以表示测量过程中观测到的大量概率密度函数，并作为分析方法的输出。可以通过拟逼近概率密度函数的前四阶矩明确定义此类函数。

---

① 需注意，假设随机变量 X 的概率密度函数为 $f(x)$，则 n 阶矩可定义为 $m_n = \displaystyle\int_{-\infty}^{\infty} x^n f(x)\mathrm{d}x$，$n$ 阶累积量定义为 $k_n = \dfrac{\mathrm{d}^n \Psi(t)}{\mathrm{d}t^n}\bigg|_{t=0}$，式中，$\Psi(t)$ 表示累积量生成函数，即矩生成函数（若有）的对数。

文献［22］在概率电力潮流中应用了 Gram-Charlier 展开级数，假设可将概率密度函数逼近为正则概率密度函数导数的一个级数。Gram-Charlier 展开级数运算量不大；但是，对于非高斯概率密度函数，存在收敛性问题，因此，需要采用其他替代工具进行概率功率潮流计算。此外，文献［7］中成功应用了基于 Cornish-Fisher 展开式的方法。Cornish-Fisher 展开式与 Gram-Charlier 展开级数相关。该方法根据正态 N（0，1）分布 φ 的分位数和 $F(x)$ 累积量的分位数提供了累积分布函数 $F(x)$ 的分位数 α 的近似值。该展开式的理论推导非常复杂，可参见文献［23］或［24］。可通过以下方程采用前五个累积量得到展开式：

$$x(\alpha) \approx \xi(\alpha) + \frac{1}{6}[\xi^2(\alpha) - 1]\, k_3 + \frac{1}{24}[\xi^3(\alpha) - 3\xi(\alpha)]\, k_4$$

$$- \frac{1}{36}[2\xi^3(\alpha) - 5\xi(\alpha)]\, k_3^2 + \frac{1}{120}[\xi^4(\alpha) - 6\xi^2(\alpha) + 3]\, k_5 \qquad (8-9)$$

$$- \frac{1}{24}[\xi^4(\alpha) - 5\xi^2(\alpha)]k_2 k_3 + \frac{1}{324}[12\xi^4(\alpha) - 53\xi^2(\alpha)]\, k_3^2$$

式中，$x(\alpha) = F^{-1}(\alpha)$，$\xi(\alpha) = \varphi^{-1}(\alpha)$，$k_r$ 表示累积分布函数 $F(x)$ 的 r 阶累积量。

虽然 Cornish-Fisher 级数的收敛性很难表示[25]，并且以某种方式与 Gram-Charlier 级数关联，但在非高斯概率密度函数中，前者的性能优于后者[7]。

此外，文献［26～28］采用了 Von Mises 函数解决离散分布问题。最近，在文献［29］中，结合 Gram-Charlier 分布采用点估计法作为蒙特卡洛模拟的替代方法。

8.3　含风电场的配电系统的概率潮流

可将 8.2 节所述概率潮流进行扩展，以包含风力发电机组（WTGU）的存在及不确定性。相关参考文献中提及的几种方法主要侧重于风电场概率模型，并采用 8.2 节中描述的一种概率方法确定含风电场的配电系统的概率潮流。本节介绍的方法基于风电场概率模型或用于计算负荷潮流的概率方法命名，主要有：

- 卷积法；
- 马尔可夫法；
- 通用生成函数法；
- 贝叶斯方法；
- 特殊分布法；

● 混合法。

此外，我们发现，从理论角度来看，可以简单地将前一章所述的含风电场配电系统的所有潮流方程纳入 8.2.1 节所述非线性蒙特卡洛模拟程序，得到输出变量的概率密度函数（参见 8.4 节所述的数值应用）。可以考虑定速、半变速和变速风力发电系统。显然，必须指定负荷和风速（或风力发电量）的概率密度函数。

对于负荷，通常认为使用高斯概率密度函数是合适的。

对于风速，通常采用威布尔分布或瑞利分布。即使将同一风电场中的风速视为恒定不变，但 WTGU 布局的不同也会导致风速不同，尤其是考虑风向并且风向与 WTGU 排列方向一致时。这种情况下，位于来风方向的 WTGU 后方的 WTGU 将受上风处 WTGU 产生的尾流的影响。在这种情况下，可通过文献［30］和［31］中介绍的模型计算下风处 WTGU 的有效风速。当风向与发电机平行时，给定的风速仅适用于第一台 WTGU；位于第一台 WTGU 后方的其他风电机处的风速是其前一台 WTGU 处的风速与常数 K 的乘积。K 的取值取决于风电机推力系数、风轮直径、WTGU 轴向距离和尾流耗散常数等变量，是轮毂高度与粗糙度长度的函数。参见文献［31］，了解更多详情。

此外，当不同节点处的负荷或不同位置的风速之间存在关联时，可采用附录 8.A1 所示的程序在蒙特卡洛模拟程序的框架下生成相关随机输入变量。

8.3.1　卷积法

作为最早研究含风电场的配电系统概率潮流的论文之一，文献［3］提出了一种 WTGU 概率模型。

WTGU 模型将风速作为输入数据，假设风速是一个以正则概率密度函数[①]表示的随机变量，并以图 8.1 所示的有功功率和无功功率曲线为基础。可得出以下有关有功功率的方程：

$$P_W = 0 \quad (0 \leqslant W \leqslant W_{ci} \text{ 和 } W \geqslant W_{co})$$
$$P_W = f(W) \quad (W_{ci} \leqslant W \leqslant W_r) \qquad\qquad (8-10)$$
$$P_W = P_{\max} \quad (W_r \leqslant W \leqslant W_{co})$$

式中，$f(W)$ 逼近为一个线性函数（抛物线或三次函数），W_{ci}、W_r 和 W_{co} 分别

---

① 作者认为，鉴于研究更倾向于短期预测，正则概率密度函数比更常用的威布尔概率密度函数更合理。若对风力和负荷的不确定性进行了适当建模，可以将所述方法扩展为中期和长期预测。

表示 WTGU 的切入、额定和切出风速特征值。

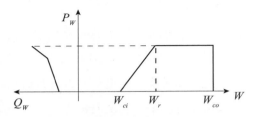

图 8-1　风电机有功功率和无功功率与风速关系图

通过以下方程采用从正态分布推导出的风速概率求解相应的有功功率概率：

$$p(P_W = 0) = 1 + \varphi(W_1) - \varphi(W_3)$$

$$p(P_W = f(W)) = \frac{1}{\sqrt{2\pi}\,\sigma_W K_1} e^{-\left[\frac{\frac{P_W - K_2}{K_2} - \mu_W}{2\sigma_W^2}\right]^2} \qquad (8-11)$$

$$p(P_W = P_{\max}) = \varphi(W_3) - \varphi(W_2)$$

式中，φ 表示标准正态分布的累积分布函数。方程（8-11）中：

$$W_1 = \frac{W_{ci} - \mu_W}{\sigma_W}, \quad W_2 = \frac{W_r - \mu_W}{\sigma_W}, \quad W_3 = \frac{W_{co} - \mu_W}{\sigma_W}, \quad K_1 = \frac{P_{\max}}{W_r - W_{ci}}$$

$$K_2 = -K_1 W_{ci}$$

$$(8-12)$$

假设线性逼近 $f(W) = K_1 W + K_2$；方程（8-12）中，μ_W 和 σ_W 分别表示风速正态分布的均值和标准偏差。

通过图 8-1 所示的有功功率和无功功率的关系求解无功功率值和概率。

构建风力发电量概率模型并假设负荷功率呈正态分布，便可应用 8.2.3 节所示的卷积过程。事实上，从理论的角度来看，可将功率潮流方程线性化，得到未知量（即电压振幅），作为节点有功功率和无功功率注入的线性函数；然后，通过卷积法求解未知概率密度函数。实际上，由于配电系统具有径向结构，文献［3］中采用了更简单的线性化方法。假设通过调压器使中压（MV）节点的电压保持恒定，则可将各节点的电压表示为该值与中压节点压降的差值；将该分析关系线性化，从而将各节点电压幅值表示为功率注入的线性函数。

8.3.2　马尔可夫法

马尔可夫法基于以下假设：将风速视为一个具有连续状态空间（与风速值关

联）和连续参数空间（与时间关联）的随机过程①。采用离散马尔可夫过程（马尔可夫链)②[4,14~16]大致构建该随机模型。

文献［4］中，采用了一个简单的马尔可夫链模型求解配电系统节点电压的概率密度函数。作者特别提出了一个可以生成风速时序的马尔可夫链模型③，并将该时序用做功率曲线的输入，将风速转换为发电功率，进行概率功率潮流分析。

第一步是测量风速。风速测量的平均周期通常为 1h，这有助于分离湍流和锋面天气产生的变差，因此，采用的时间分辨率通常为 1h。可在任何情况下将每小时风速测量数据划分为几个时间段，确定季节性变差。

采用马尔可夫法时，要评估状态数、跃迁概率以及可能的状态跃迁。文献［4］中提出的一阶马尔可夫模型④基于以下假设。

首先，必须可以确定风速状态。然后，基于现场测量数据，利用风速状态离散数量 N 表示风速样本记录，分别对应风速值的恰当范围。采用定幅或变幅风速区间确定风速状态；采用可变区间的状态，在计算时充分考虑 WTGU 的非线性控制特点。

其次，风速模型必须是稳定模型（从一个状态跃迁为另一个状态的概率是非时变性的），并且过程必须无记忆性（处于某一特定状态的概率与此前的所有其他状态相互独立，最近一个状态除外）。上述两个要求表明，状态间的跃迁概率是常量。

最后，从一个给定风速状态跃迁至另一个状态的概率与新状态的稳态概率成正比。

确定马尔可夫模型各状态的状态数和风速区间后，采用风速数据求得跃迁概率矩阵的近似值，描述离散马尔可夫过程的特征；考虑 N 状态时，可采用下式定义概率矩阵 **TM**：

---

① 可以将随机过程定义为根据概率原则随机构建的系统模型。

② 相关文献提出利用离散马尔可夫过程构建风速模型（随后构建风电场模型），进行概率功率潮流分析和含风电场的配电系统的可靠性分析。

③ 但是，并非所有作者都认为时序是严格意义上的概率法。严格来说，与蒙特卡洛模拟不同，输入数据并非来自概率密度函数，而是直接应用了负荷和风力发电时序。在本方法的框架中，在合适的时段（如一星期或一年）内模拟了配电系统的稳态，可通过 WTGU 的有功功率和无功功率曲线（图8.1）得出输出功率的时序。根据负荷和风力发电时序，计算各节点的负荷潮流，得到相应的状态变量和因变量。文献［9，10］也采用了该方法。

④ 除了一阶马尔可夫链模型，还使用了一个二阶模型，以生成风速时序。例如文献［14］。

$$TM = \begin{bmatrix} p_{11} & p_{12} & \cdots & p_{1N} \\ p_{21} & p_{22} & \cdots & p_{2N} \\ \vdots & \vdots & \ddots & \vdots \\ p_{N1} & p_{N2} & \cdots & p_{NN} \end{bmatrix} \qquad (8-13)$$

式中，p_{ij} 表示状态 i 和 j 跃迁的可能性。

可通过风速数据求得方程（8-13）定义的跃迁概率矩阵的近似值；矩阵输入的最大似然估计如下：

$$p_{ij} = \frac{n_{ij}}{\sum_{j=1}^{N} n_{ij}} \qquad (8-14)$$

式中，n_{ij} 表示测量风速数据时状态 i 和 j 的跃迁数量。

采用以下程序，通过得到的 TM 近似值生成风速时序。

首先，选择初始状态 i。随后，生成 0 到 1 之间的一个随机数 x，并将其与矩阵第 i 行进行对比，得出下一状态；若 x 小于（或等于）该行的首个元素（$x \leqslant p_{i1}$），则下一个状态为状态 1。若 x 大于该行的首个元素，但低于（或等于）该行前两个元素之和（$p_{i1} < x \leqslant p_{i1} + p_{i2}$），则下一状态为状态 2。因此，一般而言，若 x 大于该行前 $k-1$ 个元素之和，但低于（或等于）前 k 个元素之和（$\sum_{j=1}^{k-1} p_{ij} < x \leqslant \sum_{j=1}^{k} p_{ij}$），则下一状态为状态 k。随后，以最新的状态作为初始状态，重复该过程，得出新状态。

最后，将生成的风速时序用做风电机功率曲线的输入值，将风速变换为风功率输出，以 NLMC 程序作为概率法，使用得出的数据进行概率功率潮流分析。

8.3.3　通用生成函数法

文献［5］中提出了一种构建风电场（WF）模型以进行可靠性评估的方法，该方法还可用于概率潮流框架。该方法中，将风电场构建为多状态系统①（MSS），通过通用生成函数（UGF）方法确定其概率分布。通常使用离散随机变量对 MSS 的各个要素进行建模，并以 UGF（或 u 函数）表示其概率质量函数，即性能分布（PD）。因此，可综合 u 函数和复合算子，得到整个 MSS 的 PD，如后文所述。

UGF 方法未重点研究风速状态空间或特定风速试验，而是侧重于风电场可用功

---

① 多状态系统（MSS）是一种在不同效率水平（性能等级）执行其功能的系统。

风力发电系统手册

率输出空间在风速状态空间的投影。因此，UGF 方法更灵活、高效，适用于状态数较多的系统，可以减少运算量。本小节分析的是 WF 模型，而非 WTGU 模型，从而更好地说明 UGF 方法的潜在优势。

分析引用了一个具有 N 类 WTGU 的风电场。将该风电场构建成一个由风力要素组成的 MSS，该系统由 N 类 WTGU 组成，是能源的主要来源、电机的子系统。WF 模型的输入数据是实测风速数据 k_W 和 WTGU 功率曲线 N。对于第 j 类 WTGU，发电功率 P_j 是连续变量风速 W 的非线性函数（图 8-1），包含第 j 类 WTGU 中所有 WTG 的功率。WF 模型的输出为通过 WF 注入电网的功率的 PD，亦用做概率潮流分析的输入数据，如下所述。

假设随机变量 G_W 表示风速的性能等级。可通过以下 u 函数 $u_W(z)$ 以多项式的形式表示 PD(G_W)：

$$u_W(z) = \sum_{h=1}^{k_W} P_{W_h} z^{g_{W_h}} \qquad (8-15)$$

式中，离散变量 z 表示所有可能的风速状态 k_W，p_{W_h} 表示发生概率，指数表示风力要素性能等级 g_{W_h}，与第 h 个状态关联。前者可通过频率法求值；后者与风速的实测值一致。

假设随机变量 G_{P_j} 是第 j 类 WTGU 的性能等级。可以使用 u 函数表示 PD(G_{P_j})，如下：

$$u_{P_j}(z) = \sum_{m=1}^{k_{F_j}} p_{P_{mj}} z^{g_{P_{mj}}} \qquad (8-16)$$

从统计学角度来看，随机变量 G_{P_j} 取决于 G_W。因此，风要素的状态会影响 G_{P_j} 第 m 个状态的性能等级 $g_{P_{mj}}$ 和发生概率 $p_{P_{mj}}$。根据方程（8-10）或其他类似方程，变量 G_{P_j} 为随机变量 G_W 的函数。此外，随机变量 G_{P_j} 与 G_W 的给定状态相互独立。

可通过以下确定性函数（结构函数）表示随机变量 G_{P_j} 之间的关系：

$$\Psi(G_{P_1}, \cdots, G_{P_j}, \cdots, G_{P_N}) = \sum_{j=1}^{N} G_{P_j} \qquad (8-17)$$

要采用 UGF 方法求解 WF 模型的输出，必须执行以下步骤。

第一步，根据所有有功功率曲线，分拆风要素的性能集 $\mathbf{g}_W$。对于第 j 类 WTGU，分拆算子 $\boldsymbol{\pi}_{P_j}(\mathbf{g}_W)$ 定义如下：

$$\boldsymbol{\pi}_{P_j}(\mathbf{g}_W) = \{\mathbf{g}_W^{m_j}, \quad m_j \in [1, \cdots, k_{P_j}]\} \qquad (8-18)$$

式中，$\mathbf{g}_W^{m_j} = \{g_{W_h} : G_{P_j} = g_{P_{mj}}\}$

WF 的整体分拆 $\boldsymbol{\pi}(\mathbf{g}_W)$ 定义如下：

$$\boldsymbol{\pi}(\mathbf{g}_W) = \{\mathbf{g}_W^i, \quad i \in [1, \cdots, M]\} \tag{8-19}$$

将分拆算子递归地应用于各类 WTGU，得到：

$$\boldsymbol{\pi}(g_W) = \boldsymbol{\pi}_{P_1}(\boldsymbol{\pi}_{P_2}(\cdots(\boldsymbol{\pi}_{P_M}(\mathbf{g}_W))\cdots)) \tag{8-20}$$

第二步，重新表达 PD (G_{P_j})，根据条件 u 函数 $\bar{u}_{P_j}(z)$ 解释 $\boldsymbol{\pi}(\mathbf{g}_W)$：

$$\bar{u}_{P_j}(z) = \sum_{m=1}^{k_{F_j}} \bar{\mathbf{p}}_{P_{mj}} z^{g_{Fmj}} \tag{8-21}$$

式中 $\bar{\mathbf{p}}_{pmj} = \{p_{Pmj \mid 1}, \cdots, p_{Pmj \mid i}, \cdots, p_{Pmj \mid M}\}$

通用项 $p_{P_{mj \mid i}}$ 可以为 1 或 0，主要取决于分拆项式 $\boldsymbol{\pi}(\mathbf{g}_W)$ 中第 i 个子集 $\mathbf{g}_W^i$ 是否与第 j 类 WTGU 性能空间的像点 $g_{P_{mj}}$ 对应。

第三步，使用随机变量 G_P 表示风电机子系统，并使用条件 u 函数 $\bar{u}_P(z)$ 表示其 PD，如下：

$$\bar{u}_P(z) = \sum_{m=1}^{k_F} \bar{\mathbf{p}}_{P_m} z^{g_{Fm}} \tag{8-22}$$

式中 $\bar{\mathbf{p}}_{P_m} = \{p_{P_m \mid 1}, \cdots, p_{P_m \mid i}, \cdots, p_{P_m \mid M}\}$

实际运算中，可采用复合向量算子 $\overset{\text{o}}{\underset{\psi}{\otimes}}$ 通过 N 的 u 函数 $\bar{u}_{P_j}(z)$ 求解方程（8-22）：

$$\bar{u}_P(z) = \overset{\text{o}}{\underset{\psi}{\otimes}}(\bar{u}_{P_1}(z), \cdots, \bar{u}_{P_j}(z), \cdots, \bar{u}_{P_N}(z))$$

$$= \sum_{m=1}^{k_{F_1}} \cdots \sum_{m=1}^{k_{F_j}} \cdots \sum_{m=1}^{k_{F_N}} \circ(\bar{\mathbf{p}}_{P_{m_1}}, \cdots, \bar{\mathbf{p}}_{P_{m_j}}, \cdots, \bar{\mathbf{p}}_{P_{m_N}}) z^{\psi(g_{Pm_1}, \cdots, g_{Pm_j}, \cdots, g_{Pm_N})} \tag{8-23}$$

式中：

$$\circ(\bar{\mathbf{p}}_{P_{m_1}}, \cdots, \bar{\mathbf{p}}_{P_{m_j}}, \cdots, \bar{\mathbf{p}}_{P_{m_N}}) = \{p_{P_{m_1 \mid 1}} \cdot \cdots \cdot p_{P_{m_j \mid 1}} \cdot \cdots \cdot p_{P_{m_N \mid 1}}, \cdots, p_{P_{m_1 \mid i}} \cdot \cdots \cdot p_{P_{m_j \mid i}} \cdot \cdots \cdot$$

$$p_{P_{m_N \mid i}}, \cdots, p_{P_{m_1 \mid M}} \cdot \cdots \cdot p_{P_{m_j \mid M}} \cdot \cdots \cdot p_{P_{m_N \mid M}}\}$$

$$\tag{8-24}$$

第四步，求解随机变量 G 的 PD，表示 WF 模型的输出。关联 u 函数 $u(z)$ 可表示为：

$$u(z) = \sum_{t=1}^{k} p_t z^{g_t} \tag{8-25}$$

可得：

$$u(z) = \sum_{m=1}^{k_F} \left(\sum_{h=1}^{k_W} p_{W_h} p_{P_m \mid \mu(g_{W_h})}\right) z^{g_{Pm}} \tag{8-26}$$

通过方程（8-26）中的辅助函数 $\mu(g_{wh})$ 减少求解 $p_{Pm1\,i}$ 时的运算量。辅助函数向 g_{wh} 所属的通用项式 g_{wh} 赋值枚举 $\boldsymbol{\pi}(\mathbf{g}_W)$ 中子集 $\mathbf{g}_W^i$ 的整数 i。

通过图 8-1 所示有功功率和无功功率求得有功功率和相关概率值。最后，使用发电功率输出进行概率功率潮流分析。

8.3.4 贝叶斯方法

文献〔6〕提出了一种概率方法（图 8-2），根据 $t-m$ 小时（若预测在 t 时前 1、2 或 4 小时有效，则 $m=1$、2 或 4）前收集的在风电场所在地测得的每小时风速数据，以及有功和无功相负荷功率概率密度函数，预测不平衡配电系统在"t 时"的稳态运行条件。为了明确起见，本小节中假设 $m=1$。

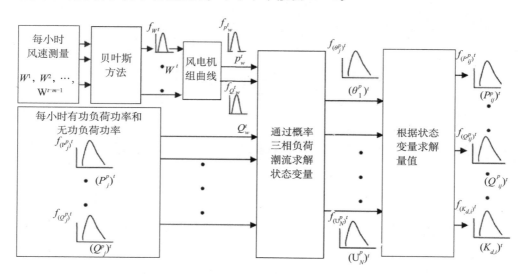

图 8-2 采用贝叶斯方法求解含 WTGU 的配电系统的每小时稳态运行条件[6]

使用在风电场所在地测得的每小时风速通过贝叶斯方法求解"t 时"的风速概率密度函数 f_{w^t}。以风速概率密度函数作为功率曲线的输入数据，将风速转换为发电功率输出，结合负荷概率密度函数进行不平衡配电系统概率性三相负荷潮流分析。

使用贝叶斯方法预测时间 t 的风速概率密度函数 f_{w^t} 时，可采用下述威布尔概率密度函数随表示风速的随机变量 w 进行建模：

$$f_w(w \mid \eta\ \beta) = \frac{\beta}{\eta}\left(\frac{w}{\eta}\right)^{\beta-1}\mathrm{e}^{-\left(\frac{w}{\eta}\right)^{\beta}} \tag{8-27}$$

式中，η 表示尺度参数，β 表示外形参数。

然后确定先验随机变量[32~34]。第一个先验变量为外形参数 β。虽然可以将尺

度参数 η 视为第二个先验随机变量，但最好引入新的随机变量，以构建更合适的预测模型。使用风速的平均值 μ 表示尺度参数 η，如下：

$$\eta = \frac{\mu}{\Gamma\left(1 + \dfrac{1}{\beta}\right)} \tag{8-28}$$

式中，$\Gamma(z)$ 为伽马函数。采用一阶自回归（AR）模型通过临近时间点 w^{t-1} 的风速值计算风速平均值 μ^t。一阶 AR 模型采用了以下方程：

$$\log(\mu^t) = \alpha_1 + \alpha_0 \log(w^{t-1}) \tag{8-29}$$

式中，α_0 和 α_1 为 AR 模型（8-29）的系数。

由方程（8-27）、（8-28）和（8-29）可知，新的先验随机变量 α_0 和 α_1 需采用贝叶斯方法，而非形状参数 β。假设参数的先验分布呈正态分布，并且分别为：$\alpha_0 \sim N(0, 10^4)$、$\alpha_1 \sim N(0, 10^4)$ 和 $\beta \sim N(0, 10^4)$。在先验分布中选择较大的方差，确保时间 $t-1$ 小时前收集的 n 个 w 样本的测定数据 $\mathbf{w}$ 对后验分布参数产生的影响大于其对先验分布参数的影响。

要得到参数 α_0、α_1 和 β 后验分布的近似值，需要使用非正态后验概率密度函数的解析表达式。确定参数 α_0、α_1 和 β 的先验分布及观测量 $\mathbf{w}$ 的分布后，采用该类分布确定有关非正态后验概率密度函数的方程，如下：

$$q(\alpha_0\alpha_1\beta \mid \mathbf{w}) = \left\{ \prod_{t=3}^{n+1} \left[\frac{\beta}{\eta^{t-1}(\alpha_0,\alpha_1)} \left(\frac{w^{t-1}}{\eta^{t-1}(\alpha_0,\alpha_1)} \right)^{\beta-1} e^{-\left(\frac{w^{t-1}}{\eta^{t-1}(\alpha_0,\alpha_1)}\right)^{\beta}} \right] \right\}$$
$$e^{-\left(\frac{0.5\alpha_0^2}{10^4}\right)} e^{-\left(\frac{0.5\alpha_1^2}{10^4}\right)} e^{-\left(\frac{0.5\beta^2}{10^4}\right)} \tag{8-30}$$

式中，可通过方程（8-28）求解 $\eta^{t-1}(\alpha_0,\alpha_1)$，其中，风速平均值 μ^{t-1} 取决于通过方程（8-29）得到的参数 α_0 和 α_1。

在使用了 Metropolis-Hasting（MH）算法的马尔可夫链蒙特卡洛（MCMC）方法中采用了非正态后验分布解析式（8-30），得到参数 α_0、α_1 和 β 后验分布的近似值[34~36]。实际运算时，在 MCMC 模拟中，对与通过先验分布得到的 α_0、α_1 和 β 的每个（实验）样本，采用的程序分为四个步骤：

第一步，采用 α_0、α_1 样本和 w^{t-2} 根据关系式（8-29）计算平均值 μ^{t-1}。

第二步，采用第一步得到的 μ^{t-1} 和 β 样本，根据关系式（8-28）计算 η^{t-1}。

第三步，采用第二步得到的 η^{t-1}、β 样本以及观测量 $\mathbf{w}$ 的 n 个样本，根据关系式（8-30）计算非正态后验分布值。

第四步，在 Metropolis-Hasting（MH）算法中纳入第三步得到的非正态后验分布值，得到 α_0、α_1 和 β 后验分布的样本。

得到 α_0 和 α_1 后验分布样本后，结合风速值 w^{t-1} 通过方程（8－29）计算"t"时风速平均值 μ^t 的概率密度函数。采用已知的 μ^t 概率密度函数和 β 的后验分布通过方程（8－28）计算尺度参数分布 η^t 的概率密度函数。最后，通过 β 的后验分布及 η^t 的概率密度函数求得风速 w^t 的预测分布。事实上，采用适当算法计算风速 w^t 的预测分布，这种算法能够从参数 β 和 η^t 后验分布的各个样本的威布尔分布中生成样本。

8.3.5　特殊分布法

可扩展 8.2.4 节所示方法，使其适用于含 WTGU 的配电系统。设置 WTGU 的节点处的随机输入数据（即有功功率和无功功率注入）必须包含风力发电量。文献［7］采用 Cornish-Fisher 展开式进行了含风电配电系统概率负荷潮流分析，以确定线路功率潮流的统计学特征，包括以下四个步骤：

第一步，通过向配电系统注入风电预期值计算直流负荷潮流，得到系统变量和线路功率潮流的预期值。

第二步，计算风电功率注入累积分布函数的函数矩和累积量。

第三步，基于直流负荷潮流的线性度计算系统变量及分析线路中功率潮流的随机变量的累积量。

第四步，采用 Cornish-Fisher 展开式（8.9）计算分析线路中系统功率累积分布函数的数值。

文献［37］对文献［29］提出的点预测法进行了扩展，以包含风电场不确定性。

8.3.6　混合法

文献［2］中采用混合算法计算了欠电压和过电压的概率，将在下文详述该算法。

首先，采用负荷和风力发电量的预计值对含风电配电系统进行负荷潮流计算，假设所有变量均为独立、随机的高斯变量。

然后进行测试，采用以下负荷和发电功率值计算两个确定负荷潮流，以检测欠电压和过电压风险：

$$P_W = \mu_{P_W} - C_{sd}\sigma_{P_W}$$

$$(8-31)$$

$$P_{load} = \mu_{P_{load}} + C_{sd}\sigma_{P_{load}}$$

$$P_W = \mu_{P_W} + C_{sd}\sigma_{P_W}$$

$$(8-32)$$

$$P_{load} = \mu_{P_{load}} - C_{sd}\sigma_{P_{load}}$$

方程（8-31）和（8-32）分别适用于欠电压和过电压情形。在这两个方程中，$\mu_{P_{load}}$、$\sigma_{P_{load}}$、μ_{P_W} 和 σ_{P_W} 分别表示负荷和风电功率的平均值和标准偏差；数值应用中，为了更好协调运算量和运算结果准确度，建议 C_{sd} 取值 3.5。

最后，若检测到欠电压或过电压风险，则采用蒙特卡洛模拟程序，并假设负荷和发电功率均为随机高斯变量。

文献［8］中还提出了一种基于累积量、特殊函数和卷积法的混合法。风电场的概率建模以三参数威布尔概率密度函数为基础，可以更好地表示较高的风速值，因此比常用的二参数函数更加实用。通过威布尔概率密度函数，可根据功率曲线得出风电功率的概率分布。然后进行概率负荷潮流分析，并考虑发电机停机和支路中断等情况。上述方法将离散型随机变量和连续型随机变量分离；采用累积量法求解连续变量，采用 Von Mises 方法[26~28]单独求解离散分布。分离后，分别对连续输出分布和离散输出分布采用卷积法，获得随机输出变量概率函数。

8.4　数值应用

为简洁起见，本节只采用了前述章节描述的主要方法分析 WTGU 的概率影响。考虑了 17 节点平衡配电系统和 IEEE 34 节点不平衡配电系统，并对平衡系统采用了以下方法：

1. 8.4.1 节，非线性蒙特卡洛模拟法；

2. 8.4.2 节，马尔可夫法；

3. 8.4.3 节，生成函数法；

4. 8.4.4 节，特殊分布法（尤其是 累积量法）。

对于不平衡系统，采用了以下方法：

5. 8.4.5 节，非线性蒙特卡洛模拟法；

6. 8.4.6 节，贝叶斯方法 。

8.4.1　用于平衡配电系统的非线性蒙特卡洛模拟

采用非线性蒙特卡洛模拟法对前一章中图 8.6 所示的 17 节点平衡式三相配电网

络进行了概率稳态分析。该系统由 16 个 12.5kV 节点和一个 138kV 节点（1#）组成。前一章中表 8 - 2 和表 8 - 3 分别列出了研究的测试系统的主要数据。有功功率和无功功率被建模为随机高斯变量。假设表 8 - 2 所列数据为有功功率和无功功率的平均值，标准偏差等于均值的 10%。

分析时，考虑了以下案例：

案例一	无风力发电机组
案例二	节点 9 处的 1.0MW 半变速 WTGU 节点 13 处的 1.0MW GBBC 变速 WTGU
案例三	节点 9 处的 1.0MW 半变速 WTGU 节点 13 处的 1.0MW GBBC 变速 WTGU 节点 15 处的 1.0MW DFIG 变速 WTGU 节点 17 处的 1.0MW 定速失速型 WTGU

WTGU 模型详情及更多数据，参见文献 [1] 第 4 节。

设定一个有关风速的瑞利概率密度函数。在涉及的所有案例分析中，均假设风速为 8.1m/s。

案例一：选定的节点 9 与节点 13 处电压振幅的概率密度函数，节点 2 与节点 13 之间线路以及节点 2 与节点 11 之间线路中有功功率潮流的概率密度函数（图 8 - 3，8 - 4）。

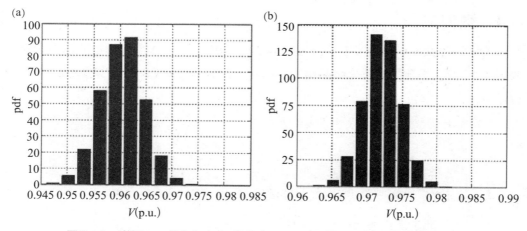

图 8 - 3　案例一：节点 9（a）和节点 13（b）处的电压振幅概率密度函数

案例二：WTGU 注入功率的概率密度函数，选定的节点 9 与节点 13 处电压振幅的概率密度函数，在所有节点处配备 WTGU 的配电系统的电压振幅平均值分布与不含 WTGU 的配电系统的电压分布对比，节点 2 与节点 13 之间线路以及节点 2 与节点 11 之间线路中有功功率潮流的概率密度函数（图 8 - 5，8 - 6，8 - 7，8 - 8）。

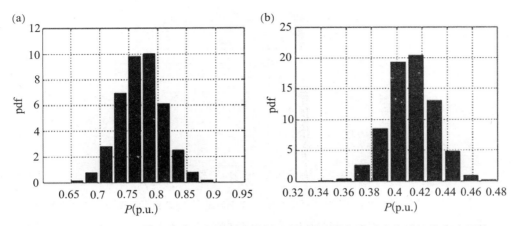

图 8-4　案例一：线路 2~3（a）和线路 2~11（b）中的有功功率潮流概率密度函数

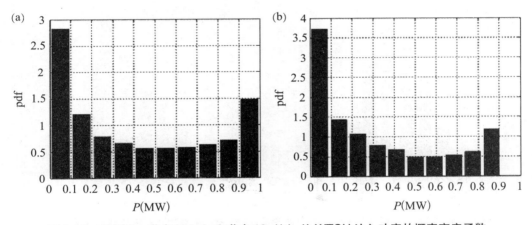

图 8-5　案例二：节点 9（a）和节点 13（b）处 WTGU 注入功率的概率密度函数

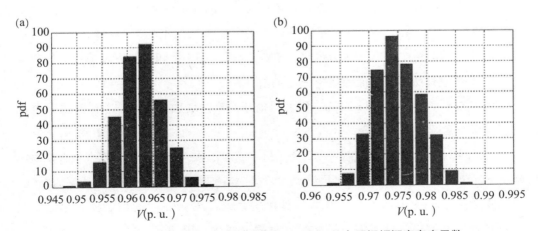

图 8-6　案例二：节点 9（a）和节点 13（b）处电压振幅概率密度函数

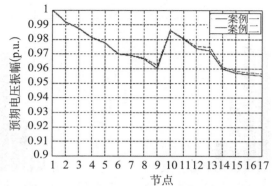

图 8－7　案例二：不含 WTGU 配电系统（案例一）的电压分布与在节点 9 及节点

13 处配备 WTGU 的配电系统的电压分布对比

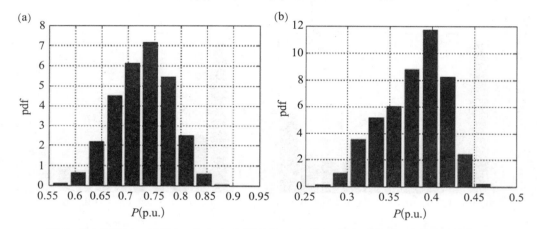

图 8－8　案例二：线路 2～3（a）和线路 2～11（b）中有功功率潮流概率密度函数

　　案例三：WTGU 注入功率的概率密度函数；选定的节点 9 和节点 13 处电压振幅的概率密度函数；在所有节点处配备 WTGU 的配电系统的电压振幅平均值分布与不含 WTGU 的配电系统的电压分布对比；节点 2 与节点 13 之间线路以及节点 2 与节点 11 之间线路中有功功率潮流的概率密度函数（图 8－9，8－10，8－11，8－12）。

　　对比图 8－7 和图 8－11 可知，随着风电穿透率的增加，所有节点处的预期电压振幅均高于案例一中的数值。分析图 8－3、图 8－6 和图 8－10，可得出相同结论。

　　分析图 8－4、图 8－8 和图 8－12 所示概率密度函数，可得出风力发电量对配电系统线路有功功率潮流的影响。分析可知，WTGU 穿透率越高，线路有功功率潮流越低。

　　最后，表 8－1 显示，与不含 WTGU 配电系统（案例一）的功率损失相比，配备 WTGU 后（案例二和案例三）实际功率损失减少。很明显，功率损失大幅降低，且降低幅度随风力发电量的增加而不断增加。

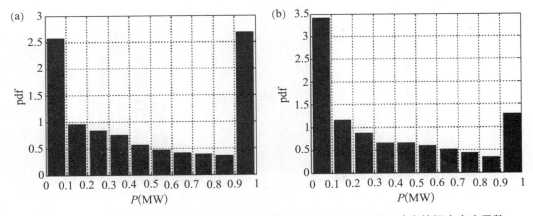

图 8-9　案例三：15 号节点（a）和 17 号节点（b）处 WTGU 注入功率的概率密度函数

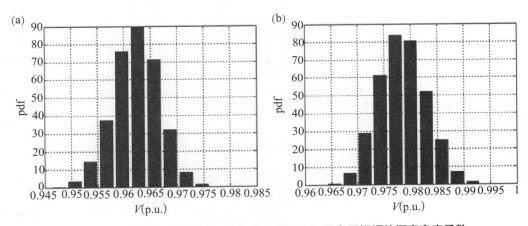

图 8-10　案例三：节点 9（a）和节点 13（b）处电压振幅的概率密度函数

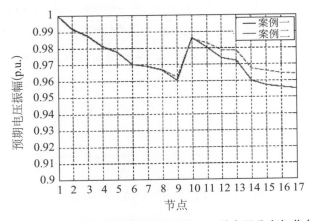

图 8-11　案例三：不含 WTGU 配电系统（案例一）的电压分布与节点 9、节点 13、
节点 15 和节点 17 处配备 WTGU 的配电系统的电压分布对比

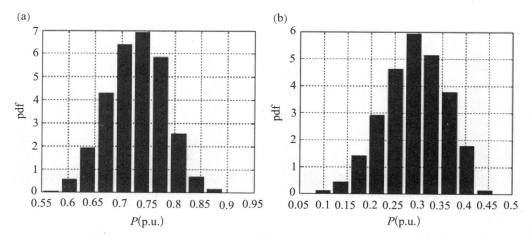

图 8 - 12　案例三：线路 2～3（a）和线路 2～11（b）中有功功率潮流概率密度函数

表 8 - 1　功率损失降低

案例	案例一中功率损失减少（%）
二	11.7
三[1]	30.1

1）定速失速型 WTGU 的 PQ 模型[1]。

8.4.2　用于平衡配电系统的马尔可夫分析法

此外，研究还考虑了采用马尔可夫法对平衡配电系统进行稳态分析和评估。

本节进一步分析了 8.4.1 节探讨的案例三；但是，本节中采用的风速为通过 8.3.2 节所述马尔可夫方法获得的时间序列。马尔可夫方法中采用的风速测量数据由荷兰皇家气象研究所（http：//www.knmi.nl/samenw/hydra/index.html）提供，于 2001 年 1 月至 2009 年 9 月在荷兰 Texelhors 风电站测得。

为简捷起见，仅分析了节点 15 和 17 处 WTGU 注入功率的概率密度函数，以及节点 9 和节点 13 处电压振幅的概率密度函数，不含 WTGU 配电系统的电压振幅分布与在所有节点处配备 WTGU 的配电系统的电压振幅平均值分布对比（图 8 - 13，8 - 14，8 - 15）。

与案例一相比，本案例中系统的实际功率损失降低了约 30.5%。

8.4.3　平衡配电系统的通用生成函数法

此外，还在平衡配电系统中使用 8.3.3 节所述生成函数法。

本节进一步分析了 8.4.1 节探讨的案例三。所用数据同样是由荷兰皇家气象研究所（http：//www. knmi. nl/samenw/hydra/index. html）提供的长期风速数据。

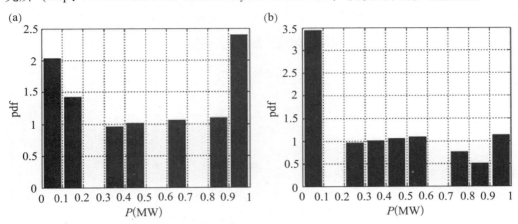

图 8 – 13　案例三：节点 15(a) 和节点 17(b) 处 WTGU 注入功率的概率密度函数

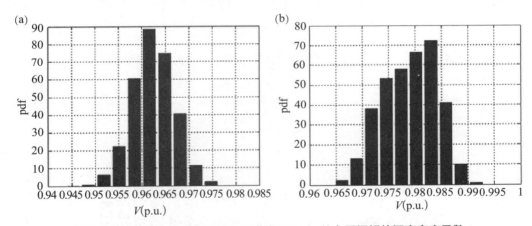

图 8 – 14　案例三：节点 9(a) 和节点 13(b) 处电压振幅的概率密度函数

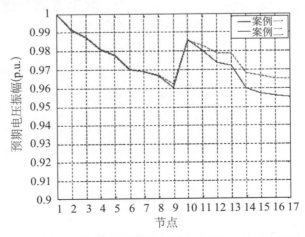

图 8 – 15　案例三：不含 WTGU 配电系统（案例一）的电压分布与含

WTGU 配电系统的电压分布对比

为简捷起见，仅分析了：节点 15 和 17 处 WTGU 注入功率的性能分布，节点 9 和节点 13 处电压振幅的概率密度函数，不含 WTGU 配电系统的电压振幅分布与在所有节点处配备 WTGU 的配电系统的电压振幅平均值分布对比（图 8 - 16，8 - 17，8 - 18）。

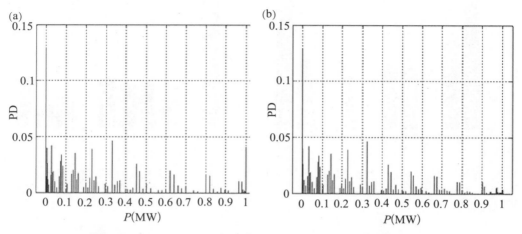

图 8 - 16　节点 15(a) 和节点 17(b) 处 WTGU 的发电功率性能分布

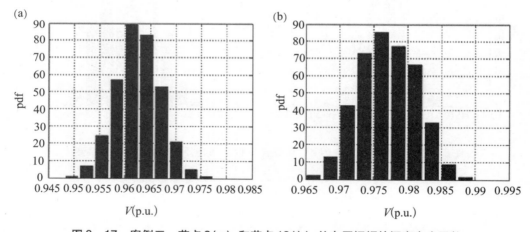

图 8 - 17　案例三：节点 9(a) 和节点 13(b) 处电压振幅的概率密度函数

与案例一相比，本案例中功率损失降低了 20.64% ；由于采用生成函数法所得发电功率概率函数的平均值比采用马尔可夫法得到的平均值小，因此，与采用马尔可夫法实现的功率损失降低（30.5%）相比，采用生成函数法实现的功率损失降低率相对较低。

8.4.4　特殊分布法

此外，还通过直流负荷潮流对平衡配电系统进行了研究，并对采用蒙特卡洛模

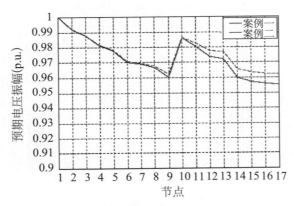

图 8-18　案例三：含 WTGU 配电系统与不含 WTGU 配电系统的电压分布对比

拟法得出的直流负荷潮流结果与采用 8.3.5 节所述 Cornish-Fisher 展开式得出的结果进行了对比。

直流负荷潮流分析中，假设所有节点处的电压振幅均等于 1p.u.，线路电阻忽略不计，因此，分析时未观察到任何电压和功率损失。

本节进一步分析了 8.4.1 节探讨的案例三，并已将风速建模为 8.4.1 节所述的瑞利随机变量。

下文中，列出了两条所选线路的累积分布函数（cdf）和概率密度函数（pdf）。

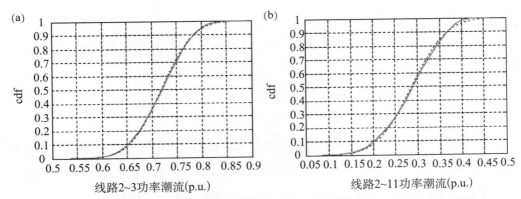

图 8-19　案例三：采用蒙特卡洛模拟和 Cornish-Fisher 展开式（虚线）得出的线路
2～3（a）和线路 2～11（b）中功率潮流的累积分布函数

图 8-19 和图 8-20 表明拟合良好。

对比图 8-20 所示功率潮流概率密度函数与采用非线性蒙特卡洛模拟法得出的类似概率密度函数（如图 8-12 所示）可知，尽管近似值不同，但功率潮流值在相似区间范围内。

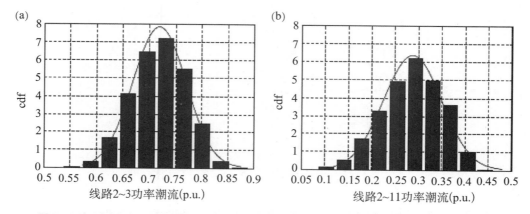

图8-20 案例三：采用蒙特卡洛模拟（直方图）和 Cornish-Fisher 展开式得出的线路
2～3（a）和线路2～11（b）中功率潮流的概率密度函数

8.4.5 用于不平衡配电系统的非线性蒙特卡洛模拟

采用非线性蒙特卡洛模拟法对图7.11所示 IEEE 34 节点测试配电系统的改良版进行了概率稳态分析。该测试系统为实际配电系统，包含83个系统节点，电压水平为24.9kV。表7.4列出了有功负荷和无功负荷相功率，完整的网络数据和参数请参见文献[38]。假设表7.4所列的数值是有功负荷和无功负荷相功率的平均值，标准偏差等于平均值的10%。

本节考虑了以下 WTGU：节点828处的330kW定速失速型 WTGU，以及节点860处的定速 WTGU[30]。

通过非相关瑞利概率密度函数表示节点828和节点860处的风速特征值，平均值分别为7.20m/s和8.18m/s。

图8-21显示了不含 WTGU 以及在节点828和节点860处配备 WTGU 的相电压分布平均值。图8-22所示为在节点836处配备 WTGU 的相电压的概率密度函数。

本案例中，配备风力发电机后，所有节点处的电压幅值增加；此外，系统的实际功率损失降低了约19%。

8.4.6 用于不平衡配电系统的贝叶斯方法

采用贝叶斯概率方法评估了前一章讨论的不平衡配电系统的性能。

配电系统、负荷以及发电功率相关的数据均与前一小节所用的数据相同。本小节综合了文献[6]中的各项结果。

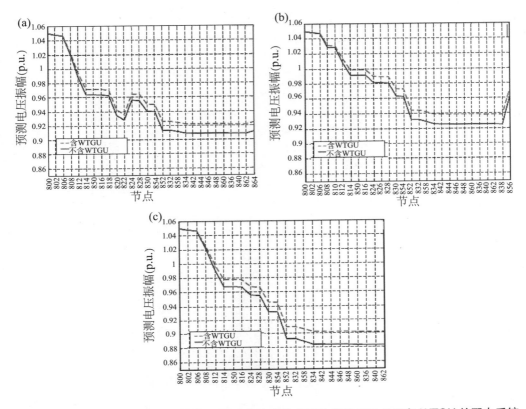

图 8-21　不含 WTGU 配电系统的电压分布与在节点 828 和节点 860 处配备 WTGU 的配电系统的电压分布对比：（a）相 a、（b）相 b 及（c）相 c

选择在秋季对配电系统进行每小时稳态分析。

通过 8.3.4 节所述的贝叶斯方法得出了每小时风速的概率密度函数。第一小时的预计风速概率密度函数基于此前 6 天（$n = 144h$，$m = 1$）采集样本的实测风速。相关数据由荷兰皇家气象研究所（http：//www.knmi.nl/samenw/hydra/index.html）提供，于 2004 年 9 月 19 日至 25 日在 Texelhors 和 De Kooy 风电站测得。

图 8-23 对比了每小时预测风速平均值（以及概率密度函数的最小值和最大值的差值）与 De Kooy 风电站的实测风速值，得出的预测效果良好，Texelhors 风电站的情况亦是如此。

图 8-24、8-25、8-26 和 8-27 显示了节点 828 和节点 840 在 24h 内的相电压的平均值和标准偏差（平均值百分比）。相电压的平均值受负荷分布影响，假设最小值与最大负荷关联（$h = 11$），最大值与最小负荷关联（$h = 6$）。以平均值百分比的形式表示标准偏差，并假设最大值和最小值分别与最大负荷和最小负荷关联。

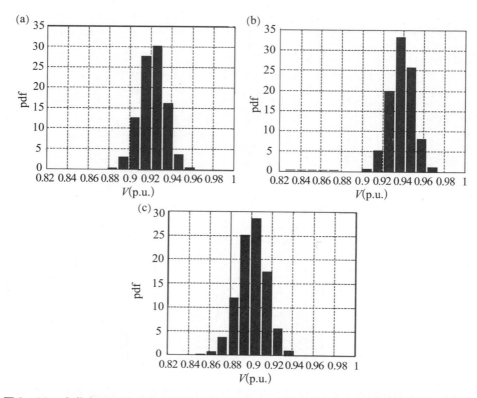

图 8-22　在节点 828 和节点 860 处配备 WTGU 时节点 836 处电压振幅的概率密度函数：
相 a（a）、相 b（b）及相 c（c）

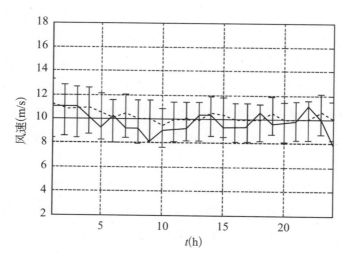

图 8-23　节点 828 处预计（虚线）和实测（实线）每小时风速（De Kooy 风电场）

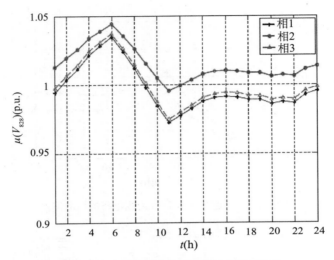

图 8 -24　节点 828 处 24h 内相电压平均值

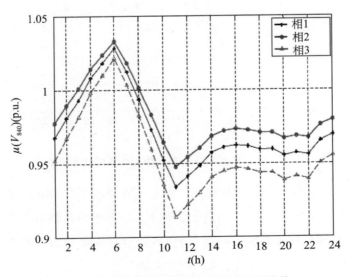

图 8 -25　节点 840 号 24h 内相电压平均值

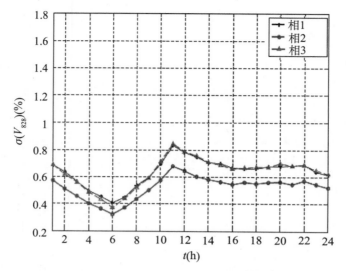

图 8 −26　节点 828 处 24h 内相电压的标准偏差

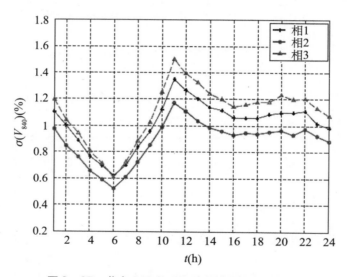

图 8 −27　节点 840 处 24h 内相电压的标准偏差

　　为了描述配电系统运行的不平衡特点，图 8 − 28 显示了在 24h 的研究期限内节点 828 和 840 处不平衡系数的第 95 个百分位数 K_{d95}。不平衡系数取决于负荷分布。节点 828 处 24h 内的不平衡系数平均值小于 1%，节点 840 处的许多不平衡系数大于 1%，第 11 小时的不平衡系数值最大，约为 1.7%。

8.5　结论

　　本研究中，对含风电场的平衡和不平衡配电系统负荷潮流分析时采用的一些概

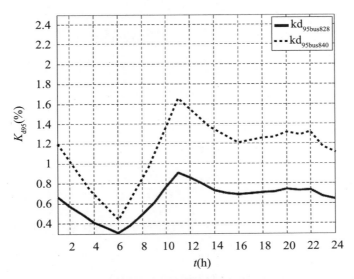

图 8-28　节点 828 和 840 处不平衡系数的第 95 个百分位数

率方法进行了分析，提供了一些风电场概率模型，并采用了蒙特卡洛模拟、卷积过程和特殊分布函数法等方法进行了概率分析。

此外，根据各类风电场模型，讨论了平衡和不平衡测试配电系统的数值应用。

本章主要结论如下：若需考虑配电系统在风速和负荷等方面不可避免的不确定性，必须对配电系统进行概率稳态分析。评估市场中高风电穿透率产生的影响，确保配电系统的稳定运行。

附录 8. A

8. A1　高斯相关随机变量模拟

通过以下过程生成了平均值为 $\mu(\boldsymbol{R})$ 且协方差矩阵为 $\mathrm{cov}(\boldsymbol{R})$ 的高斯随机变量的近似 n 维向量 $\boldsymbol{R}$[39]：

1. 求解矩阵 $\mathrm{cov}(\boldsymbol{R})$ 的特征值 l_1，$\cdots$，l_n 及相应特征向量 $\boldsymbol{\Psi}_1$，$\cdots$，$\boldsymbol{\Psi}_n$；
2. 生成平均值为零、方差等于 l_1，$\cdots$，l_n 的不相关高斯变量的 n 维向量 $\boldsymbol{\Gamma}$；
3. 通过以下方程生成向量 $\boldsymbol{R}$：

$$\boldsymbol{R} = \mu(\boldsymbol{R}) + [\boldsymbol{\Psi}_1, \cdots, \boldsymbol{\Psi}_n]\boldsymbol{\Gamma} \tag{8. A1}$$

8. A2　瑞利相关随机变量模拟

可采用以下近似过程[13]生成瑞利分布和瑞利相关随机变量 ω_1，$\cdots$，ω_{N_V} 的随机

数 N_V：

1. 以 μ_1，$\cdots$，μ_{N_V} 为平均值、σ_1，$\cdots$，σ_{N_V} 为标准偏差以及 ρ_{ij}（i，$j=1$，$\cdots$，N_V，$i \neq j$）为相关因数，协方差矩阵可表示为：

$$\Omega_\omega = \begin{bmatrix} \sigma_1^2 & \cdots & \rho_{1N_V} \\ & \ddots & \\ \rho_{N_V1} & \cdots & \sigma_{N_V}^2 \end{bmatrix} \tag{8.A2}$$

由下式可确定一个下三角矩阵 $\boldsymbol{L}$：

$$\Omega_\omega = \boldsymbol{L}\ \boldsymbol{L}^T \tag{8.A3}$$

2. 对于每个随机变量 ω_i，可根据平均值为 μ_i 的瑞利概率密度函数分布生成随机数向量 ω_i^*；

3. 通过以下关系根据 ω_i^* 确定新变量：

$$\boldsymbol{z}_i^* = \frac{\boldsymbol{\omega}_i^* - E(\boldsymbol{\omega}_i^*)}{\sigma(\boldsymbol{\omega}_i^*)} \tag{8.A4}$$

4. 通过以下方程确定相关瑞利变量随机数 $\boldsymbol{r}_i^*$：

$$\boldsymbol{r}_i^* = \left| \boldsymbol{L}\ (\boldsymbol{z}_i^*)^{\mathrm{T}} + \mu_i \right| \tag{8.A5}$$

附录 8.B

图 8.B1 和图 8.B2 所示分别为 17 节点平衡式测试配电系统和 IEEE 34 节点不平衡测试配电系统。

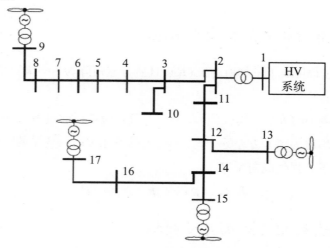

图 8.B1　17 节点平衡式三相测试配电系统

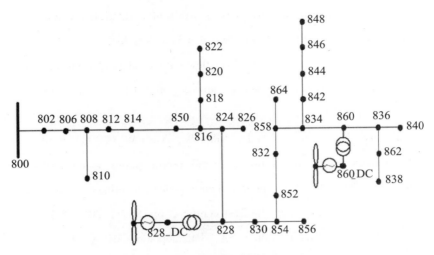

图 8. B2　IEEE 34 节点测试配电系统

参考文献

［1］ Caramia P，Carpinelli G，Proto D，Varilone P Deterministic approaches for steady state analysis in distribution systems with wind farms. In：Pardalos PM，Pereira MVF，Rebennack S，Boyko N（eds）Handbook of wind power systems：operation，modeling，simulation and economic aspects. Springer，Berlin.

［2］ Jorgensen P，Tande JO（1998）Probabilistic load flow calculation using Monte Carlo Techniques for distribution network with wind turbines. In：8th international conference on harmonics and quality of power ICHQP'98，Athens（Greece），14－16 Oct 1998.

［3］ Hatziargyriou ND，Karakatsanis TS，Papadopoulos M（1993）Probabilistic load flow in distribution systems containing dispersed wind power generation. IEEE Trans Power Syst 8（1）：159－165.

［4］ Masters CL，Mutale J，Strbac G，Curcic S，Jenkins N（2000）Statistical evaluation of voltages in distribution systems with embedded wind generation. IEE Proc Generat Transm Distrib 147（4）：207－212.

［5］ Di Fazio AR，Russo M（2008）Wind farm modelling for reliability assessment. IET Renew Power Gener 2（4）：239－248.

［6］ Bracale A，Caramia P，Carpinelli G，Varilone P（2008）A probability method for very shortterm steady state analysis of a distribution system with wind farms. Int J Emerg Electr Power Syst 9 (5), Article 2.

[7] Usaola J (2009) Probabilistic load flow with wind production uncertainty using cumulants and Cornish-Fisher expansion. Int J Electr Power Energy Syst 31 (9): 474 – 481.

[8] Zhaohong BIE, Gan L, Liu L, Xifan W, Xiuli W (2008) Studies on voltage fluctuations in the integration of wind power plants using probabilistic load flow. In: IEEE power and energy society general meeting—conversion and delivery of electrical energy in the 21st century, pp. 1 – 7, 20 – 24 July 2008.

[9] Boulaxis NG, Papathanassiou SA, Papadopoulos MP (2002) Wind turbine effect on the voltage profile of distribution networks. Renew Energy 25: 401 – 415.

[10] Boehme T, Wallace AR, Harrison GH (2007) Applying time series to power flow analysis in networks with high wind penetration. IEEE Trans Power Syst 22 (3): 951 – 957.

[11] Carpinelli G, Pagano M, Caramia P, Varilone P (2007) A probabilistic three-phase load flow for unbalanced electrical distribution systems with wind farms. IET Renew Power Gener 1 (2): 115 – 122.

[12] Chen P, Chen Z, Bak-Jensen B, Villafafila R (2007) Study of power fluctuation from dispersed generations and loads and ist impact on a distribution network through a probabilistic approach. In: 9th international conference on electrical power quality and utilization, Barcelona (Spain), 9 – 11 Oct 2007.

[13] Feijòo AE, Cidràs J, Dornelas JLG (1999) Wind speed simulation in wind farms for steady-state security assessment of electrical power systems. IEEE Trans Energy Convers 14 (4): 1582 – 1588.

[14] Papaefthymiou G, Klockl B (2008) MCMC for wind power simulation. IEEE Trans Energy Convers 23 (1): 234 – 240.

[15] Amada JM, Bayod-Rújula ÁA (2007) Wind power variability model: Part I—foundations. In: 11th international conference on electrical power quality and utilization, Barcelona (Spain), 9 – 11 Oct 2007.

[16] Conlon MF, Mumtaz A, Farrell M, Spooner E (2008) Probabilistic techniques for network assessment with significant wind generation. In: 11th inter-

national conference on optimization of electrical and electronic equipment （OP-TIM 2008）, Braşov, Romania, 22 – 24 May 2008, pp 351 – 356.

[17] Bracale A, Carpinelli G, Proto D, Russo A, Varilone P （2010） New approaches for very shortterm steady-state analysis of an electrical distribution system with wind farms. Energies 3 （4）: 650 – 670. doi: 10. 3390/en3040650.

[18] Pereira VF, Balu NJ （1992） Composite generation/transmission reliability evaluation. Proc IEEE 80 （4）: 470 – 491.

[19] Anders GJ （1990） Probability concepts in electric power systems. Wiley, New York.

[20] Allan RN, Leite da Silva AM, Burchett RC （1981） Evaluation methods and accuracy in probabilistic load flow solutions. IEEE Trans Power Apparatus Syst （PAS） 100 （5）: 2539 – 2546.

[21] Caramia P, Carpinelli G, Di Vito G, Varilone P （2003） Probabilistic techniques for three-phase load flow analysis. In: IEEE/PES power tech conference, Bologna （Italy）, June 2003.

[22] Zhang P, Lee T （2004） Probabilistic load flow computation using the method of combined cumulants and Gram-Charlier expansion. IEEE Trans Power Syst 19 （1）: 676 – 682.

[23] Kendall MG, Stuart A （1958） The advanced theory of statistics, vol 1. Charles Griffin & Co. , Ltd. , London, UK.

[24] Cornish EA, Fisher RA （1937） Moments and cumulants in the specification of distributions. Revue de l'Institut International de Statistics 4: 307 – 320.

[25] Jaschke SR （2001） The Cornish-Fisher-expansion in the context of delta-gamma normal approximations. Discussion Paper 54, Sonderforschungsbereich 373. Humboldt-Universität, Berlin. http: //www. jaschke-net. de/papers/ CoFi. pdf.

[26] Santabria L, Dillon TS （1986） Stochastic power flow using cumulants and Von Mises functions. Int J Electr Power Energy Syst 1 （8）: 47 – 60.

[27] Hu Z, Wang X （2006） A probabilistic load flow method considering branch outages. IEEE Trans Power Syst 21 （2）: 507 – 514.

[28] Sanabria LA, Dillon TS （1998） Power system reliability assessment suitable

for a deregulated system via the method of cumulants. Int J Electr Power Energy Syst 20 (3): 203-211.

[29] Caramia P, Carpinelli G, Varilone P (2010) Point estimate schemes for probabilistic three-phase load flow. Electr Power Syst Res 80 (2): 168-175.

[30] Mortensen NG, Landberg L, Troen I, Petersen EL (1993) Wind atlas analysis and application program (WAsP).

[31] Feijòo AE, Cidràs J (2000) Modeling of wind farms in the load flow analysis. IEEE Trans Power Syst 15 (1): 110-111.

[32] Gelman A, Carlin JB, Stern HS, Rubin DB (1995) Bayesian data analysis. Chaoman & Hall, London (UK).

[33] Black TC, Thompson JW (2001) Bayesian data analysis. Computing Sci Eng 03 (4): 86-91.

[34] Lenk P (2001) Bayesian inference and Markov Chain Monte Carlo. University of Michigan, USA.

[35] Congdon P (1993) Applied Bayesian modelling. Queen Mary University of London (UK), Wiley, London.

[36] Chib S, Greenberg E (1995) Understanding the metropolis-hastings algorithm. Am Stat 49 (4): 327-335.

[37] Bracale A, Carpinelli G, Caramia P, Russo A, Varilone P (2010) Point estimate schemes for probabilistic load flow analysis of unbalanced electrical distribution systems with wind farms. IEEE/PES 14th international conference on harmonics and quality of power (ICHQP), 26-29 Sept 2010, Bergamo (Italy).

[38] Kersting WH (2001) Radial distribution test feeders. In: IEEE power engineering society winter meeting, vol 2, 28 Jan-1 Feb 2001, pp 908-912. http://ewh.ieee.org/soc/pes/dsacom/testfeeders.html).

[39] Fukunaga L (1972) Introduction to statistical pattern recognition. Academic Press, London.

第九章
大规模风电并网中的先进控制功能

Fernanda Resende，Rogério Almeida，Ângelo
Mendonça 和 João Peças Lopes[①]

摘要：许多电力系统运营商都发布了适用的电网规范，以确保风电并网规模较大的电力系统安全、可靠运行。根据电网规范，风电场必须尽可能与配备同步发电机的传统发电厂一样，具备有功功率和无功功率调节以及故障穿越能力。此外，必须避免出现小扰动稳定性问题。本章探讨了可以提升双馈感应发电机在频率控制和故障穿越能力方面性能的先进控制功能，并讨论了双馈感应发电机内置传统电力系统稳定器的鲁棒整定（使其作为辅助设备提供阻尼）。由于许多电力系统运营商将关注重心放在故障穿越能力上，本章还研究了一种控制功能，这种控制功能以静态补偿器为基础，旨在增强配备定速感应发电机的风电场的故障穿越能力。最后，通过数值模拟证明了上述先进控制功能的有效性。

9.1 概述

随着全球风电装机容量的快速增长，对更大型、更稳健的风力发电机组（WTGS）的需求也日益增加。同时，在正常运行以及电网异常条件下功率控制能力

① F. Resende（✉）· R. Almeida · Â. Mendonça · J. P. Lopes
INESC-波尔图，葡萄牙波尔图
e-mail：fresende@ inescporto. pt

J. P. Lopes
波尔图大学工程学院，葡萄牙波尔图

R. Almeida
阿马帕联邦大学，巴西阿马帕

F. Resende
波尔图卢索佛纳大学，葡萄牙波尔图

方面的要求显著提高，尤其是以双馈感应发电机（DFIG）和配备完整规模功率变流器的 WTGS 等系统为首的变速概念。在 DFIG 配置中，仅通过一个部分规模整流器连接感应发电机转子与交流电网，该整流器用于控制转子转速，确保较宽的转速范围。一般来说，变速范围是同步转速的 ±30%，整流器额定功率仅为配置额定功率的 25%～30%。从经济角度来看，这一概念极具吸引力[29]。因此，DFIG 已成为一种应用最广泛的发电机[18]。

随着风电并网规模的增加，许多电力系统运营商制定了更详细、更严格的风电场运行技术要求，不断改进其电网规范[15]。在许多电力系统中，风电场与配备同步发电机的传统发电厂相比更具优势，这是由于传统发电厂无法合理调度风力发电产生的盈余，以至在系统技术和运行特点方面出现一些负面作用，主要表现在系统动态稳定性及电力供应安全性降低，以及系统调频和调压能力受到影响。因此，最常用的电网规范主要侧重于风电场在有功功率和无功功率控制方面的能力，确保风电场具备调频、调压以及故障穿越（FRT）能力[54]。

同步发电机可能配备电力系统稳定器（PSS），对转子间产生的低频功率振荡提供阻尼。某些地区风力发电盈余量较大，可能增加弱联电网的功率潮流，当前配备的 PSS 无法提供所有风力发电条件下所需的额外阻尼，因此整体的阻尼水平将会降低[33]。因此，风电场应能够用作辅助设施，提供所需阻尼[23,24]。

过去数年间，电网规范已成为驱动 WTGU 技术快速发展的主要因素[20]。为满足该类电网规范要求，制造商需要提高对传统风电机及风电场的控制能力，并开始探索变速发电机。为此，制造商开发了先进的控制功能，并应用于独立 WTGS 整流器的控制系统中，从而增强了控制功能，确保满足系统运营商发布的最严格的电网规范。

为满足正常运行条件下有功功率和无功功率控制的相关要求，可采用一套由集中控制层和现地控制层组成的分层控制结构，该结构由先进的 SCADA 系统提供支持[4,20]。系统运营商应根据网络状况调整风电场的有功功率和无功功率输出。为此，开发了二级分层控制和管理系统。集中控制层向现地控制层发送有功功率和无功功率参考值，控制风电场的功率输出。数据采集系统记录来自独立 WTGS 和公共连接点（PCC）的主要参数，并用于确定各 WTGU 的最佳有功功率和无功功率设定值，满足系统运营商的要求。现地控制层处理独立 WTGS 控制系统的相关问题，并确保达到集中控制层设定的参考值。

由于电网故障的影响可能会波及较大范围的地理区域，导致风电脱网，电力系统的故障穿越能力已成为电网运营商重点关注的问题。出现电网故障时，会损失大量风电，对电网的供电安全产生严重威胁。为了避免这一问题，出现严重电网扰动时，必须保持 WTGS 可靠连接，确保故障清除后有功功率可以快速恢复到故障前的水平，同时注入无功电流，保证扰动时电压稳定，确保故障清除后立即恢复电压。

尽管目前变速 WTGS 已得到广泛应用，但许多国家仍在使用于二十世纪九十年代早期建立的配备定速感应发电机（FSIG）的风电场，也可在一定程度上满足故障穿越要求。主要通过并网感应发电机确定 FSIG 的动态特性，此类发电机会从电网吸收无功功率。尽管通常在稳态运行时采用并联电容器电池补偿无功功率，但由于此设备在出现压降时无功功率注入能力大幅降低，会出现性能不佳的问题。因此，在出现压降时，发电机力矩和有功功率输出会大幅降低，导致转子加速和转子失稳。此外，电机在滑差值增大的条件下运行会导致无功功率吸收增加，尤其是在故障清除且系统电压部分恢复后。这极大地阻碍了电压恢复，并可能会对终端电压仍然较低的相邻发电机产生影响。由于感应发电机自身无法提升其动态特性，可借助连接至风电场终端的外部静态补偿装置实现故障穿越能力[46]。对于此类情况，通常认为基于静止同步补偿器（STATCOM）的方法是最高效的方法[11]。但是，通常要求 STATCOM 的额定容量达到风电场总装机容量的 100%，以保证电压恢复效果[8,19,36,46]。

本章主要论述了用于提高 DFIG 控制能力的先进控制功能，以使其符合电网规范要求，特别是故障穿越能力和一次调频控制。此外还探讨了含大规模风电电力系统中的 PSS 整定问题，并考虑到 DFIG 内置 PSS 可以提供额外阻尼，防止机电振荡。本文还讨论了一种基于外部 STATCOM 的方法，可为配备 FSIG 的风电场提供故障穿越能力。最后，通过小型测试系统数值模拟对这些先进控制功能及整定后的 PSS 的性能进行了评估。

9.2 节列举了 DFIG 配置的数学模型及 DFIG 运行和控制方面的主要问题；9.3 节描述了基于模糊控制的控制功能，可用于提高 DFIG 的故障穿越能力；9.4 节介绍了用于 DFIG 的一次调频法；9.5 节探讨了适用于 DFIG 内置 PSS 鲁棒整定的方法；9.6 节介绍了向配备 FSIG 的风电场提供故障穿越能力的 STATCOM 控制方法；9.7 节对本章进行了总结。

9.2　DFIG 动态建模和运行

DFIG 概念与配备绕线转子感应发电机（WRIG）及部分规模整流器的变速 WTGS 相对应，其中部分规模整流器通过滑环与转子绕组连接。定子直接与交流电

风力发电系统手册

网连接，转子通过整流器与电网连接，分别从定子和转子侧向 DFIG 馈电，如图 9 –
1 中的典型电力接线图所示。因此，DFIG 配置允许从定子向电网提供电功率，并通
过转子电路实现与电网之间的电功率交换。此外，对转子电路中有功功率潮流的幅
值和方向进行控制，以实现在较大的速度范围内（次同步转速至超同步转速）变速
运行。因此，整流器由两个基于脉宽调制（PWM）变流器的绝缘栅双极晶体管
（IGBT）、转子侧变流器（RSC）和电网侧变流器（GSC）组成，通过直流侧电容器
背靠背连接，各部分之间独立控制[40,44]，如图 9 – 1 所示。

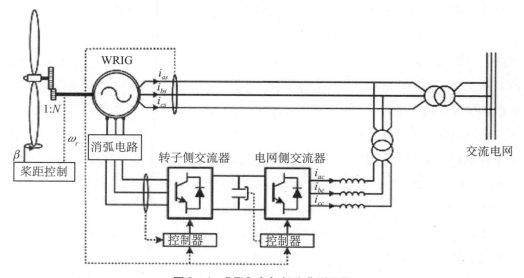

图 9 – 1　DFIG 电气部分典型配置

　　正常运行条件下，RSC 控制系统通过控制转子电流分量对通过定子电路馈入电
网的有功功率和无功功率进行控制，而 GSC 控制系统则用于控制基于 RSC 与交流电
网间有功功率平衡的直流侧电压，并确保 DFIG 以额定功率因数运行。但是，与
GSC 相比，RSC 可补偿更多无功功率需求，因此通常假设主要由 RSC 控制无功功率
需求[1,7,34]。

　　出现电网故障时，并网 WRIG 的定子内出现高频暂态电流，并转移至转子，引
起过电流和过电压，从而损害整流器。为了避免过电流，通常采用交流消弧电路保
护系统，该系统由直流侧电压触发，在转子电流达到峰值时直流侧电压快速上升。
对于电压暂降或下跌，消弧电路使 WRIG 转子短路，由于 RSC 受阻且 WRIG 失去可
控性，DFIG 配置临时进入同步电机运行模式。与 RSC 相反，GSC 继续运行。因此，
为了在此类情况下提供电压支持，必须对 RSC 和 GSC 的联动电压进行控制。在采纳
的控制策略中，触发消弧电路后，GSC 将提供最大无功功率，从而提高电压水平。

移除消弧电路后，使用 RSC 进行电压控制，从而快速重建电压电平。这样，DFIG 配置将能够满足故障穿越和电网支持能力要求[1,34]。

在高度复杂的瞬时稳定性研究中，通常采用数学模型表示 DFIG 的动态特性及其对交流网络产生的影响。通用模型基于图 9.1 所示典型 DFIG 配置，主要由以下部分组成：

- 气动系统；
- 机械系统；
- 发电机（WRIG）；
- 整流器及相应的控制系统；
- 桨距控制系统。

下述章节介绍了这些部分的适用动态模型及其相互关系。此类模型主要用于功率稳定性研究。因此，在 RSC 和 GSC 控制系统的框架下对整流器的控制功能进行了分析[13,17,31,41]。

9.2.1　气动系统

WTGS 气动系统亦称为风轮，由叶片组成，主要用于削减切入风速，将吸收的动能转变为机械能。与该能量转换及风轮的数学表达式相关的基本物理过程如文献［1，2］所述。

从风轮扫掠区域的切入风中提取的动能将取决于风电机效率，通常称为风能利用系数，即 C_p。C_p 取决于转动的风轮叶片平面与从转动叶片方向测得的相对风速间的迎角。因此，迎角通常以叶尖速比 λ 表示，通常定义为风轮叶尖线速度与风速之比，表达式如下：

$$\lambda = \frac{\omega_{turb} R}{V_w} \tag{9-1}$$

式中，ω_{turb}（rad/s）表示风轮速度，V_w（m/s）表示切入风速，R（m）表示叶片半径。

在变桨距控制风电机中，可根据叶片桨距角 β 调整迎角，叶片桨距角可通过桨距控制系统调整。因此，风能利用系数通常表示为 λ 和 β 的函数，即 C_p（λ，β）。

从物理的角度来看，通常可以通过可用风能 P_{wind} 和机械能出力 P_m 之间的关系表示风轮，如下：

$$P_m = C_p(\lambda,\beta) P_{wind} = \frac{1}{2} \rho C_p(\lambda,\beta) A V_w^3 \tag{9-2}$$

式中，P_m（W）表示风电机轴上的机械能；A（m^2）表示叶片扫掠面积；ρ 表示空气密度，等于 1 225（kg/m^3）。

通过数值逼近计算 C_p（λ 和 β 的函数）。文献［51］建议采用以下逼近方程。

$$C_p(\lambda,\beta) = 0.73\left(\frac{151}{\lambda_i} - 0.58\beta - 0.002\beta^{2.14} - 13.2\right)e^{-18.4/\lambda_i} \qquad (9-3)$$

式中：

$$\lambda_i = \cfrac{1}{\cfrac{1}{\lambda - 0.02\beta} - \cfrac{0.003}{\beta^3 + 1}} \qquad (9-4)$$

可根据方程（9-3）和（9-4）绘制出 $C_p(\lambda,\beta)$-λ 特征曲线（叶片桨距角 β 取几个不同数值），该曲线可应用于不同风电机，这是因为在文献［51］所述动态模拟研究中，可以忽略相应功率曲线间的差异。因此，通常采用通过查找表进行的 C_p-λ-β 特征法进行的数学表征。气动系统和机械系统的关联通常是机械能或机械转矩 T_m，二者通过风电机转速 ω_{turb}（rad/s）相互关联，即 $P_m = \omega_{turb}T_m$。

9.2.2 机械系统

风电机机械系统由包含旋转质量体、齿轮箱和连接轴的传动系统组成。通常采用系统的相应惯性表示传动系统。

惯性主要来自风电机和 WRIG 转子。由于齿轮箱的齿轮产生的摩擦较小，通常可以忽略齿轮惯量，仅考虑转化率。因此，机械系统的典型模型是一个配有连接轴的二质量模型[50]。但是，由于变速 WTGS 电力电子变流器存在解耦合效应，在交流网络中很难表现出轴性，如文献[51]所述。因此，假设将风轮构建为一个集中质量模型，与文献［50］中采用的二质量模型相比，其产生的阻尼特性更强。因此，并未考虑扭转振荡的影响以及风电机轴上的应力。但是，这并不影响与拟分析的先进控制功能相关的对比分析的质量，如文献［5～7］所述。

9.2.3 绕线转子感应发电机

在以 DFIG 应用为基础的系统动态特性分析中，通常采用传统的建模方法，即以简单的暂态电势等效电路表示 WRIG。可将 WRIG 视为带非零转子电压的传统感应发电机，由降阶模型表示，忽略定子电路中的直流分量和快速瞬变。此外，WRIG 用作发电机，将流向电网的定子电流视为正电流，如图 9-1 所示；馈入电网时，有功功率和无功功率为正。

描述 WRIG 动态特性的方程可通过与定子相关的转子变量推导得出，并且可转换成同步 $d-q$ 参考坐标系，q 轴位于在转动磁通方向上比 d 轴超前90°的位置。根据文献［7，13，26］，每单位 WRIG 转子的电力方程可表示如下：

$$\begin{cases} \dfrac{\mathrm{d}e_d}{\mathrm{d}t} = -\dfrac{1}{T_0}[e_d - (X-X')i_{qs}] + s\omega_s e_q - \omega_s \dfrac{L_m}{L_{rr}}v_{qr} \\ \dfrac{\mathrm{d}e_q}{\mathrm{d}t} = -\dfrac{1}{T_0}[e_q - (X-X')i_{qs}] - s\omega_s e_d + \omega_s \dfrac{L_m}{L_{rr}}v_{dr} \end{cases} \tag{9-5}$$

式中：

- e_d 和 e_q 分别表示暂态电抗后电压的每单位直流和正交分量；
- i_{ds} 和 i_{qs} 分别表示定子电流的每单位直流和正交分量；
- v_{dr} 和 v_{qr} 分别表示转子电压的每单位直流和正交分量；
- T_0 表示转子开路时间常量（s）；
- X 表示每单位开路电抗；
- X' 表示每单位短路电抗；
- L_m 表示定子和转子绕组间每单位互感磁化电感；
- L_{rr} 表示转子绕组的每单位自感；
- ω_s 表示同步参考坐标系的旋转速度（rad/s）；
- $s\omega_s = (\omega_s - \omega_r)$ 为滑差频率；
- s 表示滑差；
- ω_r 表示发电机转子转速（rad/s）。

为了完成 WRIG 模型，应将（9-5）所列差分方程与提供转子转速状态变量的转子摆动方程结合，如下：

$$\frac{\mathrm{d}\omega_r}{\mathrm{d}t} = \frac{1}{J}(T_m - T_e - D\omega_r) \tag{9-6}$$

式中，T_m 表示机械转矩，T_e 表示电子机械转矩，J 表示风电机和发电机转子惯量的总惯性矩（kg·m²），D 表示阻尼系数。

根据文献［7］，电磁转矩可计算为：

$$T_e = e_d i_{ds} + e_q i_{qs} \tag{9-7}$$

式中，可通过（9-8）所示定子电压方程用代数方法推导出 i_{ds} 和 i_{qs}：

$$\begin{cases} v_{ds} = -R_s i_{ds} + X'i_{qs} + e_d \\ v_{qs} = -R_s i_{qs} - X'i_{ds} + e_q \end{cases} \tag{9-8}$$

可通过下式计算定子和转子内的有功功率和无功功率:

$$\begin{cases} P_s = T_e\omega_r = v_{ds}i_{ds} + v_{qs}i_{qs} \\ Q_s = v_{qs}i_{ds} - v_{ds}i_{qs} \end{cases} \qquad (9-9)$$

$$\begin{cases} P_r = -sP_s = v_{dr}i_{dr} + v_{qr}i_{qr} \\ Q_r = v_{qr}i_{dr} - v_{dr}i_{qr} \end{cases} \qquad (9-10)$$

则馈入电网的有功功率为:

$$P_g = P_s + P_r \qquad (9-11)$$

反过来,可求得机械能:

$$P_m = \omega_r T_m = (1-s)P_s \qquad (9-12)$$

假设在发电过程中,T_m、T_e 和 P_m 均为正值。因此,次同步运行时,$s > 0$、$P_r < 0$、$P_m < P_s$,转子从定子吸收功率。另一方面,超同步运行时,$s < 0$、$P_r > 0$、$P_m > P_s$,转子产生功率,并通过定子和转子电路馈入电网。

9.2.4 DFIG 控制方案

由于 DFIG 具有变速特性,可将风电机转速调整至最优值,使风能利用系数最大化,从而将低于额定风速条件下产生的功率最大化。通常采用通过方程(9-2)得出的风电机功率和速度特性跟踪 WRIG 转子转速,实现最优叶尖速比 λ_{opt}。根据文献[4],速度控制旨在保证 DFIG 按以下方程确定的预设最大功率提取曲线运行:

$$P_{ref} = k_{opt}\omega_r^3 \qquad (9-13)$$

式中:

$$k_{opt} = \frac{1}{2}\rho \frac{C_{p\,opt}}{\lambda_{opt}^3}\pi R^5 \qquad (9-14)$$

且

$$\omega_{r\,ref} = \frac{p}{2}G\omega_{turb\,opt} \qquad (9-15)$$

表示发电机转子转速。(9-15)中,p 表示 WRIG 极数,G 表示齿轮箱传动比。因此,可通过方程(9-1)推导出风电机轴最佳转速,如下:

$$\omega_{turb\,opt} = \frac{\lambda_{opt}V_w}{R} \qquad (9-16)$$

可通过关于叶尖速比的方程(9-3)中的导数根求得 λ_{opt} 的值。

DFIG 总体控制方案由两套主要控制系统组成:风电机桨距角机械控制和整流器

电气控制。因此，为了控制功率平衡和转子转速，要求对两套控制系统进行适当协调。在部分负荷条件下，电气控制可确保叶片桨距角在变速运行中保持恒定，风速超过额定风速时，桨距角增加，风能利用系数降低，从而屏蔽部分气动功率，将风电机轴的速度控制在额定值，确保 DFIG 出力与其额定功率出力相近。

整流器控制方案的设计通常用于调整 WRIG 转子转速，跟踪最佳风速参考值 $\omega_{turb\,opt}$，实现给定切入风速下的功率提取最大化。为此，电气控制方案以定子磁通参考坐标系中 WRIG 转子电流调节为基础，在该参考坐标系中，d 轴与定子磁链轴对齐，定子电压的正交分量 v_{qs} 等于终端电压 V_s，定子电压的直流分量 v_{ds} 等于零[28,38]。由此，可得出如下定子电流方程：

$$\begin{cases} i_{ds} = -\dfrac{1}{L_{ss}}\dfrac{V_s}{\omega_s} + \dfrac{L_m}{L_{ss}}i_{dr} \\[2mm] i_{qs} = \dfrac{L_m}{L_{ss}}i_{qr} \end{cases} \tag{9-17}$$

式中，L_{ss} 表示定子绕组的每单位自感。

因此，可用转子电流表示定子有功功率和无功功率，如下：

$$\begin{cases} P_s = V_s\dfrac{L_m}{L_{ss}}i_{qr} \\[2mm] Q_s = V_s\dfrac{L_m}{L_{ss}}i_{dr} - \dfrac{V_s^2}{\omega_s L_{ss}} \end{cases} \tag{9-18}$$

可采用由转子电流直流和正交分量表示的转子电压推导出转子电流，如（9-19）所示：

$$\begin{cases} v_{dr} = R_r i_{dr} - s\omega_s\left(L_{rr} - \dfrac{L_m^2}{L_{ss}}\right)i_{dr} + \left(L_{rr} - \dfrac{L_m^2}{L_{ss}}\right)\dfrac{1}{\omega_s}\dfrac{\mathrm{d}i_{dr}}{\mathrm{d}t} \\[3mm] v_{qr} = R_r i_{qr} + s\omega_s\left(L_{rr} - \dfrac{L_m^2}{L_{ss}}\right)i_{qr} + \left(L_{rr} - \dfrac{L_m^2}{L_{ss}}\right)\dfrac{1}{\omega_s}\dfrac{\mathrm{d}i_{qr}}{\mathrm{d}t} + \dfrac{sL_m V_s}{L_{ss}} \end{cases} \tag{9-19}$$

方程（9-18）解释了 WRIG 定子有功功率和无功功率控制之间的解耦关系。因此，可通过 i_{qr} 控制有功功率，通过 i_{dr} 控制无功功率。整流器控制包括 RSC 和 GSC 的控制系统，如图 9-1 所示。因此，整流器提供的 DFIG 控制基于以下控制策略：

● RSC 独立控制 WRIG 定子侧的有功功率和无功功率，使得电机在给定的功率系数下运行，以符合电力系统运营商提出的电网标准要求，或者控制电压，通过调整无功电源调节 WTGS 公共耦合点处的电压。

● 对 GSC 进行控制，保证直流侧电压恒定，不考虑流入转子电路的有功功率潮流的幅值和方向。此外，还可表示提供额外电压控制能力的并联无功功率补偿器。

因此，假设 RSC 和 GSC 分别用作电压源逆变器和电流源逆变器[7]。

9.2.5　桨距控制系统

如前所述，主要采用由速度控制器和速度执行器组成的叶片桨距控制系统来限制风速超过额定风速时的机械能。速度控制器将风电机轴速度调节至其额定速度 ω_{rref}，并向速度执行器提供参考桨距角 β_{ref}，速度执行器将风电机叶片调整至该参考桨距角，参考图 9-2 所示的控制方案。

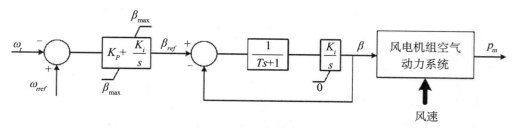

图 9-2　桨距控制系统

桨距控制器的设计旨在确保在变桨距执行机构限制范围内运行风电机，确保桨距角不会在风电机运行时快速变化或超过限值 β_{min} 和 β_{max}[28]。这表明，叶片只能在一定物理限制范围内转动，即 0° 至 90° 或更小的角度范围；桨距变速通常低于 5°/s，但在紧急情况下，可能超过 10°/s。

可针对与最优固定桨距角 β_{opt} 相关的给定 k_{opt} 绘制风电机预设最优功率提取曲线，用于短期平均风速预测。当风速低于额定风速时，最优桨距角大于零度[2]，桨距角的最低限值通常保持最优值不变，对应于 $\beta_{min} = \beta_{opt1}$，如图 9-2 所示。此外，应根据从切入风提取的机械能使用下式确定参考速度和参考桨距角：

$$
\begin{cases}
\omega_{r\,ref} = \dfrac{P_{ref}}{T_m} \Rightarrow \beta_{ref} = \beta_{opt1}\,(若\ P_m \leqslant P_{max}) \\[3mm]
\omega_{r\,ref} = \dfrac{P_{max}}{T_m} \Rightarrow \beta_{ref} = \beta_{max}\,(若\ P_m > P_{max})
\end{cases}
\tag{9-20}
$$

式中，P_{max} 表示额定机械能。

9.2.6　转子侧变流器控制

可通过方程（9-18）和（9-19）推导转子侧变流器的控制函数，对转子电路上电压直流和正交分量进行快速动态控制，确保变速运行以及定子有功功率和无功功率的独立控制。因此，通过控制电压幅值可以实现电磁转矩控制，同时必须严格按照最优功率-速度提取曲线所示参考速度进行。反之，通过控制电压相位可以对与电网交换的无功功率进行控制，在正常运行条件下，该无功功率设定为指定的无功功率参考值，确保 DFIG 按照系统运行要求以指定功率因数运行。在出现电网扰动的情况下，会引起电压骤降，若转子电路中的电流不足以触发消弧电路保护系统，则 RSC 将调整无功电源，控制 DFIG 公共耦合点处的电压。因此，通常以两种方式表示 RSC 的动态特性：正常运行条件下，对 RSC 进行控制，实现有功功率和无功功率控制；出现电网扰动时，设置 RSC 控制，对电压进行控制。以下两个小节分别对这两种方法进行了介绍。

9.2.6.1　转子转速和终端电压控制

由于结构简单且具有鲁棒性，比例积分控制器（PI 控制器）已被广泛用于生成转子参考电压的 d - q 分量。因此，结合方程（9-19），并根据图 9-3 所示控制方案，可定义两个控制回路：转子转速控制回路和终端电压控制回路。

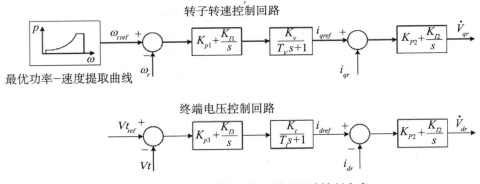

图 9-3　转子转速和终端电压控制回路控制方案

速度误差确定穿过 PI 控制器的参考电流的正交分量。然后通过另一台 PI 控制器获取转子电压正交分量的必要参考值。对于终端电压控制回路，对比穿过 PI 控制器的实际终端电压与参考值，得出二者之间的误差，并求得直流分量的参考值。对比该信号与 d 轴实际值，并将误差发送至第二个 PI 控制器，第二个 PI 控制器输出转子电压直流分量的参考值。

除上述 PI 控制器以外，系统中还包括其他控制块，根据方程（9-19）表示描述发电机转子动态特性的非线性和耦合项。如文献 [7] 所述，出现严重电网扰动时，此类控制块可提升控制器的性能。应通过发电机参数推导涉及的参数 K_v、K_t、

T_v 和 T_t 。

9.2.6.2 有功功率和无功功率控制

如前所述，正常运行期间，设置 RSC，单独控制有功功率和无功功率。因此，通常采用两个控制回路推导出转子电压的参考分量[12]：有功功率控制回路和无功功率控制回路，如图 9-4 所示。同时，根据涉及 PI 控制器的方程（9-18）和（9-19）明确上述两个控制回路，推导出转子电压的 $d-q$ 分量。但是，该类控制设计中，不考虑使用可表示耦合项和非线性项的其他控制块，因为根据发电机参数推导的相关时间常量通常很小，在这种情况下，该类时间常量对 RSC 性能产生的影响可以忽略不计。

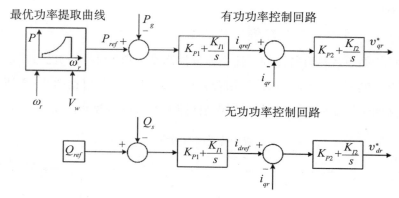

图 9-4 有功功率和无功功率控制回路控制方案

根据实际发电机转速通过方程（9-13）给出的最大功率提取曲线得出有功功率参考值，确保 DFIG 可以最大气动效率运行，将无功功率参考值设定为指定的设定值，并根据电力系统运营商提出的电网要求进行控制。然后，通过按级联结构布局的两套独立 PI 控制器得出转子电压分量。在 PI 控制器布局中，外侧 PI 控制器用于调整转子电流分量参考值 i_{dref} 和 i_{qref}，内侧 PI 控制器用于调整 v_{qr}^* 和 v_{dr}^* 分量。

通过派克逆变换[26]将 RSC 控制方案中提供的转子参考电压分量变换为 abc 坐标，并发送至变流器的 PWM 信号发生器，实现 IGBT 切换，如图 9-5 所示。

必须强调的是，在功率稳定性研究中，通常只是根据电力电子界面的控制函数采用基本频率法表示电力电子界面，因此，由于快速瞬变现象通常与分析不相关，操作瞬变、谐波和变流器损失可忽略不计。但是，可通过确定整流器的串联阻抗增加变流器损失和滤波[13,17,31,41]。

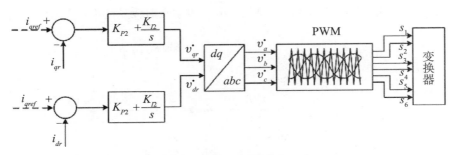

图 9 - 5　IGBT 切换控制方案

9.2.7　电网侧变流器控制系统

在正常运行条件下，控制 GSC，保持直流侧电压恒定，确保变流器以整功率因数运行。如前所述，设置 DFIG，确保可在电网扰动后进行电压控制，当 RSC 阻断时，在协调电压控制的作用下，将无功功率需求分配至 GSC。因此，将 GSC 无功功率参考值设置为其限值，确保变流器可实现最大无功功率，以提供电压支持。因此，GSC 控制策略由一个快速内部电流控制回路和一个外部慢速控制回路组成，分别用于控制达到预设无功功率参考值后向电网注入的电流以及直流侧电压，从而将直流侧电容器的能量转移至用电系统或 RSC，具体取决于 DFIG 的运行模式（次同步模式或超同步模式）。

采用文献［3］中提出的瞬时功率理论运行电流控制回路，进行有功功率滤波控制。因此，由图 9 - 6 可知，三相电路中的瞬时电压 v_{abc} 和瞬时电流 i_{abc}（表示为瞬时空间向量），可以变换为 α-β-0 坐标，如下：

$$\begin{bmatrix} v_0(t) \\ v_\alpha(t) \\ v_\beta(t) \end{bmatrix} = C \times \begin{bmatrix} v_a(t) \\ v_b(t) \\ v_c(t) \end{bmatrix} , \quad \begin{bmatrix} i_0(t) \\ i_\alpha(t) \\ i_\beta(t) \end{bmatrix} = C \times \begin{bmatrix} i_a(t) \\ i_b(t) \\ i_c(t) \end{bmatrix} \tag{9 - 21}$$

式中，C 表示克拉克变换，如下：

$$C = \sqrt{\frac{2}{3}} \times \begin{bmatrix} 1/\sqrt{2} & 1/\sqrt{2} & 1/\sqrt{2} \\ 1 & -1/2 & -1/2 \\ 0 & \sqrt{3}/2 & -\sqrt{3}/2 \end{bmatrix} \tag{9 - 22}$$

因此，如文献［9］所述，瞬时有功功率和无功功率被界定为：

$$\begin{bmatrix} p(t) \\ q(t) \end{bmatrix} = \begin{bmatrix} v_\alpha(t) & v_\beta(t) \\ -v_\beta(t) & v_\alpha(t) \end{bmatrix} \times \begin{bmatrix} i_\alpha(t) \\ i_\beta(t) \end{bmatrix} \tag{9 - 23}$$

式中，$p(t)$ 表示瞬时有功功率（W），$q(t)$ 表示瞬时无功功率（VAR）。

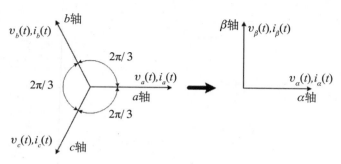

图 9-6 *abc* 坐标至 $\alpha - \beta$ 坐标变换

可通过方程（9-23）计算打开和关闭 PWM 电流源逆变器开关所需的电流基准符号 i_a^*、i_b^* 和 i_c^*，如下：

$$\begin{bmatrix} i_{ca}^* \\ i_{cb}^* \\ i_{cc}^* \end{bmatrix} = \sqrt{\frac{2}{3}} \times \begin{bmatrix} 1 & 0 \\ -1/2 & \sqrt{3}/2 \\ -1/2 & -\sqrt{3}/2 \end{bmatrix} \times \begin{bmatrix} v_\alpha(t) & v_\beta(t) \\ -v_\beta(t) & v_\alpha(t) \end{bmatrix}^{-1} \times \begin{bmatrix} p_c(t) \\ q_c(t) \end{bmatrix} \quad (9-24)$$

式中，$p_c(t)$ 和 $q_c(t)$ 分别表示 GSC 终端的瞬时有功功率和无功功率，$v_\alpha(t)$ 和 $v_\beta(t)$ 分别表示 α-β 坐标上的定子电压。

平衡式三相系统中，瞬时有功功率和无功功率均为常量，均等于三相有功功率和无功功率[9]。因此，方程（9-23）中的 $q_c(t)$ 对应于保证所需功率系数的无功功率参考值，$p_c(t)$ 表示通过转子电路的有功功率潮流。忽略逆变器输出电流的损失及切换谐波频率，可通过以下方程求得直流侧电容器内的能量[9]：

$$E_c = \int_{-\infty}^{t} (p_r(t) - p_c(t)) \mathrm{d}t = \frac{1}{2} C_{dc} v_{dc}^2(t) \quad (9-25)$$

式中，$p_r(t)$ 表示 RSC 瞬时功率输出，C_{dc} 表示直流侧电容（F），$v_{dc}(t)$ 表示直流电容器瞬时电压（V）。

以上方程表明，直流侧电压偏差取决于功率平衡。若该电压保持恒定，$p_c(t) = p_r(t)$，则与电网交换的有功功率与 RSC 有功功率输出相当。因此，根据文献［5］，可通过图 9-7 所示控制方案表示转子侧逆变器的完整控制策略。

从图 9-7 中可以看出，可从直流侧电压参考值与实际值之间的误差推导出 RSC 输出功率的基准符号，这一过程中使用了一个比例增益控制器和一个低通滤波器，以消除直流侧电压中的切换谐波。

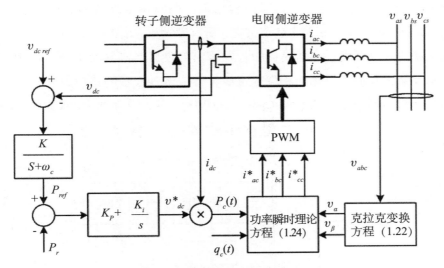

图 9 – 7 转子侧逆变器控制方案

9.3 通过模糊控制提升 DFIG 故障穿越能力

RSC 运行可以在很大程度上提升 DFIG 的故障穿越能力以及消除扰动后的电网动态特性，如 [39，47，53] 所述。此类情况下，进行 RSC 控制设计时需考虑发电机的电流限制，这是因为对 WRIG 进行鲁棒控制有助于避免触发消弧电路[7,13]。但是，DFIG 的性能取决于能否合理选择以物理概念为基础的 RSC 控制系统内采用的 PI 增益。因此，出于性能优化目的进行 PI 增益整定是一项非常艰难的任务，因为 DFIG 动态特性的非线性化要求在不同运行条件下进行精准整定。此外，将 DFIG 与大型电力系统连接时，由于系统配置、隔离系统或者有功功率和无功功率间较强的耦合，复杂程度也会增加[7]。

模糊控制提供了一套系统化的方法，可以根据以往的经验控制线性化流程，被认为是一套可提升闭环回路系统性能的启发式方法。若设计合理，用于控制非线性动态系统时，模糊控制器的性能比传统的 PI 控制器更佳[27,40]。

由于模糊控制器具有鲁棒性，本节建议采用两台模糊控制器，作为基于 PI 控制器的 RSC 控制策略的替代方案。随后，对比了基于 PI 控制器的控制方案的性能，并对该方法进行了评估。为此，在全动态模拟工具中嵌入了 9.2 节所示的完整 DFIG 动态模型与设计的模糊控制法，并在扰动情况下进行了动态模拟。

9.3.1 模糊控制器设计

设置 RSC 系统，进行电压控制。模糊控制策略包含两个控制器：转子转速控制器和终端电压控制器。两类控制器结构相似，由模糊推理机和去模糊化单元组成[52]，如图9-8所示。相对于整个系统，所有输入和输出都以每单位表示。

离线确定定义两类控制器模糊输入和输出的隶属度函数的数量和格式，并且根据进行动态模拟时观测到的相应变量的特性，将各变量的论域归一化为不等数值。对于两类模糊控制器的模糊集的输入和输出，采用了标准三角形隶属度函数。图9-9所示为设计的用于转子转速控制和终端电压控制的模糊集。

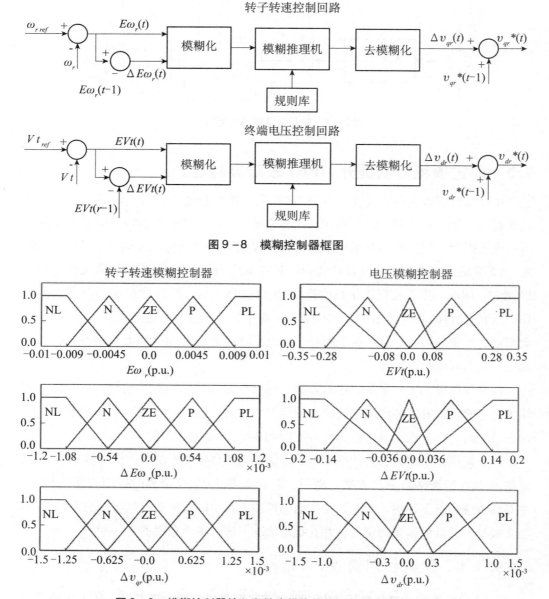

图9-8　模糊控制器框图

图9-9　模糊控制器输入和输出模糊集的三角形隶属度函数

由图 9-9 可知，模糊集定义为：*NL*——负大、*N*——负、*P*——正、*PL*——正大和 *ZE*——零。通常以启发式选取规则表示模糊控制器的控制规则。这种情况下，两类控制器的设计模糊规则如表 9-1 所示。

表 9-1　转子转速模糊控制器和无功功率模糊控制器规则库

		$\Delta E\omega_r$							ΔEV_t				
		NL	N	ZE	P	PL			NL	N	ZE	P	PL
$E\omega_r$	NL	PL	PL	PL	P	ZE	EV_t	NL	NL	NL	NL	N	ZE
	N	PL	PL	P	ZE	N		N	NL	NL	N	ZE	P
	ZE	P	P	ZE	N	N		ZE	N	N	ZE	P	P
	P	P	ZE	N	NL	NL		P	N	ZE	P	PL	PL
	PL	ZE	N	NL	NL	NL		PL	ZE	P	PL	PL	PL

9.3.2　测试系统

为了评估基于模糊控制器的 RSC 控制策略对电力系统动态特性的影响，在考虑测试系统出现电网扰动的情况下，通过动态模拟对 PI 控制器进行了对比试验，如图 9-10 所示。

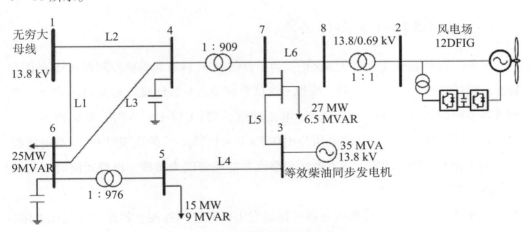

图 9-10　测试系统单线图

为了进行模拟，在 MATLAB 环境下开发了一套专用动态电力系统模拟软件包。完整电力系统动态模型包括公用电网的数学表征、配备 12 台运行条件相同的 DFIG 的风电场，以及与节点 3 连接的等效柴油同步发电机。

采用文献［52］中研发的通用多机电力系统模型以紧凑的方式定义输电网络和电机的定子方程。以四阶暂态模型[26]和自动调压器（IEEE 1 类）以及调速器表示等效柴油机组的同步发电机。此外，采用了简单的一阶模型表示柴油机的动态特性，如文献［52］所示。以与 12 台 DFIG 相对应的动态等效模型表示风电场，并以 9.2 节所述数学模型表示其动态特性。

必须强调的是，RSC 控制旨在跟踪转子转速和终端电压参考值，因此，RSC 控制以 9.2.6.1 节所述转子转速和终端电压控制回路为基础。然后，采用试验和误差法对 PI 增益法进行精准调整，以便获得设计变量的最小变差，其中考虑了对图 9-10 所示测试系统中发生的上述扰动进行的模拟。进行较长时间的整定后，在表 9-2 中列出了推导出的 PI 增益及其他参数，所述增益和参数均通过发电机特性求得。

表 9-2　采用 PI 控制器的 RSC 控制器的参数

K_{P1}	K_{I1}	K_{P2}	K_{I2}	K_{P3}	K_{I3}	K_v	K_t	T_v	T_t
20.27	15.76	0.0443	0.0032	15.06	10.50	0.0321	0.0321	0.4434	0.4434

DFIG 运行条件对应的恒定风速为 15m/s，因此，转子转速等于 1.01p.u.。终端节点电压设置为 1.02p.u.。对于 GSC，将无功功率设定值设定为其最大值，从而通过转子电路提供额外的无功功率注入。以下章节详述了得出的结果。

9.3.3　模拟结果和讨论

转子电流可能触发消弧电路保护，为了评估 PI 控制器和模糊控制器在转子电流特性方面的性能，在 $t = 1s$ 时，模拟了测试系统节点 6 处出现三相短路的情况，典型故障清除时间取 100ms。假设转子电流增至 1.25kA 以上（WRIG 为 0.18p.u.）时触发消弧电路，并且当终端电压超出 $0.7 < V_t < 1.15$p.u. 的范围时 DFIG 与电网断开。电压和电流限值的定义以发电机和整流器的额定值为基础。出现短路时所得结果如图 9-11 所示。

如图 9-11a 所示，模糊控制器可保证发电机与电网连接。若超出了电压上限，PI 控制器将激发电压保护，如图 9-12c 所示。另一方面，转子电流将触发消弧电路保护，导致 DFIG 运行条件发生变化。若保护调节设置更加严格，且控制器无法减轻电流振荡，则由于 RSC 重新连接后出现电流过冲，消弧电路将被触发数次，从而降低 DFIG 性能。DFIG 电磁转矩如图 9-11b 所示。当使用 PI 控制器进行控制时，由于消弧电路运行，电机将出现较大振荡。出现短路时，模糊控制器表现的性能更佳，尽管其无法像 PI 控制器一样精准调整隶属度函数。

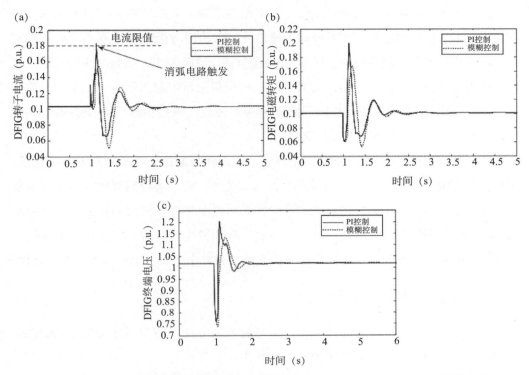

图 9–11　三相短路后的 DFIG 特性：（a）转子电流；（b）电磁转矩；（c）终端节点电压

对于大量的控制输入，由于可以导致参考值出现较大变化，模糊控制器的性能通常优于 PI 控制器；对于少量的输入变化[30]，两类控制器性能相近。因此，尽管未对两类控制器采取任何优化措施，但是电力系统应用中，对于受到严重扰动影响的系统，模糊控制器表现的性能更佳。

在出现交流电网扰动的情况下，PI 控制器可能对 DFIG 特性产生重要影响，因此进行 PI 控制设计时必须考虑诸多因素。由于表示 DFIG 动态特性的数学方程中存在非线性项和耦合项，这项任务变得十分复杂。此外，需要进行大量动态模拟，使 PI 增益处于可接受的范围。相反，通过几项模拟便可对模糊控制器进行调整。

9.4　DFIG 参与系统频率调整

针对风电场有效参与一次调频的潜力，已开展了一些 DFIG 方面的研究工作，旨在进行惯性控制和一次调频控制[14,20,22,25,37]。

可通过一个可利用储存在风电机旋转质量体内的动能的辅助惯性控制回路[14]实现惯性控制，确保 DFIG 提供的额外电量与系统频率导函数成比例。尽管如此，惯性控制与同步发电机[9,25]中采用的控制方式相似，即为用于改变 DFIG 按照频率偏差比例注入的有功功率时采用的速度不等率控制回路。文献［37］对两种频率控制方案进行了分析，但是只有在系统频率超过一定限值时才会激活速度不等率控制回路。此外，为了提供惯性控制，DFIG 必须去负荷，这就表明，低频时间较长时，很可能增加有功功率输出。因此，文献［22］利用桨距角控制器开发了一套一次调频控制策略，使得 DFIG 提供成比例的频率响应。为此，根据频率变差调整最小桨距角，对 DFIG 注入的有功功率进行调整。

本节介绍了一套适用于 DFIG 的鲁棒性一次调频控制法。系统频率发生变化后，通过 RSC 的初始引导作用进行有功功率注入。此外，进一步使用桨距控制系统对机械能进行相应调整。注入有功功率的量由成比例的频率调整回路和在去负荷功率曲线中得出的功率调整参考值共同确定，因此，频率发生变化后，将获得新的运行平衡点。在风力发电起到重要作用的小型孤立电力系统中测试了本控制方法的有效性。

9.4.1 DFIG 频率控制法

为了使 DFIG 参与频率调整过程，采用的控制方法主要侧重于 RSC 控制策略，可直接进行有功功率和无功功率控制，如 9.2.6.2 节所示。GSC 以归一化功率因子运行，并根据 9.2.7 节所示控制方案控制直流侧电压。

除了有功功率和无功功率控制回路，RSC 完全控制方法还包括一次调频控制回路（由系统频率变化引起，可定义 ΔP_1 设定值）、桨距控制策略以及与风电场外部监控系统相关的控制块，如图 9 – 12 所示。

由于自动发电控制需求，或者由于控制电网区域功率潮流的需求，DFIG 必须能通过风电场监控块响应系统运营商的请求。通过该请求可对风电场[4]内部单独 DFIG 有功功率输出进行优化调整，确定 ΔP_2 设定值。

DFIG 可通过有功功率控制回路追踪参考功率值 P_{del}，该值通过去负荷最大功率曲线[6]求得，根据可用于惯性控制的 DFIG 备用容量确定。还可使用该参考功率值通过桨距控制回路调整转子转速，如图 9 – 13 所示。

采用通过去负荷功率提取曲线推导出的功率参考值，能够在因负荷突增或大规模发电设施停工引起系统频率降低时增加 DFIG 产生的有功功率。因此，从图 9 – 13 中可知，功率参考值可定义如下：

$$P_{del} = P_1 + \frac{P_0 - P_1}{\omega_{r1} - \omega_{r0}}(\omega_{r1} - \omega_r) \qquad (9 - 26)$$

式中，P_0 和 P_1 分别表示给定风速下的最大有功功率和去负荷有功功率，ω_{r0} 和

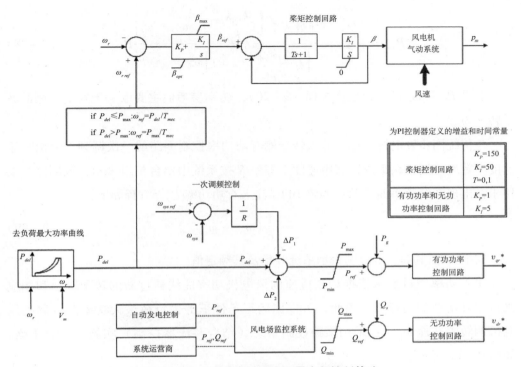

图 9 - 12　DFIG 转子侧变流器全频控制策略

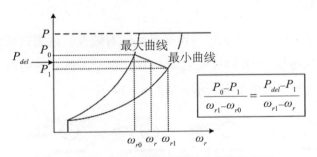

图 9 - 13　去负荷最优有功功率曲线示意图

ω_{r1} 分别表示发电机侧的最小和最大转子转速。

P_0 和 P_1 的关系可定义如下:

$$P_1 = k_{del} P_0 \qquad\qquad (9 - 27)$$

式中, $k_{del} = 1 -$ 去负荷百分比、$P_1 = k_{opt1} \omega_{r1}^3$、$P_0 = k_{opt0} \omega_{r0}^3$, k_{opt1} 和 k_{opt0} 分别为根据方程 (9 - 14) 求得的最大和最小功率曲线的最佳常数。

由上述方程可知, 功率参考值可表达如下:

$$P_{del} = \frac{(\omega_r - \omega_{r0})k_{del} + \left[\left(\frac{k_{del}k_{opt0}}{k_{opt1}}\right)^{1/3}\omega_{r0} - \omega_r\right]}{\left[\left(\frac{k_{del}k_{opt0}}{k_{opt1}}\right)^{1/3} - 1\right]\omega_{r0}} P_0 \qquad (9-28)$$

假设 P_0 和 ω_0 已知，根据方程（9-20），功率参考值主要取决于发电机侧的转子转速 ω_r。

与传统同步发电机一样，并入转子侧有功功率控制回路的一次调频控制由一个速度不等率控制回路组成，其中速度不等率 R 按系统中单台机组表示，该回路主要用于在出现系统频率偏差[6]后调整 DFIG 注入有功功率 P_g，方程如下：

$$P_g = P_{del} - \frac{1}{R}(\omega_{sys} - \omega_{sys\_ref}) \qquad (9-29)$$

式中，ω_{sys} 和 ω_{sys_ref} 分别表示系统频率及其额定值。

注入功率增量要求依据切入风速的风电机功率曲线通过新的转子转速和相应机械能确定新的运行点。因此，可根据运行条件下的去负荷最大功率曲线调整发电机侧转子转速 ω_{r_ref}，采用桨距控制系统（结合整流器控制）实施该控制策略，如图 9-12 所示。

9.4.2　测试系统

采用一套测试系统评估了拟定一次调频法的有效性，该测试系统由 5 台安装于接入孤立电网的风电场的 DFIG（每台 660kW）组成，孤立电网以配备额定功率为 10MW 的同步热电机组的单节点表示，如图 9-14 所示。

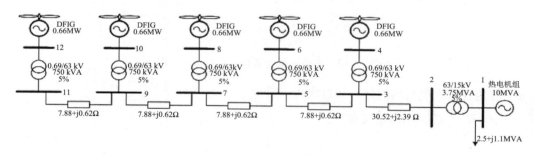

图 9-14　测试系统单线图

在 9.3.2 节采用的专用动态模拟包中嵌入了 9.2.3 节所述的 WRIG 数学模型、图 9-12 所示 RSC 全频控制策略以及 9.2.7 节所示 GSC 控制。考虑到发电机侧的频率降幅为 4%，且综合控制回路允许系统在负荷和发电出现不平衡后将频率恢复至其标称值（即系统侧功率的综合控制增益为 4.5p.u.），以 9.3.2 节采用的动态模型表示热电机组。

9.4.3　模拟结果和讨论

各 DFIG 采用的去负荷裕度为 20%，因此，在整个风速分布范围内，有 20% 的发电备用容量可供使用，如图 9-15 所示。

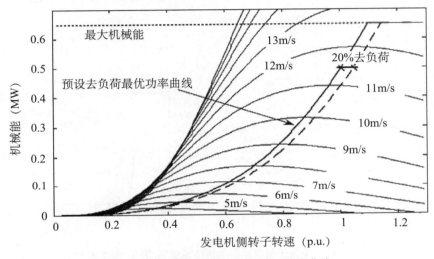

图 9-15　各 DFIG 的去负荷最优功率曲线

为了进行模拟，假设整个风电场的风速为 12m/s。应运营商要求，所有风力发电机均以最低优化功率曲线（图 9-15 中虚线）所示功率运行，即 458kW。此外，在发电机侧，DFIG 一次调频控制回路的速度不等率 R 设定为 5%。假设 GSC 无功功率参考值设为零，保证 GSC 以归一化功率因子运行。

系统频率出现变化时，将节点 1 处的负荷增加 80%，模拟 $t = 35s$ 时的负荷值变化情况。为了显示 DFIG 保持部分负荷增加的能力，假设热电机组综合频率控制回路处于非运行状态，这与发生系统扰动后仅运行一次调频控制器并采用 AGC 调整频率漂移时的最初阶段的情况相似。

图 9-16a 所示的系统频率动态特性考虑了 DFIG 提供频率控制（虚线）但未参与该控制（实线）的情况。由图可知，风电机参与电网频率控制时，频移较小。图 9-16a、9-16b 和 9-16c 所示分别为带或不带一次调频控制功能时 DFIG 在有功功率、转子转速和桨距角等方面的动态特性。

DFIG 不参与频率控制时，有功功率输出和转子转速特性仅存在较小变化，主要是因为负荷发生变化时，电网电压的变化会引起机组电磁转矩的变化。激活频率控

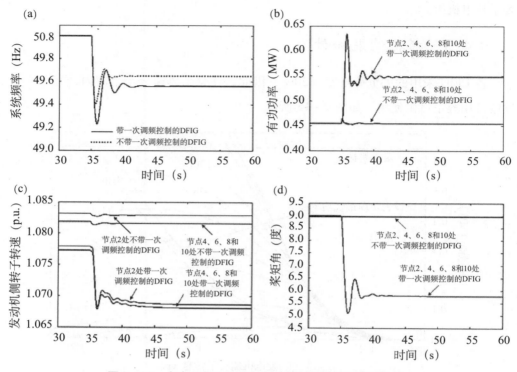

图 9 – 16　考虑无频率控制的热电机组的 DFIG 动态特性：
（a）频率变化；（b）有功功率；（c）转子转速；（d）桨距角

制时，DFIG 有功功率输出快速增加，补偿了系统负荷增加。因此，DFIG 转子转速降低，如去负荷功率提取曲线所示。同时，桨距角降低，从切入风速提取的机械能增加。因此，初始瞬值后，此类变量稳定在一个不同于初始值的数值。结果表明，DFIG 参与频率控制时，系统在频率偏差方面的特性显著提升。

　　为了强调 DFIG 的动态特性，图 9 – 17 显示了考虑热电机组调速器存在综合控制回路时得出的类似结果。图 9 – 17a 所示为电网频率特性，由图可知，热电机组调速器的综合控制作用可使系统频率达到标称值。图 9 – 17b、9 – 17c 和 9 – 14d 分别显示了 DFIG 的有功功率特性、转子转速和桨距角。

　　由上述结果可知，DFIG 参与一次调频控制时，由于 RSC 快速运行，频率偏差较小，阻尼效果更佳。因此，若 DFIG 参与一次调频控制，可增加系统的鲁棒性，在孤立电力系统中的优势尤为明显。另一方面，DFIG 可作为一套辅助设施提供频率控制，在出现较大扰动时提供频率支持。传统发电厂所占份额较小时（如风力发电量较大的时段），需要使用此类辅助设施。

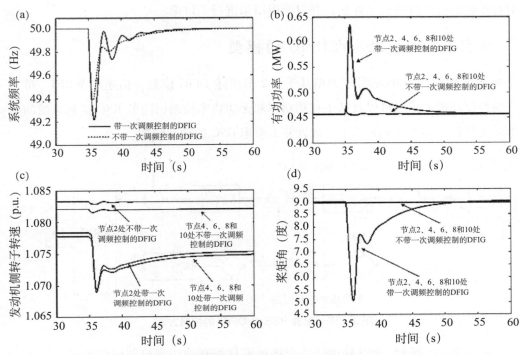

图 9-17 考虑具有频率控制功能的热电机组的系统频率特性

9.5 DFIG 内置 PSS 的鲁棒整定

DFIG 内置电力系统稳定器（PSS）可在存在振荡的机电模式下提供额外阻尼，这与因控制器设置或穿过弱点传输线的大功率潮流引起的同步发电机转子中的低频（0.1～2Hz）功率振荡相关。但是，只有在可通过 DFIG 终端注入功率有效控制振荡并通过 PSS 输入信号进行观察时，DFIG 才能发挥此作用。此外，不同风速[33]下的系统运行条件会极大地影响安装在 DFIG 内的 PSS 的性能。因此，需要求出一个折中解，为每个 PSS 提供一组参数，确保所有运行场景均达到合适的阻尼水平，这种解通常称为鲁棒解。

由于运行场景数量较多，且 DFIG 内置 PSS 可间接地增加阻尼，因此可能很难求得鲁棒解。此外，必须确保 PSS 不会改变可能影响 DFIG 性能的振荡模式。因此，在本节中，提出了一套启发式求解方法，以便同时对几个 DFIG 内置 PSS 进行鲁棒整定，这些 PSS 涉及代表不同运行条件的场景。为此，必须求解一个优化问题，使 PSS 动作最小化，从而实现可接受最小阻尼水平。本节介绍了配备 PSS 的 DFIG 的数学模型以及进行 PSS 鲁棒整定采用的算法。此外，本节还采用一套合适的测试系统对鲁棒解的有效性进行了评估，并对所得结果进行了讨论。

9.5.1 配备 PSS 的 DFIG 的模型

配备 PSS 的 DFIG 的数学模型基于 9.2 节所述 DFIG 模型，描述了 WRIG、带桨距角控制功能的风电机以及基于有功功率和无功功率控制回路的 RSC 控制系统的基本动态特性，如图 9 – 18 所示。此处并未考虑 GSC 的动态特性。

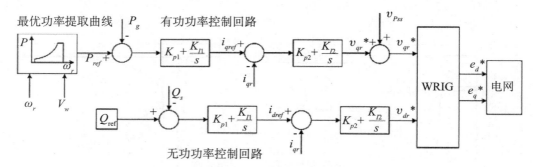

图 9 – 18　配备 PSS 的 DFIG 的控制方案

由图 9 – 18 可知，PSS 输出是一个将被汇总到有功功率控制回路转子电压正交分量的稳定信号。该信号可通过有功功率调节[3]生成一个与转子转速对应的发电机阻尼转矩，其中，DFIG 作为控制器的放大器，与用于相同目的的同步电机相似[48]。

假设桨距角为常量，适用于模型分析的 DFIG 状态空间模型源于其详细模型，该详细模型通过将描述 WRIG 基础动态特性的差分方程和与基于 RSC 的 PI 控制器相关的方程线性化得出，如下[33]：

$$\Delta \dot{x} = A_1 \Delta x + B_1 \Delta v_s + C_1 \Delta P + D_1 \Delta v_r \qquad (9 – 30)$$

然后将该方程定义为状态变量 x、终端电压 v_s、有功功率 P 和转子电压 v_r 的函数。推导出以下代数方程后，必须消除与有功功率和转子电压相关的项式：

$$\begin{cases} \Delta P = A_2 \Delta x + B_2 \Delta v_s + D_2 \Delta v_r \\ \Delta v_r = A_3 v \Delta x + B_3 \Delta v_s + C_3 \Delta P \end{cases} \qquad (9 – 31)$$

进行数学转换，DFIG 状态空间模型可表达为：

$$\Delta \dot{x} = A \Delta x + B \Delta v_s$$
$$\Delta i = C \Delta x + D \Delta v_s \qquad (9 – 32)$$

将此类与同步电机和 DFIG 相关的模型与多机系统模型中的网络方程结合，然后使用状态矩阵进行标准模型分析[33]。利用源自 MATLAB 的 QR 法通过状态矩阵特征值确定与各振荡模式相关的阻尼条件。

图 9 - 19 所示为 DFIG 内置 PSS 的配置。其中，K 表示 PSS 增益，T_W 表示用于防止 PSS 响应输入信号稳态变化的冲失滤波器的时间常量。在超前-滞后单元采用时间常量 $T_1 - T_4$，提供必要的相位补偿。由于将 PSS 输出添加到了转子电压的正交分量，在 PSS 方案中采用了限制单元，根据发电机运行情况确定最大和最小限值。

图 9 - 19 DFIG 内置电力系统稳定器的配置

对于 PSS 输入，必须进行剩余分析，从转子转速、电压、电功率和电频率中筛选最充足的信号。但是，从物理角度来看，解决这一问题时，电压和频率是最佳的输入信号。事实上，由于 RSC 控制器使电网和 DFIG 解耦，转子转速和电功率对电网振荡的敏感程度较低，通常并未包含足够的 PSS 所需阻尼振荡模式的信息。

9.5.2 PSS 鲁棒整定方法

本节重点强调了 PSS 整定的重要性以及增加风电并网量对 PSS 整定的影响，并介绍了采用的几种方法。但是，采用的方法不适用于求解大量场景的鲁棒解。基于元启发式优化算法可以求得鲁棒解，但是运算量较大[32]。相反，基于敏感性的方法运算量较小，但无法确保可以求得鲁棒解[42]。因此，PSS 鲁棒整定采用的方法以元启发法为基础。

可以通过求解可满足一些运行要求的优化问题确定 PSS 参数，通常将这些运行要求构建为目标函数，或视为限制条件。可通过文献 [32] 所述的方法推导数学公式，将 PSS 增益最小化，提供可接受最小阻尼。因此，可得出较低的稳定器增益，降低限制单元对稳定器输出的影响[42]；相反，备选公式通常会将阻尼最大化[46]。对于给定的场景 k，可通过以下将质量指标 Q_k 最小化的目标函数求解，如下所示[33]：

$$\min \ Q_k(X) = \sum_{i=1}^{nm} \sum_{j=1}^{ng} (w_{ji}K_j + WN_j\alpha_j) \tag{9-33}$$

限制条件：

$$\zeta_i \geqslant \zeta_{imin} \tag{9-34}$$

$$| \Delta f_i | \leqslant \Delta f_{i\min} \qquad (9-35)$$

$$X_{j\max} \geqslant X_j \geqslant X_{j\min} \qquad (9-36)$$

式中，X 表示对应于一些拟安装 PSS 的参数值问题的解，nm 表示模式数量，ng 表示发电机总数，w 表示加权系数，K 表示 PSS 增益，W 表示加权相位补偿的惩罚因子，N 表示超前-滞后单元的数量，α 表示过滤率，ζ 表示阻尼，Δf 表示变频特征值。下标 i 表示振荡模式的阶次，下标 j 表示 DFIG 的阶次。

因此，目标函数（9 – 33）由 PSS 增益总和及相位补偿产生的惩罚组成，但会受方程（9 – 34）～（9 – 36）所述限制条件集的约束，分别要求阻尼必须高于给定阈值、频率必须在给定范围内，并且控制变量应保持在容许的物理限值内。

对于控制变量，PSS 的传递函数如文献［33］所示：

$$V_{PSS}(s) = K \frac{sT_W}{1 + sT_W} \left(\frac{1 + sT_n}{1 + sT_n/\alpha} \right)^N V_{in}(s) \qquad (9-37)$$

式中，K 表示 PSS 增益，T_W 表示冲失时间常量。

对于每个 PSS，组成解析式的控制变量分别为各单元的增益、超前-滞后单元数量 N 以及时间常量值 $T_n = T_1$ 和 $a = T_1/T_2$。同时，也针对稳定器增益以及超前-滞后单元的时间常量设定了限值。此前，为 PSS 设计设定了冲失时间常量，且未做调整。采用加权系数 w_{ji} 指示安装 PSS 的最佳位置。由于安装位置并非考虑的要点，因此，设 $w_{ji} = 1$。

对于运行场景数量 nc，可将 PSS 整定问题设想为多准则极小化问题，使 nc 属性与各场景的 PSS 性能质量一致。在属性空间解集的非支配边界和帕累托最优边界中求出折中解。但是，对该边界的识别是一个难题，必须采取一些策略。一个相对简单的策略是将属性加权总和最小化，如下：

$$\min Q = \sum_{k=1}^{nc} z_k Q_k \qquad (9-38)$$

式中，z_k 表示场景 k 的相对重要性。

虽然可以采用其他矩阵，但通常采用空间矩阵 L_1 求解帕累托边界内最接近最优解的点。考虑到所有场景具有同等重要性，设所有 $z_k = 1$，方程（9 – 33）中给出的目标函数可重新表达如下：

$$\min Q = \min \{ \max [Q_k] \} \qquad (9-39)$$

通过方程（9 – 39）推导的 PSS 控制参数相当于尽可能使用最坏的运行状况反映 PSS 的特性。

为了得出 PSS 的鲁棒解，开发出了进化粒子群优化算法（EPSO）工具。EPSO

基于进化策略和粒子群优化算法，旨在综合两种方法的优点[35]处理粒子群问题，求得 DFIG 内置 PSS 的最优解。每个粒子涉及一个参数集，由策略和目标参数组成。目标参数集表示 PSS 的潜在鲁棒解。因此，在特定的粒子集中，对于给定的迭代，EPSO 的通用算法可描述如下[33]：

1. 每个粒子复制 r 次；
2. 每个粒子策略参数变异；
3. 根据粒子运动规律生成下一代粒子，然后复制变异粒子；
4. 计算对应的 Q 值，评估各粒子的适应性；
5. 根据目标函数给定的准则选择最佳粒子，形成新一代粒子。

需要注意的是，对于各粒子的评估，要求计算状态矩阵特征值，并进一步评估振荡模式。另一方面，已执行评估的数量 N_1 随场景数量呈线性增长，如下：

$$N_1(nc) = r \times it \times p \times nc \qquad (9-40)$$

式中，r 表示复制次数，it 表示迭代次数，p 表示粒子数量，nc 表示场景数量。

由于运行场景数量非常高，必须在运行拟定 PSS 整定程序前识别出具有代表性的场景集。因此，下节提出了用于识别代表性运行场景的程序。

9.5.3　代表性运行场景的识别

风电并网极大地增加了电力系统运行条件的多样性，生成了多种运行场景。此外，由于处于运行状态的风电机的数量不同，并且风速不断变化，DFIG 内置 PSS 的有效性取决于风力发电量。由于存在上述因素，对相关场景的识别比较困难。

可通过结构化的蒙特卡洛程序自动生成运行场景。但是，生成的运行场景数量很多，运算量极大，可能导致无法提供可行的 PSS 鲁棒整定程序。因此，在第二阶段，应减少运行场景数量，仅采用表示最不利运行条件的场景，即得出最坏情况运行场景集。通过该场景集推导的适应解适用于所有运行场景。

为了筛选最坏情况场景集，需要考虑通过弱点传输线路传输大规模电力可能产生低阻尼振荡这一问题，作出一些工程判断。但是，这是一种试算法，在场景数量巨大的情况下并不适用。

为了促进最坏场景的识别，并避免忽略可能并不明显但与 PSS 整定相关的运行条件，应采用启发式算法，如文献［33］所述。创建了两个不同的集：A 集包含所有场景，B 集为空集，最终包含某些最坏情况场景。然后执行以下步骤：

1. 根据方程（9-33）计算各场景的适应性。

2. 选择对应于适用性最高值的最坏情况场景。

3. 如果所选场景不属于 B 集，将所选场景纳入 B 集；否则，问题得解，算法停止。

4. 采用 B 集中的运行场景同时整定所有 PSS，确定 PSS 的鲁棒解。

5. 考虑所有运行场景，评估鲁棒解。

6. 如果最差适用性优于给定限值，则问题得解，算法停止；否则，检查迭代次数。

7. 如果迭代次数超过最大值，停止算法；否则，返回第 1 步。

该算法的结果为 PSS 整定问题的鲁棒解，即 B 集中所有运行场景的适应解。但是，如果由于迭代次数超过最大值而在第 6 步停止算法，则无法确保可得出鲁棒解。尽管如此，得出的解也能够合理增强阻尼性能。在上述两种情况下，可用下式计算通过启发式算法执行的评估的数量：

$$N_2(a) = \sum_{i=1}^{a} N_1(i) + nc(a+1) \tag{9-41}$$

式中，N_2 表示总评估数量，a 表示通过启发式算法进行迭代的次数，与 B 集中场景数量对应。

方程（9-41）包含两个分量：采用 B 集中的运行场景整定 PSS 参数所需评估的数量，以及采用 A 集中的运行场景评估鲁棒解的充分性所需评估的数量。需要注意的是，第一个分量所占权重较大。

9.5.4 测试系统

采用图 9-20 所示测试系统对 9.5.2 节所述算法的性能进行了评估，测试系统由两个与大型电力系统连接的区域组成。每个区域包含两台同步等效发电机和一个配备 DFIG 并通过等效电机、等效负荷及电容器组表示的风电场。与节点 15 连接的发电机对应于一个表示为无限大母线的大型电力系统。

同步发电机表示一组强耦合发电机。等效模型包含一个六阶模型（忽略磁饱和）以及以 IEEE1 类模型表示的调压器[26]。配备 PSS 的 DFIG 以 9.5.1 节所示模型表示。负荷和电容电池则建模为恒定阻抗。

9.5.5 生成运行场景

通过 9.5.2 节所述自动程序生成运行场景，其中考虑了一些会对阻尼水平产生

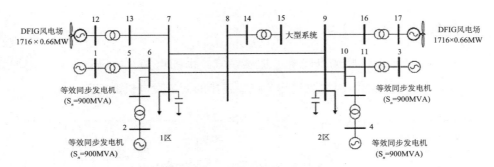

图 9-20　测试系统单线图

重大影响的问题。随后，考虑了针对基础案例[32]设定的参考值变化水平，如下：

1. 同步发电机和风电场的机组组合。与节点 1 和节点 2 连接的发电机停止运行，以调度风力发电，与节点 3 和节点 4 连接的发电机继续运行。对于风力发电，考虑停止运行所有风电场，仅运行一半或所有 DFIG。

2. 负荷水平。考虑的参考值变化率约为 25%。

3. 同步电机发电。考虑的参考值变化率约为 25%。

4. 与不同有功功率值对应的风速。对于与节点 12 连接的风电场，考虑的风速变化范围为 7m/s 至 10m/s，对于与节点 17 连接的风电场，考虑的风速变化范围为 8m/s 至 14m/s。

5. 电网配置。考虑分别在节点 7 与节点 8 之间以及节点 8 与节点 9 之间关闭一条线路。

为了生成运行场景，采用了以下程序：

1. 根据构成综合运行条件场景集的界定范围改变基础场景的运行条件。因此，通过基础场景改变机组组合，并且保存生成的场景。然后，改变已保存场景的所有负荷，生成并保存新的场景。以相同的方式调整同步发电机的有功功率，以及风速和电网配置。

2. 对所有运行场景进行功率潮流分析，消除不可行的场景。

3. 计算并分析所有可行场景的振荡模式。

通过本程序共生成了 1 300 个运行场景，因此，还需进一步筛选。此处采用了前述启发式方法筛选出了最坏情况运行场景。这些场景中，全球范围内的风力发电水平在某些情况下可达 50%，其中 1 区的风力发电水平约为 70%，2 区的风力发电水平约为 45%。

9.5.6 结果和讨论

图 9-21a 所示为这些场景的机电振荡模式，由图可知，各场景的最小阻尼为 5%～18%。阻尼较低的原因主要是与节点 2 连接的同步发电机的相关模式。

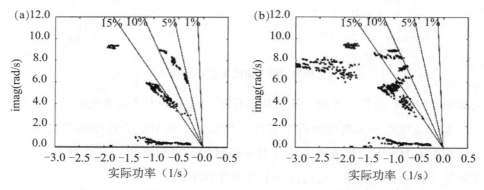

图 9-21 极点分布图：(a) DFIG 内不安装 PSS；(b) DFIG 内安装 PSS

假设安装在与节点 1 和节点 3 连接的同步发电机中的 PSS 处于运行状态。对于不含风力发电的场景，需要整定 PSS，由于许多振荡模式的阻尼水平都低于 10% 和 15%，不足以满足要求。为了调整电力系统中多余的风力发电量，需要使一台配备 PSS 的同步发电机停止运行，这也会导致阻尼水平较低。

采用 9.5.2 节所述算法对安装在与节点 12 和 17 连接的 DFIG 内的 PSS 进行整定，从而求出一个鲁棒解，使所有振荡模式的阻尼水平增加至 15% 以上，并且确保所有运行场景的频率变化维持在 5% 以内。表 9-3 通过与节点 2 和 12 连接的发电机的系统总负荷、发电量以及穿过连接线路的有功功率潮流描述了所选最坏情况场景的特征。表 9-4 列出了配备 PSS 和未配备 PSS 的 DFIG 中阻尼较低的振荡模式的阻尼和频率。

表 9-3 最坏情况场景中运行条件的特征描述

nc	P_L（MW）	P_{G12}（MW）	P_{G2}（MW）	P_{G3}（MW）	F_{7-8}（MW）	F_{8-9}（MW）
1	2 334.0	358.6	525.0	593.3	113.7	−594.5
2	2 917.5	240.2	700.0	593.3	−23.4	395.1
3	2 334.0	240.2	350.0	593.3	−178.1	−594.5
4	2917.5	240.2	525.0	719.1	−196.4	−388.3
5	2 917.5	700.3	700.0	719.1	1 109.7	581.1

表 9 – 4　最坏情况场景下振荡模式的特征描述

DFIG 不配备 PSS				DFIG 配备 PSS		
c	ζ（%）	F（Hz）	发电机	ζ（%）	F（Hz）	发电机
1	7.23	1.19	2	10.20	1.19	2
2	5.59	1.03	2	13.24	0.99	2
3	8.39	0.47	3	10.24	1.43	2
4	5.59	1.08	2	9.31	1.05	2
5	10.10	0.54	1	14.53	0.46	1

在 PSS 整定算法中，设每个粒子重复两次（$r=2$），粒子数量为常数（$p=20$），迭代次数为 $it=250$，则在最多进行 160 000 次评估便可得出鲁棒解。表 5 列出了得出的 PSS 参数，其中，发电机数量与连接节点的数量相对应。

表 9 – 5　PSS 参数值

发电机	K	N	T	α
1	6.06	2	0.515 5	27.28
3	7.72	2	0.471 6	21.83
12	0.12	0	–	–
17	0.95	2	0.996 8	0.27

表 9 – 5 列出了所有场景的振荡模式。

得出的解可将阻尼水平增加至适当值。但是，并非所有振荡模式都能达到 15% 的目标值，原因在于 DFIG 未参与机电振荡，不可能在不降低其他场景阻尼水平的情况下求得场景 4 的更优解，因此，只能间接地增加阻尼水平。另一方面，选定的运行场景代表了 PSS 最不利的运行条件。

最后，采用 PSS/E 动态模拟工具通过非线性时域模拟对 PSS 性能进行了评估，评估时考虑了振幅为 0.01p.u. 的阶跃变化，该阶跃变化适用于与发电机 2 相关的 AVR 的参考电压值（图 9 – 22）；在第二个模拟实例中（图 9 – 23），在节点 8 处出现了三相短路，并持续了 150ms。由于场景数量较多，此处通过其中一个案例的结果阐述了系统的响应。需要注意的是，发电机的数量与节点数量相对应。此外，电力系统侧的有功功率输出 S_b = 100MVA。

由图 9 – 22 和图 9 – 23 可知，在 DFIG 内安装 PSS 并采用适用方法进行整定，可得出适当的结果。在与节点 2 连接的同步发电机（发电机 2）以及穿过节点 7 和节

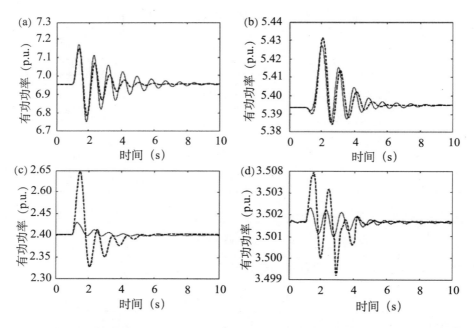

图 9-22　在 DFIG 中不安装 PSS（实线）和安装 PSS（虚线）的情况下，对参考电压阶跃变化的响应：（a）发电机 2 的有功功率输出；（b）发电机 3 的有功功率输出；（c）发电机 12 的有功功率输出；（d）发电机 17 的有功功率输出

点 8 之间线路的功率潮流中，可以观察到明显的阻尼水平提升。

根据所得结果，可总结如下：尽管 DFIG 未参与机电振荡，但其可有效地提供额外阻尼。但是，风电并网增加了电力系统运行的复杂性，增加了 PSS 整定的难度。在这种情况下，可用于选择具有代表性的运行场景集的启发式算法在降低 PSS 鲁棒整定运算量方面起到了重要作用。采用与最坏运行条件相对应的代表性场景集，通过 EPSO 法得出的最优解与 PSS 鲁棒解相对应。

9.6　配备 FSIG 的风电场采用的外部故障穿越解决方案

本节采用了与风电场终端连接的基于 STATCOM 的解决方案向配备 FSIG 的风电场提供故障穿越能力。为此，对该静态补偿设备进行控制，通过向电网注入无功功率调整风电场终端节点电压。因此，出现电网扰动时系统电压下降，STATCOM 立即注入无功功率，以限制电压骤降。本节列出了常用的控制函数，并在考虑交流电网发生平衡和不平衡故障的情况下，通过数值模拟评估了STATCOM 性能。

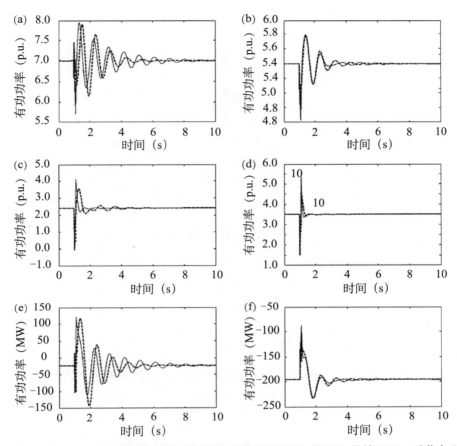

图 9 - 23　在 DFIG 中不安装 PSS（实线）和安装 PSS（虚线）的情况下，对节点 8 处 150ms 短路的响应：（a）发电机 2 的有功功率输出；（b）发电机 3 的有功功率输出；（c）发电机 12 的有功功率输出；（d）发电机 17 的有功功率输出；（e）线路 7 - 6 中的有功功率潮流；（f）线路 9 - 8 中的有功功率潮流

9.6.1　STATCOM 控制系统

STATCOM 包含一个通过耦合变压器与风电场终端节点并联的三相电压源变流器（VSC）[21]，如图 9 - 24 所示。

VSC 采用了基于 IGBT 的 PWM 变流器，并通过 PWM 技术合成与中间直流回路电源对应的直流电压源的正弦波形。在高频率下开关电力电子部件，通过连接 VSC 交流侧的滤波器限制频率谐波和脉动[10]。由于开关频率较高，进行时域模拟时所需时步较小。由于 VSC 特性并非本研究的关注点，此处仅采用了简单化的建模方法，使 VSC 再现控制系统提供的最佳参考电压。

根据图 9 - 24a，VSC 和电网间的有功功率和无功功率传递 P 和 Q 可分别表

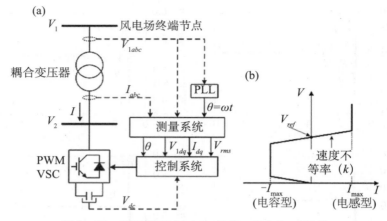

图 9 – 24　STATCOM：(a) 结构；(b) V – I 特性

示为：

$$\begin{cases} P = \dfrac{V_1 V_2 \sin\delta}{X} \\[4mm] Q = \dfrac{V_1 (V_1 - V_2 \cos\delta)}{X} \end{cases} \tag{9-42}$$

式中，X 表示联络变压器和 VSC 滤波器的电抗，δ 表示 V_1 相对于 V_2 的角。

稳态运行条件下，$\delta = 0$，且只存在无功功率。若 V_2 低于 V_1，VSC 吸收无功功率；否则，VSC 产生无功功率。

通过控制 VSC 调节 V_1，展现了图 9 – 24b 所示的 V-I 特性。因此，即使在电压降低的情况下，STATCOM 仍然可以在额定电流下运行；此外，只要无功电流一直处于变流器额定电流确定的最小值（$-I_{max}$）和最大值（I_{max}）范围内，便可根据参考值 V_{ref} 调节电压。但是，通常采用电压下降（通常为最大无功功率输出的 1%～5%），并通过以下公式描述 V – I 特性：

$$V = V_{ref} + k \times I \tag{9-43}$$

式中，V 表示正序电压（p.u.），I 表示无功电流（p.u./P_{nom}），P_{nom} 表示 STATCOM 的三相标称功率。

VSC 控制系统的设计基于矢量控制技术，该技术常用于处理快速动态条件，提供解耦控制能力[10,16,19,36,43,45,49]。因此，使用以电网频率 ω 旋转的 d – q 参考坐标系（q 轴位于比 d 轴超前 90° 的位置，且 d 轴与风电场终端节点电压位置对齐），可分别通过 I_d 和 I_q 单独控制有功功率和无功功率，因此，可通过 I_q 控制无功功率潮流、I_d 控制直流侧电压[10]。为了使三相终端电压 V_1 的正序分量同步，并为派克变换[26]及

其逆变换提供 $\theta = \omega t$ 角度，采用了相位同步回路（PLL），如图 9 - 24 所示。

VSC 控制方案由两个基于 PI 控制器的控制回路组成，如图 9 - 25 所示。第一个控制回路通过与交流网络的较小有功功率交换保持直流侧电压恒定不变，为变压器和逆变器的有功功率损失提供补偿。第二个控制回路通过与交流网络的无功功率交换对终端电压进行控制。

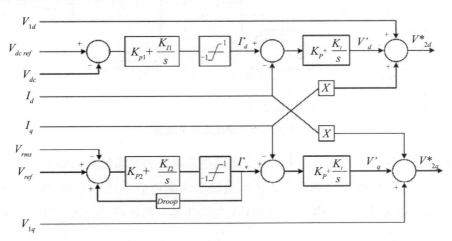

图 9 - 25 VSC 控制方案

PI 控制器为级联结构，如图 9 - 25 所示。外侧 PI 控制器用于调整直流侧电压 V_{dc} 和终端电压 V_{rms} 的直流分量的幅值，提供有功和无功电流参考值 I_d^* 和 I_q^*。这些电流参考值限定于 1p. u. 电容电流和 -1p. u. 电感电流。PI2 控制器具有速度不等率特性，允许终端电压存在一定变化，如方程（9 - 43）所示。内侧 PI 控制器通过提供电压参考值 V_{2d}^* 和 V_{2q}^* 调节有功和无功电流（I_d 和 I_q），进行 dq 至 abc 变换后，有功和无功电流传输至 VSC 的 PWM 信号发生器，控制终端电压 V_2 的幅值和相位。

9.6.2 测试系统

采用图 9 - 26 所示测试系统，使用 EMTP-RV 动态模拟工具评估了配备 FSIG 的风电场中存在外部故障时 STATCOM 在故障穿越能力方面的性能。

该测试系统为一个接入电力系统的 10MW 风电场，包含 20 台额定功率为 500kW 的 SCIG。每台风电机通过一个 630kW、0. 55/15kV 的变压器与 15kV 的风电场内部网络连接。用于提供单独 SCIG 无功功率补偿的低压（LV）电容电池与其终端节点连接，确保满足空载条件下的无功功率需求。另一个电容器组与风电场变压站中压（MV）侧连接，在负载条件下运行时，提供 SCIG 所需的额外无功功率，正

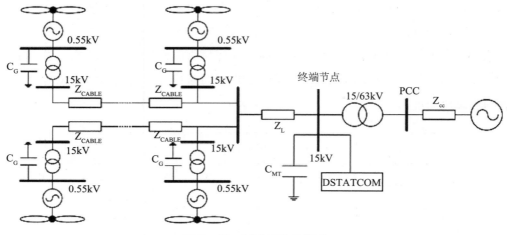

图 9 - 26 测试系统单线图

常运行条件下，必须将无功功率注入交流网络，确保满足系统运营商要求的给定功率因数。为了提供故障穿越能力，该风电场必须配备额定功率为 10MVA 的 STAT-COM。风电场通过一个 10MVA、15/63kV 的变压器与高压网络连接。PCC 处的短路功率为 200MVA。

在 EMTP-RV（1.0.2 版）环境下构建 STATCOM 模型，因为其在当前版本库无法使用。感应发电机模型基于在 EMTP – RV 库中构建的四阶状态空间模型[52]。通过施加于感应发电机模型的机械转矩再现风速，以与相应戴维南等效阻抗串联的恒定电压源表示电力系统。通过 EMTP – RV 库中的可用模型表示剩余分量。

9.6.3 模拟结果和讨论

在充分考虑葡萄牙风电场连接电网规范的情况下，对配备 FSIG 的风电场的故障穿越能力进行了评估[16]。对于故障穿越要求，风电场必须满足以下最低技术要求：

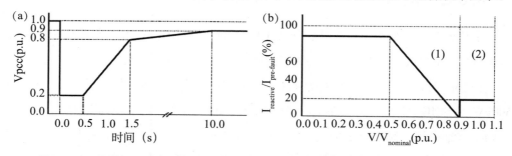

图 9 - 27 葡萄牙电网规范的特征曲线：（a）时间-电压特征；（b）电压骤降时/后的无功电流特征曲线：（1）故障和恢复区；（2）正常运行区

● 在出现故障时以及清除故障后，若风电场的终端节点电压在图 9 - 27a 所示时间限制范围内始终位于图中曲线之上，出现电压骤降时，风电场仍然可以运行。

● 电压骤降时可提供无功功率，确保对网络提供电压支持。所需无功功率由出现故障前通过 PCC 的无功电流潮流确定，风电场必须始终处于图 9 - 27b 所示曲线的白色区域。

为了演示 STATCOM 向配备 FSIG 的风电场提供故障穿越能力方面起到的作用，考虑了涉及电压恢复的大多数严重故障条件。因此，假设风电场测试系统以 $tg\phi$ =0.2（接近其额定功率）运行，并与 SCIG 产生的最大无功功率相一致。然后，在交流网络中模拟了三相短路，距离风电场较远，$t = 1s$，故障清除时间为 500ms。当风电场配备 STATCOM 或不配备 STATCOM 运行的条件下，PCC 和风电场终端节点处的电压如图 9 - 28 所示。

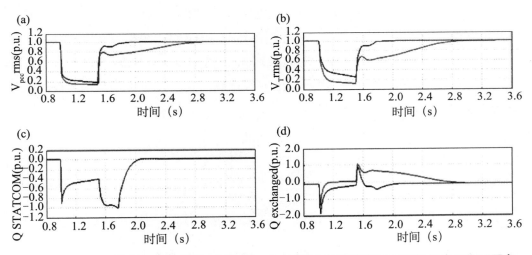

图 9 - 28　出现平衡故障时的系统动态特性：（a）配备 STATCOM 时 PCC 的电压和不配备 STATCOM 时 PCC 的电压；（b）配备 STATCOM 时终端节点的电压和不配备 STATCOM 时终端节点的电压；（c）配备 STATCOM 时交流电网的无功功率交换和不配备 STATCOM 时交流电网的无功功率交换

不配备 STATCOM 时，故障期间，PCC 的电压下降至 0.2p.u. 以下，根据故障穿越要求，风电场将断开连接。基于 STATCOM 的解决方案避免了这一问题，这是由于配备 STATCOM 后，在故障期间 PCC 的电压仍然高于 0.2p.u.，增强了故障穿越能力，如图 9 - 28a 所示。此外，清除故障后，电压在故障穿越要求规定的时限内快速恢复。此外，在出现故障时以及清除故障后，通过从 STATCOM 向电网注入无功功率，可更好地提升终端节点电压，如图 9 - 28b 所示。

STATCOM 控制系统立即响应电压骤降，使控制器饱和，并向电网注入最大无功电流，如图 9 – 28c 所示。但是，需要注意的是，压降会限制无功功率的注入，因此，出现故障时，STATCOM 在提供电压支持方面起到的作用不大。相反，故障清除后，通过 STATCOM 注入的与额定功率相当的无功功率有助于电压快速恢复，并明显增加系统稳定裕度。此外，FSIG 的磁化过程得到了动态支持，从而降低了转子转速以及电网中无功功率的消耗，如图 9 – 28d 所示。

采用 STATCOM 进行电压控制时，由于 VSC 控制系统基于在 STATCOM 连接点处测得的交流正序电压，应向三相网络注入等量的无功功率。数值模拟得出的结果证明了该控制方法在平衡条件下（如出现三相短路时，三相试验的电压与压降振幅相似）的有效性。

尽管平衡故障属于最严重的故障，但发生的概率很小。相反，不平衡故障是非常常见的，通常在一相或二相对地短路或相互短路时发生，导致交流电网电压出现负序分量。因此，出现不平衡故障时，也应评估 STATCOM 向配备 FSIG 的风电场提供故障穿越能力方面的动态性能。为此，在 $t = 1s$ 的条件下模拟了高压网络相 a 发生单相短路故障的情况，故障清除时间取 500ms，并假设所有 SCIG 均以相当于其额定功率一半的功率运行，中压电容电池保证风电场以 $\text{tg}\varphi = 0.4$ 运行，确保符合功率因数要求。结果如图 9 – 29 所示。

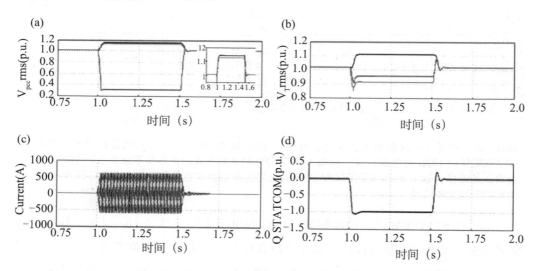

图 9 – 29　不平衡故障条件下的系统动态特性：（a）PCC 电压——相 a、相 b 和相 c；（b）终端节点电压——相 a、相 b 和相 c；（c）STATCOM 无功电流——相 a、相 b 和相 c；（d）通过 STATCOM 注入的无功功率

15/63kVΔY 型变压器会对风电场终端节点发生电网故障的方式产生影响，如图

9 - 29a 和 9 - 29b 所示。尽管只有相 a 出现了对地短路，但是相 a 和相 c 均出现电压骤降，甚至会出现较大的压降幅值。但是，STATCOM 向交流网络注入平衡三相有功电流，如图 9 - 29c 所示，导致非故障相位出现较大过电压，如图 9 - 29a 和 9 - 29b 所示。事实上，对于相 b 和相 c，PCC 电压的过电压超过 1. 1p. u. ，有关相 c 的风电场终端节点电压亦出现相似情形。故障清除后，风电场连接点的相 a 和相 b 出现瞬时过电压，如图 9 - 29a 所示。需要注意的是，终端节点电压的交流正序的特性能够使 STATCOM 根据图 9 - 24b 所示 $V - I$ 特征曲线注入其最大无功电流，因此，无功功率输出与其额定功率一致。与此前模拟的三相短路相反，终端节点压降幅值较大，从而向交流电网注入最大无功功率，如图 9 - 29d 所示。

结果表明，外部短路引起电压骤降时，STATCOM 提供电压支持，降低压降幅值，并有助于在故障清除后快速恢复电压。因此，可将 STATCOM 视为有助于提升配备 FSIG 的风电场故障穿越能力的有效方法。但是，若出现单相短路等不平衡故障，非故障相位会出现过电压，触发过电压保护，导致风电场断开连接，将无法提升故障穿越能力。为了避免该类情况，应采取可确定无功功率注入量的补充控制程序。为此，应考虑 STATCOM 连接点处的电压负序；另一方面，应在必要时调整过电压保护设置。

9.7　结论

采用与配备同步发电机的传统发电站相同的方式有效实现大规模风电并网是一项极具挑战性的任务。因此，必须确保基础电力参数、频率和电压的稳定性。对于频率调节和电压调节，必须分别进行有功功率控制和无功功率控制。此外，风电场应满足输电系统运营商提出的电网规范中指定的故障穿越要求。

因此，WTGS 的变速特性将起到重要作用。对于 DFIG，已开发了一系列先进的控制功能，致力于提升 DFIG 性能，确保满足电网规范，如故障穿越能力和一次调频控制。本章将 RSC 作为研究重点，RSC 主要用于发电机的运行、速度控制及有功功率和无功功率输出控制。此外，应在 RSC 控制系统中纳入经典 PSS，允许配备 PSS 的 DFIG 提供阻尼，从而在采用风力发电替换传统的 PSS 发电模式时增强电力系统的小扰动稳定性。

配备 FSIG 的风电场要求采用外部解决方案提供故障穿越能力。尽管基于 STAT-COM 的解决方案非常高效，但是出现不平衡故障时，应评估基于 STATCOM 连接点处电压负序采取补充控制程序的需求，避免非故障相位出现过电压。

对变速 WTGS 电力电子变流器控制系统执行先进控制功能、STATCOM 以及动态建模问题的探讨，将为提高风电并网水平后电力系统运行鲁棒性的评估提供全新的启发。

致谢　谨向葡萄牙科技基金会（FCT）致以最诚挚的谢意，感谢其对 SFRH/BD/18469/2004 和 SFRH/BPD/64022/2009 项目提供的资金支持。

参考文献

［1］ Achmatov V（2002）Variable speed wind turbines with doubly fed induction generators. Part Ⅳ: Uninterrupted operation features at grid faults with converter control coordination. Wind Eng 27: 519 - 529.

［2］ Akhmatov V（2003）Analysis of dynamic behaviour of electric power systems with large amount of wind power. PhD Thesis, Technical university of Denmark, ISBN 87-91184-18-5.

［3］ Akagi H, Kanazawa Y, Nabae A（1984）Instantaneous reactive power compensators comprising switching devices without energy storage components. IEEE Trans Ind Appl（IA-20）: 625 - 630.

［4］ Almeida RG, Castronuovo E, Peças Lopes JA（2006）Optimum generation control in wind parks when carrying out system operator requests. IEEE Trans Power Syst 21: 718 - 725.

［5］ Almeida RG, Lopes JA（2005）Primary frequency control participation provided by doubly fed induction wind generators. In: Proceedings of 15th power systems computation conference, pp 1 - 7.

［6］ Almeida RG, Peças Lopes JA（2007）Participation of doubly fed induction wind generators in system frequency regulation. IEEE Trans Power Syst 22: 944 - 950.

［7］ Almeida RG, Lopes JP, Barreiros JAL（2004）Improving power system dynamic behaviour through doubly fed induction machines controlled by static converter using fuzzy control. IEEE Trans Power Syst 19: 1942 - 1950.

［8］ Aten M, Martinez J, Cartwright PJ（2005）Fault recovery of a wind farm with fixed-speed induction generators using a STATCOM. Wind Eng 29: 365 - 375.

［9］ Barbosa P, Rolim L, Watanabe E, Hanitsch R（1998）Control strategy for grid connected DC-AC converters with load power factor correction. In: IEE proceedings of generation, transmission and distribution, vol 145, pp 487 - 491.

［10］ Chen Z, Hu Y, Blaabjerg F（2007）Stability improvement of induction generator-based wind turbine systems. IET Renew Power Gener 1：81－93.

［11］ Do Bomfim A, Taranto G, Falcão D（2000）Simultaneous tuning of power system damping controllers using genetic algorithms. IEEE Trans Power Syst 15：163－169.

［12］ Ekanayake J, Holdsworth L, Jenkins N（2003）Control of DFIG wind turbines. Power Eng J 17：28－32.

［13］ Ekanayake JB, Holdsworth L, XueGuang W et al（2003）Dynamic modeling of doubly fed induction generator wind turbines. IEEE Trans Power Syst 18：803－809.

［14］ Ekanayake J, Jenkins N（2004）Comparison of the response of doubly fed and fixed speed induction generator wind turbines to changes in network frequency. IEEE Trans Energy Convers 19：800－802.

［15］ Erlich I, Wrede H, Feltes C（2007）Dynamic behaviour of DFIG-based wind turbines during grid faults. In：Proceedings of power conversion conference 2007, vol 1, pp 1195－1200.

［16］ Estanqueiro A, Castro R, Flores P, Ricardo J, Pinto M, Rogrigues R, Peças Lopes JA（2007）How to prepare a power system for 15% wind energy penetration：The Portuguese case study. Wind Energy 11：75－84.

［17］ Feijoo A, Cidras J, Carrillo C（2000）A third order model for the doubly-fed induction machine. Elect Power Syst Res 56：121－127.

［18］ Feltes C, Engelhardt S, Kretschmann J, Fortmann J, Koch F, Erlich I（2009）Comparison of the grid support capability of DFIG-based wind farms and conventional power plants with synchronous generators. In；Proceedings of IEEE power and energy society general meeting 2009, vol 1, pp 1－7.

［19］ Gaztañaga H, Etxeberria-Otadui I, Ocnasu D, Bacha S（2007）Real-time analysis of the transient response improvement of fixed-speed wind farms by using a reduced-scale STATCOM prototype. IEEE Trans Power Syst 22：658－666.

［20］ Hansen A, Sorensen P, Iov F, Blaabjerg F（2006）Centralized power control of wind farm with doubly fed induction generators. Renew Energy 31：935－951.

［21］ Hingorani NG, Gyugyi L（2000）Understanding FACTS：concepts and technology of flexible AC transmission systems. Wiley-IEEE Press, Hardcover.

[22] Holdsworth L, Ekanayake J, Jenkins N (2004) Power system frequency response from fixed speed and doubly fed induction generators-based wind turbines. Wind Energy 7: 21 -35.

[23] Hughes F, Anaya-Lara O, Jenkins N, Strbac G (2005) Control of DFIG-based wind generation for power network support. IEEE Trans Power Syst 20: 1958 - 1966.

[24] Hughes F, Anaya-Lara O, Jenkins N, Strbac G (2006) A power system stabilizer for DFIG-based wind generation. IEEE Trans Power Syst 21: 763 -772.

[25] Koch F, Erlich I, Shewarega F (2003) Dynamic simulation of large wind farms integrated in a multimachine network. In: Proceedings of IEEE power engineering society general meeting, vol 1, pp 2159 -2164.

[26] Kundur P (1994) Power system stability and control. McGraw-Hill, New York.

[27] Lee C (1990) Fuzzy logic in control systems: fuzzy logic controllers. IEEE Trans Syst Man Cybern 20: 404 -418.

[28] Lei Y, Mullane A, Lightbody G, Yakamini R (2006) Modeling of the wind turbine with a doubly fed induction generator for grid integration studies. IEEE Trans Energy Convers 21: 257 -264.

[29] Li H, Chen Z (2008) Overview of different wind generation systems and their comparisons. IET Renew Power Gener 2: 123 -138.

[30] Li H, Philip C, Huang H (2001) Fuzzy neural intelligent system. CRC Press, New York.

[31] Machmoum M, Poitiers F, Darengosse C, Queric A (2002) Dynamic performance of a doubly-fed induction machine for a variable-speed wind energy generation. In: Proceedings of international conference on power systems technology 2002, vol 4, pp 2431 -2436.

[32] Mendonça A, Peças Lopes J A (2003) Robust tuning of PSS in power systems with different operating conditions. In: Proceedings of IEEE bologna power tech conference, vol 1, pp 1 -7.

[33] Mendonça A, Peças Lopes JA (2009) Robust tuning of power system stabilisers to install in wind energy conversion systems. IET Renew Power Gener 3: 465 -475.

[34] Michalke G, Hansen AD (2010) Modelling and control of variable speed

wind turbines for power system studies. Wind Energy 13: 307 - 322.

[35] Miranda V (2005) Evolutionary algorithms with particle swarm move-ments. In: Proceedings of 13th international conference on intelligent systems applications to power systems, vol 1, pp 6 - 21.

[36] Molinas M, Suul JA, Undeland T (2007) Improved grid interface of induc-tion generators for renewable energy by use of STATCOM. In: Proceedings of ICCEP'07, vol 1, pp 215 - 222.

[37] Morren J, Haan S, Kling W, Ferreira J (2006) Wind turbines emulating inertia and supporting primary frequency control. IEEE Trans Power Syst 21: 433 - 434.

[38] Novotny DW, Lipo TA (2000) Vector control and dynamics of AC drives. Oxford University Press, New York.

[39] Nunes M, Bezerra U, Peças Lopes JA, Zurn H, Almeida RG (2004) Influ-ence of the variable speed wind generators in transient stability margin of the con-ventional generators integrated in electrical grids. IEEE Trans Energy Convers 9: 692 - 701.

[40] Pena R, Clare JC, Asher GM (1996) Doubly fed induction generator using back-to-back PWM converters and its application to variable-speed wind energy genera-tion. In: IEE proceedings of electric power applications, vol 143, pp 231 - 241.

[41] Poller MA (2003) Doubly-fed induction machine models for stability assess-ment of wind farms. In: Proceedings of 2003 IEEE bologna power tech confer-ence, vol 3, pp 1 - 6.

[42] Pourbeik P, Gibbard M (1998) Simultaneous coordination of power systems stabilizers and FACTS devices stabilizers in a multimachine power system for enhancing dynamic performance. IEEE Trans Power Syst 13: 473 - 479.

[43] Qi L, Langston J, Steurer M (2008) Applying a STATCOM for stability im-provement to an existing wind farm with fixed-speed induction generators. IEEE power and energy society general meeting—conversion and delivery of electrical energy in the 21st century, vol 1, pp 1 - 6.

[44] Qiao W, Zhou W, Aller JM, Harley RG (2008) Wind speed estimation based sensorless output maximization control for a wind turbine driving a DFIG. IEEE Trans Power Electron 23: 1156 - 1169.

[45] Rao P, Crow ML, Yang Z (2000) STATCOM control for power system volt-

age control applications. IEEE Trans Power Delivery 15: 1311 – 1317.

[46] Resende FO, Peças Lopes JA (2009) Evaluating the performance of external fault ride through solutions used in wind farms with fixed speed induction generators when facing unbalanced faults. In: Proceedings of the IEEE bucharest power tech 2009, vol 1, pp 1 – 6.

[47] Rodriguez J et al (2002) Incidence of power system dynamics of high penetration of fixed speed and doubly fed wind energy systems: study of the Spanish case. IEEE Trans Power Syst 19: 1089 – 1095.

[48] Rogers GJ (2000) Power system oscillations. Kluwer Academic Publishers, Boston.

[49] Rogers GJ, Shirmohammadi D (1987) Induction machine modelling for electromagnetic transient program. IEEE Trans Energy Convers (EC-2): 622 – 628.

[50] Salman SK, Teo ALJ (2003) Windmill modelling considerations and factor influencing the stability of grid connected wind power based embedded generator. IEEE Trans Power Syst 18: 793 – 802.

[51] Slootweg JG, Haan SWH, Polinder H, Kling L (2003) General models for representing variable speed wind turbines in power system dynamics simulations. IEEE Trans Power Syst 18: 144 – 151.

[52] Stavrakakis G, Kariniotakis G (1995) A general simulation algorithm for the accurate assessment of isolated diesel-wind turbines systems interaction—part I: a general multimachine power system model. IEEE Trans Energy Convers 10: 577 – 583.

[53] Stavrakakis G, Kariniotakis G (1995) A general simulation algorithm for the accurate assessment of isolated diesel-wind turbines systems interaction—part II: implementation of algorithm and case studies with induction generators. IEEE Trans Energy Convers 10: 584 – 590.

[54] Tsili M, Papathanassiou S (2009) A review of grid code technical requirements for wind farms. IET Renew Power Gener 3: 308 – 332.

第十章
高风电穿透率下的电网稳定性

Emmanuel S. Karapidakis 和 Antonios G. Tsikalakis[①]

摘要：本章探讨了与电力系统中高风电穿透率相关的电网稳定性问题。如今，全球范围内的一些国家和地区已尝试在高风电穿透率条件下运行电力系统，或已制订提高风电穿透率的详细计划。因此，在这些国家和地区，电网及运行策略必须能够可靠应对较高的风电穿透水平。此外，本章还提出了一些适用的解决方案，以克服当前电力系统中面临的电网稳定性约束问题。

10.1 概述

数十年前，电网能够承受超裕度设计。但是，过去十年间，尤其是现在，电力系统的运行条件高度复杂，极具挑战性，主要归因于以下一个或多个原因：

- 市场管制放松；
- 环境限制；
- 负荷需求增加；
- 电力质量要求提高；
- 可再生能源（RES）穿透率增加；
- 客户对可靠性的要求不断增加；
- 电网拥塞或电网加固相关问题。

上述情况下，最重要的问题在于电力系统可能会显示出各种不稳定性，主要体现在电压和频率不稳定方面[1,2]。因此，在现代电力系统规划和运行中，尤其是并入风能等间歇性能源时，电网稳定性成了一个主要问题。此外，非线性特性也会影响电力系统的稳定性，随着压力条件的不断增加，非线性特性也愈加明显。

---

① E. S. Karapidakis · A. G. Tsikalakis（✉）
克里特技术教育学院（干尼亚）自然资源和环境专业，希腊克里特岛
e-mail：atsikal@ power. ece. ntua. gr；atsikalakis@ isc. tuc. gr

风力发电系统手册

目前，大型集中式发电站能够满足大部分电力需求，这些发电站主要是传统（化石燃料和／或核能）发电站和水电站，并采用高压远距离输电方式。此类电站的涌现主要归因于规模经济的快速发展和燃料利用率的不断增加。

弱联电力系统或独立电力系统，例如在孤立区域或孤岛运行的电力系统，在运行和控制方面面临的复杂程度不断增加[3,4]。由于安装、运维成本高昂（规模经济），大多数此类系统的实际发电成本远远高于大型互联系统的发电成本。另一个需要关注的重点是安全问题，因为与互联系统[5,6]相比，此类系统中发电与负荷的不匹配和／或系统频率控制的不稳定可能引发更多系统故障。

作为一种主要的可再生能源，风能的利用可大幅提高电力系统的装机容量。欧洲风能协会（EWEA）的相关数据显示，从 2008 年开始，与其他能源相比，风电年均装机容量稳居榜首。仅在 2009—2010 年度，欧洲新增风电装机容量达 20GW。本章讨论了大规模风力发电对弱联电力系统和/或孤岛电力系统动态性能的影响。

随着能源政策不断出台，风电开发受到了越来越多的关注，但是必须慎重考虑电力系统中的大规模风电并网，以确保电力系统运行的高度可靠性和安全性。考虑到风电出力预测存在不确定性及系统稳态和动态运行特点，需要重点关注运行调度问题（主要是机组组合）[7]。这些问题会极大地限制电力系统的风电并网规模，增加电力系统运行的复杂性。因此，除了常见问题和电压稳定等情况外，还要确保电网频率的稳定性[8]。稳定性主要体现在系统在出现严重扰动时恢复发电和负荷平衡、确保最小负荷损失的能力。

动态模拟研究是确定电力系统中风电穿透率的第一步。必须进行分析研究，推导出各系统实现优化运行的安全规则和准则[9]。电力系统动态性能的模拟主要包括异常运行条件下的电压和频率计算、风力发电的启动或意外脱网、风速波动以及输电和配电网络短路。为确保最大限度地利用可用的可再生能源资源，以最经济、安全的方式在风电穿透率不断增长的形势下运行电力系统，必须采用先进的能源管理系统（EMS）[10]。

此外，为了在新市场条件下以最优化的方式运行电力系统，必须计算达到指定安全级别所需的成本，这与出现不安全情况时采取的补救措施直接相关[11]。应注意的是，与稳态安全不同，针对动态安全采取的补救措施仅为预防性措施，会导致负荷削减或发电再调度。最后，必须保证充足的旋转备用，平衡负荷削减成本。

10.2 电网稳定性的定义和分类

从二十世纪二十年代开始，Steinmetz[12]和 AIEE[13]就已将电力系统稳定性视为与电力系统安全运行密切相关的主要问题。一般而言，暂态稳定性是大多数电力系统中的主要问题。随着电力系统的发展，许多新运行技术和控制措施应运而生。更确切地说，电压和频率稳定性受到了越来越多的关注。要实现电力系统的优化设计和高效运行，必须清楚地了解稳定性的不同分类及其相互关系[1]。

电力系统的稳定性与具有基本数学基础的动态系统的稳定性相似。可在探讨动态系统稳定性严格数学理论的文献中找到有关稳定性的确切定义。Kundur 等人[6]提出了电力系统动态安全的详细定义及相应的电力系统稳定性类型。图 10-1 所示为电力系统稳定性的简明分类。

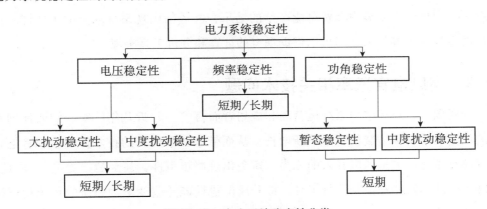

图 10 -1 电力系统稳定性分类

此外，另一个重要问题是电力系统的可靠性、安全性与其稳定性概念之间的关系：

- 电力系统可靠性：指在较长的时段内达到指定运行条件，避免出现中断的可能性。

- 电力系统安全性：指系统在不中断电力供应的情况下承受扰动（考虑可能存在突发事件）的能力。

- 系统稳定性：指系统在受到严重或中度扰动后保持稳定运行的能力。

Kundur 等人[6]明确表示，电力系统安全性分析涉及在即将发生扰动时确定电力系统的鲁棒性。电力系统运行出现变化时，要确保变化后的最新运行状态不会违反任何技术约束。也就是说，系统要适应运行条件的变化。系统安全性的上述特点要求在分析中着重注意以下两个方面：

- 静态安全性分析：包括扰动后系统条件稳态分析，验证是否违反电压约束。

● 动态安全性分析：包括检验第三节所述的不同系统稳定性类别。

确定性评估法是最常用的动态安全性评估方法。设计和运行电力系统时，要确保电力系统可以承受一系列极有可能在实际场景中发生的意外情况，这些意外情况通常指自然产生或由单相、双相或三相故障引起的电力系统单一元件断开。这种方法通常称为 $N-1$ 准则，在电力系统的 N 个元件中任一独立元件无故障或因故障断开后，检查系统的稳定性。此外，还可采取跳闸、负荷削减、孤岛运行控制等应急控制措施处理上述问题，避免大面积停电。

总之，动态特性评估需要完整展现电网的情况，电力系统稳定性与发电和负荷之间的电距离直接相关，因此，动态特性取决于电网结构。在管制逐渐宽松、参与者愈加多元化的能源市场，确定性方法可能并不适用。因此需要考虑系统条件和事件的概率性质，量化并控制风险。未来趋势是增加基于风险的安全性评估，以调查系统不稳定性的发生概率以及可能产生的结果，并评估出现系统故障的可能性。该方法的运算量可能较大，但可以借助现有的计算和分析工具实现。

10.3 高风电穿透率相关技术问题

众所周知，对于电力系统运营商和规划者而言[14,15]，近几年已安装的或计划安装的风电机使得新增装机容量不断增长，从而带来一系列新的技术挑战。现有电力系统应具备应对大量风电并入的能力，避免出现严重事件，甚至是"停电"。因此，应确定全新的监测和控制运行工具，提升风电机性能并改变电力系统的传统运行模式和规划策略[16]。本章介绍了几种可用于克服高风电穿透率下电力系统常见障碍的方法。

10.3.1 高风电穿透率下的技术障碍

从技术和经济角度来看，各类可再生能源中，风能的前景最佳。进行常规小规模部署时，风电机对电力系统稳定性的影响微乎其微。但是，随着风电穿透率的增加，电力系统的动态性能将受到影响。高风电穿透率的主要技术障碍如下：

1. 输电系统容量

高风电穿透率下电力系统的首要障碍是有限的电网容量，主要是指输电系统容量。在许多情况下，尤其是在欧洲地区，风电场开发商投资建设电网接线并加固配电网。编制未来输电网发展规划时，应充分考虑风电场及其他可再生能源投资[17]。

2. 机组组合和供电安全

求解机组组合问题的同时回答了"应使用何种发电资源以尽可能低的成本满足电力负荷需求"这一问题。求解这一问题时应充分考虑用户自定义不确定性以及发电机组和电力系统的技术限制。此外，还应考虑能源政策限制，比如，义务购买可再生能源电力。众所周知，电力系统中可再生能源电力的高穿透率不仅会增加机组组合程序的复杂性，还会增加电力供应的不稳定性。Tsikalakis 等人[18]曾尝试解决复杂性相关问题。更确切地说，已确定了以下有关风能的问题。

风电穿透率极限：由于风速的可变性，风力发电并不稳定。普遍认为，风电穿透率存在一个极限，超过这个极限后，随着风电穿透率的增加，电力系统备用需求也相应增加[14]。一些电力系统或控制区（如 Nordpool）[19]，已经解决了这一问题。此类情况下，相关成本在一定程度上远低于预期成本，但仅限于风电穿透率极高的案例。此外，风电穿透率的上限在很大程度上取决于系统发电能源组合。机组响应越慢，该上限越低。

风电的可变性：风电的可变性是与风力发电密切相关的另一个问题，由于很难预测电力系统运行时间区间内的风力发电量[20,21]，电力系统运营商在二级和三级控制方面面临较高的不确定性。阵风可能会引起在极短的时间内向系统注入相当大的频率含量，引起电网波动和闪变（0.1Hz 至 20Hz）。这些波动可能会降低风电场周围区域的电能质量[22]。因此，应通过国际标准确定相应限值，确保电能质量达到可接受的水平[23]。

风电的可靠性：与高风电穿透率有关的另一个主要问题是电网扰动引起的意外脱网的可能性。更确切地说，短路通常会引起电压骤降，从而导致孤岛效应。因此，风电机应能够承受扰动，并保持与电网相连。针对这类情况，风电机应具备故障穿越（FRT）能力。

10.3.2　不断提升的风力发电性能

风力发电系统应对与其连接的电力系统的可靠性产生积极影响。因此，应优化风电机的性能。

1. 风力发电系统的先进特性

在现代电力系统的全新运行条件下，风力发电系统应具备以下创新特性：

低压故障穿越：如今，人们越来越认识到风能的巨大潜力，并对风电的增长和未来发展表现出极度担忧，许多电力系统运营商发布了相应的电网规范，对风电机和风电场在基本运行功能方面作出了相应要求。故障穿越能力是关注度最高的一项功能，图 10-2 显示了意昂集团（E-ON）、联邦能源监管委员会（FERC）及西班牙国家电网公司（REE）电网规范在故障穿越能力方面的特性。

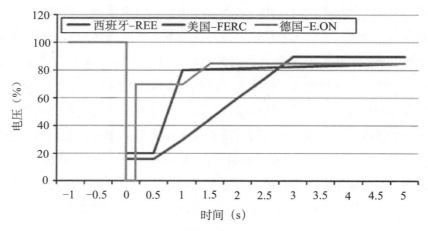

图 10-2 风电场故障穿越（FRT）特性响应曲线

参与一次调频控制：风电机对极端频率偏移的响应（如图 10-3 所示）也是一个重要问题。一次调频是指采用最大功率提取曲线下的特定频率控制和去负荷运行策略。若所用的风电机具有此功能，则可以极大地降低频率跌落的影响[24]。这种控制策略有助于进行调频，尤其适用于多风地区和水电调节能力降低的电力系统。

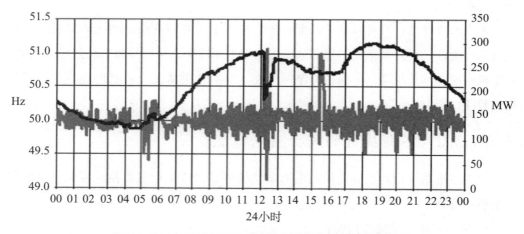

图 10-3 克里特岛电力系统发生风电脱网时的频率跌落

使用电力电子设备可在一定程度上避免风电机组脱网，有助于增强电力系统的鲁棒性。

2. 风电控制和弃风

在输电和配电系统中使用数百台风力发电机组代替大型常规发电厂，要求创新理念，对这些发电资源进行监测、控制和管理。在电力系统中实施这种新方案时，不仅要注意电网运行限制，还要确保符合当前自由化管制的市场程序。

欧洲一些国家已经开始采用创新策略和设备。风电场的装机容量可能受限于电网风电接纳能力。但是，由于实际风速值与 v_{rated} 值（即额定风速）不同，风电机很少能达到其额定装机容量。因此，为了优化电网容量，不影响电网中的风电注入，一些输电系统运营商（TSO）允许设置"超负载"的风电场。在这种情况下，风电场连接线中的可用电容量仅为风电场额定功率的 70%~80%。当风电接近铭牌容量时，风电机和整个风电场开始调整发电量，确保不会超过拥塞区域的预设最大值。希腊输电系统调度中心在拥塞型高压网络和风电容量不断增加的系统运行方面拥有丰富经验，如 Kabouris 和 Vournas[25] 所述。

正如所料，允许设置"超负载"的风电场，但前提是必须采取发电量控制措施，避免注入的功率超过电网技术限制规定的限值。由于风电场超过其铭牌容量80%的时间百分比极低，在这种情况，产生的能量损失可以忽略不计。因此，与耗时费力的电网加固相比，无论对于风电场开发商还是电力系统运营商，该方法都具备较高的经济效益。可通过可编程本地控制器（PLC）实现此类控制，如 Kabouris 和 Hatziargyriou[26] 所述。

3. 风力发电聚合

风力发电的空间聚合能够利用风能资源缺乏风速波动（通常高于 0.1Hz）空间相关性这一基本特性，对风力发电产生积极影响，从而产生注入功率平滑效应[27]。已经开展多项研究[28,29]，研究和分析聚合型风力发电案例。

然而，这一消极特性很可能对电力系统的运行产生积极作用。当然，这要求风电场共享电网互联，否则，中央调度可能无法检测到某些大功率波动，但这可能对本地或区域输电网络产生影响。当电力系统遭受高压（或低压）大气环流或锋面天气影响时，平滑效应也将消失。

风电机制造商和国际电工委员会（IEC）认为，需要对风电场的发电状态和水平进行远程监控。国际电工委员会第 88 技术委员会（风力发电机组标准技术委员会）编制了一套有关通信的新国际标准（IEC 61400-25-XX）。

10.4 独立电力系统案例

独立或孤岛电力系统均为中小型电力系统，与相邻和/或主体系统无相互连接。

此类电力系统面临的运行和控制问题日益增多[30,31]。在这些系统中，动态性能是主要的研究焦点，这是因为与互联系统相比，此类系统中发电与负荷的不匹配和/或不稳定系统频率控制可能更容易引起系统故障。

在这些案例中，可再生能源（尤其是风能）的开发极具吸引力[32]。但是，必须慎重考虑孤岛电力系统中的大规模风电并网，以确保系统运行的高度可靠性和安全性[4]。考虑到风电出力预测存在不确定性及系统稳态和动态运行特点，需要重点关注运行调度问题（主要是机组组合）。这些问题会极大地限制并入孤岛电力系统的风电量，增加电力系统运行的复杂性[18]。因此，除了常见问题和电压稳定等情况外，还要确保电网频率的稳定性[33]，这主要取决于系统在出现严重扰动时恢复发电和负荷平衡、确保最小负荷损失的能力。

10.4.1 克里特岛独立电力系统

克里特岛面积约为 8 500 平方公里，是希腊最大的岛屿，也是地中海第五大岛屿，人口 60 多万，在夏季时可增加至三倍。过去十年，克里特岛的电力需求显著增加，年均增幅达 7%。1975 年，克里特岛全年耗电量仅为 280GWh，而到 2011 年，耗电量超过了 3TWh。此外，对比全年每小时负荷需求变化，可知，不同月份和季度的电力需求波动较大，如图 10 – 4 所示。年最大负荷需求出现在夏季，春季的电力需求达到谷值，约为峰值需求的 25%。

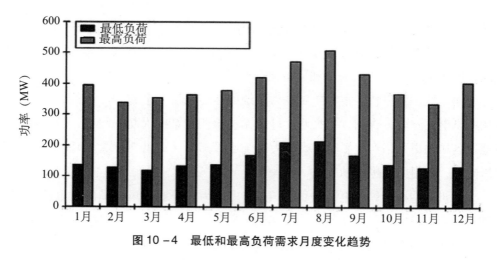

图 10 –4 最低和最高负荷需求月度变化趋势

克里特岛的发电系统主要由三台燃油热力机组组成，位置如图 10 – 5 所示。冬夏两季，三个热电厂的总装机容量分别为 693MW 和 652MW。此外，岛内设置了 24 个风电场，额定装机容量为 183.54MW。风电场通过中压/高压（20kV/150kV）变电站与电网连接。蒸汽和柴油机组主要提供基本负荷。燃气轮机通常提供每日峰值负荷或者故障条件下其他机组无法提供的负荷。这些机组运行成本较高，极大地增加了电力的平均成本。

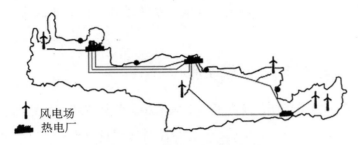

图 10－5　热电厂和风电场位置图

图 10－6 显示了 2008 年某日的风力发电量和总发电量。从图中可以看出，风力发电量占电力供应总量的 22%~32%，这表明独立电力系统（如克里特岛电力系统）中的风电穿透率较高。1992 年和 2000 年建设了大量风电场，风电装机容量达 67.35MW，占年电力需求量的 10%，为电力系统运营商带来了巨大的经济和环境效益[34]。从 2000 年开始，风电穿透率稳定在 10% 以上；截至 2012 年，装机容量达 183.54MW，占年电力需求量的 17%。此外，希腊能源监管局还审批通过了 55MW 的新增装机容量。

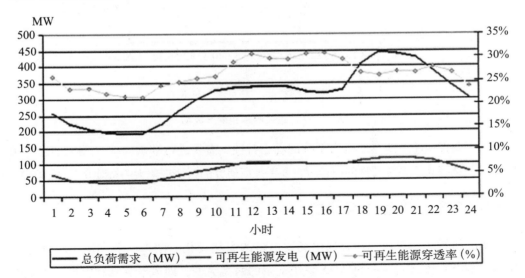

图 10－6　克里特岛电力系统中的风电穿透率

在低功耗期，岛内最低负荷需求高于当前系统的最低技术发电量（约为 100MW），但是，在有些时期（主要是春季），风力发电量和蒸汽机组最低发电量的总和可能超过岛内的电力需求。因此，需要限制风力发电量，确保蒸汽机组的安全运行。

考虑到风电场现状以及太阳能光伏系统的前景（共授权 102MW，已安装 74MW），克里特岛的电力系统运营商目前仍然面临分散式发电和高可再生能源发电穿透率的问题。因此，克里特岛的独立电力系统是动态性能评价的一个典型案例，这是于 1999 年得出的结论[29]。

10.4.2　电力系统动态性能

克里特岛东部风况最佳，设置了多个风电场。若某些特定线路出现故障，这些风电场将断开连接。图 10 - 7 显示了发生短路时（12:10:30）的真实情况：导致频率不管快速负荷消减而在 49.1Hz 至 51Hz 之间波动。频率振荡是诸如克里特岛电力系统等独立电力系统的主要特征。

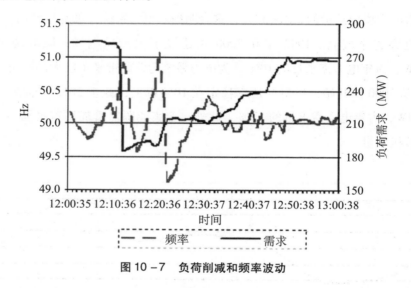

图 10 - 7　负荷削减和频率波动

为了调查和评估涉及的电力系统的动态特性，需要进行准确模拟（相关信息见第 4.4 节）。选择表示系统部件的模型时，要考虑所研究的瞬变现象大约持续 0.1s 至 10s。

10.4.3　风电功率突变

本分析旨在记录风速以及风电场发电量的突然变化。图 10 - 8 和图 10 - 9 分别显示了输电系统运营商的 SCADA 系统记录的两类突变，即风电突降和突增。若风电穿透率增加（尤其是独立电力系统），选择旋转备用策略时，应将上述两类突变情况考虑在内。风电突降会引起临时缺电，从而导致频率偏移；另一方面，风电突增可能引起过度发电，导致机组响应较慢，以至于无法在负荷较低的情况下及时降低出力。

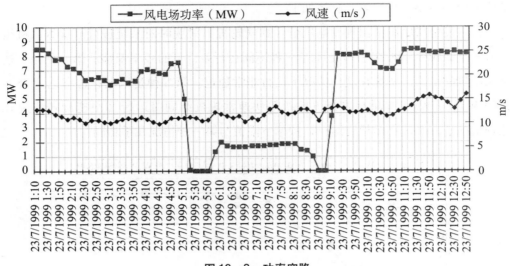

图 10 -8　功率突降

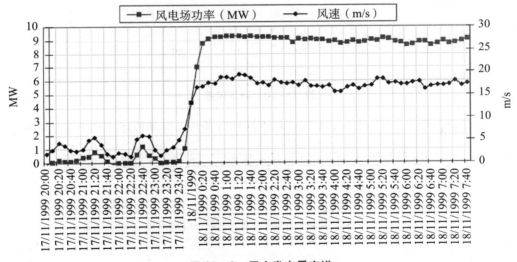

图 10 -9　风力发电量突增

分别以短期（48 个数据点，每半小时一次）和中期（12 个数据点，每两小时一次）计算风电场功率和风速的移动平均值，并进行对比。当由于风速变化引起记录的短期和中期功率移动平均值差异较大时，即为出现"突变"。

10.4.4　动态安全性评估

已采用 EUROSTAG 程序[35]、电力系统可视化仿真软件 Power World[36] 和 Mat-lab[37] 根据文献 [38，39] 所述建模方法对所研究的电力系统在特定条件下的瞬时运行进行了模拟分析。常规机组跳脱、风力发电机断开连接脱网及风速波动等问题是研究中的主要干扰因素。具体如下：

常规发电机跳脱：出现发电机组（燃气轮机）跳脱时对系统进行了检查，机组装机容量20MW。图10-10显示了三种不同运行条件下的频率偏移。第一种是不连接风电机的情况，系统在这种情况下运行非常稳定。第二种是风电穿透率达到28%（46MW）的情况，柴油机和燃气轮机等快速常规机组同时运行（快速旋转备用）。这种情况下，系统仍然稳定运行，频率下限值与第一种情况几乎相同。

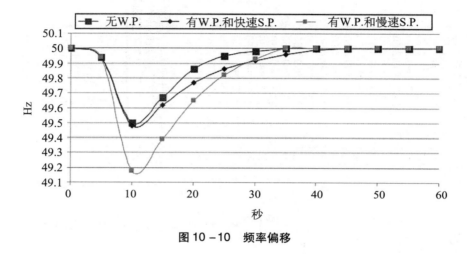

图10-10　频率偏移

相应地，图10-11显示了上述三种不同运行条件下柴油机组的功率输出响应。

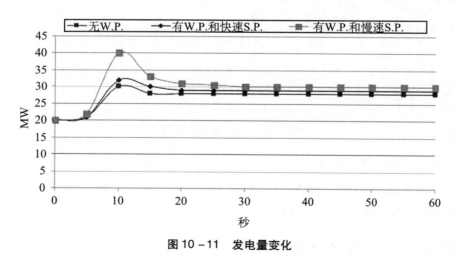

图10-11　发电量变化

第三种条件下的风电穿透率与第二种相同，但是采用蒸汽机等低速发电机提供主要旋转备用（低速旋转备用）。这种情况下，频率下限值为49.14Hz，将触发风电场保护装置运行，导致系统在风电脱网后崩溃。由此可知，如果风电穿透率较大，必须运行柴油机和燃气轮机，确保系统的动态安全。

风电可变性：图 10－12 显示了主要风电场变电站的频率和电压变化。频率随风力发电量的变化而变化，电压分布则显示出相反的变化趋势。由图可知，若风电处于正常波动范围，风电场未突然脱网并且拥有充足的旋转备用时，电力系统仍然具有较高稳定性。

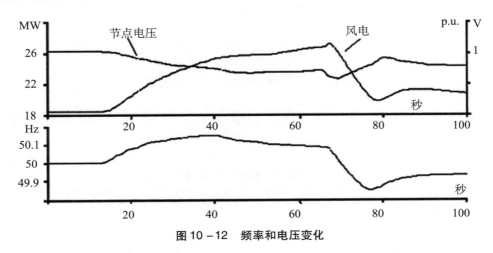

图 10－12 频率和电压变化

机组组合发电：考虑到安全裕度，系统运营商采用的最大风电穿透率均为30%。但是，为评估系统在各种扰动条件下的动态特性，进行了大量暂态分析研究。对不同发电机组组合进行的分析表明，固定的安全裕度并不能保证系统安全，并且可能影响系统的经济运行。事实证明，在同样的紧急情况下，风电穿透率低于30%的系统可能会崩溃，而穿透率更高的系统却可安全运行。

图 10－13 显示了两种不同运行条件下装机容量为 23MW 的燃气轮机停机引起的频率偏移。案例 1 对应的总负荷为 207.2MW，如表 10－1 所示。

表 10－1 案例 1 机组发电量和旋转备用数据

发电量	旋转备用
联合循环 27MW	18MW
新汽轮机 56.8MW	18.2MW
柴油机 21.3MW	27.9MW
其他燃气轮机 10.1MW	6.1MW

风力发电容量为 69MW，风电穿透率 33.3%。可以看出，频率暂态变化较大，

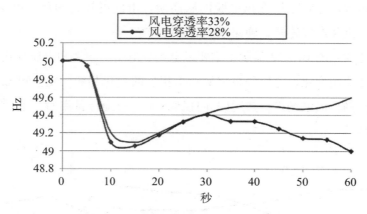

图 10-13 克里特岛电力系统模拟结果

最低值达 49.1Hz。但是，系统在约 50s 内恢复平衡。案例 2 对应的低负荷为 199MW，如表 10-2 所示。

表 10-2 案例 2 机组发电量和旋转备用数据

发电量	旋转备用（MW）
联合循环 27.57MW	17.43
新汽轮机 69.3MW	5.7
柴油机 23.4MW	25.8

风力发电容量为 55.73MW，风电穿透率 28%。尽管风电穿透率低于采用的安全裕度，但系统无法重新恢复稳定性，并最终导致频率崩溃。两个案例的差别在于：案例 1 中，旋转备用较高（70.2MW），且由快速机组（燃气轮机）提供；而案例 2 中，旋转备用由低速机组提供，仅为 48.93MW。因此，有必要进行旋转备用优化。

10.4.5 预防性动态安全

本节介绍了一种实现独立电力系统在线预防性动态安全的方法[39]。该方法以提供在线性能所需运算速度和进行预防控制所需灵活性的决策树（DTs）方法为基础。重点在于在线使用该方法，以测试各发电调度场景的动态安全，从而通过发电再调度提供修正建议。此外，采用的算法较为灵活，可显示再调度过程的成本。因此，该方法有助于作出客观的决策。此外，将该系统应用于克里特岛的实际负荷序列中，进行试运行，并总结了相关结果。

随后，采用了与克里特岛控制系统中采用的实际运行实践相近的调度算法，以确定扰动前运行点（OP）。对于给定的负荷需求 P_L 和风电功率 P_W，常规发电总量 P_C 表达式如下：

$$P_C = P_L + P_{Losses} - P_W \qquad (10-1)$$

根据运行中机组的类型和额定功率，将 P_C 调度至这些机组，并将热电机组按照类型进行分类。描述各运行点特征的属性主要是所有常规电力机组的有功功率和旋转备用。选择十个变量作为初始属性。其中五个属性与常规机组的实际发电量对应，另外五个属性与旋转备用相对应。

对于各运行点，通过以下方式模拟两个本征扰动：

- 主要燃气轮机停机；
- 风电场附近的关键节点三相短路。

第一种扰动比较常见，而第二种扰动非常严重，甚至可能导致大部分风电场脱网。分别记录各运行点的最大频率偏移和频率变化速率，并根据负荷削减所用的欠频率继电器的数值核对此类参数，并对相应运行点做好标记。安全标准如下：

若 $f_{min} < 49\text{Hz}$ 且 $df/dt > 0.4$，则系统不安全；反之，系统安全。

经济调度分析确定了在线发电机组的功率设定值，从而确保以最低成本满足系统负荷和损失要求。

$$P_C = P_1 + P_2 + \cdots + P_i + \cdots + P_n \qquad (10-2)$$

式中：

P_C 表示常规发电总量；

P_i 表示第 i 台机组的发电量；

n 表示机组数量。

在传统调度算法中，将该问题视为约束优化问题，并基于等增量成本概念求解，亦称为 Lambda 迭代算法：当所有机组以相同增量成本运行时，发电机组的总发电成本最低。为了确保出现预先设定的扰动时，根据经济型调度算法得出的运行设定点可确保系统动态安全运行，可将根据相关决策树提取的规则（条件分支规则）作为上述优化问题的附加约束条件。

上述方法能够显示安全成本，即与再调度相关的成本。可将首次调度运行成本和再调度运行成本的差值视为安全成本。确定机组发电量后，可通过发电机成本函数计算上述两类成本。

此外，可将安全成本和负荷削减成本进行比较。可通过欠频率继电器运行设置和各受影响节点预测负荷快速计算缺电成本。或者，可结合扰动前负荷和预测负荷进行估算；

但是这样更难确定其成本。对于调度商，负荷削减的成本可取监管机构就电量不足征收的价格。在传统的垄断经营模式中，虽然该成本无法反映负荷削减的真实成本，可将其视为电量不足导致的收入损失。在任何情况下，均可通过下式计算总成本：

$$S_L = C \cdot \int_{t=0}^{T} P_L(t)\,\mathrm{d}t \qquad (10-3)$$

式中：

P_L 表示负荷削减。

C 表示成本（单位：€/kWh）。

T 表示切负荷持续时间。

10.4.6 安全成本

本节介绍了在克里特岛电力系统实际负荷序列应用安全经济型调度算法的结果。图 10-14 显示了总负荷、电机停机故障的对应安全等级（1 表示安全，0 表示不安全）以及某典型日的运行成本（欧元）。从图中上半部分可以看出，系统在 9:00 和 10:30左右不安全，至少会出现较大负荷削减。

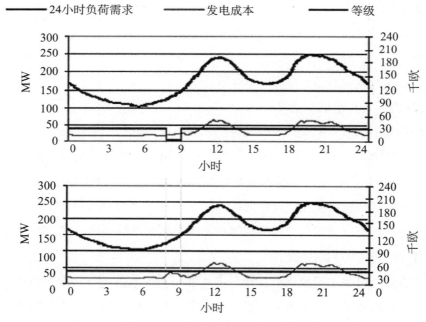

图 10-14 负荷、安全等级和运行成本二十四小时图表

图中下半部分显示了安全经济型调度算法对安全级别和系统运行成本的影响。由于此前不安全时期的旋转备用增加，并采用了更快速（更昂贵）旋转备用，该时

期的成本明显增加（提供的安全成本净额达 5 939.25 欧元，占系统额外运行总成本 30 935.41欧元的 19.2%）。通过模拟程序得出了发电机停机故障时两类调度场景对系统频率偏差的影响，如图 10 – 15 和图 10 – 16 所示[40]。由图可知，拟定再调度不会引起负荷削减。但是，本研究未考虑出现紧急情况的可能性。

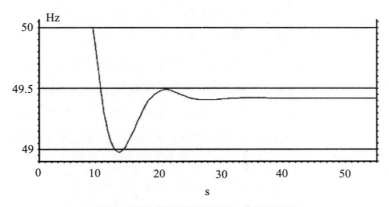

图 10 – 15　首次调度时的系统频率偏移

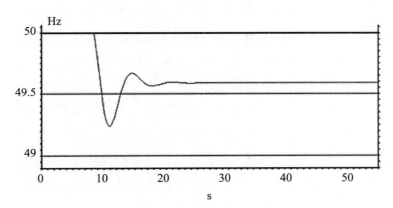

图 10 – 16　二次调度时的系统频率偏移

10.5　结论

　　随着人们对环境问题越来越多的关注，以及降低对化石能源依赖性的不懈尝试，可再生能源资源逐渐演变成为电力行业的主要资源。在各类可再生能源资源中，风力资源具有最佳的技术和经济前景。进行常规小规模部署时，风电机对电力系统稳定性的影响微乎其微。但是，随着风电穿透率的增加，电力系统的动态性能将受到影响。

　　风能具有不可调度性，因此与常规能源相比，其运行特点比较特殊。此外，风电穿透率过高会带来电力系统控制和互联等一系列问题。本章旨在介绍一种确定高风电穿透率下电力系统解决方案的方法，并描述高风电穿透率如何影响电压骤降、瞬时频率以及监管/备用要求。

一些研究表明，再调度策略可能会对电力系统的传输裕度产生重要影响。电力系统中最严重的意外事件取决于风电穿透率。此外，最高电能传输并非出现在最低或最高风速条件下，而是出现在中等风速条件下。

此外，要分析高风电穿透率对系统电压响应和稳定性的影响，必须评估风电机的无功功率容量。风力发电机通常会配备对高电压和高电流极为敏感的电力电子装置。应强化装置的控制功能，充分利用发电机和电力电子变流器的无功功率容量。对控制功能的强化包括电网侧无功功率提升以及允许电网侧功率变流器向电网注入无功功率。

最后，本章探讨了高风电穿透率（40%）下电力系统的动态特性，着重强调了电力系统的建模。更确切地说，本章进行了一些模拟，分析研究了风电场对独立电力系统（如克里特岛电力系统）动态特性的影响。分析中最需要考虑的扰动情况包括短路、常规发电机组及风电场突然跳脱和强风速波动。模拟表明，在大多数扰动情况下，电力系统电压和频率的偏差仍在可接受的范围内。但是，具体情况取决于电力机组的调度和分配的旋转备用容量。

有望使用基于异步发电机或变速发电机的发电模式大规模更换以同步发电机为主的传统发电模式。因此，电力系统的动态性能必定会受到影响。尽管风电机会在一定程度上影响电力系统的瞬时稳定性，但这并不是影响电力系统安全可靠运行的主要因素。即使风电穿透率较高，仍可通过其他系统措施、加强控制和预防性措施维持电力系统的稳定性。

最后，提出了一套在线预防性动态安全方法，以确定最优备用容量，并提供实现动态安全所需的修正建议。根据决策树分类，在线计算机组调配，直到达到动态安全运行状态。这种方法能够显示出各项解决方案产生的超过负荷削减成本的额外成本，并有助于做出有效决策。将该方法用于克里特岛独立电力系统实际负荷序列后，所得结果表明了该方法的准确性和通用性。此外，由于对当前运行状态进行在线分类所需时间短，该方法非常适用于大型电力系统。

因此，风电场发电会对与其连接的电力系统产生较大影响，该影响通常与风电穿透率成正比（运行有功功率注入和/或无功功率吸收）。此外，运行风电机产生的大多数扰动不会对电力系统的运行产生较大影响。最后，需要注意的是，在高风电穿透率下运行电力系统时，仍可保证较高的安全水平，但前提是常规机组可提供充足的旋转备用容量。因此，确定特定等级的风电穿透率前，应进一步调查电力系统的旋转备用情况。

参考文献

［1］ Kundur P, Morison GK（1997）A review of definitions and classification of stability problems in today's power systems. Panel session on stability terms and definitions IEEE PES meeting, New York, 2 - 6 February.

［2］ Cutsem T Van, Vournas C（1998）Voltage stability of electric power systems, Power electronics and power system series. Springer, New York, ISBN 978-0-7923-8139-6.

［3］ Hatziargyriou N, Papadopoulos M（1997）Consequences of high wind power penetration in large autonomous power systems. CIGRE Symposium, Neptun, Romania, 18 - 19 September.

［4］ Papathanasiou S, Boulaxis N（2006）Power limitations and energy yield calculation for wind farms operating in island systems. Renewable Energy 31（4）: 457 - 479 Elsevier.

［5］ Hatziargyriou N., Contaxis G, Matos M, Pecas Lopes JA, Kariniotakis G, Mayer D, Halliday J, Dutton G, Dokopoulos P, Bakirtzis A, Stefanakis J, Gigantidou A, O'Donnel P, McCoy D, Fernandes MJ, Cotrim JMS, Figueira AP（2002）Energy Management and Control of Island Power Systems with Increased Penetration from Renewable Sources, Presented at the IEEE Power Engineering Society Winter Meeting.

［6］ Kundur P, Paserba J, Ajjarapu V, Andersson G, Bose A, Canizares C, Hatziargyriou N, Hill D, Stankovic A, Taylor C, Van Cutsem T, Vittal V（2004）Definition and classification of power system stability. IEEE Trans Power Syst 19（2）: 1387 - 1401.

［7］ Dialynas EN, Hatziargyriou ND, Koskolos NC, Karapidakis ES（1998）Effect of high wind power penetration on the reliability and security of isolated power systems. CIGRE Session, Paris, 30 August 1998.

［8］ Hatziargyriou N, Karapidakis E, Hatzifotis D（1998）Frequency stability of power systems in large islands with high wind power penetration. Bulk Power Systems Dynamics and Control Symposium-IV Restructuring, Santorini, 24 – 28 August.

[9] Arrilaga J, Arnold CP (1993) Computer modeling of electrical power systems. Wiley, New York.

[10] Nogaret E, Stavrakakis G, Kariniotakis G (1997) An advanced control system for the optimal operation and management of medium size power systems with a large penetration form renewable power sources. Renewable Energy 12 (2): 137 – 149 Elsevier Science.

[11] La Scala M, Trovato M, Antonelli C (1998) On-line dynamic preventive control: An algorithm for transient security dispatch. IEEE Trans PWRS 13 (2): 601 – 610.

[12] Steinmetz CP (1920) Power control and stability of electric generating stations. AIEE Transactions, vol. XXXIX, Part II, pp 1215 – 1287.

[13] AIEE, Subcommittee on Interconnections and Stability Factors (1926) First report of power system stability. AIEE Transactions pp 51 – 80.

[14] Estanqueiro AI, de Jesus JMF, Ricardo J, dos Santos A, Lopes JAP (2007) Barriers (and Solutions···) to Very High Wind Penetration in Power Systems. In: Proceeding of the IEEE Power Engineering Society General Meeting, 24 – 28 June, pp 2103 – 2109.

[15] Ackermann T (2005) Wind power in power systems. Wiley, Stockholm (Royal Institute of Technology).

[16] Georgilakis PS (2008) Technical challenges associated with the integration of wind power into power systems. Renew Sustain Energy Rev 12 (3): 852 – 863.

[17] Sucena Paiva JP, . , Ferreira de Jesus JM, Castro R, Correia P, Ricardo J, Rodrigues AR, Moreira J, Nunes B (2005) Transient stability study of the Portuguese transmission network with a high share of wind power. XI ERIAC CIGRÉ, Paraguay, May 2005.

[18] Tsikalakis AG, Hatziargyriou ND, Katsigiannis YA, Georgilakis PS (2009) Impact of wind power forecasting error bias on the economic operation of autonomous power systems. J Wind Energy 12 (4): 315 – 331.

[19] Holttinen H (2004) The impact of large scale wind power production on the nordic electricity system. PhD Thesis dissertation, VTT Publications 554. Espoo, VTT Processes.

[20] Landberg L, Giebel G, Nielsen HA, Nielsen TS, Madsen H (2003) Short-term prediction-An overview. Wind Energy 6 (3): 273–280.

[21] Pinson P, Chevallier C, Kariniotakis G (2007) Trading wind generation with short-term probabilistic forecasts of wind power. IEEE Trans Power Syst 22 (3): 1148–1156.

[22] IEA Report (2005) Variability of wind power and other renewables: management options and strategies. IEA Publication, Paris.

[23] IEC 61400-21 (2001) Wind turbine generator systems-Part 21: Measurement and assessment of power quality characteristics of grid connected wind turbines. IEC Standard.

[24] De Almeida RG, Castronuovo ED, Lopes JAP (2006) Optimum Generation Control in Wind Parks When Carrying Out System Operator Requests. IEEE Trans Power Syst 21 (2): 718–725.

[25] Kabouris J, Vournas CD (2004) Application of interruptible contracts to increase wind-power penetration in congested areas. IEEE Trans Power Syst 19 (3): 1642–1649.

[26] Kabouris J, Hatziargryriou N (2006) Wind power in Greece-Current situation, future developments and prospects. IEEE Power Engineering Society General Meeting. Montreal, Canada.

[27] Lipman NH, Bossanyi EA, Dunn PD, Musgrove PJ, Whittle GE, Maclean C (1980) Fluctuations in the output from wind turbine clusters. Wind Eng 4 (1): 1–7.

[28] Soerensen P, Hansen AD, Rosas PAC (2002) Wind models for prediction of power fluctuations of wind farms. J Wind Eng Ind Aerodyn 90: 1381–1402.

[29] Stefanakis J (1999) CRETE: An ideal case study for increased wind power penetration in medium sized autonomous power systems. Presented at the PES/IEEE Winter Meeting 1999.

[30] Smith P, O'Malley M, Mullane A, Bryans L, Nedic DP, Bell K, Meibom

P，Barth R，Hasche B，Brand H，Swider DJ，Burges K，Nabe C（2006）Technical and economic impact of high penetration of renewables in an Island power system. CIGRE Session 2006，Paper C6 - 102.

[31] Kaldellis JK（2008）The wind potential impact on the maximum wind energy penetration in autonomous electrical grids. Renew Energy 33（7）：1665 - 1677.

[32] Doherty R，O'Malley MJ（2006）Establishing the role that wind generation may have in future generation portfolios. IEEE Trans Power Syst 21（2006）：1415 - 1422.

[33] Karapidakis ES，Thalassinakis M（2006）Analysis of wind energy effects in Crete's Island power system. In：6th International world energy system conference. Turin，Italy，July 2006.

[34] Tsikalakis AG，Hatziargyriou ND，Papadogiannis K，Gigantidou A，Stefanakis J，Thalassinakis E（2003）Financial contribution of wind power on the island system of Crete. In：Proceeding of RES for Islands conference，Crete. pp 21 - 31.

[35] Meyer B，Stubbe M（1992）. EUROSTAG：A single tool for power system simulation，transmission and distribution international，March 1992.

[36] Power World（2007）Power world user's guide. Power World Corporation，Simulator Version 13，2001 South First Street Champaign，IL 61820.

[37] Power System Toolbox（2006）User's Guide，MATLAB 7 Package.

[38] Kazachkov YA，Feltes JW，Zavadil R（2003）Modeling wind farms for power system stability studies. IEEE Power engineering society general meeting，13 - 17 July，Toronto，Canada.

[39] Slootweg JG，Kling WL（2004）Modelling wind turbines for power system dynamics simulations：An overview. Wind Eng 28（1）.

[40] Karapidakis ES，Hatziargyriou ND（2002）On-line preventive dynamic security of isolated power systems using decision trees. IEEE Trans Power Syst 17（2）：297 - 304.

第十一章
高风电穿透率下的电力系统运行

Eleanor Denny[①]

摘要： 由于风电的特殊性，电力系统运营商将大量风电并入电力系统时面临诸多挑战。本章探讨了在较高风电穿透率条件下电力系统面临的运行挑战，例如不断增长的备用要求以及与常规发电机多变运行增长相关的成本。本文还讨论了风力发电相关的电力系统优化技术，即燃料节约方法、确定性优化方法、滚动机组组合和随机性优化方法。此外，本文探讨了一些较为灵活的解决方案，以降低因高风电穿透率产生的系统成本。

11.1 概述

目前，能源问题已成为全球最重要的议题之一。环境问题、竞争压力和供应安全使能源问题演化成了一个多层面的全球性问题，成为人类面临的最大挑战之一。廉价而丰富的能源时代已近尾声，数十年来能源消耗不断增长引发的环境影响愈加突出。因此，安全、可持续的能源供应对于营造一个健康的现代工业社会来说极具战略意义。同时，需要大力改革创新、深化研究。

电力行业高度依赖化石燃料。2008 年，化石燃料发电量占电力行业总发电量的82%[1]。随着全球化石燃料资源的消耗和枯竭，电价将在未来不断攀升。此外，剩余化石燃料资源大都集中在部分地理区域，将导致其价格出现更大波动。

世界范围内的电力生产高度依赖煤炭，作为碳密集度最高的燃料，燃煤发电大大增加了电力领域在全球二氧化碳总排放量中的占比。2007 年，燃煤发电量占全球总发电量的42%，而在澳大利亚、中国、印度和南非等国，68%~95% 的电力和热能源来自煤炭[1]。同样，电力行业是温室气体排放总量最大的行业。2007 年，电力

① E. Denny（✉）
三一学院经济学系，爱尔兰都柏林
e-mail：dennye@ tcd. ie

和热能领域的二氧化碳排放量占全球二氧化碳总排放量的41%[2]。

为了减少电力行业对化石燃料的依赖性，同时降低电力领域的排放量，政策制定者已迈出重要一步，开始推广清洁可再生能源发电技术。例如，欧盟领导人承诺，到2020年可再生能源占能源消耗总量的比例提高到20%。其中，电力领域可再生能源发电量的比例提高到30%[3]。

作为最先进的可再生能源发电方式之一，风力发电备受关注。1998年至2008年，全球风电装机容量从9 660MW增至120 800MW[4]。随着风能市场的不断发展，电力成本显著降低。更高远的可再生能源目标、不断降低的成本以及迄今为止取得的巨大成功，必将确保风能在全球电力网络中的持续增长。

与太阳能、潮汐能和波浪能发电一样，风力发电的功率输出具有"可变"性。风电机组的功率输出取决于气候条件，这是发电机运营商无法控制的，即风力发电"不可调度"。例如，风电机的发电量随风速变化，光伏阵列的发电量随日照强度变化。由于运营商只能减少发电机的潜在功率输出，对风电机功率输出的控制非常有限[5]。当电力网络中此类电力穿透率较高时，必须改变电力系统的运行方式，以更好地适应此类发电机功率输出的变化和波动。

除了具有可变性外，风力发电还具有一定程度的不可预测性。由于无法直接控制潜在资源，在有利条件下，可再生能源发电量较高，反之，发电量较低。因此，对可再生能源发电资源进行评估时，气象条件预测至关重要。我们可以在较长的时间范围内比较准确地预估潮汐能发电量，但风力发电的预测需要采用非常复杂的预测技术，并考虑风速、风向、轮毂高度、地理环境、风电场规模、风电机布置等诸多因素。因此风力发电预测误差幅度较大，并随预测时间延长而增大[6]。

电力系统运营商的职责在于以适当成本可靠地向客户供应电力。电力供应的可靠性是指"在较长的时间段内不间断地向电力用户提供充足电力服务的能力"[7]，包括保证发电量始终满足负荷需求，并且可快速、精确地弥补发电量与负荷需求之间的短期缺口，维持电力系统的完整性[8]。发电机的部署应满足预计的负荷需求，并能够根据实际负荷波动调整发电机的工作电平。由于无法有效控制并很难准确预测一些可再生能源发电机（尤其是风力发电机）的功率输出，随着风电穿透率的增加，发电量与负荷需求的平衡将变得更有挑战性[5]。

由于风电的特殊性，电力系统运营商将大量风电并入电力系统时面临诸多挑战，风电穿透率较高时尤是如此。因此，一般认为，要调查研究大规模风电穿透对电力系统运行的影响，必须开发一系列方法和工具。例如，国际能源署于2006年发布了风力发电研究和开发协议附件 25《含大规模风电电力系统设计与运行》，旨在促进全球电力系统中经济可行性最高的风电穿透[9]。文献[5,10,11] 和[12] 等研究重点说明了不断增加的风电穿透率带来的巨大挑战。文献[13] 对北美地区比较突出的研究进行了综述。

　　11.2 节将进一步详述不断增加的风电穿透率对电力系统带来的一些运行挑战。11.3 节将探讨系统运营商进行风电机组组合的调度技巧。11.4 节将探讨有助于增加风电穿透率的一些电力系统特性。

　　本文引用了爱尔兰电力系统进行案例研究。爱尔兰位于大西洋边缘，风能资源潜力巨大，如图 11－1 所示。2008 年，爱尔兰风力发电量占总发电量的 11.1%，并且在 2010 年超过 15%[14]。① 事实上，作为一个独立的同步电力系统，爱尔兰岛电力系统的风电穿透率在世界范围内是最高的[15]，爱尔兰政府最近设定了在 2020 年实现可再生能源发电量占比 40% 的宏伟目标，其中大部分来自风力发电[16]。

　　爱尔兰电力系统属于小型孤岛系统，不与其他电力系统同步互联。将爱尔兰电力系统作为案例研究，可以单独评估风电穿透率较高的电力系统的运行情况，不受其他系统运行的影响。同时，这也意味着必须在本地解决与平衡负荷、风电出力和常规发电相关的所有挑战。同样的，在研究其他可能在未来承受高风电穿透率的电力系统时，爱尔兰电力系统可作为一项参考和指标。

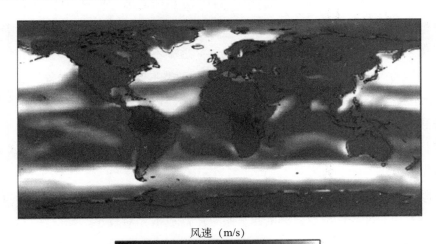

风速（m/s）

0　　　　　7　　　　　14

图 11－1　全球平均风速[17]

---

　　① 截至 2009 年 11 月 22 日，在上午 4~6 时期间，爱尔兰风力发电量可满足全国 45% 的电力需求，创造了世界纪录，但其风电装机容量仅占总发电装机容量的 10%。

11.2 高风电穿透率下电力系统运行面临的挑战

风能与电力系统之间的相互作用极其复杂，当大量可变电量并入电力系统时，系统运营商将面临极大挑战[11,18]。本节探讨了风电穿透率增高时系统面临的一些主要运行挑战。

11.2.1 提供备用容量

欧盟指令 96/92/EC[19] 规定，输电网运营商负责"确保电力系统安全、可靠和高效，并提供必要的辅助服务"。辅助服务包括提供充足的备用容量，确保出现意外状况时满足负荷需求[20]。如文献［21］所述，意外状况包括机组故障、输电线跳闸和负荷意外波动。文献［22］表明，由于风电具有不可预知性和不可调度性，电力系统的不确定性会随系统中风电容量的增加而不断增加。因此，必须确保电力系统设有备用容量，维护系统安全。

根据电力系统的不同，选用的备用容量种类也不尽相同，电力系统运营商必须从反应时间只需数秒的快速调用备用容量和调用速度相对较慢的备用容量中作出选择[23,24]。文献［25］和［26］表明，风电功率预测误差的短时标准偏差较小。因此，从文献［27］可知，风电容量的增加对在较短时间内（数秒至数分钟）运行的备用容量影响较小。但是，如果持续时间较长，风电容量的增加将引起备用容量需求的增加。例如，图 11-2 举例说明了风电穿透率不断增加的爱尔兰电力系统对不同备用容量的需求[27]。图 11-2 中，备用容量种类主要有："1 小时备用容量"，指在 20 分钟至 1 小时内响应的备用容量；"三级 2"备用容量，指在 5~20 分钟内响应的备用容量；"三级 1"备用容量，指在 90 秒至 5 分钟内响应的备用容量；"二级"备用容量，指在 15~90 秒内响应的备用容量；"初级"备用容量，指在 5~15 秒内响应的备用容量。

文献［28，29］量化了美国一些电力企业因风电出力的随机性产生的备用成本。分析发现，许多情况下，提供此类服务所需成本相对较小。宾夕法尼亚、新泽西、马里兰（PJM）等地的额外备用容量成本约为 0.05 美元/MWh 至 0.30 美元/MWh。文献［18］表明，额外备用容量成本仅占风电产生的总额外系统成本的 4%。文献［12］综述了针对美国电力企业开展的类似研究。

11.2.2 常规电站的可变运行

风力发电量的增加导致电力系统对备用容量的需求不断增加，除此之外，电力

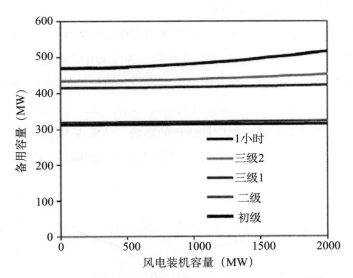

图 11 -2　爱尔兰传统备用容量种类与风电装机容量[27]

系统中可变发电量的增加可能要求系统运营商改变常规发电的调度方式[30]。常规发电必须以较低水平运行，确保电力系统有充足备用容量，适应风力发电固有的可变性[5]。同时，系统运营商可能增加常规机组开停机频率，以协调全天不断波动的负荷与不断变化的风电输出[31,32]。

热电机组的设计可以确保机组在线运行或以稳定负荷运行时达到最高效率[33]。如文献［34］所述，通常对发电机组进行优化，以保证连续运行，而不是周期性运行。机组在正常运行条件下的寿命较长，且故障和损失风险较低。若改变发电机组的输出功率，以满足负荷需求并平衡风电机出力，机组内各部件将承受应力和应变，我们将其称为周期性运行，主要包括功率输出增加和降低、开机和关机等过程。

开启和关闭机组时，锅炉、蒸汽管、涡轮机和辅助元件将承受高温和巨大压应力，造成机组损害。此类损害随时间不断累积，以至加速部件故障、强迫停机、机组寿命缩短等问题[35]。据估计，如果考虑此类额外的磨损和撕裂损害，单台机组一个开关周期产生的成本将高达50万美元[36]。因此，风力发电周期性运行的增加将增加高额成本。

蠕变-疲劳交互作用现象加剧了发电机组部件的磨损和撕裂损害。蠕变是指材料长时间承受恒定应力后尺寸或形状发生变化。基本负荷机组等长时间在持续功率下运行的机组容易出现蠕变。持续暴露于高温和高压下也会产生蠕变[36]。当材料承受变化应力引起脆裂和失效时，会出现疲劳。周期性运行过程中，材料承受较大温度和压力瞬变时，很可能出现疲劳现象[35]。

老旧的基本负荷机组已运行多年，随后被迫定期进行周期性运行，此类机组极易受到蠕变-疲劳交互作用的影响，造成部件故障。进行风电穿透率分析时，常规机组预期寿命的损耗是一个重要问题，这是因为风力发电很可能会改变优先顺序，一些机组将从基本负荷运行过渡到更加灵活的运行方式。文献［32］以爱尔兰电力系统为例，分析了风力发电对基本负荷机组周期性运行的影响。结果表明，风电穿透率的增加会对基本负荷联合循环燃气轮机（CCGT）产生极大的负面影响，如图 11 - 3 所示。

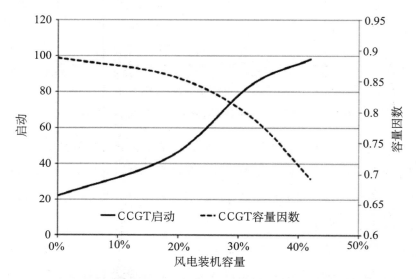

图 11 - 3　风电穿透率不断增加时 400MW CCGT 机组年平均启动次数和容量因数[32]

11.2.2.1　风能和排放

与常规电站可变运行相关的另一问题是周期性运行对排放量的影响。风力发电可以降低电力系统中常规发电机组的功率输出，但功率输出的降低并不意味着排放量的减少[37]。

含碳燃料的燃烧会产生二氧化碳（CO_2）。CO_2排放量与燃料中的碳含量及燃烧数量直接相关[38]。因此，采用碳密集型燃料的发电站在运行水平提升后将产生更多CO_2。因此，如果风力发电可降低碳密集型发电机组的运行水平，便可降低CO_2排放量。但是，需要注意的是，常规电站开机发电时，将消耗大量燃料。因此，如果风力发电导致电站开机次数增多，也会对CO_2排放量产生负面影响。文献［31］表明，电站开机时产生的碳成本实际上超过了开机时的燃料成本，每吨 CO_2 达 30欧元。

产生二氧化硫（SO_2）的方式与产生 CO_2 的方式相似，SO_2 排放量主要取决于燃料中的硫含量以及燃烧数量。需要注意的是，天然气的含硫量极少，可以忽略不计，因此，燃气轮机的 SO_2 排放量较小[39]。

产生氮氧化物（NO_x）的方式与产生 CO_2 和 SO_2 的方式不同，NO_x 排放量不仅取决于燃料中的氮含量，还在很大程度上受到燃烧室内火焰温度、氧浓度和滞留时间的影响。NO_x 的形成可以归因于四种特殊的化学动力过程：热力型 NO_x 的形成，快速型 NO_x 的形成，燃料型 NO_x 的形成和再燃过程。热力型 NO_x 由助燃空气中大气氮的氧化形成。快速型 NO_x 由火焰前缘的快速反应形成。燃料型 NO_x 则由燃料中所含氮的氧化形成。再燃机理通过 NO 与烃类的反应降低 NO_x 总量[40]。燃烧重油、煤和泥煤等含氮燃料时产生的 NO_x 排放主要是燃料型 NO_x[41]。

燃气轮机产生的 NO_x 排放主要是热力型 NO_x。为了实现减排，燃气轮机制造商采用了低氧预混燃烧作为标准技术。燃料和空气预混可实现较低水平的污染物排放，且无需使用其他硬件进行注气或选择性催化还原[42]。但是，燃烧不稳定性是低氧预混燃烧的一个限制因素，会造成涡轮机损坏、火焰不稳定，甚至是火焰熄灭[43]。为此，开机时以及负荷水平较低时（低于最高容量的 65%~70%），无法预混燃料和空气。因此，负荷较低时，CCGT 的 NO_x 排放显著增加。图 11-4 所示为 CCGT 和开式循环燃气轮机（OCGT）的 NO_x 特点。

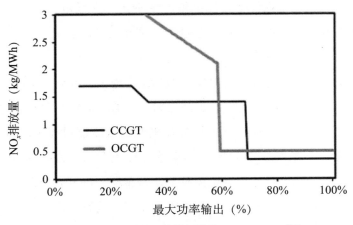

图 11-4 CCGT 和 OCGT 典型 NO_x 排放量[37]

由图 11-4 可知，如果 CCGT 被迫在运行负荷低于其最高额定容量 70% 的情况下运行，其 NO_x 排放量将增加三倍。对于 OCGT，如果在运行负荷低于其最高额定容量 60% 的情况下运行，其 NO_x 排放量将增加六倍。研究风力发电对排放量的影响时，必须要考虑此类机组的 NO_x 特点。如前所述，采用风力发电时，对电力系统备用容量的需求增加，系统运营商可能需要运行更多效率较低的发电机组。此外，风力发电还会增加边际机组的周期性运行次数。因此，风电穿透率的增加可能导致更多 CCGT 机组以更低负荷运行（如图 11 - 3 所示），从而增加机组 NO_x 排放量。换言之，尽管风力发电本身不会产生任何有害排放物，但可能会由于减少燃气机组的运行而增加 NO_x 排放。一些系统运行策略也证明了这一问题，如燃料节约策略，将在 11.3 节详细介绍[37]。

11.2.3 电力系统稳定性和其他问题

还有一个与备用容量相关的问题，那就是风力发电机在出现故障后仍然保持与电力系统连接的能力，即故障穿越能力。目前，许多风电机均配备保护设备，确保出现故障后风电机断开连接[44]。但是，交感性跳闸会引起严重问题，影响系统安全，并入电力系统的风电机越多，安全影响越大[45]。对于相对孤立的小型系统尤其如此。从本质上讲，交感性跳闸将加剧故障，从而增加备用容量和可靠性标准的压力。

在低需求、高风速时段（即多风夜间），即使电力供应中风电所占比例较小，风电的作用仍会较大。若风电穿透率较大，则出现电压或频率扰动时不能将风电机与系统断开，因为风电脱网将导致发电量严重不足，降低电力系统的稳定性[46,47]。这一问题促使业界对欧洲许多电网规范进行了评审，现在，大多数规范均对风电机的故障穿越能力作出了要求[48,49]。

最理想的风力发电场地通常是电网薄弱的偏远地区。因此，风电并网困难重重，面临诸多问题，主要包括电压控制、谐波发射、短路电流水平以及输电损失[50]。通过安装综合控制系统、可本地控制电压的带抽头的变压器可将配电网络从"无源"系统转变为"有源"系统[51]。风电场的偏远位置也会给开发商带来许多问题。为了实现成本最小化，风电场的位置至关重要，常常需要在风能资源丰富的地区与容易连接配电网络的地区中权衡选择。与风电场开发相关的经济规模较大，但由于接入条件限制，偏远地区往往无法实现风电场开发。

网络拥塞是高风电穿透率引发的另一个问题。与其他传统电力一样，风力发电量的增加将增加流经输电线的电流，产生网络拥塞连锁反应[52]。网络拥塞限制了系统运营商作出最经济的电力规划、发电以及向用户供电决策的能力，增加成本。但是，如文献［53］所述，"输电拥塞的经济性并无通用规则可用，只能具体情况具体分析"。这是因为不同系统的拥塞情况不同，主要取决于发电机的位置和电力网络的负荷。因此，只有构建发电机确切位置和网络特点的相关模型，才能通过通用方法量化拥塞成本。风电穿透率不断增加的电力网络有助于缓解潜在瓶颈和拥塞，降低成本。

本节并未对风电对电力系统运行影响作详细总结，而是对一些更直接的影响进行例证说明。根据研究范围的不同，风力发电外部成本的影响更为深远。还应指出的是，风电为电力系统带来了巨大效益，包括有害物质排放少、节约燃料、容量效益、进口燃料价格保护以及供应问题等。但是，本文中，我们将侧重介绍系统运行挑战，11.3 节将探讨实现上述成本最小化所需的一些运行调度技巧，11.4 节将探讨可降低风力发电系统成本的系统特性。

11.3　调度工具

本章探讨了风电穿透率较高条件下确定常规发电调度方案所需的一些技巧。首先，介绍了一种可在风电穿透率较低时采用的简单方法，但风电穿透率较高时，该方法也可作为次优选项。第二种和第三种方法相对复杂，但与第一种方法相比，其系统成本更低。

11.3.1　机组组合燃料节约方法

文献［54，55］介绍了一种适用于含风电电力系统的简单方法，即燃料节约方法。采用此方法时，电站调度不考虑风力发电，作出机组组合决策时也不考虑风电装机容量。作出机组组合决策后再考虑风力发电问题。如果风力发电可行，在应用时要降低边际常规电站的负荷，以满足风力发电要求。可将常规电站的负荷降至最低水平，但不得关闭任何常规电站。如果风力发电达到无法通过降低常规电站负荷来协调的水平，则应削减风力发电量。

该运行策略认为风力发电的唯一优势在于节省燃料，并假设风力发电的装机容量值为零。该方法较为简单，可以忽略风力发电预测性和可靠性方面的问题。

文献［37］探讨了采用燃料节约方法运行电力系统的影响，事实表明，对于风电穿透率较高的电力系统，该方法效率极低。采用燃料节约方法运行电力系统将导致传统机组过度组合，最终导致所有机组低效率运行。同时，会对风力发电的排放量和燃料节约产生连锁影响。事实上，采用燃料节约方法时，NO_x 排放量比不并入风电时的排放量更高[37]。此外，采用燃料节约方法会造成风能大量削减，约占高电平风电装机容量年均功率输出的 30%[37]。除非电力系统的风电穿透率极低，否则不建议采用燃料节约方法。

11.3.2 含风电电力系统的确定性机组组合

对燃料节约方法加以改善，在作出机组组合决策时考虑风电功率预测情况。PLEXOS 是一种最常见的软件包，在风电方面采用了确定性方法[56]。PLEXOS 也是一个机组组合程序包，允许用户采用燃料使用、开机时间、成本以及备用容量可用性等属性在系统中构建电站模型。在 PLEXOS 优化模型中，系统中的预测风力被视为负负荷，并从负荷中减去。然后，PLEXOS 采用混合整数求解程序或求整松弛法求解机组组合问题。但是，该类确定性方法的主要限制在于，计算时假设风力预测是准确的，且未考虑预测误差的随机性，而且必须计算备用容量的盈余水平。

11.3.2.1 滚动机组组合

可通过"滚动计划"完善 PLEXOS 等模型。滚动计划中，机组组合频率更高。例如，组合周期为每 6 小时一次，而非 24 小时[57]。6 小时滚动机组组合步骤如下：首先进行第一次组合，随后系统"滚动"6 小时，并在重新组合系统前更新相关信息（风电功率预测、负荷预测、设备利用率和系统当前状态）。图 11-5 显示了 48 小时内，分别于每 6 小时和每 24 小时组合一次机组的情况。

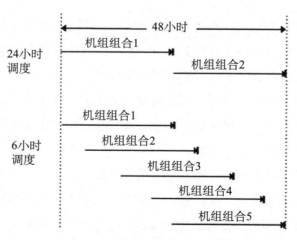

图 11-5 滚动机组组合实例[57]

"滚动计划"方法是指以更高的频率更新风力和负荷预测，通过模型获取更多风电不确定性信息。这种方法可以将更多因风电不确定性产生的成本最小化，从而更好地实施电力调度。但是，虽然"滚动计划"方法改进了准确预测法，但并未涵盖风电功率预测误差的所有随机要素。因此，如果在风电装机容量相对较低的系统中采用此种确定性方法，由于忽略随机要素，将会引发风电穿透率增加等更多问题。

事实上，文献［58］分析发现，与确定性优化方法相比，在机组组合建模时考虑风电功率预测的随机要素，可以显著提高效率，降低调度成本。

11.3.3　含风电电力系统的随机机组组合

在含风电机组组合中，比燃料节约方法和确定性方法更有效的方法是在作出调度决策时充分考虑风电功率预测的随机要素。由于风电功率预测存在不确定性，较大的风电装机容量极大地增加了电力系统规划的随机性[25]。如果在机组组合算法中明确考虑风力的随机性，系统调度将更加可靠。①

风电成为电力系统运行关注的主要问题前，采用随机优化法求解机组组合问题，如文献［59］和［60］所述。文献［59］中描述了长期安全约束随机机组组合（SCUC），模拟了机组和输电线停运以及负荷预测不准确性等问题。文献［60］中介绍了一种在无法完全确定需求时求解机组组合问题的方法。上述方法均证明了使用随机方法求解机组组合问题的优势。但是，并未审查风电这一随机输入量。

文献［61］中研究了风电的随机安全性，并描述了一个适用于风电的市场出清问题。WILMAR 项目[62]开发了一种审查风力可变性对能源市场影响的随机调度工具。最初，Wilmar 规划工具用于构建北欧电力系统模型，随后应用于爱尔兰电力系统，作为全岛电网研究（All Island Grid Study）的一部分[63]。目前，Wilmar 规划工具被用于欧洲风电并网研究[64]，并被誉为最先进的高风电穿透率随机机组组合模型。

在 Wilmar 模型中，使用更加精确的风力和负荷预测数据重新调度电力系统，并以前述"滚动计划"运行系统。由于实施了更可靠的调度计划应对随机风力和负荷问题，运行系统的预期总成本远远低于采用确定性方法或燃料节约方法产生的成本[58]。

11.3.3.1　高风电穿透率 WILMAR 随机机组组合模型

WILMAR 模型的主要功能分为两部分：场景树工具（STT）和调度模型。STT 用于生成各类场景，用作调度模型的输入数据。通过场景树表示可能的未来风力和负荷，如图 11-6 所示。同时，STT 还形成事故机组停机的时序数据。场景树的每

---

①　文献［58］中详细探讨了含风电电力系统的随机机组组合相关问题。

风力发电系统手册

一个分支对应不同的风力和负荷预测及发生概率。以描述风速预测误差的自回归移动平均模型[58]为基础，通过 Monte Carlo 法模拟风力和负荷预测误差，生成风力和负荷场景。然后，使用场景削减法减少场景的数量，与文献［65］相似。①

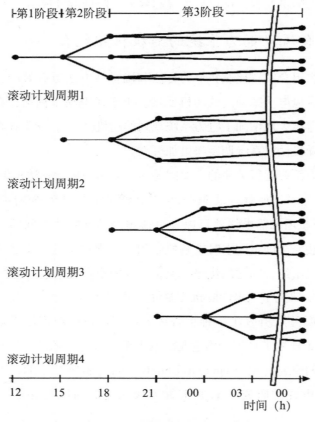

图 11 - 6　附场景树的滚动计划[58]

采用的调度模型是一个混合整数随机优化模型[67]，方程式（11 - 1）所列需最小化的目标函数是优化周期内系统的预期成本，涵盖了图 11 - 6 所示所有场景。②

$$V_{obj} = \sum_{i \in I^{USEFUEL}} \sum_{s \in S} \sum_{t \in T} k_S F_{i,r,s,t}^{CONS} F_{f,r,t}^{PRICE} V_{i,t}^{ONLINE}$$

$$+ \sum_{i \in I^{START}} \sum_{s \in S} \sum_{t \in T} k_S F_{i,r,s,t}^{START} F_{f,r,t}^{PRICE} V_{i,t}^{ONLINE}$$

$$- \sum_{i \in I^{START}} \sum_{s \in S} k_S F_{i,r,s,T_{END}}^{START} F_{f,r,T_{END}}^{PRICE} V_{i,T_{END}}^{ONLINE}$$

---

① 了解更多有关场景树的详细信息，请参阅［66］。

② 了解更多有关机组组合问题列式的信息，请参阅［58］。

$$+ \sum_{i \in I^{USEFUEL}} \sum_{s \in S} \sum_{t \in T} k_S F_{i,r,s,t}^{CONS} F_{f,r,t}^{TAX} V_{i,t}^{EMISSION}$$

$$+ \sum_{s \in S} \sum_{t \in T} k_S L^{LOAD} (U_{r,s,t}^{QINTRA,+} + U_{r,s,t}^{QINTRA,-})$$

$$+ \sum_{t \in T} k_S L^{LOAD} (U_{r,t}^{QDAY,+} + U_{r,t}^{QDAY,-})$$

$$+ \sum_{s \in S} \sum_{t \in T} k_S L^{SPIN} U_{r,s,t}^{QSPIN,-} + \sum_{s \in S} \sum_{t \in T} k_S L^{REP} U_{r,s,t}^{QREP,-}$$

$$(11-1)$$

A. 索引		B. 参数		C. 变量	
F	燃料	EMISSION	排放速率	CONS	消耗燃料
i、I	机组	END	优化周期结束时间	U	松弛变量
r、R	地区	k	场景可能性	V	决策变量
s、S	场景	L	不可行性惩罚	ONLINE	机组整数开/关
START	产生开机燃耗的机组	LOAD	负荷损失惩罚	QDAY	未满足上一日需求
t、T	时间	PRICE	燃料价格	QINTRA	未满足当日需求
USEFUEL	使用燃料的机组	REP	未满足置换备用容量的惩罚	QREP	未满足置换备用容量
		SPIN	未满足初级备用容量的惩罚	QSPIN	未满足初级备用容量
		TAX	排放税	+、-	上调、下调

　　减量化涵盖燃料成本、碳成本和开机成本，受到以下方面的约束：机组约束（如开机时间、最小上调和下调次数、变化率、最小和最大发电量），以及关联约束和损失、旋转和置换备用容量目标、未满足负荷或备用容量的惩罚等。

　　文献［58］分析发现，与确定性方法相比，采用随机法可显著地降低电力系统的备用储量需求和常规机组的循环。此外，文献［58］认为目前最先进的随机机组组合模型风电功率预测方法是最理想的风电功率预测方法。调查发现，采用该方法可使年度系统成本降低0.25%～0.9%。换言之，采用随机机组组合法与采用理想风电功率预测的效果几乎一样好，这样，系统运营商也不必将提升风电功率预测准确性作为首要关注的问题。事实上，如果考虑提升风电功率预测准确性所需研究、开发和设备成本，提高精确度产生的成本将明显高于其带来的益处。相反，系统运营商应根据当前可用的预测数据采用随机机组组合方法。

11. 4　系统规划：灵活性

通常，风力发电系统成本高度依赖于潜在的电站组合。要使风力发电在未来电站组合中发挥重要作用，必须优化传统的电站组合，使其适应风力发电。尤其是，发展风力发电需要一套更加灵活的电力系统[9]。

北美电力可靠性协会（NERC）组建可再生能源接入工作组（IVGTF）以及国际能源署开展可再生能源并网（GIVAR）项目时均考虑了电力系统灵活性要求。GIVAR项目旨在评估可再生能源穿透率增加时对电力系统灵活性的要求[68]。项目分为5部分：识别可再生能源技术的可变性组合、开发增加电力系统灵活性的措施工程包、定义电力系统范式、制定可靠性评估方法，最终评估可再生能源并网的成本和效益。

文献［69］中开展的研究分析了风电装机容量较高的最佳未来常规电站组合。分析表明，随着风电穿透率的不断增加，基本负荷发电的必要性逐渐降低，对峰值容量的需求有所增加。分析结果显示，随着风电穿透率的增加，燃煤发电需求降低，开式循环燃气轮机发电需求增加。开式循环燃气轮机开机时间短，与常规基本负荷机组相比，更容易上调和下调装机容量。

文献［69］中提及的系统不包括核能发电。但是，对于不可转变的基本负荷核电穿透率较高的系统，灵活性是一个需要关注的问题。风电穿透率高，则系统灵活性要求相应较高，而核电无法满足这一要求。为此，政策制定者需要确定选择大规模可再生能源推广政策还是核能发电政策，因为二者并不互补。

此外，还强调了增强与其他系统互联的必要性，通过增加系统灵活性平衡可变风电输出，加快风电并网。文献［15］探讨了许多不同国家的风电并网经验，并重点说明了孤岛电网面临的诸多挑战。本研究的结论部分说明了电网互联的重要性，即提供全方位服务，维持高风电穿透率电力系统的安全与稳定，如提供充足发电容量、快速作用备用容量以及控制超额风力发电。

此外，研究还建议通过可再生能源存储的方式增加可再生能源的使用率，同时保持较高的供电服务可靠性[70,71]。储能设备有助于平衡风电输出，将低需求时段产生的电能储存下来，用于高需求时段，确保电力系统以更稳定的水平运行，降低能源供应成本。电力储存使用比例不断增加时，要重点关注峰谷电价的价差。价差必须高于储能机组循环效率的损失以及高额的储存成本。需要注意的是，对于规模相对较小的系统，储能机组会使非峰荷时段的电价提高、峰荷时段的电价降低，从而影响电价，进一步减少利润机会。

积极的需求管理也可增加电力系统的灵活性。传统看法认为，在电力系统运行调度中，需求与发电属于不同的范畴[72]。但是，如果将需求视为一种灵活、敏感的资源，则可打破传统的分类方法，使用需求侧资源提升系统的整体灵活性。目前，参与需求侧管理计划的主要是商业和工业客户。因此，目前提供需求响应的主要需求类型是现场发电（柴油）、制冷和发电延迟[73]。但是，使用智能电表后，当地客户可降低自主负荷、空调或电热，或推迟使用电器，从而降低电力需求。此外，用户家庭内部的小型发电也可以降低净电耗。到目前为止，住宅领域始终被视为电力系统灵活性的主要来源，并将在未来提供更多有待进一步开发的资源。

本文探讨了电力系统面临的一些与风电相关的运行挑战，以及有助于实现成本最小化的最佳机组组合技巧和系统特性。由于电力系统各不相同，如果需要大规模并入风电，许多电力系统都会出现本文提及的问题。因此，输电系统运营商需要彻底改变传统的运行方式，确保风电可以以最低的系统成本在未来的电力供应领域发挥重要作用。

参考文献

［1］ International Energy Agency （2009） Key world energy statistics. Available http：//www. iea. org.

［2］ International Energy Agency Statistics （2009） CO_2 emissions from fuel consumption—highlights. Available http：//www. iea. org/co2highlights.

［3］ European Commission （2009） Directive 2009/28/EC of the European Parliament and of the Council of 23 April 2009：on the promotion of the use of energy from renewable sources and amending and subsequently repealing Directives 2001/77/EC and 2003/30/EC. Availablehttp：//www. europa. eu/.

［4］ European Wind Energy Agency （2009） Global statistics. Availablehttp：//www. ewea. org/ index. php？ id＝180.

［5］ Gross R，Heptonstall P，Anderson D，Green T，Leach M，Skea J （2006） The costs and impacts of intermittency：an assessment of the evidence on the costs and impacts of intermittent generation on the British electricity network. A report of the technology and policy assessment function of the UK Energy Research Centre.

［6］ Ummels B，Gibescu M，Pelgrum E，Kling K，Brand A （2007） Impacts of wind power on thermal generation unit commitment and dispatch. IEEE Trans Energy Conv 22: 44 – 51.

[7] Kundur P, Paserba J, Ajjarapu V, Andersson G, Bose A, Canizares C, Vittal V (2004) Definition and classification of power system stability IEEE/CIGRE joint task force on stability terms and definitions. IEEE Trans Power Syst 19 (3): 1387 – 1401 (IEEE/CIGRE: The Institute of Electrical and Electronics Engineers (IEEE) /International Council on Large Electric Systems (CIGRE)).

[8] Kirschen D, Strbac G (2004) Fundamentals of power system economics. Wiley, West Sussex.

[9] International Energy Agency Annex 25 (2009) Power systems with large amounts of wind power. Availablehttp: //www. ieawind. org.

[10] Holttinen H et al (2006) Design and operation of power systems with large amounts of wind power, IEA collaboration. In: Nordic wind power conference. Espoo, Finland.

[11] ILEX, Strbac G (2002) Quantifying the system cost of additional renewable generation in 2020. Availablehttp: //www. dti. gov. uk.

[12] Smith J, Milligan M, DeMeo E, Parsons B (2007) Utility wind integration and operating impact state of the art. IEEE Trans Power Syst 22 (3): 900 – 908.

[13] Smith J (2006) North American literature and project review for all-island wind penetration study. Report prepared for SONI and ESB NG.

[14] Eirgrid (2009) Generation adequacy report 2010 – 2016. Availablewww. eirgrid. com.

[15] Söder L, Hofmann L, Orths A, Holttinen H, Wan Y, Tuohy A (2007) Experience from wind integration in some high penetration areas. IEEE Trans Power Syst 22: 4 – 12.

[16] Commission for Energy Regulation Ireland (2008) Press release: CER announces unprecedented increase in renewable electricity. http: //www. cer. ie.

[17] National Aeronautics and Space Administration (NASA) (2008) Visible earth: a catalogue of images and animations of our home planet. Availablehttp: //visibleearth. nasa. gov.

[18] Denny E, O'Malley M (2007) Quantifying the total net benefits of grid integrated wind. IEEE Trans Power Syst 22 (2): 605 – 615.

[19] European Commission (1996) Directive 96/92/EC of the European Parliament and of the Council of 19 December 1996 concerning common rules for the internal market in electricity. Availablehttp: //www. europa. eu.

[20] Wang P, Billington R (2004) Reliability assessment of a restructured power system considering reserve agreements. IEEE Trans Power Syst 19 (2): 972 – 978.

[21] Zhu J, Jordan G, Ihara S (2000) The market for spinning reserve and its impact on energy prices. In: IEEE PES winter meeting, Singapore, pp 1202 – 1207.

[22] Söder L (1993) Reserve margin planning in a wind-hydro-thermal power system. IEEE Trans Power Syst 8: 564 – 571.

[23] Kundur P (2004) Power system stability and control. McGraw Hill Inc. , New York.

[24] Rashidi-Nejad M, Song Y, Javidi-Dasht-Bayaz M (2002) Operating reserve provision in deregulated power markets. In: IEEE PES winter meeting, New York, pp 1305 – 1310.

[25] Marti I, Kariniotakis G, Pinson P, Sanchez I, Nielsen T, Madsen H, Giebel G, Usaola J, Palomares A, Brownsword R, Tambke J, Focken U, Lange M, Sideratos G, Descombes G (2006) Evaluation of advanced wind power forecasting models—results of the Anemos project. Availablehttp: //anemos. cma. fr.

[26] Kariniotakis G, Pinson P (2003) Evaluation of the MORE-CARE wind power prediction platform. Performance of the fuzzy logic based models. In: Proceedings of European Wind Energy Association Conference, Madrid, Spain.

[27] Doherty R, O'Malley M (2005) New approach to quantify reserve demand in systems with significant installed wind capacity. IEEE Trans Power Syst 20 (2): 587 – 595.

[28] Hirst E (2001) Interactions of wind farms with bulk-power operations and markets. Prepared for the project for Sustainable FERC Energy Policy.

[29] Hirst E (2002) Integrating wind energy with the BPA power system: preliminary study. Prepared for Power Business Line Bonneville Power Administration.

[30] Gardner P, Snodin H, Higgins A, Goldrick SM (2003) The impacts of increased levels of wind penetration on the electricity systems of the Republic of Ireland and Northern Ireland. Final Report to the Commission for Energy Regulation/OFREG by Garrad Hassan 3096/GR/ 04.

[31] Denny E, O'Malley M (2009) The impact of carbon prices on generation cycling costs. Energy Policy 37 (4): 1204 – 1212.

[32] Troy N, Denny E, O'Malley M (2010) Base-load cycling on a system with significant wind penetration. IEEE Trans Power Sys 25 (2): 1088 – 1097.

[33] Flynn D (2003) Thermal power plant simulation and control, vol 43, 1st edn. , IEE power and energy seriesIEE, London.

[34] Subcommittee IEEE (1990) Current operating problems subcommittee: a report on the operational aspects of generation cycling. IEEE Trans Power Syst 5 (4): 1194 – 1203.

[35] Lefton S, Besuner P, Grimsrud G (1997) Understand what it really costs to cycle fossil-fired units. Power 141 (2): 41 – 42.

[36] Grimsrud P, Lefton S (1995) Economics of cycling 101: what do you need to know about cycling costs and why? APTECH engineering technical paper TP098, http: // www. aptecheng. com.

[37] Denny E, O'Malley M (2006) Wind generation, power system operation, and emissions reduction. IEEE Trans Power Syst 21 (1): 341 – 347.

[38] Energy Information Administration (EIA) (2010) Energy glossary. Available http: // www. eia. doe. gov/glossary.

[39] Energy Information Administration (EIA) (2000) Electric power annual 2000. Availablewww. eia. doe. gov.

[40] Kesgin U (2003) Study on prediction of the effects of design and operating parameters on NOx emissions from a leanburn natural gas engine. Energy Convers Manage 44: 907 – 921.

[41] Li K, Thompson S, Peng J (2004) Modelling and prediction of NOx emission in a coal-fired power generation plant. Control Eng Pract 12: 707 – 723.

[42] Mansour A, Benjamin M, Straub D, Richards G (2001) Application of macrolamination technology to lean, premix combustion. AMSE J Eng Gas Tur-

bines Power 123 （4）: 796 – 802.

［43］ Cabot G, Vauchelles D, Taupin B, Boukhalfa A （2004） Experimental study of lean premixed turbulent combustion in a scale gas turbine chamber. Exp Thermal Fluid Sci 28: 683 – 690.

［44］ Mullane A, Lightbody G, Yacamini R （2005） Wind-turbine fault ride-through enhancement. IEEE Trans Power Syst 20 （4）: 1929 – 1937.

［45］ Xiang D, Ran L, Tavner PJ, Yang S （2006） Control of doubly fed induction generator in a wind turbine during grid fault ride-through. IEEE Trans Energy Conv 21 （3）: 652 – 662.

［46］ Lalor G, Mullane A, O'Malley M （2005） Frequency control and wind turbine technologies. IEEE Trans Power Syst 20 （4）: 1905 – 1913.

［47］ McArdle J （2004） Dynamic modelling of wind turbine generators and the impact on small lightly interconnected grids. Wind Eng 28 （1）.

［48］ Causebrook A, Fox B （2004） Decoding grid codes to accommodate diverse generation technologies.

［49］ Johnson A, Urdal H （2004） Technical connection requirements for wind farms. Wind Eng 28 （1）.

［50］ Keane A, O'Malley M （2005） Optimal allocation of embedded generation on distribution networks. IEEE Trans Power Syst 20 （3）: 1640 – 1646.

［51］ IEE （2003） Embedded generation issues—a briefing note. An Energy and Environment Fact Sheet provided by the IEE.

［52］ Ackermann T （2005） Wind power in power systems. Wiley, West Sussex.

［53］ Milborrow D （2006） No limits to high wind penetration. Wind Power Mon 22 （9）.

［54］ Department of the Enterprise Trade and Investment （DETI） （2003） A study into the economic renewable energy resource in Northern Ireland and the ability of the electricity network to accommodate renewable generation up to 2010. Availablewww. energy. detini. gov. uk.

［55］ Gardiner P, Snodin H, Higgins A, Goldrick SM （2003） The impacts of increased levels of wind penetration on the electricity systems of the Republic of Ireland and Northern Ireland （3096/GR/04）.

［56］ PLEXOS for Power Systems （2006） Electricity market simulation. Availableww-ww. draytonanalytics. com.

［57］ Tuohy, A, Denny E, O'Malley M （2007） Rolling unit commitment for systems with significant installed wind capacity. In: IEEE PES power technology Lausanne, Switzerland.

［58］ Tuohy A, Meibom P, Denny E, O'Malley M （2009） Unit commitment for systems with significant wind penetration. IEEE Trans Power Syst 24 （2）: 592 – 601.

［59］ Wu L, Shahidehpour M, Li T （2007） Stochastic security-constrained unit commitment. IEEE Trans Power Syst 22 （2）: 800 – 811.

［60］ Takriti S, Birge J, Long E （1996） A stochastic model for the unit commitment problem. IEEE Trans Power Syst 11 （3）: 1497 – 1508.

［61］ Bouffard F, Galiana F （2006） Stochastic security for operations planning with significant wind power generation. IEEE Trans Power Syst 23 （2）: 306 – 316.

［62］ Wind Power Association （2010） Wind power integration in liberalised electricity markets （Wilmar） project. Availablewww. wilmar. risoe. dk.

［63］ All Island Renewable Grid Study—Workstream 2B （2008） Wind variability management studies. Availablehttp: //www. dcmnr. gov. ie.

［64］ European Wind Energy Association （2010 ） European wind integration study. Availablehttp: //www. windintegration. eu.

［65］ Dupacova J, Grwe-Kuska N, Rmisch W （2003） Scenario reduction in stochastic programming: an approach using probability metrics. Math Program 96 （3）: 493 – 511.

［66］ Barth R, Söder L, Weber C, Brand H, Swider D （2006） Deliverable d6. 2 （b） documentation methodology of the scenario tree tool. Institute of Energy Economics and the Rational Use of Energy （IER）, University of Stuttgart, Stuttgart, Germany, 2006. Available www. wilmar. risoe. dk.

［67］ Kall P, Wallace S （1994） Stochastic programming. Wiley, Chichester.

［68］ Lannoye E, Milligan M, Adams J, Tuohy A, Chandler H, Flynn D, O'Malley M （2010 ） NERC integration of variable generation task force （IVGTF）. Integration of variable generation: capacity value and evaluation of flexibility. Availablehttp: //www. nerc. com.

［69］ Doherty R, Outhred H, O'Malley M (2006) Establishing the role that wind may have in future generation portfolios. IEEE Trans Power Syst 21 (3): 1415 - 1422.

［70］ Barton J, Infield D (2004) Energy storage and its use with intermittent renewable energy. IEEE Trans Energy Convers 19 (2): 441 - 448.

［71］ Brown P, Lopes J, Matos M (2008) Optimization of pumped storage capacity in an isolated power system with large renewable penetration. IEEE Trans Power Syst 23 (2): 523 - 531.

［72］ Gellings C, Smith W (1989) Integration demand-side management into utility planning. Proc IEEE 77 (6): 1908 - 1918 .

［73］ Papagiannis G, Lettas N, Dokopoulos P (2008) Economic and environmental impacts from the implementation of an intelligent demand side management system at the European level. Energy Policy 36 (1): 163 - 180.

第十二章
虑及电力系统风电功率波动的运行备用评估

Mauro Rosa，Manuel Matos，Ricardo Ferreira，Armando Martins Leite da Silva 和 Warlley Sales[①]

摘要：考虑到未来可再生能源供应的不断增长，在可再生能源资源供应安全监控中，关于创新性标准、运行策略和评估工具的讨论是必不可少的。为了处理风电不确定性引起的功率波动，本章探讨了一种基于时序蒙特卡洛模拟（MCS）的概率性方法，以评估涉及风能资源的发电系统的长期备用需求。同时，本章介绍了一种评估满足所有假定偏差所需电量的替代方法。此外，本章通过 IEEE-RTS 96 发电系统及葡萄牙和西班牙电力系统的一些规划配置进行了案例研究，并展开了相关讨论。

12.1 概述

二十一世纪初，世界各地对风能的接受程度令人惊叹。仅在最初 10 年间，全球已有 50 余个国家开始采用风力发电，这显示了风电在未来发展中的重要性[1]。通常来说，这些国家希望通过使用风能等可再生能源资源，逐步向零排放的可持续能源体系过渡。对于可再生能源，最显著的变化在于：高效利用现有化石燃料，并更多地依赖低碳燃料（如天然气），最终通过风力发电等方式替代石油发电[2]。

尽管在过去 10 年的大规模应用中，风力发电已达到一定的成熟水平，但这并不代表人类已经完全掌握了风力发电技术。因此，与其他新技术一样，要使风电与电

①   M. Rosa（✉）· M. Matos · R. Ferreira
INESC TEC，波尔图大学工程学院，葡萄牙波尔图
e-mail：marosa@inescporto.pt

A. M. L. da Silva
伊塔茹巴联邦大学，UNIFEI，巴西伊塔茹巴

W. Sales
São João del Rei 联邦大学，UFSJ，巴西 São João del Rei

力系统顺利并网,必须解决诸多难题。例如,风电发电技术中最重要的问题在于风能预测。目前,预测水平逐步提升,可以更好地管理风能不确定性产生的问题[3-5]。总之,电力系统规划者和运营商已对风能的可变性和不确定性(尤其是与系统需求及在某种程度上与传统发电相关的可变性和不确定性)有了深入了解。与传统发电不同,风电出力不可调度,因此可能直接引发运行问题。此外,由于风电具有可变性,与电力系统并网时,会增加辅助服务的成本,从而间接地影响系统运行[6]。

毋庸置疑,风电与电力系统并网时,会产生大量随机变量和系统复杂性问题,在过去10年中,部分相关问题已在一定程度上得到了控制。但是,必须注意的是,风电并网相关问题因系统而异[7]。对于不同系统配置,使用风电机组替换石油发电机组的效果不尽相同。风电对燃气发电比例较大和燃煤发电比例较大的电力系统的影响也有所不同[8]。因此,从机组组合的角度来看,出于满足负荷要求而配置控制机组时,必须考虑可用发电技术的优势,确保配置的机组组合可以满足风电穿透率较大的电力系统的运行备用需求。如果电力系统主要以燃气发电或燃煤发电为主,对于不同风险水平的电力系统,可以采用考虑较大风电穿透率的不同机组组合策略。

为了解决风能不确定性引起的功率波动问题,本章探讨了一种基于时序蒙特卡洛模拟(MCS)的概率性方法,以评估涉及风能资源的发电系统的长期备用需求。本文旨在研究将大量风电资源并入以热电厂为主的电力系统时供电可靠性指标的变化趋势(常规和健康状况);除此之外,还考虑了水力发电和小型水力发电、太阳能技术(太阳热能和太阳能光伏)等利用率更低的可再生能源技术。此外,本章通过 IEEE-RTS 96 发电系统及葡萄牙和西班牙电力系统的一些规划配置进行了案例研究,并展开了相关讨论。

12.2　备用需求测定方法

对备用容量需求风险水平进行评估是发电系统运行和扩容计划中一个非常重要的方面。pennsylvania-jersey-maryland(PJM)法是首批正式用于备用容量计算的方法之一,且考虑了风险问题[9]。在过去几年,许多研究者提出了一些与该方法相关的改变[10~12]。主要观点是,风险指标表示时间 T 内现有发电容量无法满足预期负荷需求,并且运营商可能不会在此期间替换任何损坏机组或运行新机组的可能性[13]。因此,风险指标表示与调度发电容量相关的概率性测量数据。由于系统的运行特点,PJM 法的广泛应用[10-12,14]表明,该系统风险指标通常仅在短时间内适用。最近,一些研究开发出了几种以风险理论为基础但可长期适用的替代方法[13,15]。

一般来说，通常采用三种方法计算满足备用需求所需的电量：确定性方法、概率性方法和（或）混合法。确定性方法以简单判据为基础，如给定时间 T 内最大型机组的损耗或所需负荷的占比。尽管确定性方法简单易懂、便于实施，但存在某些问题，即不能提供可用的风险测量，只能提供一个不明确的阈值准则。另一方面，通常可采用概率性方法处理不同不确定变量之间的复杂关系，从而更好地表示电力系统的随机行为[16]。混合法将确定性概念与系统健康状况分析概率概念相结合[17~19]。这一全新的框架可测量任何运行系统状态的成功度，缩小确定性方法和概率性方法的差距。系统健康状况分析中，以前述工程师判断作为标准，将成功状态进一步细化为健康状况和临界状况。过去 10 年，系统健康状况分析被广泛应用于运行备用评估、发电容量充裕度分析系统、复合发电系统和输电系统等众多领域。

事实上，世界上大多数电力企业都采用确定性方法评估互联电力系统的备用容量。在这种情况下，各国关于二级控制备用（旋转备用）的定义各不相同，通常取决于系统运营商采用的安全政策。例如，一些欧盟国家的最低旋转备用需求遵循欧洲电力传输协调联盟（UCTE）的经验公式，基于以下方程[20,21]：

$$R = \sqrt{a \times L_{\max} + b^2} - b \qquad (12-1)$$

式中：

- R 表示通过方程计算得出的旋转备用；
- $L_{\max}$ 表示二级控制区的最大预测负荷；
- a 和 b 为常量，分别取 10MW 和 150MW。

如前述方程所示，旋转备用的计算在很大程度上取决于电力系统控制区的最大负荷预测值，且不考虑机组事故停电、紧急维护程序及重大风力预测误差等不确定性问题。另一个重要方面是风电预测区域的开发[3,8]，主要目标是缩小平衡能源和备用需求的现有差距，促使风电与供电系统顺利并网[8]。其他相关技术（如丹麦采用的技术[22]、机组组合风险法[23]等）可用作参照技术，确定用作二级和（或）三级备用的电量。但是，本章拟从长远角度探讨备用需求问题，重点构建可使所有时序保持不变的高性能不确定性模型[15]。下一节中，将介绍以序贯蒙特卡洛模拟为基础的时序法。

12.3　电力系统概率评估

电力系统相关文献介绍了一些可准确评估发电容量可靠性的方法。基本思路是将所有发电机组和负荷集中于一个单母线网络，忽略输电线限制和故障，并对比可用发电容量和不同快照时间点的负荷需求，以测量发电系统的性能。问题主要在于测量发电系统满足总负荷需求的能力、负荷波动、机组故障以及能源资源的不可利用性，上述因素都可以直接影响发电容量。如果已知各发电机组的随机参数 λ 和 μ（即故障率和维修率），则可计算模拟过程中机组可用或不可用（运行或停运）的概率。采用的发电充裕性评估技术通常可以分为两类：分析和模拟。通常，分析法采用状态空间表达式，模拟法则采用状态空间表达式或时序表达式。

在时序或序贯表达式中，各后续系统状态与前一组取样系统的状态相关。如前所述，当运行系统为历史依赖型或与时间相关型系统时，则必须选择时序表达式，在表示风电机组和太阳能发电机组等绿色能源及各自的时效行为时尤其如此。同时，其还可表示对维护政策、机组缓变率及复杂相关负荷模型的影响。尤其是在水力发电系统中，必须在某一时段严格控制水库水量时，可用电力则取决于此前的进水量及运行政策等，此时，必须采用时序表达式[24]。时序表达式的另一个具有吸引力的特点在于，可求得与系统指标平均值相关的分布关系，并且可以提供最全面的可靠性指标[25,26]。

通过求解下式，可计算可靠性指标[27]：

$$E(F) = \frac{1}{T} \int_0^T F(t)\,\mathrm{d}t \qquad (12-2)$$

式中，假设相关系统状态充裕性符合要求，T 表示模拟时间，$F(t)$ 表示在时间 t 时需验证的测试函数。

两个连续取样的系统状态与单一状态分量有所不同，这是非序贯模型和序贯模型的主要差异。因此，从计算的角度来看，蒙特卡洛时序模拟成本很高[28]。非序贯模型的另一个主要限制因素是其假设所有系统状态停留时间呈指数分布。

12.3.1　序贯蒙特卡洛模拟

序贯模拟是指以固定离散时间步长模拟系统的运行[29]。序贯法基于对分量状态驻留时间的概率分布进行取样，通过采用与各系统元件平均失效前时间（MTTF）和平均修复时间（MTTR）相关的概率分布模拟系统运行的随机过程。在双态马尔科夫模型中，存在运行和修复状态停留时间分布函数，通常假定为指数函数。可使用威布尔分布、对数正态分布等表示不同行为。因此，在离散法中，可通过下式求解估算可靠性指标：

$$\tilde{E}[F] = \frac{1}{NY} \sum_{n=1}^{NY} F(y_n) \qquad (12-3)$$

式中，NY 表示模拟年数，y_n 表示 n 年度的系统状态序列 x^k，$F(y_n)$ 表示依照序列 y_n 计算年度可靠性指标的函数。序贯法可归纳为以下步骤：

1. 按顺序采用设备故障/修复随机模型以及时序负荷模型生成系统状态年度合成序列 y_n。选取各元件的初始状态作为样本。通常，在第一个样本中，假设所有元件最初均处于成功或可用状态。通过概率分布将各元件停留在当前状态的时间取样。假设存在指数概率分布，并采用逆变换法[30]，可通过下式求得各元件停留时间：

$$T = -\frac{1}{\lambda}\ln(U) \tag{12-4}$$

式中，T 表示各设备停留时间，λ 表示各元件的故障率（元件当前状态为可用）或修复率（元件当前状态为停运），U 表示 $[0, 1]$ 时间间隔内取样的均匀分布随机数。

2. 按时间顺序评估序列 y_n 的各系统状态 x^k，并累计数值。

3. 计算累计值的测试函数 $F(y_n)$，求得年度可靠性指标。

4. 估测年度指标的预计平均值，作为各模拟序列 y_n 年度结果的平均值。

5. 终止准则同样以估计值的相对不确定性为基础。因此，通过下式计算 β（变异系数）[20]：

$$\beta = \frac{\sqrt{\tilde{V}(\tilde{E}(F))}}{\tilde{E}(F)} \times 100\% \tag{12-5}$$

6. 验证准确度或置信区间是否可以接受。如果可接受，则停止模拟；反之，返回第 1 步。

序贯法中，进行系统评估，确定各种不同的系统状态，求解可靠性指标函数。例如，对于失负荷期望值（$LOLE$）指标，$F(y_n)$ 为 y_n 中取样的所有故障状态停留时间的总和。反过来，如果 $F(y_n)$ 是与 y_n 中所有故障状态相关的电量不足的总和，则 $E[F]$ 表示电量不足期望（$EENS$）指标。采用序贯法，可以很容易求得其他几个可靠性指标。

12.3.2 机组元件拟定模型

进行发电系统充裕性评估时，必须选择合适的模型表示电力系统机组的随机行为。从本质上来看，必须从两个方面表示各项技术：首先，单一机组或整套机组的运行和停运周期（故障/修复）；其次，单一机组或整套机组的电力供应能力，考虑自然资源，如进水量、风速、太阳辐照度等因素。采用双态马尔科夫模型[16]和多态马尔科夫模型[31]表示传统的大机组发电技术（如热电厂和水电站）以及集中于农场或聚集型的小机组分布式发电（DG）技术，如风电机、太阳能中心吸收器、太阳能光伏、小型水力发电机等，如图 12 - 1 所示。了解模型更多详情，请参阅文献 ［32］。

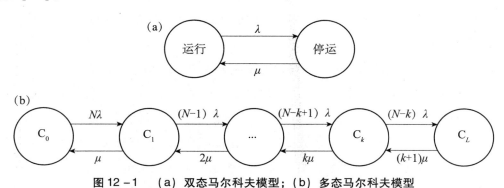

图 12 - 1　（a）双态马尔科夫模型；（b）多态马尔科夫模型

热电厂：基于双态马尔科夫模型表示所有热电技术（如核能、煤、石油、天然气等）的故障/修复周期，如图 12 - 1a 所示。假设各状态的停留时间呈指数分布，并可使用方程（12 - 4）计算。其中，假设有效功率只取决于机组的不可用性。显然，如果有其他必要参数可用，也可采用非马尔科夫模型。

水电站：基于双态马尔科夫模型表示所有水力发电机组的故障/修复周期，如图 12 - 1a 所示。假设各状态的停留时间呈指数分布，并可使用方程（12 - 4）计算。其中，假设有效功率取决于故障/修复周期以及各水库的库容，换言之，可通过各水库的库容水平确定各机组的有效功率。

然而，各水库的库容水平受许多因素的影响，如水协调政策、年度或月度水文条件、日水火发电协调等。计算进水量对各机组可用水力发电产生的全面影响时，应考虑使用一种包含与历史水文序列相关的随机动态规划工具的复合模型[33]。为了简化拟建模型，可采用两种方法表示各机组的有效功率（取决于各水库的信息化水平）：第一，与各水库的库容水平成正比；第二，采用预先建立的与各水库相关的多项式模型。由于水库库容水平日变化幅度较小，计算时应考虑月度库容水平变动，从而相对准确地表示水库的蓄水性能。因此，将水力发电机组与一些包含每月历史序列数据的水库组合。根据这些历史数据，确定每个水力发电地点的历史序列，获得历史进水量、库容和运行方式等方面的信息。因此，应根据相应水文序列，确定水力发电机组的月度容量。

风电场：通常，在风力发电现场，可以将几个发电机组归于一个等效多态马尔科夫模型，如图 12 - 1b 所示。只需要两个随机参数：机组故障率和修复率。参数 N 表示风电场发电机组的数量。如果 C 为机组容量，则状态 k 下的功率可通过 $C_k = (N - k) \times C, k = 0, \cdots, N$ 求得。可以很容易地计算出该状态下的累积概率 P_k（$0 \sim k$）。为了降低时序蒙特卡洛模拟过程中此类状态的数量，可通过一个简单的截断程序设置所需精确度。因此，将通过更小的数量（最大为容量 C_L）而非 $N + 1$ 状态限制本模型，比如 $1 - P_L \leqslant$ 容差。

根据各地理区域的每小时风速序列确定风力发电机组每小时的发电量。可使用风速序列捕获风速和功率变换特点。必须每小时提供一次每单位容量波动的历史年度序列数据。

小型水电站：从水文学的角度来看，小型水电机组的建模与水力发电机组的建模相似，但小型水电机组被划分为图 12 - 1b 所示的多状态机组，以简化建模过程。由于缺少与水电机组所在水文流域相关的具体数据以及各小型水电机组的技术特性数据，一般采用同等规模水库模拟水电机组随时间变化的装机容量，从而形成几组小型水电机组集群。为了更好地表示上升和下降周期以及其水文波动，可根据小型水电机组的装机容量（MW）、年不可用度（FOR）和平均修复时间（MTTR）等主要特性及地理位置将其分类。因此，可将每个小型水力发电机组视为小型水电站，并配备具有相同特性的机组，但机组数量不同。显然，如有具体数据可用，则可充分考虑配备的机组数量。此外，必须始终平衡准确度、运算工作量成本以及模型详细等级等。

太阳能电站：太阳能可提供大量能量，尤其是在太阳辐照量较高的区域[34]。获取太阳能的方法多种多样，如太阳能电站通过集中直射辐照利用太阳能，将太阳能转化为热能，并最终转化为电能；或者采用平板集热器或光伏电池板。上述两种情况下，上升和下降周期均通过多状态马尔科夫模型表示，如图 12 - 1b 所示。为了更好地表示上升和下降周期及其容量波动，可根据其装机容量（MW）、年不可用度（FOR）和平均修复时间（MTTR）等主要特性及地理位置将其分类。可将太阳能辐射视为此类装置的"燃料"。因此，必须在考虑地理位置的情况下，构建可以表示每小时容量波动的年度序列[34]。

热电联产发电站：热电联产机组的建模与热电机组相似。不同的是，热电联产机组建模采用了图 12 - 1b 所示的多状态机组将其分为不同集群。此外，还限定了每小时利用系数，对电力系统中使用的实际热电联产机组进行建模。每一年度，该系数根据电费和/或行业发电周期的不同而不断变化。

12.3.3　拟建负荷模型

通常，电力企业可根据预测供需曲线检查其当前和未来的发电、输电和配电状态。采用概率性方法评估电力系统可靠性的一个难题在于一些模型表示所需细节的层次。例如，评估涉及客户领域的停电费用时，需要使用特定的负荷数据[35]。由于负荷曲线因季节和每周具体时间的不同而不断变化，系统可靠性特征也可能在每一年的不同时间内有所变化。在一些系统中，电力负荷在夏季以空调为主，在冬季则以电热供暖为主。上述两种情况下，负荷特征差异巨大。一般而言，进行可靠性研究时，必须要用到负载特性曲线。因此，必须构建详细的负荷曲线模型[36]。另一方面，已知负荷模型是实际未来负荷的近似值，其精确度取决于可用数据的数量和质量[37]。最详细的负荷曲线的时间跨度跨越全年365天，包含8 760个每小时需求点。

在状态空间表达式中，采用了基于马尔科夫假设的负荷模型[37]。通常，此类模型可用于跟踪记录电力系统可靠性评估的负荷特征时序方面的问题，减少计算工作量。但是，在时序表示中，使用的标准时序负荷模型包含8 760个层次，分别对应一年内8 760个每小时需求点。模拟过程中，时序蒙特卡洛模拟将遵循此类负荷步骤[30]。

负荷预测研究中，必须考虑一个基本问题，即实际峰值负荷通常与预测值不同，预测值存在一定误差。换言之，负荷预测可能会出现误差。由于通常根据以往经验进行预测，所以进行时序表示时必须考虑不确定性程度。可通过蒙特卡洛模拟程序模拟两个不确定性水平，即短期和长期负荷预测偏差。还可使用高斯分布等方法[16]。在短期表示和长期表示中，分别在模拟过程中插入了每小时和每年的不确定性水平。

12.4　运行备用的长期评估

分析中采用了序贯蒙特卡洛模拟，该模拟能够保留所有重要变量之间的关系，处理与时间有关的特性。因此，如前所述，可通过该模拟表示时序负荷曲线图、每小时风电功率变化、月度水文条件和其他依时性事件。如果将此类变化与机组故障和修复时间的抽样结合，可形成失负荷统计数据，从而计算发电充裕性的风险指标。失负荷概率（*LOLP*）、*LOLE*和*EENS*是此类指标的典型实例。此外，系统健康状况分析过程中对该理念进行了扩展，用于核查二级备用的可用性[17]。其中，将模拟的状态进一步分类为"健康"（备用充足）、"临界"（有部分备用）或"危险"（失

风力发电系统手册

负荷)。这三类条件的概率以及各种条件下每年的预期小时数都是非常重要的指标，可与经典指标互补。前述所有风险指标均基于以下功率平衡方程：

$$R_{STA}(t) = G(t) - L(t) = 0 \quad\quad (12-6)$$

式中，G 表示时间"t"时系统的可用发电容量，L 表示时间"t"时的系统总负荷，R_{STA} 表示时间"t"时的静态备用。随机变量 G 取决于设备可用性以及因水文和风力变化产生的容量波动。随机变量 L 取决于短期和长期不确定性，以及每小时变化。

12.4.1 运行备用模型

为了评估运行备用的性能，必须确定新的变量，如图 12-2 所示。本研究中，初级备用(或调频备用 P_{RC})和二级备用(或旋转备用)均为预设值。很明显，如果旋转备用相关性能低于预设可接受值，可随时重新设定旋转备用。三级备用(非旋转备用或快三级备用)可通过能在 1 小时内同步的发电机设定。该备用与当前研究相关，也是当前可再生能源资源广泛利用这一全新环境下运营商需要考虑的主要问题。因此，可通过以下电力平衡方程计算与运行备用相关的风险指标：

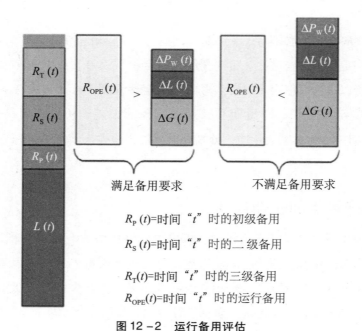

满足备用要求   不满足备用要求

$R_P(t)$=时间"t"时的初级备用

$R_S(t)$=时间"t"时的二级备用

$R_T(t)$=时间"t"时的三级备用

$R_{OPE}(t)$=时间"t"时的运行备用

图 12-2　运行备用评估

$$R_{OPE}(t) = R_S(t) + R_T(t) < \Delta L(t) + \Delta P_W(t) + \Delta G(t) \quad\quad (12-7)$$

式中，ΔL 表示时间"t"时的短期和长期负荷偏差，ΔP_W 表示时间"t"时可能的风电容量偏差，ΔG 表示时间 "t" 时因事故停机引起的发电容量变化。从图 12-2 中可以看出，三级备用上方存在额外容量，这是因为机组发电容量具有离散性质。

方程（12-7）描述了负荷、风电容量变化以及旋转备用及可在 1 小时内同步的发电机未涵盖的发电机事故停机引发的风险。因此，可通过该风险方程求得相同的常规和健康状况指标。

尽管 *LOLP* 或 *LOLE* 指标（即静态备用）有许多参考值，但在发电规划框架内，很少有研究涉及运行备用的参考值[13]。

通过 FORTRAN 语言（计算模式）实施前述模型。通过 *EENS* 指标的特定变异系数追踪收敛过程。通常，当 *EENS* 指标收敛确定时，其他指标也可同时收敛。同时，对所有常规和健康、静态和运行可靠性指标的概率分布进行了评估。

12.4.2　旋转备用和快三级备用最优组合

通过实测负荷、风力以及发电中断偏差，提出了一种评估电量需求（二级和快三级备用）的新替代性方法，以满足所有预测功率偏差，如方程（12-7）所示。根据一些风险管理理念，可将表示二级备用标准的电量视为在险价值[38]，将表示快三级备用的电量定义为在险价值的补充[39]，因为快三级备用是指超出二级备用标准的电量。因此，以 X 表示一个随机变量，确定为时间 "t" 时的负荷、风力和发电中断偏差的总和，如图 12-2 所示。因此，离散变量 X 可表示一个概率函数，可能值为 x_1、x_2、$\cdots$、x_n，如下所示：

$$f(x_i) = P(X = x_i) \tag{12-8}$$

由于将 $f(x_i)$ 定义为概率，必须验证以下条件：

$$f(x_i) \geq 0 \ \forall \ x_i \in \Re \tag{12-9}$$

$$\sum_{i=1}^{n} f(x_i) = 1 \tag{12-10}$$

累积分布函数可表示为：

$$F(x) = P(X \leq x) = \sum_{x_i \leq x} f(x_i) \tag{12-11}$$

此时，必须注意，x_i 可假设为正值或负值，主要取决于与负荷预测误差（长期和短期）、风力预测误差以及发电机组随机运行和停运周期相关的随机程序。表 12-1 所示为本案例的算例分析。其中，负值可解释为向下调整备用，正值可解释为向上调整备用。

表 12 −1　备用需求算例分析

	X_1	X_2	X_3	X_4	X_5
x_i（MW）	−20	−10	0	10	20
$f(x_i)$	1/8	2/8	2/8	2/8	1/8
$F(x)$	1/8	3/8	5/8	7/8	1
	向下调整备用			向上调整备用	

从运行备用的角度来看，首先，要将电力需求定义为直接置信区间内的二级备用标准，应假设为 x_i 正值。因此，x_i 的所有负数可能值均累积为 0MW，如表 12 − 2 所示。另一个重要的问题是如何收集随机变量 X 的测定值。模拟过程中，可收集所有 x_i 值，因为 $x_i = x_t$，其中，"t" 的取值范围为 1h 至 8 760h。然后，可根据电量需求类别将 x_i 的值分类，采用较高值（通常位于分类右侧）代表 X。

表 12 −2　备用需求测定方法

	X_1	X_2	X_3
x_i（MW）	$(-P,\ 0]$	$(0,\ 10]$	$(10,\ 20]$
$f(x_i)$	5/8	2/8	1/8
$F(x_i)$	5/8	7/8	1
	向上调整备用		

也可采用此方法计算备用需求预期值（RNE）。方程（12 −12）所示为随机变量 X 的预期值。

$$E(X) = RNE = \sum_{x_i} x_i f(x_i) \tag{12 −12}$$

必须注意与拟用运行备用方法部分提及的负荷、风力和发电中断偏差相关的通用问题。事实上，很多因素可以影响模拟过程中测得的备用需求。但是，其中一些因素可以直接影响测定结果，如针对短期和长期偏差确定的负荷预测误差程度、风力预测误差模型以及各发电机组的随机参数。本方法中涉及的随机参数较多，因为初级和二级备用电量的确定可以直接影响发电中断偏差。

由于二级和快三级备用密切对应，二级备用的预估电量必须非常可靠，并自动忽略异常值和罕见的功率偏差。另一方面，快三级备用可以覆盖异常值和罕见的功率偏差，可视为替代百分位测量或二级备用的在险价值的补充。因此，二级和快三级备用标准［下文称为二级备用标准（S_{RC}）和三级备用标准（T_{RC}）］也可同样定义为在险价值和对在险价值的补充[38]，如下所示：

$$S_{RC\alpha}(X) = \min \{x \mid F(x) \geqslant \alpha\} \text{ MW} \quad (12-13)$$

$$T_{RC\alpha}(X) = \min \{x \mid \alpha < F(x) \leqslant \delta\} \text{ MW} \quad (12-14)$$

式中，与置信水平 $\alpha \in [0, 1]$ 相关的二级备用 X（MW）最小值为 x，在 x 中求得的累积概率函数大于或等于 α。

因此，与置信水平 $\delta \in [0, 1]$ 相关的快三级备用 X（MW）可表示为 S_{RC} 的补充，最小值为 x，在 x 中求得的累积概率函数大于或等于 δ，$\delta > \alpha$。图 12-3 显示了一个以表 12-2 为基础的简单实例，其中：置信水平为 0.875（或 87.5%）时，RNE 为 5MW，S_{RC} 为 10MW，T_{RC} 为 20MW。需要注意的是，本概率函数中只有三个值（脉冲），其中，S_{RC} 的补充（T_{RC}）与最后和最高的功率偏差重合。

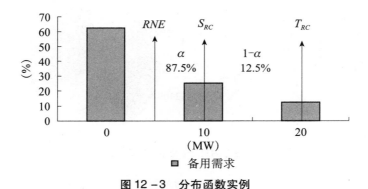

图 12-3　分布函数实例

显然，概率选择必须以发电站可用的二级和快三级备用为基础，但是，可以将本方法视为通过风险度量进行 S_{RC} 和 T_{RC} 最优组合的替代方法。为了探索此类理念，下一节将对比启发式方法或确定性方法等其他方法［方程（12-1）］和最大机组故障标准，对这些拟用方法进行探讨。

12.5　应用结果

将以两种方式应用上述拟用方法。首先，可用于指导目的，调整并以与文献［13］所述相同的方式使用 IEEE-RTS 96[40]，显示一些具体细节。为此，对 IEEE-RTS 96 的原始设置进行两次调整，并重新命名，以解决以下问题：（a）水力发电机组的功率波动（IEEE-RTS 96 H）；（b）风力发电每小时的功率波动（IEEE-RTS 96 HW），并以一台 1 526MW 的风电机组替换 350MW 的燃煤机组[13]。其次，以葡萄牙和西班牙的电力系统配置（分别为 PGS 和 SGS）为例，进行了长期备用需求评估[41]。上述事例中，讨论了一些与大型系统相关的问题，不仅对风力发电系统进行

风力发电系统手册

了评估，还探讨了光热发电和太阳能光伏、热电联产和小型水电系统等其他可再生能源发电系统。上述案例将显示 2008 年至 2025 年的应用结果。

12.5.1 IEEE-RTS 96 H 和 IEEE-RTS 96 HW 配置

IEEE-RTS 96 的原始配置包含 96 台发电机组。按照采用技术的不同将 96 台发电机组分为五组，总装机容量 10 215MW，年峰值负荷 8 850MW。需要注意的是，静态备用相当于总装机容量的 16.3%。其中仅有 8.8% 的装机容量（水电站装机容量 900MW）为可再生能源发电容量，另外 9 315MW 来自热电技术。图 12 –4a 所示为各类发电技术的装机容量。

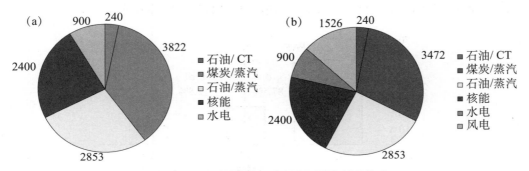

图 12 –4 IEEE-RTS H 和 IEEE-RTS HW 技术

如前所述，首次调整中保留了相同原始配置，并考虑了水力发电的波动。但是，第二次调整时，将总装机容量从 10 215MW 增至 11 391MW，并采用 1 526MW 的风电机组替换 350MW 的燃煤机组，如图 12 –4b 所示。系统中燃煤发电技术和风力发电技术比率约为 0.23（350/1526），并设定了一个容量因数，以处理风电波动问题[13]。因此，系统中可再生能源技术比例由 8.8% 增至 21.3%。

IEEE-RTS 96 H 和 IEEE-RTS 96 HW 的主要调整是水力发电和风力发电的波动容量，考虑季节性水电的月份效应及每小时风速变化。对于水电波动，在每个流域中选择了五个历史水电序列，将水电系统划分为三个不同流域。图 12 –5 显示了各历史年度的月均水电波动。

通过简单分析发现，在所有历史水电序列中，第 2 年的流域平均容积为 74.05%，表明水文条件最差。第 3 年的水文条件最好，流域平均容积达 80.38%，当年 2 月的水文条件最佳，流域平均容积达 89.16 %。为了进行模拟，确定基础案例时，假设出现所有历史水电序列的概率相同。但是，在某些案例中，可以使用最好和最差的水文条件。从风电波动的角度来看，必须强调以下三个方面：

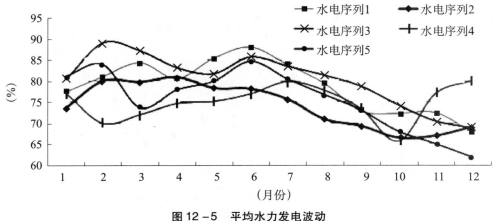

图 12 - 5　平均水力发电波动

● 首先，风电波动与其可用性相关。例如，一些季节性特点可确定有利和不利的生产日、周和月份。

● 第二，风电波动与其可变性相关。例如，可以识别电力供应能力的可能范围。

● 第三，风电波动与其预测性能相关。例如，可通过数值天气预报、区域性气象知识等信息降低风电输出误差或变化效应。

本研究中，风力发电子系统包含 763 台装机容量为 2MW 的机组，分布在三个风力特性各不相同的区域（分别为 267-1、229-2 和 267-3 机组区域）[13]。各区域的历史序列各不相同，指的是风力发电机每小时生产的平均电量，主要表示功率波动。图 12 - 6 列出了月度有效功率情况（单位 p. u. ），从图中可以看出，五月条件最差，平均有效功率为 0.1p. u. （约 153MW），十二月条件最佳，平均有效功率为 0.43p. u. （约 656MW）。

如前所述，全年风电功率波动与风况变化密切相关。IEEE-RTS 96 HW 显示了每月的风况变化。尽管已将五月和九月等月份划分为平均风电可用性最低的月份，但仍显示出显著变化，如图 12 - 7 所示。另一方面，尽管十二月份的风况变化率很低，但其平均风电可用性最高。风力发电和水力发电功率波动的其他相关方面基于真实系统，并已并入 IEEE-RTS 96 HW，从而更好地表示测试系统中的实际效果[13]。

本研究还介绍了运行备用评估涉及的另一个主要问题，即拟用方法与发电机组的一些具体特性密切相关。例如，各发电机的启动时间确定了可能使用的三级备用。如前所述，运行备用取决于确定的旋转备用以及可在 1h 内同步的发电机组。表 12 - 3 所示为 IEEE-RTS 96 H 和 IEEE-RTS 96 HW 发电机组的一些重要特性。

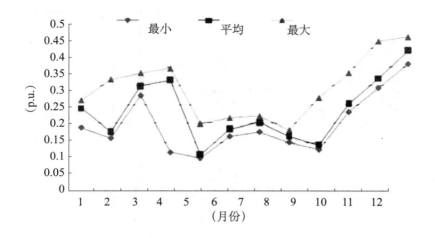

图 12-6 月度风力波动

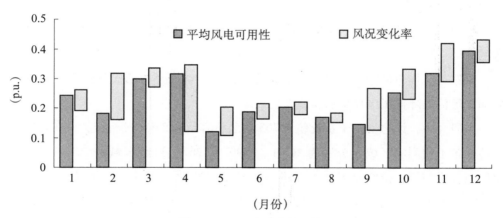

图 12-7 平均风电可用性

表 12-3 (a) 确定性发电数据；(b) 随机性发电数据

组别	类型	容量 （MW）	机组数量	成本 （美元/MWh）	启动时间 （分）	λ（发生次 数/年）	MTTR （h）
		(a)				(b)	
U2	风电	2.0	763	0.00	5	4.562 50	80.0
U12	石油	12.0	15	30.52	120	2.979 59	60.0
U20	石油	20.0	12	44.26	60	19.466 67	50.0
U50	水电	50.0	18	0.00	7	4.244 24	20.0
U76	燃煤	76.0	12	15.92	240	4.469 39	40.0
U100	石油	100.0	9	25.44	480	7.300 00	50.0
U155	燃煤	155.0	12	12.28	480	9.125 00	40.0

续表

	(a)					(b)	
组别	类型	容量 (MW)	机组数量	成本 (美元/MWh)	启动时间 (分)	λ（发生次 数/年）	MTTR (h)
U197	石油	197.0	9	23.07	600	9.221 05	50.0
U350	燃煤	350.0	3	11.65	2880	7.617 39	100.0
U400	核能	400.0	6	6.58	60	7.963 64	150.0

如图所示，IEEE-RTS 96 H 和 IEEE-RTS 96 HW 由几台启动时间高于 1h 的发电机组组成，也就意味着进行拟定运行备用评估的可选方式较少。但是，这可以突出对配备快速启动机组技术的现代化发电站的需求，解决可再生能源资源等新生产模式产生的不确定性。

12.5.2　应用结果（IEEE-RTS 96 H 和 IEEE-RTS 96 HW）

方程（12 – 7）所示运行备用评估也高度依赖于风电功率偏差、负荷偏差以及发电机组强迫运行和停运周期。因此，为了使用合适的模型进行模拟，并考虑此类偏差，假设方程（12 – 7）中的 ΔP_w 为持续的预测，即指基于每小时风力发电量 $P_\mathrm{w}(t)$ 和 $P_\mathrm{w}(t+1)$ 之间差额的偏差。同样地，为了构建方程（12 – 7）中偏差 ΔL 的模型，采用了高斯偏差的两个不确定性水平表示短期和长期预测[16]。本节综述了分析结果，假设短期和长期负荷预测误差分别为 2% 和 1%。可知，所有发电机组的强迫运行和停运周期高度依赖于各发电机组的随机特性，如表 12 – 3 所示。

首次讨论将侧重于初级、二级（或旋转）以及三级（或非旋转）备用的定义，推荐采用拟定的运行备用方法。通常，初级备用以系统中拟解决的最大功率偏差为基础，可根据可靠性、负荷大小、机组尺寸以及与其他系统的互联等系统特征进行定义。最主要的是，初级备用与各系统的调频密切相关。例如，欧洲提出了整个欧洲互联电力系统共享 3000MW 的理念。如前所述，初级（或调频）备用是拟用方法中的一个预设值，可随时重新设定。本研究中，IEEE-RTS 96 H 和 IEEE-RTS 96 HW 的初级备用设定为 85MW。同样，二级（或旋转）备用也是一个预设值。但是，可以通过一些概率推理为旋转电量设定一个置信区间。

一般而言，采用了方程（12 – 1）所示的一些经验法则确定解决功率偏差所用的电量需求。方程（12 – 1）所得结果是根据此类变量每半小时测量数据确定的生产和消耗量的折中值。应用于 IEEE-RTS 96 H 和 IEEE-RTS 96 HW，可求得以下电量：

$$R_{sec} = \sqrt{10 \times 8\,850 + 150^2} - 150 = 183.16MW \qquad (12-15)$$

需要注意的是，本案例中，仅根据二级控制区域的峰值负荷确定推荐的二级备用数值，未考虑系统采用的发电机组技术。尽管如此，最佳二级备用与系统或二级控制区域中的最大机组装机容量相同。在 IEEE-RTS 96 H 和 IEEE-RTS 96 HW 中，最大机组装机容量为 400MW。

12.5.2.1 运行备用讨论

为了评估这两类标准，表 12-4 列出了传统可靠性指标：首先，对于静态备用，根据前述条件（即负荷不确定性水平）为 IEEE-RTS 96 H 和 IEEE-RTS 96 HW 设定参考值。其次，对于运行备用，根据表 12-3 所列发电成本确定调度顺序，首先调度所有风电和水电，快三级备用由可在 1h 内同步的发电机组提供。从这层意义上讲，表 12-3 显示，通过对启动时间特性的分析，装机容量为 20MW 和 400MW 的机组可用于提供快三级备用。但是，由于发电成本较低以及其他安全因素，装机容量为 400MW 的机组的调度顺序位列水电技术之后。因此，该经济、安全决策可能会影响运行备用的性能，因为该决策将可提供快三级备用的发电机组的数量减少至10 台装机容量为 20MW 的机组（即 200MW）。

表 12-4 静态备用和运行备用可靠性指标

指标	传统指标							
	$P_{RC}=85MW$; $S_{RC}=183.16MW$				$P_{RC}=85MW$; $S_{RC}=400MW$			
	静态备用		运行备用		静态备用		运行备用	
	（%）		（%）		（%）		（%）	
IEEE-RTS 96 H								
LOLP	0.86E-04	3.95	0.19E-02	2.35	0.86E-04	3.95	0.20E-03	2.60
LOLE	0.756 9	3.95	16.73	2.35	0.756 9	3.95	1.795	2.60
EPNS	0.18E-01	5.71	0.154 7	5.00	0.17E-01	5.71	0.32E-01	4.98
EENS	155.1	5.71	1 355.0	5.00	155.1	5.71	280.6	4.98
LOLF	0.458 0	1.00	27.01	1.77	0.458 0	1.00	2.087	1.21
LOLD	1.653	3.73	0.619 5	0.84	1.653	3.73	0.860 1	2.57

续表

指标	传统指标							
	$P_{RC}=85MW$; $S_{RC}=183.16MW$				$P_{RC}=85MW$; $S_{RC}=400MW$			
	静态备用		运行备用		静态备用		运行备用	
	(%)		(%)		(%)		(%)	
IEEE-RTS 96 HW								
LOLP	0.63E-04	4.70	0.19E-02	3.08	0.63E-04	4.70	0.18E-03	2.44
LOLE	0.547 6	4.70	16.33	3.08	0.547 6	4.70	1.580	2.44
EPNS	0.12E-01	6.60	0.141 6	4.23	0.12E-01	6.60	0.25E-01	4.98
EENS	106.9	6.60	1 241.0	4.23	106.9	6.60	217.1	4.98
LOLF	0.333 7	1.00	27.36	2.72	0.333 7	1.00	2.105	1.07
LOLD	1.641	4.40	0.596 8	100.00	1.641	4.40	0.750 3	2.35

模拟过程中采用的停止准则为 EENS 指标收敛系数 $\beta=5\%$ 或模拟年限为 10.000。首次模拟包含基础案例，并且假设在各种情况下出现所有历史水电序列的概率相同，比如，出现风速序列的概率与 IEEE-RTS 96 HW 中出现风速序列的概率相同。

从静态备用的角度来看，各种配置看似都非常稳健，足以满足负荷需求。IEEE-RTS 96 H 考虑了水电波动，可通过所列的可靠性指标衡量风险水平，其中，LOLE 指标为 0.756 9h/年，EENS 为 155.1MWh。故障事件频率（LOLF）为 0.458 0 次/年，平均持续时长（LOLD）1.653h。纵向比较（表 12-4）显示，IEEE-RTS 96 HW 配置中考虑风电时，系统可靠性增加。从表中可以看出，EENS 指标降低至 106.9MWh 时，LOLE 指标降低至 0.547 6h/年。故障事件频率（LOLF）也降至 0.333 7 次/年。但是，各故障事件平均持续时长几乎保持不变（LOLD=1.641h），主要是因为燃煤机组和风力发电机组的 MTTR 相似。使用 1 526MW 风电机组替换 350MW 燃煤机组可改善上述指标，这是由于使用小型发电机组替换了大型机组。与预期一致，横向比较（表 12-4）显示，在两种配置下，静态备用均不受二级备用标准影响，这就解释了表 12-4 所列静态备用结果相同的原因。

与已实施模拟相关的另一个主要问题是两类配置的运行备用特征。对比表 12-4 所列 IEEE-RTS 96 H 和 IEEE-RTS 96 HW 结果，向系统中并入风电时，系统可靠性性能提升。但是，必须对表 12-4 进行横向比较，对比两种配置条件下推荐的两个二级备用。在 IEEE-RTS 96 H 中，第一个标准（$S_{RC} = 183\text{MW}$）似乎不足以涵盖所有风力、负荷和发电中断偏差。尽管 16.73h/年的 $LOLE$ 指标不能说明总体系统的风险水平较高（取决于运营商的标准），但发生静态备用风险的可能性较小，这表明，进行两类评估时，缺乏足够的发电机组。另一方面，第二个标准（$S_{RC} = 400\text{MW}$）使得运行备用系统性能非常接近静态备用风险，$LOLE$ 平均水平为 1.795h/年。但是，并无任何备用需求相关信息，从本质上讲，并未说明该电量在无溢出资源的条件下是否足以弥补所有功率偏差。

为了评估两类二级备用标准，表 12-5 列出了两种配置均无快三级备用时系统的可靠性性能。这种情况下，只有二级备用标准可能满足备用需求。很显然，此类结果只能用于判定二级备用标准是否能够满足整体系统的备用需求。

表 12-5　二级备用可靠性指标

指标	传统指标			
	$P_{RC} = 85\text{MW}$; $S_{RC} = 183\text{MW}$		$P_{RC} = 85\text{MW}$; $S_{RC} = 400\text{MW}$	
	二级备用		二级备用	
		（%）		（%）
IEEE-RTS 96 H				
$LOLP$	0.233 3E-01	1.01	0.193 7E-02	1.97
$LOLE$	204.3	1.01	16.97	1.97
$EPNS$	1.871	1.46	0.155 7	4.58
$EENS$	0.163 9E+05	1.46	136 4.0	4.58
$LOLF$	221.0	0.96	27.51	1.33
$LOLD$	0.924 5	0.17	0.616 9	100.0
IEEE-RTS 96 HW				
$LOLP$	0.259E-01	1.18	0.194 1E-02	3.12
$LOLE$	227.1	1.18	17.00	3.12
$EPNS$	1.982	1.37	0.140 3	3.67
$EENS$	0.173 6E+05	1.37	1 229.0	3.67
$LOLF$	249.3	1.18	28.78	2.55
$LOLD$	0.911 1	1.02	0.590 8	100.0

与预期一致，分析显示第一个 183MW 的二级备用标准不足以满足 IEEE-RTS 96 H 的备用需求。较高的 $LOLE$ 指标（204.3h/年）和 $LOLF$ 指标（221.0 次/年）表明，

系统高度依赖于快三级备用，而可用的三级备用不足以实现与上述静态备用风险有关的运行备用性能。相反，第二个400MW的二级备用标准能够满足备用需求，且对快三级备用依赖程度较低。但是，并无相关信息表明对快三级备用依赖程度较低是由于二级备用标准过高，从而导致资源溢出和辅助服务。

向电力系统并入大量风电时，静态和运行备用性能均有所提高。但是，向 IEEE-RTS 96 HW 并入大量风电时，二级备用性能下降。由于系统中包含因风电预测误差产生的风电偏差，备用需求增加，*LOLE* 指标从 204.3h/年增至 227.1h/年。与之前的配置分析相似，第一个183MW的二级备用标准无法满足备用需求，导致 IEEE-RTS 96 HW 配置比 IEEE-RTS 96 H 更依赖于快三级备用。在 IEEE-RTS 96 HW 中，400MW的二级备用标准能够满足备用需求，并且对快三级备用依赖程度较低。但是，依赖程度较低可能是由于二级备用标准过高，造成资源溢出。

目前为止，两类标准均不足以确定 IEEE-RTS 96 H 和 IEEE-RTS 96 HW 的二级备用电量。一方面，经验法则可能引起电量不足，对快三级备用依赖程度高，导致整体系统承受的风险水平较高。另一方面，用作二级备用标准的最大机组能够满足负荷、风力和发电中断偏差。但是，并不能保证其可提供充足电量，并不会导致资源溢出。

12.5.2.2 S_{RC} 和 T_{RC} 最优组合

因此，可使用方程（12-12）所列 *RNE* 定义计算采用两种二级备用标准（183MW 和 400MW）的 IEEE-RTS 96 H 和 IEEE-RTS 96 HW 的指标。表 12-6 所示为 *RNE* 结果。需要注意的是，与前述其他指标（如 *LOLE*）一样，可计算该预期值的收敛系数 β，突出结果的置信区间。

表 12-6 *RNE*: IEEE-RTS H 和 IEEE-RTS HW 备用需求预期

系统	二级备用标准（MW）	*RNE*（MW）	β（%）
IEEE-RTS 96 H	183	45.66	0.23
	400	45.98	0.14
IEEE-RTS 96 HW	183	51.30	0.85
	400	51.46	0.85

在之前对 IEEE-RTS 96 H 进行的评估中，两种二级备用标准（183MW 和 400MW）导致了系统发生不同的发电中断偏差，从而产生不同的备用需求。需要注意的是，采用相同二级备用标准的 IEEE-RTS 96 H 和 IEEE-RTS 96 HW 的 *RNE*

风力发电系统手册

非常相近。但是，如前所述，由于方程（12 - 12）所示发电中断偏差，其各自的 *RNE* 并不相同。还有评估表明，*RNE* 低于定义的两种标准（183MW 和 400MW），需要进行风险解释，其中，*RNE* 可被用作二级备用标准。很显然，如果可用的快三级备用能够有效地涵盖所有偏差，则该标准可行。但是，前述讨论表明，在本系统可采用的快三级备用条件下，183MW 的备用标准（高于 *RNE*）仍不足以涵盖所有偏差情况。

本节旨在判定一定置信区间内二级备用标准对应的充足电量水平，并通过确定的随机变量 X 的独立和累积概率密度函数评估快三级备用的风险水平。因此，根据之前的分析，评估主要侧重于初级备用为 85MW、二级备用标准为 400MW 的 IEEE-RTS 96 H 和 IEEE-RTS 96 HW。表 12 - 7 所示为 IEEE-RTS 96 H 和 IEEE-RTS 96 HW 中 X 的测定值。

表 12 - 7　IEEE-RTS 96 H 和 IEEE-RTS 96 HW 的独立概率 $f(x_i)$ 和累积概率 $F(x)$

IEEE-RTS 96 H（$S_{Reserve} = 400MW$）			IEEE-RTS 96 HW（$S_{Reserve} = 400MW$）		
X(MW)	$f(x_i)$（%）	$F(x) = \sum_{x_i \leq x} f(x_i)$（%）	X(MW)	$f(x_i)$（%）	$F(x) = \sum_{x_i \leq x} f(x_i)$（%）
0.00	58.495 74	58.495 74	0.00	54.324 08	54.324 08
52.35	17.693 06	76.188 80	50.84	18.175 77	72.499 85
104.70	11.746 04	87.934 84	101.68	12.805 93	85.305 78
157.06	6.377 06	94.311 90	152.52	7.504 31	92.810 09
209.41	3.099 09	97.410 99	203.36	3.849 85	96.659 94
261.76	1.408 03	98.819 02	254.20	1.822 36	98.482 30
314.11	0.635 85	99.454 87	305.04	0.815 96	99.298 26
366.46	0.296 65	99.751 52	355.88	0.374 81	99.673 06
418.81	0.135 20	99.886 72	406.72	0.179 03	99.852 09
471.17	0.064 13	99.950 85	457.56	0.078 85	99.930 95
523.52	0.029 04	99.979 89	508.40	0.038 40	99.969 35
575.87	0.011 58	99.991 47	559.24	0.018 70	99.988 05
628.22	0.005 34	99.996 81	610.07	0.008 02	99.996 07
680.57	0.002 09	99.998 90	660.91	0.002 73	99.998 80
732.92	0.000 63	99.999 53	711.75	0.000 55	99.999 35
785.28	0.000 22	99.999 75	762.59	0.000 21	99.999 56

续表

IEEE-RTS 96 H（$S_{\text{Reserve}} = 400\text{MW}$）			IEEE-RTS 96 HW（$S_{\text{Reserve}} = 400\text{MW}$）		
$X(\text{MW})$	$f(x_i)$（%）	$F(x) = \sum_{x_i \leqslant x} f(x_i)$（%）	$X(\text{MW})$	$f(x_i)$（%）	$F(x) = \sum_{x_i \leqslant x} f(x_i)$（%）
837.63	0.000 09	99.999 83	813.43	0.000 21	99.999 77
889.98	0.000 05	99.999 89	864.27	0.000 00	99.999 77
942.33	0.000 04	99.999 92	915.11	0.000 00	99.999 77
994.68	0.000 02	99.999 94	965.95	0.000 23	100.000 00
1047.03	0.000 00	99.999 94			
1099.39	0.000 06	100.000 00			

需要注意的是，对于 IEEE-RTS 96 H，$P(X = 0.0\text{MW}) = 58.49\%$；对于 IEEE-RTS 96 HW，$P(X = 0.0\text{MW}) = 54.32\%$。应注意，所有负值（下调备用）均累积为零，可解释为无用备用。因此，可以发现，考虑风力发电可变性时，备用需求增加，从 $P(X > 0.0\text{MW}) = 1 - P(X = 0.0\text{MW}) = 41.51\%$ 增加至 $P(X > 0.0\text{MW}) = 1 - P(X = 0.0\text{MW}) = 45.68\%$。事实上，通过表 12−7 末尾数据可知，当 $X = 1\,099.39\text{MW}$ 时，可以识别 IEEE-RTS 96 H 最严重的备用需求事件，发生概率 $P(X = 1\,099.39\text{MW}) = 6 \times 10^{-5}\%$。对于 IEEE-RTS 96 HW，当 $X = 965.95\text{MW}$ 时，出现最严重的备用需求事件，发生概率 $P(X = 965.95\text{MW}) = 23 \times 10^{-4}\%$。很明显，发生事件 $X = 1\,099.39\text{MW}$ 的概率低于发生事件 $X = 965.95\text{MW}$ 的概率。但是，分析显示，350MW 的损失会对系统严重程度产生重大影响，而一些风电机组（1\,526MW）产生的分布效应降低系统的严重程度，对系统可靠性产生有利影响，0.23 的利用率（使用 1\,526MW 的风电机组替换 350MW 的燃煤机组）适用。

通过表 12−7 判定适当的二级备用标准，处理备用需求事件的独立概率和累积概率。为了呈现一个简单的事例，将对两种二级备用标准进行评估。首先，对于 IEEE-RTS 96 H，S_{RC} 基于 $X = 314.11\text{MW}$ 的备用需求的独立概率，$P(X = 314.11\text{MW}) = 0.63\%$、$F(x) = 99.45\%$，这表明，该二级备用标准可涵盖 99.45% 的偏差事件（$S_{RC} = 314\text{MW}$）。可将其视为比较保守的二级备用标准，但是，该标准也符合要求，主要是因为本系统中可供选择的快三级备用较少。需要注意的是，根据方程（12−14）中定义的快三级备用标准，确定 T_{RC} 的置信区间 $\delta = 0.999\,7$，其中 200MW 可用于快三级备用。其次，对于 IEEE-RTS 96 HW，S_{RC} 基于 $X = 305.04\text{MW}$ 的备用需求的独立概率，$P(X = 305.04\text{MW}) = 0.81\%$、$F(x) = 99.29\%$，这表明，$S_{RC}$ 可涵盖 99.29% 的偏差事件，确定 T_{RC} 的置信区间 $\delta = 0.999\,6$，200MW

风力发电系统手册

同样可用于快三级备用。图 12 – 8 和图 12 – 9 所示为表 12 – 7 所列独立和累积概率密度函数。

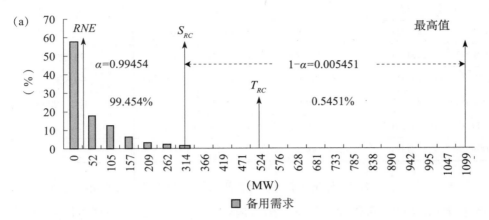

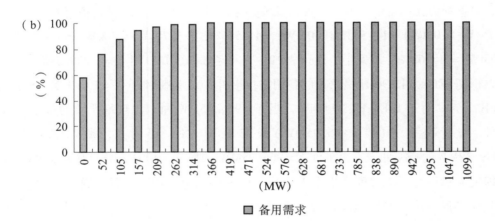

图 12 –8　IEEE-RTS 96 H（P_{RC} = 85MW 和 S_{RC} = 400MW）：（a）X 的独立
分布密度函数；（b）X 的累积分布密度函数

　　注意，在两种情形下，快三级备用涵盖负荷、风力和发电中断偏差的比例很小，因为二级备用可以涵盖超过 99% 的此类偏差。以下分析将侧重于此类二级备用的利用。

　　与预期一致，无论是经验法则还是基于电力工程实践的保守建议均无法有效实现二级和快三级备用标准的最优组合。表 12 – 8 列出了通过拟用方法针对两套系统（IEEE-RTS 96 H 和 IEEE-RTS 96 HW）确定的基于 S_{RC} 和 T_{RC} 的运行备用的说明性结果。由表 12 – 8 可知，与前一系统（400MW）相比，拟定标准的功率减少了约 90MW，较好地平衡了二级和快三级备用风险。这种情况下，可以降低两种备用标准的信息差距，确定系统对快三级备用的依赖性，避免出现资源溢出。

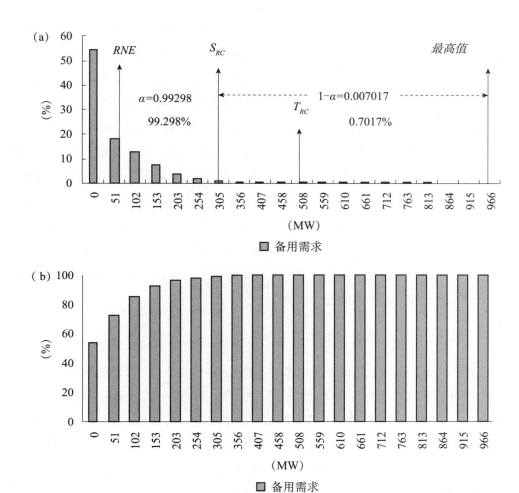

图 12−9　IEEE-RTS 96 HW（P_{RC} = 85MW 和 S_{RC} = 400MW）：(a) X 的独立
分布密度函数；(b) X 的累积分布密度函数

表 12−8　运行和二级备用可靠性指标

指标	传统指标							
	IEEE-RTS 96 H				IEEE-RTS 96 HW			
	P_{RC} = 85MW；S_{RC} =314MW				P_{RC} = 85MW；S_{RC} =305MW			
	运行备用		二级备用		运行备用		二级备用	
		（%）		（%）		（%）		（%）
LOLP	0.41E-03	1.89	0.48E-02	2.16	0.47E-03	1.73	0.54E-02	1.79
LOLE	3.604	1.89	42.0	2.16	4.088	1.73	1.73	1.79
EPNS	0.45E-01	4.95	0.405 2	3.60	0.45E-01	4.97	0.450 2	1.98
EENS	391.0	4.95	3 549.0	3.60	390.7	4.97	1.98	1.98
LOLF	5.660	0.88	59.54	1.88	6.968	0.81	66.78	1.64
LOLD	0.636 8	1.63	0.70	100.0	0.586 6	1.39	0.714 7	100.0

根据前述运行备用可靠性指标，两套系统均采用 183MW 和 400MW 的二级备用标准，对于第一个标准（183MW），$LOLE$ 指标约从 16h/年降至 4h/年；对于第二个标准（400MW），$LOLE$ 指标从 1.7h/年增至 4h/年。同样，二级备用可靠性指标方面，对于第一个标准（183MW），$LOLE$ 指标约从 227h/年降至 42h/年；对于第二个标准（400MW），$LOLE$ 指标从 16h/年增至 47h/年。敏感性风险分析表明，快三级备用可用时，二级备用和快三级备用的风险水平比较平衡。另一个重点在于，可根据两套标准的可变性进行充分调整，通过小幅降低功率（分别从 314MW 降至 305MW）补偿 IEEE-RTS 96 H 和 IEEE-RTS 96 HW 之间的差异。需注意的是，IEEE-RTS 96 HW 采用的二级备用标准降低幅度更大，可大致得到与 IEEE-RTS 96 H 相同的结果。很显然，还可以采用其他标准完善风险分析，主要是降低二级备用标准，测试更灵活的快三级备用，例如，采用燃气发电机组。但是，本节旨在介绍一种可用于评估二级和快三级备用的替代方法。

12.5.3　葡萄牙和西班牙案例

已在不同条件下通过不同系统对拟定算法进行了测试。将对葡萄牙和西班牙发电系统的两个案例（分别为 PGS 和 SGS）进行如下讨论分析：第一个案例显示了 2015 年使用 PGS 和 SGS 配置的结果，旨在对此类配置进行评估，建立几项可靠性参数或标准。第二个案例验证了在考虑 2020 年潜在配置的条件下采用拟定算法得出的结果。这是 PGS 和 SGS 扩容计划研究的一部分。

12.5.3.1　葡萄牙和西班牙发电系统配置

2005 年，PGS 共有 1 035 台机组，总装机容量 12.59GW，具体分布如下：水电 4.38GW、热电 5.43GW、风电 0.98GW、小型水电 0.34GW 和热电联产 1.46GW。年峰值负荷出现在 1 月，约为 8.53GW。此外，系统中可再生能源发电量占总装机容量的 45%。2020 年，这一比例预计将增至 60%，其中风电装机容量将达 5.21GW。

2005 年，SGS 共有 8 150 台机组，总装机容量 70.2GW，具体分布如下：水电 15.17GW、热电 37.1GW、风电 9.54GW、小型水电 0.79GW 和热电联产 7.6GW。年峰值负荷出现在 1 月，约为 43.14GW。此外，系统可再生能源发电量占总装机容量的 36%。2020 年，这一比例预计将增至 47%，其中风电装机容量将达 28.16GW。

2005 年，葡萄牙和西班牙分别有 35 座和 174 座水电站。本次研究分别涉及了葡萄牙和西班牙的 6 个水文流域，并使用了上述流域 16 年的月水文条件数据（1990

年至 2005 年）。葡萄牙和西班牙最干旱年份分别为 2005 年和 1992 年，最潮湿年份分别为 1996 年和 2003 年。必须使用基于 MCS 的可靠性评估拟定算法充分获取两国各年度的月度变化情况。

2005 年，葡萄牙和西班牙分别有 8 座和 74 座热电厂（不含热电联产）。PGS 和 SGS 分别配备约 655 台和 6 365 台风电机组。必须了解，关于风力序列，葡萄牙和西班牙分别划分为 7 个和 18 个区域。为了构建方程（12 - 6）所示偏差 ΔP_W 的模型，假设预测误差固定不变。随后，对比后续时间点的风电可用性，估算预测误差。

PGS 和 SGS 均采用了 2005 年的实际每小时负荷曲线。仅采用高斯分布模拟了短期预测的不确定性。此外，初步进行了敏感性分析，验证葡萄牙和西班牙使用的分布参数。

此外，还处理了涉及小型水电和热电联产机组以及机组维护等相关数据。由于篇幅有限，本章并未讨论此类数据，但是此类数据代表了相关信息和变化来源，必须加以考虑[41]。

12.5.3.2 讨论和结果

本节通过 PGS 和 SGS 的几种可能配置对拟用的 MCS 算法进行了测试，旨在确定系统发电备用容量，确保充足的电力供应，同时，不仅需要考虑设备可用性的不确定性，还要考虑因可再生能源容量变化产生的不确定性。开展本研究时考虑的时域为 20 年（2005 年至 2025 年）。本研究对不同场景进行了分析，包括不利的水电和风电条件，以及热电联产技术使用和维护策略。

12.5.3.3 2005 年配置分析

为了确定 PGS 和 SGS 的可靠性标准，采用了 2005 年配置进行分析。已对一些运行条件或案例进行了测试，这里仅讨论其中四项。对于基础案例，采用 2005 年配置对两套系统的所有历史水文和风力序列进行了模拟。H＋案例中考虑了最潮湿水文年度，H－案例中对最干旱水文年份进行了模拟。

表 12 - 9 显示了葡萄牙的传统可靠性指标。可以看出，PGS 配置（2005 年）是充分的。与预期一致，在"HWM"中出现最差条件，导致指标数值变化如下：$LOLE_{STA} = 0.023\text{h}/$年和 $LOLE_{ope} = 0.032\text{h}/$年。在此类"HWM"条件下，该性能完全可以接受。

表 12-9 传统可靠性指标（葡萄牙，2005 年）

案例	基础	H +	H -	HWM
指标	静态备用			
LOLE（h/年）	0.006	0.001	0.012	0.023
EENS（MWh）	0.915	0.240	1.704	3.784
LOLF（次/年）	0.006	0.002	0.011	0.021
LOLD（h）	1.036	0.870	1.057	1.076
	运行备用			
LOLE（h/年）	0.036	0.147	0.017	0.032
EENS（MWh）	3.760	12.66	2.542	5.304
LOLF（次/年）	0.044	0.190	0.016	0.031
LOLD（h）	0.817	0.773	1.092	1.026

表 12-10 显示了西班牙发电系统的健康状况指标。如果采用 2005 年配置导致系统运行不畅（即 HWM 案例），可作如下解释。需要注意的是，容量分析中，SGS 平均每年在健康状态、临界状态和风险状态下的指标分别为 8 754h、3.814h 和 2.596h。对于运行备用，SGS 在健康状态、临界状态和风险状态下的指标分别为 8 741h、16.20h 和 2.832h。

表 12-10 健康状况指标（西班牙，2005 年）

案例	基础	H +	H -	HWM
指标	静态备用			
E_H（h）	8.760	8.760	8.758	8.754
F_H（次/年）	0.147	0.000	1.068	3.568
E_M（h）	0.153	0.001	1.107	3.814
F_M（次/年）	0.144	0.000	0.994	3.455
	运行备用			
E_H（h）	8.756	8.756	8.751	8.741
F_H（次/年）	6.914	1.914	12.12	24.68
E_M（h）	4.188	1.169	7.508	16.20
F_M（次/年）	6.909	1.917	12.19	24.60

事实上，在特定应力场景下，这些数值非常低。必须指出，"HWM"场景对西

班牙发电系统的影响比对葡萄牙发电系统的影响更大，这是因为欧盟 SGS 对风能资源的依赖性更大。2005 年，西班牙和葡萄牙风电装机容量占总装机容量的比例分别为 13.6% 和 7.8%。总之，两套系统在 2005 年的备用容量相对充足。此外，推荐的模拟算法准确地获取了容量分析和运行备用的性能。

对 $EENS$ 指标进行的所有测试中，将参数 β 设置为 5%，最大模拟时域为 3 000 年。使用内存为 2.8GHz 的个人电脑进行模拟。PGS 和 SGS 的 CPU 平均时间分别为 0.4h 和 7h。这些 CPU 时间较长，表明由于模拟过程中缺少风险状态，很难对数据进行收敛，表明两套系统都非常可靠。

5.3.4　未来配置分析

最初，增加两套系统的峰值负荷，衡量配置的容量松弛度，从而利用 2005 年配置进行了一些敏感性分析。图 12 - 10 所示为与 SGS 容量分析相关的 $LOLE$ 指标的分析结果（$LOLE_{STA}$）。从图中可知，在 2005 年配置中，系统面临一些难题，负荷增长超过 10%。同时，对 $LOLE_{OPE}$ 指标进行了敏感性测试，并得出了相似结论。为了评估 2010 年至 2025 年间容量分析和运行备用的相关风险，对 PGS 和 SGS 采用了基于时序 MCS 的算法。

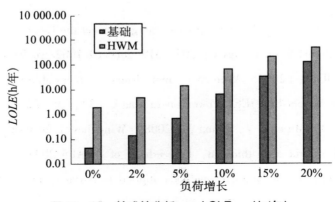

图 12 - 10　敏感性分析——$LOLE_{STA}$（h/年）

12.6　总结

在未来，可再生能源技术将在发电组合中占更大份额，有助于将对石油的依赖性和二氧化碳排放量降到最低。除了水力发电，其他可再生能源在电力生产中所占比例较小，但与传统资源相比，其市场渗透率一直在快速增长。但是，由于可再生能源的发电水平具有波动性，系统中的可再生能源越多，产生的随机变量就越多，复杂程度也就越高。因此，确保系统具备充足电力供应所需容量（容量分析和运行备用）是发电扩容分析中需要注意的一个重要方面。

运行备用、旋转备用和非旋转备用对于可再生能源穿透率较高的电力系统来说非常重要，尤其是风力发电（由于其自然波动性）。尽管有许多与容量分析相关的 *LOLE* 指标参考值，但对于健康状况指标或运行备用，并无具体标准可用。

通过测试近期运行的发电配置，可提供一些初始值，用于确定未来的标准。但大多数发电系统（包括葡萄牙和西班牙的发电系统）目前使用风能等装机容量 波动性 较大的资源的比例还比较小。

考虑到未来对可再生能源的大力推广和使用，对创新标准（如系统同时应对最恶劣的水文和风力条件）、运行策略和评估工具的讨论将成为发电扩容计划的全新课题。

致谢 本文作者谨向 Luiz Manso 和 Leonidas Resende（UFSJ）及 Diego Issicaba（INESC Porto）致以最诚挚的谢意，感谢其对本章编写提供有益指导。同时，特别感谢 REN 和 REE 备用容量项目团队提供的宝贵意见及数据系统。

参考文献

［1］ Zervos A（2003）Developing wind energy to meet the Kyoto targets in the European Union. Wind Energy 6：309－319. doi：10. 1002/we. 93.

［2］ Hl-Hallaj S（2004）More than enviro-friendly—renewable energy is also good for the bottom line. IEEE Power Energ Mag 2（3）：16－22.

［3］ Bessa R，Miranda V，Gama J（2008）Wind power forecasting with entropy-based criteria algorithms. In：Proceedings of PMAPS 2008—10th international conference on probabilistic methods applied to power systems，Rincón，Puerto Rico，May，2008.

［4］ Madsen H，Pinson P，Kariniotakis G，Nielsen HA，Nielsen TS（2005）Standardizing the performance evaluation of short-term wind prediction models. Wind Eng 29（6）：475－489.

［5］ Lange M（2005）On the uncertainty of wind power predictions—analysis of the forecast accuracy and statistical distribution of errors. J Sol Energy Eng Trans ASME 127（2）：177－194.

［6］ Ummels BC，Gibescu M，Pelgrum E，Kling WL，Brand AJ（2007）Impacts of wind power on thermal generation unit commitment and dispatch. IEEE Trans Power Syst 22 (1): 44 - 51.

[7] Ramakumar R, Slootweg JG, Wozniak L (2007) Guest editorial: introduction to the special issue on wind power. IEEE Trans Energy Convers 22 (1): 1 - 3.

[8] Ernest B, Oakleaf B, Ahlstrom ML, Lange M, Moehelen C, Lange B, Focken U, Rohrig K (2004) Predicting the wind—models and methods of wind forecasting for utility operations planning. Power Energy Mag 2 (3): 16 - 22.

[9] Anstine LT, Burke RE, Casey JE, Holgate R, John RS, Stewart HG (1963) Application probability methods to the determination of spinning reserve requirements for the Pennsylvania—New Jersey—Maryland interconnection. IEEE Trans Power App Syst 82 (68): 726 - 735.

[10] Billinton R, Chowdhury NA (1988) Operating reserve assessment in interconnected generating systems. IEEE Trans Power Syst 3 (4): 1487 - 1497.

[11] Khan ME, Billinton R (1995) Composite system spinning reserve assessment in interconnected systems. Proc Inst Elect Eng Gener Transm Distrib 142 (3): 305 - 309.

[12] Gooi HB, Mendes DP, Bell KRW, Kirschen DS (1999) Optimal scheduling of spinning reserve. IEEE Trans Power Syst 14 (4): 1485 - 1492.

[13] Leite da Silva AM, Sales WS, Manso LAF, Billinton R (2010) Long-term probabilistic evaluation of operating reserve requirements with renewable sources. IEEE Trans Power Syst 25 (1): 106 - 116.

[14] Gouveia EM, Matos M (2009) Evaluating operational risk in a power system with a large amount of wind power. Electr Power Syst Res 79: 734 - 739.

[15] Matos M, Lopes JP, Rosa M, Ferreira R, Leite da Silva AM, Sales W, Resende L, Manso L, Cabral P, Ferreira M, Martins N, Artaiz C, Soto F, Lopez R (2009) probabilistic evaluation of static and operating reserve requirements of generating systems with renewable power sources: the Portuguese and Spanish cases. Int J Electr Power Energy Syst 31: 562 - 569.

[16] Billinton R, Allan RN (1996) Reliability evaluation of power systems, 2nd edn. Plenum Press, New York.

[17] Billinton R, Fotuhi-Firuzabad M (1994) A basic framework for generating

system operating health analysis. IEEE Trans Power Syst 9 (3): 1610 – 1617.

[18] Billinton R, Karki R (1999) Application of Monte Carlo simulation to genera-ting system well-being analysis. IEEE Trans PWRS 14 (3): 1172 – 1177.

[19] Leite da Silva AM, Resende LC, Manso LAF, Billinton R (2004) Well-be-ing analysis for composite generation and transmission systems. IEEE Trans Power Syst 19 (4): 1763 – 1770.

[20] UCTE operating handbook—Policies P1: load-frequency control and perform-ance, March 2009. On line available: http: //www. entsoe. eu.

[21] Rebours Y (2008) A comprehensive assessment of markets for frequency and voltage control ancillary services. PhD Thesis approved by the University of Manchester, England.

[22] Holttinen H (2005) Impact of hourly wind power variations on the system op-eration in the Nordic countries. Wiley, on line available: www. interscience. wiley. com.

[23] Shipley R, Patton A, Dennison J (1972) Power reliability cost vs. Worth. IEEE Trans Power Syst PAS – 91: 2204 – 2212.

[24] Jonnavithula A (1997) Composite system reliability evaluation using sequen-tial Monte Carlo simulation. Ph. D. Thesis approved by the College of Graduate Studies and Research of the University of Saskatchewan.

[25] Leite da Silva AM, Schmitt WF, Cassula AM, Sacramento CE (2005) Ana-lytical and Monte Carlo approaches to evaluate probability distributions of inter-ruption duration. IEEE Trans Power Syst 20 (3): 1341 – 1348.

[26] Billinton R, Wangdee W (2006) Delivery point reliability indices of a bulk e-lectric system using sequential Monte Carlo simulation. IEEE Trans Power Deliv 21 (1): 345 – 352.

[27] Rubinstein RY (1980) Simulation and Monte Carlo method. Wiley, New York.

[28] Rosa MA (2010) Multi-agent systems applied to assessment of power sys-tems. Ph. D. Thesis approved by the Faculty of Engineering of University of Por-to, Feb 2010.

[29] Rubinstein RY, Kroese DP (2008) Simulation and Monte Carlo Method, 2nd

edn. Wiley, New York.

[30] Billinton R, Li W (1994) Reliability assessment of electric power system using Monte Carlo Methods. Plenum Press, New York.

[31] Leite da Silva AM, Manso LAF, Sales WS, Resende LC, Aguiar MJQ, Matos MA, Lopes JAP, Miranda V (2007) Application of Monte Carlo simulation to generating system wellbeing analysis considering renewable sources. Eur Trans Electr Power 17 (4): 387 - 400.

[32] Billinton R, Allan RN (1992) Reliability evaluation of engineering systems: concepts and techniques. Plenum Press, New York.

[33] Pereira MVF, Balu NJ (1992) Composite generation/transmission reliability evaluation. Proc EEE 80 (4): 470 - 491.

[34] Geuder N, Trieb F, Schillings C, Meyer R, Quaschning V (2003) Comparison of different methods for measuring solar irradiation data. In: Proceedings of international conference on experiences with automatic weather stations.

[35] Jonnavithula S (1997) Cost/benefit assessment of power system reliability. Ph. D. Thesis approved by the College of Graduate Studies and Research of the University of Saskatchewan.

[36] Schrock D (1997) Load shape development. Penn Well Publishing Company, Oklahoma.

[37] Manso LAF, Leite da Silva AM (2004) Non-sequential Monte Carlo simulation for composite reliability assessment with time varying loads. Mag Controle Automafao 15 (1): 93 - 100, (in Portuguese).

[38] Rockafellar RT, Uryasev SP (2000) Optimization of conditional value-at-risk. J Risk 2: 21 - 42.

[39] Rockafellar RT, Uryasev SP (2002) Conditional value-at-risk for general loss distributions. J Bank Finance 26: 1443 - 1471.

[40] The IEEE Reliability Test System 1996 (1999) A report prepared by the reliability task force of the application of probability methods subcommittee—IEEE reliability test system. IEEE Trans Power Syst 14 (3): 1 - 8.

[41] INESC Porto (2008) REN and REE: reserve project report, Oct 2008.

新能源科技译丛

风力发电系统手册

（下册）

（美）帕诺斯 M. 帕达洛斯　　（美）斯蒂芬·瑞本纳克　　（巴）马里奥 V. F. 佩雷拉
（希）尼科 A. 伊利亚迪斯　　（美）维贾伊·帕普　编

郭书仁　译

中国三峡出版传媒
中国三峡出版社

图书在版编目（CIP）数据

风力发电系统手册：全2册/（美）帕诺斯 M. 帕达洛
斯等编；郭书仁译 . — 北京：中国三峡出版社，2017.10
书名原文：Handbook of Wind Power Systems
ISBN 978 - 7 - 5206 - 0000 - 2

Ⅰ. ①风… Ⅱ. ①帕… ②郭… Ⅲ. ①风力发电系统 - 手册 Ⅳ. ①TM614 - 62

中国版本图书馆 CIP 数据核字（2017）第 217794 号

北京市版权局著作权合同登记图字：01 - 2017 - 7287 号

责任编辑：徐　韡　彭新岸　赵静蕊

中国三峡出版社出版发行
（北京市西城区西廊下胡同 51 号　100034）
电话：（010）57082645　57082566
http：//www. zgsxcbs. cn
E - mail：sanxiaz@ sina. com

北京环球画中画印刷有限公司印刷　新华书店经销
2018 年 1 月第 1 版　2018 年 1 月第 1 次印刷
开本：787×1092 毫米　1/16　印张：25.75
字数：485 千字
ISBN 978 - 7 - 5206 - 0000 - 2　定价：168.00 元（上、下册）

序 言

2000 年至 2006 年，全球风电装机容量翻了两番还多，平均每三年翻一番。截至 2012 年底，全球风电装机容量达 282GW，比上年增长 44GW。因此，风能被视为当前发展最快的能源。过去十年，一些因素推动了风力发电的发展，尤其是技术进步。此外，美国等国家对风力发电实施补贴，增加了风力发电技术的吸引力。

《风力发电系统手册》分为四部分：风力发电优化问题，风力发电系统并网，风力发电设施的建模、控制和维护，以及创新型风力发电。

本书涉及风力发电系统中出现的一些优化问题。Wang 等人处理了考虑风电不确定性的可靠性评估机组组合相关问题；Samorani 等人探讨了风场布局优化问题；此外，Yamada 等人提出了风电交易中使用的几种风险管理工具；最后，Sen 等人提出了创新型风能模型和预测方法。

风力发电系统并网是一个非常重要的问题，许多文献均有所涉及。Vespucci 等人探讨了将风力发电系统并入传统发电系统所用的随机模型；Santoso 等人探讨了风电场建模；Carpinelli 等人探讨了风电场配电系统稳态分析所用的确定性方法和概率性方法；此外，Resende 等人解决了大型风电并网先进控制功能相关问题；Tsikalakis 等人探讨了高风电穿透率引起的电网稳定性问题，而 Denny 等人探讨了高风电穿透率下电力系统的运行，并评估了电力系统中风电波动条件下的运行储备问题。

本手册部分章节侧重于风力发电设施的建模、控制和维护。Namak 等人对漂浮式风电机控制器进行了综述，Ramiĺrez 等人详细探讨了风电机组和风电场建模，Michalke 等人分析了风电机的电网支持能力，Castronuovo 等人探讨了风电场和储能装置的协调，Rahman 等人探讨了海上风电与潮汐能混合发电系统，Ding 等人和 Milan 等人探讨了风力发电设施的维护和监测。

Hasager 等人研究了海上风能卫星遥感测量，Ramos 等人探讨了海上风电场交流发电系统的优化问题，Bratcu 等人探讨了低功率风能转换系统，Ahmed 等人对小型风力驱动设备进行了研究。

本手册各章节由风力发电和风能转换领域不同专业的专家共同编写。我们特此向本手册所有作者、审稿人员以及 Springer 致以最诚挚的谢意，感谢其提出的建设性意见及对本项目提供的大力支持。

帕诺斯 M. 帕达洛斯

斯蒂芬·瑞本纳克

马里奥 V. F. 佩雷拉

尼科 A. 伊利亚迪斯

维贾伊·帕普

目　录

上　册

第一篇　风力发电优化

下　册

第三篇　风力发电设施的建模、控制和维护

第四篇　创新型风力发电

风力发电设施的建模、控制和维护

第十三章
漂浮式风电机控制器

H. Namik 和 K. Stol[①]

摘要： 本章综述了在漂浮式风电机控制器设计和测试方面进行的重要尝试。此类控制器的相关数据包括其复杂性、详细情况、模拟结果、测试方式以及漂浮式平台结构。此外，尚未采用相同的模拟条件对此类控制器进行定量分析。但是，本章列出了相关文献中记录的各控制方法的属性，并探讨了几种降低平台纵摇阻尼的方法，如采用独立叶片桨距控制以及调谐质块阻尼器。

13.1 概述

安装海上风电机组是风电行业的一个近期发展趋势，主要是因为，与向岸风相比，离岸风条件更佳，包括：风速更强，更稳定；扰动较小，风电机使用寿命更长；垂直切变更小（即低海拔处风速更高），年平均风速更高[10,31,34]。离岸风速平均比向岸风速高 20%。但是，离岸风极端风速更高，容易与波浪相互作用，且难以测量。

除了可获取更好的海上风能资源以外，设置海上风电机组还具有以下设计和区位优势[13,34]：

- 由于无噪音和其他规定限制，风电机组可以最大效率运行。
- 邻近负荷中心（大城市），输电距离较短，接入高负荷输电线路较少。

---

① H. Namik （✉） · K. Stol
奥克兰大学机械工程系，新西兰奥克兰
e-mail：hhaz001@ aucklanduni. ac. nz

K. Stol
e-mail：k. sol@ auckland. ac. nz

- 视觉影响更小。

- 能量平衡：海上风电机可在 3 个月内收回制造、运输、安装、运行、维护和停运时消耗的能源成本。在整个生命周期内，风电机产生的能量是所消耗能量的百余倍。

- 抵消排放：风能的利用使发电产生的排放不断减少。例如，若英国的风电占比达到 10%，则其年排放量将减少 15%。

- 经济性：尽管安装海上风电机组会显著增加基础成本，但丹麦风力发电行业的经验表明，海上风电机切实可行[34]。但是，基础成本会随着项目的深入不断增加。

安装海上风电机组将面临以下挑战[14]：新增平台基础，增加基础成本；与电力网络并网；风电机的安装、运行和维护均受天气条件影响。

海上风能资源潜力巨大。例如，预计英国海上风能潜力达 986TWh/年，但其需求预计为 321TWh/年（2003 年预测数据），即风能总量是需求的三倍多[34]。在美国，10km 至 100km 的海上风能潜力预计为 900GW，高于目前的总装机发电容量，但是，风能潜力较大的区域为水深超过 30m 的深海区[19]。

目前，已安装的最深固底海上风电机组是苏格兰海岸的 Beatrice 海上风电场[1]，建于水深 44m 的海域。但是，对于水深超过 60m 的海域，可行性最高的方案是建设漂浮式风电机组[24,31]。漂浮式风电机组面临的主要挑战在于，通常无法消除风和波浪引起的运动。因此，设计此类风电机组时，必须预留一定的自由度，以适应平台运动。因此，控制系统可以在减少平台运动方面发挥重要作用。

漂浮式风电机主要有三种设计理念，分别采用不同的原则实现静态稳定性。三种漂浮理念（如图 13-1 所示）分别为：浮力稳定驳船式平台、锚绳稳定式张力腿平台（TLP）和压舱稳定桅杆式平台。当然，每种设计理念都有各自的优点和局限性。2009 年 6 月，世界首台漂浮式风电机组在挪威 220m 深水区海域成功安装，该机组基于桅杆式理念进行设计，并配备一台 2.3MW 风电机[5]。通过简单的静态或动态模型对三类平台进行早期对比，均未考虑控制系统的影响[11,12,23,31,39]。

本章简述了在漂浮式风电机组控制器设计和测试方面进行的重要尝试。13.2 节描述了几种模拟和测试漂浮式风电机组控制器所需的工具，列举了主要漂浮式平台的特性，并以一台额定容量为 5MW 的风电机组为示例。13.3 节从控制的角度探讨了组合和独立叶片桨距控制机构的差异。13.4 节综述了几种专用于漂浮式风电机平台的控制器。最后，13.5 节对本章进行了总结，并展望了漂浮式控制器未来的发展。

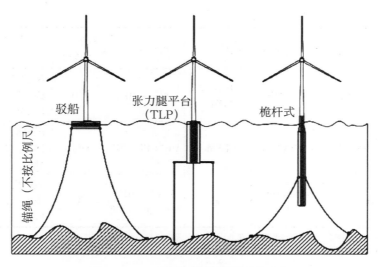

图 13-1 三种漂浮式风电机设计理念

13.2 模拟工具和模型

已制定或修正一些模拟和分析规范，用于解决平台漂浮自由度（DOFs）增加及与入射波相互作用等问题。在国际能源署（IEA）风能实施协议课题 23 子课题 2 包含的海上规范对比协作（OC3）项目[1][32]第四阶段中，对主要规范（如表 13-1 所列）进行了对比。

表 13-1 OC3 项目中涉及的漂浮式风电机模拟规范（摘选自 [18]）

	规范编制者	OC3 参与方	气体力学	流体力学	控制系统（伺服）	结构动力学（弹性）
FAST	NREL	NREL + POSTECH	（BEM 或 GDW）+ DS	Airy$^+$ + ME、Airy + PF +	DLL、UD、SM	风电机：FEM^P +（Modal/MBS）锚定设备：QSCE
Bladed	GH	GH	（BEM 或 GDW）+ DS	（Airy + 或 Stream）+ ME	DLL	风电机：FEM^P +（modal/MBS）锚定设备：UDFD
ADAMS	MSC + NREL + LUH	NREL + LUH	（BEM 或 GDW）+ DS	Airy$^+$ + ME、Airy + PF + ME	DLL、UD	风电机：MBS 锚定设备：QSCE、UDFD
HAWC2	Risø-DTU	Risø-DTU	（BEM 或 GDW）+ DS	Airy + ME	DLL、UD、SM	风电机：MBS/FEM 锚定设备：UDFD

---

① OC3 项目始于 2005 年，第四阶段是该项目的最后一个阶段，已于 2010 年完成，并发布了相关结果。

续表

	规范编制者	OC3 参与方	气体力学	流体力学	控制系统（伺服）	结构动力学（弹性）
3D 漂浮	IFE-UMB	IFE-UMB	（BEM 或 GDW）	Airy + ME	UD	风电机：FEM 锚定设备：FEM、UDFD
Simo	MARINTEK	MARINTEK	BEM	Airy + PF + ME	DLL	风电机：MBS 锚定设备：QSCE、MSB
SESAM/DeepC	DNV	Acciona energia + NTNU	无	Airy⁺ + ME、Airy + PF + ME	无	风电机：MBS 锚定设备：QSCE、FEM

Airy⁺ Airy 波理论，⁺带自由液面修正
BEM 叶素—动量理论
DLL 外部动态链接库
DNV 挪威船级社
DS 动态失速
DTU 丹麦技术大学
*FEM*ᴾ 仅适用于模式处理的有限元法ᴾ
GDW 通用动态尾流
GH 加勒德哈森伙伴有限公司
IFE 能源技术研究院
LUH 汉诺威莱布尼兹大学
MBS 多体动力学方程
ME 莫里森方程
MSCMSC 软件公司
NREL 国家可再生能源实验室
NTNU 挪威科技大学
PF 辐射绕射线性势流
POSTECH 浦项工科大学
QSCE 准静态悬链线方程
SM Simulink® 和 MATLAB® 接口
UD 通过可用的用户自定义子程序实施
UDFD 通过用户自定义力—位移关系实施
UMB 挪威生命科学大学

在 OC3 项目第四阶段中，研究人员在专用于测试漂浮式系统不同模型特性的特定载荷条件下，对比了各设计规范。对比结果显示，大多数设计规范符合载荷情况要求。同时，发现了一些差异，可以"更好地理解不同设计规范推荐使用的海上漂浮式风电机动态和建模技术，更好地了解各近似值的有效性"[18]。

13.2.1　5MW 风电机

对于可行的海上风电机部署，风电机最小额定功率为 5MW[23]。表 13-2 列出

了 Jonkman 等人[17]发明的通用型 5MW 风电机的特性，此类风电机得到了广泛应用，通常被称为"NREL 海上 5MW 基础风电机"，是一种虚拟化的 5MW 风机，其特性是根据具有相同额定功率的在用风电机的特性推导出来的。

表 13-2　NREL 5 MW 风电机模型详细参数

额定功率	5MW
风轮转动方向	上风
控制方式	变速、变桨、主动偏航
风轮、轮毂直径	126m、3m
轮毂高度	90m
额定转速、发电机转速	12.1rpm、1173.7rpm
叶片运行方式	变桨至顺桨
桨距角变化率	8°/s
发电机额定转矩	43093Nm
发电机最大转矩	47402Nm

13.2.2　漂浮式平台模型

表 13-3 列出了三类漂浮式平台（如图 13-1 所示）的主要特性。ITI 能源驳船是一种矩形平台，成本效益高且易于安装。但是，由于驳船的大部分结构均位于水面以上，其受入射波的影响比较敏感，也就是说，该类平台会乘着波浪漂流，而不会穿过波浪。因此，平台会出现较大程度的平动和旋转，直接影响风电机塔的负荷和功率波动。相反，与驳船式平台相比，MIT/NREL TLP 的运动幅度较小，但固定系泊锚绳所需锚固的成本并不总是合理的。OC3-Hywind 桅杆式平台具有一个圆柱形深凿槽型壳体，并配悬链系泊绳。与 TLP 相似，大多数平台结构位于水面以下，因此受入射波的影响比较小。由于配备了悬链系泊绳，与 TLP 相比，桅杆式平台承受的运动包络更大；但是，由于锚定系统成本较低，桅杆式平台的性价比通常比 TLP 更高。

表 13-3　漂浮式平台的主要特性

驳船式平台		张力腿平台		桅杆式平台	
宽	40m	直径	18m	锥形圆台上直径	6.5m
长	40m			锥形圆台下直径	9.4m
高	10m			干舷	10m
吃水深度	4m	吃水深度	47.89m	吃水深度	120m
水深	150m	水深	200m	水深	320m
平台质量	5.5×10^6kg	平台质量	8.6×10^6kg	平台质量	7.5×10^6kg

13.3　组合和独立叶片变桨距控制

风电机组控制系统中可用的执行机构包括叶片桨距、发电机转矩、风电机偏航驱动以及调谐质量阻尼器等无源器件。对于漂浮式系统，还可采用振荡水柱等无源器件吸收波浪产生的能量。对于有源控制，最常采用的执行机构是叶片桨距角（共同或独立运行）和外加发电机转矩。

本节描述了组合叶片桨距（CBP）控制和独立叶片桨距（IBP）控制的物理机制，旨在说明两种变桨距方案在多控制目标调整的实施及有效性和局限性方面的差异，并重点强调了两种方案对漂浮式风电机组的影响。

13.3.1　组合叶片桨距控制

组合叶片桨距（CBP）控制广泛应用于风电机控制领域，可以提供实现转速控制所需的必要激励和驱动。其工作原理是改变作用在风轮上的对称推力和转矩载荷。由于三个叶片保持相同的桨距角，可以将三个叶片的驱动结合到同一个转子驱动器，因此，该方法便于实施，并且非常适用于单输入单输出（SISO）控制。但是，当需要调整多个目标时，组合叶片桨距控制通常无法在不影响其他目标的调整或不影响其他不受控和（或）未建模风电机漂浮自由度的情况下提供所需驱动。

对于漂浮式海上风电机组，CBP 的主要限制在于其与多目标控制系统发布的叶片变桨距控制命令［作为单独 SISO 回路或单一多输入多输出（MIMO）控制器实施］相冲突[28]。在驱动器需求方面，风轮转速调整和平台纵摇运动调整的目标是相互矛盾的。以下内容从物理角度简要描述了向漂浮式系统发布此类相互矛盾的叶片桨距命令的方式。

为简单起见，假设存在两个控制回路：风轮转速控制器和平台纵摇控制器。在平台纵摇恢复中，叶片产生的最有用的力是风轮推力。由于叶片无法直接影响平台桨距角，只能通过推力产生影响，我们将产生的影响确定为处于平衡状态的风电机平台纵摇速度的变化。考虑的向前纵摇速度如图 13 – 2a 所示（负纵摇速度如坐标系所示）。为了确保风电机处于平衡状态（受恒定风影响，不一定保持垂直），平台纵摇控制器必须能够产生正恢复纵摇力矩，可通过增加所有叶片的空气动力推力实现，空气动力推力的增加将在图 13 – 2a 所示纵摇轴上产生正纵摇力矩。因此，必须降低叶片桨距角。

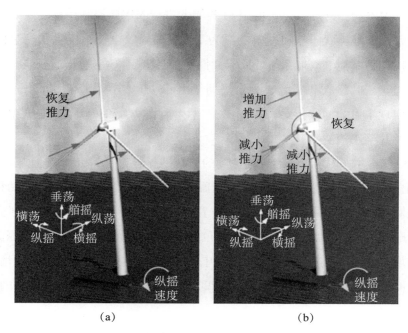

图13-2　不同叶片桨距角运行方式下的平台纵摇恢复力：a. 组合式；b. 独立式

此外，还要考虑相同纵摇速度对风轮转速的影响。由于平台纵摇控制器降低了叶片桨距，恢复了平台桨距，因此，产生了额外的空气动力力矩，使风轮转速增加。风电机向前纵摇时，相对于叶片的风速增加，使风轮转速进一步增加。检测到风轮转速增加后，风轮转速控制器发出命令，通过增加组合叶片桨距角来降低叶片空气动力效率，从而降低产生的转矩。因此，速度控制和平台纵摇控制都可以用于控制叶片桨距。

13.3.2　独立叶片桨距控制

独立叶片桨距（IBP）控制采用与 CBP 控制不同的机制独立控制叶片。除了通过组合桨距产生的对称载荷外，IBP 还产生了对称的空气动力载荷，从而增强了平台纵摇恢复力矩[28]。由于风电机具有周期性，实施 IBP 控制会引起随风轮方位角呈周期性变化的时变增益，即控制器能够识别出叶片有效性变化的方式，并相应转动和动作，产生实现控制目标所需的必要恢复力（力矩）。

根据控制目标的不同，可以通过很多方法实现独立叶片桨距控制。多叶片坐标（MBC）变换（也称为 Coleman 变换）通过将旋转的 DOF 变换为文献［6］所述非旋转坐标，获取控制设计所需的线性时变（LTI）模型系统的周期特性。Bossanyi[8]采用 PI 控制器降低叶片载荷，以进行 IPB 控制。Bossanyi 采用了直轴和交轴（d—p

轴）表示（MBC 的一种形式），使用 PI 控制器进行 MIMO 控制。直接周期控制使得控制器增益以周期性状态空间模型[36,38]为基础，随风轮方位角位置和控制目标而变化。通过周期控制能够获取系统的所有周期性。尽管 MBC 变换不能获取所有周期作用，但是对于三叶片风电机[37]，残余周期作用可以忽略不计。Wright[40]采用扰动调节控制器实现了 IBP 控制，并采用了一个适用于风扰动和风切变影响的内部模型，实现独立叶片桨距控制。

图 13-3 显示了对应于平台纵摇速度的 IBP 控制器叶片 1 控制增益以及等效常数 CBP 控制器增益，以描述 CBP 和 IBP 控制器之间的差异；对于控制目标，两种控制器采用了相同权重进行计算[28]。零方位角位置位于风轮 12 点钟方向，在下风方向，方位角沿着顺时针方向增加；最初，叶片 1 位于零方位角位置。风轮旋转一圈后，出现两次周期增益变化。图中未显示另外两个叶片的增益，这是因为三个叶片的增益相同，但是对于叶片 2 和叶片 3，增益分别失相 120°和 240°。下文将解释符号改变的重要性。

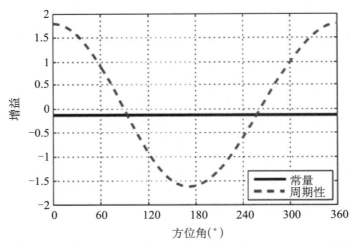

图 13-3　对应于平台纵摇速度的组合和独立叶片桨距控制器叶片 1 桨距角控制器增益，和随风轮方位角呈周期性变化的增益中的独立叶片桨距控制结果

可通过周期增益矩阵（如图 13-3 所示）对该机构进行解释。叶片 1 的增益为负，方位角约为 90°至 270°，与位于风轮下半部分的叶片相对应。因此，假设平台纵摇速度为负（如图 13-2b 所示），将控制风轮上半部分中控制器增益为正的叶片，减小叶片桨距，从而增加推力；同时，控制位于底部的控制器增益为负的叶片，增加叶片桨距，从而减小推力。除了平均推力载荷产生的恢复力矩以外，这种非对称空气动力载荷还将产生正恢复纵摇力矩，如图 13-2b 所示。

进一步分析图 13-3 所示周期增益可知，当叶片处于顶部位置（12 点钟方向）

时，出现最大正峰值。正增益增大，表示叶片桨距增加，表明控制器充分利用了不断增加的力矩臂和风切变的组合效应。

IBP 控制在自由度数量高于驱动器数量的欠驱动系统中增加了可用驱动器的数量。此外，与固定基础风电机相比，由于新增了 6 个自由度（纵荡、横荡、垂荡、横摇、纵摇和艏摇），漂浮式平台风电机组中调节控制目标的难度更大。但是，实施 IBP 控制时，必须注意一些问题，包括：

- 叶片桨距驱动增加，导致叶片桨距饱和或叶片载荷增加（取决于控制目标）。
- 控制系统计算要求增加。
- 由于可能伴随未建模和（或）未调节自由度，可能激发或导致其他风电机模式不稳定。

13.4　漂浮式风电机控制器

风电机控制目标与区域相关。在风速低于额定风速的区域（区域 2），主要目标是将功率捕获最大化；在风速高于额定风速的区域（区域 3），目标是将功率捕获限制在发电机额定功率范围内。除了上述基本控制目标外，其他风电机控制目标主要侧重于降低叶片、塔架和传动系统载荷。配备漂浮式风电机后，可实现其他侧重于降低平台旋转运动（横摇、纵摇和艏摇角及速度）的控制目标；可实现平台线性位移和速度（纵荡、横荡和垂荡）调整，但除叶片和发电机转矩外，还需要更多驱动器。

在其最简单的形式中，可以图 13 – 4 所示框图表示风电机控制系统，控制器根据测量数据 y 控制驱动器（$\underline{\theta}$ 和 T_{Gen}），在存在风和波浪等扰动 $\underline{u}_d$ 的情况下，实现控制目标。采用的控制器可以是单一集中式 MIMO 控制器，也可以由一些 SISO 控制回路组成。此外，各控制区块内设置了区域过渡逻辑单元和运行区控制方案。

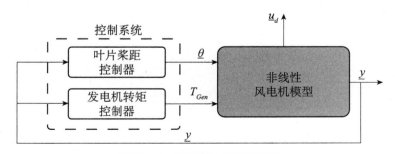

图 13 – 4　基础风电机控制框图

本节概述了专为漂浮式风电机设计的最重要的控制器。此类控制器的相关数据包括其复杂性、详细情况、模拟结果、测试方式以及漂浮式平台结构。此外，尚未

风力发电系统手册

采用相同的模拟条件对此类控制器进行定量分析。但是，本节列出了相关文献中记录的各控制方法的属性，如表 13－4 所示。表中，驳船、TLP 和椺杆式平台分别指 ITI 能源驳船、MIT/NREL TLP 和 OC3-Hywind 椺杆式平台，其特点如表 13－3 所示。Hywind 椺杆式模型与 OC3 椺杆式模型稍有不同，其安装的风电机与 NREL 5MW 基础风电机不同。下述章节对各控制器进行了描述。

表 13－4　漂浮式风电机组主要控制器概述

	叶片桨距控制	转矩控制	额外控制特性	模拟规范	模拟数量	模型逼真度	模拟区域	平台
GSPI	CBP GSPI	恒功率	TTF 回路，变桨至失速，或失谐增益	FAST	大量	高	2、3	驳船、TLP、椺杆式
GSPI Hywind	CBP GSPI	恒转矩	恒速区，低于额定速度，带 PI 转矩控制回路	HAWC2/SIMO-RIFLEX	少量	高	2、3	Hywind 椺杆式
VPPC	CBP GSPI	恒转矩	可变风轮转速设定值，叶片载荷降低 IBP 控制	FASF054	少量	高	3	驳船
EBC	未知	未知	风电机估计器，隐藏塔架动态数据	HywindSim/SIMO-RIFLEX	少量	低	3	Hywind 椺杆式
ASC	未知	未知	带有源控制的调谐质量阻尼器	FAST-SC	中等	高	3	驳船
CBP SS	CBP SS	恒转矩		FAST	少量	高	3	驳船
IBP SS	IBP SS	恒功率＋SS		FAST	大量	高	3	驳船、TLP
DAC	IBP SS	恒功率＋SS	仅限风速扰动注入	FAST	大量	高	3	驳船、TLP

ASC 主动结构控制
CBP 组合叶片桨距
DAC 扰动调节控制
EBC 基于估计器的控制
GSPI 增益调度比例—积分控制
IBP 独立叶片桨距
SS 状态空间
TTF 塔顶反馈
VPPC 可变功率桨距控制
模拟数量：
少量 <10
中等 <100
大量 >100

394

13.4.1 增益调度型 PI 控制器

Jonkman 在漂浮式风电机中采用了组合式叶片桨距增益调度比例—积分（GSPI）控制器，以评估驳船漂浮平台的动态性能[16]。GSPI 控制回路仅在风速高于额定风速的区域（区域3）运行，通过调整叶片桨距降低叶片空气动力效率，将风轮转速调整至额定速度。方程（13-1）显示了 GSPI 控制规律，式中，$\theta(t)$ 表示控制的组合叶片桨距角，$K_P(\theta)$ 和 $K_I(\theta)$ 分别为调度比例和积分增益，误差信号以 $e(t)$ 表示，ω_{Rated} 和 ω_{Gen} 分别为额定发电机转速和实际发电机转速。GSPI 控制器为 SISO 控制器，目标单一，即实现转速调节。将增益调度为关于叶片桨距角 θ 的函数，确保在所有超过额定风速的风速下，风轮 DOF 的自然频率和阻尼系数相同。增益调度是一种非常简单的非线性控制形式。

$$\theta(t) = K_P(\theta)e(t) + K_I(\theta)\int_0^t e(\tau)d\tau \quad \text{式中} \quad e(t) = \omega_{Gen} - \omega_{Rated} \quad (13-1)$$

除了叶片桨距控制回路外，还采用了一个独立发电机转矩控制回路，将风速低于额定风速的区域内的功率捕获最大化，并调节风速高于额定风速的区域的功率。采用的转矩控制器因施加的发电机转矩的不同而不同，是经过滤波后发电机转速的函数。在风速低于额定风速的区域（区域2），将功率捕获最大化的函数关系如方程（13-2）所示，式中，ρ、R_{Rotor}、N、ω_{Gen}、$C_{P,max}$ 和 λ_o 分别表示产生 $C_{P,max}$ 的空气密度、风轮半径、齿轮箱速比、发电机转速、最大功率系数和叶尖速比[7]。在风速高于额定风速且目标是将功率调节至额定功率的区域（区域3），函数关系如方程（13-3）所示，式中，P_{Rated} 表示发电机额定功率，η_{Gen} 表示发电机效率。

$$T_{Gen} = \frac{\pi\rho R_{Rotor}^5 C_{P,max}}{2\lambda_o^2 N^3}\omega_{Gen}^2 = K\omega_{Gen}^2 \quad (13-2)$$

$$T_{Gen} = \frac{P_{Rated}}{\eta_{Gen}\omega_{Gen}} \quad (13-3)$$

采用截止频率为 0.25Hz 的低通滤波器过滤采用 CBP 和发电机转矩控制器控制的发电机转速。这一频率为叶片边缘固有频率的四分之一，可以避免控制器激发此类模式[16]；Wright[40]也描述了这一特性，并指出，由于存在驱动频率，配备快速驱动器的 PI 控制器会影响一些模式的稳定性。

由于 GSPI 控制器是漂浮式风电机采用的最早的控制器之一，因此可作为其他研究人员对比更先进控制策略的参考或基线控制器。本章中，失谐增益控制器（具体

风力发电系统手册

见下一节）将被用作基线控制器。

13.4.1.1　驳船式平台

Jonkman[16]采用了新开发的带流体动力学模块的 FAST 模拟器，依照适用于极限载荷的 IEC—61400—3 标准，对 ITI 能源驳船漂浮式平台进行了一系列模拟[2]。IEC—61400—3 标准适用于固定基础海上风电机。迄今为止，尚未发布任何适用于漂浮式风电机的标准。

对于驳船式平台，在纵摇方向的平台振荡幅度极大（前后摇摆运动），可引起较大的塔架载荷和功率波动。为减轻此类影响，Jonkman 对控制器进行了以下三处调整：

塔顶反馈回路

采用了额外的比例控制回路，根据测量所得塔顶加速度减少塔架前后运动。但是，增加塔顶反馈回路后，并不能增加平台阻尼，因为该回路与第 13.3.1 节所述独立控制回路的叶片桨距命令相冲突。

主动变桨至失速控制

采用变桨至失速控制旨在确保风电机向前纵摇、叶片失速时，可获得额外的恢复推力。主动变桨至失速控制器具有良好的功率调节性能，但是，该控制器会增加平台运动。开环和理想闭环阻尼比可以解释这一自相矛盾的结果。Jonkman 推断，变桨失速控制实际上是正控制。由于变桨至顺桨控制器阻尼性能更佳，其实际闭环阻尼比变桨至失速控制器更高，即系统阻尼为正。

失谐控制器增益

控制器增益失谐可减少叶片的使用，并可能减少负面阻尼影响。在四类控制器中，失谐增益控制器效果最佳。降低控制器增益可使系统响应更接近开环回路响应，从而增加阻尼。控制器增益降低可实现合理的功率调节，平台振荡也有所降低。

结论

主风电机载荷大大增加。例如，海上风电机塔架基础载荷是陆上风电机塔架基础载荷的 6 倍。Jonkman 在其博士论文中提到必须进一步减少平台运动，并提出了许多提高平台纵摇阻尼的方法，如恒转矩算法和 MIMO 状态空间控制器，旨在避免与叶片桨距命令相冲突，并实施独立叶片桨距控制策略。

13.4.1.2　TLP 和桅杆式平台

Larsen 和 Hanson[21]致力于 Hywind 桅杆式平台研究（与 OC3-Hywind 模型稍有不

同），也在风速高于额定风速的区域采取了 GSPI 桨距控制策略。但是，为了避免涉及平台纵摇阻尼问题，Larsen 和 Hanson 在风速高于额定风速的区域采用了恒转矩算法，在风速低于额定风速的区域采用了恒速算法。此外，还存在风速低于额定风速的变速区，从而可将功率捕获最大化。在恒速区，采用 PI 转矩控制器调节转速。除了低通滤波器外，还采用了一系列最小/最大可变操作进行区域转换，保证平稳过渡。使用 HAWC2 和 MARINTEK 中的 SIMO-RIFLEX 进行模拟，结果表明，风轮转速和功率波动增加了 30%。漂浮式系统的运动响应在可接受范围内，塔架载荷合理，但并未与陆上系统进行比较。Larsen 和 Hanson 偶然地模拟了配有主动变桨至失速控制器的漂浮式系统，并收到了良好效果，因此，建议进行进一步研究。但是，这与 Jonkman[16] 研究 ITI 能源驳船式漂浮式系统变桨至失速控制器时所得结论相冲突，主要是因为采用的平台动力学分析方法和（或）模型复杂度不同。

Matha[22] 继续了 Jonkman 的研究，并扩展了驳船式平台的模拟，涵盖了疲劳载荷分析。此外，Matha 还根据 IEC—61400—3 标准对 TLP 和桅杆式平台进行了大量模拟，并采用相同的控制器将各模拟结果与陆上风电机进行对比。三种平台均采用了基线控制器，但对桅杆式平台的控制器进行了一些调整。在风速超过额定风速的区域，采用了恒转矩算法，而非恒功率算法，以提升平台纵摇运动阻尼。此外，控制器的带宽有限，可避免由于系统自然频率低于其他平台自然频率引起的共振问题。下文简要概述了 Matha[22] 对各平台进行模拟的结果。

ITI 能源驳船

驳船式平台具有一定的优势，如成本效益高、可以在任意港口组装（由于吃水深度浅）、松紧式锚固系统成本相对较低。但是，其疲劳载荷分析结果与 Jonkman[16] 得出的最终结果相似，与陆上系统相比，其疲劳载荷都会相对增加。例如，海上风电机塔架疲劳载荷是陆上风电机塔架疲劳载荷的 6 倍。Matha 认为，驳船式平台可能不适用于"海况恶劣"的区域，但对于美国五大湖等较为封闭的水域而言，该类平台成本效益较高。

OC3-Hywind 桅杆式平台

大量模拟结果表明，与驳船式平台相比，桅杆式平台对风电机结构施加的荷载较小。但是，其疲劳载荷大约是陆上系统疲劳载荷的 1.5 至 2.5 倍。因此，必须在一定程度上加固风电机塔架和叶片。此外，桅杆式平台吃水深度较深，可以制造和组装平台本体的港口数量有限。但是，首个漂浮式风电机原型——Hywind 项目就是桅杆式漂浮系统。这一项目在海上风电机领域的关注度较高，但其结果仍然有待分析和确认。

MIT/NREL TLP

与陆上风电机相比，TLP 的性能出色。几乎所有风电机载荷都接近于 1，塔架首尾（FA）载荷除外（平均为陆上系统的 1.5 倍）。TLP 也许是发展潜力最大的一种平台，由于配备了更先进的控制器，可以实现与陆上风电机相近的载荷。但是，由于拉紧锚固系统成本相对较高，TLP 可能不是成本效益最高的方案。

平台不稳定性

Jonkman[16]和 Matha[22]分析了每种平台的一些不稳定性。此类不稳定性主要源自 IEC—61400—3 标准中规定的特别设计载荷工况，如叶片带故障运行或在极端条件下运行。在某些设计载荷工况下，例如风电机空转、两个叶片完全顺桨运行、一个叶片固定在最大提升位置（叶片桨距角为 0°）时，三种平台均出现艏摇不稳定性。这些不稳定性大部分是由系统设计导致的，而非控制器。

13.4.2　可变功率纵摇控制

Lackner[20]开发了一套简单又有效的经验性方案，可避免纵摇运动中阻尼降低或出现负阻尼。如第 13.3.1 节所述，在风速高于额定风速的区域，由于标准速度控制器将转速调整至额定速度，因此会加剧平台的纵摇运动。Lackner 的方案是改变组合叶片桨距 GSPI 控制器的速度设定点，使其从一个常数变化为平台纵摇速度的一个线性函数，并在风速高于额定风速的区域采用恒转矩算法。该方案原理如下：风电机向前纵摇时（根据坐标系，纵摇速度为负），风轮转矩增加，使得风轮转速增加，通过增加的风轮推力生成纵摇恢复力矩；风电机向后纵摇时，所需风轮转速低于额定转速，迫使速度控制器控制叶片顺桨，降低转速，从而降低风轮推力，使风电机向前纵摇。保持发电机转矩恒定不变，风电机功率可成为平台纵摇速度的一个线性函数。此外，转速波动减小，叶片桨距相应减小，限制了风轮推力变化，使平台纵摇阻尼减小。这一简单的控制策略实质上是通过控制功率波动减少平台纵摇运动。

可通过方程（13-4）求解风轮额定转速。式中，ω_R 和 ω_0 分别表示参考/设定转速和额定转速；$\dot{\varphi}$ 表示平台纵摇速度；k 表示线性关系的斜率，是一个设计参数。由方程（13-4）可知，若平台纵摇速度为 0，风轮转速即为额定速度。风电机向前纵摇（$\dot{\varphi}$ 为负）时，风轮转速增加，反之亦然。

$$\omega_R = \omega_0(1 - k\dot{\varphi}) \qquad (13-4)$$

Lackner 采用 FAST 将该控制策略运用于 ITI 能源驳船式平台，并通过湍流风和不规则波浪对方程（13-4）所述的三种斜率（k）进行了两次 600s 的模拟。模拟结果表明，不同 k 值条件下，平台纵摇和纵摇率平均降低 8% ~ 20%；但是，功率和风轮转速波动平均分别增加 3% ~ 11% 和 1.5% ~ 5%。当然，斜率越高，平台运动降低的程度越大，功率波动增加越大。

除了可变功率纵摇控制法以外，Lackner 还通过与 Bossanyi[9] 相似的方式〔对余弦循环和正弦循环分量采用 MBC（或 Coleman）变换，并使用了 PID 控制〕进行了独立叶片桨距控制，降低叶片载荷。但是，Lackner 发现，与陆上系统相比，独立叶片桨距控制器在降低叶片载荷方面的有效性稍低；叶片载荷降低较小（0.6% ~ 1.6%），但叶片桨距的使用大大增加。此外，IBP 控制器加剧了平台横摇，从而增加了塔架侧向疲劳载荷。Namik 等人[30] 也得出了同样的结论。随后，Namik 和 Stol[28] 将平台横摇和塔架—阶侧向模态 DOF 纳入状态空间控制器设计，并将之作为明确的目标（见第 13.4.5.2 节），从而解决了这一问题。

13.4.3　基于估计器的控制

设计 Hywind 海上平台时，为了避免出现波能谱[21,35]，设置的塔架共振频率非常低，因此，Skaare 等人[35] 在风速高于额定风速的区域实施了一套基于估计器的控制策略，以"隐藏风电机控制系统中的塔架运动，从而避免产生负阻尼效应"。风电机估计器中包含一个简化的风电机 SISO 模型，以风速作为输入，风轮转速为输出。风速通过直接测量或通过风速估计器估计。

风速低于额定风速时，控制系统采用实测风轮转速，并控制发电机转矩，将功率捕获最大化。在风速高于额定风速的区域，控制器将通过根据风电机估计器估计的转速控制叶片桨距，风电机估计器的输出以预测的风速为基础。采用 HAWC2 和 SIMO-RIFLEX 在相同风况和波况以及不同湍流强度条件下进行了七次模拟。结果表明，机舱运动明显减少，因此，塔架和风轮载荷显著降低，风轮转速波动增加，平均功率输出最高减少 3.81%。

在此类极限情况下，控制器似乎可以很好地调整漂浮式风电机，并取得良好结果。但是，由于风速高于额定风速的区域采用的控制器取决于估计的风轮转速，而非根据风速预测计算（估算）的实际转速，因此此类控制器的鲁棒性高度依赖于预测数据的可靠性。

13.4.4　结构主动控制

Rotea 等人[33]研究了漂浮式风电机的主动结构控制，并使用了调谐质量阻尼器。原理如下：在机舱内增设一台带有有源元件的调谐质量阻尼器（TMD），影响漂浮式风电机的平台纵摇运动。Rotea 等人推导出了新增 TMD（纵摇和横摇方向上各一台）运动的一般方程，并将此类变化融入 FAST 中，形成一种特殊形式，称为 FAST-SC，用于结构控制。

文献［33］只是激活并分析了平台纵摇方向上的 TMD。选择了 TMD 参数（质量、弹簧刚度和阻尼），以无源的方式（即无需控制器输入）降低 ITI 能源驳船上的平台纵摇运动。为此，设计了一套 H_∞ 型控制器，通过驱动 TMD，以有源的方式产生额外的阻尼。

模拟结果表明，与无结构控制的"基础系统"相比，有源 TMD 系统可以减少10%的塔架前后（FA）疲劳损伤等效载荷（DEL)[①]。但是，并未提供基础系统/控制器的详细信息。由于结构主动控制，与无源 TMD 系统相比，塔架载荷平均降低了15%～20%，能耗是 5MW 风电机额定功率的 3%～4%。但是，当考虑机舱尺寸时，TMD（无源或有源）冲程较大。Rotea 等人建议采用非线性控制，进行具有冲程停止限制的有源 TMD 控制。

当风电机在极端条件下运行时，可以充分体现采用 TMD（有源或无源）的主要优势。在此类条件下，通常关闭叶片桨距控制器，叶片顺桨。若配备无源 TMD，则会增加纵摇运动（若运行，则为横摇运动）。在此类条件下的性能仍然有待评估。

13.4.5　线性状态空间控制

线性状态空间（SS）控制是解决多目标多输入多输出（MIMO）系统相关问题的首选控制器之一。该方法需要使用一个适用于非线性漂浮式系统的线性化状态空间模型。因此，系统状态 $\underline{x}$ 变成运行点 $\underline{x}^{op}$ 的扰动 $\Delta\underline{x}$，且 $\underline{x} = \Delta\underline{x} + \underline{x}^{op}$。该式适用于测量向量 $\underline{y}$、驱动器向量 $\underline{u}$ 和扰动输入向量 $\underline{u}_d$。可通过方程（13－5）推导出通用线性化状态空间模型，其中，A 表示状态矩阵，B 表示驱动器增益矩阵，B_d 表示扰动增益矩阵，C 与状态测量数据相关，D 与控制输入测量数据相关，D_d 与扰动输入测量数据相关。

---

① 疲劳 DEL 用作一个度量单位，使用已知频率下的计算幅值将元件上的随机载荷替换成周期性载荷。

$$\Delta \dot{\underline{x}} = A\Delta\underline{x} + B\Delta\underline{u} + B_d\Delta\underline{u}_d$$
$$\Delta\underline{y} = C\Delta\underline{x} + D\Delta\underline{u} + D_d\Delta\underline{u}_d \qquad (13-5)$$

由于风电机的周期性，线性化状态空间模型也具有周期性，即系统矩阵是风轮方位角的周期函数。有三种方法可以处理系统周期性问题：

1. 求方位角内各矩阵的周期性的平均值，形成一个非时变 SS 模型，该模型采用线性非时变（LTI）控制技术。但是，求平均值时，会丢失一些信息；对于大多数控制目标，无法采用独立叶片桨距控制。

2. 对周期性 SS 模型采用 MBC 变换，将会使系统变为周周期性系统。但是，结果表明，求周周期性矩阵的平均值[37]时，很少或几乎不会丢失信息。

3. 直接周期控制技术能够获取风电机的所有周期性。但是，与前两种方法相比，该方法更加复杂，运算量更大。

后两种方法便于使用 IBP。先采用 MBC 变换法，然后求平均值，可以通过 LTI 控制设计使用 IBP 控制，且运算量和复杂程度远远低于直接周期控制法。

根据方程（13-6）可推导出状态空间控制法，式中，K 表示控制器增益矩阵。在下述所有 SS 控制器中，均采用全状态反馈（FSFB）实施控制。通过 FSFB 直接测量所有状态，并反馈至控制器。若无法直接测量某些状态，或所得状态不符合要求，则需采用状态估计器，基于系统线性状态空间模型，根据可用的测量数据预估缺失的状态。

$$\Delta\underline{u} = -K\Delta\underline{x} \qquad (13-6)$$

13.4.5.1　组合叶片桨距状态空间控制

Namik 等人[30]对 ITI 能源驳船漂浮式平台采用了多目标组合叶片桨距 SS 控制器，调节风轮转速和平台纵摇（角度和速度）。在风速高于额定风速的区域，将转矩控制器设置为恒转矩，提升平台纵摇阻尼。采用 FAST 的有限模拟结果表明，与 Jonkman 开发的调谐 GSPI（见 13.4.1 节）相比，SS 控制器可分别减少 19.5%、14.5% 和 17% 的转速误差、平台纵摇和纵摇速度。

额外控制目标会产生明显的性能提升，但是，由于 CBP SS 控制器的目标与 Jonkman 开发的具有塔顶反馈回路的控制器的目标相同，性能提升幅度并不能达到预期。这主要归因于较好的控制器调整效果，其主要侧重于平台纵摇 DOF 的调整，两种控制器（CBP SS 和带塔顶反馈回路的 GSPI）均采用组合叶片桨距控制调节其目标。

此外，塔架的侧向载荷平均增加了 18%，这是因为控制器试图通过增加组合叶片桨距调整平台纵摇。风电机向前纵摇时，控制器控制叶片，增加空气动力推力，从而增加气动力矩。对于三叶风电机，通过均匀入射风以平衡产生的气动力矩。但是，由于风切变以及轴倾斜效应和风轮预置，顶部的叶片会产生更大的转矩，从而产生净横向力，导致塔架出现侧向激励。通过独立叶片桨距调整可以解决这一问题。

13.4.5.2 独立叶片桨距状态空间控制

Namik 和 Stol[25~29]对 ITI 能源驳船式平台和 MIT/NREL TLP 进行了独立叶片桨距控制。最初，采用直接周期技术实行 IBP 控制，但为简单起见，随后改用 MBC 变换，未发现对性能产生影响。下文对 Namik 和 Stol 在漂浮式平台开展的 IBP 相关研究进行了概述。

为了确保稳定性，并且限制控制器和非受控风电机 DOF 间的耦合，控制器设计所用 SS 模型的最小阶数为 6 个 DOF。这些 DOF（亦作为控制目标）包括平台横摇、纵摇、艏摇，塔架一阶侧向模态，发电机 DOF 和传动系统扭曲 DOF。此类不稳定性归因于 IBP 控制器和非受控 DOF 产生的非对称载荷之间的耦合。例如，Namik 等人[30]首次实施 IBP 控制时，发现塔架侧向疲劳载荷大幅增加。观察叶片、横摇和纵摇 DOF 的相互关系，发现风电机叶片使漂浮式系统产生了几乎同相的侧倾和纵摇力矩。这表明，当 IBP 控制器使叶片产生恢复纵摇力矩时，叶片还会引起横摇力矩。在控制器设计模型中纳入横摇 DOF 便可解决该问题。

SS 控制设计中考虑了发电机转矩，以影响风轮转速调整、塔架侧向载荷和平台横摇。由于 SS 控制器控制运行点转矩扰动，将发电机转矩运行点改变为风轮转速的函数，从而可实施恒功率算法［方程（13-3）］。由于功率并非 IBP SS 控制器模型中的设计状态/DOF，因此该配置允许进行明确的功率调节。

采用 FAST 依照 IEC—61400—3 标准对驳船式平台和 TLP 的设计载荷工况（DLC）1.2 进行了大量模拟（如［29］所述）（疲劳载荷测试正常运行）。图 13-5 显示了驳船式平台和 TLP 相对于配备基线控制器（采用转矩控制恒功率算法的 GSPI CBP 控制器）的陆上风电机的整体平均结果，其中，RMS 和 LSS 分别表示平均方根和低速轴。此外，图 13-5 还显示了扰动调节控制器（DAC）的性能结果，将在下节详细阐述。下文将探讨 IBP SS 控制器在各平台中的应用性能。针对这些结果，以 7DOF SS 模型设计控制器。此外，考虑新增 DOF 和塔架一阶前后模态，进一步降低了塔架 FA 疲劳 DEL。叶片桨距的使用明显增加，但这不会导致叶片桨距饱和延长。

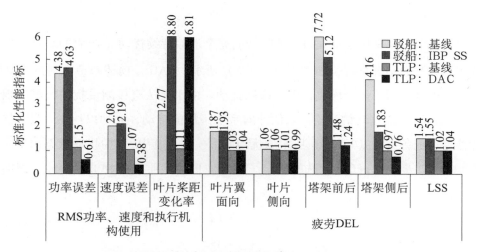

图 13 – 5　离岸平台控制器与陆上系统基线控制器的总平均和标准化 DLC 结果比较

ITI 能源驳船

从图 13 – 5 中可以看出，IBP 会对降低塔架相对于基线控制器的载荷产生巨大影响。但是，与陆上风电机相比，塔架的其他载荷仍然相对较高（比如，降低后的塔架 FA 疲劳 DEL 仍然是陆上风电机 FA 疲劳 DEL 的五倍多）。这是因为波浪导致平台运动，增加了塔架和叶片载荷。Namik 和 Stol 还得出这样的结论：驳船式平台的当前设计不适用于开阔海域。

MIT/NREL TLP

尽管图 13 – 5 未显示 IBP SS 控制器对 TLP 产生的结果，但 IBP SS 控制器性能与 DAC 非常相似；DAC 具有较好的功率和速度调节功能。应注意的是，与陆上系统相比，除了 RMS 功率和速度误差、RMS 叶片桨距变化率和塔架 FA 疲劳 DEL 外，TLP 基线控制器的性能在大部分测量中几乎一致。这证明了 TLP 设计的有效性。也就是说，锚固绳降低了平台运动和旋转，其风电机疲劳载荷与具有相同控制器的陆上风电机相当。

IBP SS 控制器性能与 DAC 性能非常相似（原因见下节），由于 DAC 采用了 IBP，为了避免重复，将会详细描述 DAC 性能。DAC 能够实现更好的功率和速度调节，与陆上系统相比，DAC 还可以降低塔架侧向疲劳 DEL，降幅达24%。与陆上系统相比，塔架前后疲劳 DEL 的增幅从采用 GSPI 的48%降至24%。Namik 和 Stol 总结道，由于无需过多加固塔架，TLP 适用于开阔海域，具有一定的商业可行性。

13.4.5.3 扰动调节控制

扰动调节控制常用于最大限度地降低或完全消除持续扰动 u_d 产生的影响，这种持续扰动会影响动态系统，如方程（13 – 5）所示。DAC 是前述章节探讨的 IBP SS 控制器，但是新增了一个模块，用于抑制扰动。由于无法直接测量扰动，可实现的 DAC 要求配备一台扰动估计器，以估计向系统施加的扰动，并加以纠正[3,40]。扰动估计器要求配备方程（13 – 7）所示的扰动波形模型，其中，$\underline{z}$ 为扰动状态向量。矩阵 F、Θ 和初步条件 $\underline{z}(0)$ 的选择确定了假定波形的性质（阶梯波、斜波、周期波等）。

$$\dot{\underline{z}} = F\underline{z}$$
$$u_d = \Theta\underline{z} \tag{13 – 7}$$

方程（13 – 8）给出了可实现扰动抑制控制定律，式中，K 表示状态调节增益矩阵，G_d 表示扰动最小化增益矩阵。标记 ^ 表示估计值。可通过求解方程（13 – 9）计算 G_d，通过方程所得增益最大限度地降低或完全消除持续扰动。符号 $^+$ 表示采用 Moore-Penrose 广义逆矩阵。

$$\underline{u} = -K\hat{\underline{x}} + G_d\hat{\underline{z}} \tag{13 – 8}$$

$$G_d = -B^+ B_d\Theta \tag{13 – 9}$$

Namik 和 Stol 对 ITI 能源驳船式平台和 MIT/NREL TLP 实施了 DAC，以抑制均匀风速扰动[25~27,29]。DAC 可最大限度地降低运行点处风速扰动的影响，从而提升风轮转速调节功能。在与 IBP SS 控制器相同的条件下进行的模拟表明，驳船式平台上的 DAC 产生的影响有限。风轮转速调节功能的提升较小，因此功率调节作用不明显。这是因为驳船的运动取决于入射波浪，而非风速。因此，降低风速扰动的作用对系统性能的影响较小，甚至不会产生任何影响。由于 TLP 的运动不像驳船式平台一样取决于入射波浪，因此，DAC 会对风轮转速调节产生显著影响，从而极大地影响功率调节。前述章节探讨了模拟结果，如图 13 – 5 所示。

13.4.6 其他控制器

本节还简要探讨了进行漂浮式风电机控制涉及的其他几个方面，但相关信息或结论有限。

2006 年，Nielsen 等人[31]在风速高于额定风速的区域对 Hywind 漂浮式平台纵摇运动的有源阻尼实施了额外的叶片桨距控制算法。采用 HywindSim（一种简单漂浮式风电机模拟工具）和 SIMO-RIFLEX 得出的模拟结果与比例模型试验得出的结果在某种程度上一致。额外桨距控制算法可提升平台纵摇响应。在挪威海洋技术研究所海洋盆地实验室进了比例模型试验，采用的比例尺为 1：47[4]。

Henriksen[15] 最初在陆上风电机中应用了一个模型预估控制器，但对漂浮式风电机采用的则是一个简单的模型。但是，由于漂浮式模型的逼真度有限，无法获得漂浮式系统性能相关的更多信息。

13.5　结论

海上风能资源是满足不断增长的能源需求的一个重要组成部分。要充分利用海上风能潜力，必须部署海上风电场。漂浮式风电机组适用于 60m 深以上海域。主要有三种设计方案，分别是浮力稳定驳船式平台、锚绳稳定式张力腿平台（TLP）和压舱稳定桅杆式平台。

在漂浮式风电机组控制方面，风速高于额定风速区域（区域 3）中不断降低的或负的平台纵摇阻尼是一个反复出现的难题。研究人员提出了一些解决该问题的方法，以下将对最重要的调查结果进行汇总（无特定顺序）：

- 在风速高于额定风速的区域采用恒转矩控制，而非恒功率控制，减少使用降低阻尼的叶片桨距驱动器，从而提升平台纵摇响应性能。这虽然不是一套完整的解决方法，但如果采用其他控制器，该方法可以起到一定程度的辅助作用。

- 采用独立叶片桨距控制，从而极大地提升功率和速度调节性能，降低平台运动及塔架弯曲载荷。但是，该方法会使叶片桨距动作增加，导致叶片驱动装置饱和，可能破坏系统稳定性。

- 增设调谐质量阻尼器（TMD），增加部分漂浮式平台的纵摇运动。有源 TMD 可进一步提升平台性能，但是，截至目前的研究表明，实现上述要求所需的行程长度无法在风电机机舱中使用。采用 TMD（有源或无源）的主要优点在于，其可能降低在叶片桨距控制器无法作用的极端条件下的平台纵摇运动。

下述为有待进一步探究的课题，结合其他风电机领域（如叶片设计和材料）的研究进展，这些课题有助于提升漂浮式系统的响应能力。

- 模拟和控制器验证建议采用全尺寸原型。验证程序可能需要花费一些时间，但是模拟工具验证成功后，将提升控制器预测性能。

- 还需对漂浮式风电机在风速高于和低于额定风速的地区之间的转换进行进一

步调查。由于缺少刚性基础，很可能存在极限环振荡（在区域之间持续变换，与风况无关）。

- TMD 在极端条件下的有效性。预计 TMD 会降低极端条件下的平台运动，但是，需进一步确定降低的幅度。
- 抑制波浪干扰，可能会极大地提升漂浮式平台的响应性能。
- 在平台中新增驱动器，可提升平台响应性能，但需消耗更多功率。
- 对该类系统采用模型预估控制和非线性控制等更先进的控制器，但是，仍需进一步评估采用此类复合控制器对漂浮式风电机产生的有利影响。

参考文献

［1］（2006）Largest and deepest offshore wind turbine installed. Refocus 7（5）：14. http：// www. sciencedirect. com/science/article/pii/S1471084606706783.

［2］（2009）Wind turbines—part 3：design requirements for offshore wind turbines. http：// webstore. iec. ch/webstore/webstore. nsf/mysearchajax？Openform \ &key =61400-3 \ &sorting = \ &start = 1 \ &onglet = 1.

［3］Balas MJ, Lee YJ, Kendall L（1998）Disturbance tracking control theory with application to horizontal axis wind turbines. In：Proceedings of the 1998 ASME wind energy symposium, pp 95 – 99. Reno, Nevada.

［4］Berthelsen AP（2006）Model testing of floating wind turbine facility. Review 1（1）：6.

［5］Biester D（2009）Hywind：Siemens and StatoilHydro install first floating wind turbine. Retrieved 3 July 2009 from：http：//www. siemens. com/press/pool/de/pressemitteilungen/ 2009/renewable_energy/ERE200906064e. pdf.

［6］Bir G（2008）Multi-blade coordinate transformation and its application to wind turbine analysis. In：46th AIAA aerospace sciences meeting and exhibit. Reno, NV, pp CD-ROM.

［7］Bossanyi EA（2000）The design of closed loop controllers for wind turbines. Wind Energy 3（3）：149 – 163. doi：10. 1002/we. 34.

［8］Bossanyi EA（2003）Individual blade pitch control for load reduction. Wind Energy 6（2）：119 – 128. doi：10. 1002/we. 76.

［9］Bossanyi EA（2003）Wind turbine control for load reduction. Wind Energy 6

（3）：229 – 244. doi：10. 1002/we. 95.

［10］ Brennan S （2008） Offshore wind energy resources. Workshop on deep water off-
shore wind energy systems. http：//www. nrel. gov/wind_meetings/offshore_wind/
presentations. html.

［11］ Bulder B, Peeringa J, Pierik J, Henderson AR, Huijsmans R, Snijders E, Hees
Mv, Wijnants G, Wolf M （2003） Floating offshore wind turbines for shallow wa-
ters. In：European wind energy conference. ECN Wind Energy, Madrid, Spain.

［12］ Butterfield S, Musial W, Jonkman J, Sclavounos P, Wayman L （2005）
Engineering challenges for floating offshore wind turbines. In：Copenhagen off-
shore wind 2005 conference and expedition proceedings. Danish Wind Energy
Association, Copenhagen, Denmark.

［13］ Goldman P （2003） Offshore wind energy. Workshop on deep water offshore
wind energy systems.

［14］ Henderson AR, Morgan C, Smith B, Sørensen HC, Barthelmie RJ, Boes-
mans B （2003） Offshore wind energy in Europe：a review of the state-of-the-
art. Wind Energy 6 （1）：35 – 52.

［15］ Henriksen LC （2007） Model predictive control of a wind turbine. Master's the-
sis, Technical University of Denmark.

［16］ Jonkman JM （2007） Dynamics modeling and loads analysis of an offshore
floating wind turbine. Ph. D. thesis, University of Colorado.

［17］ Jonkman JM, Butterfield S, Musial W, Scott G （2007） Definition of a 5-
MW reference wind turbine for offshore system development. Technical Report
TP – 500 – 38060, National Renewable Energy Laboratory.

［18］ Jonkman JM, Lasren T, Hansen A, Nygaard T, Maus K, Karimirad M,
Gao Z, Moan T, Fylling I, Nichols J, Kohlmeier M, Pascual Vergara J,
Merino D, Shi W, Park H （2010） Offshore code comparison collaboration
within IEA wind task 23：phase IV results regarding floating wind turbine mod-
eling. In：European wind energy conference 2010. Warsaw.

［19］ Jonkman JM, Sclavounos PD （2006） Development of fully coupled aeroelastic
and hydrodynamic models for offshore wind turbines. In：Proceedings of the
44th AIAA aerospace sciences meeting and exhibit. Reno, NV, pp CD-ROM.

[20] Lackner MA (2009) Controlling platform motions and reducing blade loads for floating wind turbines. Wind Energy 33 (6): 541-553.

[21] Larsen TJ, Hanson TD (2007) A method to avoid negative damped low frequency tower vibrations for a floating pitch controlled wind turbine. In: Conference on Journal of Physics, series 75. doi: 10.1088/1742-6596/75/1/012073.

[22] Matha D (2009) Modelling and loads and stability analysis of a floating offshore tension leg platform wind turbine. Master's thesis, National Renewable Energy Lab's National Wind Turbine Center and University of Stuttgart.

[23] Musial W, Butterfield S, Boone A (2004) Feasibility of floating platform systems for wind turbines. In: 23rd ASME wind energy symposium. NREL, Reno, NV.

[24] Musial W, Butterfield S, Ram B (2006) Energy from offshore wind. In: Offshore technology conference. Houston, Texas, USA, pp 1888-1898. doi: 10.4043/1855-MS.

[25] Namik H, Stol K (2009) Control methods for reducing platform pitching motion of floating wind turbines. In: European offshore wind 2009. Stockholm, pp CD-ROM.

[26] Namik H, Stol K (2009) Disturbance accommodating control of floating offshore wind turbines. In: 47th AIAA aerospace sciences meeting and exhibit. Orlando, FL, pp CD-ROM.

[27] Namik H, Stol K (2010) Individual blade pitch control of a floating offshore wind turbine on a tension leg platform. In: 48th AIAA aerospace sciences meeting and exhibit. Orlando, FL, pp CD-ROM.

[28] Namik H, Stol K (2010) Individual blade pitch control of floating offshore wind turbines. Wind Energy 13 (1): 74-85. doi: 10.1002/we.332.

[29] Namik H, Stol K (2011) Performance analysis of individual blade pitch control of offshore wind turbines on two floating platforms. Mechatronics 21 (4): 691-703, Elsevier.

[30] Namik H, Stol K, Jonkman J (2008) State-space control of tower motion for deepwater floating offshore wind turbines. In: 46th AIAA aerospace sciences meeting and exhibit. Reno, NV, pp CD-ROM.

[31] Nielsen FG, Hanson TD, Skaare B (2006) Integrated dynamic analysis of

floating offshore wind turbines. In：Proceedings of the 25th international conference on offshore mechanics and arctic engineering. Hamburg，pp 671 – 679.

[32] Passon P, Kuhn M, Butterfield S, Jonkman JM, Camp T, Larsen TJ（2007）OC3—benchmark exercise of aero-elastic offshore wind turbine codes. In：Conference on Journal of Physics，series 75（1）：012，071. doi：10. 1088/1742 – 6596/75/1/012071. url：http：//stacks. iop. org/1742 – 6596/75/i = 1/a = 012071.

[33] Rotea M, Lackner MA, Saheba R（2010）Active structural control of offshore wind turbines. In：48th AIAA aerospace sciences meeting and exhibit. Orlando，FL，pp CD-ROM.

[34] Shikha Bhatti TS, Kothari DP（2003）Aspects of technological development of wind turbines. J Energy Eng 129（3）：81 – 95.

[35] Skaare B, Hanson TD, Nielsen FG（2007）Importance of control strategies on fatigue life of floating wind turbines. In：Proceedings of the 26th international conference on offshore mechanics and arctic engineering. San Diego，CA，pp 493 – 500.

[36] Stol K（2001）Dynamics modeling and periodic control of horizontal-axis wind turbines. Ph. D. thesis，University of Colorado.

[37] Stol K, Moll HG, Bir G, Namik H（2009）A comparison of multi-blade coordinate transformation and direct periodic techniques for wind turbine control design. In：47th AIAA aerospace sciences meeting and exhibit. Orlando，FL，pp CD-ROM.

[38] Stol K, Zhao W, Wright AD（2006）Individual blade pitch control for the controls advanced research turbine（CART）. J Sol Energy Eng，Trans ASME 22：16，478 – 16，488.

[39] Ushiyama I, Seki K, Miura H（2004）A feasibility study for floating offshore windfarms in Japanese waters. Wind Energy 28（4）：383 – 397.

[40] Wright AD（2004）Modern control design for flexible wind turbines. Technical Report NREL/TP-500-35816，National Renewable Energy Lab.

第十四章
风电机的建模和控制

Luis M. Fernández，Cárlos Andrés García 和 Francisco Jurado[①]

摘要： 本章简述了风电机建模方面的基本理解与认识，包括机电系统及确保风电机稳定运行的控制方案。本章综述了应用最广泛的风电机设计理念，并描述了该类风电机模型在大型电力系统动态模拟中的应用。研究的风电机设计理念包括：定速鼠笼式感应发电机（FS-SCIG）、带可变转子电阻（VRR）的绕线转子感应发电机（WRIG）、双馈感应发电机（DFIG）和直驱式同步发电机（DDSG）。

术语

A	风轮扫掠面积
C_p	风能利用系数
D_{mec}, K_{mec}	机械轴阻尼和刚度
e'_d, e'_q	d 轴和 q 轴暂态电抗后电压
E_g	励磁电压
f_e, f_m	电力和机械频率

① L. M. Fernández（✉）· C. A. García
加迪斯大学电机工程学系，EPS Algeciras，西班牙阿尔赫西拉斯（加迪斯），
Avda. Ramon Puyol s/n 11202
e-mail：luis. fernandez@ uca. es
C. A. García
e-mail：carlosandres. garcia@ uca. es

F. Jurado
西班牙哈恩大学电机工程学系，EPS Linares，
西班牙哈恩利纳雷斯，Alfonso X，Linares 23700
e-mail：fjurado@ ujaen. es

H_r, H_g	风轮和发电机惯性
i_{dc}, i_{qc}	d 轴和 q 轴电网侧变流器电流
i_{dg}, i_{qg}	d 轴和 q 轴电网电流
i_{dr}, i_{qr}	d 轴和 q 轴转子电流
i_{ds}, i_{qs}	d 轴和 q 轴定子电流
I_s, I_r	定子电流和转子电流
L_c	电网连接电感
$L_{dm}, L_{\sigma m}$	d 轴和 q 轴互感
L_{ldk}, L_{lqk}	d 轴和 q 轴阻尼绕组电感
L_{lf}	磁场电感
L_m	磁化电感
L_s, L_r	定子电感和转子电感
$L_{\sigma s}, L_{\sigma r}$	定子漏电感和转子漏电感
n_p	发电机极数
P_g	传输至电网的有功功率
P_{gsc}	电网侧变流器有功功率
P_s, P_r	定子有功功率和转子有功功率
P_{wt}	从风中提取的机械功率
Q_g	传输至电网的无功功率
Q_{gsc}	电网侧变流器无功功率
Q_s, Q_r	定子无功功率和转子无功功率
R_c	电网连接电阻
R_{df}	磁场绕组电阻
R_{dk}, R_{qk}	d 轴和 q 轴阻尼绕组电阻
R_{ext}	外部电阻
R_s, R_r	定子电阻和转子电阻
s	滑差
T_e	电磁转矩
T_{mec}	发电机轴机械转矩
T_o'	感应发电机暂态开路时间常数
T_{wt}	从风中提取的机械转矩

u	风速
v_{dc}, v_{qc}	d 轴和 q 轴电网侧变流器电压
$V_{dc\text{-}link}$	DC 链电压
v_{dg}, v_{qg}	d 轴和 q 轴电网电压
v_{dr}, v_{qr}	d 轴和 q 轴转子电压
v_{ds}, v_{qs}	d 轴和 q 轴定子电压
V_g	电网电压
V_{gsc}	电网侧变流器电压
V_s, V_r	定子电压和转子电压
X'_s	感应发电机暂态电抗
ρ	空气密度
λ	叶尖速比
ω_b	基本同步转速
ω_g	发电机转速
ω_r	转子速度
ω_s	同步转速
β	桨距角
δ_r	负荷角
ψ_{df}	磁场绕组磁链
ψ_{dk}, ψ_{qk}	d 轴和 q 轴阻尼绕组磁链
ψ_{dr}, ψ_{qr}	d 轴和 q 轴转子磁链
ψ_{ds}, ψ_{qs}	d 轴和 q 轴定子磁链
ψ_{pm}	永磁磁链
*	参考值
$\overline{Variable}$	单位变量
Variable	相量
AC	交流电
DC	直流电
DDSG	直驱式同步发电机
DFIG	双馈感应发电机
EESG	电励磁同步发电机

FS	定速
GSC	电网侧变流器
IGBT	绝缘栅双极型晶体管
MSC	电机侧变流器
PMSG	永磁同步发电机
SCIG	鼠笼式感应发电机
VRR	可变转子电阻
WRIG	绕线转子感应发电机

14.1 概述

随着电力系统中风电穿透率的不断增加和风电机技术的迅猛发展，风电机和风电场对电力系统的影响愈加明显。为此，必须构建足够的模型，研究风电机在大型电力系统动态模拟过程中的特性。

本章旨在描述对风电机建模的基本理解与认识，包括机电系统及确保风电机稳定运行的控制方案。同时，综述了应用最广泛的风电机设计理念，并描述了该类风电机模型在大型电力系统动态模拟中的应用。

本章中，14.2 节对电力系统模拟进行了简要描述；14.3 节描述了整合风电机通用动态模型的主要系统；14.4 节描述了风电机机械系统的建模和控制，风电机机械系统包括：空气动力风轮、传动系统和叶片桨距角控制。

电气和控制系统取决于所选风电机的设计理念，14.5 节介绍了当前最重要的风电机设计理念中电气和控制系统的建模。本章研究的风电机设计理念主要包括：（1）定速鼠笼式感应发电机（FS-SCIG），（2）带可变转子电阻（VRR）的绕线转子感应发电机（WRIG），（3）双馈感应发电机（DFIG）和（4）直驱式同步发电机（DDSG）。这些都是最常用的风电机机型[13]。

第一类是配备鼠笼式感应发电机（SCIG）的定速风电机，直接与电网连接，通过齿轮箱与风轮耦合。

第二类是采用了绕线转子感应发电机（WRIG）的变速风电机，通过电力电子变流器将可变转子电阻（VRR）与 WRIG 连接，并安装于风轮轴上。这种情况下，定子绕组直接与电网连接，转子绕组与功率变流器控制的外部电阻串联。

第三类也是变速风电机，并配备齿轮箱和双馈感应发电机（DFIG）。定子绕组直接与电网和向转子绕组馈电的电力电子变流器连接。变流器的额定功率为发电机容量的 25% ～ 30% 。

第四类亦是变速风电机,并配备同步发电机。同步发电机极数较多,且定子绕组通过完整规模功率变流器与电网连接。此类风电机中,发电机直接与风轮耦合,无需齿轮箱。可通过载流绕组(电励磁同步发电机,EESG)或永磁体(永磁同步发电机,PMSG)获得转子励磁。

本章描述了各类风电机的发电机、功率变流器(若有)以及控制系统的建模。

14.2 电力系统动态模拟

电力系统由架空线缆、地下电缆、变压器、发电机和负荷等元件组成,可通过一个或多个微分方程描述此类元件的特性。对于大型电力系统,方程组可能包含数百个甚至是数千个微分方程。但是,如此大规模的方程组无法解析求解,因此,数值积分是分析电力系统特性的唯一实用方法。

另一方面,电力系统分析中采用的时间标度取决于需研究的现象。因此,根据研究现象的不同,电力系统分析所需时间从微秒、毫秒(雷电过电压、线路开关电压、开关电力电子变流器等)、数秒、数分钟到数小时(风电机发电、日负荷跟踪等)不等。因此,必须根据拟分析和研究的现象选择电力系统模型及其元件。各类模拟方法之间的区别如下[27]:

- 电磁暂态/次暂态模拟:本方法中,考虑了电力系统方程中的所有微分项。原则上,可采用此类模拟分析不同种类的问题。但是,由于模拟比较耗时,通常仅用于研究需要详细表示的电力系统的问题,如故障电流计算、故障特性研究以及电力电子变流器控制器参数整定。
- 机电暂态/暂态/动态模拟:本方法中,仅考虑电压和电流的基频分量,忽略高次谐波。因此,可以采用电力网络负荷潮流表达式取消与电力网络相关的微分方程,采用较大时间步长取消一些与发电机相关的微分方程和短时间常数,从而大大地提升模拟速度。此类模拟可用来研究特征频率为 0.1Hz 或 1 ～ 10Hz 的电力系统的特性,比如发电机转子转速和节点电压分析。
- 功率平衡:此方法旨在研究发电量和耗电量的平衡关系,二者的平衡对于确保电力系统正常运行不可或缺。研究的时间范围从数十秒至数天不等,模拟采用的时间步长以秒计。

因此,选择合适的模拟方法可避免得出不可靠或不准确的结果,并可缩短模拟时间。本章侧重于研究电力系统动态模拟中风电机的建模。

14.3 风电机动态模型

风电机动态模型通常由以下子系统组成（如图 14-1 所示）：

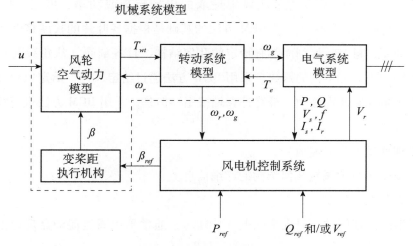

图 14-1 风电机动态模型

- 风轮空气动力系统：表示风电机的空气动力特性，可计算从风中提取的机械转矩或功率，主要取决于切入风速、风电机转速和叶片桨距角。
- 传动系统：表示风电机的机械系统，由风轮、风轮轴、齿轮箱和发电机组成。传动系统模型使用从风中提取的机械转矩和发电机转矩作为输入变量，计算风电机和发电机转速。
- 叶片桨距角控制系统：用于控制叶片桨距角的运动。
- 电气系统：将机械功率转换为电功率，并传输至电网。电气系统由发电机和功率变流器（如有）组成，取决于研究的风电机类型。
- 风电机控制系统：模拟风电机控制，实现所需运行模式（有功功率参考、无功功率参考或终端电压参考）。

下述章节详细描述了此类子系统的建模。

14.4 风电机：机械系统的建模和控制

风电机机械系统由以下模型构成：(1) 空气动力风轮；(2) 传动系统；(3) 叶片桨距角控制。机械系统模型的输入为风速 u、叶片参考桨距角 β_{ref} 和发电机转矩 T_e，模型输出为发电机转速 ω_g。风速是唯一的独立输入量，可分别通过发电机模型和风电机控制系统获得发电机转矩和桨距角。

14.4.1 风轮空气动力模型

风轮空气动力模型表达了从风中提取的机械转矩或功率，可通过叶素动量（BEM）方法推导出该模型[14]。BEM 方法的基础是根据各叶片的长度将叶片分解为几个叶片剖面，每个叶片剖面都有特定的几何结构，且各剖面（从轮毂到叶尖）的空气动力特性为局部半径的函数。采用 BEM 方法通过给定风速、给定风轮转速和给定叶片桨距角计算叶素静力，最终计算轴扭矩。但是，采用 BEM 方法进行风轮建模也存在一些缺点[29]：

- 必须使用大量风速信号。
- 需要使用有关风轮几何结构的详细信息。
- 计算复杂、耗时。

为了解决上述问题，研究系统电气特性时，通常采用通过促动盘理论推导出的简化风轮模型[14]。

促动盘理论中，通过代数方程计算从风中提取的机械功率，并将功率表示为风速 u、叶尖速比 λ 和叶片桨距角 β 的函数。

$$P_{wt} = \frac{1}{2}\rho Au^3 C_p(\lambda,\beta) \qquad (14-1)$$

式中，P_{wt} 表示风轮捕获的机械功率，ρ 表示空气密度，A 表示风轮盘面积，C_p 表示风能利用系数。

可通过以下方程计算从风中提取的机械转矩：

$$T_{wt} = \frac{1}{2}\rho ARu^2 \frac{C_p(\lambda,\beta)}{\lambda} \qquad (14-2)$$

式中，R 表示风轮半径。

风能利用系数表示风轮捕获的功率系数。将风轮空气动力特性表示为叶尖速比 λ 和风轮叶片桨距角 β 的函数，如图 14-2 所示。叶尖速比为叶尖线速度与风速的比率，即：

$$\lambda = \frac{\omega_r \cdot R}{u} \qquad (14-3)$$

式中，ω_r 表示风轮转速。

当风轮转速可确保风能利用系数（根据叶尖速比和叶片桨距角求得）达到最大值时，从风中提取的功率最大。变速风电机的控制系统可确保风电机变速运行。保持各种风速下的输出功率最大化，根据最优功率提取曲线，可得：

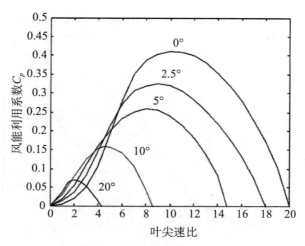

图 14-2　风能利用系数 C_p（λ，β）

$$P_{opt} = \frac{1}{2} \cdot \rho \cdot c_{p\,\text{max}} \cdot \pi \cdot R^2 \cdot \left(\frac{\omega_r \cdot R}{\lambda_{opt}} \right)^3 = \left(\frac{1}{2} \cdot \rho \cdot c_{p\,\text{max}} \cdot \frac{\pi \cdot R^5}{\lambda_{opt}^3} \right) \cdot \omega_r^3 = K_{opt} \cdot \omega_r^3$$

$$(14-4)$$

由于风电机将高风速条件下的输出功率限制为发电机的额定功率，因此功率—速度曲线被额定功率截断。因此该功率—速度曲线作为变速风电机控制系统的动态参考，确保风速低于标称风速时，风电机以最优功率效率运行；风速高于标称风速时，风电机输出功率可限制在额定数值。图 14-3 显示了变速风电机的空气动力机械功率［方程（14-1）］、最优功率提取曲线［方程（14-4）］和功率—速度控制曲线。

14.4.2　传动系统模型

风电机传动系统由回转质量体和连接轴组成，还包括一个适用的齿轮箱。为了表示电力系统暂态分析中风电机的动态效果，参考文献中列出了一些传动系统模型。

六质量传动系统模型[8,21,23]考虑了六类回转质量体（三个叶片、轮毂、齿轮箱和发电机）。各风轮叶片通过独立惯性进行建模，与轮毂弹性连接。此外，轮毂、齿轮箱和发电机均以其惯量表示，并通过弹簧弹性连接。

三质量传动系统模型[8,21]中，三个回转质量体分别是风电机、齿轮箱和发电机，相互弹性连接。这种情况下，可通过三个叶片和轮毂的组合重量计算风电机惯量，可忽略轮毂和叶片之间的阻尼。

但是，由于阶数较高，此类模型通常不用于大型电力系统模拟研究。最常用的模型是二质量和单质量模型或集中质量模型。下文将作详细描述。

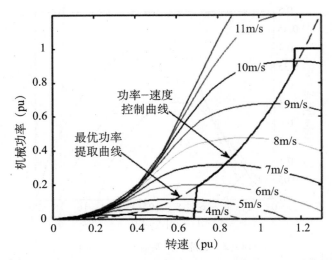

图 14 – 3   空气动力机械功率、最优功率提取曲线和功率—速度控制曲线

14.4.2.1　二质量模型

在二质量模型中，可忽略齿轮箱惯量，风电机配备齿轮箱时，模型中只考虑齿轮箱的变比。因此，模型由风电机（三叶片和轮毂）和发电机这两个质量体组成，两个质量体通过弹簧弹性连接，如图 14 – 4 所示。

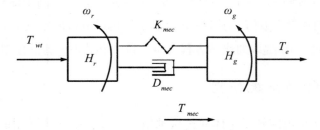

图 14 – 4   二质量传动系统模型

可使用以下方程表示该模型：

$$T_{wt} - T_{mec} = 2H_r \frac{d\omega_r}{dt} \tag{14-5}$$

$$T_{mec} = D_{mec}(\omega_r - \omega_g) + K_{mec}\int(\omega_r - \omega_g)dt \tag{14-6}$$

$$T_{mec} - T_e = 2H_g \frac{d\omega_g}{dt} \tag{14-7}$$

式中，T_{wt} 表示风轮轴的机械转矩，T_{mec} 表示发电机轴的机械转矩，T_e 表示发电机电磁转矩，H_r 表示风轮惯量，H_g 表示发电机惯量，K_{mec} 和 D_{mec} 分别表示机械耦合的刚性和阻尼。

14.4.2.2　集中质量模型

在集中质量模型中，一个集中质量体包含了风电机的所有回转零件。

$$T_{wt} - T_e = 2H_{wt}\frac{d\omega_g}{dt} \qquad (14-8)$$

式中，H_{wt}表示所有回转质量体的惯性常数。

对于定速风电机，二质量模型必须可以准确地表示风电机动态，以进行暂态稳定性分析。单质量集中模型过于简单，无法准确地表示风电机的特性[3,18,21]。

对于变速风电机，可以采用上述两种模型，但由于功率变流器的解耦效应[3,29]，电网连接处无法体现出传动系统的特性。推荐选用二质量模型，因为当功率变流器因电网故障受阻时，该模型可以更准确地反映传动系统的特性。

14.4.3　叶片桨距角控制

风电机的设计要确保在风速低于额定风速时尽可能多地产生电力。但是，当风速超过额定风速时，必须限制从风中提取的机械功率，避免风电机和发电机的机械结构中出现超负荷。

在被动失速型风电机中，风轮具有固定桨叶角。风轮叶片轮廓的几何结构根据空气动力学进行设计，确保风速过高时，可在风轮叶片侧产生湍流。通过这种无源法可降低在高风速条件下提取的功率。

变桨距控制和主动失速型风电机均具有可变叶片桨距角，能够对从风中提取的机械功率进行主动控制。叶片桨距角控制能够：（1）避免高风速条件下风电机出现超负荷；（2）对产生的功率进行主动控制，从而在电力系统运营商[3]要求进行功率调节时降低功率输出。

在变桨距控制风电机中，可通过向顺桨方向旋转叶片（叶片沿与入射风相反的方向运动）降低从风中提取的机械功率。此时叶片桨距角增加，迎角减小。尽管该控制原理多用于变速风电机，但亦适用于定速风电机。

对于主动失速型风电机，可通过向失速方向旋转叶片降低从风中提取的机械功率。这种情况下，叶片沿入射风方向运动，叶片桨距角减小，迎角增加。该控制原理常用于定速风电机。

通常采用图14-5所示控制系统控制桨叶角，该系统由桨距角控制器和变桨距执行机构组成。

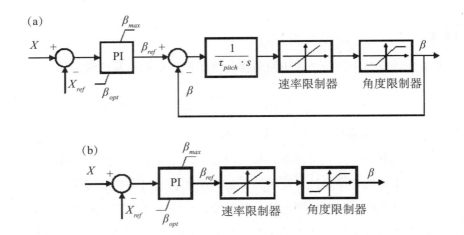

图 14-5　变桨距风电机叶片桨距角控制方案：**a.** 变桨距执行机构详细模型；**b.** 变桨距执行机构简化模型。对于主动失速型风电机，必须将 **PI** 控制器上限和下限分别调整为 $\boldsymbol{\beta}_{opt}$ 和 $\boldsymbol{\beta}_{min}$

桨距角控制器通常将功率或转速用作变量（图 14-5 所示 X），以确定基准桨叶角。

变桨距执行机构将叶片转动至桨距控制器设定的角度。通过一阶模型进行模拟，但必须满足桨距角和速度（如图 14-5a 所示）的物理限制要求，或下述物理限制（如图 14-5b 所示）。对于变桨距风电机，桨距角容许范围为 0° 至 90°（甚至向反向侧几度）；对于主动失速型风电机，桨距角容许范围为 -90° 至 0°（甚至向正向侧几度）。变桨距风电机的变桨速度限制高于主动失速型风电机的变桨速度限制，且角灵敏度更高[2]。变桨速度通常小于 5° 每秒，紧急情况下可能超过 10° 每秒。

14.5　风电机：电气和控制系统建模

电气和控制系统主要取决于风电机类型。本节介绍了各种风电机电气和控制系统的建模。电气和控制系统模型包含：（1）发电机模型；（2）功率变流器模型；（3）控制系统模型。

电力系统动态模拟中，通常针对风电机发电机作出以下假设：

- 忽略磁饱和；
- 磁链分布为正弦分布；
- 忽略除铜损以外的其他损失；
- 基本频率下定子电压和电流为正弦。

通常，对于不考虑功率变流器内部动态的电力系统动态模拟，假设功率变流器处于理想状态。因此，将变流器建模为电压/电流源。

14.5.1　定速鼠笼式感应发电机（FS-SCIG）

FS-SCIG 是一种传统的发电机，二十世纪八十年代和九十年代许多丹麦风电机制造商采用该设计理念。在 FS-SCIG 中，一台鼠笼式感应发电机（SCIG）与电网直接连接，并通过齿轮箱与风轮耦合。此类发电机转速变化很小，可能出现的唯一速度变化是较小的转子滑差率变化。因此，将此类风电机视为定速风电机。为了限制在高风速条件下提取的功率，风轮通过被动失速效应（被动失速型风电机）、主动失速效应（主动失速型风电机）或控制叶片桨距角（变桨距风电机）的方式限制从风中提取的功率。SCIG 消耗无功功率，因此，需要使用电容器产生感应发电机磁化电流，从而提升系统功率系数。图 14-6 所示为 FS-SCIG 风电机的配置。

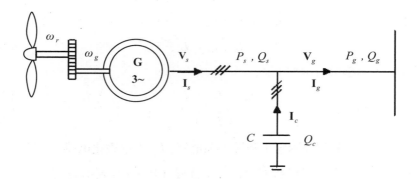

图 14-6　FS-SCIG 风电机配置

14.5.1.1　FS-SCIG 发电系统

可通过感应发电机五阶模型表示电力系统中感应发电机的动态特性。该模型由四个电气微分方程（与定子和转子电压相关的方程各有两个）和一个机械微分方程组成。电气方程由以同步转速 ω_s 旋转的直流（d）- 正交（q）参考坐标系表示，如［15］所示。

定子电压方程：

$$\bar{v}_{ds} = -\bar{R}_s \cdot \bar{i}_{ds} - \bar{\omega}_s \cdot \bar{\psi}_{qs} + \frac{1}{\omega_b} \cdot \frac{d\bar{\psi}_{ds}}{dt} \qquad (14-9)$$

$$\bar{v}_{qs} = -\bar{R}_s \cdot \bar{i}_{qs} + \bar{\omega}_s \cdot \bar{\psi}_{ds} + \frac{1}{\omega_b} \cdot \frac{d\bar{\psi}_{qs}}{dt} \qquad (14-10)$$

转子电压方程：

$$\bar{v}_{dr} = \bar{R}_r \cdot \bar{i}_{dr} - s \cdot \bar{\omega}_s \cdot \bar{\psi}_{qr} + \frac{1}{\omega_b} \cdot \frac{d\bar{\psi}_{dr}}{dt} \tag{14-11}$$

$$\bar{v}_{qr} = \bar{R}_r \cdot \bar{i}_{qr} + s \cdot \bar{\omega}_s \cdot \bar{\psi}_{dr} + \frac{1}{\omega_b} \cdot \frac{d\bar{\psi}_{qr}}{dt} \tag{14-12}$$

式中，$\bar{v}$ 表示电压，$\bar{i}$ 表示电流，$\bar{\psi}$ 表示磁链，$\bar{R}$ 表示电阻，s 表示滑差速度，ω_b 表示基本速度；指标 d 和 q 分别表示直流和正交分量，指标 s 和 r 分别表示定子和转子。

定子和转子磁链可表示如下：

定子磁链方程：

$$\bar{\psi}_{ds} = -\bar{L}_s \cdot \bar{i}_{ds} - \bar{L}_m \cdot \bar{i}_{dr} \tag{14-13}$$

$$\bar{\psi}_{qs} = -\bar{L}_s \cdot \bar{i}_{qs} + \bar{L}_m \cdot \bar{i}_{qr} \tag{14-14}$$

转子磁链方程：

$$\bar{\psi}_{dr} = \bar{L}_r \cdot \bar{i}_{dr} - \bar{L}_m \cdot \bar{i}_{ds} \tag{14-15}$$

$$\bar{\psi}_{qr} = \bar{L}_r \cdot \bar{i}_{qr} - \bar{L}_m \cdot \bar{i}_{qs} \tag{14-16}$$

定子和转子电感可表示如下：

$$\bar{L}_s = \bar{L}_{\sigma s} + \bar{L}_m \tag{14-17}$$

$$\bar{L}_r = \bar{L}_{\sigma r} + \bar{L}_m \tag{14-18}$$

式中，$\bar{L}_{\sigma s}$ 和 $\bar{L}_{\sigma r}$ 分别表示定子和转子漏电感，$\bar{L}_m$ 表示磁化电感。

五阶模型结合了发电机机械方程，可用方程（14-7）表示。

$$\bar{T}_{mec} - \bar{T}_e = 2\bar{H}_g \frac{d\bar{\omega}_g}{dt} \tag{14-19}$$

电磁转矩、有功功率和无功功率可表示如下：

$$\bar{T}_e = \bar{\psi}_{qr} \cdot \bar{i}_{dr} - \bar{\psi}_{dr} \cdot \bar{i}_{qr} \tag{14-20}$$

$$\bar{P}_e = \bar{P}_s + \bar{P}_r = (\bar{v}_{ds} \cdot \bar{i}_{ds} + \bar{v}_{qs} \cdot \bar{i}_{qs}) + (\bar{v}_{dr} \cdot \bar{i}_{dr} + \bar{v}_{qr} \cdot \bar{i}_{qr}) \tag{14-21}$$

$$\bar{Q}_e = \bar{Q}_s + \bar{Q}_r = (\bar{v}_{qs} \cdot \bar{i}_{ds} - \bar{v}_{ds} \cdot \bar{i}_{qs}) + (\bar{v}_{qr} \cdot \bar{i}_{dr} - \bar{v}_{dr} \cdot \bar{i}_{qr}) \tag{14-22}$$

对于 SCIG，转子短路，则转子电压为零（$\bar{v}_{dr} = 0$ $\bar{v}_{qr} = 0$）

SCIG 采用了本地功率因数校正电容器组，提供感应发电机磁化电流。传统 SCIG 风电机配备了采用机械接触器的标准电容器组。为了实现更快的控制，新风电机中采用了可控硅开关代替机械接触器，极大地降低了开关瞬变现象，确保频繁开关电容器不会对其使用寿命产生太大影响[30]。

当 SCIG 风电机电容器组与发电机并联时，可使用下式表示风电机在电网连接点注入的电流：

$$\bar{i}_{dg} = \bar{i}_{ds} + \bar{i}_{dc} = \bar{i}_{ds} + \frac{1}{\overline{X}_c} \cdot \bar{v}_{qg} \qquad (14-23)$$

$$\bar{i}_{qg} = \bar{i}_{qs} + \bar{i}_{qc} = \bar{i}_{qs} - \frac{1}{\overline{X}_c} \cdot \bar{v}_{dg} \qquad (14-24)$$

式中，$\overline{X}_c$ 表示功率因数校正电容器的电抗，$\bar{i}_{dc}$ 和 $\bar{i}_{qc}$ 表示电容器的电流分量，$\bar{v}_{dg}$ 和 $\bar{v}_{qg}$ 表示终端电压分量。

可使用下式表达风电机在电网连接点传递的有功功率和无功功率：

$$\overline{P}_g = \bar{v}_{dg} \cdot \bar{i}_{dg} + \bar{v}_{qg} \cdot \bar{i}_{qg} \qquad (14-25)$$

$$\overline{Q}_g = \bar{v}_{qg} \cdot \bar{i}_{dg} - \bar{v}_{dg} \cdot \bar{i}_{qg}. \qquad (14-26)$$

通常采用三阶模型表示电力系统暂态稳定度研究中的感应发电机[15]。推导该模型时，忽略了方程（14-9）和方程（14-10）中的定子暂态，即忽略了定子暂态电流中的直流分量。忽略此类项式后，可使用代数方程表示定子电压。对方程进行简化，确保与表示其他系统分量的模型兼容，尤其是输电网络系统[15]。这种情况下，可以用戴维南等效电路表示感应发电机。该等效电路由暂态电抗和其后的等效电压构成。该等效电压的分量可定义如下：

$$\bar{e}'_d = -\frac{\overline{\omega}_s \cdot \overline{L}_m}{\overline{L}_r} \cdot \overline{\psi}_{qr} \qquad (14-27)$$

$$\bar{e}'_q = \frac{\overline{\omega}_s \cdot \overline{L}_m}{\overline{L}_r} \cdot \overline{\psi}_{dr} \qquad (14-28)$$

将方程（14-27）和（14-28）代入方程（14-9）~（14-12），可得出感应发电机的三阶模型，如以下电气方程所示：

$$\frac{d\bar{e}'_d}{dt} = -\frac{1}{\overline{T}'_o} \cdot (\bar{e}'_d - (\overline{X}_s - \overline{X}'_s) \cdot \bar{i}_{qs}) + s \cdot \overline{\omega}_s \cdot \bar{e}'_q - \overline{\omega}_s \cdot \frac{\overline{L}_m}{\overline{L}_r} \cdot \bar{v}_{qr} \qquad (14-29)$$

$$\frac{d\bar{e}'_q}{dt} = -\frac{1}{\overline{T}'_o} \cdot (\bar{e}'_q + (\overline{X}_s - \overline{X}'_s) \cdot \bar{i}_{ds}) - s \cdot \overline{\omega}_s \cdot \bar{e}'_d + \overline{\omega}_s \cdot \frac{\overline{L}_m}{\overline{L}_r} \cdot \bar{v}_{dr} \qquad (14-30)$$

$$\bar{v}_{ds} = -\overline{R}_s \cdot \bar{i}_{ds} + \overline{X}'_s \cdot \bar{i}_{qs} + \bar{e}'_d \qquad (14-31)$$

$$\bar{v}_{qs} = -\overline{R}_s \cdot \bar{i}_{qs} + \overline{X}'_s \cdot \bar{i}_{ds} + \bar{e}'_q \qquad (14-32)$$

$\overline{T}'_o$ 为暂态开路时间常数，$\overline{X}'_s$ 为暂态电抗，可表示如下：

$$\overline{T}'_o = \frac{\overline{L}_r}{\overline{R}_r} \qquad (14-33)$$

$$\overline{X}'_s = \overline{\omega}_s \left(\overline{L}_s - \frac{\overline{L}_m^2}{\overline{L}_r} \right) \qquad (14-34)$$

第三个微分方程是发电机机械方程，即方程（14-19）。这种情况下，电磁转矩定义如下：

$$\overline{T}_e = \frac{1}{\overline{\omega}_s} \cdot (\overline{e}'_d \cdot \overline{i}_{ds} + \overline{e}'_q \cdot \overline{i}_{qs}) \tag{14-35}$$

对于 SCIG，转子电压为零，则方程（14-29）和（14-30）可表示如下：

$$\frac{d\overline{e}'_d}{dt} = -\frac{1}{T'_o} \cdot (\overline{e}'_d - (\overline{X}_s - \overline{X}'_s) \cdot \overline{i}_{qs}) + s \cdot \overline{\omega}_s \cdot \overline{e}'_q \tag{14-36}$$

$$\frac{d\overline{e}'_q}{dt} = -\frac{1}{T'_o} \cdot (\overline{e}'_q + (\overline{X}_s - \overline{X}'_s) \cdot \overline{i}_{ds}) - s \cdot \overline{\omega}_s \cdot \overline{e}'_d \tag{14-37}$$

SCIG 发电系统，包括感应发电机和补偿电容器，可以用图 14-7 所示等效电路表示。

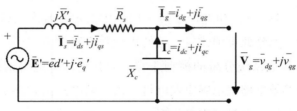

图 14-7　SCIG 等效电路

忽略转子暂态，可得出感应发电机的一阶模型。该模型中，机械方程（14-19）是唯一需考虑的微分方程，电气方程可表示如下：

$$\overline{v}_{ds} = -\overline{R}_s \cdot \overline{i}_{ds} - \overline{\omega}_s \cdot \overline{\psi}_{qs} = -\overline{R}_s \cdot \overline{i}_{ds} - \overline{\omega}_s \cdot (-\overline{L}_s \cdot \overline{i}_{qs} + \overline{L}_m \cdot \overline{i}_{qr}) \tag{14-38}$$

$$\overline{v}_{qs} = -\overline{R}_s \cdot \overline{i}_{qs} + \overline{\omega}_s \cdot \overline{\psi}_{ds} = -\overline{R}_s \cdot \overline{i}_{qs} + \overline{\omega}_s \cdot (-\overline{L}_s \cdot \overline{i}_{ds} - \overline{L}_m \cdot \overline{i}_{dr}) \tag{14-39}$$

$$\overline{v}_{dr} = \overline{R}_r \cdot \overline{i}_{dr} - s \cdot \overline{\omega}_s \cdot \overline{\psi}_{qr} = \overline{R}_r \cdot \overline{i}_{dr} - s \cdot \overline{\omega}_s \cdot (\overline{L}_r \cdot \overline{i}_{qr} - \overline{L}_m \cdot \overline{i}_{qs}) \tag{14-40}$$

$$\overline{v}_{dr} = \overline{R}_r \cdot \overline{i}_{dr} - s \cdot \overline{\omega}_s \cdot \overline{\psi}_{qr} = \overline{R}_r \cdot \overline{i}_{dr} - s \cdot \overline{\omega}_s \cdot (\overline{L}_r \cdot \overline{i}_{qr} - \overline{L}_m \cdot \overline{i}_{qs}) \tag{14-41}$$

可以使用图 14-8 所示稳态等效电路表示该模型。

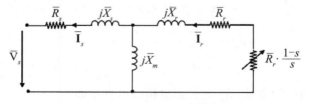

图 14-8　SCIG 稳态等效电路

可通过方程（14-20）或采用以下公式计算稳态电磁转矩：

$$\overline{T}_e = \frac{\overline{R}_r \cdot \overline{U}_s^2 \cdot s}{\omega_s \cdot ((\overline{R}_s \cdot s + \overline{R}_r)^2 + ((\overline{X}_s + \overline{X}_r) \cdot s)^2)} \tag{14-42}$$

可通过下式计算 SCIG 产生的有功功率：

$$\overline{P}_e = \overline{T}_e \cdot \overline{\omega}_g \tag{14-43}$$

SCIG 消耗的无功功率取决于有功功率和定子电压，可通过图 14-9 所示等效电路计算，公式为：

$$\overline{Q}_e = \frac{\overline{U}_s^2}{\overline{X}_m} + (\overline{X}_s + \overline{X}_r) \cdot \frac{\overline{U}_s^2 + 2 \cdot (\overline{R}_r + \overline{R}_s) \cdot \overline{P}_e}{2 \cdot ((\overline{R}_r + \overline{R}_s)^2 + (\overline{X}_s + \overline{X}_r)^2)} - (\overline{X}_s + \overline{X}_r)$$

$$\cdot \frac{\sqrt{(\overline{U}_s^2 + 2 \cdot (\overline{R}_r + \overline{R}_s) \cdot \overline{P}_e)^2 - 4 \cdot \overline{P}_e^2 \cdot ((\overline{R}_r + \overline{R}_s)^2 + (\overline{X}_s + \overline{X}_r)^2)}}{2 \cdot ((\overline{R}_r + \overline{R}_s)^2 + (\overline{X}_s + \overline{X}_r)^2)}$$

$$\tag{14-44}$$

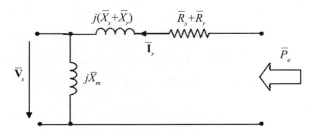

图 14-9　计算 SCIG 消耗无功功率采用的等效电路

对于配备本地功率因数校正电容器的 SCIG，SCIG 风电机向电网传递的无功功率可表示如下：

$$\overline{Q}_e = \overline{U}_s^2 \frac{\overline{X}_c - \overline{X}_m}{\overline{X}_m \cdot \overline{X}_m} + (\overline{X}_{\sigma s} + \overline{X}_{\sigma r}) \cdot \frac{\overline{U}_s^2 + 2 \cdot (\overline{R}_r + \overline{R}_s) \cdot \overline{P}_e}{2 \cdot ((\overline{R}_r + \overline{R}_s)^2 + (\overline{X}_s + \overline{X}_r)^2)} - (\overline{X}_s + \overline{X}_r)$$

$$\cdot \frac{\sqrt{(\overline{U}_s^2 + 2 \cdot (\overline{R}_r + \overline{R}_s) \cdot \overline{P}_e)^2 - 4 \cdot \overline{P}_e^2 \cdot ((\overline{R}_r + \overline{R}_s)^2 + (\overline{X}_s + \overline{X}_r)^2)}}{2 \cdot ((\overline{R}_r + \overline{R}_s)^2 + (\overline{X}_s + \overline{X}_r)^2)}$$

$$\tag{14-45}$$

14.5.1.2　FS-SCIG 控制系统

在 FS-SCIG 中，控制系统主要控制叶片桨距角（若可行）和独立功率因数校正电容器的连接和断开。

对于被动失速型风电机，风轮叶片的空气动力设计使得风轮叶片可调节风电机功率，因此，无需对叶片桨距进行主动控制。被动失速型风电机是风电场中最常用的定速风电机。

对于主动失速型和变桨距控制风电机，转子控制叶片桨距角，降低风轮空气动力效率，以降低从风中提取的机械功率，从而限制从风中提取的功率。图 14 - 5 所示为该类风电机采用的控制方案。通常将电功率用作控制变量，在高风速条件下，通过调整叶片桨距角将电功率限制为额定功率。

如前所述，SCIG 消耗的无功功率不受控，其取决于产生的有功功率，并随切入风速的变化而变化。为了将发电机从电网中吸收的无功功率最小化，控制系统持续控制与发电机并联的独立电容器的连接和断开，这主要取决于预设时间段（间隔 1～10分钟）内发电机的平均无功功率需求。

14.5.1.3　FS-SCIG 风电机的动态模拟

本节通过动态模拟描述了 FS-SCIG 风电机的性能，并在风波动和电网故障相关章节说明了风电机的响应。

图 14 - 10 显示了本章针对各类风电机进行的模拟中考虑的入射风速。此风速序列对应于模拟前几秒低于标称风速而在剩余模拟阶段高于标称风速的风况。可以采用功率优化、功率限制或功率调节等策略（若可行，取决于风电机类型）在任何运行条件下对风电机进行评估。

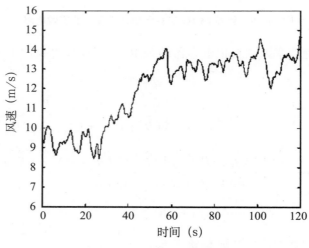

图 14 - 10　风电机入射风速

图 14 - 11 显示了被动失速型 FS-SCIG 的响应。图 14 - 12 和图 14 - 13 显示了变桨距控制 FS-SCIG 风电机的响应。两类风电机均配备电容器组，并与无穷大母线连接。可以看出，模拟前几秒，两类风电机产生的功率均低于额定功率。超过额定功

率后（风电机在额定风速下产生额定功率），由于不具有机械或电气控制功能，被动失速型风电机的功率受失速效应限制。变桨距风电机中，可通过调整叶片桨距角限制功率。在上述两种情况下，转矩、功率和发电机转速均随风速变化。

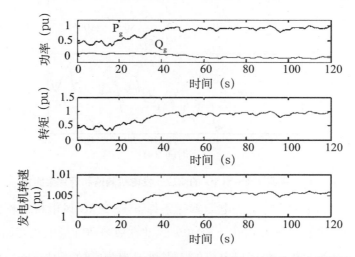

图 14-11　失速调节 FS-SCIG 响应：功率、转矩和发电机转速

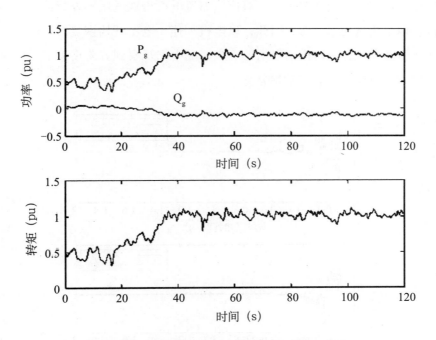

图 14-12　变桨距控制 FS-SCIG 响应：功率和转矩

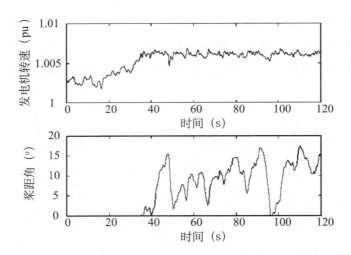

图 14 – 13 变桨距 FS-SCIG 的响应：发电机转速和叶片桨距角

图 14 – 14 和图 14 – 15 显示了电压骤降条件下 FS-SCIG 风电机的性能。这种情况下，无穷大母线的电压在 0.1s 内下降 40%，并在故障清除后电压开始恢复。由于电网扰动远快于风速变化，可将风电机的入射风速视为常数。对采用感应发电机五阶和三阶模型得出的响应情况进行了对比。当风电机出现电压骤降时，产生的有功功率下降，但是机械功率不变，因此，风电机加速。电压开始恢复时，由于转速增加，会出现暂态期。在三阶模型得出的响应情况中未观察到五阶模型显示的振荡响应，这是因为三阶模型仅表示基频分量。

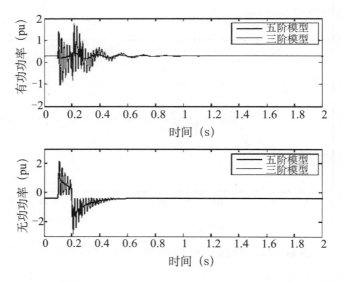

图 14 – 14 电压骤降（0.1s 下降 40%）条件下通过五阶和三阶模型得出的
FS-SCIG 响应：有功功率和无功功率

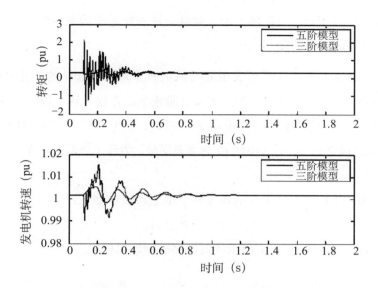

图 14 – 15　电压骤降（0.1s 下降 40%）条件下通过五阶和三阶模型得出的
FS-SCIG 响应：转矩和发电机转速

14.5.2　带可变转子电阻的绕线转子感应发电机

此类风电机是采用了绕线转子感应发电机（WRIG）的变速风电机，通过电力电子变流器将可变转子电阻（VRR）与 WRIG 连接，并安装于风轮轴上，如图 14 – 16 所示。这种情况下，定子绕组直接与电网连接，转子绕组与功率变流器控制的外部电阻串联。VRR 装置由三个电阻、一个二极管整流器、一个 IGBT 和一个控制系统组成。IGBT 是直流侧的可控开关，用于控制穿过外部转子电阻的转子电流，采用光控变流器，无需滑环。这被称为 Optislip 技术，由丹麦制造商 Vestas 研发。

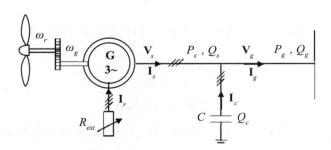

图 14 – 16　WRIG-VRR 风电机配置

可通过与转子绕组连接的可变电阻控制发电机滑差，从而实现变速控制。但是，该滑差功率作为滑差损失在外部电阻中消散。该设计理念中，速度范围通常限制在

0 ～ 10%，取决于可变转子电阻的大小。此外，还需要无功功率补偿。

14.5.2.1　WRIG-VRR 发电系统

可通过第 14.5.1.1 节所述模型表示此类风电机采用的 WRIG 的动态特性。对于 WRIG，可用方程（14-9）～（14-20）定义五阶模型，方程（14-19）、（14-29）～（14-35）定义三阶模型，方程（14-19）、（14-20）、（14-38）～（14-41）定义一阶模型。但是，此类风电机中，转子电阻 $\overline{R}_r$ 为动态变量，为转子绕组电阻 $\overline{R}_{rw}$ 和有效外部电阻 $\overline{R}_{ext}$ 的总和，由 VRR 装置控制。

因此，WRIG-VRR 模型中采用的动态转子电阻可表示如下：

$$\overline{R}_r = \overline{R}_{rw} + \overline{R}_{ext}(t) \tag{14-46}$$

稳态条件下，可用图 14-17 所示等效电路表示该风电机。

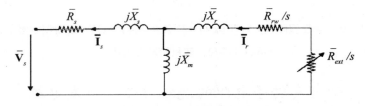

图 14-17　WRIG-VRR 稳态等效电路

假设忽略功率损失[17]，可通过图 14-17 所示等效电路推导定子和转子有功功率：

$$\overline{P}_g = \overline{P}_s = (1-s) \cdot \overline{P}_m \tag{14-47}$$

$$\overline{P}_r = s \cdot \overline{P}_m \tag{14-48}$$

式中，$\overline{P}_g$ 表示传输至电网的总功率，$\overline{P}_s$ 表示定子功率，$\overline{P}_r$ 表示转子功率，$\overline{P}_m$ 表示机械功率，s 表示滑差。

最大发电机滑差取决于有效外部电阻，可通过方程（14-42）定义的 $\overline{T}_e$ 计算 $d\overline{T}_e/ds = 0$ 求得：

$$s_m = \frac{\overline{R}_{rw} + \overline{R}_{ext}(t)}{\sqrt{\overline{R}_s^{\,2} + (\overline{X}_s + \overline{X}_r)^2}} \tag{14-49}$$

从方程（14-47）～（14-49）可知，转子上增加的外部电阻可能改变发电机滑差，从而改变电磁转矩和传输至电网的功率。从风中提取的机械功率增加时，转子上的电阻增加，滑差相应增加，以补偿变化，保证传输至电网的功率保持恒定不变。从风中提取的多余的能量转换为动能，转速提高。从风中提取的机械功率减少时，转子动能转换为电能，转速降低。因此，风电机运行时，转矩和功率波动实现最小化，从而降低风电机机械压力和瞬时电压闪变度。

14.5.2.2　WRIG-VRR 控制系统

此类风电机的控制系统（如图 14 – 18 所示）由以下部分组成[6]：（1）VRR 控制系统；（2）叶片桨距角控制系统。

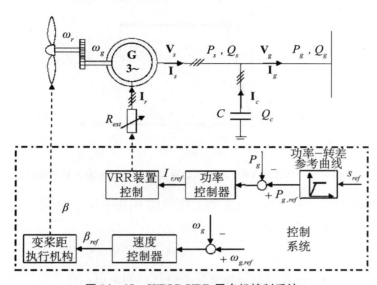

图 14 – 18　WRIG-VRR 风电机控制系统

与转子绕组连接的外部电阻由 VRR 控制系统控制。VRR 装置由三个电阻、一个二极管整流器、一个 IGBT 和一个控制系统（如图 14 – 19 所示）组成。IGBT 是直流侧的可控开关，用于控制穿过外部转子电阻的转子电流。控制系统由两个控制回路组成：功率控制器（外部回路）、转子电流控制器（内部回路）。

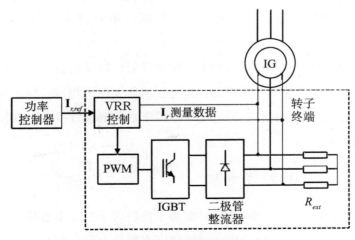

图 14 – 19　VRR 装置

可根据图 14 - 20 所示控制特征通过发电机滑差求得参考功率。此类风电机中，发电机滑差变化范围为 1 ～ 10%。功率控制器利用该功率参考值确定转子电流参考值。

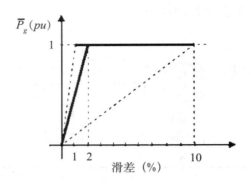

图 14 - 20   WRIG-VRR 风电机功率控制器功率—滑差参考曲线

转子电流控制器确定功率变流器的工作周期 $D(0 ～ 1)$，因此，可通过下式计算与转子绕组连接的动态外部电阻：

$$\overline{R}_{ext}(t) = D(t) \cdot \overline{R}_{ext} \qquad\qquad (14 - 50)$$

桨距角控制系统由速度控制器和变桨距执行机构组成。速度控制器确定桨距角参考值，将转速调整至速度参考值，且取决于运行条件。变桨距执行机构将叶片转动至速度控制器设定的角度。

此类风电机采用的控制策略可总结如下：

- 功率优化策略：这种情况下，风速较低，不足以产生额定功率，因此，速度控制器调整桨距角，达到最佳转速，从而尽可能多地从风中提取功率。功率由功率控制器控制，并不断增加，发电机滑差设定为 2%，如图 14 - 20 所示。
- 功率限制策略：当风速足以产生额定功率时，将风电机产生的功率控制在额定功率。通过调整叶片桨距角，速度控制器保持平均滑差恒定在 4% ～ 5%。通过发电机滑差变化控制额定功率条件下的短时速度变化，获得最小和最大发电机滑差，如图 14 - 20 所示。

14.5.3　双馈感应发电机

DFIG 风电机（如图 14 - 21 所示）配备了绕组转子感应发电机，该发电机通过齿轮箱与风轮耦合。在该发电机中，定子绕组直接与电网连接，双向功率变流器向转子绕组馈电。双向功率变流器由通过直流母线连接的两个背靠背 IGBT 电桥组成。变流器解耦电网频率和机械转子频率,实现风电机变速发电。风轮具备叶片桨距角控制功能,可限制高风速条件下的功率和转速。此外,DFIG 优势明显,如进行有功功率和无功功率解耦控制、减少机械应力和噪声、提升电能质量,且功率变流器的额定功率是系统总功率的 25%。

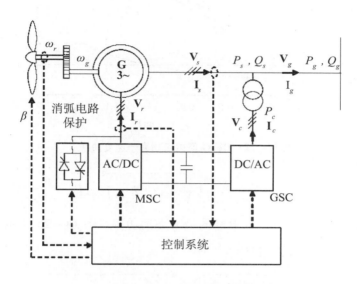

图 14 - 21　DFIG 风电机配置

DFIG 风电机通过定子和转子绕组向电网馈入有功功率,可通过下式计算馈入的功率[20,26]:

$$\overline{P}_s = \overline{P}_m/(1 - s) \qquad (14-51)$$

$$\overline{P}_r = - s \cdot \overline{P}_s \qquad (14-52)$$

$$\overline{P}_g = \overline{P}_s + \overline{P}_r \qquad (14-53)$$

由前述方程可知,变流器规格取决于滑差速度的可控范围。DFIG 风电机中,由于机械和其他限制,滑差速度范围通常为 0.7 ~ 1.2p.u.。

图 14 - 22 显示了 DFIG 风电机的功率—速度曲线,从图中可以看出风电机通过定子和转子绕组向电路馈入的有功功率容量。

但是,馈入电网的有功功率受变流器限制,并以转子电流限制的形式表示,避免变流器、转子滑环和电刷过热[31]。定子无功功率限制 $\overline{Q}_{s,\text{lim}}$ 取决于定子有功功率 $\overline{P}_s$、定子电压 $\overline{v}_s$ 和最大转子电流 $\overline{I}_{r,\text{max}}$:

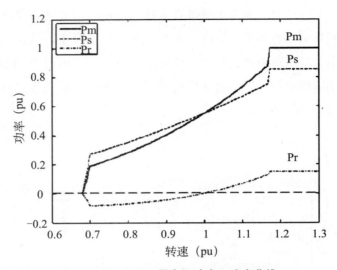

图 14 – 22　DFIG 风电机功率—速度曲线

$$\overline{Q}_{s,\text{lim}} = -\frac{\overline{V}_s^2}{\overline{X}_s} \pm \sqrt{\left(\frac{\overline{X}_m}{\overline{X}_s} \cdot \overline{V}_s \cdot \overline{I}_{r,\text{max}}\right)^2 - \overline{P}_s^2} \qquad (14-54)$$

方程（14 – 54）表示可馈入电网的最大无功功率。图 14 – 23 所示为与无穷大母线连接的 DFIG 风电机的运行区 Q-P 图。

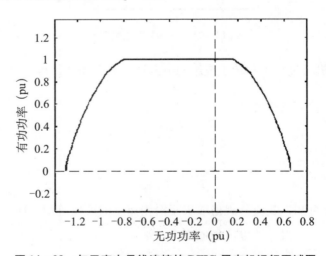

图 14 – 23　与无穷大母线连接的 DFIG 风电机运行区域图

14.5.3.1　DFIG 发电系统

绕组感应发电机（WRIG）

可采用第 14.5.1.1 节所述感应发电机五阶和三阶模型表示 DFIG 风电机用

WRIG 的动态特性。对于 WRIG，可通过方程（14 – 9）～（14 – 20）定义其五阶模型，通过方程（14 – 19）、（14 – 29）～（14 – 35）定义其三阶模型。五阶模型和三阶模型通常可采用与定子磁链对齐并以同步转速转动的 d-q 参考坐标系表示。该坐标系中，d 轴与定子磁链方向对齐，定子 q 轴磁链为零，d 轴磁链为常数。此外，定子电压 d 分量为零，q 分量为常数。通过此变换可以对 DFIG 风电机的电磁转矩或产生的功率以及无功功率或终端电压进行独立控制。图 14 – 24 所示为与三阶模型对应的等效电路。

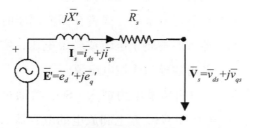

图 14 – 24　基于三阶模型的 DFIG 的等效电路

在电压和功角稳定性研究中，也可采用 WRIG 一阶模型[28]。该模型可用方程（14 – 19）、（14 – 20）、（14 – 38）～（14 – 41）表示。图 14 – 25 显示了与该模型对应的等效电路。可结合前述方程和等效电路推导转子电流。

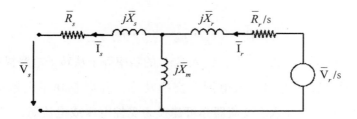

图 14 – 25　基于一阶模型（稳态模型）的 DFIG 的等效电路

$$\bar{\mathbf{I}}_r = \frac{\bar{\mathbf{V}}_s - \left(\dfrac{\bar{\mathbf{V}}_r}{s}\right)}{\left(\bar{R}_s + \dfrac{\bar{R}_r}{s}\right) + j(\bar{X}_s + \bar{X}_r)} \qquad (14-55)$$

可通过定子与转子间的空隙计算电磁转矩：

$$\bar{T}_e = \left(\bar{I}_r^2 \frac{\bar{R}_r}{s}\right) + \frac{\bar{P}_r}{s} \qquad (14-56)$$

转子功率表示如下：

$$\bar{P}_r = \frac{\bar{V}_r}{s}\bar{I}_r \cos\theta_r \qquad (14-57)$$

式中，θ_r 表示转子电流 $\bar{\mathbf{I}}_r$ 和可控转子电压 $\bar{\mathbf{V}}_r/s$ 间的相角。

功率变流器

DFIG 风电机采用的双向功率变流器由两个通过直流母线连接的背靠背 IGBT 电桥组成。机侧变流器（MSC）与转子绕组连接，将发电机的低交流频率转换为直流频率。通过直流侧电容器稳定直流电压，再通过电网侧变流器（GSC）转换为 50Hz 交流电压，馈入电网。

MSC 驱动风电机，在风速低于额定风速时实现最佳风能利用效率，在风速高于额定风速时将输出功率限制在额定范围内，或者在需要调压时将有功功率和无功功率调节至功率参考值。变流器可调整转子电流或转子电压，实现有功功率、无功功率或终端电压的解耦控制，并可建模为受控电压源。

通过直流环节将 DFIG 发电机所发电力馈入 GSC，再通过变流器馈入电网。直流环节包含一个分别通过 MSC 和 GSC 充电和放电的电容器。忽略直流环节的功率损失时，可通过以下方程表示穿过电容器的直流电压 $\bar{v}_{dc-link}$ 的动态特性[3]：

$$\frac{d\bar{v}_{dc-link}}{dt} = \frac{1}{\bar{C} \cdot \bar{v}_{dc-link}} \cdot (\bar{P}_r - \bar{P}_{gc}) \qquad (14-58)$$

式中，$\bar{C}$ 为直流侧电容器的值，$\bar{P}_{gc}$ 为馈入 GSC 的功率，$\bar{i}_{dg}$ 和 $\bar{i}_{qg}$ 分别为馈入电网的电流的分量。

$$\bar{P}_{gc} = \bar{v}_{dc} \cdot \bar{i}_{dg} + \bar{v}_{qc} \cdot \bar{i}_{qg} \qquad (14-59)$$

假设直流侧电压为常数[9,10,31]，馈入 GSC 的功率等于从转子电路提取的功率。

GSC 维持通过转子电路馈入电网的交换功率，并以整功率因数运行，此外，GSC 还可用于无功功率注入。变流器亦可建模为受控电压或电流源，对电流或电压进行控制，将直流环节的有功功率传输至电网，实现所需功率因数/电压。

图 14-26 所示为配备功率变流器的 DFIG 的等效电路。下节将详细介绍此类变流器的控制方式。

14.5.3.2 DFIG 控制系统

DFIG 风电机控制系统用于：

- 将在各种风速条件下提取的功率最大化（亦称为功率优化）；
- 将高风速条件下的功率限制在额定功率范围内（功率限制）；
- 将有功功率和无功功率调整至风电场控制系统设定的额定值（功率调节），将风电场发电量调整至电力系统运营商设定的值；

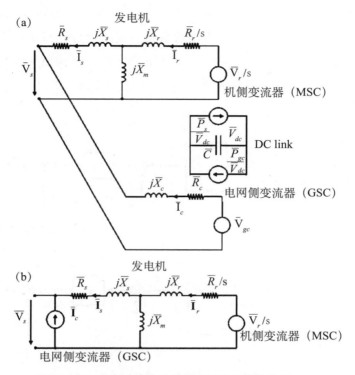

图 14 - 26　配备功率变流器的 DFIG 的等效电路

a. 配备直流环节；b. 不配备直流环节（假设直流侧电压为常数）

● 将终端电压调整至设定值（电压调整）。

DFIG 风电机中，可通过合理控制功率变流器和叶片桨距角实现上述目标。因此，为了确保有效运行，功率变流器控制与叶片桨距角控制需结合进行。

本节介绍了适用于 MSC、GSC 以及叶片桨距角控制的控制策略。

MSC 控制

可对 MSC 采用两种控制技术，实现 DFIG 风电机电磁转矩/功率以及无功功率/终端电压的独立控制。

1. 转子电流/电压 dq 分量控制；

2. 转子电压幅值和幅角控制。

MSC 中，最常采用转子电流/电压 dq 分量控制。

1. 转子电流/电压 dq 分量控制

此控制策略中，通过转子电流 q 分量 $\bar{i}_{qr}$ 控制电磁转矩/有功功率，转子电流 d 分量 $\bar{i}_{dr}$ 控制无功功率/终端电压[24]。此控制策略中包含两个控制器：$\bar{i}_{qr}$ 控制器采

风力发电系统手册

用最优转矩/功率提取曲线（转矩/功率—速度）根据实际转速确定参考转矩/功率，因此，风电机可在低于标称风速的情况下变速运行，将从风中提取的功率最大化，或者将在风速低于标称风速的条件下产生的功率限制为额定功率；$\bar{i}_{dr}$ 控制器允许风电机以设定功率因数或终端电压运行。图 14 – 27 显示了本控制策略的配置[4]。

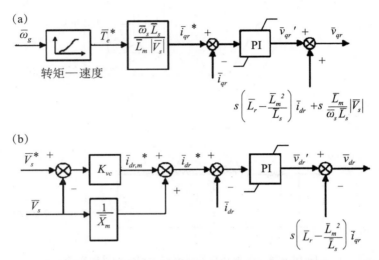

图 14 – 27　基于转子电流 *dq* 分量控制的 MSC 控制方案。**a.** 转矩控制器；**b.** 电压控制器

结合方程（14 – 20）、（14 – 38）～（14 – 41）并忽略定子电阻时，可求得与电磁转矩和转子电流 *q* 分量相关的表达式，具体如下：

$$\bar{T}_e = \frac{\bar{L}_m \bar{v}_{qs}}{\bar{\omega}_s \bar{L}_s} \bar{i}_{qr} \qquad (14-60)$$

功率和转矩与方程（14 – 43）相关，可通过转子电流 *q* 分量控制有功功率。

另一方面，DFIG 风电机馈入电网的无功功率是定子和 GSC 无功功率之和。但是，由于 GSC 通常以整功率因数运行，因此该无功功率等于定子无功功率。结合方程（14 – 26）、（14 – 38）～（14 – 41）并忽略定子电阻时，总无功功率与转子电流 *d* 分量直接相关。

$$\bar{Q}_g = \frac{\bar{L}_m \bar{v}_{qs}}{\bar{L}_s} \bar{i}_{dr} - \frac{\bar{v}_{qs}^2}{\bar{\omega}_s \bar{L}_s} \qquad (14-61)$$

将转子电流 *d* 分量进一步分为两个分量，总无功功率可表示为磁化发电机的无功功率 $\bar{Q}_{mag}$（$\bar{i}_{dr,m}$）和馈入电网的无功功率 $\bar{Q}_{gen}$（$\bar{i}_{dr,g}$）之和。

$$\bar{Q}_g = \bar{Q}_{mag} + \bar{Q}_{gen} = \frac{\bar{L}_m \bar{v}_{qs}}{\bar{L}_s}(\bar{i}_{dr,m} + \bar{i}_{dr,g}) - \frac{\bar{v}_{qs}^2}{\bar{\omega}_s \bar{L}_s} \qquad (14-62)$$

如果 $\bar{i}_{dr,m}$ 为下值，则磁化无功功率得到补偿：

$$\bar{i}_{dr,m} = \frac{\bar{v}_{qs}}{\omega_s \bar{L}_m} \qquad (14-63)$$

因此，DFIG 风电机馈入电网的无功功率与转子电流 d 分量直接相关。由于终端电压取决于馈入电网的无功功率，因此亦可通过转子电流的 d 分量控制终端电压。

但是，由于存在方程（14-40）和方程（14-41）所示交叉耦合效应，转子电压分量无法单独控制转子电流分量。可通过前馈补偿消除交叉耦合效应。转子电压分量由 PI 控制器和以下解耦前馈补偿确定：

$$\bar{v}_{dr} = \bar{v}'_{dr} - s\left(\bar{L}_r - \frac{\bar{L}_m^2}{\bar{L}_s}\right)\bar{i}_{qr} \qquad (14-64)$$

$$\bar{v}_{qr} = \bar{v}'_{qr} + s\left(\bar{L}_r - \frac{\bar{L}_m^2}{\bar{L}_s}\right)\bar{i}_{dr} + s\left(\frac{\bar{L}_m}{\omega_s \bar{L}_s}\right)|\bar{V}_s| \qquad (14-65)$$

随后，通过转子电压分量在变流器中进行电磁转矩/有功功率和无功功率/终端电压的解耦控制：分别通过 $\bar{v}_{qr}$ 和 $\bar{v}_{dr}$ 进行有功功率控制和无功功率/终端电压控制。事实上，变流器可建模为电流控制电压源。

［10］中描述了基于电流控制电压源的另外三类控制策略。在此类策略中，用转子电流的直流分量 $\bar{i}_{dr}$ 进行无功功率控制（如图 14-28 所示）。

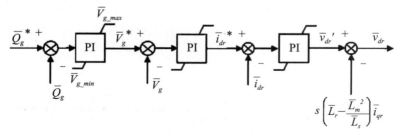

图 14-28　$\bar{v}_{dr}$ 控制器

第一类控制策略（如图 14-29 所示）中，分别通过转子电流正交分量和桨距角控制速度和有功功率。采用此类控制系统的 DFIG 风电机的运行策略可总结如下：

- 功率优化策略：风电机的有功功率参考值设定为其额定功率。风速低于额定风速时，叶片桨距角控制器不动作，桨距角保持在最优值。$\bar{v}_{qr}$ 控制器控制转速，叶尖速比保持在最优值，因此，风电机运行时可将从风中提取的功率最大化。

- 功率限制策略：风电机的有功功率参考值设定为其额定功率。风速高于额定风速时，通过桨距角控制器保持额定功率，$\bar{v}_{qr}$ 控制器将发电机转速保持在其

风力发电系统手册

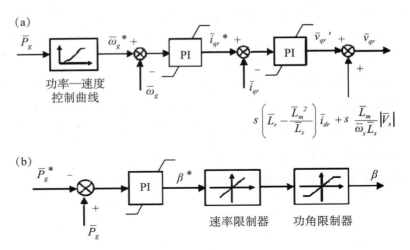

图 14 - 29　MSC 控制方案 1：a. $\bar{v}_{qr}$ 控制器；b. 桨距角控制器

额定值。

- 功率下调策略：风电机在功率下调条件下运行时，有功功率参考值从额定功率降低至风电场控制系统确定的参考值。这种情况下，叶片桨距角控制器作用于变桨叶片，使功率达到设定值。$\bar{v}_{qr}$ 控制器将转速调整至根据功率—速度曲线和参考功率推导出的参考值。

第二类控制策略（如图 14 - 30 所示）中，通过转子电流正交分量控制有功功率，通过叶片桨距角进行速度控制，将转速调整至根据最佳功率—速度曲线推导出的参考速度。

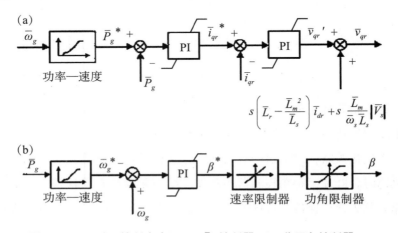

图 14 - 30　MSC 控制方案 2：a. $\bar{v}_{qr}$ 控制器；b. 桨距角控制器

- 功率优化策略：$\bar{v}_{qr}$ 控制器将输出功率调整至通过功率—速度曲线和实际转速

推导出的值,将从风中提取的功率最大化。由于发电机转速低于额定转速,叶片桨距角控制器不动作,桨距角保持在最优值。

- 功率限制策略:$\bar{v}_{qr}$ 控制器将输出功率限制为额定功率。同样地,桨距角控制器将转速限制为额定转速。

- 功率下调策略:叶片桨距角控制器将转速保持在通过功率—速度曲线和功率参考值推导出的速度参考值。此外,$\bar{v}_{qr}$ 控制器将输出功率调整至根据功率—速度曲线和实际转速得出的参考值。

第三类策略(如图 14 – 31 所示)中,有功功率控制设有选择模式,并作用于转子电压正交分量。速度控制功能通过控制叶片桨距角将转速限制为额定转速。可选择两种运行模式:功率优化/限制和功率下调。功率优化/限制模式中,控制器根据功率—速度曲线采用转速确定参考功率;功率下调模式中,将功率调整至所需设定值。该运行策略可总结如下:

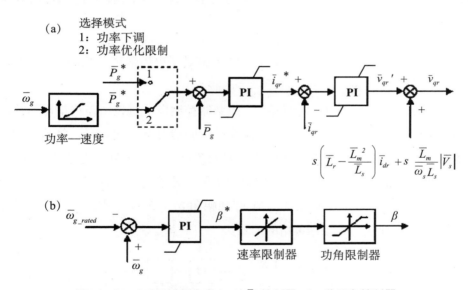

图 14 – 31 MSC 控制方案 3:a. $\bar{v}_{qr}$ 控制器;b. 桨距角控制器

- 功率优化策略:叶片桨距角控制器使桨距角保持在最优值,$\bar{v}_{qr}$ 控制器控制输出功率,风电机运行时可将从风中提取的功率最大化。

- 功率限制策略:$\bar{v}_{qr}$ 控制器维持额定功率,桨距角控制器将转速限制为额定转速。

- 功率下调策略:$\bar{v}_{qr}$ 控制器将输出功率调整至风电场控制系统确定的参考值,桨距角控制器将转速保持在额定转速。

还可采用基于转子电压分量直接控制的简化控制方式[12,22]，其中，MSC 被建模为受控电压源。在这种情况下，转子电压 q 分量 $\bar{v}_{qr}$ 控制转矩/有功功率，转子电压 d 分量 $\bar{v}_{dr}$ 控制无功功率/终端电压。本控制方案的配置如图 14 - 32 所示。

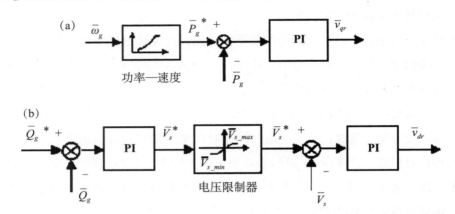

图 14 - 32 基于转子电压分量直接控制的 MSC 控制方案。**a.** 功率控制器；**b.** 无功功率控制器

2. 转子电压幅值和幅角控制

本控制策略中，分别通过转子电压幅值 $\bar{V}_r$ 和转子电压幅角 δ_r 控制功率和终端电压[4]。

本控制策略同样包含两个控制器。$\bar{V}_r$ 控制器控制风电机以所需终端电压或功率因数运行；δ_r 控制器控制风电机在低于标称风速的情况下变速运行，将从风中提取的功率最大化，或者将在风速高于标称风速的条件下产生的功率限制为额定功率。因此，本控制器采用最优功率提取曲线根据实际转速确定参考功率。确定转子电压矢量后，该电压矢量将从极坐标（幅值 $\bar{V}_r$ 和幅角 δ_r）转换至直角 dq 坐标（$\bar{v}_{dr}$ 和 $\bar{v}_{qr}$）。图 14 - 33 所示为本控制策略的配置。

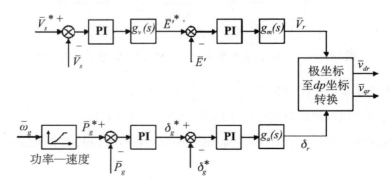

图 14 - 33 基于转子电压幅值和幅角控制的 MSC 控制方案

稳态条件下的定子有功功率和无功功率潮流可计算如下：

$$\overline{P}_s = j\overline{Q}_s = \mathbf{V}_s \mathbf{I}_s^* \qquad (14-66)$$

由图 14 - 24 所示稳态等效电路可知，忽略定子电阻，定子电流可表示为：

$$\mathbf{\overline{I}}_s = \frac{\mathbf{\overline{E}}' - \mathbf{\overline{V}}_s}{j\overline{X}_s'} \qquad (14-67)$$

将方程（14 - 67）代入方程（14 - 66），并分为实部和虚部，可通过定子有功功率和无功功率公式求得：

$$\overline{P}_s = \frac{\overline{E}'\overline{V}_s}{\overline{X}_s'} \sin\delta_r \qquad (14-68)$$

$$\overline{Q}_s = \frac{\overline{E}'\overline{V}_s}{\overline{X}_s'} \cos\delta_r - \frac{\overline{V}_s^2}{\overline{X}_s'} \qquad (14-69)$$

式中，$\overline{V}_s$ 和 $\overline{E}'$ 分别为暂态电抗后定子电压和等效电压的均方根值，δ_r 为两矢量间的负荷角。

结合方程（14 - 68）和（14 - 43），可采用下式计算馈入电网的总有功功率：

$$\overline{P}_g = \overline{P}_s + \overline{P}_r = (1-s)\frac{\overline{E}'\overline{V}_s}{\overline{X}_s'} \sin\delta_r \qquad (14-70)$$

如前所述，总无功功率等于定子无功功率：

$$\overline{Q}_g = \overline{Q}_s = \frac{\overline{E}'\overline{V}_s}{\overline{X}_s'} \cos\delta_r - \frac{\overline{V}_s^2}{\overline{X}_s'} \qquad (14-71)$$

由于负荷角通常较小，$\sin\delta_r \approx \delta_r$ 且 $\cos\delta_r \approx 1$，可将方程（14 - 70）和（14 - 71）简化为：

$$\overline{P}_g = (1-s)\frac{\overline{E}'\overline{V}_s}{\overline{X}_s'}\delta_r \qquad (14-72)$$

$$\overline{Q}_g = \overline{Q}_s = \frac{\overline{E}'\overline{V}_s}{\overline{X}_s'} - \frac{\overline{V}_s^2}{\overline{X}_s'} \qquad (14-73)$$

根据方程（14 - 72）和（14 - 73），有功功率 $\overline{P}_g$ 主要取决于负荷角 δ_r，无功功率 $\overline{Q}_g$ 主要取决于电压幅值，假设电网电压为常数时，无功功率取决于等效电压 $\overline{E}'$。

等效电压 $\overline{E}'$ 的幅值取决于转子磁通矢量 $\overline{\Psi}_r$，用方程（14 - 27）和（14 - 28）表示。尽管 $\overline{\Psi}_r$ 取决于发电机定子和转子电流 [如方程（14 - 15）和（14 - 16）所示]，但可根据方程（14 - 29）和（14 - 30）推导出，因此，可通过调整转子电压矢量 $\overline{V}_r$ 控制 $\overline{\Psi}_r$ 和 $\overline{E}'$。

GSC 控制

通常采用以下方式进行 GSC 控制：（1）将直流侧电容器电压维持在设定值，确

风力发电系统手册

保 DFIG 与电网间的有功功率交换；（2）以整功率因数运行，尽管其还可用于无功功率和终端电压控制。两种控制方法均可用于 GSC，以实现以下目标：

1. 矢量控制；

2. 负荷角控制。

在这种情况下，矢量控制是最常采用的 GSC 控制方法。另一方面，变流器有时运行速度很快，但通常可以忽略不计，因此，在暂态电压稳定性研究中通常只用 MSC 表示 DFIG 的变流器系统（Akhmatov[3]）。

1. 矢量控制

选择一个与电网电压空间矢量同步旋转的参考坐标系时，GSC 电网连接的动态模型为：

$$\bar{v}_{dg} = \bar{v}_{dc} + \bar{R}_c \cdot \bar{i}_{dc} + \bar{\omega} \cdot \bar{L}_c \cdot \bar{i}_{qc} + \bar{L}_c \cdot \frac{d\bar{i}_{dc}}{dt} \qquad (14-74)$$

$$\bar{v}_{qg} = \bar{v}_{qc} + \bar{R}_c \cdot \bar{i}_{qc} - \bar{\omega} \cdot \bar{L}_c \cdot \bar{i}_{dc} + \bar{L}_c \cdot \frac{d\bar{i}_{qc}}{dt} \qquad (14-75)$$

式中，$\bar{R}_c$ 和 $\bar{L}_c$ 分别表示电网连接的电感和电阻，$\bar{v}_{dc}$ 和 $\bar{v}_{qc}$ 表示 GSC 的电压分量，$\bar{\omega}$ 表示电网频率。

稳态条件下，导数项减少为零。最终，方程（14-74）和（14-75）可表示如下：

$$\bar{v}_{dg} = \bar{v}_{dc} + \bar{R}_c \cdot \bar{i}_{dc} + \bar{\omega} \cdot \bar{L}_c \cdot \bar{i}_{qc} \qquad (14-76)$$

$$\bar{v}_{qg} = \bar{v}_{qc} + \bar{R}_c \cdot \bar{i}_{qc} - \bar{\omega} \cdot \bar{L}_c \cdot \bar{i}_{dc} \qquad (14-77)$$

可用下式计算馈入电网的有功功率和无功功率：

$$\bar{P}_{gsc} = \bar{v}_{dg} \cdot \bar{i}_{dc} + \bar{v}_{qg} \cdot \bar{i}_{qc} \qquad (14-78)$$

$$\bar{Q}_{gsc} = \bar{v}_{qg} \cdot \bar{i}_{dc} - \bar{v}_{dg} \cdot \bar{i}_{qc} \qquad (14-79)$$

由于参考坐标的 d 轴面向电网电压方向，电网电压矢量 $\bar{v}_g = \bar{v}_{dg} + j \cdot 0$。因此，有功功率和无功功率可表示如下：

$$\bar{P}_{gsc} = \bar{v}_{dg} \cdot \bar{i}_{dc} \qquad (14-80)$$

$$\bar{Q}_{gsc} = -\bar{v}_{dg} \cdot \bar{i}_{qc} \qquad (14-81)$$

由方程（14-80）和（14-81）可知，可通过控制直流和正交电流分量分别控制有功功率和无功功率。

由于存在方程（14-76）和（14-77）所示交叉耦合效应，无法通过 GSC 电压分量独立控制电流分量。可通过前馈补偿消除交叉耦合效应。GSC 电压分量由 PI 控制器和以下解耦前馈补偿确定：

$$\bar{v}_{dc} = - \bar{v}'_{dc} - \bar{\omega} \cdot \bar{L}_c \cdot \bar{i}_{qc} + \bar{v}_{dg} \qquad (14-82)$$

$$\bar{v}_{qc} = - \bar{v}'_{qc} + \bar{\omega} \cdot \bar{L}_c \cdot \bar{i}_{dc} + \bar{v}_{qg} \qquad (14-83)$$

然后，通过 GSC 电压分量在变流器中进行直流侧电压和无功功率/电压的解耦控制：分别通过 $\bar{v}_{dc}$ 和 $\bar{v}_{qc}$ 进行直流侧电压控制和无功功率/电压控制。变流器可建模为电流控制电压源。图 14-34 所示为 GSC 的控制系统。可采用两台控制器控制直流侧电压和无功功率/电压。

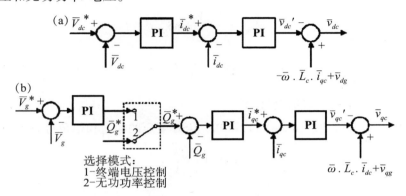

图 14-34　GSC 控制系统

a. 直流侧电压控制器（$\bar{v}_{dc}$ 控制器）；b. 无功功率/电压控制器（$\bar{v}_{qc}$ 控制器）

$\bar{v}_{dc}$ 控制器将直流侧电压控制为额定值，确保转子与电网间的有功功率交换。$\bar{v}_{qc}$ 控制器允许进行终端电压控制或无功功率控制。GSC 通常以整功率因数运行，因此，可将无功功率调节为零。

2. 负荷角控制

此控制策略中，通过 GSC 电压矢量的幅值和幅角控制直流侧电压和馈入电网的终端电压或无功功率，如图 14-35 所示[25]。

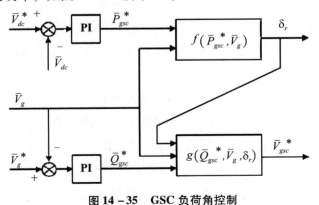

图 14-35　GSC 负荷角控制

风力发电系统手册

GSC 和电网间的功率传递可表示如下（如图 14-36 所示）：

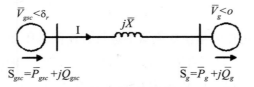

图 14-36　两个电源间的功率传递

$$\overline{P}_{gsc} = \frac{\overline{V}_{gsc}\overline{V}_g}{\overline{X}_c}\sin\delta_r \tag{14-84}$$

$$\overline{Q}_{gsc} = \frac{\overline{V}_{gsc}^2}{\overline{X}_c} - \frac{\overline{V}_{gsc}\overline{V}_g}{\overline{X}_c}\cos\delta_r \tag{14-85}$$

式中，$\overline{X}_c$ 表示电网连接的电抗。

由方程（14-84）和（14-85）可知，GSC 电压的幅值和幅角可表示如下：

$$\delta_r = \sin^{-1}\left(\frac{\overline{P}_{gsc}^*\overline{X}_c}{\overline{V}_{gsc}\overline{V}_g}\right) \tag{14-86}$$

$$\overline{V}_{gsc} = \frac{\overline{V}_{grid}\cos\delta_r + \sqrt{(\overline{V}_{grid}\cos\delta_r)^2 + 4\overline{X}_c\overline{Q}_{gsc}^*}}{2} \tag{14-87}$$

式中，$\overline{P}_{gsc}^*$ 和 $\overline{Q}_{gsc}^*$ 为功率参考值。

14.5.3.3　DFIG 风电机的动态模拟

为了说明 DFIG 风电机的性能，本节对风波动和电网故障条件下风电机的响应进行了模拟。

图 14-37、14-38 和 14-39 显示了与无穷大母线连接时，DFIG 风电机在图 14-10 所示切入风速条件下的性能。模拟中，对前述用于 MSC 的三种控制系统进行了对比（如图 14-29、14-30 和 14-31 所示），模拟了一台由其中一种系统控制的 DFIG 风电机。

为了说明风电机调节发电量（有功功率和无功功率）的能力，进行模拟时，风电机应以如下方式运行：

- 可在最初 60s 内产生可以注入电网的最大功率输出。
- 在 60s 时，风电机有功功率参考值降低 40%，斜度为 0.05。
- 最初 80s，风电机以整功率因数运行，但在其余模拟时间产生最大无功功率，斜度为 0.05。

由模拟结果可知，风速低于额定风速时（最初 20s），风电机变速运行，产生的有功功率低于额定值，可实现最优功率效率。在这种情况下，风电机以最大功率因

446

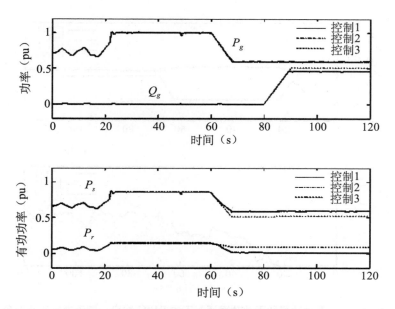

图 14 – 37　有功功率和无功功率调节下的 DFIG 响应：

馈入电网的功率、定子和转子有功功率

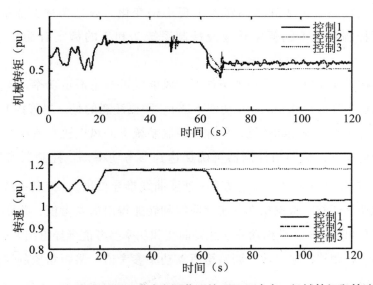

图 14 – 38　有功功率和无功功率调节下的 DFIG 响应：机械转矩和转速

数运行，桨距角保持在最优值。由于切入风速高于额定风速，DFIG 风电机在第 20s 至第 60s 间达到额定功率。在控制系统 1 中，桨距角控制器确保风电机达到额定功率，$\bar{v}_{qr}$ 控制器将转速保持在额定转速。控制系统 2 和 3 中，$\bar{v}_{qr}$ 控制器将输出功率调整至额定功率，桨距角控制器将转速限制为额定转速。

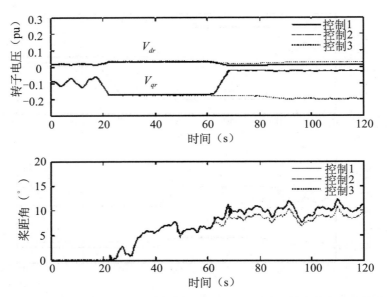

图 14-39　有功功率和无功功率调节下的 DFIG 响应：转子电压和桨距角

切入风速的变化以及对变桨叶片运动的速度限制会导致风电机控制系统 1 的输出功率以及控制系统 2 和 3 的转速出现小幅变化。通过功率变流器进行 $\bar{v}_{qr}$ 控制，能够对控制系统 1 的额定转速及控制系统 2 和 3 的额定有功功率进行精准调整。

此外，在风速超过额定风速的条件下，风电机可产生额定功率，但是，应将风电机的输出功率降低至 0.6p. u.（功率下调）。需要注意的是，尽管控制系统 1 和 2 在控制变量方面可实现相同性能，但配备控制系统 1 的风电机在响应方面的可变性更高。这种情况下，桨距角控制器可确保达到参考功率，$\bar{v}_{qr}$ 控制器将转速调整至 0.899p. u.（根据功率参考值通过功率—速度曲线推导得出）。控制系统 2 中，$\bar{v}_{qr}$ 控制器将输出功率调整至根据功率—速度曲线和转速得出的参考值，桨距角控制器将转速调整至 0.899p. u.（根据功率—速度曲线和功率参考值推导得出）。最后，控制系统 3 中，$\bar{v}_{qr}$ 控制器将输出功率调整至所需功率参考值，桨距角控制器保持转速恒定为额定转速。

需要注意的是，转速低于同步转速（0.899p. u.）时，配备控制系统 1 和 2 的风电机产生参考功率，因此，转子绕组消耗有功功率，如图 14-22 所示。另一方面，对于控制系统 3，转速高于同步转速时，达到参考功率。在这种情况下，定子和转子绕组均产生有功功率，如图 14-22 所示。功率下调时，配备控制系统 1 和 2 的风电机转速相同，因此，在两种控制系统中，$\bar{v}_{qr}$ 变量的控制方式相同。由于控制系统 3 的发电速度不同，风电机控制系统所需的 $\bar{v}_{qr}$ 值也不相同。此外，配备控制系统 3 的风电机所需的桨距角比配备控制系统 1 和 2 的风电机所需桨距角小；由于转速较高，叶尖速比不同。可通过不同桨距角降低功率因数，这证明了三种控制系统在桨距角方面的差异。

在最初 80s 内，风电机以整功率因数运行，产生最大无功功率。需要注意的是，将风电机的运行模式从整功率因数运行转变为最大无功功率运行时，无功功率和转子电压的直流分量 $\bar{v}_{dr}$ 增加。

风电机在无功率下调的情况下运行时（最初 60s），三种控制系统的 $\bar{v}_{dr}$ 控制性能相同。由于有功功率具有可变性，配备控制系统 1 的风电机的无功功率可变性较高。此外，功率下调时，控制系统 1 和 2 的 $\bar{v}_{dr}$ 控制性能相似，但与控制系统 3 的 $\bar{v}_{dr}$ 控制性能不同。功率下调过程中，配备控制系统 1 和 2 的风电机以低于同步转速的转速运行，定子绕组产生功率，转子绕组从电网吸收功率。控制系统 3 中，风电机以高于同步转速的转速运行，定子和转子绕组均产生功率。因此，配备控制系统 3 的风电机需要的定子功率较低。由于最大无功功率取决于定子功率，因此此类风电机可产生较高的无功功率。

图 14-40 和 14-41 显示了电压骤降条件下与无穷大母线连接的 DFIG 风电机的

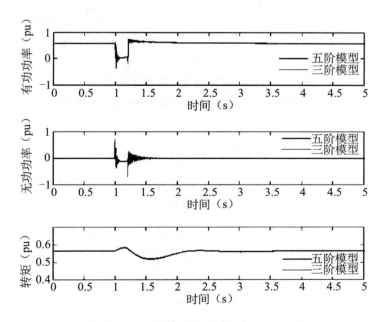

图 14-40　电压骤降时（0.2s 内降低 40%）

采用五阶模型和三阶模型得出的 DFIG 响应：有功功率、无功功率和转矩

性能。这种情况下，无穷大母线的电压在0.2s内下降40%，并在故障清除后开始恢复。模拟中，假设切入风电机的风速恒定不变，风电机需要以整功率因数运行。再次对比通过感应发电机五阶模型和三阶模型获得的数据。风电机出现电压骤降时，产生的有功功率下降，但是机械功率不变，因此，风电机加速。电压开始恢复时，由于转速增加，会出现暂态期，但是由于配备了功率变流器，与 FS-SCIC 相比，暂态期更平滑。在三阶模型得出的响应情况中未观察到五阶模型显示的振荡响应，这是因为三阶模型仅表示基频分量。

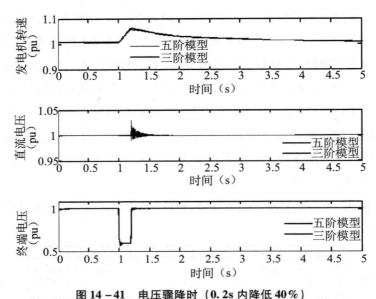

图 14 - 41 电压骤降时（0.2s 内降低 40%）
采用五阶模型和三阶模型得出的 DFIG 响应：发电机转速、直流电压和终端电压

14.5.4 直驱同步发电机

直驱同步发电机采用了同步发电机，同步发电机转子的极数较多，且定子绕组通过完整规模功率变流器与电网连接，使得发电机低速运行。也就是说，发电机直接与风轮耦合，无需齿轮箱。可通过载流绕组（电励磁同步发电机，EESG）或永磁体（永磁同步发电机，PMSG）获得转子励磁。图 14 - 42 所示为直驱 EE-SG 和 PMSG 风电机的典型配置。

同步发电机与完整规模功率变流器结合在风电机设计理念中是极具吸引力的。此类风电机能够将转速控制在同步转速的0%至100%，提供无功功率补偿并确保电网顺利连接。功率变流器的额定功率相当于发电机额定功率与功率损耗之和。功率变流器可控制流入电网的功率。此外，功率变流器还可解耦电网频率和机械转子频

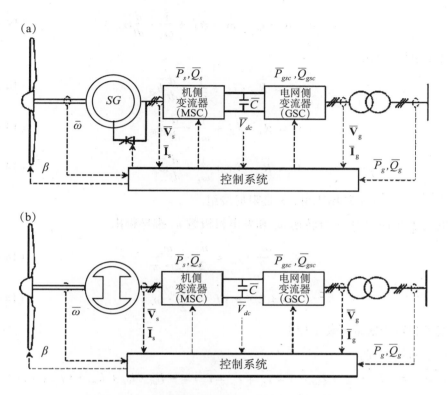

图 14 – 42　直驱风电机配置：a. EESG；b. PMSG

率，控制发电机转速，从而实现变速发电。变速发电机具有以下优势：机械应力降低、功率捕获增加、噪声小、控制能力强，是大规模风电并网中考虑的主要因素。此类风电机还具有叶片桨距角控制功能，可限制从风中提取的功率。与 DFIG 相比，变速发电机更加高效。从电气工程的角度来看，其结构简单，易于制造。但是，此类风电机仍然存在不足，即成本太高[16]。

14.5.4.1　DDSG 发电系统

同步发电机：EESG 和 PMSG

可通过一个六阶模型描述 EESG 的特性，采用一个与转子磁轴对齐并以转速 ω_r 转动的 dq 参考坐标系表示。该模型由五个电气微分方程（两个定子电压方程和三个转子电压方程）和一个机械微分方程组成，如方程（14 – 19）所示。电气方程以每单位表示，见 [5，15]：

定子电压方程：

$$\overline{v}_{ds} = -\overline{R}_s \cdot \overline{i}_{ds} - \overline{\omega}_e \cdot \overline{\psi}_{qs} + \frac{1}{\omega_b} \cdot \frac{d}{dt}\overline{\psi}_{ds} \qquad (14-88)$$

$$\bar{v}_{qs} = -\bar{R}_s \cdot \bar{i}_{qs} + \bar{\omega}_e \cdot \bar{\psi}_{ds} + \frac{1}{\omega_b} \cdot \frac{d}{dt}\bar{\psi}_{qs} \qquad (14-89)$$

转子电压方程：

$$\bar{v}_{df} = \bar{R}_{df} \cdot \bar{i}_{df} + \frac{1}{\omega_b} \cdot \frac{d}{dt}\bar{\psi}_{df} \qquad (14-90)$$

$$0 = \bar{R}_{dk} \cdot \bar{i}_{dk} + \frac{1}{\omega_b} \cdot \frac{d}{dt}\bar{\psi}_{dk} \qquad (14-91)$$

$$0 = \bar{R}_{qk} \cdot \bar{i}_{qk} + \frac{1}{\omega_b} \cdot \frac{d}{dt}\bar{\psi}_{qk} \qquad (14-92)$$

式中，指数 f 是磁场绕组，k 是阻尼绕组。

电气速度 ω_e 可由机械转速 ω_r 和发电机极数 n_p 推导得出。

$$f_e = \frac{n_p}{2} \cdot f_m = \frac{n_p}{2} \cdot \frac{\omega_r}{2 \cdot \pi} \qquad (14-93)$$

$$\omega_e = 2 \cdot \pi \cdot f_e = \frac{n_p}{2} \cdot \omega_r \qquad (14-94)$$

定子和转子通量可表示如下：

定子通量方程：

$$\bar{\psi}_{ds} = -\bar{L}_{ls} \cdot \bar{i}_{ds} + \bar{L}_{dm} \cdot (-\bar{i}_{ds} + \bar{i}_{df} + \bar{i}_{dk}) = -\bar{L}_{ds} \cdot \bar{i}_{ds} + \bar{L}_{dm} \cdot (\bar{i}_{df} + \bar{i}_{dk})$$
$$(14-95)$$

$$\bar{\psi}_{qs} = -\bar{L}_{ls} \cdot \bar{i}_{qs} + \bar{L}_{qm} \cdot (-\bar{i}_{qs} + \bar{i}_{qk}) = -\bar{L}_{qs} \cdot \bar{i}_{qs} + \bar{L}_{qm} \cdot \bar{i}_{qk} \qquad (14-96)$$

转子通量方程：

$$\bar{\psi}_{df} = \bar{L}_{lf} \cdot \bar{i}_{df} + \bar{L}_{dm} \cdot (-\bar{i}_{ds} + \bar{i}_{df} + \bar{i}_{dk}) \qquad (14-97)$$

$$\bar{\psi}_{dk} = \bar{L}_{ldk} \cdot \bar{i}_{dk} + \bar{L}_{dm} \cdot (-\bar{i}_{ds} + \bar{i}_{df} + \bar{i}_{dk}) \qquad (14-98)$$

$$\bar{\psi}_{qk} = \bar{L}_{lqk} \cdot \bar{i}_{qk} + \bar{L}_{qm} \cdot (-\bar{i}_{qs} + \bar{i}_{qk}) \qquad (14-99)$$

式中，$\bar{L}_{ls}$ 表示定子漏电感，$\bar{L}_{dm}$ 和 $\bar{L}_{qm}$ 表示 d 和 q 轴互感，$\bar{L}_{lf}$ 表示磁场电感，$\bar{L}_{ldk}$ 和 $\bar{L}_{lqk}$ 表示 d 和 q 轴阻尼绕组电感，$\bar{L}_{ds} = \bar{L}_{ls} + \bar{L}_{dm}$ 和 $\bar{L}_{qs} = \bar{L}_{ls} + \bar{L}_{qm}$ 表示 d 和 q 轴定子电感。

电磁转矩表示如下：

$$\bar{T}_e = \bar{\psi}_{ds} \cdot \bar{i}_{qs} - \bar{\psi}_{qs} \cdot \bar{i}_{ds} \qquad (14-100)$$

可通过以下方程求得定子有功功率和无功功率：

$$\bar{P}_s = \bar{u}_{ds} \cdot \bar{i}_{ds} + \bar{u}_{qs} \cdot \bar{i}_{qs} \qquad (14-101)$$

$$\bar{Q}_s = \bar{u}_{qs} \cdot \bar{i}_{ds} - \bar{u}_{ds} \cdot \bar{i}_{qs} \qquad (14-102)$$

对于 PMSG，永磁体可使定子相中产生一个恒定通量 $\bar{\psi}_{pm}$，因此，其特性通常用三阶模型表示，电气方程可表示为：

$$\bar{v}_{ds} = -\bar{R}_s \cdot \bar{i}_{ds} - \bar{\omega}_e \cdot \bar{\psi}_{qs} + \frac{1}{\omega_b} \cdot \frac{d}{dt}\bar{\psi}_{ds} \qquad (14-103)$$

$$\bar{v}_{qs} = -\bar{R}_s \cdot \bar{i}_{qs} + \bar{\omega}_e \cdot \bar{\psi}_{ds} + \frac{1}{\omega_b} \cdot \frac{d}{dt}\bar{\psi}_{qs} \qquad (14-104)$$

$$\bar{\psi}_{ds} = -\bar{L}_{ds} \cdot \bar{i}_{ds} + \bar{\psi}_{pm} \qquad (14-105)$$

$$\bar{\psi}_{qs} = -\bar{L}_{qs} \cdot \bar{i}_{qs} \qquad (14-106)$$

永磁体生成的励磁电压 E_g 可表示为：

$$\bar{E}_g = \bar{\omega}_e \cdot \bar{\psi}_{pm} \qquad (14-107)$$

对于电压和功角稳定性研究，亦可采用 DDSG 一阶模型[5,15]。构建该模型时可忽略此前电气方程中的通量暂态值（d/dt 项），只考虑机械方程。图 14-43 显示了 EESG 和 PMSG 中与该模型相对应的等效电路。

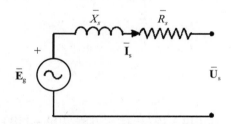

图 14-43　一阶模型（稳态模型）DDSG 等效电路

对于无阻尼绕组的 EESG，电气方程可简化如下：

定子方程：

$$\bar{v}_{ds} = -\bar{R}_s \cdot \bar{i}_{ds} - \bar{\omega}_e \cdot \bar{\psi}_{qs} \qquad (14-108)$$

$$\bar{v}_{qs} = -\bar{R}_s \cdot \bar{i}_{qs} + \bar{\omega}_e \cdot \bar{\psi}_{ds} \qquad (14-109)$$

$$\bar{\psi}_{ds} = -\bar{L}_{ds} \cdot \bar{i}_{ds} + \bar{L}_{dm} \cdot \bar{i}_{df} \qquad (14-110)$$

$$\bar{\psi}_{qs} = -\bar{L}_{qs} \cdot \bar{i}_{qs} \qquad (14-111)$$

转子方程：

$$\bar{v}_{df} = \bar{R}_{df} \cdot \bar{i}_{df} \qquad (14-112)$$

将方程（14-110）和（14-111）代入定子电压方程（14-108）和（14-109），可得：

$$\bar{v}_{ds} = -\bar{R}_s \cdot \bar{i}_{ds} + \bar{X}_{qs} \cdot \bar{i}_{qs} \qquad (14-113)$$

$$\bar{v}_{qs} = -\bar{R}_s \cdot \bar{i}_{qs} - \bar{X}_{ds} \cdot \bar{i}_{ds} + \bar{\omega}_e \cdot \bar{L}_{dm} \cdot \bar{i}_{df} \qquad (14-114)$$

式中，$\bar{X}_{ds} = \bar{\omega}_e \cdot \bar{L}_{ds}$ 且 $\bar{X}_{qs} = \bar{\omega}_e \cdot \bar{L}_{qs}$。

通过方程（14－112）求解 $\bar{i}_{df}$，并将其代入方程（14－114），可得：

$$\bar{v}_{qs} = -\bar{R}_s \cdot \bar{i}_{qs} - \bar{X}_{ds} \cdot \bar{i}_{ds} + \bar{\omega}_e \cdot \bar{L}_{dm} \cdot \frac{\bar{v}_{df}}{R_{df}} \qquad (14-115)$$

确定变量 $\bar{E}_g = \bar{\omega}_e \cdot \bar{L}_{dm} \cdot \dfrac{\bar{v}_{df}}{R_{df}}$，方程（14－115）可表示为：

$$\bar{v}_{qs} = -\bar{R}_s \cdot \bar{i}_{qs} - \bar{X}_{ds} \cdot \bar{i}_{ds} + \bar{E}_g \qquad (14-116)$$

终端电压矢量 $\bar{\mathbf{V}}_s = \bar{v}_{ds} + j\bar{v}_{qs}$ 可表示为：

$$\bar{\mathbf{V}}_s = \bar{v}_{ds} + j\bar{v}_{qs} = -\bar{R}_s \cdot (\bar{i}_{ds} + j\bar{i}_{qs}) + (\bar{X}_{qs} \cdot \bar{i}_{qs} - j\bar{X}_{ds} \cdot \bar{i}_{ds}) + j\bar{E}_g \qquad (14-117)$$

忽略显著性（$\bar{X}_{ds} = \bar{X}_{qs} = \bar{X}_s$），考虑电流矢量 $\bar{\mathbf{I}}_s = \bar{i}_{ds} + j\bar{i}_{qs}$，可通过下式计算终端电压矢量：

$$\bar{\mathbf{V}}_s = \bar{v}_{ds} + j\bar{v}_{qs} = -(\bar{R}_s + j\bar{X}_s) \cdot \bar{\mathbf{I}}_s + j\bar{E}_g \qquad (14-118)$$

对于 PMSG，一阶模型的电气方程如下：

$$\bar{v}_{ds} = -\bar{R}_s \cdot \bar{i}_{ds} - \bar{\omega}_e \cdot \bar{\psi}_{qs} \qquad (14-119)$$

$$\bar{v}_{qs} = -\bar{R}_s \cdot \bar{i}_{qs} + \bar{\omega}_e \cdot \bar{\psi}_{ds} \qquad (14-120)$$

$$\bar{\psi}_{ds} = -\bar{L}_{ds} \cdot \bar{i}_{ds} + \bar{\psi}_{pm} \qquad (14-121)$$

$$\bar{\psi}_{qs} = -\bar{L}_{qs} \cdot \bar{i}_{qs} \qquad (14-122)$$

将方程（14－121）和（14－122）代入方程（14－119）和（14－120），考虑 PMSG 中缺少显著性（$\bar{X}_{ds} = \bar{X}_{qs} = \bar{X}_s$），可得：

$$\bar{v}_{ds} = -\bar{R}_s \cdot \bar{i}_{ds} + \bar{X}_s \cdot \bar{i}_{qs} \qquad (14-123)$$

$$\bar{v}_{qs} = -\bar{R}_s \cdot \bar{i}_{qs} - \bar{X}_s \cdot \bar{i}_{ds} + \bar{\omega}_e \cdot \bar{\psi}_{pm} \qquad (14-124)$$

采用与 EESG 相同的步骤，PMSG 终端电压矢量可表示如下：

$$\bar{\mathbf{V}}_s = \bar{v}_{ds} + j\bar{v}_{qs} = -(\bar{R}_s + j\bar{X}_s) \cdot \bar{\mathbf{I}}_s + j\bar{E}_g \qquad (14-125)$$

式中，$\bar{E}_g$ 表示永磁体产生的励磁电压，如方程（14－107）所示。

DDSG 功率变流器

DDSG 完整规模功率变流器采用的变流器拓扑如下：

1. 未稳压二极管整流器和背靠背 IGBT 电桥构成 GSC，控制发电机运行，通过控制直流侧电压的直流升压器连接（如图 14－44a）。该配置常用于 EESG，但亦可用于 PMSG。

2. 两台背靠背 IGBT 电桥（MSC 和 GSC）通过直流母线连接（如图 14－44b），以调整发电机三相交流输出，源自整流器的直流输出馈入 IGBT 换流器。MSC 允许进行发电机有功功率控制，以及定子电流、无功功率或定子电压控制，主要取决于

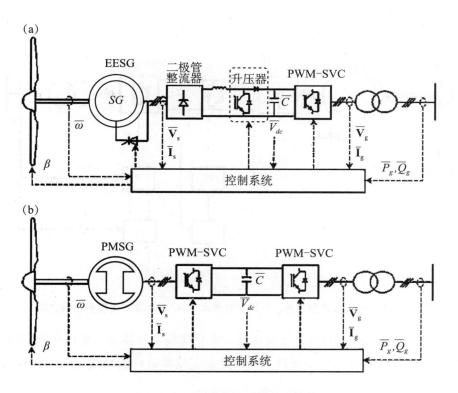

图 14 - 44　直驱风电机变流器拓扑图

a. 二极管整流器和升压变流器；b. 两台背靠背电压源变流器（PWM-SVC）

变流器采用的控制策略[19]。GSC 配备背靠背 IGBT 换流器，可确保发电机与电网间的有功功率交换，生成或吸收无功功率，从而以所需功率因数或终端电压运行。该配置比较常见，尤其适用于 PMSG。

14.5.4.2　DDSG 控制系统

与 DFIG 风电机一样，DDSG 风电机控制系统旨在：

- 将在各种风速条件下提取的功率最大化（亦称为功率优化）；
- 将高风速条件下的功率限制在额定功率范围内（功率限制）；
- 将有功功率和无功功率调整至风电场控制系统设定的额定值（功率调节）；
- 将电网连接点处的电压调整至设定的额定值（电压调节）；
- 为了有效运行，必须通过叶片桨距角控制功率变流器。

使用二极管整流器、升压变流器和 GSC 控制功率变流器

使用未稳压二极管整流器、升压器变流器和 GSC 的变流器拓扑控制方案如图 14 - 45 所示[1]。

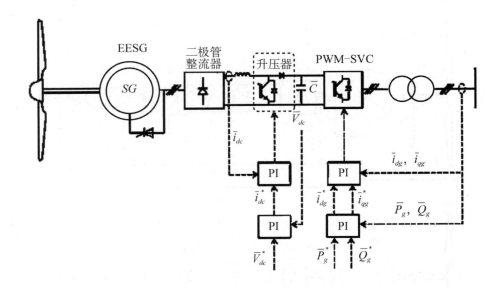

图 14 – 45   带二极管整流器、升压变流器和 GSC 的功率变流器的控制方案

该配置中，通过控制直流升压变流器，将直流侧电容器电压维持在设定值，确保 DDSG 与电网间的有功功率交换。合理控制变流器运行的时间（工作周期），实现直流侧电压控制。

通常采用以下方式控制 GSC：（1）控制 DDSG 向电网注入的有功功率；（2）以整功率因数运行，也可通过无功功率或终端电压控制。

同样地，也可对 GSC 进行矢量和负荷角控制，以实现上述目标。矢量控制是最常用的控制方式。

1. 矢量控制

可用方程（14 – 74）～（14 – 81）表示 GSC 模型，式中，由于采用了完整规模功率变流器，$\bar{i}_{dc}$ 和 $\bar{i}_{qc}$ 表示 DDSG 注入电网的总电流（$\bar{i}_{dg}$ 和 $\bar{i}_{qg}$）。

由方程（14 – 80）和（14 – 81）可知，可分别通过控制直流和正交电流分量实现有功功率和无功功率控制。

由于存在交叉耦合效应，无法通过 GSC 电压分量独立控制电流分量，因此，必须采用方程（14 – 82）和（14 – 83）确定的耦合前馈补偿。

随后，通过 GSC 电压分量对变流器的有功功率和无功功率/电压进行解耦控制：通过 $\bar{v}_{dc}$ 进行有功功率控制，$\bar{v}_{qc}$ 进行无功功率/终端电压控制。变流器可建模为电流控制电压源。图 14 – 46 所示为 GSC 的控制系统。

$\bar{v}_{dc}$ 控制器控制 DDSG 注入电网的有功功率。可通过功率—速度控制曲线和转速

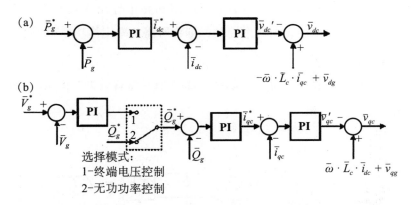

图 14 – 46　采用带二极管整流器和升压变流器的功率变流器时 GSC 矢量控制的控制方案
a. 有功功率控制器（$\bar{v}_{dc}$ 控制器）；b. 无功功率/电压控制器（$\bar{v}_{qc}$ 控制器）

求得功率参考值。$\bar{v}_{qc}$ 控制器进行无功功率控制或电压控制。

2. 负荷角控制

同样地，可通过 GSC 电压矢量的幅值和幅角控制馈入电网的有功功率和终端电压或无功功率（如图 14 – 47 所示配置）。

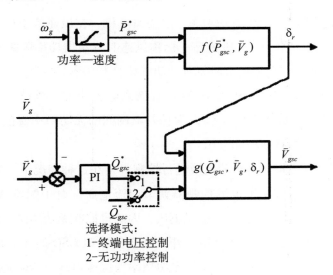

图 14 – 47　GSC 负荷角控制

可用方程（14 – 84）和（14 – 85）表示 GSC 和电网间的功率传递。由上述方程可知，有功功率主要取决于负荷角 δ_r，无功功率主要取决于电压幅值，尤其是假设电网电压为常数时的 GSC 电压 $\bar{v}_{gsc}$。

该控制方案中，可通过功率—速度控制曲线和转速求得有功功率参考值。若

風力发电系统手册

GSC 采用终端电压控制，可根据终端电压控制回路推导出无功功率参考值，如图 14 - 47 所示；若 GSC 采用无功功率控制，则将所需功率用作功率参考值。

MSC 和 GSC 控制

图 14 - 48 所示为带两个通过直流母线连接的背靠背 IGBT 电桥（MSC 和 GSC）的变流器拓扑的控制方案。

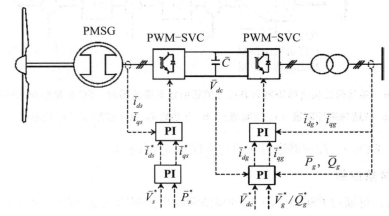

图 14 - 48　MSC 和 GSC 控制方案

MSC 通常控制 DDSG 产生有功功率，驱动风电机，在风速低于标称风速时实现最优功率效率（功率优化），在风速高于标称风速时将输出功率限制为额定值（功率限制），或在需要进行功率调节时将有功功率调整至功率参考值（功率调节）。

通常采用以下方式控制 GSC：（1）将直流侧电容器电压维持在设定值，确保 PMSG 与电网间的有功功率交换；（2）保持与电网间的无功功率交换，确保风电机运行时达到所需功率因数或终端电压。

可采用不同控制方案对两个变流器进行控制[1]。在这种情况下，MSC 通过 d 轴电流调节直流电压，通过 q 轴电流控制器调节交流电压。对于配备 AVR 的 EESG，由于 AVR 允许通过励磁电流控制发电机电压，因此可控制无功功率，而无需控制交流电压。可采用与配备二极管整流器、升压器变流器和 GSC 的相同配置方式进行 GSC 控制。因此，虽然 GSC 可用于控制无功功率或终端电压，GSC 亦允许对 DDSG 馈入电网的有功功率进行控制，并以整功率因数运行。

虽然也可以进行负荷角控制，但矢量是 MSC 和 GSC 中最常用的控制方法。负荷角控制更加简单，但是，出现瞬时事件时，负荷角控制的作用比矢量控制小。

1. MSC 控制

在负荷角控制中，采用 MSG 电压矢量的幅值和幅角单独控制发电机的有功功率和无功功率，如图 14-49 所示。

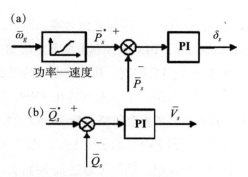

图 14-49　MSC 负荷角控制。a. 有功功率控制器；b. 无功功率控制器

发电机内部电压 $\overline{E}_g$ 和 MSC 终端电压 $\overline{V}_s$ 之间的有功功率和无功功率潮流取决于同步电抗 $\overline{X}_s$ 和电压 δ_s 间的相角。假设相角小值为 δ_s，有功功率和无功功率潮流可表示如下：

$$\overline{P}_s = \frac{\overline{E}_g \overline{V}_s}{X_s}\sin\delta_s \approx \frac{\overline{E}_g \overline{V}_s}{X_s}\delta_s \qquad (14-126)$$

$$\overline{Q}_s = \frac{\overline{E}_g^2}{X_s} - \frac{\overline{E}_g \overline{V}_s}{X_s}\cos\delta_s \approx \frac{\overline{E}_g^2}{X_s} - \frac{\overline{E}_g \overline{V}_s}{X_s} \qquad (14-127)$$

由方程（14-126）和（14-127）可知，有功功率 $\overline{P}_s$ 取决于相角 δ_s，无功功率 $\overline{Q}_s$ 取决于 MSC 终端电压 $\overline{V}_s$ 的幅值，这是由于短期瞬时事件过程中电压 $\overline{E}_g$ 的幅值不会发生太大变化。通常，控制 MSC，保持无功功率为零，根据功率—速度控制曲线和转速推导有功功率。

采用定子电流 dq 分量进行 MSC 矢量控制。电磁转矩可表示如下：

$$\overline{T}_e = \overline{\psi}_m \cdot \overline{i}_{qs} - (\overline{L}_{ds} - \overline{L}_{qs}) \cdot \overline{i}_{ds} \cdot \overline{i}_{qs} \qquad (14-128)$$

式中：

$$\overline{\psi}_m = \begin{cases} \overline{L}_{dm} \cdot \overline{i}_{df} & \text{for EESG} \\ \overline{\psi}_{pm} & \text{for PMSG} \end{cases}$$

对于带凸极转子的 EESG，控制 $\overline{i}_{ds}$，确保其值为零，实现矢量控制。可通过 $\overline{i}_{qs}$ 控制实现电磁转矩控制。

$$\overline{T}_e = \overline{\psi}_m \cdot \overline{i}_{qs} \qquad (14-129)$$

对于带隐极转子的 EESG 或 PMSG，可以忽略发电机显著性，确保发电机直接电感和正交电感保持一致（$\overline{L}_{ds} = \overline{L}_{qs}$），然后根据方程（14-128）求得电气转矩。在这种情况下，MSC 可采用不同控制策略[19]。所有此类策略均基于通过 $\overline{i}_{qs}$ 控制实现发电机电气转矩和有功功率控制：（1）最小定子电流控制；（2）整功率因数控制；（3）恒定定子电压控制。

在最小定子电流控制中，控制 $\bar{i}_{ds}$，确保其值为零。但是，由于通过方程（14–102）所得发电机无功功率不为零，因此该控制策略要求增加变流器额定功率。

可采用 $\bar{i}_{ds}$ 实现发电机整功率因数控制，补偿发电机的无功功率需求。该控制策略将变流器的额定功率最小化。但是，由于未直接在 PMSG 内控制定子电压，且定子电压随速度变化，出现超速时，该控制策略可能引起变流器和发电机过电压。

在恒定定子电压控制中，控制 PMSG 的定子电压，而非无功功率。通过 $\bar{i}_{qs}$ 控制实现发电机电气转矩和有功功率控制，确保可通过 $\bar{i}_{ds}$ 控制实现定子电压控制，如方程（14–123）所示。在这种情况下，发电机和变流器通常以设计和优化时设定的额定电压运行。此外，高转速条件下不存在过电压和变流器饱和风险。但是，由于发电机的无功功率需求，该控制策略亦要求增加变流器额定功率。

由于存在 EESG 方程（14–113）和（14–114）及 PMSG 方程（14–123）和（14–124）所示交叉耦合效应，因此无法直接通过定子电压分量控制定子电流分量。可通过前馈补偿消除交叉耦合效应。

$$\bar{v}_{ds} = -\bar{v}'_{ds} + \bar{X}_{qs} \cdot \bar{i}_{qs} \qquad (14-130)$$

$$\bar{v}_{qs} = -\bar{v}'_{qs} - \bar{X}_{ds} \cdot \bar{i}_{ds} + \bar{E}_g \qquad (14-131)$$

然后通过定子电压分量在变流器中进行有功功率和定子电压的解耦控制：分别通过 $\bar{v}_{qs}$ 和 $\bar{v}_{ds}$ 进行有功功率控制和定子电压控制。事实上，变流器可建模为电流控制电压源。图 14–50 所示为 MSC 的控制系统[11]。

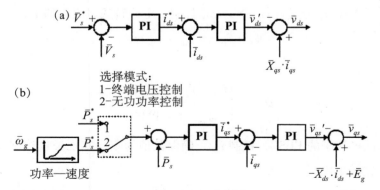

图 14–50　MSC 矢量控制。a. 定子电压控制器（$\bar{v}_{ds}$控制器）；b. 功率控制器（$\bar{v}_{qs}$控制器）

$\bar{v}_{ds}$ 控制器（如图 14–50a 所示）确定定子电压的直流分量，维持额定定子电压。$\bar{v}_{qs}$ 控制器（如图 14–50b 所示）是一种通过定子电压正交分量控制输出功率的有功功率控制器。该控制器配备一个选择器，进行运行模式选择。可选择两种运行模式：功率优化/限制和功率下调。功率优化/限制模式中，控制器采用功率—速度曲线通过转速确定功率参考值。随后，风电机变速运行，将风速低于标称风速时从风中提取的功率最大化，或者将风速高于标称风速时的输出功率限制为额定功率。功率下调模式中，控制器采用专为风电机设定的功率设定值，而非通过功率—速度曲线推导的功率参考值。

结合叶片桨距角控制器控制 MSC，控制方案如图 14-51 所示。当转速增加至额定转速时，该控制器调整桨距角，降低功率因数，从而减少从风中提取的功率。发电机转速低于额定转速时，控制器保持最优桨距角，确保风电机以最佳功率因数运行。另一方面，风电机以功率限制或功率下调策略运行时，控制器将转速限制为额定转速。事实上，在任何运行条件下，叶片桨距角控制器均作为转速限制器运行。

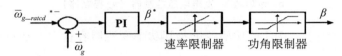

图 14-51　叶片桨距角控制器

控制策略可总结如下：
- 功率优化策略：叶片桨距角控制器将桨距角保持在最优值，MSC 功率控制器作用于 $\bar{v}_{qs}$，将从风中提取的功率最大化。
- 功率限制策略：MSC 功率控制器确保额定功率不变，桨距角控制器将转速限制为额定转速。
- 功率下调策略：$\bar{v}_{qs}$ 控制器将输出功率调整至设定值，叶片桨距角控制器将转速保持在额定转速。

2. GSC 控制

采用与"GSC 控制"章节所述用于 DFIG 的控制方法相同的方式进行 GSC 控制：（1）将直流侧电容器电压维持在设定值，确保 DFIG 与电网间的有功功率交换；（2）以整功率因数运行，还可用于无功功率和终端电压控制。相应地，采用了矢量控制和负荷角控制两种控制方法。

图 14-52 显示了所述 PMSG 所用 GSC 的矢量控制[11]。在这种情况下，$\bar{v}_{qc}$ 控制器配备一个选择器，选择无功功率控制或电压控制。当风电机作为 PV 节点运行时，电压控制器将电压调整至所需参考值 $\bar{V}_g^*$。控制器设定无功功率参考值 $\bar{Q}_g^*$。无功功率控制器将无功功率调整至参考值 $\bar{Q}_g^*$。风电机的最大无功功率取决于产生的功率和电压，因此采用了无功功率限制器。

PMSG 风电机的功率容量表示风电机可与电网交换的最大有功功率和无功功率。

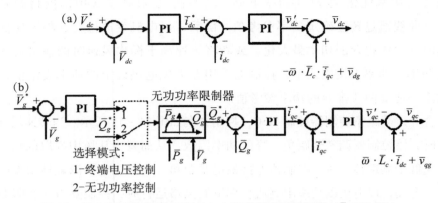

图 14 – 52　GSC 矢量控制方案。a. 直流侧电压控制器（$\bar{v}_{dc}$ 控制器）；
b. 无功功率/发电电压控制器（$\bar{v}_{qc}$ 控制器）

此类运行限制取决于 PSMG 的功率容量及其功率变流器容量[7]。运行限制取决于以下限制因素。

1. PMSG 可以产生的额定有功功率。

$$\bar{P}_{g,\max} = \bar{P}_{rated} \qquad (14-132)$$

2. 变流器可向电网传递的最大视在功率。该功率取决于额定电网电压和电源开关的额定电流或与电网接口相关的其他限制元素。在 PQ 坐标系上表示运行限制时，以中心位于坐标系原点、半径为 $\bar{S}_{g,\max}$ 的圆周表示该常数。

$$\bar{P}_g^2 + \bar{Q}_g^2 = \bar{S}_{g,\max}^2 = (\bar{V}_g \cdot \bar{I}_{g,\max})^2 \qquad (14-133)$$

3. 相应地，GSC 电压基本分量的最大均方根（rms）电压取决于直流母线电压、采用的调制技术以及稳态条件下允许的最大幅度调制指数。由于最后两个数值固定不变，无功功率容量取决于直流侧电压。由功率变流器向电网传递的有功功率和无功功率表达式可知，忽略电网电阻，可采用圆周表示稳态条件下产生的限制，即

$$\bar{P}_g^2 + \left(\bar{Q}_g + \frac{\bar{V}_g^2}{X}\right)^2 = \left(m_a \cdot \frac{\bar{V}_g \cdot \bar{V}_{dc}}{X}\right)^2 \qquad (14-134)$$

式中，m_a 为幅度调制指数。

由给定的直流侧电压可知，同步发电机中，幅度调制指数起到励磁作用。此外，功率容量取决于电网电压，如方程（14 – 134）所示。

图 14 – 53 列出了本章模拟的 PMSG 风电机可产生的有功功率和无功功率容量，并介绍了前述章节提及的三种限制。由图可知，对于产生的特定有功功率，电网电压增加时，风电机产生的最大无功功率减少；电网电压降低时，最大无功功率增加。

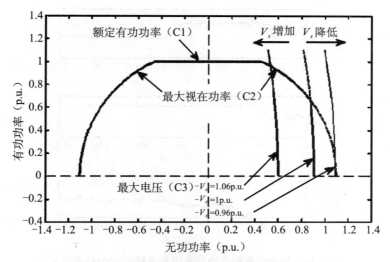

图 14-53 PMSG 风电机有功功率和无功功率容量

14.5.4.3 PMSG 风电机动态模拟

图 14-54、14-55 和 14-56 显示了与无穷大母线连接时，PMSG 风电机在图 14-10 所示切入风速条件下的性能。模拟中，MSC 和 GSC 均采用了矢量控制策略，如 [11] 所述。MSC 根据运行条件（功率优化、功率限制或功率调节）和定子电压控制 PMSG 的有功功率，维持额定值。此外，对 GSC 进行控制，将直流侧电容器电压维持在额定值，保证 DFIG 与电网间的有功功率交换，并确保风电机以整功率因数运行。

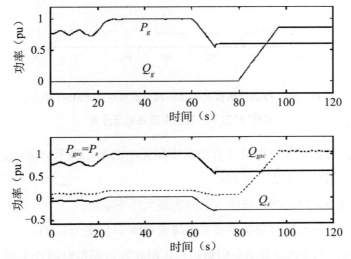

图 14-54 有功功率和无功功率调节过程中的 PMSG 响应：
馈入电网的功率、定子功率和 GSC 功率

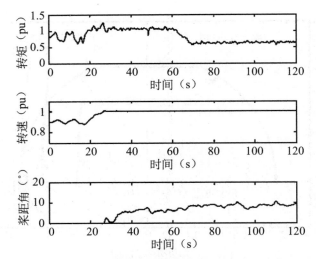

图 14 – 55 有功功率和无功功率调节过程中 PMSG 的响应：
转矩、转速和桨距角

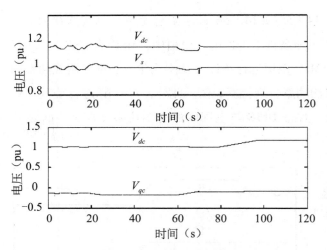

图 14 – 56 有功功率和无功功率调节过程中的 PMSG 响应：
GSC 的定子、直流电压及电压分量

为了说明此风电机在发电量（有功功率和无功功率）调节方面的能力，在模拟过程中，风电机需按以下方式运行：

- 可在最初 60s 内产生可以注入电网的最大功率输出。
- 在 60s 时，风电机有功功率参考值降低 40%，斜度为 0.05。
- 最初 80s，风电机以整功率因数运行，但在其余模拟时间产生最大无功功率，斜度为 0.05。

由图可知，风电机在最初 60s 产生可注入电网的最大输出功率。切入风速低于额定风速时（最初 20s），风电机变速运行，产生的有功功率低于额定值，从而实现最优功率效率。在这种情况下，风电机以最高效率运行，桨距角保持在最优值。切入风速超过额定风速时，风电机在第 20 ～ 60s 产生额定功率。在这种情况下，风电机实施功率限制，MSC 的功率控制器将输出功率调整至额定值，桨距角控制器将转速限制为额定转速。此外，在风速超过标称风速的条件下，风电机可产生额定功率。但是，在 60s 时，应将风电机的输出功率降低至 0.6p. u.（功率下调），斜率为 0.05p. u.。功率下调后，功率控制器将输出功率调整至所需功率参考值，桨距角控制器将转速保持为恒定的额定转速。整个模拟期间，MSC 的定子电压控制器和 GSC 的直流侧电压控制器保持额定定子电压和额定直流侧电压不变。

另一方面，GSC 无功功率控制器确保风电机在最初 80s 内以整功率因数运行，并在其后产生最大无功功率（斜度为 0.05p. u.）。

14.6　结论

本章综述了大型电力系统动态模拟过程中电力并网最常用风电机的建模和控制。本章研究的风电机设计理念包括：（1）定速鼠笼式感应发电机（FS-SCIG）；（2）带可变转子电阻（VRR）的绕线转子感应发电机（WRIG）；（3）双馈感应发电机（DFIG）；（4）直驱式同步发电机（DDSG）。

电力系统动态模拟中，采用通过促动盘理论推导的简化模型表示风轮，通常采用二质量模型对传动系统进行建模。

对于电气系统，与电力系统动态模拟一样，仅考虑了电压和电流的基础频率分量，忽略了高次谐波。事实上，由于模型中未涉及功率变流器内部动态，故采用基础频率模型代表发电机，将功率变流器建模为电压/电流源，并认为功率变流器处于理想状态。

对于各风电机设计理念，本章综述了实现各种风电机运行所采用的电气系统和控制系统（有功功率参考值、无功功率参考值或终端电压参考值）。

参考文献

［1］ Achilles S，Pöller M（2003）Direct drive synchronous machine models for stability assessment of wind farms. In：Proceedings of 4th international workshop on large-scale integration of wind power and transmission networks for offshore wind farms, Billund, Denmark, pp 1 – 9.

[2] Ackermann T (2005) Wind power in power systems. Wiley, Chichester.

[3] Akhmatov V (2003) Analysis of dynamic behaviour of electric power systems with large amount of wind power. PhD thesis, Rgs. Lyngby, Denmark: Electric Power Engineering, Orsted-DTU, Technical University of Denmark.

[4] Anaya-Lara O, Hughes FM, Jenkins N, Strbac G (2006) Rotor flux magnitude and angle control strategy for doubly fed induction generators. Wind Energy 9 (5): 479 – 495.

[5] Boldea I (2005) Synchronous generators. CRC Press, Boca Raton.

[6] Bolik SM (2004) Modelling and analysis of variable speed wind turbines with induction generator during grid faults. Thesis, Aalborg, Denmark: Institute of Energy Technology, Aalborg University.

[7] Chinchilla M, Arnalte S, Burgos JC, Rodriguez JL (2006) Power limits of grid-connected modern wind energy systems. Renew Energy 31 (9): 1455 – 1470.

[8] CIGRE (2000) Modeling new forms of generation and storage. CIGRE Technical Brochure, TF 38.01.10.

[9] Ekanayake JB, Holdsworth L, Wu X, Jenkins N (2003) Dynamic modeling of doubly fed induction generator wind turbines. IEEE Trans Power Syst 18 (2): 803 – 809.

[10] Fernandez LM, Garcia CA, Jurado F (2008) Comparative study on the performance of control systems for doubly fed induction generator (DFIG) wind turbines operating with power regulation. Energy 33 (9): 1438 – 1452.

[11] Fernandez LM, Garcia CA, Jurado F (2010) Operating capability as a PQ/PV node of a direct-drive wind turbine based on a permanent magnet synchronous generator. Renew Energy 35 (6): 1308 – 1318.

[12] Fernandez LM, Garcia CA, Saenz JR, Jurado F (2009) Equivalent models of wind farms by using aggregated wind turbines and equivalent winds. Energy Convers Manage 50 (3): 691 – 704.

[13] Hansen AD, Hansen LH (2007) Wind turbine concept market penetration over 10 Years (1995 – 2004). Wind Energy 10: 81 – 97.

[14] Heier S (1998) Grid integration of wind energy conversion systems. Wiley,

Chichester.

[15] Kundur P (1994) Power system stability and control. McGraw-Hill, New York.

[16] Li H, Chen Z (2008) Overview of different wind generator systems and their comparisons. IET Renew Power Gener 2 (2): 123 – 138.

[17] Lubosny Z (2003) Wind turbine operation in electric power systems. Springer, Berlin Heidelberg.

[18] Martinsa M, Perdana A, Ledesma P, Agneholm E, Carlsona O (2007) Validation of fixed speed wind turbine dynamic models with measured data. Renew Energy 32 (8): 1301 – 1316.

[19] Morimoto S, Takeda Y, Hirasa T (1990) Current phase control methods for permanent magnet synchronous motors. IEEE Trans Power Electron 5 (2): 133 – 139.

[20] Muller S, Deicke M, De Doncker RW (2002) Doubly fed induction generator systems for wind turbines. IEEE Ind Appl Mag 8: 26 – 33.

[21] Muyeen SM et al (2007) Comparative study on transient stability analysis of wind turbine generator system using different drive train models. IET Renew Power Gener 1 (2): 131 – 141.

[22] Nunes MVA, Pecas JA, Zurn HH, Bezerra UH, Almeida RG (2004) Influence of the variable-speed wind generators in transient stability margin of the conventional generators integrated in electrical grids. IEEE Trans Energy Convers 19 (4): 692 – 701.

[23] Papathanassiou SA, Papadopoulos MP (2001) Mechanical stresses in fixed-speed wind turbines due to network disturbances. IEEE Trans Energy Convers 16 (4): 361 – 367.

[24] Peña R, Clare JC, Asher GM (1996) Doubly fed induction generator using back-to-back PWM converters and its application to variable speed wind-energy generation. IEE Proc Electr Power Appl 143 (3): 231 – 241.

[25] Ramtharan G, Jenkins N, Anaya-Lara O (2007) Modelling and control of synchronous generators of wide-range variable-speed wind turbines. Wind Energy 10: 231 – 246.

[26] Santos D, Arnaltes S, Rodriguez JL (2008) Reactive power capability of dou-

bly fed asynchronous generators. Electr Power Syst Res 78 (11): 1837 – 1840.

[27] Slootweg JG, Kling WL (2004) Modelling wind turbines for power system dynamics simulations: an overview. Wind Eng 28 (1): 7 – 26.

[28] Slootweg JG, Polinder H, Kling WL (2003) Representing wind turbine electrical generating systems in fundamental frequency simulations. IEEE Trans Energy Convers 18 (4): 516 – 524.

[29] Slootweg JG, de Haan SWH, Polinder H, Kling WL (2003) General model for representing variable speed wind turbines in power system dynamics simulations. IEEE Trans Power Syst 18 (1): 144 – 151.

[30] Sørensen P, Hansen AD, Lov F, Blaabjerg F, Donovan MH (2005) Wind farm models and control strategies, report Risø-R-1464 (EN). Risø National Laboratory, Roskilde.

[31] Tapia A, Tapia G, Ostolaza JX, Saenz JR (2003) Modeling and control of a wind driven doubly fed induction generator. IEEE Trans Energy Convers 18 (2): 194 – 204.

第十五章
风电场的建模和控制

Carlos A. García，Luis M. Fernández 和 Francisco Jurado[①]

摘要：过去几年，风电场数量剧增，从配置少数与配电系统连接的风电机的小型风电场发展到与输电网络连接的大型风电场，电力系统运营商认为，此类大型风电场与常规电站具有相似的运行能力。本章探讨了风电场并网涉及的三个主要方面：暂态稳定性研究中风电场模型的必要性、满足电力系统要求所需的风电场控制、增强风电并网能力采用的特殊装置。

15.1　概述

可将风电机组合为风电场，像常规电站一样运行。风电场由数台至数百台风电机组成，风电机分布在各个区域，通过中压电线组成的内部网络相互关联，并通过普通变电站和馈电线路与电网连接。

过去几年，风电场数量剧增，从配置少数与配电系统连接的风电机的小型风电场发展到与输电网络连接的大型风电场，电力系统运营商认为，此类大型风电场与常规电站具有相似的运行能力。

---

① C. A. García（✉）・L. M. Fernández
加迪斯大学电机工程学系，EPS Algeciras，西班牙阿尔赫西拉斯（加迪斯），Avda. Ramon Puyol s/n 11202
e-mail：carlosandres. garcia@ uca. es

L. M. Fernández
e-mail：luis. fernandez@ uca. es

F. Jurado
西班牙哈恩大学电机工程学系，EPS Linares，西班牙哈恩利纳雷斯，Alfonso X，Linares 23700
e-mail：fjurado@ ujaen. es

但是，"满足与常规电站相同的运行要求"意味着什么？要回答这一问题，至少应了解以下三种观点：

- 对于系统运营商和公用事业公司而言，必须将风电场集成到电力系统稳定性研究（动态研究）所用的软件工程包中。因此，必须构建合适的模型，从与常规电站相同的层面对风电场进行评估。然而，相较于常规电站模型，风电场模型的复杂程度更高，这是由于风电场包含大量风电机组，需要进行专题研究。

- 电力系统要求表明，风电场必须以与常规电站相同的水平运行，包括发电需求、电力系统稳定性和可靠性等。为此，风电场控制器的主要目的是以与常规电站相同的方式实现发电量，并在需要的情况下为电网提供更先进的支持，即有功功率和电压调节，以及无功功率和频率控制。因此，风电场控制器必须在风电场内部运行，通过适当的风电机发电策略满足电网需求。

- 为了提升风电场发电和控制能力，可配置特殊装置，增强风电机能力，缓解风速变动性引起的输出功率波动，从而提升风电场性能。

在这种情形下，本章从风电场并网的角度全面地描述了风电场的建模和控制。

15.2 节从广义上描述了参考文献中研究的风电场模型，并重点讨论了暂态稳定性研究。风电场模型的准确性取决于所采用的风电机技术的详细建模，前述章节有所涉及。可在风速波动和电网故障条件下对风电场特性进行适当模拟。最清晰的模型（详细模型）可代表所有风电机，并能够描述研究的深化程度和风电场内部电网模型。该模型的主要问题在于，若风电场设置太多风电机，则必须采用高阶模型。新增风电场模型可以通过多种方式降低以风电机组合为基础的详细模型的复杂性：（1）单一等效模型，采用单一机组表示整个风电机组；（2）集群等效模型，将特性相同、切入风速相近的风电机划归为同一集群；（3）复合等效模型，仅将风电机发电系统集成到等效模型中，代表所有独立风电机的机械系统。

当前，要求风电场主动参与电力系统运行，并对电网连接要求进行了修订，要求风电场具有与常规电站相似的特性。15.3 节详细描述了此类要求：（1）有功功率调节和频率控制，以及（2）无功功率控制和电压调节，并描述了风电场的控制结构。此外，15.3 节还概述了风电场控制结构，并将主控制器作为风电场控制结构的首要部件，采用与常规电站相似的方式确保风电场正常运行。此外，必须通过调度控制确定风电场内风电机的功率参考值。最后，说明了主控制器和集群管理系统的变化和发展，其能有效控制与部分电网节点连接的风电场。

一个主要问题在于，风电场有助于提升电力系统的质量、稳定性和可靠性，但此类性能与可用风速和风电机采用的技术密切相关。15.4 节描述了灵活交流输电系统（FACTS）等基于特殊电力电子的系统，风电场可采用该类系统提升功率和电压控制能力，从而提高电能质量。此外，结合使用风电机与储能系统也可以提升风力发电能力。

15.2　风电场建模

风电场动态研究通常称为暂态稳定性研究，主要侧重于研究风电场对电力系统的影响。该类研究采用的时间常数为 0.1 秒至数千秒不等，主要变量是电压和功率。主要特征在于，尽管通常以基础频率模型表示电网模型，但可以忽略电网暂态。因此，这减少了模型中微分方程的数量，增加了并网时间步长，并能够采用负荷潮流算法。

由于直接与输电系统连接的风电装机容量增加，研究中对风电场模型的构建及其与电力系统稳定性软件包的整合进行了模拟，如 PSS/E（PTI）、PowerFactory（DigSILENT）、Netomac（SIEMENS）或 Simpow（ABB）等。此外，当专用软件对模拟产生限制时，通常采用 MATLAB/Simulink（迈斯沃克软件有限公司）等通用软件进行暂态稳定性研究[54]。限制的相关性取决于研究范围和元件模型的特征。研究机构、大学、商业机构以及网络运营商对准确动态模型的研发作出了巨大贡献，以不断适应其需求。因此，模型验证是国际能源署风能实施协议课题 21（IEA Wind Task 21）提出的主要任务。国际工作组由来自九个国家的成员组成，于 2002 年至 2006 年研发了一套系统化的模型基准测试方法。对于该基准测试，尽管动态风力发电模型的准确性尚不可知，但已广泛采用该模型评估大型风电场的电网连接情况。因此，在最好的情况下，可能引发市场不确定性；在最坏的情况下，可能破坏电力系统的稳定性。其主要挑战体现在两方面：首先，现代化风电场的技术相当复杂，风电场的动态特性可能因风电机类型及制造商具体技术方案的不同而存在显著差异。因此，构建准确的风力发电模型并非易事。其次，模型验证必须透明，并具有充分的可信度。在这方面，国际能源署风能实施协议课题 21 描述了可用的基准程序，并采用该程序对数值模型进行了测试[26]。

风电场模型必须能够在正常条件（风力波动）和异常条件（电网故障）下准确反映风电场内所有风电机的特性。对风电场的准确模拟取决于所用风电机的详细建模，不仅包括采用的技术类型，还包括同类技术的具体变化。国际能源署风能实施协议课题 21 中提出的基准测试程序考虑了风电场在正常条件下的运行及对电压骤降事件的响应，并且可能包括测量数据的验证和不同模型间的对比。

- 正常条件下的动态运行：模型模拟风电场特性功率波动的能力。
- 输入：风速时序（可选电压时序）。
- 输出：功率和电压（可选）时序，有功功率谱密度和短期闪变辐射。
- 异常条件下（电压骤降响应）的动态运行：模型模拟风电场对电压骤降的响应的能力。
- 输入：电压时序和常数气动力矩（可选风速时序）。
- 输出：功率和电压时序。

15.2.1 风电场详细模型

由于模拟范围的不同，可能基于不同细节层次构建风电场模型。最清晰的模型是详细（完整）模型，即一套可以表示风电场所有风电机和内部电网的一对一模型。文献［49］中，在电力系统模拟项目 DigSILENT 中构建了 Hagesholm 风电场的动态模型，并根据测量数据进行了验证，评估了模拟模型预测风电场对 IEC61400-21 所述风电机电能质量特性产生影响的能力。

其他情况下，由于研究侧重于评估风电场的内部演化，因此必须采用详细模型。Akhmatov[4]介绍了一个配置 80 台风电机的大型海上风电场模型，以研究在动态稳定性限制的情况下，参数波动和风电机可控性如何影响短期电压稳定性。研究范围如下：

- 对于定速风电机，研究包括静止无功补偿装置（SVC）或静止同步补偿装置（STATCOM）等动态补偿装置的必要性、出现电网故障时避免致命性超速所需的构造参数或风电机桨距角可控性。
- 对于配备感应发电机和变速转子电阻的风电机，必须考虑转子变流器的电力电子保护，将功率变流器模块化，并建立功率储备。
- 对于配备 DFIG 和部分规模负荷变频器的变速风电机，主要挑战在于采用转子变流器快速重启的控制功能时，在不影响动态无功补偿的情况下维持风电机的中断运行。
- 对于配备通过变频器与电网连接的直驱同步发电机的变速风电机，建议研究变频器的详细表示及其控制和保护序列，进行暂态电压稳定性研究，因为电力系统出现暂态事件前后，暂态电压稳定性会影响风电机的正常运行。

对于风电场内部电网，必须采用详细模型，如文献［35］所述，通过 PSCAD/EMTDC 构建了一个风电场模型，该模型具有与 Lillgrund（瑞士）风电场相同的内部直流采集电网和布局，并配备 48 台 2.3MW 风电机，设置于 5 个与海上平台径向连接的区域。可通过该模型研究正常运行条件和不同故障条件下风电场的动态运行情况。这种情况下，要点是合理设计直流/直流变流器和直流母线，该类组件的动态特性远远快于风电机的动态特性。因此，风电机的动态特性可以忽略不计，并且可以通过与风电机内部直流/直流变流器连接的电流源简化风电机模型。

详细模型研究涉及的另一个重要问题是采用测量数据进行验证。鉴于此，Erao-3 项目[42]计划在 IEA 附件二十一所列区域收集荷兰风电机和风电场的测量数据，进行模型验证。此类模型可用于风电场和本地电网研究，以及一些简单、降阶或聚合模型的开发。该项目中，引用 Alsvik 风电场进行了恒速失速型风电场动态模型验证。测量数据与模拟结果的对比表明：

- 若用实测电压取代电网模型作为输入值，电气变量的频率响应结果较好。
- 可能由于电网电压变化，机械变量的频率响应结果稍差；由于机械变量并非实测值，所以无法用作输入值。
- 电压骤降情况下的结果很好，但部分阻尼不匹配。

研究范围涉及电力系统中风电场并网时，亦可采用详细模型。在这种情况下，不同风电技术确定了风电场的不同特性和可控性。Gjengedal[20]评估了三种技术的动态性能，并进行了暂态稳定性研究，阐述了定速风电机（丹麦设计理念）和变速风电机（DFIG 感应发电机或配备完整规模变流器的 PMSG）的差异。为了对比风力发电机技术，进行了风电场动态模拟，引用的风电场配备 75 台 2MW 风电机，并按集群分类，与挪威一个典型的 132kV 农村电网连接。从探讨的五个要求（有功功率和无功功率控制、频率控制、暂态电压控制和三相故障穿越）来看，定速风电机的可控性明显低于变速风电机；所有技术均难以穿越故障，即可能需要额外成本；备选方案为故障时断开连接，清除故障后立即恢复连接。

在相同的研究范围中，Cartwright 等人[9]对配备 30 台 2MW DFIG 风电机的变速风电场采用了电压和无功功率控制策略；构建了风电机和变流器的动态模型，并提出了模拟结果，以证明在输电和配电系统中实施该控制策略的有效性。

Tapia 等人[55]采用相同的理念对纳瓦拉（西班牙北部）由 33 台 660kW DFIG 风电机组成的风电场构建了一个完整模型。将模型性能的模拟结果与风电场的实际性能进行了对比，但对比中仅考虑了风力波动情况，未考虑其他异常情况。构建的风电场模型可用于风电场无功功率控制。

通常将从完整风电场模型中得出的响应用作参考，验证聚合模型。Slootweg[47]通过对比不同运行条件下详细风电场模型和聚合风电场模型的模拟响应，研究了拟用于定速和变速风电场的聚合方法。研究表明，正常运行条件下，如果仅存在风速变化，故障期间，详细模型和聚合模型的模拟结果非常相近。文献［15］和［16］得出了相同结论，其介绍了配备 SCIG 和 DFIG 风电机的风电场的聚合模型，并通过对比完整风电场模型加以验证。

完整风电场模型通常由风电场内的所有风电机模型组成，并具备研究要求的层次细节和风电场内部电网模型。与动态研究一样，风电机模型可分为以下两类系统：

- 机械系统，由风轮（建模为理想风轮盘）和传动系统（至少建模为二质量模型）组成。
- 发电系统，由发电机（SCIG、DFIG 或 PMSG）组成，建模为一阶、三阶或五阶模型，具体取决于研究范围。根据发电系统类型，电力电子变流器包含两台与直流母线连接的变流器，在某些情况下，建模时可以忽略变流器的动态特性。

风电场内部电网建模必须包含风电机与变压器间的低压线路、连接内部变电站的中压线路和连接公共耦合点（PCC）的馈电线。与电力系统模拟一样，可以忽略电磁暂态，以恒定阻抗表示电网中的所有元件[55]。

举例来说，考虑采用定速风电场结构，如图 15-1 所示，风电场为径向结构，配备十二台风电机，分为两个集群，分别由六台 350kW 风电机和六台 500kW 风电机组成。每组风电机均配备常规低压—中压变压器，与电网中压内部线路连接。此类线路与中压—高压变压器（风电场变电站）连接，再通过馈电线在公共耦合点与电网连接。图 15-1a 所示为风电场径向结构，图 15-1b 所示为内部网络等效电路阻抗。

图中，Z_{li} 表示风电机 i 的低压线路阻抗，Z_{lmj} 表示低/中压变压器 j 的短路阻抗，Z_{mj} 表示线路 j 的中压线路阻抗，Z_{mh} 表示中/高压变压器的短路阻抗，Z_f 表示风电场馈线阻抗。

此外，风电场模型必须包含控制公共耦合点处发电功率、电压和频率，或者提高发电质量所需的所有必要设备。

15.2.2 风电场等效模型

尽管如此，详细模型仍然存在较大问题，如果风电场设置了大量风电机，则详

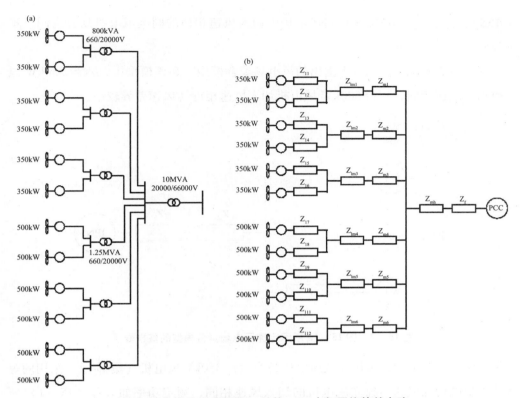

图 15-1 定速风电场：a. 结构；b. 内部网络等效电路

细模型应为高阶模型，因此，需要计算大量方程，模拟时间较长。可采用等效模型替换详细模型，降低风电场模型的复杂性，缩短模拟时间。可通过将各风电机聚合到聚合模型而得到等效模型，其特性取决于输入信号和风电场元件。因此，可根据各风电机的切入风速、风电场配置风电机的种类以及电机额定功率值将模型分组。

文献［4，19，41］描述了最简单的聚合方法。该方法中，假设所有风电场内风电机的切入风速相同（每个地点的风速差异较小），并且风电机种类相同（相同机械和发电模型）。因此，可使用聚合模型表示一台具有相同机械和发电模型（每台机组参数相同）的等效风电机，并作为独立风电机，其额定功率表示如下：

$$S_{eq} = \sum_{i=1}^{n} S_i \qquad (15-1)$$

式中，S_i 表示风电机 i 的额定功率，n 表示风电场内风电机的数量[41]。

尽管如此，对于设置了大量风电机（无法忽略风速差异）、由不同类型的风电机组成或者额定功率不同的大型风电场，此类理想条件无法实现[37]。在这种情况下，整个风电场可以用通过简单聚合方法获得的可变数量的等效风电机表示。在该简单聚合方法中，尽可能多地将风电场中切入风速相似的同类风电机划分为同一单一等效风电机组（集群）。

图 15 – 2 所示为图 15 – 1 提出的风电场聚合模型，在该模型中，六台 350kW 风电机切入风速相同，六台 500kW 风电机切入风速相近（风速差异较小）。

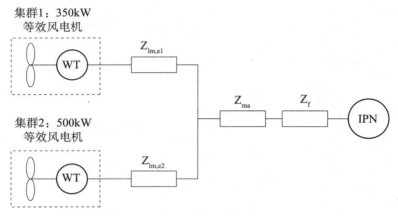

图 15 – 2　图 15 – 1a 所示定速风电场聚合模型的集群表示

由图 15 – 2 可知，采用等效风电机替换六台 350kV 风电机（集群 1），采用的等效风电机的切入风速与独立风电机的切入风速相同，额定功率如方程（15 – 1）所示。六台 500kW 风电机（集群 2）的切入风速相近，但不相同。在这种情况下，如文献［16］所述，可将聚合风电机的等效入射风作为 3MW 等效风电机的入射风，可通过方程（15 – 1）求得。可通过集群中各机组的切入风速平均值求出等效风速。对于位于地形相对简单（如平地或海域）且风电机与盛行风呈合适角度成排设置的风电场，该方法作用明显。处于同一排的风电机切入风速通常相似，由于风电机间存在阴影（风电场效应），各排风电机的入射风速不尽相同。Akhmatov 和 Knudsen[5]在由 72 台 2MW 定速风电机组成的大型海上风电场聚合模型中采用了此分配模式，其内部网络设置为六排，每排设置十二台风电机。在这种情况下，各排风电机在相同风况下运行（相同运行点）。因此，整个风电场可以划分为六组，每组由十二台风电机组成，并且可以采用一台额定功率为上述风电机额定功率十二倍的等效风电机表示。

基于该假设，文献［14］作出了进一步分析，并将其视为不同切入风速条件下的全新等效风速模型。该等效模型根据风电机功率曲线推导得出，可求得风电场产生电力的近似值，即不同切入风速下风电机产生电力的总和。将等效风速用作聚集了风电场相同风电机的重标风电机的入射风，然后将构建的模型与由相似切入风速下的各组风电机形成的集群整体模型进行对比（集群整体模型的等效模型的入射风速为风电机组入射风速的平均值）。分析结果表明，具有平均入射风速的等效风电机只能用于具有相似风速（差异不超过$2m/s$）的机组；若风速不同，则具有等效切入风速的等效模型能够将风电场内所有风电机组合为单一的等效模型。

图 15 – 3 显示了参考文献中涉及的几种风速模型，假设可使用重标独立风电机表示聚合风电场模型。图 15 – 3a 所示为最简单的风速模型，该模型中，所有风电机的切入风速相同（u）。图 15 – 3b 则适用于相似风速，其中，将平均风速（u_{av}）作为重标风电机的输入值。最后，图 15 – 3c 所示为更适合的风速模型，该模型中，通过独立风电机功率曲线求得的等效风速（u_e）允许在不同切入风速条件下将风电场内所有风电机聚合为一个等效风电机（不集群）。该模型假设了降低模型阶数、减少模拟时间、进行动态模拟时实现风电场集体响应适当近似的最佳方式，即在暂态稳定性研究中，在公共耦合点（PCC），机械性能通常不会对电压和功率潮流产生太大影响[43]。

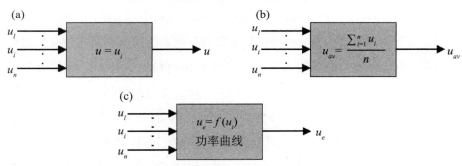

图 15 – 3　风速模型：**a.** 恒定风速模型；**b.** 平均风速模型；**c.** 等效风速模型

但是，模拟长期动态时，由于机械系统非线性程度极高，通过将具有等效风速的风电机聚合为等效风电机，无法准确预测风电场的特性。兼顾模型准确性和模拟时间的最佳折中方案是仅聚合发电系统（发电机、功率变流器和控件），并描述可聚合的所有独立风电机的机械系统[43]。变速风电机聚合时，风速值和发电功率之间无特定关系，文献［48］中采用了该"复合"模型。因此，必须记录融合到聚合模型中的独立风电机的转速，以求得发电功率的适合近似值，并进行以下简化：

- 假设整个运行过程中，风电机以最优功率因数运行，以简化风轮模型。
- 通过一阶逼近法逼近风轮转速和功率控制特性，简化受控的风轮转速。
- 当风轮转速限制在其最大值时，可省略桨距角控制器。

图 15 – 4 所示为简化的变速风电机模型和文献［48］提出的风电场聚合模型结构。

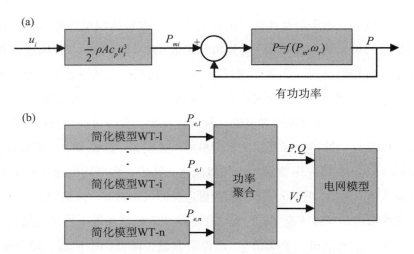

图 15 – 4　a. 变速风电机简化模型；b. 变速风电场聚合模型结构

基于相同的理念，文献［16］考虑在定速风电场中采用"复合"聚合模型，文献［15］中考虑在地形相对复杂（如山地、梯田）或风电机高度分散的 DFIG 变速风电场中采用"复合"聚合模型。聚合模型由配备聚合发电系统模型以及各独立风电机简化模型的等效风电机表示，根据切入风速逼近各台风电机的运行点。简化模型由风轮（风轮盘模型）和传动系统模型（二质量模型）、叶片桨距角控制器和感应发电机（一阶模型，由机械方程表示）组成。对于定速风电机（如图 15 – 5a 所示），可通过稳态发电机模型完成简化模型，求得各独立风电机的电气转矩，并计算无功功率。对于变速风电机（如图 15 – 5b 所示），模型包含由功率—速度控制曲线表示的风轮转速控制器。

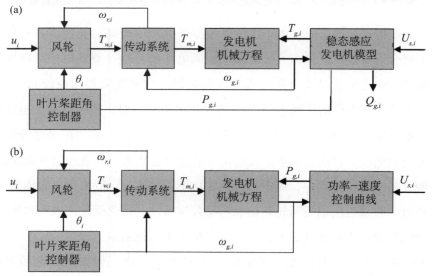

图 15 – 5　a. 定速风电机简化模型；b. 变速风电机简化模型

每台风电机的简化模型根据相应切入风速逼近其运行点。等效风电机是独立风电机尺寸的 n 倍，等效电力系统包含等效感应发电机（对于变速风电场，还包括功率变流器），并由独立发电系统模型表示，且各机组的参数相同。等效风电机表示了通过简化模型求得的聚合机械转矩，该转矩作为等效发电系统的输入值，用来计算等效发电机机械转矩。

图 15-6 所示为定速风电场（图 15-6a）和变速风电场（图 15-6b）中无机械系统聚合的等效风电机的结构。两个模型结构相同，但是，由于无功功率在很大程度上取决于有功功率和发电电压，因此定速风电机等效模型包含电抗可变的补偿电容器，以合理逼近无功功率。另一方面，当风电机在功率下调条件下运行时，变速风电机等效模型需合理控制有功功率和无功功率。等效风电机的有功功率和无功功率参考值必须等于聚合风电机有功功率和无功功率参考值之和。

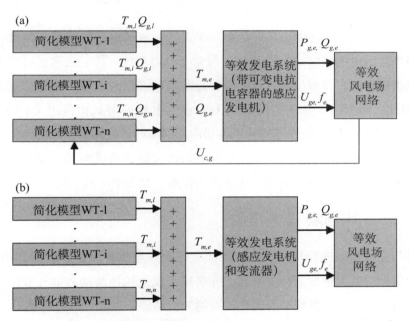

图 15-6　a. 定速风电场等效风电机结构；b. 变速风电场等效风电机结构

等效发电系统通常由独立风电机模型表示，且每台机组具有相同的机械和电气参数[43]。只有少数作者考虑了聚合发电系统的其他方法，并通常基于感应发电机所用聚合方法实现暂态稳定。此类聚合方法如文献［46］所示，采用了 Franklin 和 Morelato[18] 提出的方法，并以感应发电机稳态理论和吸收有功功率的等效标准为基础。同样，Trudnowski 等人[57] 采用 Nozari 和 Kankam[40] 提出的方法求出了等效发电机参数。在此方法中，可通过感应发电机等效电路中各支路的额定功率加权平均导纳计算等效参数。

虽然 Jin 和 Ju[29]的主要贡献是基于滑差同调标准得出了适用于不同类型风电机聚合的方法，但其采用加权平均法并基于发电机视在功率求得了等效感应发电机参数。Jin 和 Ju 假设，在扰动后转子角响应相似或转子转速相同的同步发电机，会出现一致的响应特性。但是，他们认为，对于感应发电机，滑差的细微差异都会引起有功功率和无功功率的极大变化，因此，必须根据滑差响应进行相关性分析。分析结果表明，可根据转子电阻与发电机和风电机综合惯性常数的乘积将风电场内的风电机按集群分组。这一标准与 Taleb 等人[52]提出的感应发电机分组指标一致。

等效风电机的功率变流器和控制系统与独立风电机结构相同，但是复合模型中的叶片桨距角控制器不同，这是因为每台风电机的简化模型均具有该控制功能[15]。

最后，等效风电机在聚合风电场网络中运行，该风电场网络具有与聚合风电机公用网络等效的电缆和（或）变压器。与动态电力系统一样，通常通过静态模型对内部网络进行模拟，并假设等效风电场的短路阻抗必须与完整风电场的短路阻抗相等[15]。因此，图 15-2 显示了图 15-1 所示风电场的等效内部电力网络，其中，$Z_{lm,e1}$ 和 $Z_{lm,e2}$ 表示与同一馈线连接的风电场内部网络的等效网络。

若研究重点为构建一套用于电力系统规划研究的等效风电场模型时，在等效内部网络建模过程中应充分考虑视在功率损失标准，如文献［39］所示。

15.2.3 风电场模型模拟

通过与完整模型进行对比，以实现部分等效风电机模型，并验证其动态响应。通过三个案例对此类情形进行了研究，并简述了发生风速波动和电气故障时动态电力系统分析中风电场完整模型和简化模型的分析结果。

15.2.3.1 案例1：配备相同风电机的变速风电场的正常运行

案例中的风电场（如图 15-7 所示）由 6 台 2MW DFIG 风电机组成，所有风电机并入同一网络，分为两部分[15]。

图 15-7a 所示为风电场的径向结构，图 15-7b 所示为内部网络的阻抗。图中，Z_{lmij} 表示支路 i 上风电机 j 的低压/中压变压器的短路阻抗，Z_{mij} 表示支路 i 上风电机 j 的中压线路阻抗，Z_{mi} 表示支路 i 上的中压线路阻抗，Z_{mh} 表示中压/高压变压器的短路阻抗，Z_f 表示风电场的馈线阻抗。

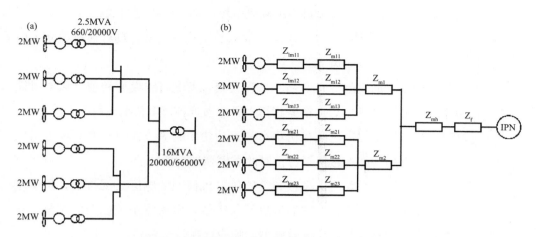

图 15 - 7 变速风电场：a. 结构；b. 内部网络等效电路

在风速波动且风电机切入风速不同的条件下对变速风电场进行了评估，如图 15 - 8 测试 1 所示，其中，大多数切入风速与额定风速相近。

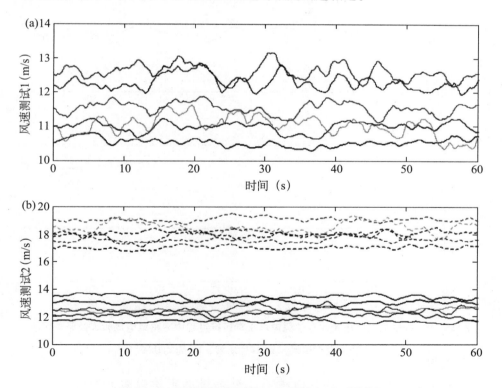

图 15 - 8 风电机入射风速：a. 测试 1；b. 测试 2

这种情况下，采用了图 15 - 7 所示的三种风电场模型：

- 完整模型。由风电场内风电机模型和风电场内部电网模型组成。
- 单一等效模型。如文献〔14〕所示。重标的风电机模型，具有通过独立风电机功率曲线求得的等效风速。
- 复合等效模型。如文献〔15〕所示。包含聚合发电系统模型和独立风电机简化模型的等效风电机模型，根据其切入风速逼近各风电机的运行点。

通过对比试验 1 中切入风速的有功功率和无功功率响应，并假定所有风电机以整功率因数和额定有功功率参考值运行，对此类模型进行评估。

图 15 – 9 所示模拟结果表明，完整和等效风电机模型的响应高度符合，且由于通过简化模型得出了风电机运行点的逼近以及对等效发电系统中控制器的调整，完整和等效风电机模型的响应与复合等效模型的响应存在较小差异。

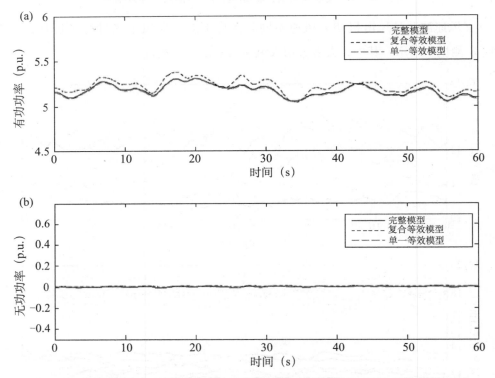

图 15 – 9 配备相同风电机的变速风电场正常运行过程中完整风电场和等效风电场的
动态模拟结果：a. 有功功率；b. 无功功率

15.2.3.2 案例 2：配备两种不同风电机的定速风电场的正常运行

该案例中引用的风电场如图 15 – 1 所示。图 15 – 1 所示为配备六台 350kW 风电机且按三组（每组两台风电机）排列的径向结构，另一结构配备六台 500kW 风电机，以相同方式排列。

采用十二个风速时序评估风速波动条件下定速风电机的特性，如图 15 - 8 测试 2 所示。350kW 风电机的切入风速从 11.7m/s 至 13.5m/s 不等（低于额定风速），500kW 风电机的切入风速从 17m/s 至 19m/s 不等（高于额定风速）。

与案例 1 相同，采用了三种定速风电场模型：

- 完整模型。表示所有独立风电机。
- 复合等效模型。采用各风电机的简化模型[14]聚合机械转矩，作为等效发电系统的输入值，简化模型可通过文献 [18] 提出的方法将所有独立感应发电机聚合而得出。
- 聚合等效风速模型。表示与文献 [16] 所述相同的模型，但该模型有两个集群，每个集群由六台风电机的单一等效模型构成。

此类模型的对比如图 15 - 10 所示。假设所有风电机均配备补偿电容器组，以保证在额定切入风速条件下实现整功率因数（零无功功率）。

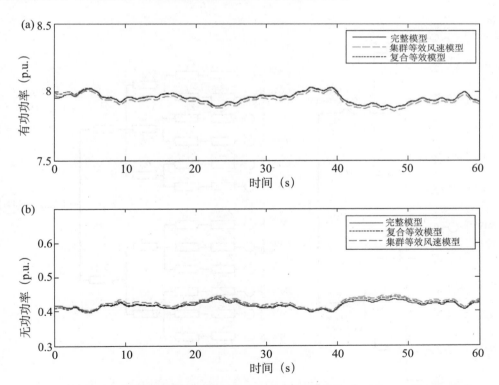

图 15 - 10　配备相同风电机的定速风电场正常运行过程中完整风电场和等效风电场的
动态模拟结果：a. 有功功率；b. 无功功率

风力发电系统手册

分析图 15 – 10 所示模拟结果可知，等效模型可以对配备两种不同风电机的风电场的动态响应进行更准确的逼近。可通过无机械系统聚合的等效风电场模型（复合等效模型）获得最佳效果。图 15 – 2 所示分为两个集群的等效风速模型所得结果最差，这是因为通过集群 1 中单一等效重标模型等效风速所得的机械转矩逼近效果最差，并且所有风电机的切入风速均高于额定风速值。

总之，对于模拟时间，集群等效风速模型所得近似约简为 93%，图 15 – 1 所示风电场复合等效模型近似约简为 72%。

15.2.3.3　案例 3：配备两台不同风电机的变速风电场的异常运行（电压骤降响应）

在电网扰动条件下对连接至同一馈线的两个变速风电场的等效模型进行了评估，第一个风电场配备 6 台 660kW 风电机，另一个风电场配备 6 台 2MW 风电机，如图 15 – 11 所示。

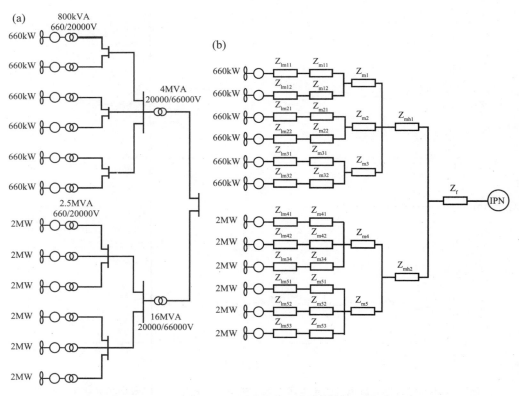

图 15 – 11　变速风电场：a. 结构；b. 内部网络等效电路

图 15 – 11a 所示为风电场的径向结构，图 15 – 11b 所示为内部网络阻抗。图中，

Z_{lmij}表示支路 i 上风电机 j 的低压/中压变压器的短路阻抗，Z_{mij}表示支路 i 上风电机 j 的中压线路阻抗，Z_{mi}表示支路 i 的中压线路阻抗，Z_{mhk}表示风电场 k 中压/高压变压器的短路阻抗，Z_f表示风电场的馈线阻抗。

为了充分验证等效模型的鲁棒性，应考虑在公共耦合点处出现的电压骤降，深度和宽度分别为 0.8p.u. 和 1s。与短期稳定性模拟相同，假设切入风速为常数，两种风电机的切入风速不同，但均高于额定风速。图 15 – 12 所示为电压缓慢下降时的功率响应。虽然等效模型响应稍快，阻尼更小，但完整模型和等效模型的模拟结果高度一致。

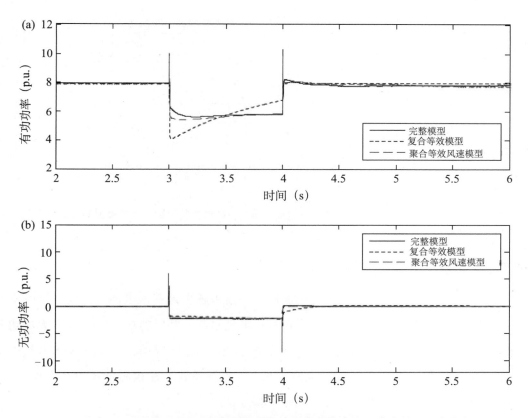

图 15 – 12 电压缓慢下降时风电场完整模型和等效模型的有功功率和无功功率

图 15 – 13 所示为公共耦合点至电网的电压以及完整风电场中各风电机和各等效模型聚合风电机处的电压。在这种情况下，由于只有一台重标风电机代表整座风电场，与等效模型相比，复合模型电压恢复较慢。

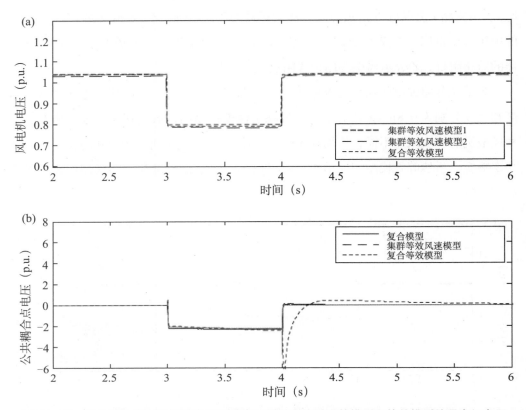

图 15 – 13　公共耦合点至电网的电压以及电压缓慢下降时完整模型和等效模型的风电机电压

15.3　风电场控制系统

　　直到最近，风电场才得以大范围运行，并越来越多地并入电网。因此，风电机将从风中捕获的能量最大化，确保不超过发电机限制，并以整功率因数（零无功率）运行。但是，在特殊情况下（尤其是低功耗或强风时段），可断开风电机与电网的连接，降低风电场发电量。这种情况下，系统运营商建议降低风电场发电量，确保风电穿透率较高的电力系统的稳定性和可靠性。

　　电力系统中风电穿透率不断增加，风电场逐渐取代了部分常规电站。因此，要求大型风电场与常规电站一样主动参与电力系统运行。电力系统运营商修订了风电场电网连接要求，要求风电场在运行特性方面具有与常规电站相似的控制功能[28]。大多数涉及风电场连接的电网规范中均有此类要求，包括文献 [51，58]：

- 故障穿越：与输电网络连接的风电场必须可以在特定时间内承受达到标称电压一定比例的电压骤降。一些电网规范规定，风电场应能够在出现网络故障时产生无功功率，对电网提供支持，保证电网电压快速恢复。

- 系统电压和频率限制。风电场必须能够在系统正常运行时电压和频率的变动范围内连续运行。

- 有功功率调节和频率控制。风电场应通过断开风电机连接或桨距控制等方式将其有功功率输出控制在设定水平。此外，风电场应提供频率响应，根据频率偏差调节有功功率输出。

- 无功功率/功率因数/电压调节。一些电网规范规定，风电场必须提供无功功率输出调节，与常规电站一样响应电力系统的电压变动。

大型风电场运行特性的一个要点是风电机发电系统技术，其会影响风电场对电网产生的影响[20]：

- 定速风电机。此类风电机基于直接与电网连接的感应发电机（丹麦设计理念）。在被动失速应用中，叶片保持固定的角度，采用主动或半主动失速控制补偿风速变化。感应发电机吸收电网或安装的补偿设备（电容器组或FACTS，柔性交流传输系统）产生的无功功率。因此，与变速风电场相比，其动态响应和可控性较低。

- 变速风电机。发电系统由变速发电机组成，该发电机可以控制馈入电网的有功功率和无功功率，优化稳态条件下的风电并网、电力质量、电压和功角稳定性[34]。主要包括以下两种发电系统：

    - 带双馈感应发电机（DFIG）的变速风电机。可通过转子中的背对背变流器控制发电系统。但是，其在穿越电压骤降方面存在一些困难，并且转子变流器的额定功率（通常为发电机额定功率的30%）确定了频率响应特性。

    - 带永磁同步发电机（PMSG）的变速风电机。该类风电机通过将发电机与电网解耦的完整规模背对背变流器连接，确保出现电压骤降时可实现有功功率和无功功率完全控制，并提供故障穿越能力，因此其灵活性较高。

风电场运行特性方面的另一个要点是风电场与电网连接的方式，尤其是长距离电力传输（如海上风电场），对于长距离电力传输，很可能选择高压直流（HVDC）传输。在这种情况下，一个通用或独立的直流/交流功率变流器系统将交流电压转换为直流电压，并传输至与电网连接的直流/交流功率变流器系统[10]。该功率变流器将风电机与电网解耦，并可以控制馈入电网的有功功率和无功功率，提升其动态响应。

15.3.1　有功功率调节和频率控制

电力系统产生的电力必须与负荷需求和功率损失平衡[50]。发电机的有功功率输出由其原动机的机械功率输入确定。若发电量与有功功率输出需求不匹配，则会导致发电机回转质量体内储存的转动能产生变化，从而引发系统频率漂移[34]。因此，可控制发电机转速（一级控制），实现系统功率平衡；对于常规电站，发电机（原动机）转速和电力系统频率之间比例协调。功率平衡要具备"旋转备用"（运行备用）和"补充备用"，分别控制功率快速波动和缓慢波动。

考虑上述要点，频率调节辅助服务可能包括以下三种功能：

- 一级频率控制。电网功率突加不平衡引起的限制变化。通常由各电力系统调速器进行本地控制。
- 二级频率控制。恢复频率，并与预定值互换功率。由自动中央控制器进行控制。
- 三级控制。支持二级控制，并重新建立消耗的功率备用。

与常规电站一样，风电场必须严格在频率范围内运行，必须依照系统运营商的要求改变发电量，确保符合频率限制。一级频率控制的典型特性如图 15 – 14 所示[34]。

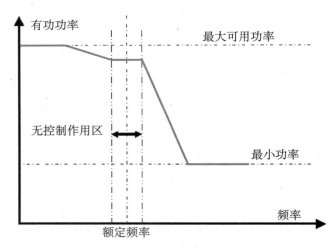

图 15 – 14　有功功率典型频率控制调节

典型频率控制曲线显示，可将频率限制为可用功率的函数，因此，当频率超过额定频率无控制作用区时，可通过降低全部输出实现高频率响应。电网规范规定，频率超过额定值时，发电站应将其功率输出降低至额定值。另一方面，达到标称频率时，风电场应将其功率输出限制在可实现的最大功率水平之内，若频率开始下降，风电场应增加功率输出，达到可实现的最大功率水平，并将频率维持在一定水平。总之，风电场应能够提供频率响应，并可供系统运营商使用。风电场的有功功率水平由系统运营商根据系统需求确定。

风电场有功功率输出可由风电机机械输入功率和风能确定，而风能具有波动性。对于大型风电场，风力资源不可控性引起的功率波动比较明显，如果系统运营商不采取合适的控制措施，可能对电网产生不利影响。因此，与常规电站一样，必须将大型风电场纳入电网管理范畴，包括提供功率调节、发电管理和功率备用。因此，可对风电场采取相应的功率控制措施，使其为功率平衡提供支持[32]：

- 绝对功率限制。如图 15 – 15a 所示，风电场的输出功率不会超出预设的最大值。
- 平衡控制。风电场必须能够快速改变功率，如图 15 – 15b 所示，这有助于平衡电网的发电量和有功功率需求。
- 功率比限制。该措施能够避免风电场出现快速输出功率梯度，确保功率平衡。图 15 – 15c 显示了增长率限制。
- 三角控制。风电场作为旋转备用运行，功率输出低于可调节裕度内的可用功率。图 15 – 15d 显示了允许风电场参与频率控制的控制措施。
- 系统保护。电网出现超负荷时，风电场输出功率大幅降低，如图 15 – 15e 所示。

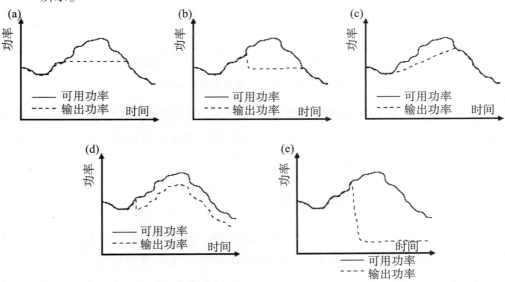

图 15 – 15　不同功率控制措施：a. 绝对功率限制；b. 平衡控制；
c. 功率比限制；d. 三角控制；e. 系统保护

15.3.2 无功功率控制和电压调节

电力系统中，通过发电站产生的功率潮流控制电压，其中，无功功率交换控制电压幅值，相位差与有功功率交换相关。因此，必须平衡电力系统中发电量和负荷间的有功功率和无功功率潮流，避免出现较大的电压（频率）偏移。

电网规范规定，可将大型风电场产生的最低无功功率控制在特定范围，接近整功率因数。通常，通过一条极限曲线说明该要求，如图 15 – 16 所示[34]。若风电场提供的有功功率较低，由于其可支持无功功率需求产生额外超前或滞后电流，功率系数可能与整功率因数存在偏差。风电场在正常条件下运行时，功率因数必须与整功率因素接近，否则会产生过电流。此外，本地无功出力降低了系统功率损耗。

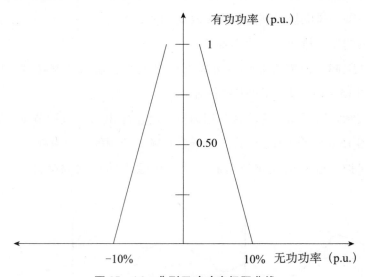

图 15 – 16 典型无功功率极限曲线

无功功率和电压的相关关系可通过电压控制的形式表示，这与图 15 – 14 所示频率控制的方式相似，即将综合固定偏差与无控制作用区控制整合。但是，这种情况下，会向电网交换无功功率，补偿电网电压偏差。

15.3.3 风电场控制结构

图 15 – 17 所示为风电场主控制器的基本结构。风电场控制器旨在以集中的方式调节整个风电场向电网注入的有功功率和无功功率（风电场控制器作为 PQ 节点），或公共耦合点处的有功功率和电压（风电场控制器作为 PV 节点）。此外，在一些情况下，风电场控制器必须调整频率裕度。

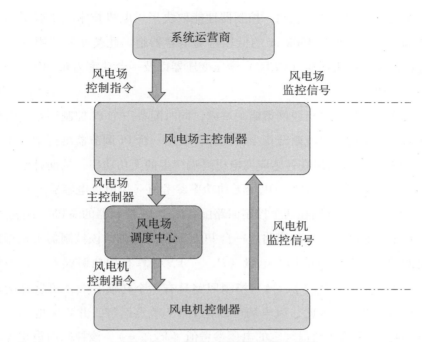

图 15 – 17 风电场主控制器的基本结构

如图 15 – 17 所示，风电场主控制器（WPMC）接收符合运行所需和风电场当前状态的设定值指令（系统运营商接收风电场状态监控信号）。WPMC 计算切入风速参考设定值、风电机状态，并提供风电场运行参考值，确保发电量准确。最后，调度中心必须在风电机之间分配运行参数参考值。

WPMC 的主要目的是确保风电场以与常规电站相同的方式发电。尽管 WPMC 的性能取决于风电机技术，但其基本目的相同：控制风电场发电量（有功功率和无功功率），并考虑分别在 15.4.1 节和 15.4.2 节所述的有功功率和无功功率控制功能。此外，大型风电场必须能够为电网提供先进支持（频率和电压控制）。

最典型的 WPMC 结构由两个独立的 PI 控制回路组成，分别用于有功功率控制（频率控制）和无功功率控制（电压控制）。文献［24］将该结构用于由三台 2MW DFIG 风电机组成的变速风电场，其具备自动频率控制和电压控制功能，主要侧重于风电场调节产生有功功率和无功功率的能力。在实际 WPMC 中，具备带平衡控制的有功功率控制、三角控制、变化率限制和无功功率控制功能。

类似地，Rodríguez-Amenedo 等人［44］介绍了由 37 台额定功率为 850kW 的 DFIG 风电机组成的变速风电场中使用的两台 PI 控制器（有功功率控制回路和无功功率控制回路）。此外，还介绍了由 21 台额定功率为 900kW 的失速型风电机组成的定速风电场中使用的 WPMC。结果表明，控制器性能取决于风电机技术。所有定速风电机均配备终端总额定功率为 450kvar 的低压可变电容器组。此类变容器组合与位于风电场变电站的欠载抽头切换（ULTC）增压变压器以及一台功率为 6.2Mvar 的中压电容器组相互协调。

有功功率控制以风电机脱网策略为基础，同时配备一个 PI 控制回路和滞环控制器，以获取风电机的连接或断开指令。此外，使用一台 PI 调节器维持中压水平，两台 PI 调节器控制电容器组在各感应发电机终端产生的无功功率，从而补偿功率因数（每台风电机电容器组），达到风电场无功功率参考值（风电场电容器组）。

图 15 – 18 显示了分别在两个控制回路配备两个 PI 控制器的 WPMC 结构[13]。从图中可以看出，有功功率控制回路以一台 PI 控制器为基础，该控制器可根据系统运营商规定的设定值保证风电场发电量（P_{wp_so}*），计算有功功率误差，并为整个风电场设定功率参考值（P_{wp}*）。另一控制回路具有一个转换开关，可选择无功功率控制或节点电压控制。因此，风电场可以作为 PV 节点运行，并将风电场节点的电压（V_{wp}）调整至系统运营商规定的电压参考值（V_{wp_so}*）。该控制由设定无功功率参考值（Q_{wp_vc}*）的 PI 控制器进行。另一方面，可通过系统运营商获得无功功率参考值（Q_{wp_so}*）。在这两种情况下，均由 PI 控制器设定整个风电场的无功功率参考值（Q_{wp}*）。

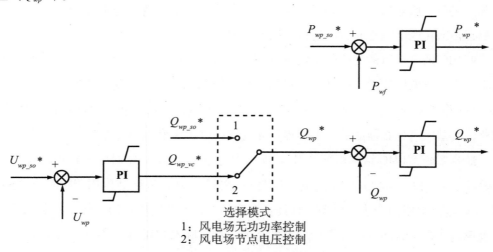

选择模式
1：风电场无功功率控制
2：风电场节点电压控制

图 15 – 18　风电场主控制结构

在图 15 – 19 所示的风电场中应用 WPMC，所述风电场由三台额定功率为 2MW 的 DFIG 风电机组成。每台风电机通过 2.5MVA 的变压器与内部网络连接，风电场通过一个配备 8MVA 变压器和长馈线的变电站与电网连接。

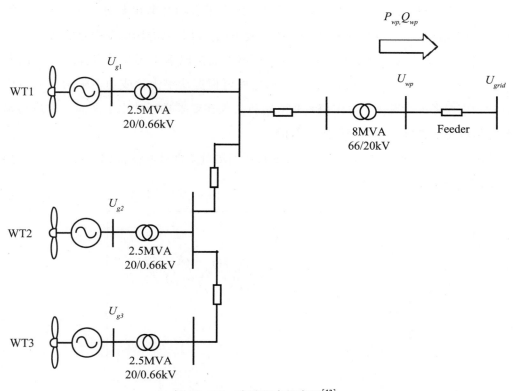

图 15 - 19　变速风电场布局[13]

如图 15 - 17 所示，风电场调度中心需计算有功功率和无功功率参考值。可采用不同的调度策略：

- 最简单的策略基于计算每台风电机的相同功率参考值[44]：

$$P_{gi}^* = \frac{P_{wp}^*}{n} \quad Q_{gi}^* = \frac{Q_{wp}^*}{n} \qquad (15 - 2)$$

- 文献[24]提出了更高效的策略，通过有效有功功率和无功功率的比例分布求得功率参考值：

$$P_{gi}^* = \frac{P_{ava\_gi}^*}{\sum_{i=1}^{n} P_{ava\_gi}^*} P_{wp}^* \quad Q_{gi}^* = \frac{Q_{ava\_gi}^*}{\sum_{i=1}^{n} Q_{ava\_gi}^*} Q_{wp}^* \qquad (15 - 3)$$

式中，$P_{ava\_gi}^*$ 表示特定时间内第 i 台风电机的有效有功功率，通过风电机功率—速度控制曲线求得；$Q_{ava\_gi}^*$ 表示通过风电机运行 $Q - P$ 曲线求得的第 i 台风电机的有效无功功率。

- 文献[36]介绍了用于优化各风电机有功功率和无功功率参考值的优化调度控制策略。在该文献中，在风电场控制层面采用了最优功率潮流算法，考虑

了发电机终端电压和其他运行限制，确定了有功功率和无功功率设定值，将
风电场发电总输出（有功和无功）最小化，满足风电场调度中心要求。

图 15 – 19 所示风电场 WPMC 采用的调度控制策略基于第 2 种选择（即可用有
功功率和无功功率比例分布）。此外，风电机可根据功率优化或功率限制（风电机
有功功率参考值设置为其额定值）独立运行，仅在要求进行功率下调时，才将功率
参考值调整至调度中心控制确定的数值。

图 15 – 20 所示的适当风速时序允许在任何运行条件（功率优化、功率限制或功
率下调）下对 WPMC 进行评估。

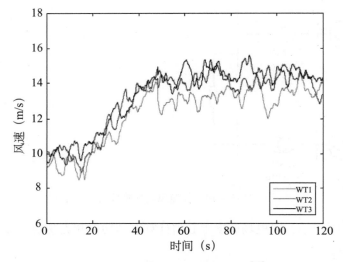

图 15 – 20　风电机切入风速时序[13]

通过两种模拟方法评估所述控制系统的性能：

- 作为 PQ 节点运行的风电场（如图 15 – 21 所示）。模拟中测试了 WPMC 根据
  系统运营商规定的功率参考值调节风电场发电量的能力。该模拟中，风电场
  在最初 60s 产生最大可能输出功率（功率优化）。此时，风电场有功功率参
  考值降低 60%，斜率为 0.1（功率下调和额定限制）。最后，要求在第 80s 时
  改变无功功率参考值，风电机从以整功率因数运行变为最大无功出力，斜率
  为 0.1（无功功率最大化）。

- 作为 PV 节点运行的风电场（如图 15 – 22 所示）。为了在调节风电场发电量
  时评估 WPMC，采用了第二个案例进行模拟。该模拟中，根据电力系统运营
  商规定的参考值控制风电场节点的有功功率和电压。模拟中，风电场以与案
  例一相同的有功功率运行。但是，最初 80s，将风电场节点处的电压参考值

设置为 1p. u. ，并在模拟的其余阶段设置为 1.01p. u. 。

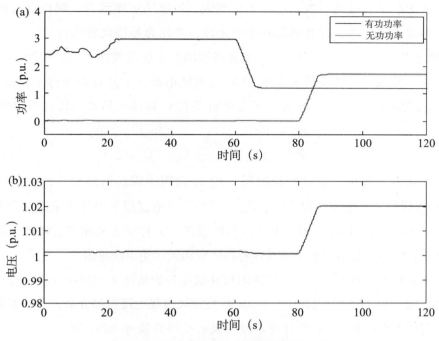

图 15－21　作为 PQ 节点运行的风电场的响应

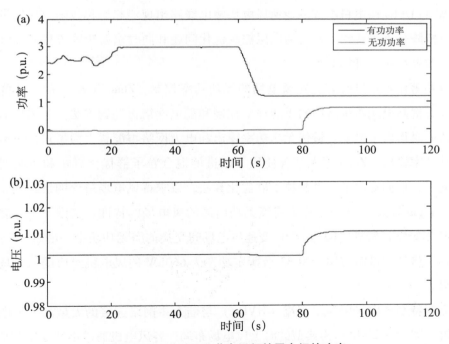

图 15－22　作为 PV 节点运行的风电场的响应

当研究范围超出风电场作为常规电站的特性时，可采用更加复杂的 WPMC 结构，并考虑功率和电压控制。在此类案例中，风电场可能致力于确保电力网络稳定性、维持网络频率，或者确保网络稳定性，并作为补偿设备运行。Fernandez 等人[17]考虑了这一设计理念，并基于能量函数提出了控制规律。该类控制规律独立于运行点，并采用线性化技术确保 DFIG 变速风电场在不同运行条件下发挥作用。Fernandez 等人提出了稳态控制（正常运行条件）和修正策略，旨在维持网络稳定性。

$$P_{wp} = P_{wp}^* + \Delta P_{st} \quad Q_{wp} = K_{QV} \cdot \Delta V + \Delta Q_{st} \quad\quad (15-4)$$

根据功率参考值，通过管理控制（P_{wp}^*）和用于确保网络稳定性的修正系数（ΔP_{st}）可计算风电场的总有功功率 P_{wp}。此外，可通过用于提升能量质量的电压增益为 K_{QV} 的电压分布以及与机电振荡协同的修正 ΔQ_{st} 控制无功功率。可通过强制降低网络增量能量函数求得此类非线性有功功率和无功功率修正值。

许多著作者重点研究了在不使用附加补偿设备的条件下如何提升特定地点电压控制的性能。Ko 等人[31]提出了一种 DFIG 变速风电场电压控制方案，该方案采用了"线性二次型调节器"控制设计技术以及风电机降阶线性方法。此类线性模型能够重新分析问题，求解涉及的线性系统集的李雅普诺夫函数。如果由 3 台额定功率为 3.6MW 的 DFIG 风电机组成的变速风电场输电线路出现三相对称故障，可通过描述线性—矩阵—不等式约束系统的底层控制优化问题和同时求解矩阵方程确保线性二次型调节器稳定、可靠运行。

有些著作者重点研究变速风电场的无功功率控制。Zhao 等人[64]提出了降低功率损失并提高电压质量所用的无功功率控制和配电网络再配置方法。其采用联合优化算法同时得出了风电场最优无功功率输出和电力网络再配置。为了求得风电场最优无功功率输出，Zhao 等人结合使用了改进的混合粒子群优化算法和小波变异算法。此外，他们提出了二进制粒子群优化算法，以求得风电场最优网络结构。另一方面，Tapia 等人[56]研究了作为连续无功电源的风电场的特性。其设计了一套基于 PI 的控制策略，管理电网与 DFIG 变速风电场间交换的净无功功率。最后，Tapia 等人简述了将拟定策略应用于由 33 台额定功率为 660kW 的风电机组成的风电场的试验结果。

需要特别考虑采用高压直流（HVDC）与陆上主网络连接的大型海上风电场控制系统。图 15-23 所示为典型的海上风电场布局，各风电机通过小型变压器与公用交流电网连接，并通过电力电子整流器将交流电压转换为 DC-link 电压。在链路末端，输出功率电子换流器控制交流输电网络的功率潮流。若整流了各风电机产生的功率，并通过直流/直流变流器与直流母线连接，也可采用另一布局方案。

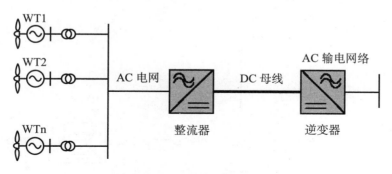

图 15－23　HVDC 风电场布局

如文献［61］所述，通过 HVDC 与交流网络连接的风电场更便于安装，可大范围地控制有功功率和无功功率。HVDC 的四象限可控性与无惯性但可提升系统动态性能的发电机相似。但是，对拟注入的有功功率和无功功率仍有一些限制。从交流输电网络的角度来看，主要限制是阻抗，从风电场安装的公共耦合的角度来看亦是如此，因为电网阻抗越高，电压全量可变调节区域越小。

Bozhko 等人[8]分析了大型海上 DFIG 风电场（通过由 STATCOM 控制的公共集电母线）的并网。图 15－24a 显示了受控系统的简化方案，可调节海上交流母线的电压和频率，同时，调整功率潮流，控制直流母线。该方案中，电容滤波器补偿集中参数中的 HVDC 变流器无功功率吸收，出现扰动时，STATCOM 与 DFIG 风电机共同提供精准的无功功率控制和换相电压。图 15－24b 显示了系统的基本控制模型，其中，可根据直流侧 STATCOM 电压控制器求得直流母线电流需求（I_0^*），通过电网电压矢量控制器（V_{gm}^*，f^*）求得 dq 轴电流需求（I_{sd}^*、I_{sq}^*）。由图可知，受控电站是一个三阶系统，通过运行校正点弧角线性化，并采用适用的前馈项式解耦。

文献［63］中提及了 WPMC 的演化，该倡议由欧盟提出，侧重于通过设计、开发和验证新工具和设备，促进竞争市场中电网的规划、控制和运行，实现风电场在欧洲电力网络中的大规模并网。欧盟还提出了一个全新设计理念：风电场集群管理系统（WCMS）。WCMS 主要包括：实施先进的技术和控制策略，结合高科技风能技术，合理整合现有风电场（集群）并与特定电网节点连接，向系统运营商提供控制风能所需的工具。

WCMS 架构的一个主要特性是考虑目标、经营问题、相互关系和对可靠风能管

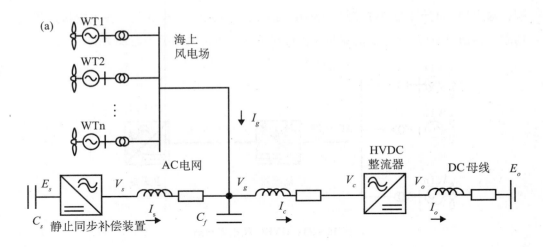

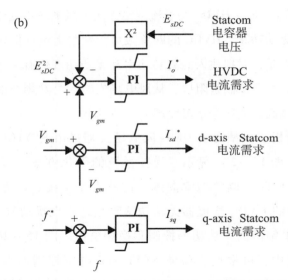

图 15 – 24   a. 简化方案；b. 文献［8］所研究系统的控制结构

理的需求各不相同的各类企业。事实上，一些电网规范规定，若部分风电场与输电网络公共耦合点连接，输电系统运营商（TSO）与风电场所有者之间必须存在中介机构。因此，WCMS 主要考虑两个运行层面：

- TSO 层面，主要负责电网安全问题；
- 公司调度中心，负责风电场与 TSO 之间的关系管理。

在正常运行条件下，TSO 向所有调度中心发送功率设定值，将所有风电场作为一个集群进行管理。同时，要求各调度中心反馈信息数据，确保 TSO 可接收受控风电场反馈到集群的所有可用发电数据，实时了解集群的运行状态。图 15 – 25 描述了

WCMS 模块结构。

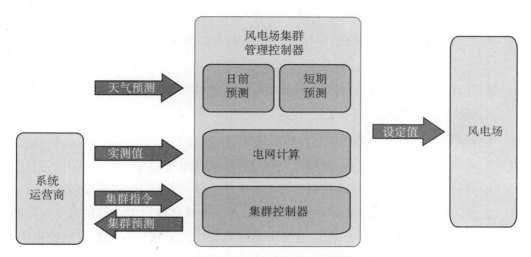

图 15-25　风电场集群管理系统模块结构

WCMS 包含一个电网计算模块，计算集群电网模型所需功率潮流，确定集群公共耦合点处的有功功率和无功功率容量。此外，本模块还可计算风电场的调度设定值。WCMS 电网计算模块可用于开发无功功率管理工具，以控制无功功率及风力发电产生的功率因数和电压变化。

为了在输电集群水平上实现风力发电的可控性，必须确定该点的有功功率和无功功率（P/Q 可用性）容量。可根据集群内风电机的技术能力确定有功功率容量，并使用风电机的 P/Q 特性描述无功功率容量。确定风电场的 P/Q 分布后，必须进行电网计算，确定风电场电网的有功功率损失和无功功率消耗，从而得出集群水平上的 P/Q 容量。电网运营商可基于该信息进行内部电网计算，从而设定下一时段的有功功率和无功功率要求。

若 TSO 发布了设定值且确定该值在预计的 P/Q 容量范围内，则 WCMS 必须实施调度计算程序，求出符合技术和容量要求的集群有功功率和无功功率设定值。

15.4　增强对电网的影响所需的风电场特殊装置

通常来说，风电站的额定功率低于常规电站[7]，因此，风电站只能满足部分电力需求，也只能参与电力系统的部分分布式发电（DG）。在一些国家，过去几年内分布式发电的应用越来越广泛，此举不仅可以降低二氧化碳排放量，也是风力资源相对丰富的地区可选的一种经济性替代方案[3]。因此，风电场对电网的影响愈加重要，电力网络的要求也更加严格。

风力发电系统手册

风电站并入电网时面临的问题和限制与常规电站并网的问题和限制相似，同时，风能的随机性也会引发其他一些问题：

- 电网容量限制，如稳态热限制、网络拥塞、短路功率和电流或稳态电压分布[7]。
- 电力质量问题[27]：影响电压质量的电压波动和闪变，电力电子变流器发出的谐波以及远程控制信号干扰[38]。
- 保护问题：保护方案的敏感性和选择性。
- 动态特性和稳定性[11]：穿越电压骤降或故障的能力。
- 辅助设施问题[53]：电压控制——无功功率补偿和功率波动——频率控制。

上述问题中一部分是弱电网的典型问题，解决方案比较简单，但是需要加固电网，成本较高。尽管如此，一些限制要求系统具有一定灵活性，并配备监控系统，这取决于风电场容量，应与网络运营商协商确定。

风电场容量直接取决于风电机[33]，因此，电网要求带来的挑战推动了风力发电机系统的研发。简单、稳健的定速风电机的需求显著增加[23]。如今，采用了电力电子设备的变速发电机得以广泛应用。采用部分规模功率变流器的 DFIG 风电机和采用完整规模功率变流器的直驱 PMSG 风电机是最常用的风电机技术，因为该类风电机可增强电力系统性能和可控性，并会影响电力质量[53]。因此，定速风电机的主要特性如下[7]：

- 简单、稳健。
- 缺少功率控制策略。
- 机械负荷大。
- 输出功率波动大。

另一方面，变速风电机包含电力电子变流器（通常是完整规模背靠背变流器），可使风电机新增以下特性：

- 可在各种风速下达到最优转速，实现更高的风能利用系数。
- 机械负荷减少。
- 有功功率和无功功率具有可控性。
- 输出功率波动小。

尽管具有上述优势，风速的可用性和波动性仍然是风力发电面临的主要问题[30]。

风电穿透率较高时，风电场必须维持不同发电机组间的短期平衡和共享频率分配。对于变速风电机，可控制电力电子变流器，通过打开和关闭风电场内的风电机增加输出功率。另一方面，增加输出功率需要留出备用容量，降低最大发电量，实现可控性。

由于风速具有不确定性，风电场很难实现长期平衡，因此，必须采取其他方式保证风电场的长期平衡，如传统发电机、电力储存或可控负荷[3]。

风电场的电压控制能力取决于采用的风电机技术。因此，除非配备特殊装置，一般不采用定速风电场控制电压节点。变速风电场可通过与风电机连接的电力电子变流器和参与风电场中不同风电机之间连接点处的电压控制实现无功出力控制。为此，若要求具备电压控制能力，则应优先考虑变流器规格。

15.4.1　增强风电场无功功率控制所需的特殊装置

定速风电场或（某些情况下）变速风电场中安装在电网连接点处的特殊装置通常基于不同补偿电容器技术，用于满足电压控制能力。

15.4.1.1　晶闸管投切电容器

如图 15 - 26 所示，晶闸管投切电容器（TSC）电路由通过固态电力电子技术与电网连通的电容器和电抗器组成，在电容电流自然零交叉处点火。因此，电容器与网络连接，无过渡过程。电容器的控制仅允许电流全循环，确保不会产生谐波[1]。

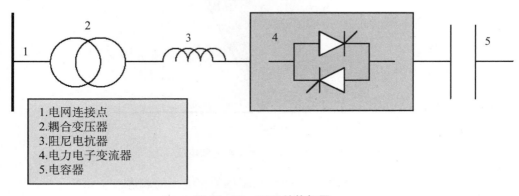

图 15 - 26　TSC 结构框图

15.4.1.2　静止无功补偿装置

如图 15 - 27 所示，基础 SVC 方法以传统电容器组和并联晶闸管控制电抗器支路为基础，可消耗电容器组产生的多余无功功率。在电网连接处，集中式 SVC 提供必要的无功功率平衡，并控制电压，确保电压可传输所需功率水平。最好采用一些可以连续控制注入电网的无功功率的调节方案，作为产生的有功功率的函数[12]。

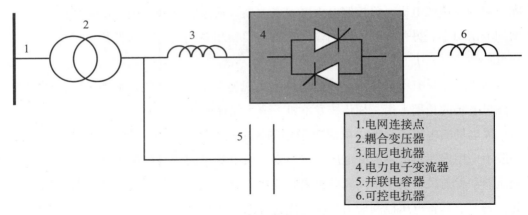

图 15 – 27　SVC 结构框图

与 TCS 和 SVC 一样，电力电子变流器由晶闸管投切电容器（TSC）或晶闸管投切电抗器（TCR）组成。此类支路的协调控制随图 15 – 28 所示的无功功率曲线变化。

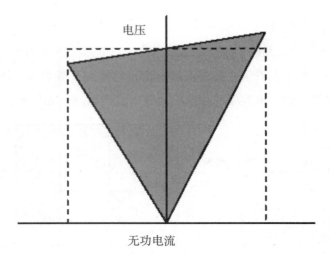

图 15 – 28　SVC 无功电流和电压

对于正弦电压，可通过傅里叶分析求出基础频率电流的表述：

$$I_{SVC} = j\frac{V}{X_C \cdot X_L}\Big\{X_L - \frac{X_C}{\pi}[2(\pi - \alpha) + \sin2\alpha]\Big\} \tag{15-5}$$

式中，X_C 和 X_L 均为 SVC 电抗，α 表示半导体元件的点火角。

15.4.1.3　静止同步补偿装置

STATCOM 基于电压源变流器（VSC），在电抗器后配备电压源（如图 15 – 29 所示）。电压源由直流电容器产生。STATCOM 不仅在稳态运行、穿越电网故障方面性能出色，还有助于完善风电场功能，确保风电场并网满足所需连接要求。

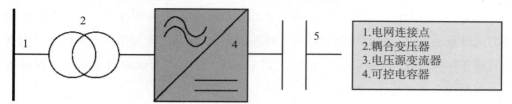

1.电网连接点
2.耦合变压器
3.电压源变流器
4.可控电容器

图 15 – 29　STATCOM 结构框图

图 15 – 30 所示为 STATCOM 的无功电流和连接电压。其性能与 SVC 相似，但是运行期间，无功电流变化相对较小。

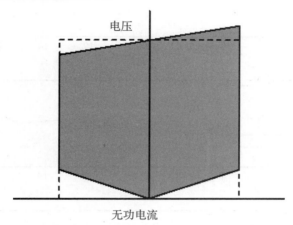

图 15 – 30　STATCOM 无功电流和电压

15.4.1.4　配备增强无功功率所需特殊装置的定速风电场模拟

本案例引用了一个 9MW 的小型定速风电场。如图 15 – 31a 所示，该风电场由三台 3MW 风电机组成，形成一个与 25/120kV 变压器连接的内部集群结构，变压器通过 25km 馈线向电网传输电力。图 15 – 31b 所示为风电场等效电路的阻抗。图中，Z_{lmi} 表示 4MVA 低压/中压变压器的短路阻抗，Z_{mi} 表示连接内部公共耦合点的内部中压线路，Z_m 和 Z_{mh} 分别表示馈线和变压器阻抗。本案例对该风电场中具有相同运行

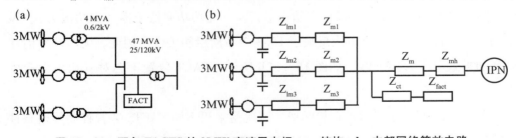

图 15 – 31　配备 FACTS 的 9MW 定速风电场：a. 结构；b. 内部网络等效电路

限制的两台 FACTS 设备、一台 3Mvar SVC 和一台 3Mvar STATCOM 进行了模拟。

图 15-32 描述了 FACTS 设备被要求以 3Mvar 额定功率运行或仅产生 1Mvar 功率时风电场的特性。每台风电机的切入风速设定为 8m/s，5s 后第一台风电机采用阵风且高于标称风速（9m/s），1.5s 后达到 11m/s；其余两台风电机亦采用相同的阵风，但时间分别滞后 5s 和 10s。

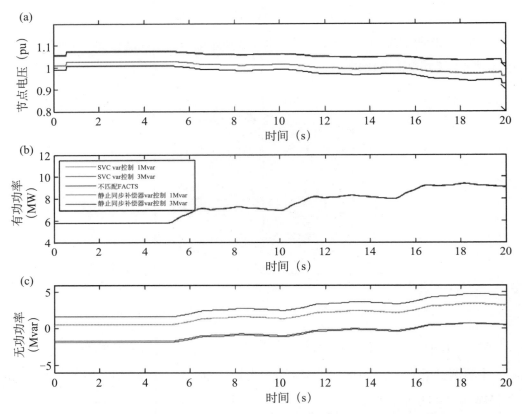

图 15-32　配备 SVC 和 STATCOM 的定速风电场在无功功率控制条件下的响应

由于仅要求提供规定的无功功率，两种装置的响应相似。对于电容器组，每台风电机中仅补偿部分发电机需求（400kvar），风电场消耗无功功率，且不配备 FACTS 装置（用户标准）。以额定功率运行时，无功功率低于零（无功出力）。风电场公共耦合点处的节点电压反映了 15.3.2 节所示相关性。因此，无功功率消耗的增加导致电压大幅下降。如图 15-32b 所示，FACT 装置不会对有功出力产生影响。

图 15-33 描述了风电场在相同切入风速但采用不同 FACTS 装置控制策略条件下的特性。在这种情况下，STATCOM 装置可将节点电压水平保持在 1p. u.，V-I 特

性斜率为 0.03p. u. 。

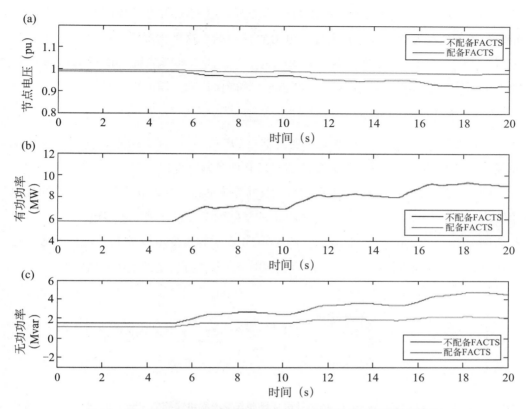

图 15 - 33　配备 STATCOM 的定速风电场在进行电压控制时的响应

在第 15s 切入第三次阵风时，所有风电机的切入风速均高于标称风速，风电场需求超过 4Mvar，节点电压水平下降至 0.92p. u. 。连接 STATCOM 时，STATCOM 提供风电场所需无功功率，节点电压水平保持在 0.98p. u. 以上。

15.4.2　增强风电场电力质量所需的特殊装置

除了在与电网交换无功功率的所有运行条件下保持可接受的稳态水平和电压分布外，还要对无功补偿进行快速控制，缓解可能存在的与风电场相关的电压稳定性限制[53]。

对于暂态稳定性，电网规范规定，风电场必须能够在不断开电网连接的情况下应对电网扰动，并在故障清除后提供有功功率和无功功率[6]。这表明，风电机必须能够"穿越"临时故障，并具备短路容量。在这种情况下，如果风电机发电系统由感应发电机组成，由于该类感应发电机在其转速与同步转速稍有差异时便会消耗大量无功功率，需要无功功率快速支持，因此电力系统存在较大的电压崩溃风险[21]。TSC、SVC 和 STATCOM 等用于解决与电压控制容量相关问题（控制和稳定性）的特殊装置无法快速解决暂态稳定性和电力质量问题。这种情况下，由基于电压源变流器（VSI）的电力电子变流器组成的配电—静止同步补偿装置（D-STATCOM）和动态电压恢复器（DVR）可用于功率控制，并确保达到所需电力质量[6]。

15.4.2.1 配电—静止同步补偿装置

D-STATCOM 配置由一台电流源变流器（CIS）、一台直流储能装置、一台与风电场终端公共耦合点并联的耦合变压器以及其他控制系统组成[6]。

图 15 – 34 所示为 D-STATCOM 示意图及其等效电路。等效电路对应于节点的戴维南等值，其中，电压源 V_v 为 VSC 输出电压的基础频率分量，是电容器电压（V_{DC}）和幅值调制比（m_a）的乘积。因此，D-STATCOM 表示为可变电压源 V_v，可采用适当的迭代算法调整其幅值和相位角，以满足交流网络连接点处特定的电压幅值要求[2]。

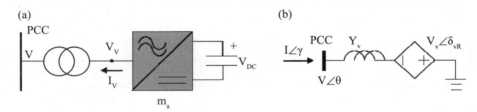

图 15 – 34 D-STATCOM 系统：a. 通过并联变压器与交流网络连接的 VSC；b. 并联固态电压源

15.4.2.2 动态电压恢复器

动态电压恢复器（DVR）包含一个三相电压源变流器（VSI），以及三个单相串联变压器、无源滤波器和储能装置。DVR 可缓解电压骤降，恢复风电场公共耦合点处的畸变电压信号[59]。

DVR 注入电压与线路终端电压正交，在不从电网吸收无功功率的情况下调节有功功率。电容器可提供无功功率，对无功功率和节点电压幅值进行调节。图 15 – 35 所示为 DVR 示意图及其等效电路，其中，串联电压源是电容器额定功率和相数的函数。可通过适当的迭代算法调整 DVR 模型的幅值和相位角，使 DVR 中的有功功率和无功功率潮流达到特定水平。

15.4.2.3 统一潮流控制器

可将 D-STATCOM 与 DVR 结合，并在其直流侧和统一控制系统中共享通用电容器。图 15 – 36a 和图 15 – 36b 所示分别为统一潮流控制器（UPFC）简化示意图及其

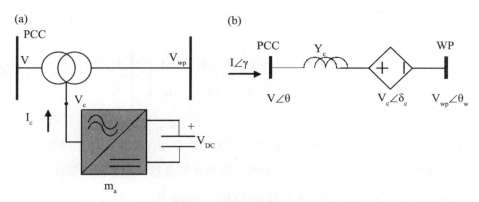

图 15 – 35　DVR 系统：**a.** 通过串联变压器与交流网络连接的 VSC；**b.** 串联固态电压源

等效电路，如文献［2］所示。

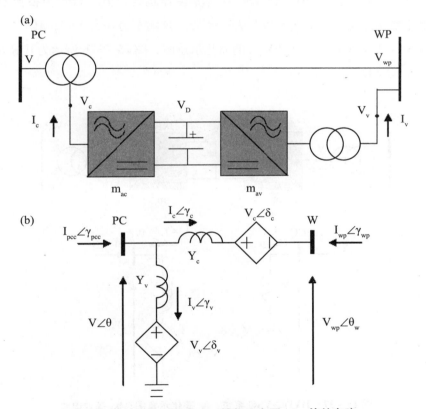

图 15 – 36　UPFC 系统：**a.** 简化示意图；**b.** 等效电路

图 15 – 36b 所示等效电路由通过表示 VSC 变压器的感应电抗与系统连接的并联

和串联 VSI 组成。连接 VSI 的约束方程可表示如下：

$$Re\{V_v \cdot I_v^* + V_C \cdot I_C^*\} = 0 \qquad (15-6)$$

因此，转移导纳方程可表示为：

$$\begin{bmatrix} I_{pcc} \\ I_{wp} \end{bmatrix} = \begin{bmatrix} (Y_c + Y_v) & -Y_c & -Y_c & -Y_v \\ -Y_c & Y_c & Y_c & 0 \end{bmatrix} \begin{bmatrix} V \\ V_{wp} \\ V_c \\ V_v \end{bmatrix} \qquad (15-7)$$

UPFC 能够在 UPFC 终端进行有功功率、无功功率潮流和电压幅值同步控制。或者，可将控制器设置为控制任意组合中的一项或多项参数，或者不控制任何参数。

15.4.2.4　基于电压源变流器的高压直流输电

基于电源变流器的高压直流输电（HVDC-VSC）由通过直流电缆背对背或相互连接的两台 VSC 组成，其中一台 VSC 作为整流器运行，另一台作为换流器运行。HVDC 的主要功能是将恒定直流功率从一台 VSC 传输至另一台 VSC，具有较高的可控性。图 15-37a 所示为 HVDC-VSC 的简化示意图，图 15-37b 所示为其等效电路，如文献［2］所示。

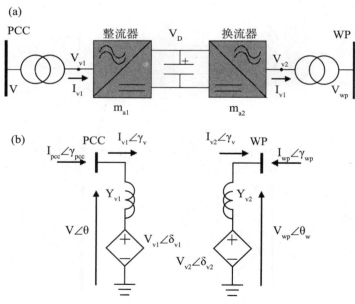

图 15-37　HVDC-VSC 系统：a. 简化示意图；b. 等效电路

图 15-37 所示等效电路由通过以下有功功率约束方程和转移导纳方程连接的并联 VSI 组成：

$$Re\{V_{v1} \cdot I_{v1}^* + V_{v2} \cdot I_{v2}^*\} = 0 \qquad (15-8)$$

$$
\begin{bmatrix} I_{pcc} \\ I_{wp} \end{bmatrix} = \begin{bmatrix} Y_{v1} & -Y_{v1} & 0 & 0 \\ 0 & 0 & Y_{v2} & -Y_{v2} \end{bmatrix} \begin{bmatrix} V \\ V_{v1} \\ V_{wp} \\ V_{v2} \end{bmatrix} \qquad (15-9)
$$

除了有功功率和无功功率潮流控制、电压控制能力和暂态稳定性外，此类装置还能在存在谐波、间谐波、长时和短时中断、过电压等扰动时提高电力质量[25]。若此类装置用于配电（达 60kV），则称为用户电力系统（CUPS）；若用于输电，则称为灵活交流输电系统（FACTS）[60]。

15.4.2.5　配备提高电力质量所需特殊装置的定速风电场模拟

在这种情况下，在图 15 - 31 所示定速风电场公共耦合点处串联一个 3MVA DVR。风电场节点的注入电压限制在 0.3p. u.，电压参考值最大变化率为 3p. u. /s。

图 15 - 38 所示为配备 DVR 和不配备 DVR 的风电场的响应对比情况。在两种情况下，所有风电机均以标称风速（9m/s）运行，若 DVR 断开连接，风电场产生功率约为 8.5MW，消耗功率超过 3.8Mvar。连接 DVR 时，可采用三个不同的参考值：

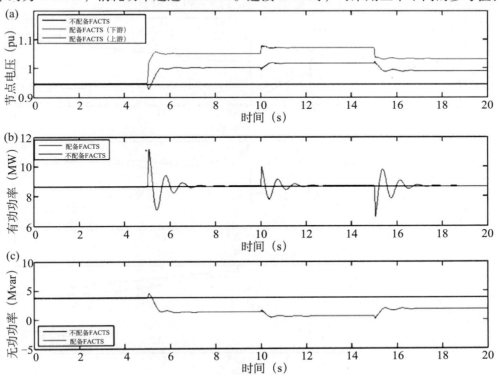

图 15 - 38　电压参考值变化时配备 DVR 的定速风电场的响应

- 0 至 5s，DVR 控制正交电压参考值为 0，由于差异为内部压降，DVR 上游和下游电压非常相近。
- 第 5s 至 10s，DVR 正交电压参考值增至 0.2，因此，DVR 上游电压为 1p.u.，下游电压达到 1.05p.u.。
- 第 10s 至 15s，参考电压设置为 0.28。这种情况下，风电场电压达到 1.07p.u.，馈线首端电压达到 1.016p.u.。
- 最后，参考电压值设置为 0.1，两个电压分别降至 1.01p.u. 和 0.98p.u.。

同时，在出现电网扰动的条件下对 DVR 装置进行了测试。在这种情况下，假设 10s 时压降为 0.3p.u.，并持续 400ms。故障清除后，电压开始恢复。由于电网扰动远远快于风速波动，假设风速为常数。图 15-39 所示为风电场在两种情况下的响应：DVR 作为旁路和采用 DVR 控制注入电压，出现故障时，将参考值设定为 0.28p.u.。

通过 DVR 注入的与线路电压（馈线首端）正交的电压能够在出现压降时增加风电场公共耦合点处的电压，从而实现电压快速恢复。故障期间，DVR 用于调整有功功率，即在出现压降的前段时间和后段时间分别增加和降低有功功率。同时，DVR 还可以提供无功功率（用户标准），如图 15-39 所示。

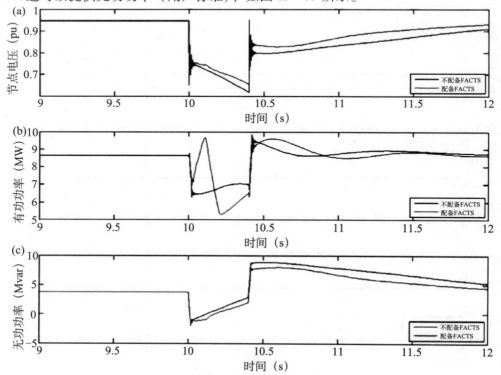

图 15-39 出现电网故障时配备 DVR 的定速风电场的响应

图 15-40 显示了 DVR 在出现压降条件下的特性。图 15-40a 所示为装置上游和下游电压。DVR 注入的电压导致上下游电压存在差异，如图 15-40b 所示。图 15-40c 所示为 DVR 注入风电场的无功功率。在这种情况下，只有在出现压降时，DVR 才会注入无功功率。

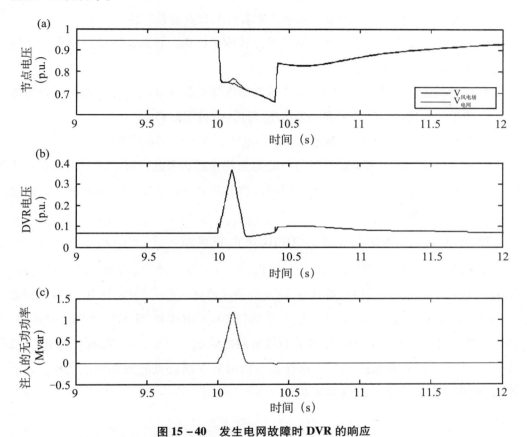

图 15-40　发生电网故障时 DVR 的响应

15.4.3　提高风电场电力质量所需的储能系统

提高风电质量的另一个方法是采用储能系统。储能系统可储存多余电量，并在电量需求超过发电量时释放，从而避免短期波动，优化需求和发电量曲线。同时，由于储能系统有助于将电网中可能出现的峰值和谷值最小化，其也会对电压稳定性产生影响。此外，合适的储能系统可使用储存的能量满足峰值需求，从而降低备用容量的必要性。

储能系统领域的相关技术广泛、多样。目前，已开发了多种装置，用于提升现有风电场的容量和效率。在各类储能系统中，风力发电领域使用的最重要的装置如文献［22］所示。

- 蓄电池。最重要的特性是功率值和能量值相互独立。蓄电池种类众多，包括传统铅酸蓄电池和流体蓄电池，但目前尚未实现商业应用。

- 超级电容器。超级电容器通过两个导电板间的电场储存能量。超级电容器优势明显，而价格相对较高，但目前来看，其开发前景广阔。

- 飞轮。飞轮将电能作为动能储存在回转质量体内。目前，飞轮已与风能系统共同用作负荷调平装置。

- 超导磁储能系统（SMES）。此类装置将电能储存在穿过超导磁线圈的直流电产生的磁场内。其效率高，无活动部件，但成本较高。

- 燃料电池（FC）。燃料蓄电池可用作能障，并有效调整功率输出[62]。

- 制氢。氢被视为未来最具吸引力的能源替代品。因此，许多研究人员正致力于开发新的制氢和储存方案。同时，当前的氢储存技术在效率和容量方面也在不断提升。

15.4.3.1　配备储能系统的 DFIG 风电机模拟

研究中考虑了采用蓄电池的变速风电机，以评估配备储能系统的风电场的特性。图 15-41a 描绘了相应结构：通过直流/交流换流器将一台 1.5MW DFIG 风电机与蓄电池连接，蓄电池作为储能系统。整个系统与 30km 馈线和 25/120kV 变压器连接，传输产生的电力。图 15-41b 显示了等效电路的阻抗，其中，Z_{lm} 表示 1.75MVA 低压/中压变压器的短路阻抗，Z_m 表示连接至内部公共耦合点的内部中压线路，Z_f 和 Z_{mh} 表示馈线和中压/高压变压器阻抗。

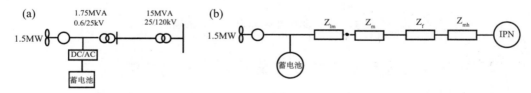

图 15-41　以蓄电池作为储能系统的 1.5MW DFIG 风电场：a. 结构；b. 内部网络等效电路

文献［45］中对联合发电系统（带蓄电池的 DFIG 风电机）及其控制系统进行了建模与模拟。唯一的差异在于蓄电池位于风电机外部，并通过直流/交流换流器与 25kV 线路连接。基于状态机控制策略的监控系统可根据蓄电池荷电状态（SOC）和运行条件设定蓄电池功率参考值。

模拟中，假设风速恒定为 14m/s。最初 60s，电网有功功率需求设定为 0.8p.u.，并在模拟的剩余时段变为 1.2p.u.。同时，90s 前，将无功功率控制在整功率因数，随后，增至 0.1p.u.（用户标准），上升斜率为 0.1p.u./s。在这种情况下，控制系统将风电机消耗的无功功率保持在 0p.u.，并控制蓄电池换流器，实现所需电网需求。

图 15-42 所示为模拟过程中有功功率和无功功率以及蓄电池 SOC 的变化情况。如图 15-42a 所示，最初 90s，蓄电池储存的多余电量介于有功功率参考值和可用风电量之间，将蓄电池 SOC 从 60% 增至 61%。模拟剩余时段，有功功率参考值超过风电机可用功率，蓄电池给予补充，提供所需功率，蓄电池放电（如图 15-42b 所示）。图 15-42b 所示为适用的无功功率控制。

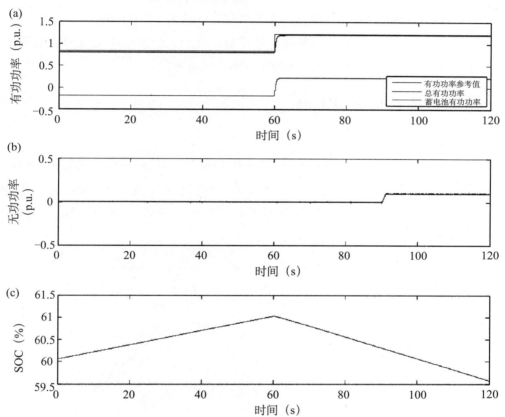

图 15-42　配备蓄电池储能系统的 1.5MW DFIG 风电场的响应

蓄电池储能允许最大限度地捕获风能（即使在功率需求较低的时段），从而在需求中解耦发电量，优化电能。可通过充分控制策略调整无功功率和电压等其他变量。因此，采用储能系统可增强风电机的发电能力，确保向电网输入更高且波动更小的功率。

15.5　结论

本章探讨了一些与风电穿透及风电并网相关的问题，主要侧重于暂态稳定性研究。

首先，我们探讨了采用适当模型评估风电场动态特性的必要性。因此，当研究对象是作为独立发电站运行的风电场时，可以将风电机聚合为等效模型，从而降低模型的复杂程度。然后，根据每台风电机的切入风速以及风电场中所有风电机的类型和额定值将等效模型分组。其次，探讨了风电场的控制。目前，要求风电场与常规电站一样参与电力系统运行，确保电力系统的稳定性和高质量。确保充分并网的主要要求是有功功率和电压调节，以及无功功率和频率控制。此外，对将主控制器和调度中心作为控制结构的主要元件进行了分析。最后，描述了FACTS或储能系统等附加装置，此类装置在风电场中的应用可提高电力质量、控制容量，有效促进风电并网。

因此，风电场的发电容量与常规电站相近，可最大限度地满足电网规范要求，确保在不对电力系统进行重大改变的情况下实现风电并网。

附录：风电场模型参数

（a）350kW 定速风电机

额定功率：350kW；额定电压：660V，$R = 15.2m$、$H_r = 5p.u.$；齿轮箱传动比：$1:44.5$，$K_{mec} = 100p.u.$、$D_{mec} = 10p.u.$、$H_g = 0.5p.u.$、$R_s = 0.006p.u.$、$R'_r = 0.006p.u.$、$X_{\sigma s} = 0.007p.u.$、$X'_{\sigma r} = 0.19p.u.$、$X_m = 2.78p.u.$、$X_c = 2.5p.u.$（如图 15 - 43 所示）。

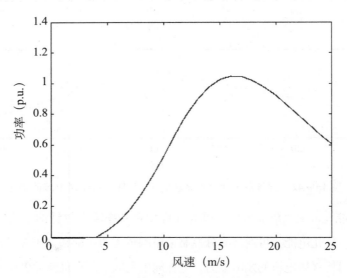

图 15 - 43　350kW 定速风电机功率曲线

（b）500kW 定速风电机

额定功率：500kW；额定电压：660V，$R = 28m$、$H_r = 5p.u.$；齿轮箱传动比：

$1:89$，$K_{mec} = 200$p. u. 、$D_{mec} = 15$p. u. 、$H_g = 1$p. u. 、$R_s = 0.01$p. u. 、$R'_r = 0.01$p. u. 、$X_{\sigma s} = 0.01$p. u. 、$X'_{\sigma r} = 0.08$p. u. 、$X_m = 3$p. u. 、$X_c = 2.3$p. u. （如图 15 - 44 所示）。

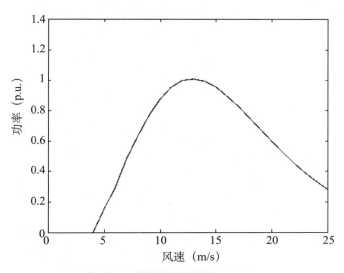

图 15 - 44 500kW 定速风电机功率曲线

（c）660kW DFIG 风电机

额定功率：660kW；额定电压：660V，$R = 23.5$m、$H_r = 0.5$p. u. ；齿轮箱传动比：$1:52.5$，$K_{mec} = 90$p. u. 、$D_{mec} = 15$p. u. 、$H_g = 3$p. u. 、$R_s = 0.01$p. u. 、$R'_r = 0.01$p. u. 、$X_{\sigma s} = 0.04$p. u. 、$X'_{\sigma r} = 0.05$p. u. 、$X_m = 2.9$p. u. （如图 15 -45 所示）。

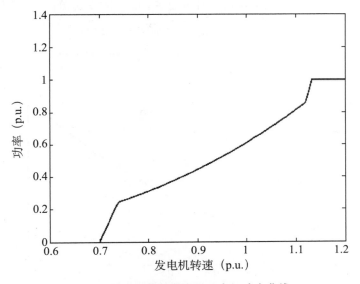

图 15 -45 660kW DFIG 风电机功率曲线

风力发电系统手册

(d) 1.5MW DFIG 风电机

额定功率：1.5MW；额定电压：600V，R = 41m、H = 4.64p.u.、R_s = 0.005p.u.、R_r' = 0.004p.u.、$X_{\sigma s}$ = 0.125p.u.、$X_{\sigma r}'$ = 0.179p.u.、X_m = 6.77p.u.（如图 15 − 46 所示）。

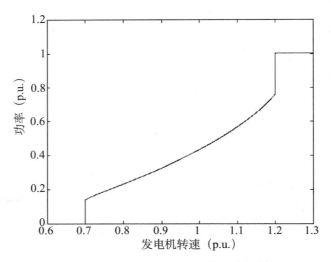

图 15 − 46　1.5MW DFIG 风电机功率曲线

(e) 2MW DFIG 风电机

额定功率：2MW；额定电压：690V，R = 38m、H_r = 0.5p.u.；齿轮箱传动比：1:89，K_{mec} = 95p.u.、D_{mec} = 40p.u.、H_g = 2.5p.u.、R_s = 0.01p.u.、R_r' = 0.01p.u.、$X_{\sigma s}$ = 0.1p.u.、$X_{\sigma r}'$ = 0.08p.u.、X_m = 3p.u.（如图 15 − 47 所示）。

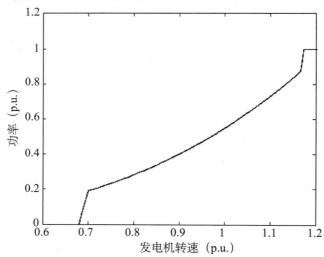

图 15 − 47　2MW DFIG 风电机功率曲线

（f）3MW 定速风电机

额定功率：3MW；额定电压：600V，R = 45m、H_r = 4.29p. u. ；齿轮箱传动比：1：89，K_{mec} = 296p. u. 、D_{mec} = 15p. u. 、H_g = 0.90p. u. 、R_s = 0.003p. u. ，R'_r = 0.002p. u. 、$X_{\sigma s}$ = 0.063p. u. 、$X'_{\sigma r}$ = 0.089p. u. 、X_m = 3.38p. u. （如图 15 – 48 所示）。

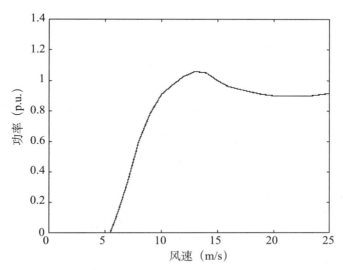

图 15 – 48　3MW DFIG 风电机功率曲线

（g）配备 6 台 350kW 风电机和 6 台 500kW 风电机的定速风电场电力网络

低压线路，集群 1（r = 0.4Ω/km、x = 0.1Ω/km、长度 = 200m），集群 2（r = 0.4Ω/km、x = 0.1Ω/km、长度 = 300m）。

低压/中压线路，集群 1（800kVA、20/0.66kV、ε_{cc} = 6%），集群 2（1250kV、20/0.66kV、ε_{cc} = 5%）。

中压线路，集群 1（r = 0.15Ω/km、x = 0.1Ω/km、长度 = 500m），集群 2（r = 0.15Ω/km、x = 0.1Ω/km、长度 = 600m）。

中压/高压变压器（10MVA、20/66kV、ε_{cc} = 8%）。

馈线（r = 0.2Ω/km、x = 0.4Ω/km、长度 = 10km）。

电网公共耦合点处的短路功率 = 500MVA，X/R = 20。

（h）配备 6 台 2MW 风电机的 DFIG 风电场电力网络

低压/中压变压器（2.5MVA、20/0.66kV、ε_{cc} = 6%）。

中压线路（r = 0.3Ω/km、x = 0.1Ω/km、长度 = 200m）。

中压集群线路：集群 1（r = 0.15Ω/km、x = 0.05Ω/km、长度 = 1km），集群 2（r = 0.15Ω/km、x = 0.1Ω/km、长度 = 2km）。

中压/高压变压器（15MVA、20/66kV、$\varepsilon_{cc}=8.5\%$）。

馈线（r＝0.16Ω/km、x＝0.35Ω/km、长度＝20km）。

电网公共耦合点处的短路功率＝500MVA，X/R＝20。

（i）配备6台660kW风电机和6台2MW风电机的DFIG风电场电力网络

低压/中压变压器：集群1（800kVA、20/0.66kV、$\varepsilon_{cc}=6\%$），集群2（2.5MV、20/0.66kV、$\varepsilon_{cc}=6\%$）。

中压线路：集群1（r＝0.3Ω/km、x＝0.1Ω/km、长度＝200m），集群2（r＝0.4Ω/km、x＝0.1Ω/km、长度＝200m）。

中压集群线路：集群1（r＝0.15Ω/km、x＝0.05Ω/km、长度＝500km），集群2（r＝0.15Ω/km、x＝0.1Ω/km、长度＝2km）。

中压/高压变压器：集群1（4MVA、20/66kV、$\varepsilon_{cc}=8\%$），集群2（15MVA、20/66kV、$\varepsilon_{cc}=8.5\%$）。

馈线（r＝0.2Ω/km、x＝0.4Ω/km、长度＝10km）。

电网公共耦合点处的短路功率＝500MVA，X/R＝20。

（j）配备3台3MW风电机的定速风电场电力网络

低压/中压变压器（4MVA、25/0.60kV、$\varepsilon_{cc}=7.7\%$）。

中压线路（r＝0.115Ω/km、x＝0.33Ω/km、长度＝1km）。

中压集群线路：（r＝0.115Ω/km、x＝0.33Ω/km、长度＝25km）。

中压/高压变压器（47MVA、25/120kV、$\varepsilon_{cc}=3.3\%$）。

电网公共耦合点处短路功率＝2500MVA，X/R＝10。

SVC（3MVA、25kV、$t_{delay}=4ms$）。

$STATCOM$（3MVA、25kV、R＝0.007pu、X＝0.22pu、$C_{eq}=1125\mu F$）。

（k）配备1台1.5MW风电机的DFIG风电场电力网络

低压/中压变压器（1.75MVA、25/0.60kV、$\varepsilon_{cc}=7.7\%$）。

中压线路（r＝0.115Ω/km、x＝0.33Ω/km、长度＝1km）。

中压集群线路（r＝0.115Ω/km、x＝0.33Ω/km、长度＝30km）。

中压/高压变压器（15MVA、25/120kV、$\varepsilon_{cc}=6.3\%$）。

电网公共耦合点处的短路功率＝2500MVA，X/R＝10。

蓄电池（585Ah、624V）。

参考文献

[1] ABB（2009）DYNACOMP®The top-class reactive power compensator.

［2］ Acha E, Fuerte-Esquivel C, Ambriz-Pérez H et al（2004）Facts, modelling and simulation in power networks. Wiley, London.

［3］ Ackermann Te（2005）Wind power in power systems. Wiley, Stockholm.

［4］ Akhmatov V（2003）Analysis of dynamic behaviour of electric power systems with large amount of wind power. Electric Power Engineering. Ph. D. Thesis, ørsted-DTU, Technical University of Denmark, Kongens Lyngby.

［5］ Akhmatov V, Knudsen H（2002）An aggregated model of a grid-connected, large-scale, offshore wind farm for power stability investigations-importance of windmill mechanical system. Int J Electr Power Energy Syst 25（9）: 709 – 717.

［6］ Alvarez C, Amarís H, Samuelsson O（2007）Voltage dip mitigation at wind farms. In: Proceedings of European wind energy conference EWEC 2007. Milan.

［7］ Bousseau P, Fesquet F, Belhomme R, Nguefeu S, Thai T（2006）Solutions for the grid integration of wind farms-a survey. Wind Energy 9: 13 – 25.

［8］ Bozhko S, Asher G, Li R, Clare J, Yao L（2008）Large offshore DFIG-based wind farm with line-commutated HVDC connection to the main grid: engineering studies. IEEE Trans Energy Convers 23（1）: 119 – 127.

［9］ Cartwright P, Holdsworth L, Ekanay ake JB, Jenkins N（2004）Co-ordinated voltage control strategy for a（DFIG）-based wind farm. IEE Proc Gener Transm Distrib 151（4）: 492 – 502.

［10］ Chen Z, Blaabjerg F（2009）Wind farm—a power source in future power systems. Renew Sustain Energy 13: 1288 – 1300.

［11］ EN-50160 S（2007）Voltage characteristics of electricity supplied by public distribution. Commission of the European communities, EC.

［12］ Eriksson K, Halvarsson P, Wensky D et al（2003）System approach on designing an offshore wind power grid connection. In: 4th international workshop on large-scale integration of wind power and transmission networks for offshore wind farms.

［13］ Fernández L, García C, Jurado F（2008）Comparative study on the performance of control system for doubly fed induction generator（DFIG）wind turbines operating with power regulation. Energy 33: 1438 – 1452.

［14］ Fernández L, García C, Saenz J, Jurado F（2009）Equivalent models of wind farms by using aggregated wind turbines and equivalent winds. Energy Convers Manage 50: 691－704.

[15] Fernández L, Jurado F, Saenz J (2008) Aggregated dynamic model for wind farms with doubly fed induction generator wind turbines. Renew Energy 33: 129－140.

[16] Fernández L, Saenz J, Jurado F (2006) Dynamic models of wind farms with fixed speed wind turbines. Renew Energy 31: 1203－1230.

[17] Fernandez R, Battaiotto P, Mantz R (2008) Wind farm non-linear control for damping electromechanical oscillations of power systems. Renew Energy 33: 2258－2265.

[18] Franklin D, Morelato A (1994) Improving dynamic aggregation of induction motor models. IEEE Trans Power Syst 9 (4): 1934－1941.

[19] García-Gracia M, Comech M, Sallán J, Llombart A (2007) Modelling wind farms for grid disturbance studies. Renew Energy 33: 2109－2121.

[20] Gjengedal T (2005) Large-scale wind power farm as power plants. Wind Energy 8: 361－373.

[21] Grunbaum R (2001) Voltage and power quality control in wind power. In: Proceedings of powergen Europe 2001 conference, Brussels.

[22] Hadjipaschalis I, Poullikkas A, Efthimiou V (2009) Overview of current and future energy storage technologies for electric power applications. Renew Sustain 13: 1513－1522.

[23] Hansen A, Hansen L (2007) Market penetration of wind turbine concepts over the years. In: Proceedings of European wind energy conference EWEC 2007, Milan EWEC.

[24] Hansen A, Sorensen P, Iov F, Blaabjerg F (2006) Centralised power control of wind farm with doubly fed induction generators. Renew Energy 31: 935－951.

[25] Hansen L, Helle L, Blaabjerg F et al (2001) Risø-R-1205 (EN). Conceptual survey of generators and power electronics for wind turbines. Risø National Laboratory, Roskilde.

[26] IEA WA (2007) Final Technical Report 2007. Dynamic models of wind farms

for power system studies. IEA.

[27] IEC 61400 – 21 (2001) Wind turbine generator systems-part 21: Measurement and assessment of power quality characteristics of grid connected wind turbines, IEC 61400 – 21. International Electrotechnical Commission.

[28] Jauch C, Matevosyan J, Ackermann T, Bolik S (2005) International comparison of requirements for connection of wind turbines to power systems. Wind Energy 8: 295 – 306.

[29] Jin Y, Ju P (2009) Dynamic equivalent modeling of FSIG based wind farm according to slip coherency. In: Proceedings of IEEE international conference on sustainable power generation and supply SUPERGEN'09. IEEE, Nanjing, pp 1 – 9.

[30] Kling W, Slootweg J (2002) Wind turbines as power plants IEEE/Cigre workshop on wind power and the impacts on power systems. IEEE, Oslo, p 7.

[31] Ko H, Jatskevich J, Dumont G, Yoon G (2008) An advanced LMI-based-LQR design for voltage control of grid-connected wind farm. Electr Power Syst Res 78: 539 – 546.

[32] Kristoffersen J (2005) The Horns Rev wind farm and the operational experience with the wind farm main controller. Coopenhagen Offshore Wind 2005, Copenhagen pp 1 – 9.

[33] Li H, Chen Z (2008) Overview of different wind generator systems and their. IET Renew Power Gener 2 (2): 123 – 138.

[34] Martínez de Alegría I, Andreu J, Martín J, Ibañez P, Vilate J, Camblong H (2007) Connection requirements for wind farms: a survey on technical requirements and regulation. Renew Sustain Energy 11: 1858 – 1872.

[35] Max L (2009) Design and control of a DC collection grid for a wind farm. Göteborg. Ph. D. Thesis, Department of Energy and Environment, Chalmers University of Technology, Sweden.

[36] Moyano C, Peças Lopes J (2007) Using an OPF like approach to define the operational strategy of a wind park under a system operator control. IEEE power tech 2007. IEEE, Lausanne, pp 651 – 656.

[37] Muljadi E, Parsons B (2006) Comparing single and multiple turbine repre-

sentations in a wind farm simulation. In: Proceedings of European wind energy conference, EWEC'06, Athens, pp 1 – 10.

[38] Muljadi E, Butterfield C, Chacon J, Romanowithz H (2006) Power quality aspects in a wind power plant. IEEE power engineering society general meeting, IEEE Montreal, pp 1 – 8.

[39] Muljadi E, Pasupulati S, Ellis A, Kosterov D (2008) Method of equivalencing for a large wind power plant with multiple turbine representation. IEEE power and energy society general meeting-conversion and delivery of electrical energy in the 21st Century. IEEE, Pittsburgh, pp 1 – 9.

[40] Nozari F, Kankam MD (1987) Aggregation of induction motors for transient stability load modeling. IEEE Trans Power Syst PWRS-2: 1096 – 1102.

[41] Perdana A, Uski S, Carlson O, Lemström B (2006) Validation of aggregate model of wind farm with fixed speed wind turbines against measurement. In: Proceedings of nordic wind power conference, NWPC'06. Future Energy, Espoo, pp 1 – 9.

[42] Pierik J, Morren J (2007) Validation of Dynamic models of wind farms: Erao 3. Delf University of Technology ECN – E – 07 – 006.

[43] Pöller M, Achilles S (2004) Aggregated wind park models for analyzing power systems dynamics. In: 4th international workshop on large-scale integration of wind power and transmission networks for off-shore wind farms, Billund, pp 1 – 10.

[44] Rodríguez-Amenedo J, Arnaltes S, Rodríguez M (2008) Operation and coordinated control of fixed and variable speed wind farms. Renew Energy 33: 406 – 414.

[45] Sarrias R, Fernandez L, Garcia C, Jurado F (2012) Coordinate operation of power sources in a doubly-fed induction generator wind turbine/battery hybrid power system. J Power Sour 205: 354 – 366.

[46] Shafiu A, Anaya-Lara O, Bathurst G, Jenkins N (2006) Aggregated wind turbine models for power system dynamic studies. Wind Eng 30 (3): 171 – 186.

[47] Slootweg J (2003) Wind power. Modelling and impact on power system dynamics. PhD. Thesis, Technische Universiteit Delft, Ridderkerk.

[48] Slootweg J, Kling W (2002) Modeling of large wind farms in power system simu-

lations. IEEE power engineering society summer meeting. IEEE, Chicago, pp 503 - 508.

[49] Sørensen P, Hansen A, Iov F et al (2005) Risø-R-1464 (EN). Wind farm models and control strategies. Risø National Laboratory, Roskilde.

[50] Sørensen P, Hansen A, Janosi L et al (2001) Risø-R-1281. Simulation of interaction between wind farm and power. Risø National Laboratory, Roskilde.

[51] Sudrià A, Chindris M, Sumper A et al (2005) Wind turbine operation in power systems and grid connection requirements. In: Proceedings of ICREPQ'05, Zaragoza, pp 1 - 5.

[52] Taleb M, Akbaba M, Abdullah E (1994) Aggregation of induction machines for power systems dynamic studies. IEEE Trans Power Syst 9 (4): 2042 - 2048.

[53] Tande J (2003) Grid integration of wind farms. Wind Energy 6: 281 - 295.

[54] Tande J, Muljadi E, Carlson O et al (2004) Dynamic model of wind farms for power system studies-status by IEA Wind R&W Annex 21. European wind energy conference, EWEC'04, London, pp 22 - 25.

[55] Tapia A, Tapia G, Ostolaza J (2004) Reactive power control of wind farms for voltage control applications. Renew Energy 29: 377 - 392.

[56] Tapia G, Tapia A, Ostolaza J (2007) Proportional-integral regulator-based approach to wind farm reactive power management for secondary voltage control. IEEE Trans Energy Convers 22 (2): 488 - 498.

[57] Trudnowski D, Gentile A, Khan J, Petritz E (2004) Fixed-speed wind-generator and wind-park modelling for transient stability studies. IEEE Trans Power Syst 19 (4): 1911 - 1917.

[58] Tsili M, Patsiouras C, Papathanassiou S (2008) Grid code requirements for large wind farms: a review of technical regulations and available wind turbine technologies. European wind energy conference EWEC'08, Brussels, pp 1 - 11.

[59] Visiers M, Mendoza J, Búnez J, González F et al (2007) Windfact®, a solution for the grid code compliance of the wind farm in operation. European conference on power electronics and applications. IEEE, Aalborg, pp 1 - 9.

[60] Wachtel S, Adloff S, Marques J, Schellschmidt M (2008) Certification of wind energy converters with FACTS capabilities. European wind energy confer-

ence EWEC 2008. Brussels.

[61] Wämundson M，Hassan F （2009） HVDC wind park. actively interfaced to the grid. Elforsk，Stockholm.

[62] Wang C，Wang L，Shi L （2007） A survey on wind power technologies in power systems. In：IEEE power engineering society general meeting，IEEE，Florida，pp 1 - 6.

[63] Wind on the Grid （2008） Concepts and design of the wind farm cluster management system. Wind on the grid consortium.

[64] Zhao J，Li X，Hao J，Lu J （2010） Reactive power control of wind farm made up with doubly fed induction generators in distribution system. Electr Power Syst Res 80：698 - 706.

第十六章
风电机的电网支持能力

Gabriele Michalke 和 Anca Daniela Hansen[①]

摘要： 目前，世界范围内的一些电力系统已经开始大规模并入风电。因此，现代化风电机必须具备电网支持能力。电力系统运营商通过各类电网规范对风电机提出了一系列要求，例如，出现电压骤降时的故障穿越能力和无功功率供应。当前市场中的风电机种类繁多、控制特性各异，能够为电力系统提供各类辅助服务。首先，本章强调了与风电并网相关的最重要的问题。随后描述了各种风电机设计理念，并分析和对比了其电网支持能力。最后，本章综述了相关模拟案例，所有风电机均在电网规范设定的压降条件下进行模拟分析。

16.1 概述

风能具有自然波动性。因此，风电机组与传统发电机组在电力系统中的作用有所不同。在电力系统中设置小型分散型风电机组，风能不会对电力系统的运行产生影响，因此，可以轻易实现风电并网。但是，若各自控制区域的风电穿透率达到较高水平、传统发电机组被取代，从电力系统稳定性的角度来看，风能的波动性会对电力系统产生极大的影响，必须妥善解决这一问题。

因此，电力系统中风电穿透率的不断增加将为电力系统运营商带来新的挑战，电力系统运营商必须确保电网可靠、稳定运行。在丹麦、德国、西班牙、英国和爱

① G. Michalke（✉）
罗伯特·博世有限公司，企业研究和推进工程，德国斯图加特，信箱 30 02 40 70442
e-mail：Gabriele. Michalke@ de. bosch. com

A. D. Hansen
丹麦技术大学风能系，里瑟可持续能源国家实验室，丹麦罗斯基勒菲德烈堡宫 399 号，49 号信箱
e-mail：anca@ dtu. dk

尔兰等风能利用率较高的国家，电力系统运营商应用了诸多电网规范[1~5]。此类电网规范对接入电力系统的风电机提出了并网技术要求，规定风电机必须作为电网的有功元件，并具备控制功能，即与传统电厂一致。这些规范还规定，风电机应具备故障穿越能力，也就是说，出现电网故障时，风电机必须始终保持与电网的连接。这主要解决了风电机保护系统和控制器设计方面的问题。此外，还要求现代化风电机能够提供辅助服务，从而对电力系统提供支持。这就表明，电力系统运营商应提供有功功率和无功功率供应等服务，支持电力系统频率和电压水平，确保电网安全、可靠运行。

过去二十年，风电机设计理念日趋成熟。首台风电机是定速失速型风电机，其设计简单、结构稳健。目前使用的大多数风电机为变桨距风电机，基于变频器变速运行。相应地，变频器有助于实现更好的风电机可控性，尤其是在电力系统支持方面。因此，各种类型风电机的电网支持能力取决于其采用的具体技术。

16.2　风电并网

如前所述，在德国和丹麦等国家[6]，风电利用率较高。其后，越来越多的国家开始风电开发，尤其是西班牙、美国、英国等关注可再生能源开发的国家，以及中国和印度等能源需求不断攀升的国家。全球风能理事会[7]资料表明，2010 年，全球新增风电装机容量为 38 265MW，全球累计风电装机容量增至 197 039MW。2010 年，中国、美国和印度风电装机容量最大，分别达 18 928MW、5 115MW 和 2 138MW[7]。随着风电穿透率的增加，其对电力系统产生的影响越来越大，上述国家在风电并网方面面临极大挑战。

此外，过去几年，风电在电力系统中的作用发生了重大变化。之前，风电机通常与配电系统连接，而如今，大型风电场直接与输电系统连接，并部分取代了传统集中式电厂提供的功率容量。因此，风电开发会极大地影响电力系统的运行和稳定性。大型风电场必须具备与传统发电机组相同的功能，如有功功率和无功功率潮流控制。此外，由于电力网络尚不完善的偏远地区（如沿海地区）的电网中风电穿透率较大，风能对此类电力系统的影响尤其明显。以下章节对此进行了详述。

16.2.1　对电力系统稳定性的影响

如 Tande[8]所述，人们已在配电系统的风电并网领域积累了大量基本经验。小型风电机组通常与配电系统连接，由于其影响较小，可以忽略其对电力系统稳定性和电压质量的影响。而目前的风电场规模较大（数百兆瓦），并直接与输电系统连接，对电力系统产生了极大影响。主要原因如下[9]：

- 由于可再生能源（尤其是风能）在一定程度上替代了传统电厂，传统电厂在电力系统控制方面的作用逐渐下降。
- 风力发电采用海上风电场等大型集中式机组，会对电力系统产生极大影响。
- 风力发电主要应用于电力网络尚不完善的偏远地区（如沿海地区）。
- 风能受盛行风影响，具有波动性，必须加以平衡。
- 发电量和功率消耗的巨大变化导致电流和节点电压变化，必须加以平衡。

因此，风电穿透率较高或电网比较薄弱时，电力系统稳定性问题尤为重要。电力系统稳定性主要涉及两方面：

1. 电压控制——无功功率补偿。
2. 频率控制——有功功率调度。

1. 为了确保电网各节点处电压恒定，系统各点的无功功率生产和消耗应保持平衡。通常由电网节点附近的大型集中式电厂提供无功功率补偿，以保持无功功率产生和消耗平衡。若由偏远地区的风电机承担这一任务，将会产生一些问题。此外，有些风电机本身就存在无功功率需求，而这些功率需求根据风速和需补偿的无功功率而不同。对于短期电压稳定性，风电机供应无功功率的能力至关重要，比如，电网故障导致电压骤降后的电压稳定性。因此，在风电并网和风电机市场前景方面，风电机的电压控制能力是一个非常重要的因素[9]。

2. 由于风能具有波动性，有效发电量也具有不确定性，频率调节和有功功率调度成了一项具有挑战性的因素[8]。另一方面，在目前，出现电网故障时允许风电机脱网。在风电穿透率较高的地区，若大量风电机脱网，将导致巨大的电力生产损失，对电力系统稳定性产生不利影响，甚至导致大面积停电。因此，输电系统运营商要求风电机具备临时故障穿越能力，以避免有功功率大量损失。此外，还要研究风能在实现一级和二级控制方面的贡献。提出的解决方案包括风电弃风以及必要时释放备用容量。

以下章节对当前电网规范要求进行了概述。

16.2.2　电网规范

在2003年之前，大多数电网规范并未要求风电机必须能够在出现电网扰动时对电力系统提供支持，而是要求在检测到异常电压时必须断开与电网的连接。如今，电力系统中风电装机容量不断增加，风电机脱网将造成巨大的电力生产损失。因此，很容易造成系统频率和电压控制问题，甚至可能导致系统崩溃。因此，过去十年中电力系统中风电穿透率的增加引起了关于风电并网对电力系统动态特性影响的深切关注。在一些国家，电力系统运营商修订了相关电网规范，如文献［1～5］所述。从根本上说，电网规范要求风电场必须具备与传统发电机组相似的运行特点。Iov[10~12]对现有电网连接规范进行了概述。此类规范主要适用于与输电系统连接的风电场。此外，一些电力系统运营商还确定了适用于配电系统的电网规范。相关要求主要侧重于风电机的故障穿越能力和电网支持能力，即风电机通过提供辅助服务对电力系统提供支持的能力[13,14]。此类辅助服务通常涉及以下方面[15]。

16.2.2.1　故障穿越

对于故障穿越能力要求，风电机应能够在出现电网故障时保持与电网连接，避免风电穿透率较高的电力系统出现重大有功功率生产损失。系统运营商执行故障穿越要求前，风电机必须在出现故障时断开与电网的连接。目前使用的大多数风电机主要为配有电网直连发电机的传统定速风电机，在电压恢复时会产生大量涌入电流[16]。达到预期风电装机容量（到 2020 年风能发电将达 20%[17]）后，若出现风电机脱网，将导致数千兆瓦功率损失。因此，接入电力系统的风电机必须具备故障穿越能力。

故障穿越要求解决风电机控制器先进设计[13]和风电机新技术、设备开发[18]等问题，确保风电机能够在出现电网故障时保持与电力网络连接，并在故障清除后继续保持正常运行和发电。故障穿越要求规定了允许风电机断开连接的具体时长以及在压降达到何种程度时必须断开风电机连接[15]。

16.2.2.2　无功功率供应

出现电网故障时，故障周围的系统电压下降。为了支持并重新建立电压水平，输电系统运营商要求风电机必须具备电压控制和无功功率供应功能。风电机向电网提供无功功率的能力在很大程度上取决于采用的风电机技术。电网规范规定，风电机不仅要满足自身的无功功率需求，还应能够提供出现压降时所需的额外无功功率。但是，可通过在风电机周围增加电容器组和电力电子设备的方式满足电网规范要求。此外，配备变频器的现代化变速风电机还可通过先进的控制功能满足规范要求。

16.2.2.3　频率稳定性

出现频率偏移时保持发电机组正常运行是与系统稳定性相关的另一个问题。首先，必须确保频率发生变化时发电机组保持与电力系统连接。其次，发电机组进行一级和二级控制的能力至关重要。电网规范中明确说明了根据电力系统频率变化调整风电机有功功率生产的规定。但是，由于风能具有波动性，风电机产生的有功功率也具有不确定性。尽管如此，一些电网规范（如丹麦电网规范[2]）明确规定，风电机必须具备调整功率输出的能力。根据输电系统运营商的要求，必须将风力发电量降至其有效输出功率值以下（三角控制）；此外，输电系统运营商还规定和限制了风力发电量的梯度（梯度约束）。

其他方面的要求包括：满足有功功率供应需求，提供平衡功率，削减风力发电量，提供旋转备用。在这方面，风电预测和风电机运营商市场激励机制的应用便成为需要考虑的重要问题。

除上述要求外，输电系统运营商还要求进行风电机建模、模拟和验证以及风电机（尤其是大型风电场）的通信和外部控制。此外，还讨论了风电场"黑启动"（即在孤岛系统开启和运行）等问题，但尚未做出要求[15]。

通常来说，电网规范针对与中压电网和高压/超高压电网连接的风电机做出的要求不同[1,2]，对于高压电网而言，电网规范更加严格。目前，大多数风电机仍然与中压电网连接。但是，大型发电机组（尤其是大型海上风电场）要求接入高压电网[18]。如 Ackermann[9] 所述，与配电系统不同，输电系统 R/X 值较低，加剧了无功功率控制需求。因此，大部分更加严格的电网规范规定，风电机必须具备故障穿越和无功功率控制功能（尤其是出现电压骤降时）[19]。以下章节重点探讨了与 100kV 以上输电系统连接的风电机的故障穿越和电网支持能力。

以下章节列出了一个比较严格的电网规范[1]中关于风电机故障穿越能力的要求。

16.2.2.4　电网规范实例

德国输电系统运营商 E. ON 是首家引入风电机电网规范的电力系统运营商，其后，其他国家的一些电网运营商纷纷效仿。到目前为止，德国北部电力系统运营商面临着风力发电量最高带来的一系列难题。

该电网规范中，图 16-1 所示电压分布图确定了极限电压，超过极限电压后，若出现压降，则风电机必须具备故障穿越能力。电压分布分为 4 个区域。虚线以上区域对应于区域 1，不允许发电机组跳闸。虚线与实线之间为区域 2，要求该区域内的风电机必须具备故障穿越能力，但系统不稳定时，允许发电机组短时间中断。从电压分布图中可以看出，150ms 时，电压降低至 0%，并于故障清除后 1.5s 线性恢复至90%。对于区域3和区域4（图16-1），不要求风电机具备故障穿越能力。

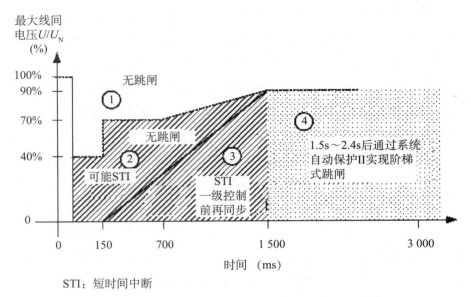

STI：短时间中断

图16-1 E. ON 规定的故障穿越要求中的电压分布[1]

丹麦[2]、西班牙[5]、英国[4]、爱尔兰[3]、美国[20]等其他国家电网规范规定的风电机故障穿越电压分布图与上图相似。

除了故障穿越要求外，E. ON 电网规范规定，出现电压骤降时必须提供无功功率，并且优先考虑无功电流注入，而非有功电流。相反，其他电网规范更详细地描述了减少有功功率并增加无功功率的方式。16.5.2 节和 16.6.2 节介绍了上述电压分布情况下风电机的故障穿越能力。

16.3 风电机设计理念

从开始开发风电机（约1980年）至今（2010年），风力发电技术日趋成熟，并在电力系统中发挥非常重要的作用。过去十年，各类风电机设计理念应运而生。市场上销售的风电机可根据不同的电气设计和控制方案加以区分，并按照变速范围（变速、定速）和功率可控性（失速、变桨距）分类[21,14]。以下章节对风电机元件和拓扑进行了概述。然后，描述了不同类型风电机设计的特性，并评估了风电机的可控性及与电网规范的匹配情况。最后，评估了风电机的市场渗透率。

16.3.1 不同风电机设计理念的特点

过去十年，全球市场上的主导风电机机型主要包含四种设计理念[21]。为统一起见，下文按照 Hansen[21] 和 Ackermann[9] 提出的分类理念进行了分类。

A 类：定速风电机设计理念——丹麦设计理念

图 16-2 所示为广泛使用的最传统的风电机设计理念。此类风电机中，通过齿轮箱将失速或主动失速空气动力风轮与鼠笼感应发电机（SCIG）耦合，SCIG（通过变压器）直接与电网连接。通过软启动器促进电网连接，电容器组提供无功功率补偿和改进的电网兼容性。

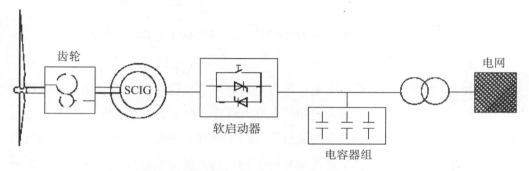

图 16-2　带齿轮箱并直接与电网连接的鼠笼式感应发电机——A 类

由于直接与电网连接，发电机以固定转速运行。但是，发电机滑差允许其转速存在细小变化，并在一定程度上弱化了转矩-转速特性。通常，发电机配备变极定子（如 4 极和 6 极），从而能够以两种速度运行，确保风电机在较高风速下可以更好地利用空气动力。此类风电机成本低、设计简单、结构稳健，但可控性相对较低。

可采用可调风轮叶片改进这种风电机设计理念。改进后，风电机变为主动失速型风电机，即可以主动影响限制被吸收气动功率的失速效应。风速较高时，此类风电机可以捕获更多风能，但同时能够削减风电机产生的有功功率。

B 类：带可变转子电阻的变速风电机

图 16-3 所示为更先进的风电机设计理念。原则上，此类风电机的设置与 A 类风电机相同，但是，此类风电机采用了带外部转子电阻的绕线转子感应发电机（WRIG），允许风电机变速运行，变速限制范围比同步转速高出约 10%。外部转子电阻导致滑差较高，促进了风电机的变速运行，但同时增加了欧姆损耗，并转储在电阻中。由于发电机的无功功率需求增加，在此类风电机中配备了电容器组。此外，由于风电机变速运行，建议采用桨距控制（而非失速控制）主动限制风速超过额定风速时的气动功率。

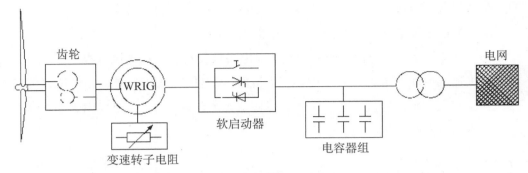

图 16 – 3　带变速转子电阻的绕线转子感应发电机设计理念——B 类

C 类：双馈感应发电机风电机

图 16 – 4 所示为双馈感应发电机风电机设计理念，这是目前最常用的风电机机型。变桨距空气动力风轮通过齿轮箱与发电机耦合。双馈感应发电机（DFIG）通过转子电路中的部分规模变频器变速运行。采用了绕线转子感应发电机，保证通过滑环将变流器与转子连接。由于变流器规格不同，此类风电机的变速范围较大，比同步转速高出约 ±30%[21]。此外，变流器系统提供无功功率补偿，确保电网顺利连接。由于变频器仅传输转子功率，其设计功率通常是风电机总功率的 25% ～ 30%。因此，从经济角度来看，此类风电机比配备完整规模变流器的风电机更具吸引力。

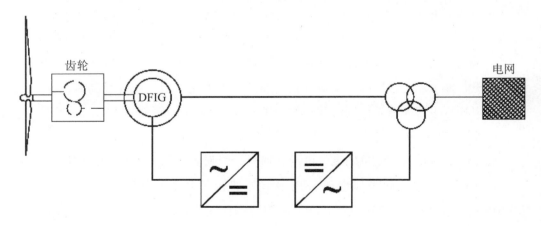

图 16 – 4　配备部分规模变频器的双馈感应发电机设计理念——C 类

D 类：配备完整规模变频器的变速风电机

D 类（图 16 – 5）所示为变速变桨距风电机设计理念，此类风电机中，发电机与完整规模变频器连接。完整规模变频器可提供超出发电机整个转速范围的可变转速。同时，变流器可提供无功功率补偿，实现电网顺利连接。

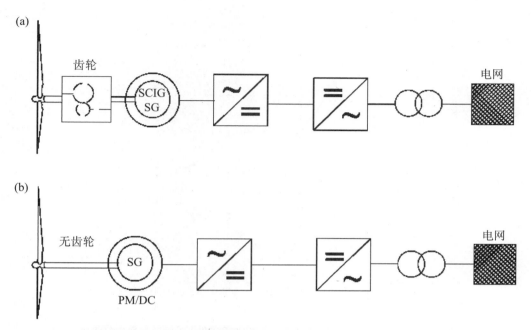

图 16 - 5　配备完整规模变频器的变速风电机设计理念——D 类：a. 结合齿轮箱和完整规模变频器的感应或同步发电机设计理念；b. 配备完整规模变频器的无齿轮同步发电机设计理念

可以选择异步或同步发电机，如图 16 - 5a 所示。若采用多极同步发电机，而未采用感应发电机，则发电机以低速运行，因此，可不使用齿轮箱。这也降低了损失和维护要求。发电机可以通过直流系统（DCSG）或永磁体（PMSG）电动励磁。该配置如图 16 - 5b 所示。

16.3.2　不同风电机设计理念的市场渗透率

图 16 - 6 所示为 Hansen[21] 提供的风电机市场评估结果，该结果以 BMT Consults 提供的数据为基础。

由于设计简单且结构稳健，定速风电机设计理念（A 类）成了 1995 年至 1997 年间占主导地位的风电机技术。但是，从 1997 年开始，DFIG 风电机（C 类）的市场渗透率不断增加。十年间，配备完整规模变频器的变速风电机（D 类）的市场渗透率无任何明显变化。但是，由于 D 类风电机具有良好的控制和电网支持性能，预计在未来几年其市场渗透率会强劲增长。尽管如此，文献［22］和［23］等近期研究表明，截至 2010 年，D 类风电机的渗透率已经开始增长，且由于 C 类和 D 类风电机具有良好的控制和电网支持性能，其将占据市场支配地位。

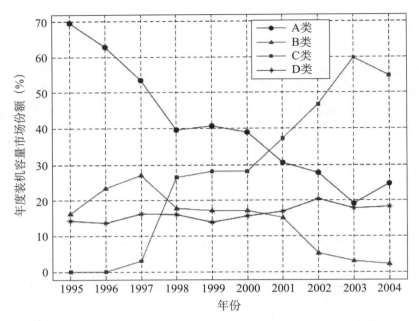

图 16 – 6　A—D 类风电机设计理念 1995 年至 2004 年间年度风电装机容

量全球市场份额（来源：文献［21］）

16.4　电网直连风电机的电网支持能力

本节评估了上述 A 类和 B 类风电机的电网支持能力，两类风电机均配备了电网直连式异步发电机。

前述章节表明，二十世纪九十年代早期，定速风电机和电网直连风电机是安装最多的风电机机型。这两种风电机的主要优势在于设计简单且结构稳健，采用了标准异步发电机，但未配备电力电子设备，因此经济效益较高，且维护需求较低。但如今，由于越来越多地使用电力电子设备提高风电机的电网支持能力，以满足电网规范要求，这一优势演变成为一大劣势。

16.4.1　有功功率调度

定速失速型风电机（A 类）可对被吸收的气动功率进行被动控制。因此，无法根据电力系统的要求调整有功功率生产，以进行有功功率调度。但是，由于发电机直接与电网连接，此类风电机增加了回转质量体，从而为电力系统提供旋转备用。

若定速风电机为主动失速控制型，则可根据需要降低风电机功率。因此，可削减风电机产生的功率，在需要时提供备用功率。但是，对于所有风电机，只有风速足够大时，才可以利用这一特性。

对于 B 类风电机（异步发电机配备变速转子电阻），能够对发电机滑差和转速产生主动影响。此外，变桨距风电机可以降低切入风气动功率。因此，B 类风电机能够以与主动失速型风电机相同的方式进行有功功率调度。由于 B 类风电机变桨驱动通常比主动失速型风电机快，因此，B 类风电机能够更快速地降低功率。

16.4.2　故障穿越

出现故障时，由于直接与电网连接，A 类和 B 类风电机在发电机终端会出现严重压降，导致发电机出现退磁。由于电磁转矩大大减小，而气动力矩保持不变，传动系统将承受巨大的机械应力。此外，风电机运行速度加快。故障清除后，发电机无功功率需求剧增，对电压恢复产生不利影响[24]。这意味着故障穿越会对风电机和电网产生不利影响，因此，出现故障时一般惯例是风电机跳闸。

但是，如前所述，具备主动失速控制功能的 A 类风电机和具备变桨距控制功能的 B 类风电机能够降低其功率。在这种情况下，可以在出现故障后数秒内降低风电机功率，确保短路时电力系统的故障穿越能力和稳定性与风电机接近。除此之外，还可以减少机械应力以及无功功率需求。

16.4.3　无功功率供应

由于考虑的风电机设计理念未采用电力电子接口，因此无法调整其无功功率运行点。这说明，A 类和 B 类风电机设计理念均无法提供无功功率。如图 16 - 2 和图 16 - 3 所示，此类风电机通常配备电容器组，以补偿自身的无功功率需求。因此，可对无功功率进行有限调节。但是，出现故障时，通常不采用电容器组进行动态电压控制。

通常来说，A 类和 B 类风电机设计理念不符合现代化电网规范要求，且电网支持能力相对较差，这对此类风电机的市场渗透率产生了不利影响，如图 16 - 6 所示。但是，在电网规范要求相对宽松的配电系统或电力系统中，A 类和 B 类风电机仍有市场。此外，若通过 HVDC 将配备此类风电机的大型风电场与电网连接，HVDC 电网侧变流器可提供电网支持。

16.5 DFIG 风电机的电网支持能力

16.5.1 DFIG 控制

目前，变速双馈感应发电机（DFIG）是最常用的风电机机型[21]。此类风电机的转子电路中增设了部分规模变频器，用于控制转子电压，在变速范围约为同步转速的 ±30% 时实现有功功率和无功功率的独立控制[25]。与配备完整规模变频器的风电机相比，DFIG 中的部分规模变流器尺寸小、成本低、损耗少[26]。但是，由于要避免变流器承受高频暂态电流，这种配置在故障穿越性能方面存在巨大缺陷。

图 16-7 显示了 DFIG 风电机电气系统中具有代表性的控制策略。转子侧变流器控制有功功率和无功功率生产，并通过定子馈入电网。电网侧变流器维持直流侧电压，并控制电网侧变流器的无功功率，无功功率在正常运行时设置为零。出现电网故障时，通过超速保护、变流器保护、阻尼和电压控制等方式加强该控制功能，即由变流器提供无功功率，如图 16-7 中灰框所示[27]。以下章节详细探讨了该控制功能，以及增强故障穿越和电网支持的能力。

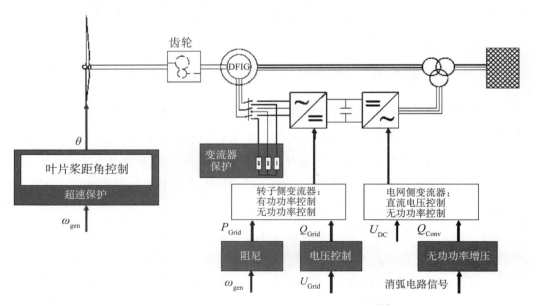

图 16-7 DFIG 风电机控制和系统配置概览[27]

16.5.1.1　有功功率调度

转子侧变流器控制能够对有功功率和无功功率进行独立控制。此外，变桨距风电机可以调节风电机吸收的气动功率。因此，DFIG 风电机可根据要求削减输出功率，实现有功功率调度。但是，由于风能具有波动性，其有功功率调度能力有限，或者取决于盛行风速。尽管如此，若风速足够高，DFIG 风电机仍可削减功率输出，并提供备用功率。此外，风电机可在终端调整其无功功率运行点，实现功率因数控制。但是，由于内部控制回路中使用了 DFIG 转子电流，对转子电流大小的限制也限制了向电网提供有功功率和无功功率的控制能力。

通过电力电子设备实现功率控制时，控制的系统响应较快。与传统电厂相比，此类风电机有助于实现快速功率调度。因此，配备变流器的风电机是实现电力系统快速控制的最佳选择。

16.5.1.2　故障穿越

可通过三种方式实现 DFIG 风电机的故障穿越能力：超速保护、阻尼控制器和变流器保护，如图 16－7 所示[27]。出现电网故障时，风电机终端电压和功率下降，DFIG 功率也会下降，使得风电机和发电机转速加快。在这种情况下，通过叶片桨距控制进行超速保护，减少被吸收的气动功率。此外，电气功率下降时，传动系统将开始振荡。为此，必须配备阻尼控制器，主动阻止传动系统中可能出现的扭转振荡，保持系统稳定性，并大幅降低风电机的机械应力。

此外，还要执行变流器保护。由于 DFIG 通过定子直接与电网连接，发电机内可能出现高暂态电流和电压。由于发电机转子也可能引起此类高暂态电流和电压，因此必须对转子侧变流器进行保护。许多 DFIG 风电机通常采用消弧电路保护系统提供保护，如外部转子阻抗。若出现严重电网故障，将触发消弧电路，随后堵塞转子侧变流器。在这种情况下，转子侧变流器暂时丧失可控性。尽管如此，消弧电路可以确保风电机始终与电网连接，保证故障清除后恢复电力生产。

16.5.1.3　电压控制

除了故障穿越能力外，风电机必须能够对电网提供支持，并提供无功功率，帮助实现电压控制。也可通过在功率控制器（图 16－7）上增加一个级联电压控制器实现这一目的。电压控制器要求进行转子侧变流器控制，向电网提供无功功率，重建电压水平。但是，当消弧电路阻塞转子侧变流器时，则临时由电网侧变流器提供无功功率，确保机组在电网故障时保持正常运行。由于电网侧变流器只能控制部分风电机功率（～30%），出现电网故障时，电网侧变流器向电网传输最大无功功率，称为"无功功率增压"（如图 16-7 所示），并由消弧电路信号激活。

若 DFIG 风电机配备上述控制系统，则可实现故障穿越能力，并按照电网规范要求提供电网支持。

16.5.2　模拟实例：压降情况下的 DFIG 风电机

为了验证风电机符合电网规范要求的能力，电力系统运营商要求制造商提供模拟模型。以下实例中，2MW DFIG 风电机的模拟模型将在图 16-1 所示的由 E.ON 电网规范[1]定义的电压分布下运行。通过戴维南等值方法采用短路功率（风电机功率的十倍）和 R/X 比值（0.1）对风电机和出现压降处之间的电网进行了模拟[2,14]。模拟结果如图 8 所示。

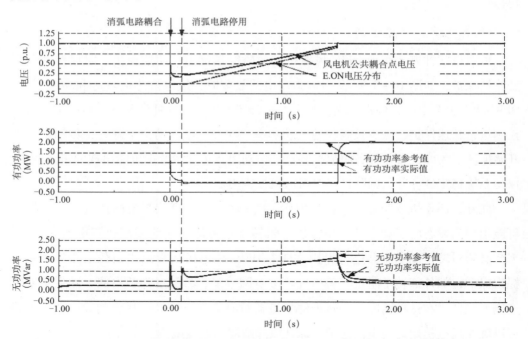

图 16-8　DFIG 风电机故障穿越电压分布：电压分布和公共耦合点处的电压，
DFIG 风电机有功功率和无功功率生产

图中最上方所示为在风电机连接点（公共耦合点）处根据电压特性绘制的电压分布图。此外，上图还显示了 DFIG 风电机有功功率和无功功率生产，以及控制器中有功功率和无功功率对应的参考值。

根据电网规范规定的电压分布，电压在 150ms 时降至 0，并在 1.5s 内缓慢恢复。本实例中，由于出现电压急剧下降，出现故障事件后 DFIG 消弧电路立即耦合。在这段时间内，转子侧变流器受阻，但电网侧变流器向电网提供少量无功功率。消弧电路在 100ms 时断开，转子侧变流器提供无功功率。此时，由于转子侧变流器控制优先考虑无功功率生产，有功功率下降至 0。模拟案例中，DFIG 贡献了其最大无功功率。

由于消弧电路保护，风电机组可以实现故障穿越，并保持风电机与电网连接。因此，风电机可以在电压恢复后立即发电。此外，提供的无功功率对电网提供了支持，并提高了风电机终端的电压水平。但是，消弧电路耦合时，会对 DFIG 可控性和无功功率贡献产生影响。为此，制造商应尽可能避免出现消弧电路耦合，或提供更先进的 DFIG 风电机解决方案，确保风电机满足电网规范要求。

16.6 完整规模变流器风电机的电网支持能力

可以推测，与其他风电机设计理念相比，通过完整规模变频器实现电网连接的风电机的电网支持能力更佳。由于变流器额定功率较高，此类风电机产生的可用于支持电网电压的无功功率与其他类型风电机相比更大[9]。此外，变流器系统可使发电机和风电机与电网解耦，因此，与配备电网直连发电机的风电机相比，其受电网故障的影响较小[28]。

配备完整规模变频器的风电机可采用不同类型的发电机，并通过齿轮箱与风电机耦合，或直驱运行（不使用齿轮箱）（图 16-5）。尽管如此，由于所有类型的风电机均采用完整规模变频器，其电网支持能力相当[14]。因此，本文选择了最具代表性的多极 PMSG 风电机进行分析。

16.6.1 PMSG 控制

图 16-9 所示为 PMSG 电气系统控制相关实例。可通过以下方式实现变频器控制：发电机侧变流器控制发电机直流侧电压和定子电压；电网侧变流器控制向电网提供的有功功率和无功功率。如 Michalke[14] 所述，这一控制策略对故障穿越和电网支持非常有用，此外，还可采用其他控制策略。出现电网故障时，可通过超速保护、阻尼和斩波器模块等控制措施加强该控制。此外，可在变流器上增加一个级联电压控制器，促进无功功率供应[29]。可通过以下方式评估风电机的电网支持能力。

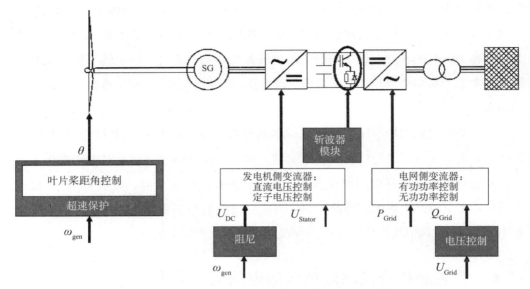

图 16-9 PMSG 风电机控制和系统配置概览[29]

16.6.1.1 有功功率调度

由于变流器控制和桨距控制的协调作用，配备完整规模功率变频器的变速风电机可以根据要求削减输出功率。这表明，可以提供备用功率，如果风速足够高，风电机可以将发电量增加或降低至电力系统运营商规定的参考值。如前所述，功率调度取决于风能，而风能具有波动性。但是，变频器的快速控制可很快实现有功功率调度。

此外，风电机还可通过变流器调节其终端的无功功率运行点，从而实现功率因数控制。由于配备了完整规模变流器，与 DFIG 风电机相比，此类风电机控制器的控制范围更大。这表明，与 DFIG 相比，此类风电机可以在更大的范围内进行有功功率和无功功率调节。

16.6.1.2 故障穿越

与 DFIG 风电机相似，可通过三种方式促进并增强 PMSG 风电机故障穿越能力（图 16-9）。桨距控制提供超速保护，并且增设了阻尼控制器以减弱阻尼传动系统的扭转振荡。但是，与 DFIG 不同，无需变流器保护。通过变流器将发电机与电网解耦，不会产生暂态电流，因此，不会对发电机造成损害。尽管如此，为了加强故障穿越能力，在 PMSG 风电机直流侧增加了斩波器模块。若出现故障时终端电压下降，则馈入电网的输出功率大幅减少。但是，风电机和发电机仍然向直流侧输入功率。在这种情况下，触发斩波器，将电网故障期间的风电机剩余功率转储在附加电阻中。

16.6.1.3　电压控制

PMSG 风电机必须能够在故障期间提供无功功率，以提供电网支持。为此，在电网侧变流器增设电压控制器，如图 16-9 所示。出现压降时，电网侧变流器提供无功功率，以恢复电网电压。与 DFIG 风电机相比，PMSG 风电机配备的完整规模变流器可提供更多无功功率，从而达到更高的电压水平，快速恢复电压。

此外，PMSG 风电机自身通过变流器与电网完全解耦，因此受电网故障影响较小。基于适当的控制，PMSG 风电机和配备完整规模变频器的风电机可以很容易地实现故障穿越以及有功功率和无功功率供应。

16.6.2　模拟实例：压降情况下的 PMSG 风电机

为了证明 PMSG 风电机的电网支持能力，本案例中进行了一项模拟，使 PMSG 风电机在 E. ON 电网规范[1] 所载压降情况下运行。通过戴维南等值方法采用短路功率（风电机功率的十倍）和 R/X 比值（0.1）对风电机和出现压降处之间的电网进行了模拟[2,14]。模拟结果如图 16-10 所示：在风电机连接点（公共耦合点）处根据电压特性绘制了电压分布图。此外，图中还显示了 DFIG 风电机有功功率和无功功率生产，以及控制器中有功功率和无功功率对应的参考值。

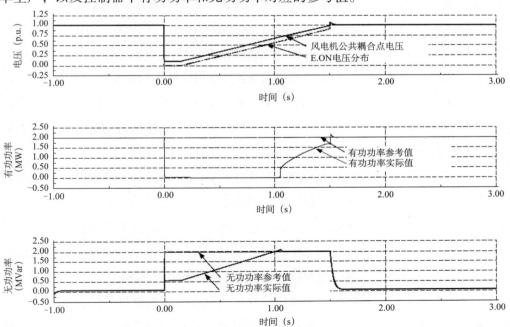

图 16-10　PMSG 风电机故障穿越电压分布：电压分布和公共耦合点处的电压，PMSG 风电机有功功率和无功功率生产

由于 PMSG 风电机通过完整规模变频器与电网连接，变频器控制可以向电网提供其最大无功电流。优先考虑提供无功功率，而非有功功率生产。但是，由于电压水平降低，无功功率生产受限。将有功功率降至零，并在斩波器中消耗剩余功率。电压完全恢复后，可重新达到故障前稳定状态。

由此可知，配备完整规模变频器的 PMSG 风电机具备故障穿越能力，能够满足电网规范中的无功功率供应要求。由于完整规模变流器可以提供更多无功功率，且无需消弧电路等额外变流器保护，与 DFIG 风电机相比，PMSG 风电机在满足电网规定方面的性能稍佳。配备完整规模变流器的机组的唯一不足在于，有功功率馈入、风电机转速和电网频率之间无直接依赖关系。这就是说，与电网直连发电机不同，此类风电机不会增加电力系统的惯性。

16.7　结论

市场上风电机种类繁多，电力系统支持以及符合电网规范要求的能力不尽相同。

第一代风电机采用了电网直连发电机，不配备任何电力电子设备。如今，此类风电机无法在出现电网故障时提供有功功率调度或无功功率供应等辅助服务，且出现故障时，会与电网断开连接。但是，如果此类风电机具备桨距控制或主动失速控制功能，则能够以有限的方式实现有功功率调度，提升其故障穿越能力。

DFIG 风电机采用了部分规模变频器，风速足够高时，可以将有功功率和无功功率控制在规定的参考值。但是，与配备完整规模变流器的风电机相比，DFIG 风电机的无功功率供应能力较小。此外，出现故障时，DFIG 风电机内会产生高暂态电流。因此，必须对转子侧变流器进行保护，甚至将其临时关闭，这会降低故障期间风电机提供电网支持的能力。尽管如此，DFIG 风电机具备必要的故障穿越能力，并能够满足现代电网规范要求。

如前所述，与其他风电机设计理念相比，配备完整规模变频器的风电机的电网支持能力更佳。此类风电机可根据风速进行有功功率调度。由于配备了完整规模变流器系统，与 DFIG 风电机相比，此类风电机可以向电网提供更多无功功率。出现故障时，其能够产生更高的电压水平，快速恢复电压。配备完整规模变流器的风电机可自身通过变流器与电网完全解耦，因此受电网故障影响较小。

上述事实表明，采用电力电子接口的现代化风电机可以提供辅助服务，从而对电力系统提供支持。由于电力电子设备能够促进灵活控制和系统响应，此类风电机是实现电力系统快速控制的最佳选择。但是，迄今为止，与大型集中式电厂相比，风电机组的安装比较分散且规模较小，导致电力系统控制极具挑战性。但是，随着海上风电场等大型集中式风电场的发展，这一弊端将逐渐消失。此外，虚拟电厂或智能电网等全新理念有助于推动可再生能源发电机组的并网，并将促进电力系统在未来的稳定运行。

参考文献

［1］ E. ON. Netz GmbH （2006） Netzanschlussregeln, Hoch—und Höchstspannung. www. eonnetz. com.

［2］ Energinet dk （2004） Wind turbines connected to grids with voltage above 100 kV Technical regulation TF3. 2. 5. www. energinet. dk.

［3］ ESB National Grid Ireland （2007） Grid code version3. 0. 28th Sep 2007.

［4］ National Grid Electricity transmission plc （2007） The grid code. Issues 3, Revision 24, UK.

［5］ REE （2005） Requisitos de respuesta frente a huecos de tension des las instalaciones de produccion de regimen especial. PO 12. 3, Spain.

［6］ American Wind Energy Association （2004） Global wind energy market report 2004. www. awea. org. Accessed Nov 2007.

［7］ Global Wind Energy Council （2010） Statistics. http：//www. gwec. net.

［8］ Tande JOG （2003） Grid integration of wind farms. Wind Energy 6 （3）: 281 - 295.

［9］ Ackermann T （2005） Wind power in power systems. John Wiley and Sons Ltd, New Jersey.

［10］ Ciupuliga AR, Gibescu M, Fulli G, Abbate AL, Kling WL （2009） Grid connection of large wind power plants: a European overview In: 8th international workshop on large-scale integration of wind power into power systems as well as on transmission networks for offshore wind farms, Bremen.

［11］ Iov F, Hansen A, Soerensen P, Cutululis N （2007） Mapping of grid faults and grid codes. Risoe Report Risoe-R-1617 （EN）. Risoe National Laboratory, Technical University of Denmark.

［12］ Tsili M, Patsiouras C, Papathanassiou S （2008） Grid code requirements for large wind farms: a review of technical regulations and available wind turbine technologies, European wind energy conference （EWEC）, Brussels.

[13] Hansen AD, Michalke G, Soerensen P, Lund T, Iov F (2007) Co-ordinated voltage control of DFIG wind turbines in uninterrupted operation during grid faults. Wind Energy 10 (1): 51 - 68.

[14] Michalke G (2008) Variable speed wind turbines—modelling, control, and impact on power systems. PhD thesis, Darmstadt University of Technology, Germany. Published online: http://tuprints. ulb. tu-darmstadt. de/1071/.

[15] Milborrow D (2005) Going mainstream at the grid face. Windpower Monthly pp 47 - 50.

[16] Soerensen P, Cutululis NA, Lund T, Hansen AD, Soerensen T, Hjerrild J, Donovan MH, Christensen L, Kraemer Nielsen H (2007) Power quality issues on wind power installations in Denmark. Power engineering society, General meeting, IEEE Volume, Issue 24 - 28, pp 1 - 6.

[17] European Commission (2007) Communication from the commission to the council and the European parliament, renewable energy road map, renewable energies in the 21st century: building a more sustainable future. www. ec. europa. eu/ energy/energy _ policy/doc/03 _ renewable _ energy _ roadmap _ en. pdf. Accessible Nov 2007.

[18] Erlich I, Winter W, Dittrich A (2006) Advanced grid requirements for the integration of wind turbines into the German transmission system. Power engineering society general meeting 2006 IEEE, 7: 18 - 22.

[19] Robles E, Villate JL, Ceballos S, Gabiola I, Zubia I (2007) Power electronics solutions for grid connection of wind farms, European wind energy conference (EWEC), Milan, 7 - 10 May 2007.

[20] Federal Energy Regulatory Commission (FERC) USA (2005) Interconnection of wind energy. 18, CFR Part 35, Docket No RM05 - 4 - 001, Order No. 661 - A, 12 Dec 2005.

[21] Hansen AD, Hansen L (2007) Wind turbine concept market penetration over 10 years (1995 - 2004) . Wind Energy 10 (1): 81 - 97.

[22] Global Direct Drive wind turbines Market (2011 - 2016) Key trends and opportunities, new Installations and product developments and lower-maintenance requirements Will Drive Market Growth. http://www. transparencymarketresearch. com/

direct-drive-wind-turbines-market. html.

[23] Kearby J (2012) Wind Converters-World. http：//imsresearch. com/report/ Wind_ Converters_ World_ 2012&cat_ id = 115&type = LatestResearch.

[24] Akhmatov V (2003) Analysis of dynamic behavior of electric power systems with large amount of wind power. Ph. D thesis, ？ rsted DTU, Denmark.

[25] Leonhard W (2001) Control of electrical drives. 3rd edn. Springer, Stuttgart, ISBN：3 - 54041820 - 2.

[26] Hansen AD, Iov F, Sørensen P, Blaabjerg F (2004) Overall control strategy of variable speed induction generator wind turbine. Nordic wind power conference 1 - 2 March, Chalmers University of Technology, Göteborg.

[27] Michalke G, Hansen A, Hartkopf T (2007) Dynamic behaviour of a DFIG wind turbine subjected to power system faults. European wind energy conference (EWEC), Milan.

[28] Akhmatov V (2006) Modelling and ride-through capability of variable speed wind turbines with permanent magnet generators. Wind Energy 9 (4)：313 - 326.

[29] Michalke G, Hansen A, Hartkopf T (2007) Fault ride-through and voltage support of permanent magnet synchronous generator wind turbines. Nordic wind power conference (NWPC), Roskilde, 1 - 2 Nov 2007.

第十七章
风电场和储能装置的协调运行
——技术和经济性分析

Edgardo D. Castronuovo 和 J. Usaola[①]

摘要： 电力系统中风电渗透率的不断增加要求分析和应用新的运行技术。文献中最常引用的一种可选方案是配备各种储能装置的风电场的协调控制。本章研究了适用于该方案的不同方法，并综述了近期文献的研究结果。此外，本章还提出了一种计算风力发电系统与储能装置协调运行最佳条件的方法。最后，本章全面解释了风电场与备用市场的相互关系。

17.1　概述

近年来，全球范围内电力系统中的风电渗透率不断增加，尤其是在欧洲、美国和中国。风能优势明显，包括降低二氧化碳排放、本地可用性、减少对外部能源的依赖、充分利用可再生能源资源等。但是，风力发电面临一个主要难题：风力发电技术可控性有限且风能资源具有可变性，因此无法有效预测风电站在特定时间实际发电量的时间特性。风能资源无法储存，只能通过其他发电机补偿电力系统中实际注入功率与计划注入功率的差额（由发电量预测误差引起），以维持发电量、负荷和损耗的相互平衡。

风电场发电量预测误差取决于所用预测方法的质量。许多文献对此进行了分析。

---

①　E. D. Castronuovo（✉）・J. Usaola
马德里卡洛斯三世大学电机工程学系，西班牙莱加内斯（马德里）Universidad 大街 30 号，28911
e-mail：ecastron@ ing. uc3m. es

J. Usaola
e-mail：jusaola@ ing. uc3m. es

文献［1］分析了补偿电力系统特定地区风力发电量预测误差所需额外备用的要求，其中，误差表示为预测时域的函数，并采用风电场实际历史数据和相关矩阵。文献［2］中，将预测时域视为唯一预测变量，并提出了一个用于估算可能误差的函数。文献［3］等研究通过 ARMA 序列获取风速预测信息，并使用风电机实际曲线将得出的结果转化为风力发电曲线。除了预测时域，有些研究还考虑了预测功率水平对误差的影响，其中文献［4，5］通过非参数分布分析了二者的相关性。

无论采用何种方法预测未来风力发电量，实际发电量与预测发电量之间总是存在差异（过多或过少）。因此，必须补偿电量偏差，确保电力系统正常运行。有些研究分析了采用储能装置提供补偿的案例。本研究概述了相关文献中提出的风电场和储能装置协调运行的主要方法，并详细分析了计算补偿风电场电量偏差所需储能装置最佳运行状态的步骤。最后，分析了补偿风电场电量偏差常用步骤与实际备用市场的相互关系。

17.2　风力发电和储能装置协调运行的备选方案

本节总结了风力发电和储能装置协调运行的研究主线，分析了抽水蓄能、水力发电、蓄电池、超导磁储能和燃料电池等方法。此外，本章引用的参考文献中还提及了孤岛系统的协调运行、统计分析数据的影响、市场特性和可靠性等方面的问题。必须强调的是，由于风力发电与自动储能装置的协同运行仍处于初级阶段，本章并未对此进行分析。

17.2.1　抽水蓄能

许多电力系统中设置了抽水蓄能电站，转换发电机组在不同运行周期产生的电能。抽水蓄能电站由两座高程不同的水库组成，通过管道与液压阀连接。电动泵可从下水库抽水至上水库，传统水力发电机组可利用储存的水资源发电。蓄水周期（抽水/蓄水/水力发电）的发电效率为 70% ～ 80%，主要取决于采用的设备。按日循环运行时，抽水蓄能电站在低电价时段（通常为夜晚）从系统吸收电力，并在高电价时段售出。此外，抽水蓄能电站的储存容量可补偿电量偏差，实现电力系统平衡运行。

文献［6］中，作者提出了一种风电站和抽水蓄能电站协调运行的新方法。具体规划时，充分考虑了两类电站的运行限制。可通过提出的算法确定蓄水能力较小的风力－水力联合发电站的最佳运行策略，确定每小时产生的风力发电和水力发电量。同时，计算了每小时的抽运功率消耗和蓄水水位剖面。然后采用蒙特卡洛模拟确定风电时序场景，求解线性每小时离散优化问题，从而确定最优日运行策略。本研究采用葡萄牙的风电补偿电价分析了联合发电机组的经济收益。分析了三类案例：（a）全天所有时段的输出功率运行频段限制；（b）非低谷时段的每小时输出功率限制；（c）计算输出功率频段的最大下限。由分析可知，测试案例协调运行策略的预计年平均经济收益为 42.53 万欧元至 71.69 万欧元。

同一作者在文献［7］中继续进行了前述研究，包括计算风力－水力联合发电机组协调运行的经济收益以及分析配套蓄水库的最佳规模。重点分析了优化问题（风电场开发商利润最大化）的表述，并充分考虑了特定的物理限制和技术限制。文献［8］中提出的解析式能够帮助风力－水力蓄能发电机组所有者更准确地预测发电机组每小时向市场提供的电量，缩小此类预测的置信区间。分析旨在通过蓄能容量尽可能准确地确定风力发电量。同时，通过多目标分析解答优化问题，得出协调运行方式的效益，并采用蒙特卡洛模拟表示风力发电的随机特性。文献［7］表明，风电站的储能功能可提高发电量的可控性，确保风电更好地参与市场。

文献［9］中，作者分析了电力系统大规模风电并网的主要问题，并提出了几种提升风电场功能特性的方法，包括紧急情况下风电机的协同使用、参与一次调频控制以及通过可再生能源发电调度中心实现的风力发电聚合。

文献［2］中，作者分析了在间歇振荡器相同位置增加储能装置并补偿预测误差产生的电量偏差的可行性。可通过该算法计算储能装置需求，预测未来时段内可能存在的发电量误差。通过两个真实案例研究测试了这一方案：使用北挪威 2MW 风电机模型得出的风速测量数据进行分析；使用瑞士 Mont Soleil 500kWp 光伏发电装置测量数据进行分析。同时，分析了不同预测时域，最长 24 小时。结果表明，配置适当储能装置后，可提高电力网络的可靠性。此外，还可在不同场景下进行模拟，计算所需储能装置的特性。作者强调了在分析时采用实级数的优点，与仅使用模拟相比，所得结果的准确性更高。

文献［10］介绍了风电场和抽水蓄能电站协调运行的一个替代性方案。研究中考虑了系统平衡所需成本，进行随机分析。文献［11］还考虑了抽水蓄能电站和风力发电的协调运行。分析中，将未来价格和风力发电量视为随机变量。同时，由于与不连续可控泵的连接/断开，应使用离散值表示抽水动作。采用配置方法进行了随机表征，同时，采用真实数据测试了拟用算法。预期效益对比结果表明，协调运行对风电机组和抽水蓄能机组均有益处。

文献［12］中，作者分析了抽水蓄能电站的使用前景，包括此类电站与风电场的协调运行。研究主要分析了德国的现状，并在结论中强调了抽水蓄能电站对电力系统高效运行的重要性。此外，作者认为，如果市场引入足够的激励机制，未来几年，德国电力系统装机容量将增加至少14 000MW。

17.2.2　水力发电协调运行

风电场与抽水蓄能电站的协调运行需使用抽水蓄能设备。但是，也可通过降低相同时段水力发电量的方式蓄水。在后续时段使用储存的水能，实现蓄水运行。一些论文对此进行了研究。

文献［13］中制定了一种适用于与风力发电协调运行的多水库水电系统的日常规划算法。研究认为，风力发电和水力发电由不同的公用事业运行，但共享输电线路。分析时，水力发电可优先使用输电容量。但是，存在发电量拥塞限制时，必须减少水力发电量，确保系统中风力发电达到一定渗透比例。该算法主要包括以下两个连续步骤：（a）在不考虑风力发电的情况下计算基本水力发电规划。（b）在考虑风力发电预测及其不确定性的情况下重新规划水力发电量。分析中引用了瑞典北部靠近挪威边界的一个规划风电场。该区域内，输电容量限制为350MW，这会对新风电场的输出功率产生影响。分析结果表明，协调运行使风电弃风降低了约50%，从而使风电场得到充分利用。

文献［14］还考虑了风电场和水力发电公司的协调运行，并分析了西班牙的经济补偿条件，旨在计算水电＋风电组合的最优联合报价。协调运行的主要优势是可降低约50%的不平衡成本。

文献［15］中，作者分析了在存在输电瓶颈的电力系统中增加风电并网容量的可选方案。研究主要考虑了以下几种方式：蓄电池储能、抽水蓄能和风力－水力发电协调运行。同时，研究还引用并分析了增加输电容量（如临时过负荷、运行不确定性概率评估、风力发电削减等）的其他备选方法。作者认为，上述某些方法能够降低加固输电系统的成本。

文献［3］中，作者旨在确定在考虑风力发电预测不确定性的情况下适用于水电公共事业日前市场（现货市场）的最优每小时报价，并对该算法进行了长期（1年）评估，描述了系统协调运行的优势。案例研究结果表明，与风力发电协调运行不仅能够为水电公共事业带来额外收益，还可以极大地减少风电弃风。文献［16］中考虑了电力市场价格的不确定性以及现货市场和监管市场相关问题。协调运行有助于减少风电弃风,未利用风电量仅占比 25% 。同时,文献中还描述了协调运行带来的经济效益。

17.2.3　蓄电池储能

过去十年,蓄电池技术迅猛发展。传统和新型通量蓄电池的容量、效率和容许循环次数已达到电力系统要求的水平。

文献〔17〕中,作者分析了在风电场中增设大型蓄电池的方案。研究中引用了法国一座使用了全钒氧化还原液流电池或传统铅酸电池的 12MW 风电场。此外,作者还对法国 2005 年电力补偿方案进行了经济性分析。结果表明,由于当时采用的蓄电池使用寿命较短,很难证明在风电场中增设蓄电池的经济性。

文献〔18〕中,作者分析了一个包含热电厂、风电场和太阳能光伏发电的分布式电网。该独立系统中配置了通用蓄电池,因此也具备蓄能能力。同时,通过遗传算法求解优化问题。该研究包含一个用于分析遗传算法性能的对比研究以及用于拟定公式的模拟退火算法。文献〔19〕对不同发电方案的性能分析进行了扩展。分析结果证明了在包含储能和其他可再生能源发电的复合系统中,各算法获取有益解的能力,强调了系统元件的不同性能。

文献〔20〕中,采用了台湾电力公司(TPC)电力系统风电机的工业用户利用蓄电池系统将峰负荷时段的电力转移至低负荷时段,以降低电力成本。通过一个新算法(多通道迭代粒子群优化算法)得出了这个问题的最优解。在 30 天时域的优化过程中对这一方法进行了测试,证明了在周末和电价较低时段存储电力的优势。文献〔21〕中,作者旨在实现两个目的:降低大型系统的热电生产运行成本,同时将风电场风能利用系数最大化。为此,采用了 TPC 系统这一典型案例,最大负荷和平均负荷分别为 20 747MW 和 16 348MW,并配备容量 1 050MWh/350MW 的蓄电池系统以及装机容量约为 330MW 的 10 个等效风电场。该文献中介绍了系统的模拟运行,运行时间超过 24 小时。最终,模拟结果显示了求解算法的有效性和规划运行的优势。

17.2.4　空气储能

文献〔22〕中,作者深入分析了用于补偿风力发电预测误差产生的系统不平衡的压缩空气储能方案,其中涉及变速运行成本、开机成本、投资成本、旋转备用和固定备用等要素。绝热压缩空气储能装置的表征与抽水蓄能电站的表征类似。在德国电力市场的大环境下对该方法进行了测试。结果表明，在压缩空气储能方面的投资可以部分取代未来在汽轮机和燃气联合循环发电方面的投资。储能投资额不会随风电渗透率的增加而大幅增加。引进压缩空气储能技术后，二氧化碳排放量将显著降低，原因如下：（a）在峰值时段，压缩空气储能可替代热力发电；（b）充分利用压缩空气储能装置可控制较大的风力发电偏差，提高风电渗透率。

文献［23］中，作者分析了丹麦引进的空气储能技术，并从经济性角度对比了压缩空气储能技术与热泵和氢储能等其他相似技术。同时，从系统风电并网的角度对蓄能电站进行了评估。研究总结了采用空气储能技术降低电力系统发电站容量投资的有效性，并将其作为增设此类蓄能电站的最佳选择。

17.2.5　超导磁储能

超导磁储能装置（SMES）配备超导线圈，并低温冷却至其超导临界温度以下，在磁场中储存能量。文献［24］介绍了电力系统中使用的 SMES 的详细情况。如文献［25］所述，SMES 机组具备阻尼控制功能，能够抑制大型风电场的有功功率在风速波动条件下发生变化。风电场中设置了一些感应发电机，并采用 SMES 在磁场中储存大量能量，以补偿风电场的有功功率波动。本文在 80MW 风电场中测试了该方法，并进行了稳态分析和协调运行暂态模拟。文献［26］也对大型风力发电系统进行了类似分析。文献［27］中分析了海上风电场、海洋气流涡轮发电机和 SMES 机组，并采用模态控制理论计算了 SMES 阻尼控制器的相关数据。该文献涵盖了不同暂态扰动条件（转矩、阵风和局部负荷突然改变）下所研究系统（配备/不配备 SMES 和 PID SMES 阻尼控制器）的稳态分析和对比暂态响应。

17.2.6　燃料电池系统

燃料电池系统能够短期或长期储存大量能源。文献［28］中分析了制氢储能系统。模拟中考虑了意大利日前市场价格和西西里岛的一个大型风电场。储能系统包括一个碱性电解槽和一块氢氧燃料电池，电解槽用于制造、压缩并在储罐内储存氢气，燃料电池用于回收水电解时产生的能量。此研究每年进行一次，旨在确定储能周期中采用的各组件的最佳容量。研究结果表明了增设储能装置带来的运行优势。但是，从模拟采用的价格数据来看，氢储能系统经济可行性不高。

文献［29］中，作者分析了风电场与氢循环系统的协调运行。在固定燃料电池中，通过电解产生的氢可用于发电，此外，氢亦可用作汽车燃料。风能交易在日前现货市场进行，主要分析了三个案例：（a）欧洲能源交易所（EEX）2002 年现货价格；（b）挪威市场条件；（c）风力 – 氢气混合发电站（无电力出口）孤立运行。结果表明，由于氢储能系统的整体效率相对较低，仅在电力价格波动较大、系统平衡成本较高时采用燃料电池。

文献［30］描述了风 – 燃料电池混合发电系统的建模和控制方案。作者提出了以下运行程序：若风电机可以产生足够电力，将通过风力发电提供所有负荷；若风速较低，可采用燃料电池提供部分负荷。若风电机输出功率超过需求，可利用多余的电力在燃料电池中制氢，以备后用。加拿大的一座 5kW 风电机中增设了燃料电池。模拟结果显示了应用所分析控制策略后系统的预期暂态。响应风速或负荷电阻阶跃变化时，系统性能符合要求。作者认为，可以将风轮用作额外的储能元件。文献［31］中分析了一个 400W 风电机系统、一个质子交换膜燃料电池、超级电容器、电解槽和一个功率变流器，并阐释了系统动态建模、模拟以及控制器设计。暂态时长为 1s 至 5s。大多数暂态条件下，系统为过阻尼系统。若需控制输出电压的变化，必须选择合适的控制机制和功率电子机构。

17.2.7 孤立系统协调运行

与大型电力系统相比，孤立系统更难与间歇性可再生能源（如风力发电）协调运行。因此，蓄能容量在系统运行过程中功率和能量的平衡方面起到了很大作用[32]。

在孤立系统中并入大量可再生能源发电会受动态安全问题的限制。风电场和其他可再生能源通常无法将系统频率和电压维持在极限范围内。文献［33］中，作者分析了抽水蓄能电站的最佳容量，并考虑了发电的随机性质以及与频率调节相关的动态安全限制。研究旨在根据各种可能的运行场景、水泵装置固定成本以及发电设备和抽水蓄能电站运行成本确定最佳能量和功率容量。在真实的孤岛系统中测试了该算法，该系统配置了 60MW 风电机组、50MW 水电机组和总装机容量为 220MW 的两座热电站。最优蓄能容量为 10.9MW 和 80.2MWh。结果表明，设置储能装置的主要优势是可以维持系统的安全约束条件。

文献［34］中分析了位于葡萄牙马德拉岛的"多用途 Socorridos 系统"。分析的电网中配置了一座抽水蓄能电站，泵抽水量 15MW，装机容量 8MW。基于以下条件对孤立系统进行了分析：冬季和夏季、采用/不采用风力发电技术等。将风电场并入系统后，利润可达约 5 200 欧元/天。在马德拉岛的电力系统中，作者并未发现系统利润在夏冬两季存在明显差异。

　　文献［35］中，作者通过随机优化方法分析了孤立系统储能装置的特性。分析中考虑了风力发电和柴油发电，并表示了系统中的不同风力发电渗透率。系统运行时，柴油发电机组进行频率和电压控制。作者分析了三种柴油发电机组运行策略：最低负荷（甩负荷）、全新低负荷柴油技术（增加电子喷油器）和柴油机组组合（允许在部分时段关闭柴油发电机）。分析考虑了可能出现的各类负荷和风力发电场景，并根据其发生概率进行加权处理。经济模型中考虑了固定成本和运行成本，以评估储能装置的优势。研究旨在计算储能装置的最佳尺寸，从而最大程度储存能量。最后，对测试案例进行了敏感度分析，并得出了一些有趣的结论。结果表明，在风电渗透率适中或较高的电力系统中，储能装置效果更佳。使用储能装置不能大幅降低能源成本，但可以持续满足偏远地区的能源需求。

　　文献［36］对采用风力发电、太阳能发电和抽水蓄能发电的一个葡萄牙村庄进行了分析。系统正常运行时，抽水蓄能仅用于满足村民的用水需求。研究中对比了三个案例：（a）独立运行；（b）与国内的外部电网联网；（c）与外部电网联网，并增设水轮机（需加固泵站和管道设施）。对葡萄牙市场的分析表明，若系统与电网的距离超过31.6km，与并入国内电网相比，独立运行盈利更多。案例（c）中，除了向村庄供水外，泵站中还可增设水轮机，用作抽水蓄能电站，储存或出售电网的电能。但是，对比当前案例得出的结果可知，未增设水轮机的系统的成本效益更高。

　　文献［37］分析了孤立电网中配备风电场和燃料电池的电力系统的特性。系统额定风电功率7 500W，燃料电池额定功率3 500W。研究考虑了风电的随机性。模拟结果表明，系统各原件可联合运行。

　　文献［38］通过动态模拟对包含柴油同步发电机、感应风电机和蓄电池的孤立系统的协调运行进行了分析。研究中考虑了不同的负荷条件。模拟结果表明，蓄电池系统有助于降低源电流、负荷平衡和负荷均衡产生的谐波。文献［39］分析了类似的方法，并分析了孤立及联网模式下配备双馈感应发电机（DFIG）的风电机的协调运行。风电机在联网模式下运行时，蓄电池蓄能可以增加容量，拟定的控制方案还可保持其他联网元件的特性。孤立运行模式中，蓄电池允许DFIG风电机组孤网运行。设置控制器后，蓄电池断开连接或者出现线路接地故障时，联合系统仍可有效运行。

17.2.8　通过统计分析确定蓄能容量

　　蓄能容量需求与预估风力发电量所用的预测工具密切相关。预测数据会对蓄水库以及水力发电机和泵站的响应产生极大影响。文献［40］中采用了风力发电预测误差贝塔分布。研究中采用了取自两个站点的实测数据。将贝塔分布的直方图与高斯分布进行匹配，可显示出该方法的优势。若预测误差的概率密度函数已知，则可计算用于缩小预测误差的储能系统的容量。结果表明，能量损失与概率密度函数尾部积分成比例。因此，尾区的概率密度函数必须准确无误。

　　文献［5］中将储能用作一种规避监管市场处罚的方式。分析中，若市场参与者（包括风电场）的实际发电量与约定发电量存在偏差，则接受相应罚款。罚款金额为不平衡发电量与不平衡价格之积。或者，可将大型储能装置用作缓冲器，吸收日前市场中围绕供电合同出现的波动。本研究旨在通过从统计分析得出的可能发电场景计算未来任何时段的最佳蓄能容量。丹麦一座设置了抽水蓄能电站的风电场采用了该算法。研究结果表明，储能装置内的初始能量以及蓄能/发电回路中的能量损失会极大地影响该方法的有效性。此外，风电场所有者可接受的偏差也会对蓄能电站的最佳容量产生影响。该文献计算了长达1年的模拟中不同条件下的蓄能容量。

17.2.9　参与电力市场

　　近些年来，人们已对风电机和其他发电技术的协调运用进行了深入研究。各类技术的协调运用旨在以一种灵活多变的发电方式补偿计划和实际风力发电量之间的差异。获得当地监管机构批准后，方可应用此类技术。也可将其视为一种备用容量，因此其涉及系统备用容量运行管理。管理模型众多，但只能在部分模型下实施协调运用方案。

　　其一是集中式模型，其中，经营实体（通常是输电系统运营商，TSO）负责管理系统中所有可用的备用容量，造成电力不平衡的代理商应根据单一或双重价格机制支付相应费用。

　　此外，还可以采用分散模型，其中，将电力用户和发电商划归为电力平衡责任方，负责减小所有成员单位的电力不平衡。

　　同时，各市场参与者之间可签订合同。例如，间歇式能源发电商可与柔性发电商签订协议，尽可能降低电力不平衡成本。签订协议后，可保证间歇式能源发电商的电力不平衡成本保持恒定，不受不平衡市场波动的影响。

　　分散模型和双边策略可为电力系统提供更多可能性，因此间歇式能源发电商无需支付过高电力不平衡费用，但这也可能会降低系统备用管理的有效性，进而减少输电系统运营商的整体备用容量。

第十七章 风电场和储能装置的协调运行——技术和经济性分析

本章涉及的方案和案例研究中评估了风力发电商与柔性发电商（无论是否配备储能装置）为减少电力不平衡而签署的协议的有效性。本章所述柔性发电方式包括快速热电机组、水力发电、抽水发电或蓄水发电。近年来，为解决该问题，人们采用了许多种方法，下文将介绍部分相关性较高的方法。采用的方法不尽相同，其中有些方法旨在解决协调运行问题，即当已知或可以准确预测间歇式能源发电实际发电量时，采用柔性机组减少间歇式能源发电的电力不平衡，并提供必要的支持。

各类机组可以在市场中协调运行。因此，最终调度考虑了间歇式能源发电机组发生电力不均衡的可能性，从而获得更多的利润。

除了日间现货市场外，还可将此类协调运行方式引入调剂市场。在共同运行中，无需改变策略（柔性机组将在市场门限关闭后改变调度方案）。但是，由于增加了更多决策变量（在调剂市场中进行交易），共同参与此类市场的难度较大。

对于市场共同参与，必须考虑短期风力发电预测的准确性和不确定性，共同运行模式中则无需考虑这些问题。因此，共同参与问题属于随机优化问题，必须模拟不同的随机变量。与风电报价中的问题一样，相关随机变量主要是风力发电量、日前市场价格、调剂市场价格和不平衡价格。

柔性机组/储能机组的建模可以很简单（如无开机和关机成本限制的热电机组），也可以很复杂（如水压耦合的水电站）。下述文献不同程度地解决了该问题，但结论表明，大部分情况下，共同运行或共同参与方案可以实现盈利。

Bathurst 和 Strbac[41] 研究分析了短期电力市场中储能和风力发电协调运行的优势。研究中，涉及的储能装置为通用装置，不平衡价格为单一价格。采用持续方法进行风力发电预测，且不平衡价格已知。前置时间为 4h。研究中计算了协调运行的附加值。结果表明，附加值随价格波动而降低，蓄能容量和风力发电预测误差较小时，附加值甚至为负。缩短前置时间并不能大幅增加附加值。

Angarita 和 Usaola 在文献［42］中提出了根据西班牙电力市场规则进行风力 – 水力发电协调运行的策略。该策略改变了水力发电的调度方式，在机组运行前 1h 内补偿风电机的电力不平衡。由于前置时间较短，可以很清楚地了解发电量和风力发电的电力不平衡情况。研究中，假设电力不平衡成本与现货市场价格成正比，并进行了敏感度分析，以显示协调运行产生的附加值对不同参数的依赖性。因此，尽管风力发电商可能采用预测程序提升其在后续调剂市场中的地位，但对于该策略，无需使用预测程序。当不平衡成本较高，尤其是无法参与调剂市场时，协调运行的优势更明显。但是，该策略的一个弊端是，水力发电机组达到上限时，无法继续提升发电量，而机组停止运行时，无法降低发电量。

文献［43］通过随机优化技术在现货市场中协调运用这两种发电方式，并充分考虑了未来风力发电的不确定性，从而解决了这一问题。在这种情况下，由于不平衡价格仍然与日间市场价格成正比，并未考虑调剂市场中两类发电机的其他情况。研究表明，参与市场的双方均可从中获益。参与方获得的利益主要取决于不平衡成本和预测前置时间。一般而言，风力发电不确定性越高，利润越高，且不平衡成本越高。

Gibescu 等人[44]开展了风电机组和热电机组协调运行研究。研究考虑了预测的不确定性，提出在市场中采用风电技术，并将风力发电与热力发电结合。采用优化方法将协调运行的预期利益最大化。研究未考虑热电站的开机成本和爬升约束。研究为期 1 年，分析时考虑了实际不平衡价格。不平衡价格采用二价制，根据先前价值预测未来价值。结果表明，协调运行略有盈利；如果能够降低风力发电量、规避剩余发电量罚款，则该盈利增加。若根据发电量提供风力发电补贴，则该策略不合理，因为电力不平衡成本通常远远低于风电电价。

文献［45］从经济性角度对以下两种方式进行了对比：利用抽水蓄能电站降低风力发电的不确定性；购买看涨/看跌期权，规避风力发电不确定性的影响。分析中，风电场和抽水蓄能电站属于同一所有者，并采用了 Black-Scholes 期权定价模型。研究所用实测数据分别来自 PJM 输电公司（价格数据）和位于美国爱荷华州萨瑟兰郡的一座风电场（风速数据）。结果表明，在某些情况下，购买期权与建设抽水蓄能电站在经济上一样具有竞争力。但是，作者强调，在逐渐宽松的电力行业，并不存在完整、具有竞争力的期权市场。

文献［46］中，作者对风力－水力发电组合进行了模拟，旨在从水力发电及风力－水力混合发电等方面分析能源资源的分散效应，降低能源不足带来的风险。研究中采用了加拿大魁北克 1958 年至 2003 年的实测数据，采用五个经典函数分析了两种能源资源的函数关系，描绘了对边缘分布的依赖性。该文献共研究了三个时段：高流量时段、低流量时段和高低流量混合时段。结果表明，高流量时段，风力－水力发电比例相同的发电组合风险最低。另一方面，高流量时段的风电渗透率增加，降低了发电组合的风险。

除了风力发电的随机特性外，其他参数均可表示为随机变量。文献［47］中，作者考虑了风力发电量和市场价格两个随机变量，计算了日前市场的最优报价，并考虑了风电场与抽水蓄能设施的协调运行。采用二阶随机规划法描述了市场价格和风力发电量的不确定性。增设蓄能电站有助于规避发电量不确定性带来的风险，确保系统高效运行，并在非高峰时段储存能量，以增加高峰时段可用能量，因此，风电场盈利增加。研究结果表明，风电场与抽水蓄能设施的协调运行能够为电力公司带来更多利润，预期利润增长率约 2.53%。

文献［48］分析了配备和不配备储能装置的各级风力发电系统的运行，并研究了系统风电渗透率增加而节约的成本。引用爱尔兰岛的电网进行了案例分析，其峰值需求约 9.6GW。增设抽水蓄能设施，最大发电和抽水容量为 500MW，循环效率为 75%，蓄能容量为 5 000MWh。此外，风电装机容量从 3GW 增至 15GW。结果表明，尽管储能可行性随风电渗透水平的增加而增加，但无法证明抽水蓄能方案是爱尔兰电力系统的最佳选择。文献还提及了对蓄能容量可信度进行的初步分析。

采用抽水蓄能补偿风力发电偏差能够增加蓄能电站的价值。文献［49］中，作者对抽水蓄能电站进行了估价。研究仅考虑了蓄能电站在日前和日内现货市场中的运行。此外，研究通过优化方法得出了抽水蓄能电站的最优调度时间表，包括表示水泵运转的二元变量。对不同价格模式进行优化，得出可能的运行场景，然后对运行场景进行随机分析，验证抽水蓄能电站运行方案。将该验证与投资评估匹配，并基于投资的预计现金流估算蓄能电站的价值。通过模拟可知，由于未考虑具体时间范围，常规程序可能会大大降低边缘收益，从而错误估算投资价值。所述方法同样适用于其他发电站组合。

文献［50］对比了国际市场采用的蓄能发电方式与荷兰及其邻国电力系统中包含的其他蓄能发电方式（抽水蓄能、地下抽水蓄能、压缩空气蓄能和热电联产（CHP）机组），并考虑了不同级别的风力发电。模拟表明，通过风力发电节约的运行成本随风电装机容量的增加而增加。此外，德国与荷兰之间的联网容量及荷兰的风电开发降低了德国基础煤炭和褐煤的满负荷运行时数。风力发电减少了低负荷时段（夜间和周末）从比利时和法国进口的电量。在荷兰风速较高的时段，德国从法国进口的电量减少。结果表明，风电有助于降低一体化电力系统的二氧化碳排量。作者还强调，国际电力交换是实现风电并网的关键，风电渗透率较高时尤是如此。

下述章节将全面分析风力发电与备用电力市场的相互关系。

17.2.10　风电场和储能系统协调运行可靠性分析

文献［51］中，采用蒙特卡洛模拟提出了一种方法，以评估含风电场和蓄能系统的电力系统的可靠性。研究中采用了 Roy Billinton 测试系统，并涉及一台蓄能设备。研究模型考虑了随机发电机组故障。该文献中列出了不同运行策略的不同可靠性指标，如失负荷期望值（*LOLE*）、电量不足期望值（*LOEE*）。结果表明，蓄能系统产生的可靠性高度依赖于风力发电的约束条件。在一些运行策略中，蓄能系统可以提升系统的可靠性，从而储存大量风电功率。

17.3　用于补偿风电场发电偏差的蓄能电站的最优调度

本节提出了一种计算风电场中配置的大型蓄能电站最优调度的方法，假设蓄能电站以日周期运行。

正常运行中，蓄能电站在低价时段从电力系统购买电能并储存，在高价时段出售，整个过程构成蓄能电站的一个运行周期。蓄能电站的常规运行产生的收益是每个运行周期中价格差额、运行效率和运行限制（蓄能容量、发电率等）的函数。当前分析中，蓄能电站的运行规模呈扩大趋势，能够使用部分蓄能容量补偿一个（或多个）风电场的电量偏差。因此，蓄能电站可用作风电场的运行备用，降低因全球大多数备用市场高度波动性引起的风电场预期利润不确定性。

蓄能电站的周期性运行分为以下四步：

（a）暂停，等待低价时段：运行初期，蓄能电站能量备用为 E_1^{esp}。每天价格最低时（通常是低负荷时段），蓄能电站开始优化运行，蓄能槽开始蓄能。

（b）蓄能：低价时段，蓄能电站与设备连接，蓄能槽开始蓄能，用作电力系统负荷。负荷动作的最初和最终时间间隔取决于诸多因素，如蓄能槽容量、蓄能最大速率、蓄能电站效率、日间预测价格等。如文献［6］所示，在最低价时段连接最大容量的蓄能设备，使设备达到最优运行条件，并使用储存的能量补偿高峰时段的部分电能。

（c）暂停，等待高价时段：蓄电槽蓄满能量或受到经济性约束时，蓄能电站停止运行，等待可实现最高盈利的时段，出售储存的能量。

（d）能量出售：高价时段，蓄能电站向电力系统输送储存的全部能量，并作为发电机运行。与第（b）步一样，可根据市场中能量价格预测值、运行末期蓄能槽的效率和要求的最低能量水平采用公式 E_{n+1}^{esp} 计算向系统出售储存能量的最佳时段。通常，在最高价时段出售蓄能电站的所有能量。储存的能量全部售出后，蓄能电站重新开始第（a）步，进入下一个运行周期。

第（a）步中（等待低价时段），蓄能槽内储存的能量很少，可作为负荷吸收系统中多余的风电。而当风电场发电量低于预计值时，蓄能电站可作为发电机补偿电力偏差。因此，蓄能电站必须保证在当前阶段的任何时间段都能储存足够的能量，以补偿最大偏差。蓄能电站进入第（d）步时，可进行类似分析。此外，运行周期最后阶段（E_{n+1}^{esp}），蓄能槽内剩余的能量必须足以保证可以向下一周期风电场发电低谷时段提供能量补偿。可通过启发式分析并结合系统运行经验得出模拟最后阶段（E_{n+1}^{esp}）剩余能量的数值。

　　蓄能电站进入第（b）步（蓄能）时，馈入设备必须以最大容量运行，使蓄能槽在最低价时段蓄能。此时，蓄能电站作为电力系统负荷运行。因此，蓄能电站可减少电量吸收，在风力发电量低于预期值时提供补偿。另一方面，为了补偿风力发电的上偏差，蓄能设备必须预留一定裕量，增加负荷作用。在第（c）步也可进行相似分析。

　　方程（17-1）～（17-8）表示蓄能电站的最优常规运行和备用储能问题，同时，考虑了提高运行周期利润以及维持备用容量以补偿风力发电预测误差的目标。

$$\text{Max} \sum_{i=1}^{n} \left(c_i ph_i - cp_i Pp_i \right) \tag{17-1}$$

$$\text{s. t.} \quad E_{i+1} = E_i + t\left(\eta_p Pp_i - \frac{Ph_i}{\eta_h} \right) \tag{17-2}$$

$$E_1 = E_1^{esp} \tag{17-3}$$

$$E_{n+1} = E_{n+1}^{esp} \tag{17-4}$$

$$Ph^L \leqslant Ph_i \leqslant (Ph^U - Pw_i^M) \tag{17-5}$$

$$Ph_i \leqslant \eta_h \frac{E_i}{t} \tag{17-6}$$

$$Pp^L \leqslant Pp_i \leqslant (Pp^U - Pw_i^M) \tag{17-7}$$

$$0 \leqslant E_i \leqslant (E^U - E^R) \quad i = 1, \cdots, n \tag{17-8}$$

　　式中，变量分别为以下矢量：Ph，蓄能电站产生的每小时有功功率；Pp，蓄能电站每小时消耗的平均有功功率；E，蓄能槽每小时的蓄能水平。同时，定义了以下参数：c，每小时有功功率价格的矢量；cp，蓄能电站蓄能运行成本的矢量；E^U，蓄能槽容量；η_p，蓄能效率；η_h，蓄能电站发电机效率；E_1^{esp} 和 E_{n+1}^{esp}，分别为蓄能槽初始和最终能量水平；Ph^L 和 Ph^U，分别为蓄能电站发电机功率下限和上限；Pp^L 和 Pp^U，分别为蓄能电站馈入运行实际功率下限和上限；Pw_i^m 和 Pw_i^M，分别为蓄能电站补偿未来 i 时段预测发电量的最小值和最大值；E^R，提供补偿所需能量裕度；t，各时段时长（此处为1h）；n，时段数量。

　　分析中列出了以下情形，并采用了西班牙电力市场2008年的典型数据：（a）

典型日间（星期三）运行数据；（b）星期六运行数据；（c）星期天运行数据。通过一个测试案例对优化算法进行了评估，假设蓄能电站配置如下：蓄能容量 2 000MWh，蓄能率 273MW，蓄能电站装机发电容量 336MW，$\eta_p = 92\%$，$\eta_h = 88\%$。蓄能电站补偿的 250MW 风电场预测发电量的最低值和最高值分别现于 10% 和 35% 时段处[52]。可通过优化算法（17-1）～（17-8）计算最优运行调度（图 17-1）。

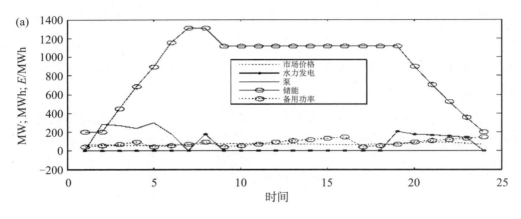

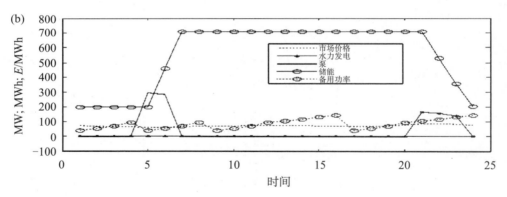

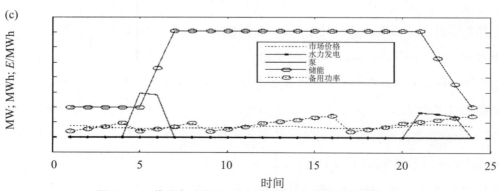

图 17-1　蓄能电站常规 + 备用运行。a. 星期三运行数据；
b. 星期六运行数据；c. 星期天运行数据

如图 17-1 所示，备用容量相关要求导致蓄能槽储存的能量较少。正如预料的那样，较大的风力发电预测误差会导致蓄能槽储存的能量较少，因此，蓄能电站运行周期获利也会减少（由常规运行计算可知，E^R、Pw_i^m 和 Pw_i^M 均为零）。

要将蓄能电站用作风电场备用储能设备，需解决诸多难题，包括确定其实际成本。机会成本是指对不符合要求备选方案最高价值的估价[53]。若蓄能电站留出部分容量补偿可能的风力发电误差，风电场所有者必须补偿由此产生的机会成本。机会成本可计算为传统运行方式所获收益与传统+备用容量运行方式所获收益的差额。表 17-1 和表 17-2 汇总了模拟运行的收益和机会成本。

表 17-1 收益

场景	无补偿收入（欧元）	补偿收入（欧元）
星期三	17 368.52	13 849.66
星期六	7 271.88	5 678.11
星期天	12 254.59	9 558.94

表 17-2 机会成本

场景	机会成本	
	欧元	（%）
星期三	3 518.86	20.26
星期六	1 593.77	21.92
星期天	2 695.65	22.00

17.4 风电及其与备用电力市场的关系

事实上，电力市场是满足发电商和用户不同要求的次级市场的集合，此类次级市场包括日前市场、调剂市场或备用市场。风电参与上述市场将会对电力市场和风力发电系统带来巨大挑战。

事实上，风能是一种难以预测的间歇性能源。但是，电力市场要求发电商在特定时间以约定价格提供约定数量的电力。这表明，如果在日前市场进行交易，则必须至少提前 24 小时获知某一特定时间的发电量信息。对于风力发电，这不可能实现，预测发电量与实际发电量存在差异，可能会引起电力不平衡。为了预测风力发电量，风力发电系统采用了短期风力发电预测程序。即便如此，仍然时常出现电力不平衡，因此，风力发电系统必须配备运行备用。例如，在西班牙电力系统中，13% 的电力来自风电（2009 年），风电会产生 34% 的上行不平衡和 19% 的下行不平衡。通常来说，风电场的预测发电量和实际发电量之间始终存在差异。

因此，风电渗透率越高，电力系统的运行备用需求越大。约定电能和实际交付电能的不平衡会增加市场参与者的成本，因此风电预测的不确定性会使风力发电商遭受经济损失。

但是，可以通过多种方式减少电力不平衡，如多座风电场共同参与，充分利用调剂市场或策略报价。减少电力不平衡主要影响风力发电商的收入，但也会给电力系统带来有利影响。事实上，使用调剂市场代替不平衡市场有助于减少备用需求。

同时，还可在电力市场中协调运用风电和其他技术，减少因风电不确定性引起的电力不平衡。与风电协调运用的技术必须能够改变发电量，使协调运行快速满足要求。若该技术可储存一级能源，则效果更佳，如水力发电和抽水蓄能发电。蓄热等蓄能方式与太阳能发电等可再生能源技术结合使用，前景广阔。但是，这种柔性发电方式与电力系统的传统运行备用方式相同。因此，必须分析以何种方式（电力市场协调运行或集中管理）才能更高效地使用此类资源。

以下章节介绍了解决上述问题所用的方法。首先，必须确定当前的备用管理机制。然后描述风力发电对电力系统产生的影响，并综述一些风电渗透率较高的电网中的实用经验。下一步，根据科学文献所述研究评估了因电力不平衡导致风力发电参与电力市场的经济损失。此外，还评估了风力发电和其他技术协调运用的优势。最后一节给出了最终结论。

17.4.1 备用的定义和使用

如前所述，由于风能难以预测，风电机产生的实际电力与计划电力之间存在不平衡。因此，风能对备用的影响极大。但是，并非所有备用都会受到相同影响。首先，必须对备用进行准确定义。

电力系统备用可分为运行备用和计划备用，前者可用于处理电力系统短期扰动，维护系统安全，后者可用于满足年度需求峰值，维护系统充裕度[54]。本节主要讨论运行备用。

实际上，运行备用还可细分为几种不同类型的备用，本章所述备用的名称参考了文献 [55] 所述定义。系统运行备用可分为频率控制备用（FCR）、频率恢复备用（FRR）和替代备用（RR）。FCR 亦称为一级备用，可改变发电机功率，维护同步系统功率平衡。出现频率偏差时，FCR 在 30s 内激活。FRR（或二级备用）激活时间为 30s 至 15 分钟，可将频率和联络线功率恢复至标称值。FRR 通常统一管理，可自动或手动激活。RR 亦称为三级备用，可将 FCR 和 FRR 恢复至规定水平。三级备用激活时间从数分钟至数小时不等。

通常，欧洲范围内电力平衡由平衡责任方（BRP）负责，如文献［55］所述，BRP "必须确保其管辖范围内所有连接点的电网平衡，否则将承担相应责任和后果，包括向负责维持区域电力平衡的市场区域运营商支付不平衡附加费"。

要了解受风电预测不确定性影响最大的备用，必须先了解风力发电量的变化范围。可根据连续两小时内风力发电量的变化确定风力发电量非预期变化的上限（原则上预测系统可以减小上限值），并确定补偿发电量变化所需备用的数量和种类。例如，图 17－2 所示为西班牙某半岛电力系统 2007 年 1 月至 2008 年 11 月每小时平均发电量的变化情况。同时，还可以在图 17－2 中观察到 4h 内的风力发电量变化分布。

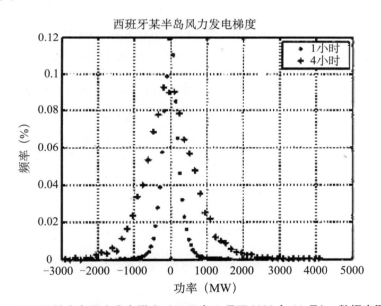

图 17－2　西班牙某半岛风力发电梯度（2007 年 1 月至 2008 年 11 月）。数据来源：REE

由图可知，每小时平均风力发电量的每小时变化低于 1 620MW。尽管该数值较大，但仍然低于早晨的电力需求增量（约 4 000MW/h）。但是，4h 内的风力发电变化大于 4 000MW。发电量的变化主要取决于系统的风电渗透水平，但同时也与国家面积和风电场的位置有关。2007 年底，西班牙风电装机功率约为 14GW，年度峰值负荷为 43GW。

风能与三级备用的相互作用较大，如图 17－3 所示。图 17－3 显示了西班牙近

风力发电系统手册

年来使用的二级备用和三级备用①。引起这一变化的主要原因是该时段电力需求的增长。在西班牙电力系统中，风电渗透水平越高，对备用水平的影响越大。

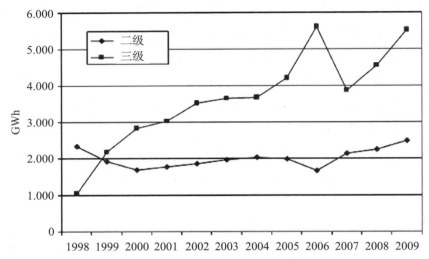

图 17-3　西班牙近几年使用的二级备用和三级备用。数据来源：REE

文献 [56，57] 给出了补偿风电不平衡所需备用的预测值，两组数据均基于因系统不确定性（负荷、风速预测和装置不可用）引起的系统预期联合标准偏差，且相互独立。其中，备用的增长与渗透水平呈线性关系，且至少超过一定值。文献 [58] 所述研究得出了不同结论：所需备用水平取决于电力失负荷价值（VOLL），在某些情况下，渗透水平越高，所需备用量可能越少，取决于具体案例。

17.4.2　备用定价（尤其是含风电的电力系统）

仅可使用满足技术要求的装置提供二级和三级备用。应根据与系统运营商或边缘市场签订的长期合同中确定的市场机制进行备用分配。备用分配包括备用可用性（即必须始终可用的功率边缘值）和能源分配或系统可用性。

此类服务采用二价制付款。一方面，由于功率必须保持可用性，未提供该服务的其他各方必须支付费用。另一方面，使用能源的各方（即导致计划电力与实际交付电力不平衡的用户）必须支付使用费。

不平衡价格机制分为两类[55]：

● 双重不平衡定价：对上行不平衡和下行不平衡采取不同定价机制。

---

① 2006 年，西班牙采取的监管措施引起了一些反常现象，因此，相关数据并不典型。

● 单一不平衡定价：对所有不平衡采取同一定价机制。

对于双重不平衡定价机制，设置"主要价格"和"备用价格"，前者用于整个市场中相同方向的不平衡，后者用于整个市场中相反方向的不平衡。

采用单一不平衡定价机制时，根据能源平衡措施确定"主要价格"。可参考功率交换或根据结算期备用方向采取的平衡措施的价格确定"备用价格"。

17.4.3 风力发电商不平衡成本研究案例

如前所述，在有些国家，风力发电系统可参与电力市场。大多数风力发电系统参与 Nordel 或 MIBEL 等日前现货市场。MIBEL 等调剂市场为边缘市场，Nordel 等则按报价付费。

由于实际发电量与计划发电量之间始终存在不平衡，风电场必须支付不平衡费用：若电能超额，则以低于日前价格的价格支付，若电能不足，则以高于日前价格的价格支付，但通常都会亏损。因此，由于一级能源不可调度且短期风力发电预测具有不准确性，若风电现在参与电力市场，必将遭受损失。

但是，采用具有一定准确度的预测程序的风电场可通过多种方法降低损失。最有效的方式是加入大型风电场集群。组合效应会降低风电场的损失，各风电场的独立预测相互补偿，从而降低预测误差。

另一种方法是参与平均价格与日前市场平均价格相同的调剂市场。但是，调剂市场按报价付费，更加复杂。此外，许多调剂市场是连续市场，无流动性。据文献［56］所述，现货调剂市场更适用于风电渗透率较高的电力系统。

此外，还可通过随机优化将预期不平衡成本最小化。可设置关于参与给定日前交易市场的问题，考虑/不考虑调剂市场未来可能的更新，或只考虑一个调剂市场。该问题必须模拟门限关闭时未知的不平衡最小化相关数值的不确定性，不确定性包括（日前市场和/或调剂市场）未来现货价格、不平衡价格和风电场实际发电量。设置关于参与按报价付款市场的问题时必须确定报价。事实上，这些未知数均为随机变量，因此要预测各变量的具体分配。现货价格不确定性可通过价格预测程序得出，由于数值较多，必须合理界定。但是，现货价格不确定性不高，对最终决策影响不大。

此外，还可以通过短期风力发电预测程序确定风力发电预测的不确定性，该不确定性通常较高，对结果影响较大。［59］等文献对此进行了研究，并建立了详细模型。许多预测程序将该输出视为标准结果。

但是，由于现实中不平衡价格的高度变化性和波动性，很难模拟不平衡价格的不确定性。该策略结果高度依赖于不平衡价格。通常，可对此进行简化，假设不平衡价格与现货价格成正比。但是，简化后，可能会由于计算错误而低估可能出现的巨大损失。事实上，不平衡价格可能很高，不合理的预测可能导致无法弥补的巨大损失。为此，增加了以降低风险为基础的策略，防止出现较大损失[60]。此类策略可能基于 VaR 或 $CVaR$ 等风险指标的限制。

如下所示为此类优化问题的表达式。在所考虑的情况下，可通过设置问题得出日前市场某一时间点边缘调剂市场的最优报价。

风力发电商在时间 t 的收入 R_t：

$$R_t = P_{d,t} \cdot \pi_{d,t} + \pi_{i,t} \cdot (P_{i,t} - P_{d,t}) + IC_t \qquad (17-9)$$

式中，$P_{d,t}$ 和 $P_{i,t}$ 分别表示风电场承诺在时间 t 时在日前市场和调剂市场提供的电力。$\pi_{d,t}$ 和 $\pi_{i,t}$ 表示上述两个市场中电力的边缘价格，IC_t 表示时间 t 时的不平衡成本。

$$IC_t = \begin{cases} \pi_t^{sell} \cdot (P_{g,t} - P_{i,t}) & P_{g,t} > P_{i,t} \\ \pi_t^{buy} \cdot (P_{g,t} - P_{i,t}) & P_{g,t} < P_{i,t} \end{cases} \qquad (17-10)$$

设 $P_{g,t}$ 表示风电场在时间 t 实际产生的电力，π_t^{sell} 和 π_t^{buy} 表示出售和购买电力的不平衡成本。

上述方程中，$\pi_{i,t}$、π_t^{sell}、π_t^{buy} 和 $P_{g,t}$ 表示随机优化过程中需要模拟的随机变量。随机优化过程包括选择预期收益最高的报价。因此，可表示为：

$$P_{i,t,opt} = \mathrm{argmax} E[R(P_{gt}, \pi_{i,t}, \pi_t^{sell}, \pi_t^{buy}); P_{i,t}] \qquad (17-11)$$

相关备注：

- 假设市场具有流动性，允许风力发电商和其他参与者开展交易。如前所述，事实并非总是如此，尤其是调剂市场中，很少进行能源交易。
- 提供风电补贴。大多数情况下，风电补贴取决于发电量，因此，由于补贴远远高于不平衡价格，市场鼓励发电商尽可能生产更多电力（即使会引起电力不平衡）。

许多科学文献中涉及了这一问题。下一段将探讨该领域的相关贡献，分析了不同作者做出的设定和简化，以及风力发电商预期不平衡损失的估计。

在不同假设条件下对参与时间框架和所用策略进行了研究，包括更新结果的可能性。并未在所有案例中都考虑补贴，尽管设有诸多前提，但得出的结果相似，因为预测误差的成本主要取决于短期风力发电预测工具的准确性，与可用的工具和不平衡价格非常相似。有些研究考虑了大量风电参与电力市场可能产生的影响。以下段落综述了相关论文的结果，并得出一些结论。

Bathurst 等人[61]针对 2002 年之前的英国市场进行了一项研究。由于英国市场门限关闭与运行时间之间间隔较短，研究中采用持久化工具进行预测，并对比了不同报价策略，充分考虑了风力发电的不确定性。但是，由于未使用预测工具，不确定性较高。对比不同策略后得出相关结果，并在不同情况下进行了完善和提升。在结论章节，作者强调了与合同价格相关的不平衡价格的重要性，并对不同不平衡价格进行了敏感度分析，但并未考虑风电补贴。

Holttinen[62]重点研究了丹麦和北欧市场，并采用短期风力发电预测工具的结果进行了分析。基础方案中，减少了日间市场参与。同时，研究了一天更新四次报价的可能性。丹麦西部风电装机容量为 2 000MW，对于上行和下行调节，采用了实际不平衡价格。此外，该文献还提及了风力发电商尽可能在运行时间进行交易的优势。

Fabbri[63]研究了西班牙市场中不同风电场的案例，考虑了常见的预测误差，并通过贝塔分布对不确定性进行了模拟。上行和下行调节的不平衡成本不同，采用的能源价格参考了西班牙市场 2003 年的水平。此外还分析了不同的门限关闭和运行时间。研究结论中提及了大量风电场联合报价在降低不平衡成本方面的巨大优势。

Usaola 和 Angarita[64]对比了一个 14MW 风电场在 3 个月内的不同报价策略。该文献重点介绍了准备市场报价时考虑短期风力发电不确定性的重要性。大多数情况下，上行和下行调节成本不同时这一因素尤其重要。该文献中得出的结论表明，在此类情况下，对不同于最准确预测的电力进行报价可得出更好的结果。此外，该文献还量化了更新日间市场报价的优势。

Matevosyan 和 Soder[65]提出了风电场最优报价策略，并对短期风力发电预测程序进行了模拟。结果表明，策略性报价并不一定能够得出最佳预测。分析采用了北欧市场规则以及 2003 年 1 月的相关数据。

Angarita 等人[66]对比了西班牙和英国电力市场中采用短期风力发电预测工具的 14MW 风电站的不平衡成本，并量化了多座风电场联合报价产生的综合效应。

Pinson[67]研究了短期风力发电预测的数学建模的不确定性，并提出了 15MW 风电场的策略性报价，以更新不平衡成本，从而得出更好的结果。结论表明，由于不确定性分布的不对称性和不平衡成本，收益最高的报价方案并非准确性最高。同时，文中强调了预测不平衡成本的难度，但近似策略看似可以得出较好的结果。

表 17-3 列出了一些文献的数值结果对比，其中，不平衡成本为出售/购买价格

和边缘价格差额绝对值的均值。损失为风力发电预测准确无误的条件下最大收益的百分比。

表 17 – 3 部分文献结果汇总

	Holttinen[62]	Fabbri[63]			Usaola[64]		Angarita[66]		Pinson[67]	
年份	2005	2005			2006		2007		2007	
风电（MW）	2000	24.6	301.7	5000	14		14		15	
不平衡成本（p. u. MP）	0.376	0.485			0.5		0.266		0.215	
购买	1.27	1.46			1.5		–		1.07	
出售	0.51	0.49			0.5		–		0.64	
损失（最高收入%）	12.11	11.5	9.7	10.8	10.39	7.32	4.5	9	13.1	7.9
注释	（1）	（2）	（3）	（4）	（6）	（7）	（8）	（9）	（11）	（12）
			（5）				（10）			

（1） 13 ～ 37h 预测结果。文献提供了更短期限的预测结果。
（2）（3）（4） 上述功率结果。
（5） 48h 预测结果，文献提供了更短期限的预测结果。
（6） 日间市场最佳预测报价，在四个日内市场更新。
（7） 策略性报价结果，考虑风力发电预测的不确定性和不平衡成本的不对称性。
（8） 提供补贴的结果。
（9） 未提供补贴的结果。
（10） 西班牙日间市场结果。英国市场结果和文献中其他假设。预测偏低或偏高时，不平衡成本相同。
（11） 最佳预测报价结果。
（12） 策略性报价结果。

根据上表，可得出以下结论：

- 与理想的风力发电预测情形相比，不管市场条件如何，风电场参与日间市场时，电力不平衡产生的损失导致收益下降10%。具体数额取决于风力发电预测工具的准确度。
- 若风电场在日间市场中每天更新六次预测数据（提前 3 小时），则收益降幅减小（减小约2%）。对于风电场，最佳情况是尽快更新发电量数据。
- 最优/策略性报价考虑了不平衡市场中不同的出售和购买价格，不平衡成本降低约3%，这刺激了无法提供最优功率预测的"策略性"报价。
- 额外费用和补贴可能占风电场收益的一半。
- 组合效应也可以降低不平衡成本。有些研究中，通过组合效应降低的成本占降低成本总额的50%[68]。
- 为市场参与者创造最高收益的报价的预测准确度并非最高。

17.5 结论

由于风力的间歇性，实际发电量总是与预测发电量不同（过多或过少）。因此，必须采取补偿措施，维持电力系统发电量、负荷和损失平衡。可通过多种方式实现储能装置或传统发电（备用市场）与风力发电的协调运行。最佳方法取决于特定电力系统的监管和技术特性。本章提出了现行技术文献中补偿风电场电量偏差所用的不同方法，并进行了分析。

致谢　本文依据研究项目 IT2009－0063：《市场环境和 IREMEL（ENE2010－16074）下多区域电力系统可再生资源的协调运行》撰写。

参考文献

［1］ Doherty R，O'Malley M（2005）A new approach to quantify reserve demand in systems with significant installed wind capacity. IEEE Trans Power Syst 20：587－595.

［2］ Koeppel G，Korpas M（2008）Improving the network infeed accuracy of non-dispatchable generators with energy storage devices. Electri Power Syst Res 78：2024－2036.

［3］ Matevosyan J，Soder L（2007）Short-term hydropower planning coordinated with wind power in areas with congestion problems. Wind Energy 10：195－208.

［4］ Pinson P et al（2009）From probabilistic forecasts to statistical scenarios of short-term wind power production. Wind Energy 12：51－62.

［5］ Pinson P et al（2009）Dynamic sizing of energy storage for hedging wind power forecast uncertainty. In：Proceedings of 2009 IEEE power and energy society general meeting，vols 1－8，pp 1760－1767.

［6］ Castronuovo ED，Lopes JAP（2004）On the optimization of the daily operation of a wind-hydro power plant. IEEE Trans Power Syst 19：1599－1606.

［7］ Castronuovo ED，Lopes JAP（2004）Optimal operation and hydro storage sizing of a wind-hydro power plant. Int J Electr Power Energy Syst 26：771－778.

［8］ Castronuovo ED，Lopes JAP（2004）Bounding active power generation of a wind-hydro power plant. In：Proceedings of 2004 international conference on probabilistic methods applied to power systems，pp 705－710.

［9］ Estanqueiro AI et al（2007）Barriers（and solutions...）to very high wind penetration in power systems. In：Proceedings of 2007 IEEE power engineering society general meeting，vols 1－10，pp 2103－2109.

[10] Ngoc PDN et al (2009) Optimal operation for a wind-hydro power plant to participate to ancillary services.

[11] Gao F et al (2009) Wind generation scheduling with pump storage unit by collocation method. In: Proceedings of 2009 IEEE power and energy society general meeting, vols 1 – 8, pp 2634 – 2641.

[12] Vennemann P et al (2010) Pumped storage plants in the future power supply system. VGB Powertech 1: 44 – 49.

[13] Matevosyan J et al (2006) Optimal daily planning for hydro power system coordinated with wind power in areas with limited export capability.

[14] Martinez-Crespo J et al (2009) Tools for the effective integration of large amounts of wind energy in the system. In: Castronuovo ED (ed) Optimization advances in electric power systems. Nova Science Publishers, New York, pp 113 – 150.

[15] Matevosyan J, IEEE (2007) Wind power integration in power systems with transmission bottlenecks. In: Proceedings of 2007 IEEE power engineering society general meeting, vols 1 – 10, pp 3045 – 3051.

[16] Matevosyan J et al (2009) Hydropower planning coordinated with wind power in areas with congestion problems for trading on the spot and the regulating market. Electr Power Syst Res 79: 39 – 48.

[17] Chacra FA et al (2005) Opportunities for energy storage associated to wind farms with guaranteed feed-in tariffs in the present French law. In: Presented at the 15th PSCC, Liege.

[18] Hong YY, Li CT (2006) Short-term real-power scheduling considering fuzzy factors in an autonomous system using genetic algorithms. In: IEE proceedings-generation transmission and distribution, vol 153, pp 684 – 692.

[19] Hong YY et al (2007) KW scheduling in an autonomous system.

[20] Lee TY (2007) Operating schedule of battery energy storage system in a time-of-use rate industrial user with wind turbine generators: a multipass iteration particle swarm optimization approach. IEEE Trans Energy Convers 22: 774 – 782.

[21] Lee TY (2008) Optimal wind-battery coordination in a power system using evolutionary iteration particle swarm optimisation. IET Gener Transm Distrib

2：291 - 300.

[22] Swider DJ（2007）Compressed air energy storage in an electricity system with significant wind power generation. IEEE Trans Energy Convers 22：95 - 102.

[23] Lund H, Salgi G（2009）The role of compressed air energy storage（CAES）in future sustainable energy systems. Energy Convers Manage 50：1172 - 1179.

[24] Karasik V et al（1999）SMES for power utility applications：a review of technical and cost considerations. IEEE Trans Appl Supercond 9：541 - 546.

[25] Wang L et al（2009）Design of a damping controller for a SMES unit to suppress tie-line active-power fluctuations of a large-scale wind farm.

[26] Chen SS et al（2008）Power-flow control and transient-stability enhancement of a large-scale wind power generation system using a superconducting magnetic energy storage（SMES）unit. In：Proceedings of 2008 IEEE power and energy society general meeting, vols 1 - 11, pp 5485 - 5490.

[27] Wang L et al（2009）Dynamic stability enhancement and power flow control of a hybrid wind and marine-current farm using SMES. IEEE Trans Energy Convers 24：626 - 639.

[28] Brunetto C, Tina G（2007）Optimal hydrogen storage sizing for wind power plants in day ahead electricity market. IET Renew Power Gener 1：220 - 226.

[29] Korpas M, Holen AT（2006）Operation planning of hydrogen storage connected to wind power operating in a power market. IEEE Trans Energy Convers 21：742 - 749.

[30] Iqbal MT（2003）Modeling and control of a wind fuel cell hybrid energy system. Renewable Energy 28：223 - 237.

[31] Khan MJ, Iqbal MT（2005）Dynamic modeling and simulation of a small wind-fuel cell hybrid energy system. Renewable Energy 30：421 - 439.

[32] Khatibi M et al（2008）An analysis for increasing the penetration of renewable energies by optimal sizing of pumped-storage power plants.

[33] Brown PD et al（2008）Optimization of pumped storage capacity in an isolated power system with large renewable penetration. IEEE Trans Power Syst 23：523 - 531.

[34] Vieira F, Ramos HM（2008）Hybrid solution and pump-storage optimization in

water supply system efficiency: a case study. Energy Policy 36: 4142 – 4148.

[35] Abbey C, Joos G (2009) A stochastic optimization approach to rating of energy storage systems in wind-diesel isolated grids. IEEE Trans Power Syst 24: 418 – 426.

[36] Ramos JS, Ramos HM (2009) Sustainable application of renewable sources in water pumping systems: Optimized energy system configuration. Energy Policy 37: 633 – 643.

[37] Khan MJ, Iqbal MT (2009) Analysis of a small wind-hydrogen stand-alone hybrid energy system. Appl Energy 86: 2429 – 2442.

[38] Bhatia RS et al (2008) Battery energy storage system based power conditioner for improved performance of hybrid power generation. IEEE, New York.

[39] Bhuiyan FA, Yazdani A (2009) Multimode control of a DFIG-based wind-power unit for remote applications. IEEE Trans Power Delivery 24: 2079 – 2089.

[40] Bludszuweit H et al (2008) Statistical analysis of wind power forecast error. IEEE Trans Power Syst 23: 983 – 991.

[41] Bathurst GN, Strbac G (2003) Value of combining energy storage and wind in short-term energy and balancing markets. Electr Power Syst Res 67: 1 – 8.

[42] Angarita JM, Usaola JG (2007) Combining hydro-generation and wind energy biddings and operation on electricity spot markets. Electr Power Syst Res 77: 393 – 400.

[43] Angarita JL et al (2009) Combined hydro-wind generation bids in a pool-based electricity market. Electr Power Syst Res 79: 1038 – 1046.

[44] Gibescu M et al (2008) Optimal bidding strategy for mixed-portfolio producers in a dual imbalance pricing system. In: Presented at the power systems computation conference (PSCC).

[45] Hedman KW et al (2006) Comparing hedging methods for wind power: using pumped storage hydro units vs. options purchasing.

[46] Denault M et al (2009) Complementarity of hydro and wind power: improving the risk profile of energy inflows. Energy Policy 37: 5376 – 5384.

[47] Garcia-Gonzalez J et al (2008) Stochastic joint optimization of wind generation

and pumped- storage units in an electricity market. IEEE Trans Power Syst 23：460－468.

[48] Tuohy A et al （2009） Impact of pumped storage on power systems with increasing wind penetration. In：Proceedings of 2009 IEEE power and energy society general meeting，vols 1－8，pp 2642－2649.

[49] Muche T （2009） A real option-based simulation model to evaluate investments in pump storage plants. Energy Policy 37：4851－4862.

[50] Ummels BC et al （2009） Comparison of integration solutions for wind power in the Netherlands. IET Renew Power Gener 3：279－292.

[51] Hu P et al （2009） Reliability evaluation of generating systems containing wind power and energy storage. IET Gener Transm Distrib 3：783－791.

[52] Castronuovo ED （2009） Deliverable 3.7，tools for the coordination of storage and wind generation. Public report，ANEMOS. plus project.

[53] Biswas T （1997） Decision-making under uncertainty. McMillan Press Ltd.，London.

[54] Stoft S （2002） Power system economics. Wiley Interscience，New York.

[55] ETSO （2007） Balance management harmonisation and integration. 4th report.

[56] Weber C （2009） Adequate intraday market design to enable the integration of wind energy into the European power systems. Energy Policy 38 （7）：3155－3163.

[57] Anderson D （2006） Power system reserves and costs with intermittent generation. Working paper，UK Energy Research Center.

[58] Ortega-Vazquez MA，Kirschen DS （2009） Estimating the spinning reserve requirements in systems with significant wind power generation penetration. IEEE Trans Power Syst 24：114－124.

[59] Pinson P （2006） Estimation de l'incertitude des predictions de production eolienne. Doctoral thesis Energetique，CEP Centre Energetique et Procedes，ENSMP—CEP Centre Energetique et Procedes，ENSMP.

[60] Morales JM et al （2010） Short-term trading for a wind power producer. IEEE Trans Power Syst 25：554－564.

[61] Bathurst GN et al （2002） Trading wind generation in short term energy mar-

kets. IEEE Trans Power Syst 17: 782 - 789.

[62] Holttinen H (2005) Optimal electricity market for wind power. Energy Policy 33: 2052 - 2063.

[63] Fabbri A et al (2005) Assessment of the cost associated with wind generation prediction errors in a liberalized electricity market. IEEE Trans Power Syst 20: 1440 - 1446.

[64] Usaola J, Angarita JL (2006) Bidding wind energy under uncertainty. In: Presented at the international conference on clean electric power. renewable energy resources impact.

[65] Matevosyan J, Soder L (2006) Minimization of imbalance cost trading wind power on the short-term power market. IEEE Trans Power Syst 21: 1396 - 1404.

[66] Angarita-Marquez JL et al (2007) Analysis of a wind farm's revenue in the British and Spanish markets. Energy Policy 35: 5051 - 5059.

[67] Pinson P et al (2007) Trading wind generation from short-term probabilistic forecasts of wind power. IEEE Trans Power Syst 22: 1148 - 1156.

[68] Ceña A et al (1966) Forecasting exercise (final report in Spanish, English summary).

第十八章
HOTT 发电系统原型

Mohammad Lutfur Rahman，Shunsuke Oka 和 Yasuyuki Shirai[①]

摘要： 本章介绍了创新型可再生能源转换系统——海上风电与潮汐能混合（HOTT）发电系统，并对海上风能与潮汐能混合和独立发电系统进行了研究，论证了使用风能和潮汐能提供可靠电能、促进风能和潮汐能混合发电技术商业市场可持续发展的可行性。本章还描述了混合电力系统的控制系统，所述混合电力系统在直流侧配备了海上风电机和潮汐发电机。从环境和社会经济学角度来看，HOTT 发电系统优势显著。敞开式 HOTT 发电系统可以提供大量分布式可再生能源电力，还有助于消除诸如二氧化碳排放等有害的环境影响。

18.1　概述

早期，风电机或风电场在电力系统中的作用是无关紧要的。常使用间歇性发电和负载荷等术语描述风电机或风电场[1~6]。若出现电网扰动，通常断开风电机与电力系统的连接，恢复稳定后再重新连接[5,6]。

可以使用伺服电机驱动风电机和潮汐发电机，模拟风能和潮汐能。海上风电机负荷具有波动性，情况较为复杂。负荷波动会导致功率分配不平衡，影响电力

---

①　M. L. Rahman（✉）· S. Oka · Y. Shirai

日本京都大学能源科学研究生院能源科学和技术系，日本京都，606 - 8501

e-mail：lutfur@ pe. energy. kyoto-u. ac. jp；lmasum2000@ gmail. com

S. Oka

e-mail：oka@ pe. energy. kyoto-u. ac. jp

Y. Shirai

e-mail：shirai@ energy. kyoto-u. ac. jp

系统的频率和电压。海上风能和潮汐能无所不在，且属于环保能源，由于本地发电的可用性和拓扑优势，其被视为潜力巨大的发电资源。HOTT 发电系统原型（PHGS）充分利用了两种可再生能源资源，能够提升系统效率和供电可靠性，并降低自主应用的储能要求。由于可再生能源技术的不断进步和全球能源产品价格的攀升，海上风力发电系统在全球范围内受到了越来越多的关注。此次实验分析了 PHGS 的现状，以及无蓄电池储能的风力 – 潮汐能自主混合发电系统的优化和控制技术。

18.2　拟建 PHGS 模型系统

18.2.1　模型设置

图 18 – 1a 显示了 HOTT 系统的海上建模及运行原理。风力和潮汐发电机实验模型在混合发电机建模中起着重要的作用，尤其是对在直流侧连接的潮汐能和海上风力发电系统之间相互关系的分析[7~10]。

图 18 – 1a—c 所示为小型实验室混合电力系统模型的图片和示意图。该系统由潮汐电机/发电机和海上风力发电机组成。根据需求的不同，潮汐发电机（感应电机）可以作为电机或发电机运行。潮汐发电机可以提供稳定的功率输出，风电机的功率输出则取决于风速。

图 18 – 1a—d 显示了 HOTT 系统的实验室建模及运行原理。此外，图中还显示了与电力系统连接的 HOTT 系统的概念示意图和详细电路结构。风力和潮汐发电机产生的交流功率被转换为直流功率，再通过最大功率点跟踪（MPPT）逆变器转换为交流功率。

18.2.2　海上风电机

图 18 – 2 所示为海上风力发电机组的实验模型，该模型由一台无铁芯同步发电机和一台伺服电机组成，使用伺服电机对海上风电机进行模拟。该模型系统配备了小型伺服电机，额定转速为 2 500rpm，变速比为 10.5∶1。在实际系统中，风电机转速稍慢，且无减速器，通过计算机控制伺服电机的转速或转矩。发电量取决于驱动无铁芯发电机转动的伺服电机的转速（转/分）。通过六脉冲二极管整流器将风电机产生的交流功率转换为直流功率[7~10]。

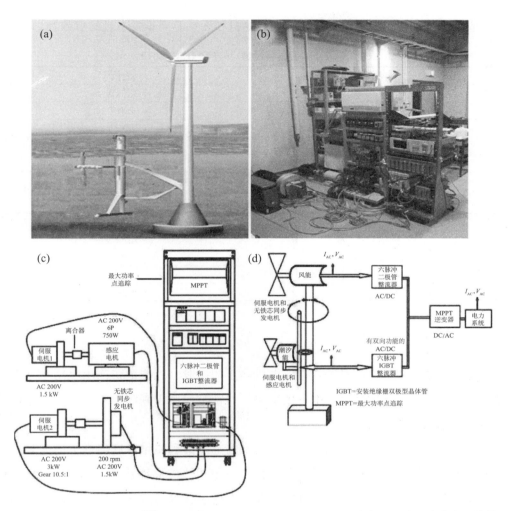

图 18-1　a. HOTT 概念图[10]（© IEEE 2010）；b. 带飞轮的海上风电与潮汐能混合发电系统的实验室原始模型[10]（© IEEE 2010）；c. 带飞轮的海上风电与潮汐能混合发电系统原始模型示意图[10]（© IEEE 2010）；d. 海上风电与潮汐能混合发电系统示意图[10]（© IEEE 2010）

图 18-2　海上风力发电机组实验模型[10]（© IEEE 2010）

表 18 - 1 和表 18 - 2 分别列出了伺服电机和无铁芯同步发电机的参数。

表 18 - 1　伺服电机参数[10]　（© IEEE 2010）

参数	数值
额定功率	3. 0kW
额定电压	200V
额定频率	60Hz
额定转速	2 500rpm
变速比	10. 5 : 1

表 18 - 2　无铁芯同步发电机参数[10]　（© IEEE 2010）

参数	数值
额定功率	1. 5kW
额定电压	200V
额定频率	60Hz
额定转速	200rpm

18.2.3　潮汐发电机（飞轮）

感应发电机轴转速超过等效感应电机同步频率时，感应电机产生电功率。由于感应发电机可以以不同转速产生有效功率，其常被应用于潮汐能系统。感应电机的机电结构比其他发电机更简单。

全球能源领域要求高效利用电力、提升输电能力和质量。这促进了储能装置的使用，如将潮汐发电机用作飞轮储能。潮汐发电机飞轮储能系统（TTFES）是一种应用比较广泛的储能系统。随着发电机和电力电子技术的进步，飞轮的应用也越来越广泛，已在全球范围内开展了多个采用飞轮储能系统的可行项目[7~10]。

图 18 -3 所示为感应潮汐发电机/电机和伺服电机的实验模型。该项目的主要设计理念是采用并控制双向能量流方案，向海上风电机注入能量，或储存为来自/流向潮汐系统（感应电机）的动能。

飞轮是最早的储能形式之一，已沿用数千年。陶工旋盘是对飞轮原理最早的应用。储存在飞轮内的动能驱动与电机转子连接的圆盘或圆柱旋转。动能与飞轮质量及转速的二次方成正比：

$$E = \frac{1}{2}I\omega^2$$

式中，I 表示惯性矩（Kgm²），ω 表示转速（rad/s）。感应电机（潮汐发电系统）作为电机，以空载模式运行，并储存转动动能，动能可表示为转速二次方的函

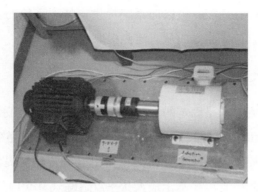

图 18 - 3　潮汐发电机/发动机实验模型[10]　(© IEEE 2010)

数。感应电机减速时，可提取储存的能力。

与传统的蓄电池相比，TTFES 系统在用作补偿电压骤降和瞬时断电的能量源时，显示出了一些有趣的特性。感应电机可用于潮汐发电机的双向能量转换。伺服电机用作向感应发电机传输潮汐能的输入模型，将机械能转换为电能。配备双向 IGBT 变流器和单向离合器后，感应电机可作为电机运行。感应电机转速大于伺服电机转速时，伺服电机离合器调整至断开状态。

表 18 - 3 和表 18 - 4 分别列出了伺服电机和感应电机的设计参数。感应电机设定转速为 1 110rpm，并储存转动动能。在实际系统中，潮汐发电机转速低于伺服电机转速，应配备增速器。

表 18 - 3　潮汐能伺服电机参数[10]　(© IEEE 2010)

参数	数值
额定功率	1.5kW
额定电压	200V
额定频率	60Hz
额定转速	2 500rpm

表 18 - 4　感应电机参数[10]　(© IEEE 2010)

参数	数值
额定功率	750W
额定电压	200V
额定频率	60Hz
额定转速	1 110rpm

本应用中，TTFES 能够对海上风电机提供支持，在出现过负荷或负荷骤降时向直流负荷提供功率。在低风速条件下，混合系统侧出现海上风电机电压或频率骤降或过负荷，极易引起上述情况。因此，海上风力发电系统无法提供直流侧所需的所

风力发电系统手册

有功率，TTFES 内储存有动能，可以向系统提供支持。飞轮的主要目的是积聚转动动能，并在必要时向直流侧注入或从直流侧提取。

18.2.4　最大功率流控制

由于电网中的交流电压是固定的，并网逆变器必须为电流控制型逆变器。因此，HOTT 的直流侧电压始终保持在一定范围内，通过控制电网逆变器的交流输出电流确保系统稳定运行。控制电网逆变器的交流输出电流，确保提供最大输出功率，并保持直流电压固定。此控制程序基于最大功率点追踪（MPPT）算法。

MPPT 控制（图 18 - 4）中，为了确定提供最大直流输出功率的直流侧电压，对直流参考电压进行微扰 ΔV（$\pm 4V$），并检测直流输出变化。若直流输出功率增加，则可通过扰动确定新的直流输出参考电压参考值。相反，若直流输出功率降低，则参考电压沿相反方向变化。直流侧特性随风速和潮汐速度变化时，可采用该算法确定最大电功率点[11]。

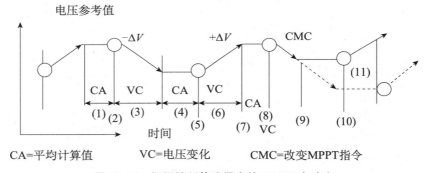

图 18 - 4　根据控制算法得出的 MPPT 电功率

MPPT 算法

（1）～（8）：MPPT 过程

- （1）、（4）和（7）：计算直流电压、电流和功率平均值。
- （3）和（6）：直流电压变化［微扰 ΔV（$\pm 4V$）］。
- （2）和（5）：检测并记录相应扰动引起的直流功率输出和电压偏差。
- （8）：使用（2）、（5）和（8）得出的结果确定新的直流电压参考值。
- 直流输出功率随直流电压变化（$+\Delta V$）增加时，进入（9），确定新的直流电压参考值，再从（1）重新开始。
- 否则，进入（10），再从（1）重新开始。

18.2.5　逆变器电路结构

图 18－5 所示为 HOTT 逆变器电路。逆变器输出端为一个单相三线系统。一般家用电源通常为单相三线系统。逆变器的电路结构包含两个半桥。输入端通过半桥逆变器与输出端共享一条线路[12]。为了满足电网电压（200V）要求，图 18－5 所示设计采用了升压斩波电路，以增加直流侧电压。

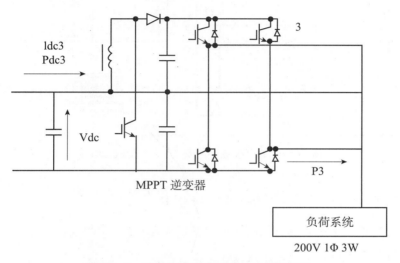

图 18－5　带半桥逆变器电路的升压斩波器

18.2.6　混合系统（电路结构）

本节描述了配备 TTFES 的 HOTT 的系统和电路结构，其设计和构建均基于后续章节中备选方案和组件的综述[7～10,13]。

图 18－6 所示为配备海上风力发电系统的 TTFES 的框图。无铁芯海上风力同步发电机输出通过六脉冲二极管电桥整流，为直流电容器充电。潮汐能感应发电机/电机输出端通过六脉冲 IGBT 双向逆变器与直流电容器连接。直流侧电容器通过一个并网单相三线逆变器与商业电网连接。并网逆变器为无变压器半桥型逆变器，并具有升压斩波电路。在最大功率点追踪（MPPT）控制模式下，通过 PWM 控制器控制电压源逆变器输出电流。MPPT 控制监测并维持直流侧电容器电压，并通过控制输出交流电流提供最大输出功率。此外，MPPT 控制每 4s 监控一次上下波动 4V（2V/s）的直流电压微扰，计算电压微扰引发的变化，并确定下一阶段的直流电压参考值，从而提供更多功率。系统两端均配备小型控制器，确保系统具备所需性能。

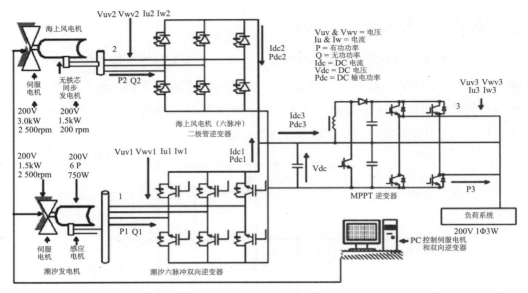

图 18 – 6　PHGS 系统配置[10]　（© IEEE 2010）

18.3　改变电压频率：50—46—50Hz

为简洁起见，采用容量有限的自主电源供应器替代 HOTT 系统（图 18 –7）。飞轮感应电机与海上风力发电系统连接。

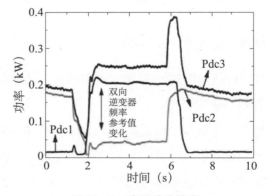

图 18 –7　直流功率输出

为了补偿风力发电波动，应控制感应发电机的功率输出，确保总功率输出稳定。以手动方式将双向逆变器 PWM 逆变器信号的参考频率从 50Hz 调整至 46Hz，再调整至 50Hz；控制伺服电机（潮汐），保持转速稳定不变（1 000rpm），因为潮汐流比风流更稳定。该实验模型系统可以通过改变双向逆变器的交流电压频率输入控制感应发电机，从而保持总输出稳定。

18.4 实验结果

图 18 – 8、18 – 9、18 – 10、18 – 11 和 18 – 12 显示了一些实验结果，自上而下分别为：潮汐发电系统的发电机电压、电流以及瞬时有功功率和无功功率，海上风力发电系统的发电机电压、电流以及瞬时有功功率和无功功率，直流侧电路的电压、电流和功率，负荷（交流电网）侧的电压、电流和功率，感应发电机、伺服电机和无铁芯同步发电机的转速。

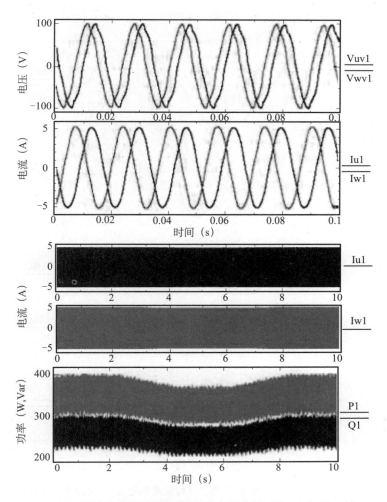

图 18 – 8 发电机运行条件下潮汐发电机电压（Vuv1 和 Vwv1）、
电流（Iu1 和 Iw1）、有功功率（P1）、无功功率（Q1）的实验结果

18.4.1　潮汐发电机（感应电机）

图 18 - 8 显示了转速为 1 371rpm 时潮汐发电机的伺服电机运行状况（图 18 - 12）。感应电机转速为 1 371rpm（超过 1 200rpm 60Hz）。潮汐发电机电压（Vuv1 和 Vwv1）、电流（Iu1 和 Iw1）以及功率（P1 和 Q1）几乎处于稳定状态。

18.4.2　海上风电机（无铁芯发电机）

图 18 - 9 显示，实验期间，海上风电机伺服电机和发电机均以 82rpm 恒速运行（图 18 - 12）。电压（Vuv2 和 Vwv2）、电流（Iu2 和 Iw2）以及功率（P2 和 Q2）处于稳态，Iu2 和 Iw2 导致有功功率出现较小波动。

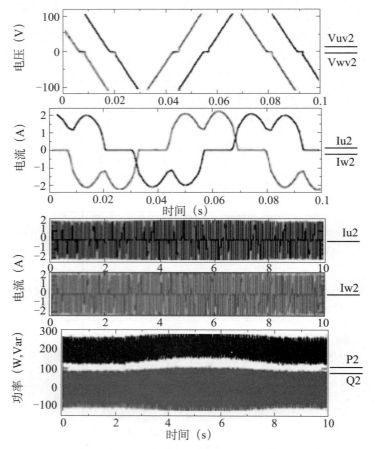

图 18 - 9　发电机运行条件下海上风力发电机电压（Vuv2 和 Vwv2）、电流（Iu2 和 Iw2）、有功功率（P2）、无功功率（Q2）的实验结果

18.4.3　直流侧

如图 18-10 所示，对于直流侧电压 Vdc，MPPT 控制器每 4s 对上下波动 4V（2V/s）的直流电压进行一次微扰。直流侧功率（海上风力发电功率 Pdc2）几乎保持恒定（190W），潮汐能功率 Pdc1（潮汐）上升至 230W，由于 MPPT 和逆变器系统的影响，在 4 ～ 7s 时产生较小波动。尽管 Vdc 有较小波动，PHGS 稳态下，混合功率（Pdc3）为 420W。

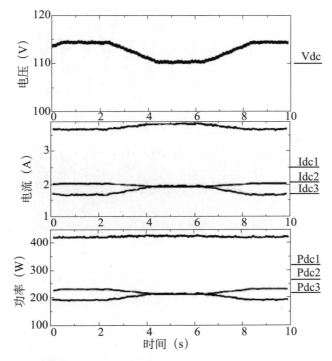

图 18-10　直流（混合）侧电压（Vdc）、电流（Idc1、Idc2 和 Idc3）和功率（Pdc1、Pdc2 和 Pdc3）实验结果

18.4.4　负荷侧

如图 18-11 所示，负荷（交流电网）侧的交流电流和电压处于稳态，有功功率为 420W。

18.4.5　转速（rpm）

如图 18-12 所示，感应电机和伺服电机转速相同（1 371 > 1 200rpm：发电机

风力发电系统手册

模式），海上风电机转速为 82rpm。两套系统均处于发电机模式，输出功率是流入电网混合输出功率之和。

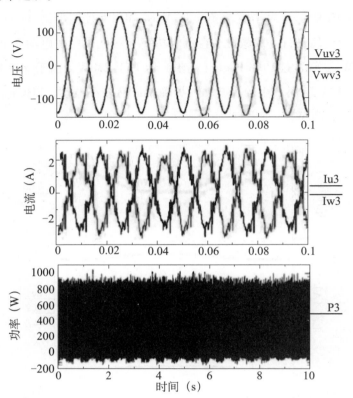

图 18 – 11　负荷（交流电网）侧电压（**Vuv3** 和 **Vwv3**）、
电流（**Iu3** 和 **Iw3**）和有功功率（**P3**）实验结果

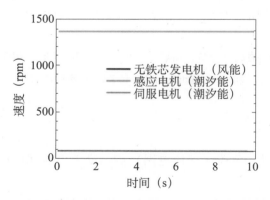

图 18 – 12　无铁芯发电机（海上风电机）、感应电机（潮汐发电机）
和伺服电机（潮汐发电机）转速（**rpm**）实验结果

18.5　讨论

本研究的主要任务是使用原型评估海上风力和潮汐发电技术的混合集成能力，并将该专有技术应用于海洋能源领域。具体涉及以下任务：

- 海上风能和潮汐能转换技术、转换原则、控制装置和运行特性分析。
- 电能质量、混合影响及其他外围技术壁垒分析。
- 识别与海上风能和潮汐能（感应电机）发电技术混合集成相关的共性。

研究中，构建并成功运行了 PHGS 概念演示原型[9]，在风力/潮汐稳态发电条件下分析了 PHGS 混合发电的特性。所述 PHGS 比单一系统更灵活，可以通过适当的系统控制策略扩展风力/潮汐稳态发电范围。对双向 MPPT 系统控制器采取先进控制措施，提升混合能源系统性能[11,12,14~16]。

基于负荷需求和可再生能源预测进行优化资源分配，可以极大地降低系统总运行成本。采用现代化控制技术监测模块化混合能源系统的运行，优化可再生能源资源的使用。

18.6　结论

对 HOTT 系统进行实验设计和分析是不可或缺的一项任务。本章重点描述了混合发电系统原型实验设计的方法和性能。

首先，采用海上风力和潮汐发电系统发电，并分配至负荷系统，以此分析 PHGS 混合发电系统概念演示原型的基本性能。所述 PHGS 比单一系统更灵活，可以通过系统控制策略扩展风力/潮汐稳态发电范围。采用 IGBT 双向逆变器系统控制潮汐发电机（感应电机）输出，补偿海上风电机的功率波动。此外，采用单向离合器将潮汐能感应电机转子与潮汐发电机轴隔离，并采用 IGBT 逆变器进行控制，使感应电机作为发电机或电机（飞轮储能[15,16]）运行。风力和潮汐混合发电系统电路模型通过直流侧电容器连接，MPPT 电网逆变器稳定运行[13]。采用升压斩波器提升发电系统功率因数。采用最大功率点追踪（MPPT）控制法控制电网逆变器，使直流侧电容器电压保持最大功率输出。

其次，本章提出了两种控制策略，并通过原型测试装置进行了实验验证。

参考文献

[1]　Hirachi Labrotory Technology Memo No. 20090930. http：//hirachi. cocolog-

nifty. com/kh. Accessed on 2010.

[2] Mulja di E, McKenna HE (2002) Power quality issues in a hybrid power system. IEEE Trans Ind Appl 38 (3): 803 – 809.

[3] Wave Energy Conversion (2008) University of Michigan College of Engineering. http://www. engin. umich. edu/dept/name/research/projects/wave _ device/wave_ device. html. Accessed Oct 2008.

[4] Polagye B, Previsic M (2006) EPRI North American tidal in stream power feasibility demonstration project, EPRI-TP-006A, 10 June 2006.

[5] Akagi H, Sato H (2002) Control and performance of a doubly-fed induction machine intended for a flywheel energy storage system. IEEE Trans. Power Electron 17 (1): 109 – 116.

[6] Wave Energy Conversion (2009) University of Michigan College of Engineering. Available: http://www. engin. umich. edu/dept/name/research/projects/wave_ device/wave_ device. html. Accessed 2009.

[7] Rahman ML, Shirai Y (2008) "Hybrid offshore-wind and tidal turbine (HOTT) energy Conversion I (6-pulse GTO rectifier and inverter)". In: IEEE International Conference on Sustainable Energy Technologies, ICSET 2008, pp. 650 – 655.

[8] Rahman ML, Shirai Y DC (2010) connected hybrid offshore-wind and tidal turbine (HOTT) generation system. Green Energy Technol Springer Acad J: 141 – 150.

[9] Rahman ML, Shirai Y Hybrid power system using Offshore-wind turbine and tidal turbine with flywheel (OTTF). Europe's offshore wind 2009, VIND2009 (eow2009, Stockholm) Sept 2009.

[10] Rahman ML, Oka S, Shirai Y (2010) Hybrid power generation system using offshore-wind turbine and tidal turbine for power fluctuation compensation (HOT-PC). IEEE Trans Sustain Energy 1 (2): 92 – 98.

[11] Omron Industrial Automation, Japan, model number KP40H.

[12] Chapmann S (2005) Electric machinery fundamentals, 4th edn. McGraw Hill International Edition, New York.

[13] Rahman ML, Oka S, Shirai Y (2011) Hybrid offshore-wind and tidal turbine power system for complement the fluctuation (HOTCF). Green Energy Technol Springer Acad J: 177 – 186.

［14］ Jeoung H Choi J（2000）High efficiency energy conversion and drives of fly-wheel energy storage system using high temperature superconductive magnetic bearings. Power Eng Soc Winter Meet IEEE 1：517－522.

［15］ SilvaNeto J，Rolim G（2003）Control of a power circuit interface of a fly-wheel-based energy storage system；UFRJ，Cidade Universitiria，Rio de Ja-neiro，Brazil.

［16］ Kim WH，Kim JS，Baek JW，Ryoo HJ，Rim GH（1998）Improving effi-ciency of flywheel energy storage system with a new system configuration. In：Sung-Ju Dong，Chang-Won，Kyung-Nam，Electro Technology Research Insti-tute；Korea Institute of Machinery and Metals.

第十九章
风力发电设施的可靠性和维修

Eunshin Byon，Lewis Ntaimo，Chanan Singh 和 Yu Ding[①]

摘要： 全球风电行业涉及的运行环境随机性很高，面临着提高可靠性、降低成本的巨大挑战。与风力发电设施可靠性和维修相关的早期研究侧重于定性研究，主要探讨风电运作的唯一影响因素及其对系统性能的影响。基于十余年的操作经验，研究者最近将重心转向更加结构化的方法，即分析法和（或）模拟法。本章综述了与风力发电设施可靠性和维修相关的现有研究，并将相关研究划分为三类。第一类研究主要解决风电机劣化及故障问题，旨在优化系统运行和维护。第二类和第三类研究从广义上探讨了可靠性相关问题，重点分别是风电场可靠性评估和电力系统整体可靠性评估。

19.1　概述

风能已逐步成为全球发展最快的可再生能源资源之一。2002 年至 2012 年，全

---

① E. Byon

密歇根大学，美国密歇根州安娜堡市 Beal 大街 1205 号，48109 - 2117

e-mail：ebyon@ umich. edu

L. Ntaimo · Y. Ding （⊠）

德克萨斯 A&M 大学，4016 ETB 3131 TAMU，美国德克萨斯州大学城，77843 - 3131

e-mail：yuding@ iemail. tamu. edu

L. Ntaimo

e-mail：ntaimo@ tamu. edu

C. Singh

德克萨斯 A&M 大学，301 WERC 3131 TAMU，美国德克萨斯州大学城，77843 - 3131

e-mail：singh@ ece. tamu. edu

球风电装机容量从 31GW 增至 2 082GW。北美电力可靠性委员会（NERC）[1] 的数据表明，2009 年至 2018 年，美国计划新增可再生能源标称容量约 260GW，粗略估计，其中约 96% 源自风能。NERC 预计，截至 2018 年，风电将占据全美能源发电总量的 18%。

基于十余年的风电运行经验，人们逐渐意识到，运维（O&M）成本占据风力发电总成本的很大一部分[2~4]。德国的现场数据[5] 表明，风力发电系统大约每年出现六次故障，故障修复耗时 60 小时至数周不等。整体而言，运维成本约为批发市场价格的 20%～47.5%[4]。鉴于美国大多数风电机都安装于 10～15 年前，风力发电设施仍然可以相对可靠、安全地运行。未来 10 年，风电机组件将接近使用寿命时限，风力发电设施故障率将出现激增，产生更高运维成本。

最常用的措施是定期维修。根据制造商指南，定期维修通常一年一次或两次[6,7]。需要注意的是，定期维修通常无法及时解决临时故障，另一方面，定期维修也可能造成不必要的检修。当前，风电场运营商已达成共识：亟须采取高效的维修策略，减少不必要的检修和风电机停机时间。

为了找到适用于传统电力系统的高效维修策略，已开展了多项研究[8~10]。但是，风电机的运行环境与传统发电机组的运行环境在有些方面并不相同。风电机始终以随机性很高的负荷运行。是否可以开展新修项目和继续在修项目均受到不断变化的气候条件的影响。大多数风电机都安装在偏远的多风或海上地带，出现恶劣天气条件时，很难进入风电场进行维修。同样，维修和现场观测成本也很高。新建风电场通常配备数百台风电机，并分布在广阔的地域，维修难度更大，导致风电机运维更具挑战性、成本更高。因此，亟须找到适用于解决风力发电设施可靠性和维修问题的新策略。

本章探讨了近期涉及风力发电设施可靠性和维修的相关研究。风力发电业务的早期研究分析了对风电机可靠性和维修产生巨大影响的重要因素[6,11~13]。然后根据现场数据[2,14,15] 分析了风电机的故障模式和可靠性趋势。最后，将研究重心转向研发结构性更强的模型，以提升系统可靠性。

现有研究分为三大类。第一类是单一风电机（或某一风电机组件）的劣化及故障问题，评估其可靠性。此类研究的主要目的是构建一个模型，预测系统使用寿命，并根据预测结果量化风险和不确定性，制定一套经济可行的运维决策策略。最近的风力发电相关文献中介绍了一些分析模型，包括统计分布模型[15~20]、马尔可夫过程模型[21~24] 和基于物理的结构载荷模型[25~35]。尽管已深入研究了老化系统和电力系统的更新回报过程和再生过程[36~38]，但目前尚未发现风力发电相关文献中涉及上述过程。对于系统测试，研究认证风电机组件所用适用测试程序的文献数量非常有限[39~41]。

第二类研究主要涉及配备多台风电机的风电场的可靠性，重点研究每台风电机（或风电机组件）的可靠性对整个风电场性能的影响。许多研究人员构建了模拟模型，表示风电场运行的复杂特性和风电机之间的相互作用[6,11,16,22,42~46]。研究人员调查了不同维修策略的影响，并通过一些性能指标[22,45]评估风电场的可靠性。此外，研究[22,46]表明，对系统性能的影响主要源自地形和风电场场址（即陆地或海上）等环境差异。

第三类研究将第二类研究扩展至整个发电设施，即衡量发电设施满足用户需求（或负荷）或系统运行限制的能力[47]。该类研究通常被称为"发电容量充裕度评估"。研究中采用了分析模型和模拟模型，包括多状态模型[47~52]、相关性分析[53,54]、马尔可夫过程[21,55,56]、基于数量的随机搜索[57,58]和蒙特卡洛模拟[59~66]。此研究特别分析了风能等间歇性能源发电对电力系统可靠性的影响。评估时考虑了风电机的故障率和修复率。此研究对整个电力系统中风力发电可靠性和成本相关问题提供了具有实践指导意义的参考。表 19–1 所示为现有研究汇总。

表 19–1　三个运行层面的参考文献分类

运行层面	方法	参考文献
风电机	统计法	[15 ~ 20]
	随机法[1)	[21 ~ 24]
	结构载荷模型	[25 ~ 35]
风电场	模拟	[6, 11, 16, 22, 42 ~ 46]
电力系统	分析法	[21, 47 ~ 58]
	模拟	[59 ~ 66]

1）本章仅提及了马尔可夫过程，因为风电相关参考文献尚未探讨其他随机过程。

本章其他部分结构如下：第 19.2 节探讨了风力发电的运维问题，第 19.3 节综述了探索风电机组件可靠性模式的模型和用于寻求最佳运维策略的模型，第 19.4 节简述了与风电场可靠性和维修相关的研究，第 19.5 节探讨了整个电力系统的可靠性和维修相关问题（即发电容量充裕度评估），第 19.6 节进行了总结。同时，Alsyouf 和 El-Thalji[67]综述了侧重于维修问题的最新实践和研究；Wen 等人[47]总结了电力系统发电容量充裕度评估的相关研究（风力发电是电力系统的一部分）。本章提供了一个更全面的综合性调查，包括 [67] 和 [47] 所列文献。此外，本章还列出了最近一次调查以来的相关报告和论文得出的结果。

19.2　了解风电机运行现状

本章探讨了影响风电机运行的当前运维成本和其他因素。

19.2.1　运维成本

由于风电产业发展年限相对较短，许多风电机剩余使用寿命相对较长，与其他相对成熟的产业相比，风电机故障和维修数据并不充足。此外，与早期的风电机相比，现代化风电机尺寸和设计更加多元化，而目前的风电机运行经验均源自早期的风电机。因此，很难评估风电产业的运维成本，而且得出的结果不确定性较高。尽管如此，仍然可以通过现有风电机的运行经验总结出一些有用的见解。

19.2.1.1　整体运维成本

Walford[2]总结了 Vachon[3] 和 Lemming 等人[68]得出的结果，评估了运维成本占总能量成本（COE）的比例。COE 是评估风电适销性的主要指标。当前 COE 为 0.06 ～ 0.08 美元/kWh。根据 Vachon[3]以及 Lemming 和 Morthorst[68]的研究，运行最初几年，运维成本约为 0.005 ～ 0.006 美元/kWh，但运行 20 年后增至 0.018 ～ 0.022 美元/kWh。根据上述两项研究，Walford[2]总结出，总运维成本占总 COE 的 10% ～ 20%。

美国能源部（DOE）[69]给出了类似预测，认为 2004 年第 4 类资源区（第 4 类资源区内，10m 高度处的风速为 5.6 ～ 6.0m/s）新风电机项目的运维成本为 0.004 ～ 0.006 美元/kWh。但是，根据 DOE 于 2006 年发布的报告[71]，实际运维成本为 0.008 ～ 0.018 美元/kWh，具体取决于风电场规模。最近，Asmus[72]甚至得出了更高的运维成本。Asmus 收集了来自主要风电机制造商和风电运营商的相关运维数据。对收集的数据进行分析后，Asmus[72]得出，平均运维成本为 0.027 美元/kWh（或 0.019 欧元/kWh），约占 COE 的 50%。

总之，运维成本与美国提出的用作补贴的联邦生产税（PTC）津贴（0.02 美元/kWh）相近。尽管美国在 2012 年继续推行了 PTC 政策，但补贴最终仍将减少或取消。此外，Asmus[72]认为，约 79% 的风电机目前仍处于质保期，但质保期将在不久后期满失效。PTC 政策和质保期结束后，必须采取经济高效的运维策略，使风电机市场保持超强竞争优势。

19.2.1.2　成本要素

Walford[2]提出了与风电场运行相关的成本要素，包括现场人员调度、机组运行监测、故障响应和电力公司协调等日常活动的操作成本。其他成本包括故障前采取预防性维护措施或出现意外故障后采取修复性维护措施产生的费用。Krokoszinski[13]提供了一种数学模型，用于量化计划停机和计划外停机导致的风电场生产损失和质量损失。

总之，随着时间的推移，日常运行的费用相对稳定，但维修成本波动较大，主要取决于风电机的使用年限、位置和规格，以及采用的维修策略[73]。例如，由于物流因素，海上风电机的修复性维修成本更高，是预防性维护成本的两倍多[16,43]。总之，修复性维修成本约占运维总成本的30%～60%[2]。

19.2.2　运维成本影响因素

许多研究分析了影响风力发电设施可靠性和运维成本的主要因素。研究人员根据分析结果提出了减少计划外故障的影响和最大程度降低维修成本[2,12]的方法。Bussel[6]提出了一种确定风电机可用性和运维成本的专家系统，旨在打破增强可靠性所需前置成本和运维成本之间的平衡，从而寻求最经济高效的解决方案。Pacot等人[12]讨论了风电场管理的主要性能指标，分析了风电机使用年限、规格和位置等因素的影响。本文总结了对风电场运行起到重要作用的主要因素[22~24]。

19.2.2.1　随机环境条件

随机运行条件会以多种方式影响风电机的可靠性。首先，随机气候条件会限制维修活动。恶劣的气候条件可能会降低维修的可行性。相反，气候条件对在相对静止的运行条件下运行的传统燃料型发电站的影响较小。为使潜在发电量最大化，通常将风力发电设施建设在风速较高的地区。但是，风速超过20m/s时，无法攀爬风电机；风速超过30m/s时，将无法进入风电场[22]。此外，由于维修工作的物理限制，有些维修工作耗时数天（甚至数星期）。相对较长的维修周期加剧了恶劣天气条件下系统停机的风险。采用蒙特卡洛模拟进行的一项研究[42]显示，位于距荷兰海岸约35km海面上的风电场（由100台风电机组成），其风电机可用率仅占85%～94%。风电机可用率较低的一个原因是风电场较低的可进入性，平均约为60%。另一项研究[6]表明，风电场可进入性为76%。此外，前述研究[23,24,45]探讨了相关运行环境及其对维修可行性的影响。

气候条件会极大地影响风电机的可靠性。暴雨和阵风等恶劣天气会产生不稳定载荷（或应力），缩短主要组件的使用寿命。Tavner等人[15]认为，故障数量与风速之间具有较强的相关性。基于丹麦和德国现场数据进行的分析表明，12个月内的故障数量与气候季节性保持一致。

除强风外，还存在其他恶劣气候条件，包括温度、结冰和雷击闪电。根据 Smolders 等人[74] 的研究，风电机的运行温度范围为 – 25 ～ 40°C。温度极低地区的风电机面临结冰问题，即结冰会降低了风电机发电量，并可能会严重损坏风轮叶片[75]。此外，雷击闪电也会严重损坏风轮叶片。尽管现代化风电机的叶片配备防雷系统，但当前技术尚无法完全保护风电机叶片免受雷击损害[76]。

恶劣的气候环境可能会导致风电机停机，造成很大的经济损失。风电机在多风时段停机时，生产力损失更高[2]。随着风电机在不断增长的发展和应用，必须进行更多研究，分析恶劣气候条件对风力发电可靠性和维修可行性的影响，帮助运营商更好地选择风电场场址[75]。

需要注意的是，天气预报在可靠性评估和维修决策方面起到了重要作用。天气预报的优势取决于预测的准确性。凭借当今先进的天气预测技术，气象信息预测可靠度较高[77]。考虑到维修时间较长，可能持续数星期，迫切需要可靠的中长期天气预测技术，但目前尚无法实现。

19.2.2.2　物流难题

最近新建的风电场倾向于使用外形尺寸更大的风电机，且数量众多、覆盖范围广。由于风电机尺寸较大，很难在仓库储存备件以供维修或更换之需。因此，此类备件通常都是在需要时从制造商处直接订购和装运。这便使得备件交货周期较长，容易导致维修延迟，造成重大损失。Pacot 等人[12] 指出，齿轮箱等主要零件的运输耗时数星期。造成物流困难的另一个原因是风电场距离操作中心较远，进行大修时必须采用起重机等重型设备或直升机靠近风电机。因此，需耗费大量精力组织维修人员进行大修。物流成本可能会大幅增加，主要取决于风电机所在位置的可进入性、维修策略和设备可用性。

19.2.2.3　不同故障模式和影响

风电机由传动系统、齿轮箱、发电机和电力系统等主要部件组成，各部件的故障频率和影响各不相同。单个部件可能具有不同的故障模式。故障模式决定了所需的零件/维修人员，从而影响维修成本、零件交货时间和维修时间。相应地，因故障引起的维修成本以及停机时间也随故障模式不同而不同。

Arabian-Hoseynabadi 等人[78] 对不同风电机的主要部件进行了故障模式和影响分析，并研究了故障对风电机整体性能的影响。Ribrant[14] 及 Ribrant 和 Bertling[79] 探讨了风电机部件的不同故障模式以及相应后果。例如，齿轮箱故障将引发轴承故障、密封问题和油系统问题。根据 Ribrant[14]，解决轴承故障问题需耗时数星期，主要是因为维修人员配置和重型设备就位耗时较长，导致维修周期延长。但是，解决油系统问题仅需数小时。

近期行业调查[72]显示，大多数严重故障均与齿轮箱相关。同时，本节还介绍了内部发电机转速与转子转速相同的直驱式（无齿轮箱）风电机。但是，Echavarria 等人[75]表明，运行的最初十年中，直驱式风电机中"发电机"的故障率高于"发电机"与"齿轮箱"结合使用的风电机。这就表明，直驱风电机可能会解决齿轮箱频繁故障的问题，但同时也可能带来一些的新问题。因此，必须确定何种设计的可靠性更高，因为 Echavarria 等人的研究中所述的直驱式风电机可靠性是基于少量直驱式风电机调查确定的。因此，需要花费更多时间和精力评估不同设计的可靠性。

19.2.2.4 视情维修

视情维修（CBM）包含两个阶段，是降低运维成本的一个重要方法[80]。第一阶段是采用状态监测设备诊断当前状态。风电机内置传感器可以提供风电及其部件健康条件的诊断信息。此类信息可以帮助风电场运营商预测风电机劣化水平，并实时评估可靠性。获得可靠性信息后，进入下一步，即在发生重大故障前采取合适的检修策略，避免产生间接损害。

Hameed 等人[81]综述了最近的监测技术。一般而言，主要采用振动分析进行齿轮箱故障检测[82]。其他常用监控系统包括：测量轴承温度、分析润滑油微粒含量以及风电机结构应力光学测量。Caselitz 和 Giebhardt[83]讨论了在海上风电机中增设状态监控系统以提升风电机运行安全的理念。

一些研究尝试了量化风电行业视情维修带来的效益[7,22,45]。Nilsson 和 Bertling[7]将总检修成本按组成分解，进行了资产生命周期成本分析。其分别对瑞典和英国的两座风电场进行了案例研究，分析了视情维修的优势。分析结果表明，视情维修有助于风力发电系统的检修管理。考虑整个风电场而非单一风电机时，视情维修的经济利益更加明显。对于海上风电场，状态监控系统可使检修规划更加高效，从而发挥更大作用。

McMillan 和 Ault[22]通过蒙特卡洛模拟评估了视情维修的成本效益，从年度发电量、容量因数、可用性、年度收入和故障率等方面对为期六个月的维修策略和视情维修进行了对比。模拟不同天气模式、停机时间和维修成本后得出如下结论：对于陆上风电机，采用视情维修策略可带来可观的经济效益。例如，假设风电机使用寿命为 15 年，当平均风速为 6.590m/s、成本因素采用通过文献［84］得出的数值时，视情维修可节约（每台风电机）225 000 英镑的运行成本（汇率为 1 磅等于 1.5668 美元时，折合 350 280 美元）。参数值范围较大的敏感度分析表明，视情维修的作用高度依赖于更换成本、风况和停机时间。很明显，由于海上风电机维修成本更高、维修操作面临更多限制，对于海上风电机，视情维修可创造更多效益。

McMillan 和 Ault[22]假设状态监控设备能够准确地显示风电机部件的劣化状态。但是，状态监控设备通常无法解决不确定性问题[85]。由于特殊故障测量模型不完善、传感器信号噪声和污染等诸多原因，测量数据通常无法准确地显示设备的监控状态。更重要的是，由于风电机在不稳定、无法预测的条件下运行，基于传感器测量数据的故障诊断可靠性不高。

基于传感器的不确定性，本章作者考虑了两类测量方式，以估算此前研究[23,24]中涉及的各类风电机的内部条件：（1）使用一般条件监控设备进行的低成本、可靠性较低的实时远程传感和诊断；（2）成本较高但确定性更强的实地探访/现场考察。现场考察通常由检修人员完成，若在技术方面可行，可以调用更加先进的智能传感器。实地探访和现场考察的成本通常较高，但是可以大概描述系统条件，可信度较高。需要注意的是，结合采用实时监控和实地探访/现场考察是一种适用于风力发电行业的特殊方法。必须仔细处理状态监控设备的信息不确定性问题，并高效整合现场考察与计划检修措施。考虑到不同的考察方式，Byon 等人[23,24]提出了两个视情维修模型。结果表明，状态监控设备无法明确显示预计系统状态时，应进行现场考察。最佳考察措施取决于气候条件。例如，气候环境恶劣时，应增加现场考察频率，确定更适合该类气候环境的检修方案和措施。

本章作者还提出了一种适用于风电场运行的离散事件模拟模型，以评估不同的运维策略[45]。目前实施了两种不同的运维策略：定期维修和视情维修。对于视情维修，传感器发出报警信号时，应进行预防性维护。实施结果表明，在故障频率、运维成本和发电量等方面，视情维修策略的效果明显优于定期维修。例如，使用视情维修代替定期维修时，故障频率降低 11.7%。

19.3　评估风电机可靠性和寻求最佳运维策略的模型

本节分析了评估风电机可靠性以及寻求高效运维策略的现有研究，并探讨了以下三种方法：（1）统计法，主要用于评估可靠性水平并根据故障统计数据确定最佳维修（或更换）时间；（2）采用马尔可夫模型分析风电机及其部件的随机时效行

风力发电系统手册

为；（3）物理疲劳分析法。

19.3.1 基于统计分布的分析

19.3.1.1 采用威布尔分布进行的寿命分析

在可靠性工程设计中，常采用威布尔分布表示系统的使用寿命。该方法已被用于许多实际应用中，构建了大量数据和使用寿命特性模型。在风力发电设施建模中，一些研究采用威布尔分布确定大量风电机（或风电机部件）的生命周期可靠性。

假设 T 为表示系统使用寿命的随机变量，威布尔分布的概率密度函数如下所示：

$$f(t) = \begin{cases} \dfrac{\beta}{\eta} \left(\dfrac{t}{\eta} \right)^{\beta-1} (e^{-\frac{t}{\eta}})^{\beta}, & t \geq 0 \\ 0, & t < 0 \end{cases} \tag{19-1}$$

式中，$\beta > 0$ 表示形状参数，$\eta > 0$ 表示尺度参数。$\beta < 1$ 表示递减故障率，通常称之为"早期故障率"，即系统运行早期出现故障的概率。由于故障项目被剔除，故障率随着时间的推移不断降低。另一方面，$\beta > 1$ 表示递增故障模式，通常见于老化系统。$\beta = 1$ 时，表达式（19-1）中的概率密度函数与指数分布的概率密度函数完全相同。因此，$\beta = 1$ 表示常数故障率或随机故障模式，表示无需采取任何检修措施。关于采用威布尔分布评估可靠性的详细情况，请参见[86]。

Andrawus 等人[16]采用威布尔分布构建了风电机主轴、主轴承、齿轮箱和发电机等主要部件的故障模式。对于 600kW 水平轴风电机，通过风电机数据采集与监视控制系统（SCADA）收集了过去 9 年间的故障数据，包括发生故障的日期、时间以及（可能）引发的后果。此外，Andrawus 等人采用最大似然估计法（MLE）估计了威布尔分布中的参数值。其研究表明，主轴承、齿轮箱和发电机的预估形状参数约等于"1"，表明为随机故障模式。只有主轴显示出磨损（或老化）故障模式。进行使用寿命分析并考虑成本要素（如计划内和计划外检修成本），得出了各部件的最佳更换时间。例如，建议每六年更换一次齿轮箱，每三年更换一次发电机，以最大限度地降低总检修成本。

备注：Andrawus 等人[16]提出的三种部件的常数故障率结果与正常预期相反，与其他研究[19,22]得出的结果冲突。人们普遍认为大多数风电机部件会随着时间的推移不断磨损、劣化。另一方面，风电机电气系统通常呈随机故障模式。据推测，Andrawus 等人的研究中需要考虑收集现场数据时已采取的检修程序。若研究中使用的故障数据源自采取定期维修措施的风电机，则由于定期维修已将风电机状态恢复，得到的故障数据很可能表明该类风电机呈随机故障模式。若考虑了定期维修的影响，Andrawus 等人的数据则应与文献［19，22］得出的结果一致，显示风电机呈劣化故障模式。

不同地点的风电机劣化程度不同，取决于风电机运行环境的气候特征。Vittal 和 Teboul[20] 采用了威布尔比例风险模型研究了气候条件对风电机使用寿命的影响。将式（1）中的尺度参数 η 表示为风速、容量因数和温度等气候因素的函数，然后将不同地点的气候特征与风电机的老化特性结合，得出风电机的使用寿命。

Wen 等人[47] 和 Basumatary 等人[87] 汇总了预测威布尔分布参数所用的不同方法，并在风况分析时采用此类方法表示风速模型。尽管如此，我们认为此类方案亦适用于可靠性分析。

19.3.1.2　采用齐次/非齐次泊松过程评估可靠性模式

公共领域常常无法获取故障时间相关信息（Andrawus 等人[16]）。一些调查报告和时事通讯会提供包含少量风电机或维修活动信息的"分类"资料[19,88]。分类数据中仅提供了特定时间内风电机发生故障的数量，并未说明发生故障的确切时间[17]。例如，Haymarket Business Media 发行的季刊《Windstats》[88] 提供了包含风电机各子系统故障数量的月度或季度调查。表 19 - 2 所示为摘自一份《Windstats》通讯稿的故障统计数据[18]。

表 19 - 2　1994 年丹麦风电机故障数量

	10 月	11 月	12 月
报告的发生组件故障的风电机数量	2 036	2 083	2 164
风轮叶片	15	6	6
齿轮箱	5	2	4
……	…	…	…
故障总数	158	130	175

注：数据摘自 Guo 等人[18] 的相关研究。

为了充分利用故障统计数据，一些研究采用了齐次/非齐次泊松过程[15,17~19] 等建模工具。在齐次泊松过程（HPP）中，每单位时间内发生率 λ 恒定，在非齐次泊松过程（NHPP）中，故障率具有时变性，以时间（或使用寿命）t 的密度函数 $\lambda(t)$ 表示。采用 NHPP 构建可维修系统故障模式相关模型。假设可以通过维修使系统在发生故障前立即恢复至原始状态，则此类维修称为最小维修[89]。NHPP 中，时域（a，b）中发生 n 故障的可能性如文献[90]所示：

$$P(N(a,b] = n) = \frac{\left[\int_a^b \lambda(t)\,dt\right]^n \mathrm{e} - \int_a^b \lambda(t)\,dt}{n!} \qquad (19-2)$$

其中，$n = 0$，1，…。有关 NHPP 详细论述，请参阅 [90 ～ 93]。

可采用一些方法预测强度函数 $\lambda(t)$，常采用幂律过程或威布尔过程[89,93]，强度函数表示如下：

$$\lambda(t) = \frac{\beta}{\eta}\left(\frac{t}{\eta}\right)^{\beta-1} \qquad (19-3)$$

式中，$\beta > 0$ 表示形状参数，$\eta > 0$ 表示尺度参数。与上述威布尔分布相似，$\beta < 1$ 表示早期故障模式，$\beta > 1$ 表示劣化（或老化）过程，$\beta = 1$ 表示常数故障率。

Tavner 等人[17]采用《Windstats》1994 年至 2004 年间的故障统计数据构建了 HPP 模型，分析了德国和丹麦两个风力发电装机容量较大的国家的故障数据。Tavner 等人[17]认为风电机的运行时间尚短，研究时还未达到劣化阶段，因此假设处于随机故障模式，$\beta = 1$ 和 $\lambda = 1/\eta$（即 $\lambda(t)$ 为常数）。另一项研究中，Tavner 等人[15]采用《Windstats》数据量化了风速影响风电机可靠性的方式，并确定了受影响最严重的部件。

随后，Guo 等人[18]通过 NHPP 模型对 Tavner 等人的研究[17]进行了扩展，并采用了摘自《Windstats》[88]的数据。为了处理"分类数据"，假设时域 $(t_0, t_1]$，$(t_1, t_2]$，…，$(t_{k-1}, t_k]$ 内分别出现 n_1，n_2，…，n_k 次故障，且各组数据相互独立。然后通过下式计算第 k 组的联合概率：

$$P(N(t_0,t_1] = n_1, N(t_1,t_2] = n_2, \cdots, N(t_{k-1},t_k] = n_k)$$

$$= \prod_{i=1}^k P(N(t_{i-1},t_i] = n_i)$$

$$= \prod_{i=1}^k \frac{\left[\int_{t_{i-1}}^{t_i} \lambda(t)\,dt\right]^{n_i} \mathrm{e}^{-\int_{t_{i-1}}^{t_i}\lambda(t)\,dt}}{n_i!} \qquad (19-4)$$

式中，$\lambda(t)$ 如式（19-3）所示。Guo 等人[18]需要解决的另一个难题是风电机安装后运行时间的不确定性，因为《Windstats》的数据与风电机首次运行的确切时间并不一定一致，而且通常存在较大差异。例如，尽管《Windstats》中记录的有关丹麦风电机的数据始于 1994 年 10 月，但风电机首次运行时间更有可能早于 1994 年 10 月。为了解决这一问题，Guo 等人[18]在威布尔过程中纳入了额外参数，并采用了三参数威布尔分布，而非传统的双参数威布尔分布。与双参数威布尔分布相似，三参数模型中的参数估计部分也是通过最大似然估计（MLE）或最小二乘法（LS）进行。分别分析《Windstats》中丹麦和德国的数据后，Guo 等人[18]认为，在可靠性趋势预测的准确度方面，三参数模型优于双参数模型。

Tavner 等人[17]和 Guo 等人[18]的研究尝试利用故障分类数据进行可靠性评估。但是，其构建的模型并未考虑风电机数量的变化。事实上，随着时间的推移，风电机数量会不断增加，且规格和结构各不相同。表 19−2 显示，《Windstats》报告的风电机数量随时间的推移不断增加，风电机的尺寸和结构设计也不断变化。因此，在给定时域 $(t_{i-1}, t_i]$ 内，风电机运行年数各不相同，式（19−3）所示的密度函数 $\lambda(t)$ 也不相同。由于《Windstats》中缺少详细信息，Guo 等人[18]并未考虑风电机数量不断增长产生的影响。Guo 等人[18]提出的 NHHP 模型假设所有风电机的运行时间相同。因此，为了更准确地进行风力发电设施可靠性评估，应考虑风电机数量不断增长等因素。

Coolen 等人[19]研究了 LWK[94]中发布的德国风电机故障分类统计数据。与《Windstats》数据不同，LWK 提供了与其数据相关的风电机模型信息。Coolen 等人[19]试图构建 V39/500 型风电机的 NHPP 模型。但是，卡方检验否定了 NHPP 模型与整个风电机系统和齿轮箱数据相匹配的假设。Coolen 等人[19]认为，主要原因是风电机实际运行数据不足，导致式（19−4）所示的概率计算与提供的数据不匹配。该解释与前述段落所述观点一致。

19.3.2　基于马尔可夫过程的分析

19.3.2.1　采用马尔可夫过程进行可靠性评估

基于马尔可夫过程的模型被广泛用于传统电力系统的可靠性评估[8~10,95,96]，已成为最常用的风电机可靠性评估建模工具之一。

分析时考虑了状态数有限的离散时间马尔可夫过程。假设运行系统的劣化水平被分为有限数量的状态 1，…，M，并有 L 种故障，则可将系统状态划分为一系列状态，即 1，…，$M+L$。状态 1 表示最佳状态，状态 M 表示系统出现故障前劣化水平最高的状态。状态 $M+l$ 表示第 l 个故障模式，$l=1$，…，L。系统中出现马尔可夫劣化时，从一个状态至另一个状态的转移概率只取决于上一个状态，而非所有状态。

图 19−1 显示了可维修系统的状态转移。图中，实线上方的 p_{ij}、$i \leqslant$、i、$j=1$，…，M 表示从一个运行状态转移至另一个状态的概率，λ_{ij} 表示从运行状态 i 转移至故障状态 j 的故障率。图中只显示了向劣化程度更高或失效状态的转移，以实线表示。虚线附近的 μ_{ij} 表示将系统从故障状态 i 提升至运行状态 j 的修复率（$j \leqslant$

i），而 μ_{ii}（$i = M + 1$，$\cdots$，$M + L$）表示非修复率。维修后，系统可从故障状态恢复至运行状态。

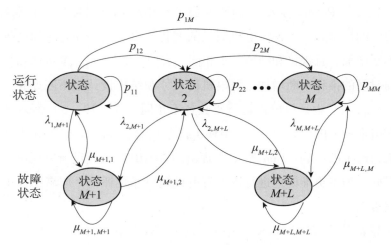

图 19 – 1   马尔可夫劣化系统状态转移图

为简单起见，假设 $M = 1$，$L = 1$，即系统条件分为两个简单状态：运行或停机。假设运营商在系统出现故障时维修系统，则转移概率矩阵 $P_{2 \times 2}$ 由以下四个要素组成[24]：

$$P = \begin{bmatrix} 1 - \lambda & \lambda \\ \mu & 1 - \mu \end{bmatrix} \tag{19 – 5}$$

式中，λ 表示故障率，是指系统在下一运行周期前出现故障的可能性，μ 表示系统可恢复至运行状态的转移概率，被称为系统的修复率[21]。该简单案例中，平均故障时间（*MTIF*）为 $1/\lambda$，平均修复时间（*MTTR*）为 $1/\mu$，平均故障间隔时间（*MTBF*）为 *MTTF* 和 *MTTR* 之和。采用遍历性马尔可夫链的极限分布[97]后，极限平均可用性为 $\mu/(\lambda + \mu)$。可对具有多重劣化状态（即 $M > 1$）和（或）多重故障状态（即 $L > 1$）的复杂系统进行类似分析。

Sayas 和 Allan[21] 在风力发电系统中采用了马尔可夫模型，评估了风电场的发电容量充裕度，并采用式（19 – 5）所示的转移矩阵将风电机条件划分为两个状态（即运行和停机）。此外，采用马尔可夫流程构建了四种不同类型的风速模型，并得出如下结论：风电机故障率和修复率受风况影响。风速极高时，风电机故障率增加，修复率随风速增加而降低。考虑到天气的影响，Sayas 和 Allan 提出了适用于风电场的组合马尔可夫模型。使用历史数据得出不同状态之间的转移概率，并根据极限分布计算各组合状态（风电机状态和风况组合状态）每年的平均故障频率和持续时间。利用得出的结果评估风电场的性能，包括风电机的可用性和预期风力发电量。

此外，还利用马尔可夫过程进行了模拟研究[22,45]。除了"运行"和"停机"状态外，McMillan 和 Ault[22] 还考虑了各部件的中间状态"劣化"，并结合运行数据和专家判断评估了齿轮箱、发电机、风轮叶片和电子装置这四个主要部件的状态转移概率。然后，在模拟过程中根据得出的状态转移概率对状态转移进行了模拟。Byon 等人[45] 采用了相似的方法，但是考虑了更多部件状态（即"正常"、"警告"、"报警"和"故障"）。上述模拟研究均未单独使用马尔可夫过程，而是与其他模拟模型结合，得出部件劣化和故障不断变化的特性。

19.3.2.2　采用马尔可夫决策过程的优化模型

马尔可夫决策过程（MDP）是一种序贯决策过程，根据系统状态数据[98~100]控制随机系统。最优预防性维护相关的文献[99~104]常采用此建模方法。上文引用的大多数研究都非专用于风电机维修，而是专为通用老化系统设计。但是，我们可以从此类研究中获得非常有用的见解。为此，我们首先探讨了通用老化系统的 MDP 研究，并介绍了专用于风电机维修的研究。

设 S 表示马尔可夫决策过程的状态空间，$V_t(s)$ 表示当前时段 t 至终止时段的总成本，也称为预期总成本。当系统状态为 $s_t \in S$ 时，决策者将寻求将 $V_t(s)$ 最小化的最佳措施，如下：

$$V_t(s) = \min_{a_t \in A_{s_t}} \left\{ c_t(s_t, a_t) + \gamma \sum_{s_{t+1} \in S} P_t(s_{t+1} \mid s_t, a_t) V_{t+1}(s_{t+1}) \right\} \qquad (19-6)$$

式中，A_{s_t} 表示可能在状态 s_t 时采取的方案集，可能包括检验、大修/小修或不采取任何措施。$c_t(s_t, a_t)$ 表示决策 a_t 产生的即时成本。$P_t(s_{t+1} \mid s_t, a_t)$ 表示采取措施 a_t 后，从状态 s_t 至状态 s_{t+1} 的转移概率。$\gamma \leq 1$ 表示折扣因素。$\gamma < 1$ 的模型称为折扣成本模型，$\gamma = 1$ 的模型称为平均成本模型。方程（19-6）被称为"最优方程"或"贝尔曼方程"。因此，可以通过求解上述最优方程得出需采取的最优维修措施。

本节介绍了一些数学模型，并结合了使用通用老化系统[99~104]状态监控设备获得的信息。由于状态监控设备内的传感器提供的数据不确定性较高，大多数此类研究采用了部分观测马尔可夫决策过程（POMDP），反映对当前系统状态的不完全理解。POMDP 设置中，无法直接观测系统状态，因此状态只是概率意义上的估计[103,104]。假设可以将系统状态划分为 19.3.2.1 节所述的 $M+L$ 个状态。在 POMDP 设置中，系统状态被定义为概率分布。同样地，系统状态可以定义为以下概率分布：

$$\pi = [\pi_1, \pi_2, \cdots, \pi_{M+L}] \tag{19-7}$$

式中，π_i（$i=1$，$\cdots$，$M+L$）表示系统在劣化水平 i 时的概率。参考文献中通常将 π 视为信息状态[104]。随后，可将 POMDP 的状态空间表示如下：

$$S = \left\{ \left[\pi_1, \pi_2, \cdots, \pi_{M+L} \right]; \sum_{i=1}^{M+L} \pi_i = 1, 0 \leqslant \pi_i \leqslant 1, \quad i = 1, \cdots, M+L \right\}$$
$$\tag{19-8}$$

Maillart[103]采用 POMDP 制订观测计划，并依据状态信息确定合适的维修措施。研究中，Maillart 假设在系统中应用了转移概率矩阵已知且固定的多状态马尔可夫劣化过程。相似地，Ghasemi 等人[105]采用制造商提供（或根据存活数据得出）的平均老化特性和根据 CBM 数据得出的系统使用情况表示系统的劣化过程，并利用 POM-DP 构建了维修决策问题模型，采用动态规划推导出最佳策略。

到目前为止，参考文献中的大多数研究都只考虑静态环境条件，只有少数量化研究审查了系统在随机环境下的运行状况。Thomas 等人[106]调查了在不确定环境条件下发生灾难事件前将期望运行时间最大化的维修策略，并考虑了在检验或检修时系统停机的情况。若系统停机或维修时出现特殊事件，则将此类事件视为灾难事件。Kim 和 Thomas[107]假设环境状况符合马尔可夫过程，对该问题进行了扩展。以上两项研究的主要目的是在发生灾难事件前将期望运行时间最大化。换言之，此类研究侧重于短期可用性。

很少有相关研究建议在风电机维修中采用 MDP 或 POMDP。本章作者根据文献[23，24]中所述 POMDP 提供了两种优化模型及相应的解决方案，并结合风电机运行的独特特性，对[103]所示的模型进行了扩展。例如，为了表示随机气候条件，Byon 等人[23,24]采用了文献 [106] 中描述的初始事件概念。其他特性包括计划外故障后较长的前置时间和伴随的生产损失。

维修[23]所示的模型是一种静态、与时间无关的模型，其最优方程中具有齐次参数。齐次参数表明，随着时间的推移，气候条件特性始终为常数。该模型相对简单，可以描绘解集结构的特征，确定高效的解法。Byon 等人[23]解析地推导出了一组封闭形式的表达式中各种措施的最佳控制限度，并提供了实现最佳预防性维护和其他最佳措施的充分条件。文献 [24] 中所述的第二类模型对第一类模型进行了扩展，是一种动态的时变模型，具有非齐次参数。时变参数取决于主要气候条件，并表现出较大的季节性差异。因此，通过此模型得出的策略可适应运行环境。可根据单一风电机组件劣化状态的演变推导出最优策略，并采用反向动态规划算法求解第二类问题。

上述两种模型[23,24]中，在各决策点考虑三种主要措施（策略或控制）。第一种措施中，检修时不停电，保持系统运行。选择此措施时，系统中出现具有给定转移概率矩阵的马尔可夫劣化。第二种措施是进行预防性维护，提升系统状态，避免出现故障。最后，风电场运营商可以指派检修人员进行现场考察/检查，具体评估劣化水平。可根据系统状态和气候条件推导出各决策点的最优措施。

此类研究中，假设劣化过程与季节无关。也就是说，在整个决策过程中，假设转移矩阵为常数。但是，如前述章节所述，在气候恶劣的季节，劣化过程可能加速，导致出现更多故障。为了表现季节方面的差异，必须进一步扩展文献[23，24]所述的模型，并考虑气候对风电机可靠性以及模型季节性劣化过程的影响。

19.3.3　基于结构载荷的可靠性分析

19.3.1 节和 19.3.2 节所述方法（即基于统计分布和基于马尔可夫过程的分析）为累积劣化建模法。一些文献[15,22~24]通过前述两种方法研究了环境因素对风电机可靠性和运维成本的影响。尽管如此，此类研究中并未详细分析结构载荷（或应力）与物理性损坏之间的直接关系。本节探讨了另外一类分析模型，对结构载荷及其对损坏的影响进行了分析。

要达到所需水平的结构性能（叶片和塔架），必须分析材料阻力和应力的可变性特征。国际电工委员会（IEC）标准（IEC 61400-1）[108]制定了风电机设计要求，确保风电机结构的完整性。共制定了两类风电机结构要求：疲劳载荷和极限载荷。疲劳载荷分析侧重于系统承受反复载荷时的累积结构损伤，而极限载荷（或极限设计载荷）是指风电机使用寿命中可能遇到的最大载荷[108]。本章重点分析疲劳载荷。关于极限载荷预测的详细讨论，请参见文献［109 ~ 111］。

Ronold 等人[25]综述了与结构可靠性分析相关的早期研究。其构建了一个概率模型，评估风电机叶片的累积疲劳损伤。首先，进行回归分析，了解平均风速和湍流强度等气候因素对叶根弯曲力矩的影响。然后，根据 SN 曲线构建疲劳模型，SN 曲线是一种表现疲劳载荷应力和故障应力循环数量之间相互关系的经验曲线。例如，$N = BS^{-m}$就是一种简单的 SN 曲线，式中，N 表示给定 S 下故障应力循环数量，S 表示疲劳载荷应力，B 和 m 为材料参数[25]。由于风速和湍流的不同，应力水平较多，Ronold 等人采用了 Miner 准则法扩展了传统的 SN 曲线，如下：

$$D = \sum_{i=1}^{K} \frac{\Delta n(S_i)}{N(S_i)} \qquad (19-9)$$

式中，$\Delta n(S_i)$ 表示应力范围 S_i 下的载荷循环数量，$N(S_i)$ 表示通过 SN 曲线确定的应力水平下的故障循环数量。最后，D 表示各种应力范围（$\forall S_i$，$i = 1$，$\cdots$，K）内的损伤加权和。Ronold 等人的研究[25]中，考虑的风电机设计使用寿命为 20 年，并采用了一阶可靠性方法计算疲劳损伤的结构可靠性。

Manuel 等人[26]也采用了参数模型预测风电机生命周期内的疲劳载荷。随后的研究中，除了平均风速和湍流强度外，Manuel 等人[27]还考虑了雷诺应力和垂直风切变指数等其他气象参数。

许多结构可靠性分析相关研究都使用了多应力范围内的循环计数法，称为"雨流计数法"[25,26]。但是，该方法运算量较大，进行准确预测需要使用大量气象资料相关数据。实际情况下，很多数据集不包括高风速和湍流等很少发生（但比较重要）的气象现象相关的资料。为了突破这些限制，Ragan 和 Manuel[30]建议采用功率谱预测应力范围概率分布。功率谱分析的主要优势在于负荷功率谱预测的统计不确定性较小，可以通过少量模拟或有限的现场数据得出应力范围概率密度函数。Ragan 和 Manuel[30]采用公用事业规模的 1.5MW 风电机的现场数据从准确性、统计可靠性和计算效率等方面评估了该方法的优势。文献[28，29]列出了利用功率谱密度的早期研究。

Moan[31]总结了与各类海上结构劣化相关的运行经验，并提出了一个关于疲劳损伤和磨损的可靠性模型。Rangel-Ramírez 和 Sørensen[32]对风电机采用了类似方法，并考虑了配备夹套式和三脚架式支撑结构的海上风电机的时变性疲劳劣化。重点分析了对相邻风电机性能产生的尾流效应。尾流效应是指前一台风电机引起风速下降，导致湍流强度增加。以配备钢制夹套支撑的海上风电机为例，Rangel-Ramírez 和 Sørensen[32]研究了实现规定可靠性水平所需的检修计划表。分析表明，早期维护非常重要，因此必须尽早对风电场内的风电机进行维护。这与适用于孤岛式风电机组的方法不同，主要因为尾流加剧了风电机的疲劳损伤。

Sørensen 等人[33]采用类比法构建了风电机主要部件的疲劳相关可靠性模型，包括塔架焊接件、机舱铸钢件和叶片纤维增强件。其后，Sørensen[34]提出了整体决策框架，该框架有助于确定鲁棒设计、监测方法以及维修策略的设计。Sørensen[33]认为，决策时应综合使用多种检测方法。例如，评估齿轮箱劣化水平时，可采用目视检测、油液分析、颗粒计数和振动分析等多种方法，但此类方法探测和量化劣化的能力各不相同。这些方法可以相互提供补充信息，从而更准确地反应实际劣化情况。Sørensen[34]还建议采用贝叶斯法根据检测结果更新劣化模型。Sørensen 通过例证表明，确保风电机在可接受的风险（即每年出现的故障数量）范围内可靠运行的检测可能因检测质量和运行环境的不同而大不相同。

Bhardawaj 等人[35]阐释了塔架结构普通腐蚀的概率损伤模型，并提出了基于风险的运行—维修—更换决策方法，力图将检修投资的净现值最大化。

19.4　风电场运行模拟研究

由于风电场运行较为复杂，完全采用分析法构建风电场运行模型极具挑战性。例如，由于风电机安装现场的风速具有关联性，各风电机的发电量也不是相互独立的。一个部件出现故障，很可能影响其他部件的运行条件，这被称为"层叠效应"。很少有从风电场层面分析可靠性的分析模型。Sayas 和 Allan[21]将其对风电机的分析（见 19.3.2.1 节）扩展至包含多台风电机的风电场层面，但是由于维数灾难，涉及的风电机数量有限。

因此，基于每年平均故障数量、运维成本和可用性等矩阵指标通过模拟评估了当前或未来风电场的性能。参考文献中提出的大多数模拟模型都属于蒙特卡洛模拟，采用随机数量的发电机表示风电场运行的随机性。为了适应各种不确定性，模拟中采用了多种概率模型，并考虑了不同运行环境下的维修限制[22,42,45]。

Rademakers 等人[42]描述了荷兰代尔夫特理工大学（TU-Delft）研发的用于海上风电机检修的蒙特卡洛模型，并采用 100MW 风电场进行了案例研究，描述了该模型的特性和优势。模型模拟了一段时间内的运行情况，并考虑了维修过程中遇到的多种关键要素，如风电机故障和气候条件。MTTF 和可靠性分布表明，风电机部件故障的发生具有随机性。通过特定地点夏冬两季暴雨的历史数据确定气象条件。模型进一步将不同故障模式和相应维修措施分类。例如，第一类故障模式要求采用外部起重机更换风轮和机舱，第二类故障模式要求采用内爬式起重机更换大型部件。独立部件的故障率划分为四类检修。需要注意的是，Rademakers 等人[42]提出的模型仅考虑了修复性维护，其模拟结果表明，修复性维护过程中造成的收入损失占总维护成本的 55%，主要是由于备品备件交付时间长、等候适宜天气条件的时间长。类似研究请参见文献［6，11，43］。

Foley 和 Gutowski[46]采用 TurbSim 模拟器分析了与部件故障相关的能量损失，假设为随机故障，并采用从文献［17］和［112］获得的数据评估了 MTBF 和 MTTR。此外，Foley 和 Gutowski 还考虑了出现部件故障时风电机的劣化输出，这表明，他们以一定比例降低了风电机输出功率，具体数值取决于对故障子系统的影响。Foley 和

Gutowski 使用了美国国家海洋和大气管理局（NOAA）气象站提供的风速数据[113]，并将其与威布尔分布拟合，进行风速模拟。在考虑周围地形粗糙度的情况下，根据轮毂高度处的风速调整地面风速。对马萨诸塞州一座风电场进行的为期 20 年（风电机预估使用寿命）的模拟结果表明，部件故障造成的发电量损失是无故障条件下风电场总发电量的 1.24%。对于海上风电机，模拟表明，部件出现故障后，发电量损失更明显，约为无故障条件下总发电量的 2.38%。Foley 和 Gutowski[46] 强调，上述结果表明，在风电机使用寿命内，发电量损失巨大。

Negra 等人[44] 描述了计算风电场可靠性所用的一系列方法，特别考虑了电网连接配置和海上环境等影响海上风电机可靠性的特殊因素，同时也考虑了尾流效应和功率输出相关性等常见的陆上风电机影响因素。蒙特卡洛模拟展现了此类因素影响可靠性评估的方式。例如，电缆和接头故障会对海上风电场发电量产生重大影响。

此外，还通过模拟验证了各类运维方法[16,22,45]。文献 [16] 中，通过蒙特卡洛模拟评估了根据统计模型得出的策略。同时，通过模拟风电场内风电机四年的运行情况，评估了风电机的可靠性、可用性和检修成本。模拟中采用了 ReliaSoft BlockSim-7 商业软件[114]。McMillan 和 Ault[22] 使用了模拟模型，通过对比不同维修策略的性能，量化了 CBM 的成本效益。此外，他们采用自回归时序分析生成了风速数据，并考虑了维修时的天气限制。

本章作者提出了一个离散事件模拟模型，描述风力发电系统的动态运行特征，如 19.2.2.4 节所述[45]。离散事件模拟模型根据状态追踪各事件，该模型与此前探讨的其他模型的主要区别在于，对于后者，时间演化并不重要，重点是获取进行性能评估所需的所有预测数据。相反，离散事件模型考虑随机事件引起的风电机动态状态变化，使运营商能够在收集性能统计数据的同时更全面地了解风力发电系统的使用寿命情况。为了模拟风况，文献 [45] 采用了在西德克萨斯 Mesonet[115] 测得的实际风速数据。由于模拟模型考虑了风电机安装现场风速的空间相关性，不同风电机的发电量相互关联。虽然该相关现象简单、直观，但常常被忽略，相关文献通常假设风电场中的风电机相互独立、结构相同。文献 [45] 中的模拟模型向风电场运营商提供了一种用于选择成本效益最高的运维策略的工具。

19.5　发电容量充裕度评估模型

发电容量充裕度评估旨在评估电力系统内是否配备充足设施，并能够满足用户需求（或负荷）或系统运行限制要求[44,47]。整套电力系统可以划分为三部分：发电、输电和配电。共有三个层级可为电力系统发电容量充裕度评估提供基本框架，如图 19-2 所示[44,47,116]。大多数可靠性研究侧重于第 1 层级和第 2 层级，对第 3 层级的评估非常有限，一个原因是第 3 层级同时考虑了三个功能区，使问题变得极为复杂，计算量过大，不易处理。但是，更重要的原因在于，并无必要同时考虑三个功能区。相反，通常采用第 2 层级的分析向第三区域的节点（即连接配电设施的节点）提供可靠性指标（如故障和维修状态）。然后基于这些节点的可靠性参数单独分析第三区。本章重点介绍第 1 层级和第 2 层级，并在 19.5.3 节简要探讨了电力质量问题。

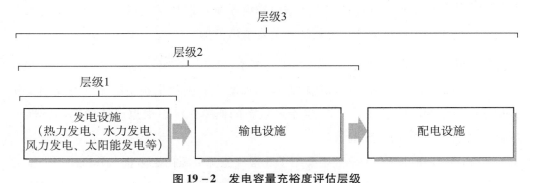

图 19-2　发电容量充裕度评估层级

需要注意的是，19.3 节和 19.4 节研究的标准侧重于评估独立风电机或风电场的性能，涉及的标准包括 MTTF、MTTR、故障数量、运维成本等。但是，从电力系统层面来看，电力公用事业采用不同标准确定了各种场景下的充足发电和输电能力，本章总结了文献［116］中常用的标准：

- 失负荷期望值（*LOLE*）：每年需求超出发电能力的小时数期望值。
- 失负荷概率（*LOLP*）：负荷超过可用发电量的概率。
- 电量不足期望值（*LOEE*、*EUE*、*EENS*）：给定时段内发电系统缺供电量的期望值。
- 不可靠性能量指标（*EIU*）：失负荷期望值占总电量需求的比率。
- 容量系数（*CF*）：给定时间内实际能量输出占发电机以额定功率运行时能量输出的比率。

需要注意的是，上述标准所载负荷表示用户需求，而 19.3.3 节所载负荷表示设施结构的供电压力。此外，与风电相关的其他指标如下所示[21,62,117]：

- 风电供电预期值（*EWES*）：采用风力发电替代传统燃料能源发电的预期值。
- 盈余风电预期值（*ESWE*）：可用但未使用的风电预期值。

- 可用风电预期值（*EAWE*）：不出现风电机故障（或中断）的情况下，一年内风力发电量的预期值。

- 风力发电预期值（*EGWE*）：考虑风电机故障率条件下一年内最大风力发电量的预期值。

19.5.1　第 1 层级评估

第 1 层级（HL1）评估主要是评估发电容量的可靠性，目的如下：在考虑修复性/预防性维护和负荷预测误差[44]等不确定性的情况下，确定装机发电容量是否满足预测系统负荷要求。计算过程中，假设输电系统可以从发电点向负荷点输送所有电力。主要考虑了两种方法：分析法和蒙特卡洛模拟。

19.5.1.1　分析法

最常用的分析法是采用可以使功率输出离散为有限数量状态的多状态模型，并根据发电机组的历史数据[47~49]确定各状态的概率。可以根据风速数据的特性和准确度要求[47]确定状态数量。

Singh 和 Gonzales[50]的研究中介绍了非常规能源资源初始多状态分析模型。据文献［50］所述，可变能源资源渗透率较高时，若未准确考虑负荷与非常规机组之间的关系，将会导致风险评估结果过于乐观。为了解决这一问题，Singh 和 Kim[53]将离散状态定义为包含各非常规机组的负荷和输出（注意，此处所述状态数量等于每小时观测数量）。然后采用聚类算法将状态划分为数量较少的集群，并得出各集群的均值（聚类中心）以及各集群的频率。利用此类信息计算 *LOLP*、*LOLE* 和 *EUE* 等相关指标。最后，通过直接引入法[54]快速计算 *EUE*。

多状态模型中，可以通过一些优化搜索算法根据系统充裕度指标求出最可能的状态。例如，Wang 和 Singh[57]采用了基于数量的随机搜索算法求出了改进 IEEE 可靠性测试系统（IEEE-RTS）中的最可能故障状态集。文献［57］中采用的系统充裕度指标包括 *LOLE*、*LOLF* 和 *EES*。文献［58］对比了将风能作为发电能源资源时通过各类基于数量的方法获得的结果。

Dobakhshari 和 Fotuhi-Firuzabad[55]提出了基于马尔可夫过程的备选程序。采用马尔可夫模型表示配备多台风电机的风电场的输出功率。类似地，Leite 等人[56]采用马尔可夫模型构建了风速模型，采用了巴西部分地区的风速实际时序数据，并调节了风速的时变模式。Leite 等人将风速划分为有限数量的状态集群，并研究了具有不同数量状态的结果。状态集群的最佳数量取决于给定地点的风速特性。此外，选择还取决于计算准确度和计算量。对研究地点的年度风力发电量进行预测并对在巴西发展风力发电的巨大优势进行论证后，最终得出的风力发电容量系数为28% ~ 37%，高于全球平均水平。研究结果表明，季节性会对风电机可靠性产生极大影响。

19.5.1.2　蒙特卡洛模拟

通过蒙特卡洛模拟进行发电容量充裕度评估，可以采用两种方式[118]。第一种方式为序贯蒙特卡洛模拟，即按时间顺序模拟给定时段内随机过程的实现。第二种方式为非序贯蒙特卡洛模拟，采用了状态取样法，对状态进行随机取样，不考虑系统运行的时间顺序[118]。

文献 [59 ~ 62] 进行了序贯蒙特卡洛模拟。Billinton 和 Bai[59]量化了风电对电力系统可靠性性能的影响，并采用自回归滑动平均（ARMA）时序法对风速进行了模拟。Billinton 和 Bai 采用 *LOLE* 和 *LOEE* 两种可靠性指标研究了风电机容量及平均风速对发电容量充裕度的影响，并与传统发电机的此类影响进行了对比。这种情况下，可采用风电机更换传统发电机，并研究保持相同可靠性水平时风电机必须具备的容量（以及平均风速）。在加拿大进行的案例研究表明，风力发电的贡献在很大程度上取决于风电场条件，各状态间风电的独立性会对可靠性贡献产生非常积极的影响。

Wangdee 和 Billinton[60]进一步研究了两个风电场之间风速关联性对系统可靠性指标的影响，并得出了相似结论。Moharil 和 Kulkarni[61]进行了类比分析，对印度的三个风电站进行了研究。

Karki 和 Billinton[62]采用序贯蒙特卡洛模拟从可靠性和经济性方面确定了现有电力系统中合适的风电渗透率。发电系统由风电机和传统发电机组成。假设两类发电机的时间 - 故障呈指数分布，可根据历史数据预测各类发电机的 *MTTF*。为了评估风电机的能源成本和利用效率，结合 *EWES*、*ESWE* 和 *CF* 确定了新的概率性能指标，如下：

$$风能利用系数（WUF） = \frac{EWES}{EWES + ESWE} \times 100 \qquad (19-10)$$

$$风能利用效率（WUE） = CF \times WUF \qquad (19-11)$$

需要注意的是，*WUF* 表示供应的风电占风电总量的比率。*WUE* 表示实际利用的风电占风电总量（根据风电机额定容量确定）的比率。对小型发电系统的案例研究表明，电力系统中风电机数量增多，可靠性水平增加。另一方面，随着风力发电容量的增加，根据 *WUF* 和 *WUE* 测得的风电利用率降低。考虑到投资成本随风电机数量呈线性增长，Karki 和 Billinton 提出了一种确定电力系统最佳风电渗透水平的程序。

序贯蒙特卡洛法可以提供系统特性的详细信息，但计算量较大，尤其是在发电机数量较多时。为了克服这一问题，Vallée 等人[63]提出了一种非序贯蒙特卡洛模拟法，用于预测给定国家的风力发电容量，并在比利时进行了案例研究。采用威布尔分布描述比利时的 10 座风电场的风速特征，并将风速划分为有限数量的状态，分别确定各状态的可能性。通过状态概率模拟每个地点的风力发电量，并汇总各个风电场的功率，计算比利时的风力发电总量。研究中，将比利时分为四个区域（南部、北部、中部和海域），并调查了风电机设施的地形分布对比利时风力发电量的影响。案例分析表明，在全国更广范围内设置风电机，有助于保证任何时段均可获得较高的风电功率输出。研究还表明，海上风电渗透率高于陆上风电渗透率时，风力发电量更可靠。

19.5.2　第 2 层级评估

第 2 层级（HL 2）评估主要是评估发电和配电设施在大规模电力负荷点[44]供应充足、可靠和合适电力的能力。该分析亦称为"复合系统可靠性（或充裕度）评估"或"大规模电力系统可靠性评估"。

已经针对第 1 层级（假设输电系统所需负荷始终可用）进行了风力发电充裕度研究[64]。由于发电设施和输电设施建模以及获取间歇性风力特点的过程相对复杂[65]，针对第 2 层级评估的论文和报告相对较少。同时，由于许多风力资源充足的地区距离现有电网或负荷中心较远[66]，必须建设充足的输电设施，向电网传输风电。

大型风电场与较弱的输电设施连接时，必须对输电设施进行加固，以增加系统输电能力，在特定地点获取更多风电[65]。Billinton 和 Wangdee[65]研究了三个案例，并审查了加固输电设施的备选方案，从而在不违反输电约束条件的情况下最大限度地吸收风电。相似地，Vallée 等人[64]提出了一种工具，采用蒙特卡洛模拟帮助系统规划人员和输电运营商定性评估风力发电渗透率增加对风力发电量的影响。Karki 和 Patel[66]探讨了确定合适输电线路尺寸以及评估风力发电和输电系统可靠性的相关问题。

文献［51，52］中描述了复合系统充裕度评估采用的多状态模型。Billinton 和 Gao[52]提出了一种可以用于第 1 层级和第 2 层级可靠性评估的程序。该程序量化了连接不同地点多座风电场与大规模电力系统的影响。多座风电站并网带来的效益很大程度上取决于实际输电网络。如果风电场在较强的负荷点与输电系统连接，则缺供电量的预期数量将随着风电场数量的增加而减少。否则，并网作用不大。

第 2 层级评估的另一种方法是综合采用蒙特卡洛模拟法和基于数量的方法。采用蒙特卡洛模拟的缺点在于，实现充足指标值统计收敛所需运算时间较长[119]。为了解决这一难题，Wang 和 Singh[119]采用了一种名为"人工免疫识别系统"（AIRS）的分类方法。其将 LOLP 视为可靠性准则，通过蒙特卡洛模拟采集系统状态数据样本（包括负荷水平、发电状态和输电线路状态），并进行功率潮流计算。若采样状态无法满足采样负荷，则归类为"失负荷"，否则归类为"非失负荷"。采用样本训练 AIRS 算法后，二元分类器可以预测给定电力系统的 LOLP。案例研究表明，与仅采用蒙特卡洛模拟相比，运算时间明显减少。案例研究采用传统发电机进行，但作者认为，可以将类似方法用于风力发电系统，无需过多更改。

19.5.3　电能质量

由于风力发电的随机性，如果无法合理控制，风电并网可能导致电网不平衡、风电阻隔（给风电场所有者带来经济损失）、谐波以及故障[120~122]。通常采用电力电子逆变器匹配风电机特性与电网连接要求、频率和电压规定、有功功率和无功功率以及谐波控制文献[123]。

本章主要探讨了风力发电系统"设施"层面的可靠性问题及电力系统的发电容量充裕度。充裕度分析通常不涉及电能质量问题和稳定性等暂态问题，因此本章未作具体说明。Chen 等人[123]综述了风电机电力电子设备的现状。欲了解详情，可参阅文献［123］。

19.6　总结

本章综述了风力发电设施可靠性和维护方面的相关研究，以期最终实现可持续、具有竞争力的电力供应。与在稳态下运行的传统发电设施不同，风电机在随机性很高的环境中以非平稳负荷运行。尽管风力较强的季节可以产生更多电力，但在此类天气条件下，风电机很容易出现故障，且维修难度大、成本高。此外，风力发电的可变性和间歇性极大地影响了电力系统的整体可靠性。

由于风力发电具备上述运行特点，适用于其他行业的传统方法可能无法对风力发电设施进行维护并增强其可靠性。风电行业面临开发和部署创新实用型运行策略、降低维护成本的全新挑战。如本章所述，已有大量文献致力于风电应用相关研究。事实证明，要解决全球风电行业面临的巨大挑战，迫切需要更加准确的可靠性预测方法和高效的运维策略。此外，考虑到当今风电场规模不断扩大的趋势，计划周详的维护策略必须与能够及时部署维修资源的供应链管理规划相互协调。要综合地解决上述问题并非易事，但是，制定并实施此类规划必将为风电行业带来重大利益。

参考文献

［1］ NERC（2009）The 2009 long-term reliability assessment. Technical report, North American Electric Reliability Corporation（NERC），Washington，DC（Online）. Available：http：// www. nerc. com/files/2009_ LTRA. pdf.

［2］ Walford C（2006）Wind turbine reliability：understanding and minimizing wind turbine operation and maintenance costs. Technical report，Sandia National Laboratories，Albuquerque（Online）. Available：http：//prod. sandia. gov/techlib/access-control. cgi/2006/ 061100. pdf.

［3］ Vachon W（2002）Long-term O&M costs of wind turbines based on failure rates and repair costs. Paper presented at the WINDPOWER 2002 annual conference.

［4］ Wiser R，Bolinger M（2008）Annual report on U. S. wind power installation，cost，performance trend：2007. Technical report，U. S Department of Energy，Washington，DC.

［5］ Faulstich S，Hahn B，Jung H，Rafik K，Ringhand A（2008）Appropriate failure statistics and reliability characteristics. Technical report，Fraunhofer Institute for Wind Energy，Bremerhaven.

［6］ Bussel GV（1999）The development of an expert system for the determination of availability and O&M costs for offshore wind farms. In：Proceedings of the 1999 European wind energy conference and exhibition，Nice，pp 402 – 405.

［7］ Nilsson J，Bertling L（2007）Maintenance management of wind power systems using condition monitoring systems-life cycle cost analysis for two case studies. IEEE Trans Energy Convers 22：223 – 229.

［8］ Yang F，Kwan C，Chang C（2008）Multiobjective evolutionary optimization of substation maintenance using decision-varying Markov model. IEEE Trans Power Syst 23：1328 – 1335.

[9] Qian S, Jiao W, Hu H, Yan G (2007) Transformer power fault diagnosis system design based on the HMM method. In: Proceedings of the IEEE international conference on automation and logistics, Jinan, pp 1077 – 1082.

[10] Jirutitijaroen P, Singh C (2004) The effect of transformer maintenance parameters on reliability and cost: a probabilistic model. Electr Power Syst Res 72: 213 – 234.

[11] Hendriks H, Bulder B, Heijdra J, Pierik1 J, van Bussel G, van Rooij R, Zaaijer M, Bierbooms W, den Hoed D, de Vilder G, Goezinne F, Lindo M, van den Berg R, de Boer J (2000) DOWEC concept study; evaluation of wind turbine concepts for large scale offshore application. In: Proceedings of the offshore wind energy in Mediterranean and other European seas (OWEMES) conference, Siracusa, pp 211 – 219.

[12] Pacot C, Hasting D, Baker N (2003) Wind farm operation and maintenance management. In: Proceedings of the powergen conference Asia, Ho Chi Minh City, pp 25 – 27.

[13] Krokoszinski HJ (2003) Efficiency and effectiveness of wind farms-keys to cost optimized operation and maintenance. Renew Energy 28: 2165 – 2178.

[14] Ribrant J (2006) Reliability performance and maintenance—a survey of failures in wind power systems. Master's thesis, KTH School of Electrical Engineering, Stockholm.

[15] Tavner PJ, Edwards C, Brinkman A, Spinato F (2006) Influence of wind speed on wind turbine reliability. Wind Eng 30: 55 – 72.

[16] Andrawus JA, Watson J, Kishk M (2007) Modelling system failures to optimise wind farms. Wind Eng 31: 503 – 522.

[17] Tavner PJ, Xiang J, Spinato F (2007) Reliability analysis for wind turbines. Wind Energy 10: 1 – 8.

[18] Guo H, Watson S, Tavner P, Xiang J (2009) Reliability analysis for wind turbines with incomplete failure data collected from after the date of initial installation. Reliab Eng Syst Saf 94: 1057 – 1063.

[19] Coolen FPA (2010) On modelling of grouped reliability data for wind turbines. IMA J Manage Math 21: 363 – 372.

[20] Vittal S, Teboul M (2005) Performance and reliability analysis of wind turbines using Monte Carlo methods based on system transport theory. In: Proceedings of the 46th AIAA structures, structural dynamics and materials conference, Austin.

[21] Sayas FC, Allan RN (1996) Generation availability assessment of wind farms. In: Proceedings of IEEE—generation, transmission and distribution, vol 144, pp 1253–1261.

[22] McMillan D, Ault GW (2008) Condition monitoring benefit for onshore wind turbines: sensitivity to operational parameters. IET Renew Power Gener 2: 60–72.

[23] Byon E, Ntaimo L, Ding Y (2010) Optimal maintenance strategies for wind power systems under stochastic weather conditions. IEEE Trans Reliab 59: 393–404.

[24] Byon E, Ding Y (2010) Season-dependent condition-based maintenance for a wind turbine using a partially observed markov decision process. IEEE Trans Power Syst 25: 1823–1834.

[25] Ronold KO, Wedel-Heinen J, Christensen CJ (1999) Reliability-based fatigue design of wind-turbine rotor blades. Eng Struct 21: 1101–1114.

[26] Manuel L, Veers PS, Winterstein SR (2001) Parametric models for estimating wind turbine fatigue loads for design. J Sol Energy 123: 346–355.

[27] Nelson LD, Manuel L, Sutherland HJ, Veers PS (2003) Statistical analysis of wind turbine inflow and structural response data from the LIST program. J Sol Energy 125: 541–550.

[28] Veers PS (1988) Three-dimensional wind simulation. Technical report, Sandia National Laboratories, Albuquerque (Online). Available: http://prod.sandia.gov/techlib/access-control.cgi/1988/880152.pdf.

[29] Burton T, Sharpe D, Jenkins N, Bossanyis E (2001) Wind energy handbook. Wiley, England.

[30] Ragan P, Manuel L (2007) Comparing estimates of wind turbine fatigue loads using time-domain and spectral methods. Wind Eng 31: 83–99.

[31] Moan T (2005) Reliability-based management of inspection, maintenance

and repair of offshore structures. Struct Infrastruct Eng 1: 33-62.

[32] Rangel-Ramírez JG, Sørensen JD (2008) Optimal risk-based inspection planning for offshore wind turbines. Int J Steel Struct 8: 295-303.

[33] Sørensen JD, Frandsenb S, Tarp-Johansen N (2008) Effective turbulence models and fatigue reliability in wind farms. Probab Eng Mech 23: 531-538.

[34] Sørensen JD (2009) Framework for risk-based planning of operation and maintenance for offshore wind turbines. Wind Energy 12: 493-506.

[35] Bharadwaj UR, Speck JB, Ablitt CJ (2007) A practical approach to risk based assessment and maintenance optimisation of offshore wind farms. In: Proceedings of the 26th international conference on offshore mechanics and arctic engineering (OMAE), San Diego, pp 10-15.

[36] Aven T, Jensen U (1999) Stochastic models in reliability. Springer, New York.

[37] Kim H, Singh C (2010) Reliability modeling and analysis in power systems with aging characteristics. IEEE Trans Power Syst 25: 21-28.

[38] Schilling MT, Praca JCG, de Queiroz JF, Singh C, Ascher H (1988) Detection of aging in the reliability analysis of thermal generators. IEEE Trans Power Syst 3: 490-499.

[39] Camporeale SM, Fortunato B, Marilli G (2001) Automatic system for wind turbine testing. J Sol Energy Eng 123: 333-338.

[40] Griffin DA, Ashwill TD (2003) Alternative composite materials for megawatt-scale wind turbine blades: design considerations and recommended testing. J Sol Energy Eng 125: 515-521.

[41] Dutton AG (2004) Thermoelastic stress measurement and acoustic emission monitoring in wind turbine blade testing. In: Proceedings of the 2004 European wind energy conference and exhibition, London.

[42] Rademakers L, Braam H, Zaaijer M, van Bussel G (2003) Assessment and optimisation of operation and maintenance of offshore wind turbines. Technical report, ECN Wind Energy, Petten (Online). Available: http://www.ecn.nl/docs/library/report/2003/rx03044.pdf.

[43] Rademakers L, Braam H, Verbruggen T (2003) R&D needs for O&M of

wind turbines. Technical report, ECN Wind Energy, Petten.

[44] Negra NB, Holmstrøm O, Bak-Jensen B, Sørensen P (2007) Aspects of relevance in offshore wind farm reliability assessment. IEEE Trans Energy Convers 22: 159 – 166.

[45] Byon E, Pérez E, Ding Y, Ntaimo L (2011) Simulation of wind farm operations and maintenance using DEVS. Simulation-Transactions of the Society for Modeling and Simulation International, 87: 1093 – 1117.

[46] Foley JT, Gutowski TG (2008) Turbsim: reliability-based wind turbine simulator. In: Proceedings of the 2008 IEEE international symposium on electronics and the environment, San Francisco, pp 1 – 5.

[47] Wen J, Zheng Y, Feng D (2009) A review on reliability assessment for wind power. Renew Sustain Energy Rev 13: 2485 – 2494.

[48] Chowdhury AA (2005) Reliability model for large wind farms in generation system planning. In: Proceedings of IEEE power engineering society general meeting, pp 1 – 7.

[49] Billinton R, Gao Y (2008) Multi-state wind energy conversion system models for adequacy assessment of generating systems incorporating wind energy. IEEE Trans Energy Convers 23: 163 – 170.

[50] Singh C, Lago-Gonzalez A (1985) Reliability modeling of generation system including unconventional energy sources. IEEE Trans Power Syst PAS – 104: 1049 – 1056.

[51] Billinton R, Li Y (2007) Incorporating multi-state unit models in composite system adequacy assessment. Eur Trans Electr Power 17: 375 – 386.

[52] Billinton R, Gao Y (2008) Adequacy assessment of composite power generation and transmission systems with wind energy. Int J Reliab Saf 1 (2): 79 – 98.

[53] Singh C, Kim Y (1988) An efficient technique for reliability analysis of power system including time dependent sources. IEEE Trans Power Syst 3: 1090 – 1096.

[54] Fockens S, van Wijk AJM, Turkenburg WC, Singh C (1992) Reliability analysis of generating systems including intermittent sources. Int J Electr Power Energy Syst 14: 2 – 8.

[55] Dobakhshari A, Fotuhi-Firuzabad M (2009) A reliability model of large

wind farms for power system adequacy studies. IEEE Trans Energy Convers 24: 792 – 801.

[56] Leite A, Borges C, Falcao D (2006) Probabilistic wind farms generation model for reliability studies applied to Brazilian sites. IEEE Trans Power Syst 21: 1493 – 1501.

[57] Wang L, Singh C (2007) Adequacy assessment of power-generating systems including wind power integration based on ant colony system algorithm. In: Proceedings of IEEE power tech conference, Lausanne, pp 1629 – 1634.

[58] Wang L, Singh C (2008) Population-based intelligent search in reliability e-valuation of generation systems with wind power penetration. IEEE Trans Power Syst 23: 1336 – 1345.

[59] Billinton R, Bai G (2004) Generating capacity adequacy associated with wind energy. IEEE Trans Energy Convers 19: 641 – 646.

[60] Wangdee W, Billinton R (2006) Considering load-carrying capability and wind speed correlation of WECS in generation adequacy assessment. IEEE Trans Energy Convers 21: 734 – 741.

[61] Ravindra M, Prakash S (2008) Generator system reliability analysis including wind generators using hourly mean wind speed. Electr Power Compon Syst 36: 1 – 16.

[62] Karki R, Billinton R (2004) Cost-effective wind energy utilization for reliable power supply. IEEE Trans Energy Convers 19: 435 – 440.

[63] Vallée F, Lobry J, Deblecker O (2008) System reliability assessment method for wind power integration. IEEE Trans Power Syst 23: 2329 – 2367.

[64] Vallée F, Lobry J, Deblecker O (2010) Wind generation modeling for trans-mission system adequacy studies with economic dispatch. In: Proceedings of the 2010 European wind energy conference and exhibition, Brussels.

[65] Billinton R, Wangdee W (2007) Reliability-based transmission reinforce-ment planning associated with large-scale wind farms. IEEE Trans Power Syst 22: 34 – 41.

[66] Karki R, Patel J (2009) Reliability assessment of a wind power delivery sys-tem. Proc Inst Mech Eng Part O: J Risk Reliab 223: 51 – 58.

［67］Alsyouf I, El-Thalji I（2008）Maintenance practices in wind power systems：a review and analysis. In：Proceedings of the 2008 European wind energy conference and exhibition, Brussels.

［68］Lemming J, Morthorst PE, Hansen LH, Andersen PD, Jensen PH（1999）O&M costs and economical life-time of wind turbines. In：Proceedings of the 1999 European wind energy conference, Nice, pp. 387 - 390.

［69］U. S Department of Energy（2004）Wind power today and tomorrow. Technical report, U. S Department of Energy, Washington, DC（Online）. Available：http：//www. nrel. gov/docs/ fy04osti/34915. pdf.

［70］American Wind Energy Association（2008）http：//awea. org/.

［71］Wiser R, Bolinger M（2008）Annual report on U. S. wind power installation, cost, performance trend：2007. Technical report, North American Electric Reliability Corporation（NERC）, Washington, DC（Online）. Available：http：//www. nrel. gov/docs/fy08osti/43025. pdf.

［72］Asmus P（2010）The wind energy operations and maintenance. Technical report, Wind Energy Update, London（Online）. Available：http：//social. windenerg-yupdate. com/.

［73］Wind Energy—the facts（WindFacts）http：//www. wind-energy-the-facts. or/.

［74］Smolders K, Long H, Feng Y, Tavner P（2010）Reliability analysis and prediction of wind turbine gearboxes. In：Proceedings of the 2010 European wind energy conference and exhibition, Warsaw.

［75］Echavarria E, Hahn B, van Bussel GJW, Tomiyama T（2008）Reliability of wind turbine technology through time. J Sol Energy Eng 130：031005（8 pages）.

［76］Amirat Y, Benbouzid MEH, Bensaker B, Wamkeue R（2007）Condition monitoring and fault diagnosis in wind energy conversion systems：a review. In：IEEE international electric machines and drives conference, Antalya.

［77］The Weather Research and Forecasting（WRF）Modelhttp：//www. wrf-model. org/.

［78］Arabian-Hoseynabadi H, Oraeea H, Tavner P（2010）Failure modes and effects analysis (FMEA) for wind turbines. Int J Electr Power Energy Syst 32: 817 - 824.

[79] Ribrant J, Bertling L (2007) Survey of failures in wind power systems with focus on Swedish wind power plants during 1997 - 2005. IEEE Trans Energy Convers 22: 167 - 173.

[80] Zhang X, Zhang J, Gockenbach E (2009) Reliability centered asset management for medium-voltage deteriorating electrical equipment based on Germany failure statistics. IEEE Trans Power Syst 24: 721 - 728.

[81] Hameed Z, Hong Y, Cho Y, Ahn S, Song C (2009) Condition monitoring and fault detection of wind turbines and related algorithms: a review. Renew Sustain Energy Rev 13: 1 - 39.

[82] Khan M, Iqbal M, Khan F (2005) Reliability and condition monitoring of a wind turbine. In: Proceedings of the 2005 IEEE Canadian conference on electrical and computer engineering, Saskatoon, pp 1978 - 1981.

[83] Caselitz P, Giebhardt J (2005) Rotor condition monitoring for improved operational safety of offshore wind energy converters. J Sol Energy Eng 127: 253 - 261.

[84] Poore R, Lettenmaier T (2006) Alternative design study report: windpact advanced wind turbine drive train design study. Technical report, National Renewable Energy Laboratories (NREL), Golden, Colorado (Online). Available: http://www.nrel.gov/wind/pdfs/33196.pdf.

[85] Ding Y, Byon E, Park C, Tang J, Lu Y, Wang X (2007) Dynamic data-driven fault diagnosis of wind turbine systems. Lect Notes Comput Sci 4487: 1197 - 1204.

[86] Hall P, Strutt J (2007) Probabilistic physics-of-failure models for component reliabilities using Monte Carlo simulation and weibull analysis: a parametric study. Reliab Eng Syst Saf 80: 233 - 242.

[87] Basumatary H, Sreevalsan E, Sasi KK (2005) Weibull parameter estimation—a comparison of different methods. Wind Eng 29: 309 - 316.

[88] Windstats (2008) http://www.windstats.com/.

[89] Baker RD (1996) Some new tests of the power law process. Technometrics 38:

256 - 265.

[90] Leemis LM (1991) Nonparametric estimation of the cumulative intensity function for a nonhomogeneous poisson process. Manage Sci 37: 886 - 900.

[91] Leemis LM (1982) Sequential probability ratio tests for the shape parameter of a nonhomogeneous poisson process. IEEE Trans Reliab 31: 79 - 83.

[92] Leemis LM (1987) Efficient sequential estimation in a nonhomogeneous poisson process. IEEE Trans Reliab 36: 255 - 258.

[93] Rigdon SE, Basu AP (1989) The power law process: a model for the reliability of repairable systems. J Qual Technol 21: 251 - 260.

[94] Landwirtschaftskammer Schleswig-Holstein Wind Energie, Praxisergebnisse 1993 - 2004. Rendsbug, Germany, 2008, Eggersgluss ed. (Note: this source appeared initially in [19] and recited here).

[95] Welte T (2009) Using state diagrams for modeling maintenance of deteriorating systems. IEEE Trans Power Syst 24: 58 - 66.

[96] Hoskins RP, Strbac G, Brint AT (1999) Modelling the degradation of condition indices. In: IEEE Proceedings of generation, transmission and distribution, vol 146, pp 386 - 392.

[97] Norris J (1998) Markov chains. Cambridge University Press, Cambridge.

[98] Puterman M (1994) Markov decision process. Wiley, New York.

[99] Lovejoy W (1987) Some monotonicity results for partially observed Markov decision processes. Oper Res 35: 736 - 742.

[100] Rosenfield D (1976) Markovian deterioration with uncertain information. Oper Res 24: 141 - 155.

[101] Ross S (1971) Quality control under Markovian deterioration. Manage Sci 19: 587 - 596.

[102] Ohnishi M, Kawai H, Mine H (1986) An optimal inspection and replacement policy under incomplete state information. Eur J Oper Res 27: 117 - 128.

[103] Maillart LM (2006) Maintenance policies for systems with condition monitoring and obvious failures. IIE Trans 38: 463 - 475.

[104] Maillart LM, Zheltova L (2007) Structured maintenance policies in interior sample paths. Naval Res Logistics 54: 645 - 655.

[105] Ghasemi A, Yacout S, Ouali MS (2007) Optimal condition based mainte-nance with imperfect information and the proportional hazards model. Int J Prod Res 45: 989 - 1012.

[106] Thomas LC, Gaver DP, Jacobs PA (1991) Inspection models and their ap-plication. IMA J Math Appl Bus Ind 3: 283 - 303.

[107] Kim YH, Thomas LC (2006) Repair strategies in an uncertain environment: Markov decision process approach. J Oper Res Soc 57: 957 - 964.

[108] International Electrotechnical Commission (2005) IEC 61400-1: wind tur-bines, #Part 1: design requirements, 3rd edn. IEC, Geneva.

[109] Fitzwater LM, Winterstein SR, Cornell CA (2002) Predicting the long term distribution of extreme loads from limited duration data: comparing full inte-gration and approximate methods. J Sol Energy Eng 124: 378 - 386.

[110] Agarwal P, Manuel L (2009) Simulation of offshore wind turbine response for ultimate limit states. Eng Struct 31: 2236 - 2246.

[111] Fogle J, Agarwal P, Manuel L (2008) Towards an improved understanding of statistical extrapolation for wind turbine extreme loads. Wind Energy 11: 613 - 635.

[112] Hahn B, Durstewitz M, Rohrig K (2007) Reliability of wind turbines, ex-periences of 15 years with 1 500 WTs in wind energy. Springer, Berlin.

[113] NOAA—National Oceanic and Atmospheric Administrationhttp: //www. noaa. gov/.

[114] ReliaSoft BlocSim-7 software (2007) http: //www. reliasoft. com/prod-ucts. htm/.

[115] West Texas Mesonet (2008) http: //www. mesonet. ttu. edu/.

[116] Billinton R, Allan RN (1996) Reliability evaluation of power systems, 2nd edn. Plenum Press, New York.

[117] Negra N, Holmstrøm O, Bak-Jensen B, SOrensen P (2007) Wind farm generation assessment for reliability analysis of power systems. Wind Eng 31: 383 - 400.

[118] Borges CLT, Falcão DM (2001) Power system reliability by sequential Monte Carlo simulation on multicomputer platforms. Lect Notes Comput Sci

1981: 242 - 253.

[119] Wang L, Singh C (2008) Adequacy assessment of power systems through hybridization of Monte Carlo simulation and artificial immune recognition system. In: Proceedings of the power systems computation conference, Glasgow.

[120] Blaabjerg F, Teodorescu R, Liserre M, Timbus AV (2006) Overview of control and grid synchronization for distributed power generation systems. IEEE Trans Ind Electron 53: 1398 - 1409.

[121] Kaldellis JK, Kavadias KA, Filios AE, Garofallakis S (2004) Income loss due to wind energy rejected by the Crete island electrical network—the present situation. Appl Energy 79: 127 - 144.

[122] Hansen AD, Cutululis N, Sørensen P, Iov F, Larsen TJ (2007) Simulation of a flexible wind turbine response to a grid fault. In: Proceedings of the 2007 European wind energy conference and exhibition, Milan.

[123] Chen Z, Guerrero JM, Blaabjerg F (2009) A review of the state of the art of power electronics for wind turbines. IEEE Trans Power Electron 24: 1859 - 1875.

第二十章
风电机功率性能与监测应用

Patrick Milan，Matthias Wächter 和 Joachim Peinke[①]

　　摘要： 功率性能是指风电机从风中提取功率的能力。本章介绍了层流状态下的一般性能评估，如功率系数或理论功率曲线。可以根据 Betz 极限推导出可从风中捕获的功率上限值及能量损失的主要来源。该层流理论过于简单，无法描述处于运行状态的风电机，而且需要采用统计工具测量湍流和大气效应。IEC 标准定义了测量和分析功率性能的国际标准。据此生成的 IEC 功率曲线不仅可以用于初步评估，还可以用于评估年发电量。另一种功率曲线为 Langevin 功率曲线，可以量化风电机发电量的高频率动态，以改变风速。这使我们对风电机整体性能有了进一步认识，并可以考虑性能监测或功率建模等应用。

20.1　概述

　　风力发电系统的唯一目的是从风中提取功率。从这方面来看，风电机建设似乎已经不再是一项挑战。Antiquity 首先开发了风电机设计方案，以提供机械能。风电机并网最早可追溯至 19 世纪末，随后，第一条电力线很快架设完成。风能是最古老的能源之一。虽然风能应用历史悠久，但人们对其了解却并不深入。风力发电行业

────────────────

① P. Milan（✉）· M. Wächter · J. Peinke
奥尔登堡大学，奥尔登堡大学、汉诺威大学和不来梅大学 ForWind—风能研究中心，德国奥尔登堡
e-mail：patrick. milan@ forwind. de

M. Wächter
e-mail：matthias. waechter@ forwind. de

J. Peinke
e-mail：joachim. peinke@ forwind. de

进入一个新变革时代的同时，也产生了更多问题和挑战。在全面了解如何利用风能之前，有必要了解风力发电的工作原理。湍流的复杂性和大气作用仍是风电行业需面对的主要挑战。

本章主要探讨风电机功率性能。功率性能是风力发电的核心方面，其关键点在于适用性。功率系数或功率曲线等简单因素是评估风电机整体健康状态的主要方法，也可用作简单的数学模型。虽然本章介绍的模型为一般非专用模型，但可用于监测、功率预测或风电并网等更专业的应用。这使得物理和风力发电系统的方向偏离了专用应用，但又始终与之相关，从而可以更深入地了解风能及其在发电领域的应用。

直径超过 100m 的旋转电机不仅面临着设计和建设方面的技术挑战，还要综合考虑湍流和不断变化的风流量。可感知风电机运行的风力信号呈现的数据比较复杂，而风电机的机械功率提取和电能转化过程更增加了其复杂性。因此，很难明确定义风力发电系统功率性能。20 世纪 20 年代以来，随着 Betz 理论的发展，一种基本理论应运而生，该理论未考虑湍流脉动的影响。20.2 节对该理论的内容进行了详细介绍。虽然层流理论可用于初步评估，但无法解决当前面临的挑战。最近，人们研究出一些统计工具，能够结合湍流特征，总结出更具现实意义的功率性能理论。20.3 节对此进行了详细介绍。这些工具在很大程度上简化了风电机的实际动态，但其能够帮助我们更深入地了解各种应用。20.4 节简要介绍了一些核心应用，如年发电量预测和动态监测。

20.2　功率性能理论

本节根据动量理论和功率曲线描述了风电机的功率性能，并对基本理论进行了介绍。20.3 节和 20.4 节列举了相关应用。虽然本章仅以水平轴三叶风力发电机为例，但该理论同样适用于其他风力发电系统的设计。

20.2.1　风电机动量理论

20.2.1 节介绍了一种流体力学基本知识在风电机中的应用。关于动量理论的更详细描述，可参阅文献［6］。该理论方法为功率曲线的进一步分析奠定了基础。不考虑湍流的复杂性，可更好地理解稳态等速流状态下风电机的基本性能。更为复杂的大气效应是当前的研究点，但本节未进行详细介绍，相关内容请参阅文献[5]。

风电机将风能转化为可使用的电能时，可假设存在以下关系：

$$P(u) = c_p(u) \times P_{wind}(u) \tag{20-1}$$

其中，$P_{wind}(u)$ 表示穿过风电机的风中包含的功率（风速为 u）；$P(u)$ 表示提取的电功率。功率系数 $c_p(u)$ 表示风电机转化的功率值，即风电机的效率。由于无法控制输入值 $P_{wind}(u)$，改善功率性能即意味着提高功率系数 $c_p(u)$。质量为 m、密度为 ρ、沿着 x 轴以恒速 u 在面积为 A 的垂直平面内移动的不可压缩层流中所含的功率可以表示为：

$$P_{wind}(u) = \frac{\mathrm{d}}{\mathrm{d}t}E_{kin,wind} = \frac{\mathrm{d}}{\mathrm{d}t}\left(\frac{1}{2}mu^2\right)$$

$$= \frac{1}{2}\frac{\mathrm{d}m}{\mathrm{d}t}u^2 = \frac{1}{2}\frac{\mathrm{d}(\rho V)}{\mathrm{d}t}u^2$$

$$= \frac{1}{2}\rho\frac{\mathrm{d}(Ax)}{\mathrm{d}t}u^2 = \frac{1}{2}\rho Au^3 \qquad (20-2)$$

假设大量气团向风电机移动，风电机可用一个直径为 D 的制动盘[①]表示。空气穿过风电机时，其中部分能量被提取，从上风向至下风向的风速均有所下降。风电机前（上风向）、风电机处及风电机后（下风向）的风速分别标记为 u_1、u_2 和 u_3。图解说明请参考图 20 – 1，也可见文献 [6]。

要实现质量守恒必须确保流速恒定，$\dot{m} = A_i\rho u_i$，且

$$A_1\rho u_1 = A_2\rho u_2 = A_3\rho u_3 \qquad (20-3)$$

其中，A_i 表示与气流垂直的区域。A_2 表示风轮叶片的扫掠面积，$A_2 = A = \pi D^2/4$。从图 20 – 1 中可以看出，随着风速不断下降，即 $u_3 < u_2 < u_1$，气流管[②]的面积不断扩大，且 $A_3 > A_2 > A_1$，如图 20 – 1 所示。

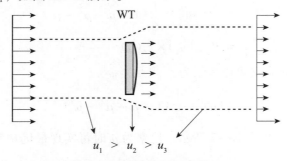

WT

$$u_1 > u_2 > u_3$$

图 20 – 1　风电机（WT）周围的理想流动情况，参见文献 [20]。

风电机前、风电机处与风电机后的风速分别为 u_1、u_2 和 u_3

---

①　如 Froude-Rankine 动量理论[12]所述，制动盘是一种无限薄的圆盘，通过该圆盘时空气可以无阻力流动。

②　在本文中，气流管是指与风电机相互作用的空气粒子流。

同样，风电机提取的功率可通过风电机上风向和下风向动能的差值确定：

$$E_{ex} = \frac{1}{2}m(u_1^2 - u_3^2) \qquad (20-4)$$

该差值直接影响功率提取量：

$$P_{ex} = \frac{\mathrm{d}}{\mathrm{d}t}E_{ex} = \frac{1}{2}\dot{m}(u_1^2 - u_3^2) \qquad (20-5)$$

由于风电机连续不断地从风中提取能量，导致风速降低，其无法将风能完全转化为机械能。但是，风流穿过风电机下风向后风速为 $u_3(u_3>0)$，而如果风电机能够提取风中所有功率，则下风向风速会变为零。因此，空气会积聚在下风向，并阻断穿过风电机的新气流，风电机便无法继续提取功率。这意味着风流必须保留一些能量，从而自然地限制风力发电系统的效率。功率系数 $c_p(u)$ 必须低于 1。风速达到最优比率 $\mu = u_3/u_1$ 时能源提取效率达到最高，详见 20.2.2 节。

20.2.2 功率性能

在风轮叶片平面内，可得出风速中间值[①]：

$$u_2 = \frac{u_1 + u_3}{2} \qquad (20-6)$$

然后可求出风轮平面区域内的风流速度，可以表示为：

$$\dot{m} = \rho A u_2 \qquad (20-7)$$

将公式（20-6）和公式（20-7）代入公式（20-5），可得出：

$$P(\mu) = \frac{1}{2}\rho A u_1^3 \times \frac{1}{2}(1 + \mu - \mu^2 - \mu^3)$$
$$= P_{wind}(u_1) \times c_p(\mu) \qquad (20-8)$$

功率系数的理论定义可以表示为：

$$c_p(\mu) = \frac{1}{2}(1 + \mu - \mu^2 - \mu^3) \qquad (20-9)$$

其中 $\mu = u_3/u_1$，如图 20-2 所示。比率为 μ 时可实现最优功率性能，$c_p(\mu)$ 与 μ 有关的导数为 0：

$$\frac{\mathrm{d}}{\mathrm{d}\mu}c_p(\mu) = \left(-\frac{1}{2}\right) \times (3\mu^2 + 2\mu - 1) = 0 \qquad (20-10)$$

根据上述公式可得出 $\mu_{max} = 1/3$，则 $c_p(\mu_{max}) = 16/27 \approx 0.593$，如图 20-2 所示。

---

① 根据 Rankine-Froude，该值即是最优值。

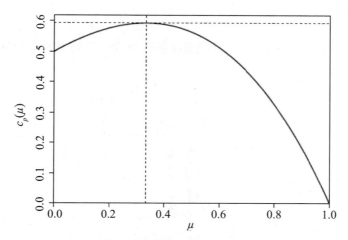

图 20 − 2 功率系数 c_p 作为风速比 $\mu = u_3/u_1$ 的函数

该限值称为 Betz 极限，由 Albert Betz 于 1927 年提出[2]。换言之，风电机从风中提取的功率最高为 59.3%。当下风向风速为上风向风速的三分之一时，可实现该最大值。

可根据 c_p 和叶尖速比 λ 的关系得出有关功率性能的表达式，其中叶尖速比 λ 表达如下：

$$\lambda = \frac{\omega R}{u_1} \qquad (20-11)$$

式中，ω 和 R 分别表示角频率和风轮半径。λ 表示风轮叶片尖端线速度与上风向风速的比值。20.2.3 节介绍了无因次 c_p − λ 曲线。

Betz 动量理论仅考虑通过风轮叶片将风能转化为机械能，未考虑下一步机械能向电能的转化以及能量损失。风电机的设计越复杂，c_p 值就越小，20.2.3 节对此进行了详细讨论。现代商用风电机的功率系数可达到阶值 0.5。同样，文献［13，14］对 Betz 理论进行了评判，得出了一个定义不明确的 c_p 上限值。

20.2.3 Betz 理论的局限性：能量损失

虽然 Betz 理论以简化方法为基础，但其应用非常广泛，且接受度很高。但是，实际情况却表明，实际条件下的风电机设计受其他限制条件的影响，效率更低。本节主要介绍达到最优值 $c_p = 16/27$ 的三个限制条件。文献［3，6］还讨论了一些其他因素，如叶片的有限数量以及叶片拖曳效应和失速效应造成的能量损失。20.2.3 节介绍的导数均可在附录 20.A 中查阅。本节仅提出一个初步想法。关于相关数学方程式的详细解释，请查看本章附录。

风力发电系统手册

20.2.3.1 跳跃损失

Betz 动量理论未考虑下风向风速降低及被转化为气流的附加角动量这两个因素，如图 20-3 所示。

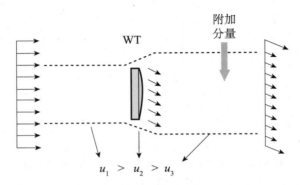

图 20-3　风电机周围的风流。风流经过风电机后，受风轮叶片旋转的影响，速度场中会产生一个旋转分量

该效应是风轮回转运动的结果，符合牛顿第三定律。由附件 1 可知，叶尖速比越小，能量损失越重要。公式（20-36）同样证明了这个问题，风速 ωr 越小，获得相同功率所需的作用力 F_r（下标 r 表示回转方向）越大。因此，对于转速较慢的风电机（λ 较小），其能量损失比转速较快的风电机更严重。例如，$\lambda \approx 1$ 时，c_p 的最优值仅为 0.42，未达到 Betz 最优值 0.59。随着叶尖速比增加，c_p 值逐渐接近 Betz 最优值。

20.2.3.2 叶型损失

造成能量损失的另一个重要因素是叶片翼型的质量。根据附录 20.A 中公式（20.A3）和（20.A6），半径 r 处切入点 dr 的功率提取量可表示为：

$$dP = z\omega r \frac{\rho}{2}c^2 \times t \times dr(C_L\cos\beta - C_D\sin\beta) \qquad (20-12)$$

理想的翼叶不会产生拖曳作用，且

$$dP_{ideal} = z\omega r \frac{\rho}{2}c^2 \times t \times dr \times C_L\cos\beta \qquad (20-13)$$

可以将效率 η 定义为公式（20-12）和（20-13）的比值，即 dP/dP_{ideal}。效率 η 一般可以定义为：

$$\eta = 1 - \zeta \qquad (20-14)$$

630

叶型损失 ξ_{prof} 遵循以下关系：

$$\xi_{prof} \propto r\lambda \qquad (20-15)$$

与跳跃损失相反，叶型损失主要影响转速较快的风电机。如果叶尖速比较高，必须优化升阻比 C_L/C_D。另外，损失也会随半径增加，叶尖的制造质量对功率性能的影响很大。

20.2.3.3　叶尖损失

叶尖越窄，其质量越高，因为这相当于无限长的（理想）翼叶（$R/t \rightarrow \infty$）。在实际情况下，叶片末端会从高压区至低压区形成环流，即形成平流输送的湍流。这样可在一定程度上缓解压差，最终形成升力。叶尖损失大致遵循以下关系：

$$\xi_{tip} \propto \frac{1}{z\lambda} \qquad (20-16)$$

与叶型损失不同，叶尖速比上升会导致叶尖损失减少，叶片数量增加。

20.2.3.4　对功率性能的影响

图 20-4 显示了不同种类损失及其对 c_p 值的影响。从图中可以看出，λ 值较小时，跳跃损失导致的功率系数降低幅度最大，该情况与叶片的有限数量相似，但与叶型损失的情况相反。$\lambda \approx 6 \sim 8$ 时，三叶风电机可以达到 c_p 最优阶值 0.50。

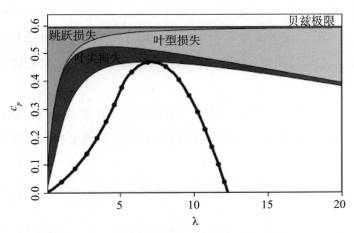

图 20-4　典型的 c_p - λ 曲线（黑色带点线）。图中显示了该曲线对 Betz 极限效率、跳跃损失、叶型损失和叶尖损失的影响。这些结果是通过升阻比 $C_L/C_D = 60$ 和叶片数量 $z = 3$ 计算得出。在 $\lambda \approx 7$ 处可实现最大性能 $c_p \approx 0.475$

20.2.4　理论功率曲线

根据 $c_p - \lambda$ 曲线和功率曲线，可得出风电机功率性能的标准表达式。功率曲线表示同步风速 u 和功率输出 P 之间的关系。根据惯例，风速 u 是指上风向的水平风速 u_1（即 $u = u_1$）。同样，还考虑了风电机实际向电网传输的净电功率输出 P，并整合了所有潜在损失。本章所述的 u 值和 P 值遵循此类规范。根据公式（20 – 8），理论功率曲线可以表示为：

$$P(u) = c_p(u) \times P_{wind}(u)$$

$$= c_p(u) \times \frac{1}{2}\rho A u^3 \qquad (20-17)$$

在大部分现代风电机的设计中，功率输出调节是通过发电机转动频率和叶片桨距角的变化实现的。[①] 发电机的转动频率与风速有关，无法随意改变。但是，可以控制叶片桨距角，而不受风速影响。通过调整叶片桨距角可实现所选的控制策略，因此该方法也是实现功率输出调节的核心手段。调整叶片桨距是指在叶片旋转横截面平面上旋转桨距角 θ。20.2.4 节中将讨论该设计。

然后，可以通过改变作用在风轮叶片上的升力来控制发电量[3,6]。将叶片向失速方向倾斜，可减少或停止发电。[②] 但在现代风电机设计中，这一效果可通过所谓的变桨距控制实现。功率系数 c_p 在很大程度上取决于桨距角 θ 和叶尖速比 λ，即 $c_p = c_p(\lambda(u), \theta)$。由于 λ 通常不可控制，因此可通过 θ 对 c_p 进行优化，从而达到理想发电量。尤其是在高风速情况下，要降低 c_p，以保护风电机设备，防止发电量过高。

桨距调整是由风电机控制器实现的，控制器由复合机电组件构成，可实现有效运转，以达到最优功率性能。[③] 对于常用的变桨距控制风电机，该控制策略提供了四种不同的运行模式：

- 当 $u \leqslant u_{cut-in}$[④] 时，风中包含的功率无法维持风电机运转，因此风电机发电量

---

① 其他风电机设计理念涉及固定转动频率（称为定速风电机）或固定桨距角（称为定桨距风电机）。文献[3]详细描述了相关控制策略。

② 失速效应是指翼叶的迎角超过临界值时产生的作用，会导致升力骤降。关于翼叶升力效应的详细研究，请参阅文献 [19]。

③ 通常也会考虑其他一些因素，如机械负荷或功率稳定性等[3]，但这些因素不在本章所研究范围之内。

④ u_{cut-in} 表示风电机可提取功率的最低风速，通常为 3 ～ 4m/s。

为零。

- 在部分负荷状态下，$u_{cut-in} \leqslant u \leqslant u_r$[①]，风电机可实现其最优功率性能，即 c_p 达到最大值，且桨距角 θ 通常恒定不变。

- 在满负荷状态下，$u_r \leqslant u \leqslant u_{cut-out}$[②]，风电机功率输出限值为其额定功率 P_r。在此运行模式下，需对桨距角 θ 进行实时调整，以保证 $P \approx P_r$。

- 当 $u > u_{cut-out}$ 时，可在顺桨位置实现最大桨距角 θ，从而消除作用在叶片上的升力。出于安全考虑，除了停止旋转以外，还可以采用制动设备。在这种情况下，风电机停止发电。

图 20-5 所示为 $c_p(u)$ 和 $P(u)$ 理论策略。

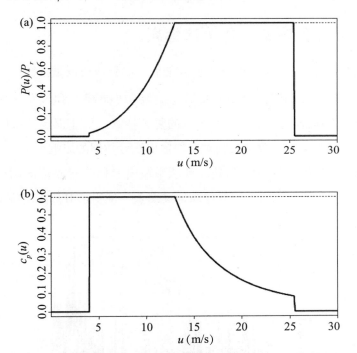

图 20-5　a. 理论功率曲线 $P(u)$；b. 变桨距控制风电机的理论功率系数 $c_p(u)$，

$$u_{cut-in} = 4\text{m/s}, \quad u_r = 13\text{m/s} \quad \text{且} \quad u_{cut-out} = 25\text{m/s}$$

该理论估值对层流有效，但实际情况中并不存在层流。大气风场越复杂，功率性能描述也会越复杂。根据对湍流路径的研究，20.3 节介绍了用于处理该复杂性的统计模型。

---

① u_r 表示额定风速，通常为 12 ~ 15m/s，在此风速下，风电机可提取额定功率 P_r，即最大允许功率。

② $u_{cut-out}$ 表示风电机可安全提取功率的最高风速，通常为 25 ~ 35m/s。

20.3 在运行状态风电机中的应用

20.2 节介绍了风功率性能理论。虽然该理论为风能应用奠定了良好的基础，但大气效应的复杂性要求对功率性能进行更详细的描述。20.3 节介绍了风速 u 的典型复杂数据。其中 20.3.1 节记录了风电机功率输出量 P。20.3.2 节和 20.3.3 节描述了评估功率曲线的两种方法，分别为 IEC 功率曲线和 Langevin 功率曲线。

为获取相关信息，所有结果均来自运行中的多功率商用风电机测量值，采样频率为 1Hz（除非另有规定）。为清晰起见，所有功率值均使用额定功率 P_r 进行归一化，且所有结果均可直接转化为实际功率值。

20.3.1 大气湍流：复杂性挑战

20.2 节假设稳态层状风流入速度 u_1 = 常数。尽管该假设是推导出 Betz 极限的必要条件，但是大气流为湍流。大气风综合了湍流（小规模）和气候（大规模）的各复杂方面。风速测量统计数据可显示出风的复杂特性，如非恒定性或间歇性（如阵风）。本节阐述了风速统计数据及其对功率输出统计数据的影响。

图 20 - 6 和图 20 - 7 所示为风速 u 和功率输出 P 同步量测值的两个典型时间序列。图中显示了 10 分钟内的平均偏差和标准偏差，说明了 IEC 标准降低测量信号复杂性的方式（见 20.3.2 节）。

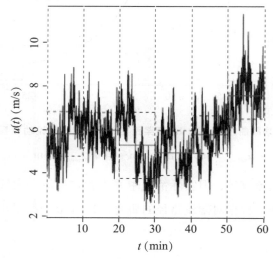

图 20 - 6　频率为 1Hz 时 1 小时内的风速测量值。

实线和虚线分别表示 10 分钟内的平均偏差和标准偏差

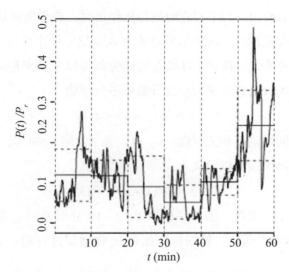

图 20 - 7　频率为 1Hz 时 1 小时内的功率输出测量值。
实线和虚线分别表示 10 分钟内的平均偏差和标准偏差

这两个时间序列可以绘制在一起，即功率输出与风速采用同一测量值，如图 20 - 8 所示。

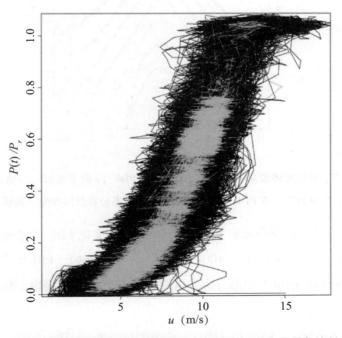

图 20 - 8　10^6 秒内的风速与功率输出的 1Hz 测量值。首先用黑色绘制
960 000 个点作为背景，再用另一种色绘制剩余的 40 000 个点作为前景

从图 20 – 8 可以看出，当不存在时间均化作用时，功率换算是一种高动态系统，即使是在极短的时间范围内。功率信号迅速对风速信号作出反应，并且可以考虑湍流作用。对风能行业来说，阵风①对风电机疲劳载荷以及功率稳定性的影响是一个重要关注点。阵风可以通过风速增量统计数据进行评估。

$$u_\tau(t) = u(t + \tau) - u(t) \qquad (20-18)$$

其中 τ 表示时间增量或相关程度。$u_\tau(t)$ 表示时间 t 和时间 $t + \tau$ 之间的风速变化。同样，功率输出增量可以定义为：

$$P_\tau(t) = P(t + \tau) - P(t) \qquad (20-19)$$

根据湍流研究中的惯例，图 20 – 9 和图 20 – 10 分别表示 u_τ 和 P_τ 的概率密度函数（PDF）。为获取相关信息，根据标准偏差 σ_τ 将增量进行归一化，因此只有 PDF 的形状与之相关。

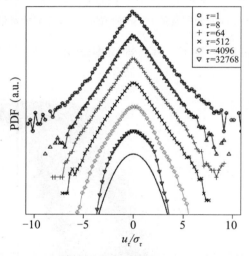

图 20 – 9　各种时间增量 τ 的标准化风速增量 PDF（τ 向下增加）。τ 值以秒计。
为明确起见，各 PDF 呈垂直趋势移位。高斯分布仅供参考（实线）

与正态分布（即高斯分布）相比，u_τ 和 P_τ 的标准化 PDF 可以被视为间歇性函数②，尤其是对于短时标 $\tau \approx 1 \sim 100s$ 来说。当 τ 值较小时，PDF 大部分为间歇性函数，表示短时标内的间歇性动态行为。这意味着在短时间间隔内，保持风速或功率

---

① 虽然阵风没有特定、清晰的定义，但可以将阵风特性视为风速（或风向）的快速变化。阵风属于极端气候事件。

② 间歇性的概念与维持极端事件过程的概率有关。可以看出，高斯分布和平均值之间存在较大偏差。极端事件（如阵风）会得出间歇性 PDF 函数。

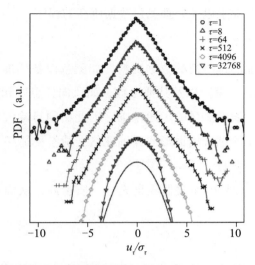

图 20 - 10　各种时间增量 τ 的标准化功率输出增量 PDF（τ 向下增加）。τ 值以
秒计。为明确起见，各 PDF 呈垂直趋势移位。高斯分布仅供参考（实线）

输出大波动的可能性较高。随着 τ 的增加，u 和 P 的增量 PDF 间歇性降低，并且更加趋向于高斯分布。

　　虽然对湍流风来说这是一个已知结果[5]，但在计算风电机功率输出时很少强调这个问题，参见文献［8］。

　　图 20 - 10 显示的信息对了解风电机性能以及对风能行业总体状况来说具有重要意义，图中显示的是功率输出极端变化条件下的非零概率。例如，$\tau = 64s$ 时，记录的事件为 $P_\tau \approx 10\sigma_\tau \approx 0.75P_r$，表示功率输出在一分钟内可以增加 75%。同样，$\tau = 8s$ 时，发生的事件为 $P_\tau \approx 20\sigma_\tau \approx 0.6P_r$，表示功率输出在 8s 内可以增加 60%。

　　功率输出增量 PDF 比风速增量 PDF 的间歇性更显著。这一点可由功率输出与风速的立方关系证明。实际上，风速增加一倍时，功率输出理论上应增加 8%。这解释了阵风被转化并增强为电力生产时经常会出现快速变化的原因。因此，风电机使用寿命低于其原设计寿命。此外，电力生产过程中的快速变化被馈入电网，提升了风电并网的功率稳定性。

20.3.2　国际标准：IEC 功率曲线

　　风电机的标准功率性能程序由国际电工委员会于 2005 年根据标准 IEC 61400 - 12 - 1 确定。关于此标准的详细描述，可参阅文献［10］。该标准功率性能程序提供了一种确保测量值和功率性能分析准确性、一致性和再现性的独特方法。该程序包

風力发电系统手册

括功率性能测试的最低要求以及处理测量数据所需的程序。

20.3.2.1　测量方法

首先，要确定性能测试所需的数据资料，如测量设备标准、气象塔位置与安装指南（气象塔用于测量风速）以及其他参数，如风向、温度和气压。测量扇区也可以描述为可进行有效代表性测量的风向范围，因此必须排除气象塔在风电机尾流范围内测得的风向。关于测试现场地形的详细评估，请参见适用于其他障碍物（除风电机以外）的现场校准程序。

IEC 标准的首要目标是确保数据收集充分、质量高，从而对功率性能进行精确估算。

20.3.2.2　IEC 功率曲线

其次，对测得的数据进行处理。[①] 数据处理主要分两步执行。

数据实现充分标准化后，第一步是计算 10 分钟间隔内所测得数据的平均值。第二步是根据 10 分钟平均值采用分组方法推导出 IEC 功率曲线，即将数据划分为几个幅宽为 0.5m/s 的风速区间。

在每个区间 i 中，风速 u_i 的分组平均值和功率输出 P_i 可根据下列公式计算得出：

$$u_i = \frac{1}{N_i}\sum_{j=1}^{N_i} u_{norm,i,j}, P_i = \frac{1}{N_i}\sum_{j=1}^{N_i} P_{norm,i,j} \qquad (20-20)$$

其中 $u_{norm,i,j}$ 和 $P_{norm,i,j}$ 分别为风速和功率的 10 分钟标准化平均值；N_i 表示第 i 个分组中 10 分钟数据集的数量。

要绘制完整准确的功率曲线，每个风速分组必须包括至少 30 分钟的样本数据。同样，总测量时间至少应达到 180 小时。风速范围必须控制在低于切入风速 1m/s 到风电机额定功率 85% 状态下风速 1.5 倍的范围内。另外，该标准还将不确定性估值视为标准化功率数据的标准偏差，以及与工具、数据采集系统和周围地形有关的其他不确定性。图 20-11 所示为典型的 IEC 功率曲线。

IEC 标准还定义了 AEP（年发电量），详细介绍见 20.4.2 节。可以根据 AEP 对风电机长期发电量进行初步评估，因而它是经济因素的核心特征。IEC 标准为世界范围内的风功率性能评估奠定了独特的基础，因此其可以帮助生产商、科学家和最终用户形成一个普遍认识。随着风能行业的不断发展，IEC 标准越来越重要，因此，专注于这一标准对于任何功率性能研究来说都是至关重要的。

[①] 应采用温度和压力测量值对测得的数据进行补充修正。

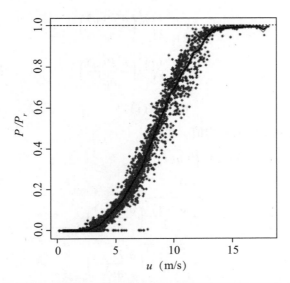

图 20 −11　功率曲线（黑线）与根据 IEC 标准绘制的相应误差线（下方细线）。
点表示 10 分钟平均值

20.3.2.3　湍流引起的偏差

作为其简易性的一个缺点，IEC 功率曲线方法也存在一定局限性。与 20.3.2.1 节所述的要求定义相比，20.3.2.2 节所述的功率曲线定义存在数学缺陷。为了解决风速与功率信号的复杂性问题，需要将不同时间段的数据系统地平均化。虽然统计平均值是从复杂过程中提取主要特性的必要条件，但除了其统计定义外，10 分钟间隔的平均化过程还缺乏清晰的物理意义。随着不同时标（精确至秒或更小的时间单位）内风的波动①，通过 10 分钟数值的系统平均化，可以筛选出所有短时标湍流动态。将这些湍流脉动与非线性功率曲线 $P(u) \propto u^3$ 整合，形成的 IEC 功率曲线中存在数学错误。为显示这些数学错误，首先将在 1Hz 采样频率下采集的样本风速 $u(t)$ 划分成两组，即平均值和平均值周围的波动。

$$u(t) = \overline{u(t)} + u'(t) \tag{20 −21}$$

式中，给定信号 $x(t)$ 的运算式 $\overline{x(t)}$ 表示 $x(t)$ 的平均值（算数平均值）。假设 $u'(t) \ll \overline{u(t)}$，则 $P(u(t))$ 的泰勒展开式可以表示为[4]：

$$P(u(t)) = P(\overline{u(t)})$$
$$+ u'(t) \left(\frac{\partial P(u)}{\partial u} \right)_{u = \overline{u(t)}}$$

---

① 在某种程度上，功率输出在短时标内也会发生波动，但是其高频动态会受到风电机惯性的限制。

$$+ \frac{u'(t)^2}{2!}\left(\frac{\partial^2 P(u)}{\partial u^2}\right)_{u=\overline{u(t)}}$$

$$+ \frac{u'(t)^3}{3!}\left(\frac{\partial^3 P(u)}{\partial u^3}\right)_{u=\overline{u(t)}}$$

$$+ o(u'(t)^4) \qquad\qquad (20-22)$$

对表达式（20－22）求平均值，可得

$$\overline{P(u(t))} = P(\overline{u(t)})$$

$$+ 0$$

$$+ \frac{\overline{u'(t)^2}}{2}\left(\frac{\partial^2 P(u)}{\partial u^2}\right)_{u=\overline{u(t)}}$$

$$+ \frac{\overline{u'(t)^3}}{6}\left(\frac{\partial^3 P(u)}{\partial u^3}\right)_{u=\overline{u(t)}}$$

$$+ o(u'(t)^4) \qquad\qquad (20-23)$$

$\overline{u'(t)} = \overline{u(t) - \overline{u(t)}} = 0$ 意味着功率平均值不等于平均功率，且必须根据二阶和三阶项予以纠正。由于 IEC 功率曲线与风速和功率输出的 10 分钟平均值直接相关，因此该式忽略了泰勒展开式中的高阶项。

二阶项是 $u(t)$ 方差 $\sigma^2 = \overline{u'(t)^2}$[1] 和功率曲线二阶导数[2]的乘积。这表明当 IEC 功率曲线与湍流造成的风波动相结合时，IEC 功率曲线无法以严谨的数学方式描述功率与风速的非线性关系，至少未进行高阶校正。

由于这种数学表达方式过于简单，其结果取决于湍流强度 $I = \sigma/\bar{u}$，进而取决于测量期间的风力条件[4]。如图 20－12 所示，随着湍流强度的增加，IEC 功率曲线会偏离理论功率曲线，如公式（20－23）所示。这不仅描绘了风电机的特性，还描述了测量条件，因此产生了再现性和稳定性问题。

20.3.3 新替代方案：Langevin 功率曲线

20.3.3 节提出了标准 IEC 功率曲线的替代方案。IEC 标准定义了相关测量方法（参见 20.3.2.1 节），Langevin 分析也采用相同条件，但其不同之处在于它们处理数据的方式。

---

[1] $\sigma^2 = \overline{(u-\bar{u})^2} = \overline{u'(t)^2}$

[2] 假设立方功率曲线 $P(u) \propto u^3$，$P(u)$ 在三阶之前无非零导数。而且，额定功率转换点可能有任意阶的非零导数，如图 20－12 所示。

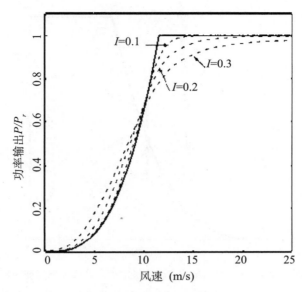

图 20-12　湍流强度 $I=0.1$、0.2、0.3 时的 IEC 功率曲线（虚线）。
实线表示理论功率曲线。该结果从文献［4］所述的数值模型模拟中得出

但是，采样频率上的附加点对 Langevin 分析也同样重要。因为该方法以秒为次序求解风电机的动态问题，所以 1Hz 的最小采样频率是风速和功率输出测量的必要条件。

20.3.3.1　动态概念

风电机的功率特性可通过未求时域平均值的高频率测量值推导得出。可以将功率换算视为受湍流风脉动影响的松弛过程[15,18]。更确切地说，可以将风电机视为一个动力系统，该动力系统可以不断地调整功率输出量，以适应脉动风。假设恒速 u 时存在层流流入，则功率输出量变为一个吸引性固定值 $P_L(u)$①，如图 20-13所示。从数学方面来说，这些吸引性功率值 $P_L(u)$ 可以被称为功率转换过程的稳定固定点。

20.3.3.2　Langevin 方程

Langevin 功率曲线②是根据风速 $u(t)$ 和功率输出 $P(t)$ 的高频率测量值推导出来的。在 IEC 标准[10]基础上进行的所有必要修正和标准化都要应用在两个时间序

---

①　下标 L 表示"Langevin"，$P_L(u)$ 与 Langevin 方程的形式有关。

②　在该课题的相关出版物中，Langevin 功率曲线被称为动态功率曲线或 Markovian 功率曲线，但均属于同一方法。

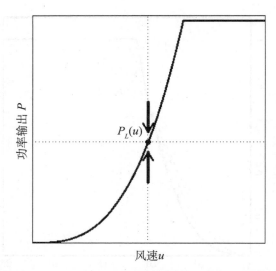

图 20 – 13 稳定固定点 P_L (u) 的概念图。风速恒定时，功率输出量变为稳定值 P_L (u)。
该图根据文献 [1] 绘制

列上。

风速测量值可以分为几组 u_i，每组的幅宽为 $0.5\mathrm{m/s}$，参见文献 [10]。在某种程度上，风速是造成风力不稳定的一个原因，为这些时间 t 生成似稳态区段 $P_i(t)$，其中 $u(t) \in u_i$。在这些区段内进行以下数学分析。下文将省略下标 i，用 $P(t)$ 指代似稳区段 $P_i(t)$。然后，采用一阶随机微分方程（即 Langevin 方程）[1] 将功率转换过程建模：

$$\frac{\mathrm{d}}{\mathrm{d}t}P(t) = D^{(1)}(P) + \sqrt{D^{(2)}(P)} \times \Gamma(t) \qquad (20-24)$$

在该模型中，功率输出的时间演变由两个项[2]控制。

$D^{(1)}$ (P) 表示风电机的确定性松弛算法，能够将功率输出引导至系统的吸引性固定点 P_L (u)。因此，$D^{(1)}$ (P) 通常被称为漂移函数。

第二个项 $\sqrt{D^{(2)}(P)} \times \Gamma(t)$ 表示时间演变的随机部分，是湍流风脉动的简化模型，湍流风脉动可使系统趋于平衡。函数呈 $\Gamma(t)$ 高斯分布状态，方差为 2，平均值为 0。$D^{(2)}$(P) 通常被称为扩散函数。关于 Langevin 方程的数学方法，请参阅文献 [17]。

---

① 该方程是采用 Langevin 功率曲线这一名称的原因。

② $D^{(1)}$ 和 $D^{(2)}$ 是前两个 Kramers-Moyal 系数。

20.3.3.3　漂移函数与 Langevin 功率曲线

确定性漂移函数 $D^{(1)}(P)$ 至关重要，因为其可以对功率输出向系统稳定固定点的松弛进行量化。当系统处于稳定状态时，不会发生确定性漂移①，且 $D^{(1)}(P)=0$。根据公式（20-25），$D^{(1)}(P)$ 可以理解为风速 u_i 和功率输出 P 各区中功率信号 $P(t)$ 的平均时间导数。

漂移函数和扩散函数可直接根据测量数据推导出，作为条件矩[17]：

$$D^{(n)}(P) = \lim_{\tau \to 0} \frac{1}{n!\tau} \langle (P(t+\tau) - P(t))^n \mid P(t) = P \rangle \qquad (20-25)$$

其中，$n=1$ 时表示漂移函数，$n=2$ 时表示扩散函数。取 t 点的平均值 $<\cdot>$，这意味着只需计算 $P(t)=P$ 这一时间段内的值。

也就是说，单独求每个风速分组 u_i 和各水平功率 P 的平均值。可以将不同状态下 u 和 P 的平均值与 IEC 标准中的时域平均值进行对比。图 20-14 显示的是典型漂移函数。

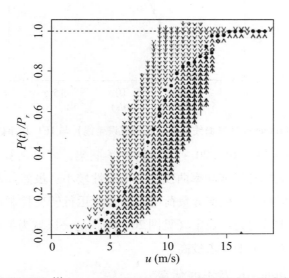

图 20-14　漂移函数 $D^{(1)}(P)$。每个箭头以量级（箭头长度）和方向（指向正值）
表示 $D^{(1)}(P)$ 的局部值。$D^{(1)}(P)=0$ 时的稳定固定点用黑点表示

功率信号动态与局部信号和 $D^{(1)}$ 值有直接关系。正漂移是指在给定风速条件下风电机功率不足的区域中，功率趋于增加（箭头向上，如图 20-14 所示）。相反，负漂移是指在给定风速条件下风电机功率过大的区域中，功率趋于下降（箭头向

---

① 为了区分稳定固定点（吸引性）与非稳定固定点（排斥性），必须考虑 $D^{(1)}(P)$ 的斜率。

风力发电系统手册

下）。

　　交叉点处 $D^{(1)} = 0$，表示取该值时，功率输出的构型稳定（平均时间导数为 0）。集合漂移函数值为零时的各个点，绘制成 Langevin 功率曲线，并可以表示为 $P_L(u)$。

　　功率转换过程的稳定固定点 $P_L(u)$ 可根据测量数据得出，作为下列方程的解：

$$D^{(1)}(P_L(u)) = 0 \qquad\qquad (20-26)$$

如图 20 – 15 所示。

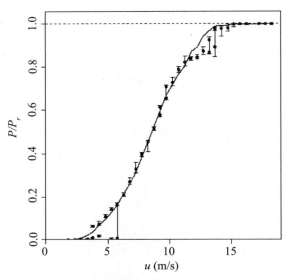

图 20 – 15　Langevin 功率曲线（黑点及相应误差线）与 IEC 功率曲线（实线）

　　根据方程（20 – 24）和（20 – 25）的数学框架，可以估算 $P_L(u)$ 的不确定度[7]。可以看出，大部分风速功率曲线的不确定性较小。虽然如此，额定功率转换区域的不确定性仍然较大。受部分负荷与至满负荷运行转变控制策略的影响，较大功率值范围内的功率转化趋于稳定（见图 20 – 5）。这一区域为关键区域，因为风电机控制器对额定功率转换的要求较高。

20.3.3.4　Langevin 方法的优势

　　Langevin 方程（20 – 24）是功率转化过程的简化模型。目前可以成功对风电机功率信号进行建模，因此风电机功率信号的有效性问题得到了积极有效的解决[11]。附件 2 介绍了如何根据 Langevin 方程预测功率信号。此外，漂移函数 $D^{(1)}$ 对随机过程的定义非常明确，并且不会仅限制于 Langevin 过程。

　　此外，漂移函数不会求受时域平均值引起的系统误差的影响。因此，Langevin

功率曲线仅描绘风电机的动态特征，而未考虑测量期间的风力条件。[①] 湍流密度不会对 Langevin 功率曲线产生影响，因此结果仅与风电机有关，与现场或测量值无关。

另外，该方法可以显示所研究系统的复杂特性，例如，系统趋于稳定的区域或多稳态[1,9]。由于各方面原因，可将 Langevin 功率曲线视为监测功率性能的理想工具，20.4 节会进行详细介绍。

20.3.4　不同风速测量技术下的功率曲线稳定性

通常采用转杯风速表和风向标测量风速和风向。风电行业中还出现了新的替代技术，例如 LIDAR（激光雷达）风速与风向测定法。[②] 该技术可进行远程测量，具有广阔的发展前景。该测量技术中，高度至关重要，因此必须建设测量塔。最近安装的风电机高度不断增加，因此该技术尤其适用于功率曲线测量。

这里介绍的 LIDAR 测量技术采用 Leosphere WindCube 系统，可用作脉冲激光多普勒风速计，见图 20 – 16。红外激光束与垂直方向的倾斜度约为 30°，并采用 BeamWise 多普勒测量技术测量风速。测量在四个主方向上进行，然后根据最新的四个测量值得出三维风矢量。该设备的采样率可达到 0.67Hz。由于采用了脉冲激光器，在 40 ～ 200m 范围内最多可同时获得 10 个高度的测量值。

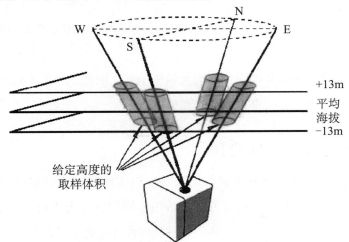

图 20 – 16　Leosphere WindCube 运行原理。Sketch © Leosphere, Inc

---

① 假设测量周期期间能够实现统计收敛。

② 另外，也可采用能够立即估算风速和风向的超声波风速仪。

同时采用 LIDAR、转杯风速表和超声波风速仪进行功率曲线测量。测量应在多功率海上风电机原型的 2.5 个风轮直径范围内进行。LIDAR 达到 0.67Hz 时，功率数据的时间分辨率、转杯风速表与超声波风速仪所记录风速的频率为 1Hz。更多关于测量的详细信息，请参阅文献 [21]。根据这些测量数据，可以成功得出风电机的 IEC 与 Langevin 功率曲线。图 20 - 17 所示为根据 LIDAR 风速测定值绘制的 Langevin 功率曲线。

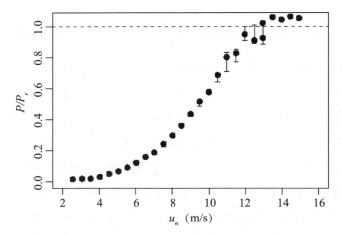

图 20 - 17　多功率海上风电机原型的 Langevin 功率曲线

（根据 LIDAR 风速测量值绘制）[21]

由图可知，根据 LIDAR 和转杯风速表、超声波风速仪测量值绘制的 IEC 和 Langevin 功率曲线的重合率较高[21]。

预计在短期内，LIDAR 的应用将会大幅度增长。因此，根据 LIDAR 设备测量值绘制的功率曲线也可能会变得更加精确和简单。

20.4　功率性能监测的应用

20.3 节介绍了两种评估功率曲线的方法。由于两种方法的时标不同，① IEC 方法更适用于长期分析，而 Langevin 方法更适用于短时间动态分析，可以使我们对内部机械特性有更深入的见解。两者结合可对整体性能进行互补评估。

这两种方法在维度方面也有所不同，详细内容见 20.4.1 节。维度与时标相互作用，可以使 IEC 功率曲线更加适用于估算年发电量（*AEP*），并使 Langevin 功率曲线

---

① 注意，IEC 方法的时标为 10 分钟，而 Langevin 方法则以秒为次序进行动态研究。

更适用于监测动态异常情况。20.4.2和20.4.3节分别介绍了这两种应用情况。

20.4.1　单维与二维功率曲线

两种方法离散数据的方式是一个最显著的差别。

IEC方法将二维域 $\{u, P\}$ 离散成 $\delta u = 0.5\text{m/s}$ 的风速分组。由于二维域离散的唯一因素是风速，所以IEC功率取决于其唯一变量 u，该变量每隔 0.5m/s 会产生一个唯一点。因此，IEC功率曲线是一维的，即 $P_{IEC}(u)$。

但是，Langevin方法从风速和功率输出两方面对域 $\{u, P\}$ 进行离散化。漂移函数 $D_i^{(1)}(P)$ 取决于两个变量 u_i 和 P，可以使 $D^{(1)}$ 变成二维估算值。这解释了给定风速下会产生多个稳定固定点的原因。如图 20 – 18 所示。

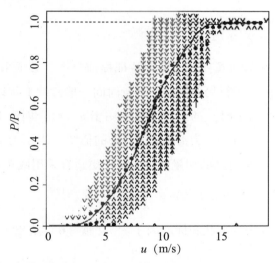

图20 – 18　漂移函数 $D_i^{(1)}(P)$（箭头）、Langevin 功率曲线 $P_L(u)$（点）

以及 IEC 功率曲线 $P_{IEC}(u)$（线）

Langevin分析的二维框架可实现局部动态观测[①]。从图20 – 18中可以看出，$u = 13\text{m/s}$ 时，部分负荷状态下风电机功率趋向于 $P = 0.9 \cdot P_r$，满负荷状态下趋向于 $P = P_r$。受维度的限制，IEC功率曲线只能显示两者的平均值。通过多齿轮齿轮箱、转换发电机级数或改变控制策略形成的稳态行为无法通过 IEC 功率曲线求解。

---

① 局部风速和功率输出。

20.4.2　年发电量

由于 $P_{\text{IEC}}(u)$ 与各风速下的功率唯一值明确相关，IEC 功率曲线的一维限制成为长期发电的一项优势。AEP 表示年发电量估算值，也可将其视为预测估算值。可以采用 Langevin 方法预测高频率下的发电量，相关内容见附录 20. B。这一方法更为复杂，本节不作详细介绍。

可根据 AEP 估算值推导风电机的发电量，并通过给定位置的功率曲线进行特征描述。20.4.2 节未对 IEC 标准[10]中所述的 AEP 估算程序进行确切描述，但对如何根据风速测量值预测发电量进行了概述。本文采用的 AEP 估算程序并非参考 IEC 标准的官方版本，而是一个相似版本。在两种情况下，风电机的可用性预计均可达到 100%。

20.4.2.1　风力资源评估

风电机的拟安装位置可按照风力资源特征提前分类。必须采用气象塔对模拟风电机轮毂高度①处的风速进行局部测量，测量时间一般持续 1 年以上。② 根据风速测量值 $u(t)$，10 分钟（每小时）的平均值可应用于 $u(t)$，创建 10 分钟平均值 u_i 的概率密度函数（PDF）$f(u_i)$。为清晰起见，u_i 的值统一表示为 u。$f(u)$ 使风速 u 的发生概率增加。对于长时间的测量值，$f(u)$ 更适合采用威布尔分布表示[16]：

$$f(u;\lambda,k) = \frac{k}{\lambda}\left(\frac{u}{\lambda}\right)^{k-1} \mathrm{e}^{(-u/\lambda)^k} \tag{20-27}$$

其中 k 和 λ③ 分别表示形状和标度因子。④ 文献 [6] 给出了此类风速分布的直观实例。

20.4.2.2　AEP 估算

给定风场以根据风速概率密度函数 $f(u)$ 计算得出的 AEP 进行特征描述，而给定风电机则以 IEC 功率曲线进行特征描述。P_{IEC} 与给定风速 u 具有明确相关性，从而形成相应的平均功率输出函数 $P_{IEC}(u)$，功率曲线是风速与平均功率输出之间的转移函数。平均功率输出 $\overline{P}$ 的估算值可通过下列公式得出：

---

① 商用多功率风电机的典型轮毂高度为 100m，这证明了采用便携式 LIDAR 传感器的重要性，具体内容见 20.3.4 节。

② 一年以上的风速测量值会涉及各个季节的各种风况。

③ 应注意的是，此处 λ 不是风电机的叶尖速比，而是威布尔分布参数。

④ IEC 标准[10]采用了瑞利分布，是威布尔分布在 $k=2$ 时的一种特殊情况。

$$\overline{P} = \int_0^\infty f(u) \times P_{IEC}(u) \, du \qquad (20-28)$$

特定时期 T 内的发电量估算值可以表示为：

$$T \times \overline{P} = T \int_0^\infty f(u) \times P_{IEC}(u) \, du \qquad (20-29)$$

一年内，$T = 8\ 760\text{h}$，且

$$AEP = \overline{P} \times 8\ 760 \qquad (20-30)$$

其中 $\overline{P}$ 的单位为瓦特，AEP 的单位为瓦时。

由于其数学过程较为简单，AEP 通常被用于发电量粗略估算及相应财务估算。由此可在安装风电机之前预测其在既定地点的发电量，从而确定最优位置的最优设计。但是，该结果只是一个粗略的估算值，未考虑周围其他风电机产生的尾流损失等因素。

20.4.3 动态异常检测

动态监测的目的是检测运行中风电机的动态异常情况。本文中所述的监测是指功率性能的时间演变。良好的监测流程应具有可靠、快速的特点，并且可以检测异常情况的来源。[①] 虽然监测流程越来越复杂，但本文论述的方法仅以功率曲线估计为基础，因此仅对涉及功率曲线的信息进行了说明。

监测程序只用于计算函数 $P_L(u)$ 在初始时间的值，并以此作为参考值。[②] $P_L(u)$ 的潜在时间变化被视为风电机内部破坏转换动力的异常现象或故障。虽然该监测程序比较简单，但仍存在如何为函数 $P_L(u)$ 的异常变化设定正确阈值的问题。该阈值以及该方法所需的必要测量时间或时间反应等其他参数取决于风电机的设计和位置。

为了说明该方法的功能，需将监控流程应用于数值模拟。再将该模拟应用于测量数据，其中涉及异常情况。人工异常将中等风速的发电量限制在 $P \approx 0.55 \cdot P_r$，即图 20-19 和图 20-20 中的灰色区域。更确切地说，在矩形区域，功率信号有时会被迫降低至 $0.55P_r$。然后根据人工异常数据计算 $P_L(u)$ 和 $P_{IEC}(u)$，并与原始数据进行比较。详细说明见图 20-19 和图 20-20。

---

① 敏感度过高的程序可能会显示不存在的异常情况，但敏感度不足的程序又可能无法检测出主要故障。

② 在风电机满负荷运行时，选定参照时间。

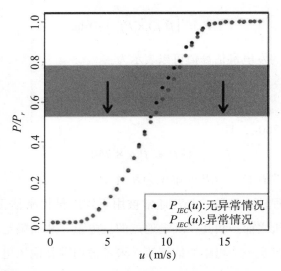

图 20 – 19　异常情况发生前（黑色背景）后（灰色前景）的 $P_{IEC}(u)$ 函数值对比。

灰色长方形区域为人工异常情况

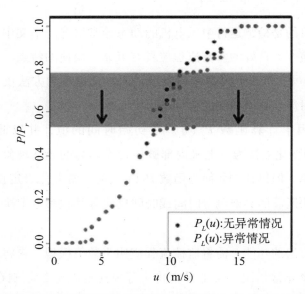

图 20 – 20　异常情况发生前（黑色背景）后（灰色前景）的 $P_L(u)$ 函数值对比。

灰色长方形区域为人工异常情况

　　实际情况下，风电机也存在类似的异常现象（解释了出现人工异常情况的原因）。由于存在异常情况，发电总量会降低至原始发电量的 96.6% 。图 20 – 20 显示函数 $P_L(u)$ 的反应度较高。虽然图 20 – 19 中的函数 $P_{IEC}(u)$ 只能显示异常区域的细微偏差，但函数 $P_L(u)$ 可以从典型的三次曲线中分离出来，以适应新的动态。

$P_L(u)$ 可以监测转换过程的动态变化，而 $P_{IEC}(u)$ 更适用于 AEP 估算。

Langevin 功率曲线对动态变化的反应度更强。因为 IEC 功率曲线在 10 分钟内的取值为平均值，所以忽略了高频率动态相关信息。同样，第二次求风速平均值可以防止出现多稳态行为。

此外，与 IEC 功率曲线不同，Langevin 功率曲线不取决于湍流强度，如 20.3.2.3 节所述。Langevin 功率曲线中的偏差是指转换动力变化，与风况无关。这使 Langevin 功率曲线成为动态监测的一个理想工具。

20.5 结论

本章首先介绍了风电机的功率性能。20.2 节进行简要概述，主要涉及 Betz 动量理论在风电机中的应用。该简化分析为风中可用功率设定了上限，约为 60%，与风力发电系统的设计无关。实际因素导致的其他损失会进一步降低功率提取的可用性，现代商用风电机的功率提取率约为 50%。本章确定了层流状态下的功率性能估计，例如，功率系数或理论功率曲线。

对于复杂的湍流和大气效应，我们无法采用层流理论恰当地描述风电机。20.3 节介绍了一些统计工具，用于整合分析这些复杂效应。IEC 标准 61400-121 中提及了估计可靠功率曲线的国际程序。该标准对如何测量正在运行的风电机提供了良好指南，并设定了统一标准。其通过时间和风速方面的平均化过程来处理风速和功率输出的测量数据。最终形成一个简单的 IEC 功率曲线，该曲线在某种程度上受到湍流效应的影响。但是，其结果取决于测量条件，因此 IEC 功率曲线不仅能够描述风电机特性，还能描述风力条件。该程序还能够对长期能源估算（如 AEP）进行总体评估，如 20.4.2 节所述。

本章还提出了一种基于随机分析的替代方案。功率信号可用于求解 Langevin 方程，而不是求不同时间段的平均值。本章还介绍了漂移函数，该函数可以量化风电机对湍流风脉动的反应动力。可通过该函数得出用于表示转换动力稳定固定点的 Langevin 功率曲线。Langevin 功率函数和漂移函数为风电机如何根据风速变化主动调整发电量建立了一个简化模型。与 IEC 功率曲线不同，Langevin 功率曲线不依赖于测量条件，而且仅描述风电机的性能特征。同样，Langevin 功率曲线的二维结构也会产生更具可行性的结果，并且可以求解多稳态动力问题。如 20.4.3 节所述，Langevin 方法是一种具有广阔前景的性能监测应用。功率信号建模也是通过 Langevin 方程实现的，附录 20.B 对此进行了简要介绍。

随着风能行业的迅速发展，风电机设计在未来数十年内也可能会（或不会）发生翻天覆地的变化。但是，风电机整体设计的自由变化受到风自身物理形态的限制。三叶设计可以使风电机在轮毂高度处最常见的风速范围中提取最多功率。材料工程的改进使每年建设更大型的风电机成为现实。随着更高的风电机的出现，地表粗糙度引起的湍流对风电机的影响也有所降低。这也证明了近年来建设海上风电机的合理性，由于海上风力较平稳，风电机带来的经济效益更高。但是，从本质上来看，海风属于湍流，也具有间歇性。本章旨在确定单一风电机对此运行条件的反应。从宏观上来看，目前面临的问题是如何将快速增长的间歇性风电整合入电网。虽然单一风电机在整个网络中的作用微不足道，但更好地了解单一风电机、风电场和世界范围内的风能利用装置对未来的全球风电并网是至关重要的。

致谢　本研究的部分工作得到了德国联邦环境部（BMU）的资金支持，资助编号为 0327642A。作者在此感谢 Stephan Barth、Julia Gottschall、Edgar Anahua 和 Michael Holling 在 Langevin 方法方面做出的开创性工作和激励性讨论。

附录 20. A　风轮叶片的气体力学

风电机的关键机械部件是风轮，它可以将风能转化为转动功率或机械功率。理想的要求是：

- 风轮转动平稳；
- 动态荷载最小；
- 不出现突跳现象，进行校准。

叶片数量及其轮廓和设计应确保符合这些特征。现代风电机受作用于上翼叶的提升力 F_L 的影响而发生转动。翼叶的有效面积[①]可以用深度 t 和翼展 b（通常等于风轮半径 R）表示，公式如下：

$$F_D = C_D(\alpha)\frac{1}{2}\rho c^2(t \cdot b)$$
$$F_L = C_L(\alpha)\frac{1}{2}\rho c^2(t \cdot b)$$

$$(20 - A1)$$

式中，α 表示迎角，如图 20. A1 所示。升阻比 F_L/F_D 与翼叶的质量有关。升阻比越大，翼叶的质量越好。

在图 20 - A1 中，速度矢量 c 表示翼叶处的风速。地面风速为 u_2，但是研究叶

---

① 有效面积是指被代入公式以计算阻力和升力的面积。

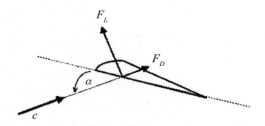

图 20 – A1　翼叶剖面图，显示作用在其上的应力。深度 t 根据前缘和后缘之间的距离而定。
翼展 b 表示翼叶的长度，垂直于所示平面

片的运动时必须考虑风轮的旋转运动。因此，c 为水平轴速度 u_2[①] 和旋转速度 $v = \omega r$
的叠加值，公式如下：

$$c^2(r) = (2u_1/3)^2 + (\omega r)^2 \qquad (20 - A2)$$

风轮的有效风速为 c。如图 20 – A2 所示。

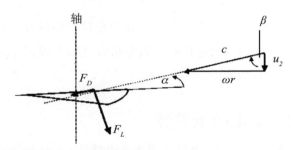

图 20 – A2　翼叶的剖面图。旋转速度 ωr 垂直于轴速度矢量 u_2。β 表示合速度 c 和旋转方向的夹角

　　除了整合整个翼叶上的升力和阻力，还可以估算每个无穷小元素的局部力。同
样，整体力可以分为旋转分量 F_r 和轴分量 F_a。假设切入点 dr 位于风轮极面上半径 r
处，则合力为：

$$F_r = \frac{\rho}{2}c^2 \cdot t \cdot dr(C_L\cos\beta - C_D\sin\beta)$$

$$\qquad (20 - A3)$$

$$F_a = \frac{\rho}{2}c^2 \cdot t \cdot dr(C_L\sin\beta + C_D\cos\beta)$$

同时也可以估算出：

$$\tan\beta = \frac{\omega r}{u_2} = \frac{\omega R}{u_1}\frac{r}{R}\frac{u_1}{u_2} = \frac{3}{2}\lambda\frac{r}{R} \qquad (20 - A4)$$

以此种方法为每个无穷小径向环构建叶片，从风能中提取无穷小（Betz 极限）

---

① 　取 Betz 最优值时，$u_2 = 2u_1/3$。

风力发电系统手册

的最优功率。

$$\mathrm{d}P_{r,Betz} = \frac{16}{27} \cdot \frac{\rho}{2} \cdot u_1^3 \cdot (2\pi r \mathrm{d}r) \qquad (20-A5)$$

该功率还可以表示为

$$\mathrm{d}P = z \times F_r \times \omega r \qquad (20-A6)$$

式中，z 表示叶片数量，ωr 表示旋转方向的速度，F_r 表示该方向的力。[1] 插入公式（20-A3），并结合公式（20-A5）和（20-A6），深度 t 的最优值可以通过一个与 r 有关的函数确定。假设 $C_D \ll C_L$，且叶尖速比足够大（详情请参见文献 [20]），翼叶的剖面 $t(r)$ 可以表示为：

$$t(r) \approx \frac{16\pi}{9} \frac{R^2}{zC_L r\lambda^2} \qquad (20-A7)$$

$$\propto z^{-1} \cdot C_L^{-1} \cdot r^{-1} \cdot \lambda^{-2}$$

该公式对风轮叶片设计具有重要作用。叶片数量越多且升力系数、半径和叶尖速比越大，深度越小。这也是转速较快的风电机只有两个或三个窄叶片，而古老的西式风车却有很多宽叶片的原因。

附录 20. B 功率输出松弛模型

如 20.3.3.2 节所述，假设风电机的功率输出量是 Langevin 方程的解：

$$\frac{\mathrm{d}}{\mathrm{d}t}P(t) = D^{(1)}(P) + \sqrt{D^{(2)}(P)} \times \Gamma(t) \qquad (20-B1)$$

注意，如正文部分所述，功率值 P 和函数 $D^{(1)}$、$D^{(2)}$ 是风速分组的条件。下标 i 表示风力分组，为了简明起见而省略。$D^{(1)}$ 表示转换过程的确定性动力，通常使功率输出趋向于 Langevin 功率曲线 $P_L(u)$。其他随机波动被叠加成一个简化模型，适用于作用于转换过程的所有自由微观程度。[2] 对于 $D^{(1)}$，可设定一个简单但更现实的假设：

$$D^{(1)}(P) = \alpha(P_{theo}(u(t)) - P(t)) \qquad (20-B2)$$

其中，$D^{(1)}$ 以线性方式使功率输出趋向于理论功率曲线 $P_{theo}(u(t))$ 的瞬时值，可以表示为：

---

① 轴向力对风电机发电无任何影响，但会对其形成推力。

② Langevin 方程与切入风速和功率输出直接相关。转换的中间过程中会涉及很多其他变量，该转换应通过一组多维确定性微分方程建模。相反，所有自由度均通过一维随机 Langevin 方程建模。

$$P_{theo}(u) = \begin{pmatrix} P_r \left(\dfrac{u}{u_r} \right)^3 & amp; \text{for } u \leqslant u_r, \\[3mm] P_r & amp; \text{for } u \geqslant u_r \end{pmatrix} \qquad (20-B3)$$

假设公式（20-B2）且恒定扩散函数[①] $D^{(2)}(P) = \beta$，则 Langevin 方程成为功率输出的松弛模型

$$\frac{\mathrm{d}}{\mathrm{d}t}P(t) = \alpha(P_{theo}(u(t)) - P(t)) + \sqrt{\beta} \times \varGamma(t) \qquad (20-B4)$$

公式（20-B4）是功率信号的一个现象学模型。Langevin 过程的这一特殊情况在数学上被称为 Ornstein-Uhlenbeck 过程[17]。

公式（20-B4）是功率输出的一个简化模型，该模型采用参数 α 和 β 以及功率曲线 $P_{theo}(u)$ 描述风电机设计。参数 α 与模型风电机的反应时间有关，[②] 而 β 可以量化随机噪声的强度。$\varGamma(t)$ 属于高斯分布型白噪声，平均值为 0，方差为 2，大部分数学软件都可以生成该噪声。将风速时序 $u(t)$ 视为模型方程的输入值，[③] 则可以在同一采样频率下生成功率输出 $P(t)$ 的时序。如图 20-B1 所示。

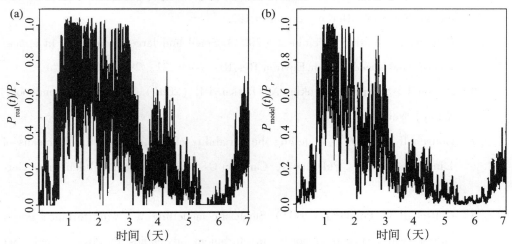

图 20-B1　a. 测得的功率信号。b. 模拟的功率信号，依据公式（20-B4），
$\alpha = 0.005/\text{s}, \beta = 0.5\text{W}/\text{s}^2,\ u_r = 13\text{m/s}$ 且 $P_r = 1\text{W}$。采用的风速信号可与功率输出量同时测得

---

① 恒定扩散函数会产生相加噪声。更复杂的系统（如湍流驱动系统）和非恒定扩散函数会产生相乘噪声。

② 仿真模型可以整合风电机惯性对风速变化的有限反应时间。

③ 初始条件 $P(t=0)$ 也是功率输出计算的必要条件，但动态会迅速适应给定风速，因此其结果仅取决于风速值。

从图 20 - B1 中可以看出，松弛模型可以估算风电机功率输出的第一近似值。波动及其统计数据比长期性能更难复制。长期性能主要受风速变化而非随机波动性的影响。如文献[11]所述，还存在更先进的方法，此类方法未假设 $D^{(1)}$ 和 $D^{(2)}$，而是根据测量数据进行估算。

参考文献

[1] Anahua E, Barth S, Peinke J (2008) Markovian power curves for wind turbines. Wind Energy 11 (3): 219 - 232.

[2] Betz A (1927) Die windmuhlen im lichte neuerer forschung. Die Naturwissenschaften 15: 46.

[3] Bianchi FD, De Battista H, Mantz RJ (2006) Wind turbine control systems, 2nd edn. Springer, Berlin.

[4] Böttcher F, Peinke J, Kleinhans D, Friedrich R (2007) Handling systems driven by different noise sources—implications for power estimations. In: Wind energy. Springer, Berlin, pp 179 - 182.

[5] Böttcher F, Barth S, Peinke J (2007) Small and large fluctuations in atmospheric wind speeds. Stoch Environ Res Ris Assess 21: 299 - 308.

[6] Burton T, Sharpe D, Jenkins N, Bossanyi E (2001) Wind energy handbook. Wiley, New York.

[7] Gottschall J (2009) Modelling the variability of complex systems by means of Langevin processes. PhD thesis, Carl von Ossietzky Universität Oldenburg, Germany.

[8] Gottschall J, Peinke J (2007) Stochastic modelling of a wind turbine's power output with special respect to turbulent dynamics. J Phys: Conf Ser 75: 012045.

[9] Gottschall J, Peinke J (2008) How to improve the estimation of power curves for wind turbines. Environ Res Lett 3 (1): 015005 (7 pp).

[10] IEC (2005) Wind turbine generator systems, part 12: wind turbine power performance testing. International Standard 61400 - 12 - 1, International Electrotechnical Commission.

[11] Milan P, Mücke T, Wächter M, Peinke J (2010) Two numerical modeling

approaches for wind energy converters. In：Proceedings of computational wind engineering 2010.

[12] Rankine WJM （1865） On the mechanical principles of the action of propellers. Trans Inst Naval Architects 6：13 − 39.

[13] Rauh A，Seelert W （1984） The Betz optimum efficiency for windmills. Appl Energy 17：15 − 23.

[14] Rauh A （2008） On the relevance of basic hydrodynamics to wind energy technology. Nonlinear Phenom Complex Syst 11 （2）：158 − 163.

[15] Rauh A，Peinke J （2004） A phenomenological model for the dynamic response of wind turbines to turbulent wind. J Wind Eng Ind Aerodyn 92 （2）：159 − 183.

[16] Richardson LF （1922） Weather prediction by numerical process. Cambridge University Press，Cambridge.

[17] Risken H （1984） The Fokker-Planck equation. Springer，Berlin.

[18] Rosen A，Sheinman Y （1994） The average power output of a wind turbine in turbulent wind. J Wind Eng Ind Aerodyn 51：287.

[19] Schneemann J，Knebel P，Milan P，Peinke J （2010） Lift measurements in unsteady flow conditions. Proceedings of the European Wind Energy Conference 2010.

[20] Twele J，Gasch R （2005） Windkraftanlagen. Teubner B. G. GmbH.

[21] Wächter M，Gottschall J，Rettenmeier A，Peinke J （2008） Dynamical power curve estimation using different anemometer types. In：Proceedings of DEW-EK，Bremen，26 − 27 Dec 2008.

第四篇

创新型风力发电

第二十一章
海上风能卫星遥感测量

Charlotte Bay Hasager、Merete Badger、Poul Astrup 和 Ioanna Karagali[①]

摘要： 海面风卫星遥感测量是风能应用中的一个关注点。应用型和研究型卫星海洋风测绘可以简单地描述为无源微波、散射计和合成孔径雷达（SAR）。目前欧洲海域的风电装机容量已达 6GW。欧洲风能协会（EWEA）预测，到 2030 年，欧洲海上累积风电装机容量将达到 150GW。与陆上环境相比，人们对海上环境不甚了解，这增加了海上风电场规划、运行和维护的难度。通过卫星测量得到的海面风力数据恰好可以填补人类在海洋风及其时空变化方面的认识空白。卫星海面风风图提供的数据包括风能资源、长期趋势分析和日风力变化。北海和波罗的海的一些案例中采用了使用无源微波辐射仪、散射计和合成孔径雷达（SAR）得到的数据。这些海域是海上风电场聚集区，还有很多在建的新海上风电场项目。

缩写词

ALOS	先进陆地观测卫星

① C. B. Hasager（✉）· M. Badger · P. Astrup · I. Karagali
丹麦技术大学校区风能系，瑞索（Risø）国家实验室，丹麦罗斯基勒菲德烈堡宫 399 号，4000
e-mail：cbha@ dtu. dk

M. Badger
e-mail：mebc@ dtu. dk

P. Astrup
e-mail：poas@ dtu. dk

I. Karagali
e-mail：ioka@ dtu. dk

AMSR	高级微波扫描辐射计
ASAR	高级合成孔径雷达
ASCAT	高级散射计
ASI	意大利太空局
CFOSat	中法海洋卫星
CLS	采集定位卫星
CNES	法国空间研究中心
CNSA	中国国家航天局
COSMO-SkyMed	地中海盆地观测小卫星星座系统
CSA	加拿大太空局
DLR	德国航空航天中心
DMSP	国防气象卫星计划
DTOC	海上风电场集群设计工具
EERA	欧洲能源研究联盟
EOLI-SA	地球观测—独立系统
ERS	欧洲遥感卫星
ESA	欧洲航天局
EUMETSAT	欧洲气象卫星应用组织
EWEA	欧洲风能协会
FINO	在北海和波罗的海海域建设的研究平台
GCOM-W2	全球变化观测卫星，W：水循环
GMF	地球物理模型函数
HH	水平接收，水平传输
HJ	环境（环境保护与灾害监测卫星星座）
HY	中国海洋彩色卫星
ISRO	印度空间研究组织
JAXA	日本宇宙航空研究开发机构
JERS	日本地球遥感卫星
JHU APL	约翰霍普金斯大学应用物理实验室
JPL	喷气推进实验室
LTAN	升交点地方时

MDA	麦克唐纳·德特威勒联营公司
NAO	北大西洋涛动
NASA	美国国家航空航天局
NASDA	日本国家航天局
NESDIS	国家环境卫星、数据与信息服务
NOGAPS	海军作战全球大气预报系统
NOAA	美国国家海洋与大气管理局
NORSEWInD	北海风力索引数据库
NSCAT	NASA 散射计
NSIDC	美国国家冰雪数据中心
NSOAS	国家卫星海洋应用中心（中国）
PALSAR	相控阵型 L 波段合成孔径雷达
PO. DAAC	物理海洋学分布式有源档案中心
RSS	遥感系统
SAR	合成孔径雷达
ScatSat	散射计卫星
SMMR	多通道微波扫描辐射计
SSM/I	专用传感器微波成像仪
SSMIS	专用传感器微波成像仪/探测仪
TanDEM	TerraSAR-X 数字高程测量附加组件
TerraSAR	Terra 合成孔径雷达
TMI	TRMM 微波成像仪
TRMM	热带降雨测量卫星
TSX-NG	新一代 TerraSAR-X
VV	垂直接收，垂直传输
WRF	天气研究与预报

21.1　概述

卫星遥感测量在海上风能领域应用广泛。对海洋风进行观测的卫星有许多种。卫星中心将收集的数据存档备案。一些卫星传感器能够提供海面风数据。有些其他用途的卫星也可能会检测到海面风。因此，本章旨在查阅并处理与海上风能有关的卫星数据，包括风力资源和长期趋势分析。

海上风电场在欧洲海域分布较为普遍。第一个海上风电场是 Vindeby 风电场，位于波罗的海丹麦海岸，1992 年开始投入运营。其后，丹麦、英国、荷兰、瑞典等其他几个国家陆续建立了许多大型海上风电场。欧洲风能协会（EWEA）的数据显示，2013 年中期，欧洲海上风电装机容量为 6GW，分布在 10 个国家的 58 个风电场。在建的风电项目有 9 个，还有 9 个正在筹建中，建成后，累积风电装机容量将达 9GW。此外，这些海上风电场的总发电量达到了 18GW 以上。目前项目开发商和公用事业单位正在规划的海上风电场总装机容量超过 100GW。欧洲风能协会（EWEA）预计，到 2030 年，欧盟 27 个国家的总装机容量将达 150GW。

海上风电场的规划、运营和维护比陆上风电场难度大。首先，船只或直升机的可用性有限，天气和海浪会影响船只或直升机运输。需要面对的另一个挑战是，与陆上环境相比，人们对海上自然环境不甚了解。这在一定程度上是由于海上环境相对难以进入，且运营成本高昂。海面风的测绘图是通过卫星传感器绘制的，这些数据填补了人类对海上风能潜力和其他海上风电场相关数据的知识空白。

卫星遥感测量技术在观测海面风方面的应用已有超过 25 年的历史。负责国防气候卫星计划（DMSP）的美国国防部气象项目于 1987 年发射了 F-8 卫星平台。该卫星平台上配备了无源微波辐射仪、专用传感器微波成像仪（SSM/I）。SSM/I 是一种用于观测海面风风速的工具。其后，更多 F-18 系列卫星相继发射成功，其中一些在不同轨道上并联运行。

本文首先简要描述了地球同步卫星和极地轨道卫星，然后详细介绍了观测海面风所用的 30 余种卫星传感器，旨在明确时序模式和观测模式之间的主要区别。

地球同步卫星的旋转周期与地球自转的旋转周期相同，即卫星位于赤道上方的一个固定位置。因此，每隔 30min 对同一区域进行一次测绘（如有必要，可每分钟进行一次测绘）。地球同步卫星可以绘制云层图，云层图的绘制频率足以形成云雾径迹，从而可以提供高空的风矢量数据。但是，地球同步卫星平台上未设置海面风传感器。

极地轨道卫星沿极地轨道记录数据。在升交点（北向），会记录一个截幅；在降交点，会在地球另一侧记录另一个截幅（图 21-1）。

根据截幅的宽度和轨道设置，完成整个地球地图的绘制需要一天至一个月以上

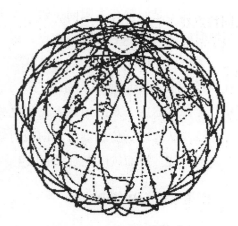

图 21 – 1　地球极地轨道

的时间。例如，如果截幅宽度为 1 800km，则一天内可以覆盖全球 90% 的地域。如果截幅宽度为 50km，则绘制整个地球地图需要一个月以上的时间。由于截幅的宽度恒定不变，赤道位置具体局部点的可用观测值比两极附近区域具体局部点的可用观测值少。一般来说，宽截幅的空间分辨率比窄截幅的空间分辨率低。高时间分辨率和高空间分辨率之间相互权衡。只有在不同平台（如 F 系列卫星平台）配备一些类似仪器的情况下，才有可能得到高时间分辨率（即每天各个时间段）的全球风图。图 21 – 2 所示为在 SSM/I 传感器的下降弧段观测到的全球风速图。注意，赤道地区各弧段之间的间隔比高纬度地区各弧段之间的间隔宽。

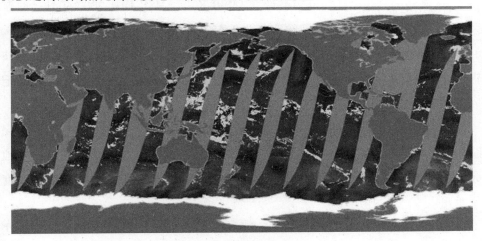

图 21 – 2　下降弧段 SSM/I 全球风速图。截幅宽度为 1 400km。灰色标度：低风用暗灰色表示，高风用亮灰色表示。白色和灰色阴影表示冰雪地区、无数据地区和陆地。

数据来源：遥感系统

海面风观测仪的共同特点在于它们都在太阳同步轨道上运行，这意味着可在升交点和降交点处的同一当地时间绘制地球上的某一地点，例如给定交叉赤道时间的黄昏、黎明，早晨、晚上，或午后、夜间。

这样可以将卫星海面风绘图分为不同种类。有专门用于绘制海面风图的卫星，也有多用途的研究型卫星。无源仪器用于观测地球发出的电磁微波辐射，有源仪器会发出电磁微波辐射，用来观测从地球到传感器的反向散射辐射。海面风传感器能够全天候昼夜不停地发挥观测功能。海面风图在海平面以上 10m 高度有效。

21.1.1 海面风卫星：无源微波

在 1979 年，研究型无源微波卫星雨云-7 号多通道微波扫描辐射计（SMMR）开始运行。其运行时期为 1979 年至 1984 年，可用数据结果的空间分辨率为（60×60）km。海面风图的连续系列从 1987 年的 SSM/I 开始。观测目标是地球释放的微波辐射。截幅宽度约为 1 400km，空间分辨率为（25×25）km。关于近实时数据，请登录 http：//manati. orbit. nesdis. noaa. gov，关于 SSM/I 数据档案，请登录 http：//www. remss. com/。存档数据包括 F-8、F-10、F-11、F-13、F-14 和 F-15 提供的数据。目前只有 F-15 仍在运行中。载有卫星专用传感器微波成像仪/探测仪（SS-MIS）的 F-16、F-17 和 F-18 的截幅宽度为 1 700km，分别从 2003 年、2006 年和 2009 年运行至现在。另一种无源微波辐射仪为美国国家航空航天局（NASA）卫星平台 Aqua 装载的高级微波扫描辐射计（AMSR-E）。AMSR-E 从 2002 年开始绘制海风风速图，目前仍在运行，其截幅宽度为 1 450km，空间分辨率为（25×25）km。Midori-2 号卫星平台由日本宇宙航空研究开发机构（JAXA）发射，载有高级微波扫描辐射计（AMSR），运行时期为 2002—2003 年，但后来其信号丢失，因此其记录的风速时序较短。

与无源微波数据相同的是，只绘制风速图，与风向无关。图 21 - 3 所示为无源微波和散射计 QuikSCAT 的可用数据概览。图 21 - 3 详细记录了升交点处的当地交叉赤道时间（升交点地方时）。可以看出，整个时间段内的交叉时间随轨道高度的变化而变化。

在北纬 40°和南纬 40°之间的热带地区，热带降雨测量卫星（TRMM）与 TMI 系列传感器协同对海面风进行观测（TRMM 微波成像仪）。该卫星从 1997 年运行至今，持续测绘风速图。

宇宙中另一个无源微波辐射仪是全极化微波辐射计 WindSat。从 2003 年至今，

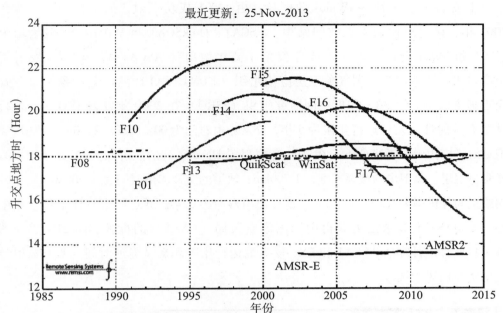

图 21 - 3　海洋风测绘卫星名称，除 F08 和 QuikSCAT 以外，各个卫星均标注有运行年份、升交点、升交点地方时（LTAN），虚线标注的是 F08 和 QuikSCAT 的降交点。

数据来源：遥感系统

载有多频率极化辐射计 WindSat 的科里奥利（Coriolis）卫星一直处于运行状态。WindSat 由美国海军研究实验室研发，并由美国空军研究实验室运行，可以根据地球发出的微波辐射绘制风速和风向图。空间分辨率为（25 × 25）km，相关数据可登录 http：//manati-test. orbit. nesdis. noaa. gov/datasets/WindSATData. php。NASA 的喷气推进实验室（JPL）将数据存档在物理海洋学分布式有源档案中心（PO. DAAC）。可在 PO. DAAC 查询十多年的数据信息。

第 2 节对 SSM/I 进行了详细描述，并以 SSM/I 为基础列举了风力分析结果。

21. 1. 2　海面风卫星：有源微波

宇宙中的第一个海面风散射计为 1978 年 SEASAT 卫星的星载散射计，但仅运行了几个月。欧洲航天局（ESA）于 1991 年和 1995 年相继推出 ERS-1SCAT 和 ERS-2SCAT。ERS 表示欧洲遥感卫星。运行 16 年后，ERS-2 于 2011 年 9 月停用。1996 年，NASA 发射了 NSCAT（NASA 散射计），但在 1997 年就停止运行了。此后，NASA 很快发射了载有 SeaWinds 散射计的下一代卫星 QuikSCAT。QuikSCAT 非常成功，实现了 10 余年的良好运行，比其预计运行时间多出 7 年。Midori-2 号卫星上安装了另一种 SeaWinds 散射计，由 JAXA 成功发射，但不到一年，即在 2007 年，该卫星便消失在空间站中。NSCAT、QuikSCAT 和 Midori-2 号卫星均由 NASA 和 JAXA 合作研发。2006 年发射了高级散射计 ASCAT-A，2012 年发射了 ASCAT-B，两者均为欧洲气象卫星应用组织（EUMETSAT）的星载气象卫星。升交点地方时为 21：30。印度空间研究组织（ISRO）在 2009 年发射了 Oceansat-2，并载有散射计，预计运行年限为 5 年，交叉赤道时间为 00：00 和 12：00。中国国家卫星海洋应用中心（NSOAS）在 2011 年发射了 HY-2 系列的散射计。HY 是指中国海洋彩色卫星。该卫星的截幅宽度为 1 700km，轨道的交叉赤道时间为 6：00 和 18：00，测绘空间分辨率为（50×50）km。预计使用寿命为 3 年。通过国家海洋卫星应用中心（NSOAS）传输数据需获得中国国家航天局（CNSA）的批准。图 21－3 和图 21－4 所示分别为 QuikSCAT 和 ERS-1/-2 的运行年限和交叉赤道时间。所有散射计均用于海面风观测。

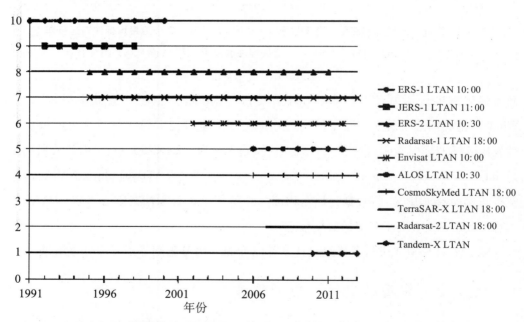

图 21－4　合成孔径雷达（SAR）卫星名称，标有运行年限和标准升交点地方时（LTAN）

第 3 节对 QuikSCAT 进行了详细描述，并列举了风力分析结果。

21.1.3　多功能卫星：有源微波

合成孔径雷达（SAR）卫星目前可在宇宙中的数个多功能卫星上应用。合成孔径雷达（SAR）可以还原风图，风图有一个显著优点，即与无源微波和散射计数据相比，其空间分辨率较高。但其时间分辨率远低于无源微波和散射计数据。合成孔径雷达（SAR）在宽幅模式（也称为 ScanSAR 模式）下的截幅宽度显著不同，从 400km 至 500km 不等。每个地点可用合成孔径雷达（SAR）场景的数量可在 ESA 的 EOLI-SA 档案中查看，网址 http：//earth. esa. int/EOLi/EOLi. html。合成孔径雷达（SAR）系统可在各个轨道上开启和关闭，只需对用户需要获得相关数据的区域进行测绘。数据向地传输、星载数据储存和地面卫星接收站的记录有限。因此，存档的合成孔径雷达（SAR）场景在全球内的分布并不均匀。

1978 年发射的 SEASAT 卫星装载了合成孔径雷达（SAR），但该卫星信号很快就丢失了。欧洲航天局 1991 年发射了 ERS-1 卫星，并装载了上述散射计以及一个成像合成孔径雷达（SAR）和一个测高仪。4 年后，ERS-2 发射成功，其配置与 ERS-1 相同，虽然其设计寿命只有 3 年，但它却正常运行了 16 年。图 21 – 4 用曲线图表示了空间中合成孔径雷达（SAR）的运行年限及其交叉赤道时间近似值（标准值）。

ERS-1/-2 系列卫星的星载传感器相同，其合成孔径雷达（SAR）时间序列最长，约为 20 年。两者的实际运行年份均超出设计寿命很多年。加拿大太空局（CSA）发射的 RADARSAT-1 卫星运行时间长达 18 年，目前其数据序列由 2007 年发射的 RADARSAT – 2 卫星延续，该卫星属于麦克唐纳·德特威勒联营公司（MDA）。2002 年，欧洲航天局（ESA）发射了欧洲环境卫星，共装载了 12 个不同的传感器，其中包括高级合成孔径雷达（ASAR）。ASAR 的数据序列长达 10 年，是其设计运行年限的两倍。

与 ERS-1/-2 的星载合成孔径雷达（SAR）相同，Envisat 卫星和 RADARSAT 卫星-1/-2 均在 C 波段运行。其他合成孔径雷达（SAR）均在 L 波段运行，如日本国家航天局（NASDA，现称 JAXA）发射的日本地球遥感卫星 JERS-1，其运行期间为 1992 年至 1998 年，JAXA 于 2006 年发射的先进陆地观测卫星（ALOS）载有相控阵型 L 波段合成孔径雷达（PALSAR）。

有些卫星载有 X 波段传感器，即 2006 年至 2010 年间发射的 4 个意大利卫星星座（军民两用）。地中海盆地观测小卫星星座系统（COSMO-SkyMed）由意大利研究部和国防部资助，并由意大利太空局（ASI）执行。德国航空航天中心（DLR）于 2007 年发射的 TerraSAR-X1 和 2010 年发射的 TanDEM-X 都装载了 X 波段合成孔径雷达（SAR）。

目前有 10 个合成孔径雷达（SAR）正在运行中。可以从各种合成孔径雷达

（SAR）中提取风速数据，但是 C 波段风图是目前时序最长的风图。一些合成孔径雷达（SAR）只有一个极化，例如 ERS-1/-2 只有垂直接收和垂直传输（VV）极化。而 RADARSAT-1 只有水平接收和水平传输（HH）极化。新型合成孔径雷达（SAR）具有偏振测定功能，但是需要依据优选记录，例如纬度。HH 通常用于测绘北极洲和南极洲的海冰。VV 通常用于其他地点。

测高仪是海面风测绘的另一种有源微波方法。测高仪用于观测海平面高度和重力。但是，海面风数据也可以从卫星测高仪中得出。得出的只是风速数据，不包括风向。此外，空间取样非常稀少。因此，往往忽略测高仪提供的风能测量数据。

第 21.3 节对 ERS 和 Envisat 卫星进行了详细描述，并列举了风力分析结果。

21.2 SSM/I

21.2.1 概述

专用传感器微波成像仪（SSM/I）从 1987 年 7 月开始就已经开始装载在国防气象卫星计划的极地轨道卫星上，4 个卫星/仪器同时运行，其中 3 个从 2000 ～ 2007 年连续运行了 8 年。有 3 个 SSM/I 仪器 F-15、F-16 和 F-17 仍在运转。SSM/I 无源微波传感器在 7 个通道和 4 个频段中运转，并观测无源发射辐射，即辐射亮度温度。算法[1,2]可根据亮度温度计算出风速。关于 SSM/I 的技术信息，请登录美国国家冰雪数据中心[3]查看。

SSM/I 数据由遥感系统提供，并由 NASA 地球科学措施探索项目倡议。遥感系统（www.remss.com）中从 F-8、F-10、F-11、F-13、F-14、F-15 和 F-17 卫星获得的数据可供公众免费使用。其分辨率光栅格式为世界通用的 0.25°×0.25°，即像素域为 1 440×720。在最高时间分辨率中，每天形成一个文件，每个文件包括一组两个五域。第一个五域为上升轨道（卫星向北移动），另一个五域为下降轨道（卫星向南移动）。该像素域可以储存"测量时间（以每天的分钟数计算 UTC）""10m 风速（m/s）""柱状水蒸气（mm）""云液态水（mm）"和"降水率（mm/h）"的数据。所有像素值均用单字节无符号数据 0 ～ 255 表示，因此可采用缩放比例实现目的层段的最佳分辨率：

时间（以每天的分钟数计算，UTC）＝像素值×6

风速（m/s）＝像素值×0.2

柱状水蒸气（mm）＝像素值×0.3

云液态水（mm）＝像素值×0.01

降水率（mm/h）＝像素值×0.1

像素值 0 ~ 250 表示有效测量值，251 ~ 255 用于标记未推导出的风速、冰和陆地，无数据记录，记录下的数据也无效。

SSM/I 测量不同波长和极化的亮度温度，并使用 Wentz[1] 和 Spencer[2] 提出的算法从这些测量值中提取出四类数据，该算法是 Wentz 无雨算法的延伸。风速精确值（rms）设定为 0.9m/s。图 21 - 2 表示 SSM/I 观测得到的下行道全球风速图。

21.2.2　SSM/I 风速数据测试

Wentz 和 Spencer 提出的算法需要根据海上浮标风速测量值的长序列进行测试。为了根据独立海上风速测量值对这些数据进行测试，本文将 EU-NORSEWInD 项目中的 SSM/I 数据[4] 与 54°00′52″N、06°35′16″E 处德国 FINO-1 海上平台的测量值[5] 进行了比较，该地点接近北海的阿尔法文图斯海上风电场。FINO 是指在北海和波罗的海海域建设的研究平台。这些数据包括从 2004 年 4 月 1 日至今（2010 年 2 月 28 日）的一些故障时间相关数据，并包括海上 33 ~ 100m 之间 8 个高度点的风速参数。

SSM/I 数据测量自海平面以上 10m 高度，根据 Charnocks 关于海平面粗糙度的公式[6] 和对数风速轮廓线，10m 高度处的卫星风数据可以转换为其他高度的风数据。

图 21 - 5 所示为 33m 和 100m 高度处的风速比较。图中显示了 FINO 数据的 10min 平均值和 1h 平均值（与 SSM/I 测量的时间最为接近）。33m 高度处的风速较小，最高为 18m/s 以下，100m 处的风速最高为 20m/s，SSM/I 对超出上述风速限值的预测过高。100m 高度处的 SSM/I 平均偏差减去 FINO-1 每小时平均值等于 0.34m/s，标准偏差为 3.0m/s，远大于假设偏差 0.9m/s。100m 高度处 10min 的数据结果显示，平均偏差为 0.35m/s，标准偏差为 3.1m/s。33m 高度处 10min 的小时数据结果显示，平均偏差为 0.78 和 0.77m/s，标准偏差分别为 2.6 和 2.7m/s。FINO-1 位于 SSM/I 覆盖区域的边缘，只有卫星通道 20% 的区域可以提供有效的风速数据。这也是出现偏差的一个原因。另一个不确定性因素是高平面处对数模型的有效性。对比结果显示，100m 高度处的风速高于 30m 处的风速。

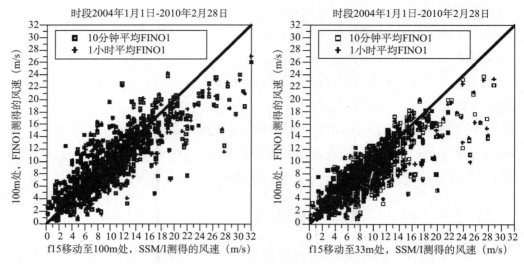

图 21 -5　6.5E, 54N 处 SSM/I 测量值与 FINO1 测量值的比较

另一种统计测量方法是威布尔分布[7]，如图 21 -6 所示。与图 21 -5 所示一致，SSM/I 数据中高风速数量多于 FINO-1 处测量的高风速数量。此处采用的分析期间为 2004—2009 年。

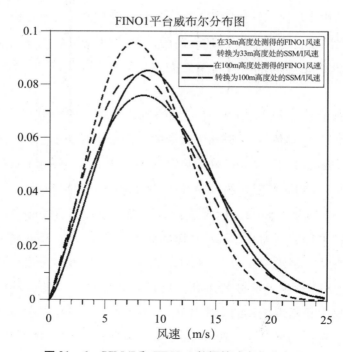

图 21 -6　SSM/I 和 FINO-1 数据的威布尔分布图

21.2.3　长时序研究

长时间序列可实现长期（20 年）风能资源研究。结合上述 6 个卫星的时序，较高编号卫星采集的数据优于较低编号卫星采集的数据，创建两种卫星 23 年来的日常测量值清单。图 21 – 7 所示为 1987 年 7 月至 2010 年 3 月期间北海 0°E、59°N 处和波罗的海 18.75°E、56°N 处的风速月平均值分布图。图 21 – 8 所示为相同地点间隔 5m/s 的风速分布。多年来风速没有出现任何明显波动趋势，既不呈上升趋势，也不呈下降趋势。

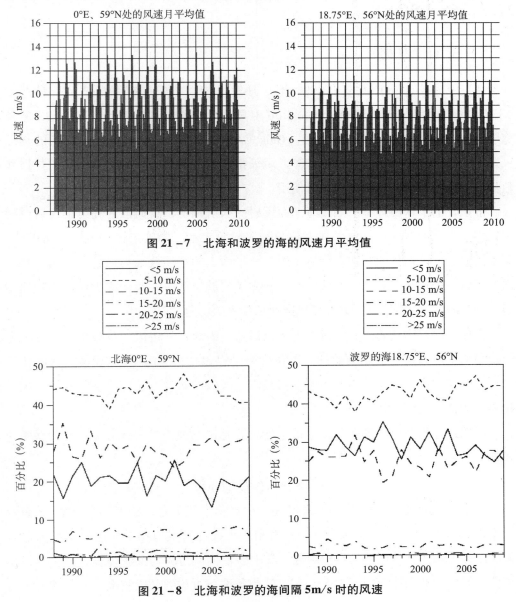

图 21 – 7　北海和波罗的海的风速月平均值

图 21 – 8　北海和波罗的海间隔 5m/s 时的风速

21.2.4　讨论

卫星数据的 SSM/I 序列是记录海上风速数据时间最长的时序，并且非常完整。rms 偏差设定为 0.9m/s，但在观测区域边缘（即接近海岸的位置），大部分卫星通道无法获得测量数据，rms 偏差较大，并且测试地点的 SSM/I 数据对高风速时的风速计数据预测过高。SSM/I 数据中无法显示气候变化研究者预测的暴风雨次数增加。

21.3　QuikSCAT

21.3.1　概述

快鸟（QuickBird）卫星于 1999 年 6 月发射成功，载有有源微波散射计 Sea-Winds（曾经称为 QuikSCAT）。QuickBird 卫星是太阳同步卫星极地轨道平台，截幅宽度为 1 800km。2009 年 11 月之前，QuikSCAT 一直用于记录海洋表面附近的全球风速和风向，提供了很多有价值的海洋风矢量资料。暴风雨近实时监测相关数据和数值天气预报模型同化的数据均可使用。

散射计的工作原理基于测量海平面反射的入射辐射。反向散射辐射描述通过特定几何体观测的散射面状态，以方位角和入射角表示。要确定风矢量解的有限集，至少需要不同几何体的两种观测值。假设海平面上的小型波浪与风速相平衡，对反向散射辐射进行修正。基于此项假设，建立了经验算法——通常称为地球物理模型函数（GMF），以表示到达近表面风速矢量仪表的反向散射辐射。

根据风向对测量的反向散射辐射进行修正。因此，确定风矢量时要综合考虑多个视角的反向散射辐射观测数据。风速检测过程包括：（1）风场反演，反向使用 GMF，以获得风速和风向的多项最大相似估计；（2）模糊度去除算法，从各个风矢量单元的估计值中选择一个。

采用地球物理模型函数 F 建立雷达反向散射 σ^0 与风矢量之间的关联，关联表达式如下：

$$\sigma^0 = F(U, \alpha, \theta, f, p)$$

其中 U 表示海平面以上 10m 高度处的中性稳定风矢量，α 表示方位角，f 表示频率，p 表示极化，θ 表示观测点的入射角。生成与测量值相对应的模拟反向散射值。以最大似然估计函数为目标函数，其中多重极值为风场反演过程中产生的风模糊度。模型函数在风速范围为 5 ～ 12m/s 的条件下可达到最优效果，超出该范围时产生的风速偏差较大。

模糊度去除算法采用改进的中值滤波技术，从检索过程产生的模糊度中选择一个特殊的风矢量。根据模拟数据，每个风矢量单元包含两到六个模糊度。该算法的目的是选择最接近真实风场情况的解[8]。

受大气稳定度变化的影响，等效中性风可能与实际风情况不同。由于水面附近空气分层的影响，标准风速与高度的对数律模型中可能会产生偏差。不稳定大气条件（即水温高于大气温度）可能会导致过高估计 QuikSCAT 的风速。相反，稳定大气条件（即大气温度高于水温）可能会导致过低估计 QuikSCAT 的风速[9]。

QuikSCAT 发射后，提供了数据有效性和热带风暴监测方面的许多有价值的测量值。Ebuchi 等人[10]利用海上浮标数据对 QuikSCAT 观测的风矢量进行了评估，结果显示风速的均方根差值约为 1m/s。使用的测量值大于 3m/s 时，风向的均方根差值约为 20°。Bourassa 等人[11]采用无雨条件下不同调查船的观测值验证 QuikSCAT 的风矢量。结果表明，模糊度选择最适用于海面风速大于 8m/s 的情况。Tang 等人[12]认为，标准和高分辨率产品测得的近海观测误差越大，开放海域高分辨率风矢量的精确度越高。Boutin 等人[13]认为，与南海和北大西洋的浮标数据相比，QuikSCAT 运算乘积可精确至 5% 或以上。

受陆地的影响，很难利用沿海地区的卫星数据。但是，QuikSCAT 产品已得到了广泛应用。Pickett 等人[14]对 QuikSCAT 产品和近海浮标风速数据进行了比较，以评估沿海地区遥感风矢量的性能。结果表明，近海区域的卫星浮标风速差值比海上的卫星风速差值大 30% 左右。识别海岸风（如海风）具有很高的经济价值。海风是一种昼夜循环现象，其产生原因是陆地和海洋气团之间存在温差。由于陆上热空气上升，来自海洋的高密度空气流向陆地。此外，人们也在尝试使用 QuikSCAT 对海风进行评估[15]。相关文献清单可参见 Liu[16]。

雷达反向散射主要受雷雨天气的影响，因为雷雨会导致信号产生反向散射，信号经过雷雨时会衰减，而且受雨滴的影响，海面也会发生变化。大范围迅速膨胀变化的风和表面污染物也会对海面产生影响。虽然存在这些已知问题，但一直使用 QuikSCAT 提供全球海域的风矢量信息。经证明，QuikSCAT 是监测热带和非热带风暴最有用的工具[17]，是数值天气预报模型输出值[18]和数据同化的验证集。其实际运行时间为 5 年，远远超过了 3 年的设计寿命。自 2009 年 11 月 23 日起，受方位影响，摩擦增加，天线旋转速率降至零。这种现象只会影响实时扫描设备，长期数据收集系统不会受到影响，仍然正常运行。

21.3.2 数据

QuikSCAT 位于周期为 101min 的极地运行轨道上,高度为 803km,运行速度约为 7km/s。升交点(早晨)期间测得的当地交叉赤道时间为 06:00 ± 30min。在 K 波段运行且频率为 13.4GHz 的散射计为有源雷达。该散射计使用旋转的抛物面天线,可以将微波脉冲辐射至地球表面更广阔的区域,然后测量反向散射至散射计的能量。该散射计收集的数据涵盖海上、陆地和冰面的数据,截幅宽度为 1 800km,一天内可以覆盖全球 90% 的地域。每个地理位置或风矢量单元分辨率为 25km,而每个雷达的反向散射观测值对应约 25km × 37km 的表面[19]。测量值包括 3 ~ 20m/s 范围内精确度为 2m/s 的风速以及精确度为 20°的风向。

卫星由两个基本系统构成,一个是星载观测系统(雷达),另一个是地面数据处理系统。地面系统可处理卫星接收的三天内的原始数据。然后将数据发送至 NO-AA-Suitland 和 JPL,以供操作使用和科学处理。本章所得结论使用的数据均由遥感系统(RSS)提供,由 NASA 海洋矢量风科研团队发起。详情请登录 www. remss. com。欲了解更多信息,请登录 JPL 官方主页 http://winds. jpl. nasa. gov/missions/quikscat/index. cfm。

21.3.3 统计结果

QuikSCAT 提供的可用数据集可以用来推导与某地区一般气候学有关的统计结果,当前情况下,可以推导北海和波罗的海的统计结果。北海和波罗的海相对较浅,一些海上风电场内数百台风电机形成了海中陆地。以下地图中提供了一些未来可能建设风电场的区域的相关信息。

如图 21 -9 所示,该地区的 QuikSCAT 可用数据可用来评估结果的统计充分性和结论的有效性。应注意,雷达反向散射会受雷雨的影响,风场反演过程同样如此,因此,最好将被标记为有雨的数据从分析中排除。无雨时,北海区域的覆盖范围广,像素质量也比较高。相反,波罗的海中心的覆盖率适中,并远离沿海地区内陆水域,但并未覆盖内陆水域,如丹麦海峡。

为 QuikSCAT 提供的长期数据集能够显示出不同地区的风速趋势。图 21 -10 所示为可用数据整个期间的晨间平均风速,图 21 -11 显示的是其午后平均风速。通过北海和波罗的海上空两个通道,QuikSCAT 无法恰当地解决风场的昼夜差异性问题。但是,图 21 -12 中仍然可以识别出日间信号,图中显示的是可用数据整个期间晨间与午后风速的风速差值。

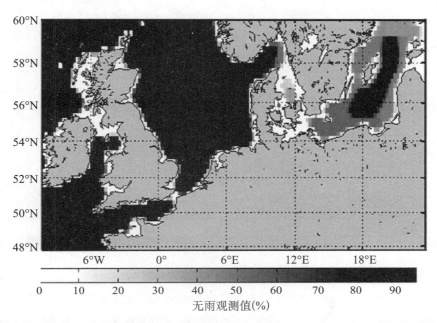

图 21 – 9　QuikSCAT 测得的 1999 年 8 月至 2009 年 10 月期间每个像素域的无雨通道比例。
白色表示受低分辨率影响无数据覆盖的地区

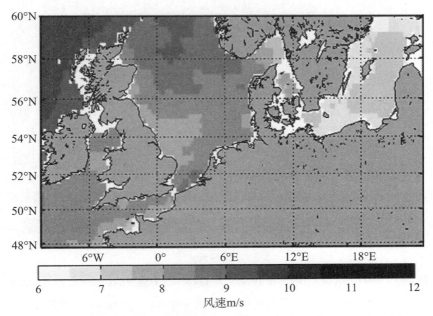

图 21 – 10　1999 年 8 月至 2009 年 10 月期间 QuikSCAT 测得的晨间平均风速。数据处理中
不包括有雨的风矢量单元。白色区域表示无可用数据，或可用数据较少（观测值少于 280 个）

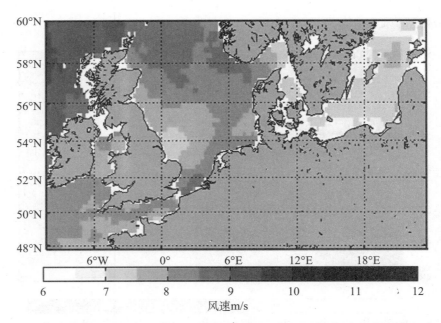

图 21 – 11 1999 年 8 月至 2009 年 10 月期间 QuikSCAT 测得的午后平均风速。数据处理
中不包括有雨的风矢量单元。白色区域表示无可用数据，或可用数据较少（观测值少于 280 个）

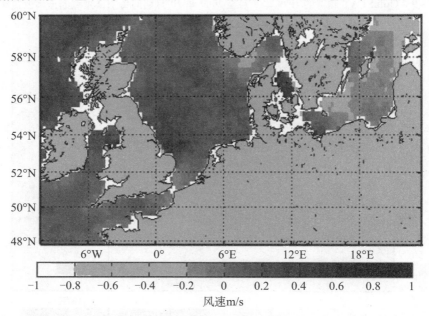

图 21 – 12 1999 年 8 月至 2009 年 10 月期间 QuikSCAT 测得的晨间和午后通道的平均
风速差值。白色区域表示无可用数据，或可用数据较少（观测值少于 280 个）

图 21 – 13 所示为 QuikSCAT 记录期间风速大于 10m/s 的天数比例。有雨的情况
已排除，数据可用性低（即观测数据少于 280 个）的像素已经移除。相反，图 21 –

14 所示为风速低于 3m/s 的天数比例。根据风场反演过程中所用算法，此阈值以下的 QuikSCAT 测量值不可靠。

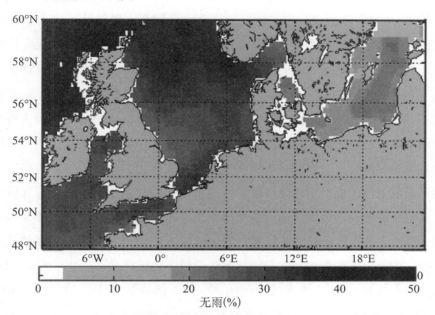

图 21 – 13　风速高于 10m/s 时的无雨天数比例。1999 年 8 月至 2009 年 10 月期间
QuikSCAT 测得的数据。剔除测量值少于 280 项的区域。白色区域表示 0%

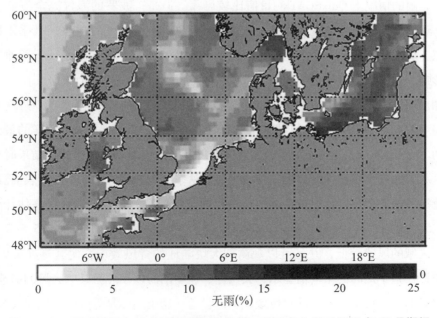

图 21 – 14　风速低于 3m/s 时的无雨天数比例。1999 年 8 月至 2009 年 10 月期间
QuikSCAT 测得的数据。剔除测量值少于 280 项的区域。白色区域表示 0%

21.3.4　讨论

在使用 QuikSCAT 提供的结果时，应注意一些问题。散射计风代表中性风力条件，因此大气的稳定性可能会导致真实情况与测量值不同。风矢量单元分辨率无法反演沿海地区距离陆地近 30km 的详细信息。虽然这一特征很普遍，但对于一些沿海地区（包括丹麦西海岸、挪威南海岸、拉脱维亚以及瑞典和爱尔兰某些地区），QuikSCAT 提供的测量值与陆上测量值非常相近。此外，一天两通道的最大覆盖范围不能恰当地解决昼夜循环问题。此外，雷雨会改变海洋表面，使雷达信号衰减、散射，导致风速过高估计。因此，栅极产品带有雷雨标记，可用于过滤数据。与海面的雷达反向散射与冰面的雷达反向散射性能不同，因此无法得出冰覆盖区域的风场反演。这也是波罗的海数据可用性模式的原因。冰面标记可以用于筛选 SSM/I 提供的数据，SSM/I 是一种无源微波仪器。微波信号无法获得大陆附近区域的信息，冰面标记仅适用于波罗的海中心部分。冰面标记处于活跃状态时，沿海地区会被标出，这决定了数据可用性的具体模式，见图 21 - 9。该特征属于遥感系统（RSS）中 QuikSCAT 产品的内在特征，但是其他分布中心的产品特征不同。

就数据可用性而言，90% 的时间内可以覆盖特定领域的最大部分，且数据质量可靠。在无雨的情况下 QuikSCAT 测量值比较可靠。但是，波罗的海仅完全覆盖了中心区域，远离复杂的沿海地带，但有一个覆盖率为 30% ～ 50% 的缓冲区。几乎未覆盖内陆水域。最大百分比是一个理论值，与完整数据集相对应，且前提是一天两通道不受雷雨影响。完整数据集的数据期间为 10 年零 3 个月，包括 7 490 个数据点。

如前所述，卫星平台有两个节点，即晨间的升交点和午后的降交点。丹麦水域当地时间约为 6 点和 18 点。晨间风速代表夜间后的条件，此条件下，大西洋的最大风速可达到 10 ～ 11m/s。此区域对于散射计风场反演来说较为复杂，在评估结果时应仔细谨慎。从墨西哥湾暖流中分离出的温暖表层流从东北方向挪威移动。海洋表面温度高，且暖流沿风速方向移动，可能会导致雷达反向散射信号复杂化，以致过高估计此处的风速。北海的平均风速为 7.5 ～ 9m/s，而波罗的海的风速较低，为 6.5 ～ 7.5m/s。受保护区域的风速较低，并且可以观测到大块陆地的背风效应，尤其是在英国东部。午后通道在整个期间的平均值显示，大西洋、波罗的海以及北海某些区域的风速较低。令人惊讶的是，英国东海岸的背风效应更加显著。这也可能是等效中性风定义的假象。受午后凉爽海面之上陆地暖空气平流的影响，该区域保持稳态条件，等效中性风会被低估为真风，这可以解释该模式在午后平均风速中被增强的现象。

即使昼夜差异性问题得不到解决，晨间与午后风速的平均差值也会呈现一种持续模式。波罗的海大部分地区的午后风速较高，但是其最大风速差值不超过 0.5m/s。5 月至 11 月的观测数据显示，丹麦与瑞士之间水域的晨间风速较高。北海和北大西洋的平均晨间风速最高达到 0.6m/s。一些栅格单元的差值较大，但由于这些栅格单元中的数据可用性较低，这些差值为虚假差值。

由于海上风能是上图中浅色区域所示的观测结果的关键概念，应使用 QuikSCAT 提供的长期数据评估风力可用潜能。大西洋地区的风速有 45% 的时间高于 10m/s。在北海，某些区域有 25% ～ 35% 的时间超过了该阈值。沿海地区和内陆水域很少出现高速风，但是爱尔兰海和瓦登海有 20% 的时间风速超过了 10m/s。这可能是受雷雨影响产生的假象，因为陆地附近区域最精确的雷雨标记不处于活跃状态。分析中可能包括受雷雨影响的观测值，这些观测值通常会造成高速风的假象，从而导致过高估计平均风速。波罗的海地区的风速通常较低（低于 3m/s），低风速的时间比例最高能达到 15%。在瓦登海沿海地区的大部分区域，几乎观测不到风速低于 3m/s 的情况。大西洋、英吉利海峡以及比利时与荷兰海上区域的低速风比例较低。

上述实例说明了如何实现 QuikSCAT 的长时空覆盖范围，以评估各种离岸风特点。应认真处理 QuikSCAT 的测量结果，因为散射计测得的瞬时空间序列不能替代原地观测获得的时间序列。此外，各种现象相互作用的区域风场反演非常复杂。关于更多采用 QuikSCAT 评估海上风力资源的实例，请参见文献 [20]。

21.4　合成孔径雷达（SAR）

合成孔径雷达（SAR）成像的应用范围广泛，涉及土地覆盖制图、积雪层和海冰检测、轮船和石油泄漏检测以及波动测量等领域。合成孔径雷达（SAR）卫星专为风速观测而设计，但实践证明其成像非常适用于制作海上风场的详细测绘图。与可用测风产品测得的无源微波和散射计观测值不同，对风场 SAR 原始数据的处理依赖于个人数据用户。SAR 数据在全球范围内的空间覆盖范围是可变的，相对无源微波和散射计而言，其观测频率较低。SAR 风场的主要优势在于其较高的空间分辨率（＜1km），可以中等尺度反映风场现象。因此，合成孔径雷达（SAR）成像可以对沿海地区进行风图测绘，因为海上风电机一般位于近海地区。

合成孔径雷达（SAR）传感器用于传送微波波谱中的脉冲，并在信号从地球表面返回时测量信号的多普勒频移和时间延迟。通过高级信号处理，该信息用于生成图像，表示雷达反向散射系数 σ^0。海面上单位面积内的雷达反向散射量取决于地球物理特征，例如海面粗糙度、水分含量、雷达波长以及几何观测。雷达脉冲与海面上的物质相互作用，与雷达波长的尺寸成正比，例如，向粗糙海面传输的雷达脉冲与类似波长的海浪相互作用。然后，散射发生扩散，通常称为布拉格散射[21]。在平坦的海面上，镜面反射是主要的散射机制，雷达不会收到返回信号。海面的状态（粗糙或平坦）主要由局地风决定。因此，雷达散射与风速密切相关，而风向与雷达的几何观测有关。

21.4.1　卫星 SAR 系统

在 1991 年和 1995 年，ESA 发射了两个几乎相同的 SAR 系统（ERS-1 和 ERS-2），在 C 频带运行（～5.3GHz）。ERS-1/2SAR 数据与 ERS-1/2 散射计风场相结合使用，以构建 C 波段 SAR 风场反演的半经验地球物理模型函数（GMF）。ERS-1/2 的截幅宽度最大为 100km。CSA 于 1995 年发射了 RADARSAT-1，ASAR 于 2002 年发射了欧洲环境卫星，大大拓展了时空覆盖范围。两种传感器的运行模式均为默认的 SçanSAR 模式，截幅宽度为 400～500km。这有助于进行动态风图测绘。2007 年发射的 RADAR-SAT-2 以及 2014 年 ESA 关于新卫星 Sentinel-1 的规划确保了 C 波段 SAR 卫星的持续性。最近几年还发射了一些在 L 波段（～1.2GHz）和 X 波段（～10GHz）运行的传感器，目前正在研发这些频率的风场反演改进方法[22,23]。

21.4.2　SAR 风场反演

GMF 的 SAR 风场反演基于散射计风场反演函数[24]。散射计采用多重或旋转天线从不同角度对海面的给定点进行观测。这在雷达反向散射、风速和风向之间建立了一种独特关系。不同的是，SAR 传感器有一个单天线。几组风速和风向对可能会与雷达反向散射的给定观测值相符。因此，必须在可以根据 SAR 数据进行风速反演之前采用其他技术获取风向信息。

1978 年，随 SEASAT 发射了第一个星载 SAR 传感器，在 SAR 图像中可清晰地看到与风向匹配的信号。这些信号与大气边界层卷有关。Gerling[25] 采用快速傅里叶变换检测狭窄风域的风向。为了根据 SAR 图像直接对风向进行反演，还研发了其他技术[26～29]。困难在于如何区分与风有关的图像条纹和其他线性特征，如冰缘线和海岸线，以及如何解决与条状检测有关的 180°模糊问题。

风向也可从其他数据源中获得。也可采用本地研究中可用的实际测量值。对于区域研究，最好使用大气模型或散射计收集的风向空间信息。此类全球性、粗糙分辨率数据集非常适合进行操作性风场反演，但是因时间和空间插值产生了一些不确定性，这也是匹配 SAR 数据的必要因素。

GMF 的 SAR 风场反演一般形式为：

$$\sigma^0 = A(\theta,U)[1 + B(\theta,U)\cos(\phi) + C(\theta,U)\cos(2\phi)]^\gamma$$

其中，σ^0 表示雷达反向散射系数，U 表示中层大气 10m 高度处的风速，θ 表示局部入射角，ϕ 表示与雷达朝向有关的风向。系数 A、B、C 为风速的函数，局部入射角 γ 为经验性常数。常用的一些函数包括 CMOD-IFR2[30]、CMOD4[31] 和 CMOD5[32]。其中，CMOD5 用于飓风风速下的风场反演，但是前述 CMOD 函数的有效风速范围大致为 2 ~ 24m/s。

由于模型函数开始时是为垂直极化的 C 波段 SAR 数据（C_{VV}）建立的，应用于水平极化 SAR 数据（C_{HH}）时，σ^0 需要进行调整。例如，RADARSAT-1/2 的运行默认模式为 C_{HH}，因为这些传感器的主要涉及目的是冰面监测。一些研究者假设 C_{HH} 中的反向散射系数仅仅等于表示比率 C_{HH}/C_{VV} 的函数，即所谓的极化比。Elfouhaily[33]、Thompson 等人[34] 以及 Vachon 和 Dobson[35] 提出的极化比表达式取决于雷达入射角。Mouche 等人[36] 根据机载 SAR 提供的 C_{HH} 和 C_{VV} 的同步测量值，提出了另外一种完整的 C 波段极化比模型。

经验 GMF 基于风速随海平面以上高度的上升呈指数增长这一假设。如果大气边界层为中层，这一假设一般为真。稳定层结通常会导致低估 10m 高度处的风速，而不稳定层结通常会导致高估 10m 高度处的风速。近岸海域对数风速轮廓线的偏差较强，此区域的大气边界层可能会受到陆地的影响。因此，GMF 模型在开阔海域的性能优于在近岸海域的性能。通过将 SAR 数据与海上气象塔[37~39]、海上浮标[40,41]、散射计[42] 和大气模型[43,44] 数据进行对比，检测根据 SAR 数据反演的风速值绝对精确度。这些研究记录的 SAR 数据和其他风速数据的偏差值均小于 2m/s。

21.4.3 波罗的海、北海和爱尔兰海 SAR 风场反演

丹麦技术大学风能研究院（DTU Wind Energy）采用一种系统进行操作性 SAR 风场反演。该系统由美国约翰霍普金斯大学应用物理实验室研发，可以用于处理大多数类型的风场卫星 SAR 数据。欧洲环境卫星 ASAR 的数据来自 EAS 在波罗的海、北海和爱尔兰海上空的卫星，数据采集后几个小时内便可进行处理。采用美国海军作战全球大气预报系统（NOGAPS）测得的风向启动风速反演过程。1°纬度和经度网中有 6 个可用的小时模型风矢量。在时间和空间上用这 6 个风矢量替换内插值，

以匹配卫星数据。

图 21-15 所示为 2010 年 1 月反演的北海和波罗的海的 SAR 风场示例。第一个示例显示，北海上空的东南季风强劲（15～20m/s）。距丹麦西海岸线越远，风速梯度越明显。海上 1～50km 内受陆地屏障效应的影响较强。可以看到与模型风向并列的条纹，SAR 和模型风速基本相符。第二个示例显示，波罗的海上空有两种风况。盆地南部为来自东北方向的强风，北部为来自西北方向的风，风力相对较弱。两种风况下，岛屿和海岸的下风向均受屏障效应的影响，SAR 和 NOGAPS 模型风速基本相符。

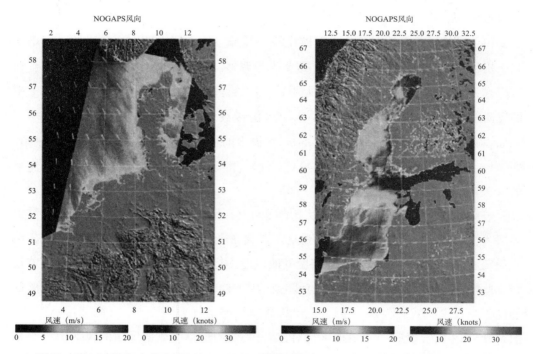

图 21-15 **2010 年 1 月 16 日 09：51UTC 欧洲环境卫星 ASAR 北海风场观测图（左图），**
2010 年 1 月 11 日 09：06UTC 欧洲环境卫星 ASAR 波罗的海风场观测图（右图）。
箭头表示同等尺度的 NOGAPS 模型风矢量

21.4.4 SAR 观测的中尺度风场现象

SAR 风场的高分辨率有利于描述不同的中尺度风场现象，这种现象源于风与局部地形的相互作用。例如，Young 和 Winstead[45] 描述了使用 RADARSAT-1 观测的阿拉斯加海上空的多种风力状况。在地势高的强风区域观测到的中尺度风场现象包括岛屿和山脉尾流、地形急流、缝隙流和下风波。Alpers 等人[46] 对从欧洲环境卫星

ASAR 的图像中观察到的亚得里亚海和黑海上空的布拉风进行了描述。同样，丹麦技术大学风能研究院的 SAR 图像存档包含中尺度风场现象的很多相关示例，本文列举了其中两个：

图 21 – 16（左图）所示为风流受挪威海岸东风压缩的情况。受到压缩后，大面积海平面上北风和西风的风速显著增加。图 21 – 16（右图）所示为苏格兰背风面的周期性波动图形。这些波动是大气重力波，导致风速强烈变化，变化幅度超过 10km。该 SAR 风场还显示了苏格兰崎岖地形的加速和屏障效应。

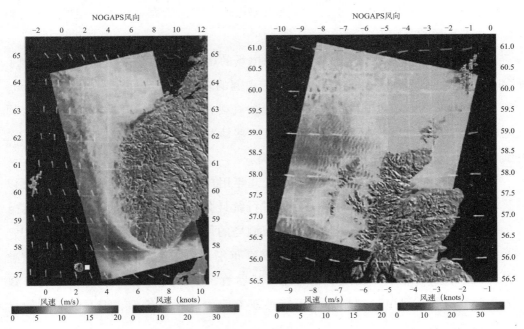

图 21 – 16　2010 年 4 月 25 日 21：06UTC 欧洲环境卫星 ASAR 北海风场观测图（左图），

2010 年 1 月 11 日 10：48UTC 欧洲环境卫星 ASAR 苏格兰海域风场观测图（右图）。

箭头表示同等尺度的 NOGAPS 模型风矢量

21.4.5　SAR 在海上风能中的应用

SAR 风场可在几个与海上风能有关的应用中发挥重要作用。SAR 系统提供的详细空间信息可用来确定海上风场的特点，如上所述，也可以在无其他观测值可用的情况下验证风力模型模拟。二维卫星观测值还可用于进一步解释气象塔的一维观测值。下文介绍了几项研究，其中丹麦技术大学风能研究院提供的 SAR 风场均被用于风能应用中。

风场规划中应考虑风速梯度随离岸距离变化这一现象，因为大部分海上风电场均设置在距海岸线 50km 以内，这一范围内的风速梯度非常显著。为确定丹麦西海岸线的风速梯度，综合采用了 SAR 风场和其他数据源[47]。SAR 观测的风速梯度是各种模型预测值的近两倍。这一差值可能会反映出 SAR 数据或模型数据在海岸风速梯度分辨能力方面的限制因素。

大气重力波导致的周期性风力变化会影响风力发电量，因此应尽可能准确地预测此类事件。Larsén 等人[48]采用气象观测值的光谱信息和天气研究与预报模型（WRF）对丹麦风电场 Nysted 的大气重力波进行了案例研究。SAR 风场可以用来确定光谱分析的波动图形。

SAR 图形也可以用于量化大型海上风电场的尾流效应。如果给定区域内规划了多个风电场，则预测风电场之间遮蔽效应引起的功率损失至关重要。丹麦的 Horns Rev I 风电场由 80 个风电机组成，从卫星和机载 SAR 图像中可以看出，这 80 个风电机下风向的平均风速显著降低[49,50]。在有些情况下，这一尾流效应持续影响的范围超过 20km，远大于尾流模型预测的距离。

由于 SAR 数据档案不断完善，最近几年用户使用 SAR 数据更加方便，可以获取足够多的 SAR 场景，对风力资源进行统计分析。这种分析依赖于威布尔分布函数对 SAR 风力数据的适用性，与观测塔的风力资源评估相似。要获得 90% 置信度时准确度为 ±10% 的平均风速或威布尔尺度参数，至少需要 70 个重叠 SAR 场景，要评估功率密度和威布尔形状参数，则需要数千个样本[51]。SAR 风力资源分布图在风电场规划的预可行性研究阶段非常有价值，但是其不确定性等级一般较高。

由于 SAR 卫星轨道动力学和风电场之间的不同覆盖范围，SAR 风场不易与统计分析相结合，作为栅极 SSM/I 和 QuikSCAT 风力数据。图 21 - 17（左图）所示为丹麦技术大学风能研究院持有的北海西部的 SAR 场景。覆盖范围为 250 ～ 600 个遮蔽场景。根据相应风场计算得出的平均风速如图 21 - 17（右图）所示。从图中可以看出，最高平均风速 10m/s 位于风速分布图的北部，该区域的风场受挪威海岸地势的影响。北海其他区域的平均风速为 8 ～ 9m/s，呈梯度分布。风力分布图中的不同海岸线梯度不同，海岸线越凸出，风力梯度越显著。SAR 风力资源估计值与海岸和海上气象塔的对比显示，北海平均风速的符合度在 5% 以内，这比根据中尺度建模得出的风力资源分布图更加准确[52]。

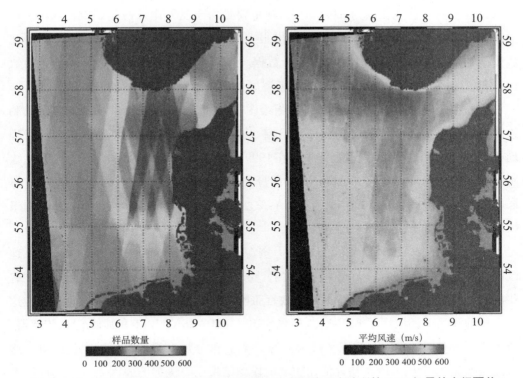

图 21 – 17　北海西部风力图，左图为丹麦技术大学风能研究院所持 SAR 场景的空间覆盖范围，右图为欧洲环境卫星 1km × 1km 空间分辨率状况下根据 SAR 风场计算得出的平均风速

21. 5　总结与讨论

　　从广义上说，海上风能卫星遥感是建立在无源微波全球风速分布图和散射计全球风矢量图的长期数据序列基础之上的。另外，SAR 局部风矢量图长期数据序列的重要性逐渐增加，其中 SAR 的实际覆盖率在数据记录中得以验证。

　　海上风能资源呈上涨趋势，星载海面风测绘图有利于风场的规划、开发、维护和运营。在风场规划方面，星载海面风测绘图有助于了解海洋风的长期趋势。波罗的海和北海 23 年间的 SSM/I 数据可以说明这一点。Hasager 等人[53]将 SSM/I 海洋风数据与丹麦的风力指数进行了对比。由于丹麦的大部分风电机位于陆上，风力指数反映的是陆上风能状况，而不是海上风能状况。该研究显示，SSM/I 数据与该风力指数密切相关，多风年份和少风年份的上下波动趋势具有相关性，并且与北大西洋涛动（NAO）的长期变化密切相关。但是，在最小和最大变化之间，与丹麦风力指数相比，海洋风较稳定，波动幅度较小。

　　晨间和午后的风速变化以及北海和波罗的海的风速差值（如 QuikSCAT 测绘图

所示）显示其差值变化约为 ±0.5m/s，这主要是由于受海岸效应的影响。10m/s 以上和 3m/s 以下风速发生率测绘图显示出很大的空间差异。时序跨度为 10 年，因此假设该结果可以较合理地反映风力统计数据。在大部分测绘区域中，可用的无雨数据从 30% 到 50% 不等，其中不包括靠近海岸的区域，尤其是波罗的海。

首先在研究环境中对 SAR 海面风测绘图进行离线反演。近实时 SAR 海面风测绘图由约翰霍普金斯大学应用物理实验室（JHU APL）、美国国家海洋与大气管理局/国家环境卫星数据和信息服务中心在 1999 年阿拉斯加 SAR 演示项目[54]中开始绘制。目前，法国采集定位卫星（CLS）和丹麦技术大学风能研究院可以提供 SAR 海洋风近实时测绘图。自 2008 年起，ESA 一直支持通过 CLS www. soprano. xx 绘制二级产物 SAR 海洋风近实时测绘图。

风能应用的 SAR 风力测绘图在风力资源评估中非常有用，尤其是在近沿海地区。近沿海地区无可用的无源微波和散射计数据。卫星 SAR 图像存档不断完善，有些区域（如北海和波罗的海）记录了数百张欧洲环境卫星 ASAR 图像。此外，在这些区域的观测中还应用了 ERS-1/-2 星载 SAR、RADARSAT-1/-2 和其他 SAR 传感器。风力资源分布图的空间分辨率一般为 1km 左右，可分辨出很多小尺度大气现象。这可能是 SAR 海上风力资源估计值比中尺度模型结果更有优势的原因之一。局部或区域尺度的小尺度大气现象不一定会持续很久，但对长期统计数据仍有一定影响。因此本文强调，可利用的 SAR 观测值越多，风力资源测绘图越完善。北海最近的观测结果显示，SAR 测得的风力资源结果与中尺度模型的结果之间有一定可比性[52]。实际上，与三个气象塔的高质量时序相比，SAR 的误差小于中尺度模型结果的误差。

SAR 风力测绘图是相对较新的地球观测学科，GMF 算法、极化比和传感器的校准在未来会取得进一步发展。同时，海上风电场开发商和所有者也需要进行更多分析，以反演和计算风能应用的相关风力统计数据。

假设海平面以上 10m 为中性静态分层，其所有星基海面风数据均有效。显然其中也存在非中性的情况，如果有必要的热性能信息（如海面温度与空气温度）可用，应修正相关数据。此外，高空大气中的地基激光雷达显示，一些情况下大气边界层高度的影响非常明显，尤其是在北海的稳定条件下[55]。10m 高度至风电机轮毂高度处的风力外推可忽略不计。因此，在 EU-NORSEWInD 项目中，将使用陆基激光测风雷达进行研究。

21.6 未来展望

海上风电场的数量呈急剧上升趋势。预计在未来 20 年内，欧洲海域的风电装机

容量会由目前的 6GW 增加到 146GW。现有的 6GW、在建的 9GW 以及规划的 18GW
海上风力发电场均位于浅海区。波罗的海和北海位于大陆架上。但是，该海域深水
区周围的国家数量最多，未来会安装一些新型风电机设备（如浮式平台）。同时，
海面风气候统计数据的需求量也会增加。

21.6.1　海上风能观测中使用的无源微波和散射计

在可预见的未来，宇宙中的 4 个散射计 ASCAT-A、ASCAT-B 以及 Oceansat-2 和
HY-2A 会继续运行。ASCAT 的设计寿命为 5 年，即运行终止时间为 2011 年，但预
计会继续运行数年。Oceansat-2 的设计寿命为 5 年，于 2014 年终止运行。HY-2A 的
设计寿命为 3 年，于 2014 年终止运行。2012 年发射了 METOP-B（EUMETSAT），其
载有一个新的 ASCAT 散射计，设计寿命为 5 年。

俄罗斯联邦水文气象与环境监测局/俄罗斯联邦航天局计划在 2014 年发射载有
散射计的 Meteor-M#3，其设计寿命为 7 年。

中国（NSAOS）和法国（CNES，法国国家太空研究中心）计划于 2013 年在中
法海洋卫星 CFOSat 上联合发射一个散射计。印度计划于 2014 年发射卫星 ScatSat，
中国（NSAOS）计划于 2014 年发射 HY-2B。

NOAA 正提议于 2016 年为 JAXA GCOM-W2 修建一架散射计飞行机。GCOM 为
全球变化观测卫星的一部分。W 表示水循环（与 GCOM-C 中的碳循环相对）。有效
载荷包括散射计 SeaWinds 和无源微波辐射仪 AMRS。因此，AMSR 系列和 QuikSCAT
（SeaWinds）卫星会继续运行，但是后者在 2009 年至 2016 年间有一段数据空白。
AMSR-E 已经运行了 10 年。

F 系列卫星 F-15、F-16、F-17 和 F-18 目前正在运行，其上载有海面风无源微波
传感器。F 系列中将增加两个卫星，预计 DMSP 于 2014 年发射 F-19，于 2020 年发
射 F-20。

总之，未来十年内，太空中会增加一些散射计和无源微波辐射仪。这对海上风
能测绘非常有益，从而可以实现全球海面风的高时间分辨率测绘。F 系列卫星的海
面风数据对全球风能应用的长期趋势分析非常有用。

21.6.2　海上风能观测中使用的 SAR

当前在用的地球观测卫星能够观测高空间分辨率下的海面风，根据目前的计划，
其功能会得到显著扩展。目前太空中有 8 个在用的民用 SAR，虽然其中 3 个已经远

超其设计寿命，但其仍然会继续运行。

太空中最早的 SAR 是欧洲遥感卫星 ESR-2，预计该卫星会于 2011 年中期终止运行，运行寿命长达 16 年。

加拿大的 RADARSAT-1 运行了 18 年，SAR 存档由 RADARSAT-2 继续，RADA-RSAT-2 的设计寿命为 7 年，预计于 2014 年终止运行。此外，RADARSAT 星座系列会增加 3 个载有 SAR 的卫星，将于 2018 年发射，这样将能够观测世界 95% 的地区。

欧洲环境卫星是欧洲的旗舰卫星，其实际服务年限已经是其设计寿命（5 年）的两倍。2010 年 10 月，欧洲环境卫星的轨道参数有所调整，调整后该卫星可以在最低酰肼环境下工作。但是，欧洲环境卫星已于 2012 年 4 月终止运行。

日本的 ALOS PALSAR 卫星已经运行 5 年，其设计寿命为 3 年。

从 2006 年至 2010 年间发射的 4 个意大利 CosmoSkyMed SAR 卫星设计寿命均为 5 年。

德国 TerraSAR-X1 卫星于 2007 年发射，TanDEM-X 卫星于 2010 年发射，两者的设计寿命均为 5 年。TanDEM 是 TerraSAR-X 数字高程测量附加组件。TSX-NG（第二代 TerraSAR-X）预计会于 2016 年发射，设计寿命为 7 年。ERS/欧洲环境卫星将由 Sentinel 系列传承。ERS 和欧洲环境卫星为研究型卫星，但 Sentinel 系列卫星为操作型卫星。载有 SAR 有效载荷的 Sentinel-1 卫星将于 2014 年发射。第二个 Sentinel-1 卫星将在几年后发射，Sentinel-1 卫星组协力运行，观测范围将在两天内覆盖整个欧洲和加拿大。Sentinel-1 的设计寿命为 7 年，但其实际已经运行了 12 年，将于升交点地方时（LTAN）18.00 出现在轨道上。ESA 计划研发其他产品，通过 Sentinel-1 绘制二级海洋风分布图。

在中国，载有 SAR 有效载荷的环境（HJ）-1C 卫星于 2012 年发射成功，载有 S 波段 SAR，水平极化，截幅宽度为 100km。该卫星是环境（环境保护与灾害监测卫星星座）系列的组成部分。

因此，根据以上关于未来卫星 SAR 的描述，可用的 SAR 图像会显著增加。未来可用的 SAR 包括欧洲环境卫星、RADARSAT、TerraSAR-X、TanDEM-X 和 Cosmo-SkyMed。同时，法国 CLS（采集定位卫星）和丹麦技术大学风能研究院提供 SAR 二级产品，即 SAR（http：//soprano. cls. fr/）近实时海面风数据。丹麦技术大学风能研究院从 2006 年开始根据卫星图像提供风力资源分布图。当前，将丹麦技术大学风能研究院和 CLS 提供的风力图结合起来，完善其在 EU-NORSEWInD 项目（2008 ～ 2012）风能利用、EU EERA-DTOC 项目（2012 ～ 2015）风电场尾流研究以及欧洲能源研究联盟——海上风电场集群设计工具中的作用。

总之，未来卫星遥感在海上风能方面的应用是一个必然的选择。

致谢　本文中使用的卫星遥感数据包括 QuikSCAT 和 SSM/I 数据。QuikSCAT 数据由遥感系统提供并由 NASA 海洋矢量风科研团队发起，可登录 www. remss. com 查询。SSM/I 数据由遥感系统提供，并由 NASA 地球科学措施探索项目倡议，可登录 www. remss. com 查询。本文还使用了欧洲航天局、EO-3644ERS、欧洲环境卫星、EO-6773ERS、ALOS PALSAR 和 RADARSAT 卫星提供的数据。感谢美国约翰霍普金斯大学应用物理实验室在 APL/NOAA SAR 风场反演系统方面提供的支持。本文还引用了 FINO-1 提供的北海与波罗的海气象数据。感谢 2008～2012 年的 EU-NORSEWInD 项目（www. norsewind. eu）和 TREN-FP7EN-219048 项目以及 2012～2015 年的 EERA-DTOC（www. eera-dtoc. eu）和 FP7-ENERGY-2011-1/n°282797 项目提供的支持。

参考文献

［1］ Wentz FJ（1997）A well-calibrated ocean algorithm for SSM/I. J Geophys Res 102（C4）：8703－8718.

［2］ Wentz FJ, Spencer RW（1998）SSM/I rain retrievals within a unified all-weather ocean algorithm. J Atmos Sci 55：1613－1627.

［3］ NSIDC. http：//nsidc. org/data/docs/daac/ssmi_ instrument. gd. html.

［4］ Hasager C, Mouche A, Badger M, Astrup P, Nielsen M（2009）Satellite wind in EU-Norsewind scientific proceedings of European wind energy conference and exhibition, pp 144－147, Marseille（FR）16－19 Mar 2009.

［5］ FINO（2002）. http：//www. bsh. de/en/Marine_ data/Observations/Projects/FINO/index. jsp.

［6］ Charnock H（1955）Wind stress over a water surface. Q J R Meteorol Soc 81：639－640.

［7］ Troen I, Petersen EL（1989）European wind atlas, Ris0 National Laboratory ISBN 87－5501482－8.

［8］ NASA Quick Scatterometer（2006）QuikSCAT science data product, user's manual, overview and geophysical data products. Version 3. 0, Jet Propulsion Laboratory, California Institute of Technology, D－18053－Rev A, Sep 2006.

［9］ Liu WT, Tang W（1996）Equivalent neutral wind. National Aeronautics and

Space Administration, Jet Propulsion Laboratory (US, and United States), National Aeronautics and Space Administration, Jet Propulsion Laboratory, California Institute of Technology; National Aeronautics and Space Administration; National Technical Information Service, distributor.

[10] Ebuchi N, Graber HC, Caruso MJ (2002) Evaluation of wind vectors observed by QuikSCAT/SeaWinds using ocean buoy data. J Atmos Oceanic Technol 19: 2049 - 2062.

[11] Bourassa MA, Legler DM, O'Brien JJ, Smith SR (2003) SeaWinds validation with research vessels. J Geophys Res 108 (C2): 3019. doi: 10.1029/2001JC001028.

[12] Tang W, Liu WT, Stiles BW (2004) Evaluation of high-resolution ocean surface vector winds measured by QuikSCAT scatterometer in coastal regions. IEEE Transactions on Geoscience and Remote Sensing, f42, pp 1762 - 1769.

[13] Boutin J, Quilfen Y, Merlivat L, Piolle JF (2009) Global average of air-sea CO_2 transfer velocity from QuikSCAT scatterometer wind speeds. J Geophys Res-Oceans 114: C04007.

[14] Pickett MH, Tang W, Rosenfeld LK, Wash CH (2003) QuikSCAT satellite comparisons with near-shore buoy wind data off the U.S. West Coast. J Atmos Oceanic Technol 20: 1869 - 1879.

[15] Gille ST, Llewellyn Smith SG, Statom NM (2005) Global observations of the land breeze. Geophys Res Lett 32: 1 - 4.

[16] Liu WT (2002) Progress in scatterometer application. J Oceanography 58 (1).

[17] Chelton DB, Freilich MH, Sienkiewicz JM, Von Ahn JM (2006) On the use of QuikSCAT scatterometer measurements of surface winds for marine weather prediction. Mon Wea Rev 134: 2055 - 2071.

[18] Chelton DB, Freilich MH (2005) Scatterometer-based assessment of 10-m wind analyses from the operational ECMWF and NCEP numerical weather prediction models. Mon Wea Rev 133: 409 - 429.

[19] Hoffman RN, Leidner SM (2005) An introduction to the near-real-time QuikSCAT data. Weather Forecast 20: 476 - 493.

[20] Karagali I, Badger M, Hahmann A, Pena A, Hasager C, Sempreviva AM (2013) Spatical and temporal variability in winds in the Northern European Seas. Renew Energy 57: 200 - 210.

[21] Valenzuela GR (1978) Theories for the interaction of electromagnetic and ocean waves—A review. Bound-Layer Meteorol 13: 61 - 85.

[22] Isoguchi O, Shimada M (2009) An L-band ocean geophysical model function derived from PALSAR. IEEE Trans Geosci Remote Sens 47: 1925 - 1936. doi: 10. 1109/TGRS. 2008. 2010864.

[23] Thompson DR, Monaldo FM, Horstmann J, Christiansen MB (2008) Geophysical model functions for the retrieval of ocean surface winds. 2nd International Workshop on Advance in SAR Oceanography from ENVISAT and ERS Missions, The European Space Agency, Rome, Italy 21 - 25 Jan 2008.

[24] Stoffelen A, Anderson DLT (1993) Wind retrieval and ERS-1 scatterometer radar backscatter measurements. Adv Space Res 13: 53 - 60.

[25] Gerling TW (1986) Structure of the surface wind field from the SEASAT SAR. J Geophys Res 91: 2308 - 2320.

[26] Fichaux N, Ranchin T (2002) Combined extraction of high spatial resolution wind speed and direction from SAR images: a new approach using wavelet transform. Can J Remote Sens 28: 510 - 516.

[27] Du Y, Vachon PW, Wolfe J (2002) Wind direction estimation from SAR images of the ocean using wavelet analysis. Can J Remote Sens 28: 498 - 509.

[28] Koch W (2004) Directional analysis of SAR images aiming at wind direction. IEEE Trans Geosci Remote Sens 42: 702 - 710.

[29] Horstmann J, Koch W, Lehner S (2004) Ocean wind fields retrieved from the advanced synthetic aperture radar aboard ENVISAT. Ocean Dyn 54: 570 - 576.

[30] Quilfen Y, Chapron B, Elfouhaily T, Katsaros K, Tournadre J (1998) Observation of tropical cyclones by high-resolution scatterometry. J Geophys Res 103: 7767 - 7786.

[31] Stoffelen A, Anderson DLT (1997) Scatterometer data interpretation: estimation and validation of the transfer function CMOD4. J Geophys Res 102: 5767 - 5780.

[32] Hersbach H, Stoffelen A, de Haan S (2007) An improved C-band scatterometer ocean geophysical model function: CMOD5. J Geophys Res-Oceans, 112.

[33] Elfouhaily TM (1996) Modele couple vent/vagues et son application a la teledetection par micro-onde de la surface de la mer. University of Paris 7.

[34] Thompson D, Elfouhaily T, Chapron B (1998) Polarization ratio for microwave backscattering from the ocean surface at low to moderate incidence angles, pp 1671 - 1676.

[35] Vachon PW, Dobson EW (2000) Wind retrieval from RADARSAT SAR images: selection of a suitable C-band HH polarization wind retrieval model. Can J Remote Sens 26: 306 - 313.

[36] Mouche AA, Hauser D, Daloze JF, Guerin C (2005) Dual-polarization measurements at C-band over the ocean: Results from airborne radar observations and comparison with ENVISAT ASAR data. IEEE Trans Geosci Remote Sens 43: 753 - 769.

[37] Hasager CB, Dellwik E, Nielsen M, Furevik B (2004) Validation of ERS-2 SAR offshore wind-speed maps in the North Sea. Int J Remote Sens 25: 3817 - 3841.

[38] Christiansen MB, Koch W, Horstmann J, Hasager CB, Nielsen M (2006) Wind resource assessment from C-band SAR. Remote Sens Environ 105: 68 - 81.

[39] Hasager CB, Badger M, Pena A, Larsén XG (2010) SAR-based wind resource statistics in the Baltic Sea. Remote Sens 3 (1): 117 - 144. doi: 10. 3390/rs3010117.

[40] Monaldo FM, Thompson DR, Beal RC, Pichel WG, Clemente-Colón P (2001) Comparison of SAR-derived wind speed with model predictions and ocean buoy measurements. IEEE Trans Geosci Remote Sens 39: 2587 - 2600.

[41] Fetterer F, Gineris D, Wackerman CC (1998) Validating a scatterometer wind algorithm for ERS-1 SAR. IEEE Trans Geosci Remote Sens 36: 479 - 492.

[42] Monaldo FM, Thompson DR, Pichel WG, Clemente-Colon P (2004) A systematic comparison of QuikSCAT and SAR ocean surface wind speeds. IEEE

Trans Geosci Remote Sens 42：283 - 291.

[43] Horstmann J, Schiller H, Schulz-Stellenfleth J, Lehner S (2003) Global wind speed retrieval from SAR. IEEE Trans Geosci Remote Sens 41：2277 - 2286.

[44] Furevik B, Johannessen O, Sandvik AD (2002) SAR-retrieved wind in polar regions—comparison with in situ data and atmospheric model output. IEEE Trans Geosci Remote Sens 40：1720 - 1732.

[45] Young G, Winstead N (2005) Meteorological phenomena in high resolution SAR wind imagery. High resolution wind monitoring with wide swath SAR：A user's guide. In：Beal B, Young G, Monaldo F, Thompson D, Winstead N, Scott C (eds) U. S. Department of Commerce, National Oceanic and Atmospheric Administration, pp 13 - 34.

[46] Alpers W, Ivanov A, Horstmann J (2009) Observations of Bora events over the Adriatic Sea and Black Sea by Spaceborne Synthetic Aperture Radar. Mon Weather Rev 137：1150 - 1161. doi：10. 1175/2008MWR2563. 1.

[47] Barthelmie RJ, Badger J, Pryor SC, Hasager CB, Christiansen MB, Jorgensen BH (2007) Offshore coastal wind speed gradients：issues for the design and development of large offshore windfarms. Wind Eng 31：369 - 382.

[48] Larsén XG, Larsen S, Badger M (2010) A case study of mesoscale spectra of wind and temperature, observed and simulated. Q J R Meteorol Soc 137 (654)：264 - 274.

[49] Christiansen MB, Hasager CB (2005) Wake effects of large offshore wind farms identified from satellite SAR. Remote Sens Environ 98：251 - 268.

[50] Christiansen MB, Hasager CB (2006) Using airborne and satellite SAR for wake mapping offshore. Wind Energy 9：437 - 455.

[51] Barthelmie RJ, Pryor SC (2003) Can satellite sampling of offshore wind speeds realistically represent wind speed distributions. J Appl Meteorol 42：83 - 94.

[52] Badger M, Badger J, Nielsen M, Hasager CB, Peña A (2010) Wind class sampling of satellite SAR imagery for offshore wind resource mapping. J Appl Meteorol Climatology. doi：10. 1175/2010JAMC2523. 1.

[53] Hasager C, Peña A, Christiansen M, Astrup P, Nielsen M, Monaldo F, Thompson D, Nielsen P (2008) Remote sensing observation used in offshore

wind energy. IEEE J Sel Topics Appl Earth Observations Remote Sens 1 （1）: 67 - 79.

[54] Beal B, Young G, Monaldo F, Thompson D, Winstead N, Scott C （eds） （2005） High resolution wind monitoring with wide swath SAR: A user's guide. U. S. Department of Commerce, National Oceanic and Atmospheric Administration.

[55] Peña A, Hasager C, Gryning S-E （2008） Measurements and modelling the wind speed profile in the marine atmospheric boundary layer. Bound-Layer Meteorol 129: 479 - 495.

第二十二章
海上风电场交流电力系统的优化

Marcos Banzo 和 Andres Ramos[①]

摘要： 近几年，随着可再生能源技术和制度支持的不断成熟，陆上风能利用率迅速增长。随着世界许多地区海上风电场（OWF）项目的广泛开发，海上风能资源的前景也越来越广阔。电力系统是海上风电场的一个重要组成部分，其设计对整个风电设施的成本结构和运营具有极其重要的影响。因此，为了最大程度地降低全生命周期成本，并保持高水平的技术性能，需要对海上风电场的电力系统进行优化。海上风电场电力系统的优化是一个复杂的数学问题，需要综合考虑有关设计的各个关键方面：系统元件成本、系统效率和系统可靠性。可基于典型的元启发式优化方法采用优化模型处理该问题。

22.1 概述

在 21 世纪前 10 年，风能是应对温室气体排放的一种有效能源。在可再生能源制度支持的推动下，许多国家的风能利用率不断增长。过去几年，几乎所有新增风电装机容量均来自陆上风电场，而海上风电装机容量增加不明显。但是，由于海上风能资源储量巨大且人们在陆上风能开发中积累了丰富经验，在许多国家，海上风能有着广阔的发展前景。未来几十年内，许多地区的海上风能开发前景广阔，如欧洲、美国和中国[1]。

---

① A. Ramos（✉）
卡米亚斯大主教大学，西班牙马德里
e-mail: andres. ramos@ upcomillas. es

M. Banzo
西班牙伊维尔德罗拉公司，西班牙马德里
e-mail: mbhe@ iberdrola. es

建设海上风电场需要巨额的资本成本，这是陆上和海上风能开发的一个关键区别。海上风电场近岸浅海设施建设的资本成本平均为 200 万～220 万欧元/MW，但配备中型风电机（1.5～2MW）的陆上风电场的资本成本仅为 110 万～140 万欧元/MW[2]。产生这一成本差异的原因是海上风能开发需要提供和建设电力基础设施和风电机基础，成本高昂。

电力系统对海上风电场的运营和可用性具有重要影响。由于海上风电场开发需要大量投资，必须尽可能实现电量输出最大化，以缩短投资回收期。因此，为了最大程度地降低全生命周期成本，并保持高水平的技术性能，需要对海上风电场的电力系统进行优化。优化问题中考虑了有关设计的各个关键方面：系统元件成本、系统效率和系统可靠性。同时，还要考虑风能利用的相关条件，如海上风电场选址中的风速条件或地理位置。海上风电场电力系统的优化是一个复杂的数学问题，可基于典型的元启发式优化方法予以解决。

本章旨在探讨海上风电场交流电力系统的优化问题。需要注意的是，截至 2008 年年底，所有海上风电场均配置了交流电力系统。这是因为在近岸区域（距海岸不超过 80～100km)海上风电场安装交流电力系统带来的经济效益通常高于直流电力系统[3,4]。

尽管交流电力系统在海上风电场中应用比较广泛，但也有一些关于在海上风电场应用直流电力系统的研究[5,6]，旨在开发跨国海上输电网，通过高压直流连接技术连接未来的海上风电场[7]。

本章其他部分结构如下：第 22.2 节介绍了海上风电场交流电力系统的主要元件和最具代表性的布局结构。第 22.3 节综述了海上风电场可靠性和效率评估方面的重要问题。第 22.4 节描述了利用海上风电场交流电力系统的优化问题和参考自可用文献的优化模型解决这一问题。本章结尾列举了优化模型的一项应用实例。

22.2 海上风电场交流电力系统

22.2.1 基本配置

海上风电场的电力系统收集来自风电机的电力，并以有效、可靠、安全的方式将电力传输至位于陆上的输电网公共连接点（PCC）。电力系统由电力元件构成，包括电缆、变压器、开关设备等，位于风电机和公共连接点（PCC）之间。

海上风电场的交流电力系统可以分成两部分，即中压集电系统和输电系统。中压集电系统收集风电机产生的电力，并通过与风电机连接的中压海底电缆内部电网向中央集电点（CCP）传输电力。中央集电点（CCP）收集的电力通过输电系统输送至公共连接点（PCC），符合输电系统运营商（TSO）建立的技术要求。输电线路由从中央集电点（CCP）至海岸的海底电缆以及从海岸至公共连接点（PCC）的陆上电缆组成。

根据海上风电场至海岸的距离及其装机容量，交流电力系统可分为两种基本配置[3]。在离海岸较远的大型海上风电场（图 22 - 1）中，中央集电点（CCP）是位于海上风电场内部的海上变电站，通过一个或多个升压变压器将电压从中压（MV）上升至高压（HV）。海上风电场产生的电力通过一条高压线从中央集电点（CCP）传输至公共连接点（PCC）。必须注意的是，这种配置中配备了不止一台海上变电站。在近海的小型海上风电场（图 22 - 2）中，中央集电点（CCP）是海上风电场中压海底电缆的聚集区，然后通过同一线路到达公共连接点（PCC）。

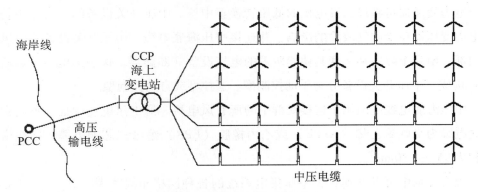

图 22 - 1　海上变电站基本配置

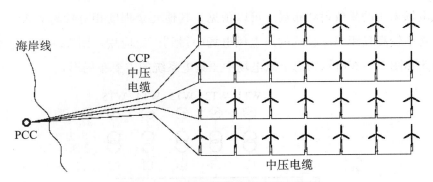

图 22 - 2　中压电缆聚集区的基本配置

22.2.2　中压集电系统

目前海上风能利用的发展趋势是安装大型风电机，充分利用海上更好的风速条件。基于当前的技术水平[1]，海上风电机的额定功率从 2.5MW 至 6MW 不等。

目前海上风电场的覆盖区域比较广泛，这是因为风电机的安装位置是根据能够最大程度捕获风能资源这一标准规划的。每排风电机之间的距离与风轮直径成正比（约为直径的 5 ～ 8 倍），间距的设定应满足降低风电机之间的尾流效应的要求。此外，随着海上风电场的发展，未来会出现额定功率为几百兆瓦甚至上千兆瓦的风电机。因此，海上风电场的广泛分布和大功率风电机对中压集电系统的设计具有重要影响。

如上所述，中压集电系统的作用是收集风电机产生的电力，并将其输送至中央集电点（CCP）。集电系统的主要元件包括电力变压器、中压开关设备和中压海底电缆。集电系统的典型电压水平为 30 ～ 36kV。最大电压水平受到风电机内部可用空间的限制，以适应电力变压器和中压开关设备。

电力变压器可将风力发电机的低压转换至中压。中压开关设备的主要作用是保护电力变压器免受电气故障的影响，并连接中压海底电缆。中压开关设备位于风电机内部，由几个隔室和实现其功能所需的电气设备（断路器、保护继电器、熔断器等）构成。中压开关设备分为手动控制型、遥控型或自动控制型。

中压海底电缆电网用于连接集群中的所有风电机。海上风电场中最常见的中压海底电缆为交联聚乙烯（XLPE）或乙丙橡胶（EPR）绝缘三芯铜电缆，导线横截面积为 95 ～ 630mm^2。

现有文献中可以查到有关中压集电系统的各种网格布局[8～10]。其中一些布局适用于新兴海洋能源电力系统设计[11]。在众多可用的网格布局形式中，目前大部分海上风电场采用的是放射状布局。可以预见，其他冗余程度相对较高的布局可能会在额定功率较高且距海岸较远的海上风电场中得到广泛应用。图 22 - 3、图 22 - 4、图 22 - 5 和图 22 - 6 所示为海上风电场中压集电系统的主要布局形式：

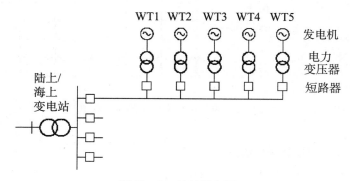

图 22 - 3　放射状布局

- 放射状布局。采用中压单馈线连接集群中的所有风电机。集群中风电机的数量受馈电电缆额定功率的限制。变电站中安装断路器，以保护集群的整个中压电缆。中压电缆发生故障后，变电站的断路器会断开集群中所有风电机之间的连接。集群至变电站的路径可通过断开故障电缆与上游风电机中压开关设备的连接而部分修复。这种布局成本最低，但其可靠性也较低。

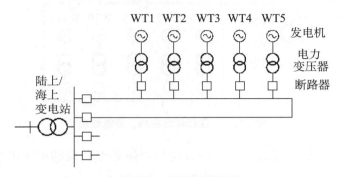

图 22 - 4　单侧环形布局

- 单侧环形布局。该布局以放射状布局为基础，用额外的中压电缆将连接线（WT5）上的最后一个风电机连接至变电站的断路器。因此，每台风电机均有两条路径连接至变电站。该电缆的额定功率必须能够确保发生故障时可传输集群的所有功率容量。该布局中额外安装了中压电缆和断路器，因此集群的可用性高于放射状布局。

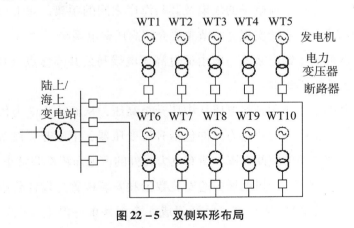

图 22 - 5　双侧环形布局

- 双侧环形布局。采用中压电缆将两排风电机的终端（WT5 和 WT10）连接起来。发生故障时，功率可能会从一排风电机转移至另外一排风电机，因此连接两排风电机的中压电缆的额定功率必须具备额外的容量。一排中风电机的最大数量可转移至另一排，这一因素是该布局的一个重要设计变量[12]。

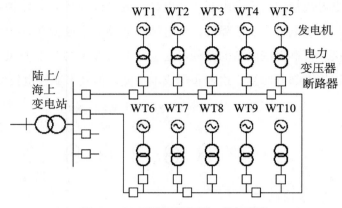

图 22-6　双侧环形布局，带断路器

- 双侧环形布局，带断路器。该布局与双侧环形布局的中压电缆连接方式相同，但差别在于该布局中设置了分布式控制系统。此外，每两个风电机配备一个断路器。该系统可进行自动监测和故障定位，并能够对故障进行选择性分离。因此，该布局中故障分析用时较少。同样，在故障分析中可输出电力的风电机数量更多。

22.2.3　输电系统

如前所述，根据海上风电场的规模及其与海岸之间的距离，海上风电场的电力输送可通过中压或高压系统实现。本节主要介绍高压输电系统。

海上风电场的高压输电系统一般由通过高压电线与公共连接点（PCC）连接的一个或多个海上变电站组成。

海上变电站的主要作用是将电压从中压升至高压，从而减少电力传输过程中的功率损失。海上变电站的主要电力元件包括升压变压器、中压开关设备和高压开关设备。由于海上变电站的空间有限，所有电力元件的占地面积都非常小。

海上变电站在大型海上风电场中的安装数量和安装位置是设计阶段必须考虑的主要决策之一。截至 2008 年年底，已经建成 5 个配备单一海上变电站的海上风电场，分别是：Horns Rev （160MW）、Nysted （165.6MW）、Lillgrund （110MW）、Barrow （90MW） 和 Princess Amalia （120MW）。此外，预计未来的大型海上风电场中将安装多个海上变电站，例如，克里格尔的 Flak （640MW） 风电场计划建设两个海上变电站[13]。若海上变电站在大型风电场中的安装位置合适，将会产生很多效益，如缩短中压集电系统的电缆长度，缓解海上风电场因主电气设备故障造成的功率损失风险。但是，安装多个海上变电站需要高额的资本成本。

高压输电系统通常采用聚乙烯三芯铜线绝缘电缆将电力从海上变电站输送至海岸。海上风电场的高压输电系统一般采用最大电压为150kV的电缆，但目前市场中也有245kV的电缆[14]。海底交流电缆的主要缺点在于，受电缆自身大电容分量的影响，产生的无功功率较高。因此，产生的充电电流会降低可传输有功功率的电流容量，并增加有功功率损失。在较长的高压线中，如果这种现象非常明显，需要在终端或沿线安装无功功率补偿设备，以缓解这些负效应。在系统可靠性方面，必须注意的是，高压电缆故障会对海上风电场的可用性造成不利影响，而截至2008年底正在运营的5个海上风电场中并没有冗余的高压电缆。

22.3　海上风电场交流电力系统评估

22.3.1　系统有效性评估

电力系统的有效性是指输出的可用能量与输入能量的比值。两者之间的差异是由能量损失造成的。在海上风电场的交流电力系统中，能量损失分为三部分[15]：

- 固定能量损失。此类损失不受海上风电场发电量的影响，因此也不受风速的影响。电力变压器和补偿电抗器的铁心损耗是造成此类损失的主要原因。
- 可变负荷损失。此类损失随海上风电场发电量的变化而变化，可表示为电流量平方的函数。因此，风速分布对此类损失具有关键性的影响。此类损失是由电缆中的电阻损失造成的，具体来说是由变压器和补偿电抗器绕组的电阻损失造成的。
- 因系统不可用性造成风电机不发电的问题与系统的可靠性有关，下一小节会进行具体解释。

海上风电场交流电力系统的效率是整个项目可行性的重要方面。实际上，与陆上风电场相比，系统效率评估对海上风电场的重要性更加突出，主要原因如下：第一，海上风速更高。根据风电场位置的不同，陆上风电场的发电指标通常约为每年2 000～2 500个满负荷运行小时数，而海上风电场的发电指标为每年4 000个满负荷运行小时数[2]。第二，未来海上风电场的规模不断增加。风电场中风电机的数量增长及海上设施之间的距离增加均会使电力系统中出现可变负荷损失。

22.3.2　系统可靠性评估

22.3.2.1　海上风电场可靠性方面的背景

本节主要从风电场开发商的角度进行海上风电场系统可靠性评估，开发商的主要目标是使发电量最大化，从而获得最大利润。与陆上风电场相比，人们更加注重海上风电场的可靠性评估，原因如下：

- 海洋环境下，电力元件的故障率会增加。
- 电力元件维修耗时较长，且维修活动受季节因素限制。

这些问题会在很大程度上影响电力系统的可用性，进而影响海上风电场的整体可用性。例如，如果关键元件（如海上变电站升压变压器或输电线路高压电缆）故障发生在设施可用性受恶劣天气影响的月份，此类故障可能会造成大量的能量损失。尽管如此，现有海上风电场的大部分电力系统设计冗余仍然较小或无冗余。此外，如文献［16］所述，现有海上风电场的电力系统元件未出现过大量故障。因此，为提高可靠性而在电力系统中设计冗余也不合理。但是，文献［16］中还提到，由于安装数量少，运营经验不足，可靠性参数的量化仍不确定。由于未来海上风电场的额定功率较大，电力系统设计必须要考虑系统可靠性评估。

建立海上风电场系统可靠性评估模型需要考虑以下几个因素[17]：

- 风速模型。必须建立风速概率模型，获取风速的随机性特征。该模型还可以考虑与风速有关的其他重要方面，如尾流效应和风速空间相关性。
- 风电机技术。风电机技术的重要性主要由描述可用性模型特征的可靠性参数以及用于绘制功率曲线的运行参数决定。
- 海上环境。如上所述，海上环境影响系统元件的可靠性参数。
- 电力系统配置。一些研究[4,12,18]显示了不同电力系统配置对海上风电场可用性的影响。其中一个主要因素是确定电力系统的合适冗余度。

发电设施（海上风电场）的可靠性评估一般采用两种技术：分析技术和模拟技术[19]。以下两个小节会对风力发电中采用的源于这两种技术的方法进行解释。

22.3.2.2　风力发电中的分析技术

分析技术用于评估从系统数学模型中得出的可靠性指标。该项技术在发电系统（包括风电场）的适合性评估方面已得到广泛应用。表示此类发电系统的最常用方法是为传统发电机组和风电场分别构建一个模型。卷积法通常用于传统发电模型中，获取整个系统的容量中断概率表，以显示各容量水平上的存在概率。但是，独立风电机在共用源和风速方面的统计相关性使得卷积法无法应用于风力发电。

通过合并风速模型和风电机模型可以解决这一问题[20]。风速是一个随机过程，可大致表示为一个离散状态空间（风速值）和持续性的参数状态过程（时间）。采用状态数量有限的生灭过程与马尔可夫链建立风速模型，需要做出以下假设：

- 从统计方面来说风速模型属于稳态模型，这意味着整个过程中，各种状态之间的转移率恒定。
- 各种状态的停留时间呈指数分布。
- 从给定风速状态转移至另一风速状态的概率与新状态的长期平均存在概率成正比。
- 风速之间的转换不受风电机状态之间转换的影响。
- 非相邻状态之间不能进行转换，但可以将这一因素纳入考虑范围[21]。

根据风速记录对风速模型参数进行评估，其中风速记录的固定测量时间间隔为10min。风速记录可提供的数据是相邻状态间的转移次数以及一种状态转移至另一种状态之前的停留时间。风速概率表中的风速参数按照风速状态分类。

将风电机故障和维修过程建模为双态马尔可夫链，因为该系统是稳态的，并且两种状态之间的转移发生在不连续阶段。风电机的两种潜在状态为运行状态和故障状态。给定风速下，处于运行状态的风电机发电量可通过功率曲线计算得出。运行状态（p）和故障状态（q）的概率计算如下：

$$p = \frac{\mu}{(\lambda + \mu)}$$
$$q = \frac{\lambda}{(\lambda + \mu)}$$

(22-1)

其中 λ 表示风电机的故障率（运行状态至故障状态的转移率），μ 表示风电机的维修率（故障状态至运行状态的转移率）。必须指出的是，风电机模型可以扩展至风电场电力系统的元件。

风速模型与风电机模型相结合，可得到风电场模型。每个风电场状态下的风速水平和风电机状态均为已知条件。因此，各风电场状态的输出功率可以通过将所有风电机的输出功率相加计算得出。风电场发电状态的概率可通过求解由随机过渡概率矩阵组成的随机系统来计算。最终，可生成一个风电场输出电量表，并根据容量水平分类，以显示概率状态以及频率和持续时间特征。该方法的主要缺点在于，在风电机数量较多的风电场中存在许多种状态，求解随机系统问题比较复杂。

22.3.2.3　风力发电中的模拟技术

分析技术在风力发电应用中的一个重要局限性在于，无法获得风速的时序特征。模拟技术（又称蒙特卡罗模拟）可以克服该局限性。模拟技术可通过模拟系统的实际过程和随机行为计算可靠性指数。模拟技术在风力发电中主要用于创建风速时序，并模拟系统元件的故障和维修过程。但模拟技术计算量繁重，这是其主要劣势。

自回归移动平均（ARMA）时序模型[22,23]广泛用于模拟小时风速，从而得出风电场的可用功率。文献[14]提出了采用蒙特卡罗模拟技术模拟连续风速序列的另一种方法。该方法以上一小节提出的风速模型为基础，其中风速的停留时间呈指数概率函数形式分布，风险率（转移率）恒定不变。当前风速可以停留在一种状态，相关定义参见风速概率表。在一种风速状态停留一定时间后，会向两种相邻的风速状态转移。可采用反变换法模拟这一选择过程[19]。新风速状态和停留时间取决于上下相邻状态转移时间的最小值。利用两个统一伪随机数指数分布（上下转移率）的逆变换函数计算转移时间。

采用前述模型中生成风速序列所用的方法模拟电力系统元件的故障和维修过程[19]。对于利用呈指数密度函数形式分布的状态停留时间建模为双态马尔可夫过程的元件，一种状态的持续时间可通过逆变换函数计算得出：

$$TTF = -\left(\frac{\ln U_1}{\lambda}\right)$$
$$TTR = -\left(\frac{\ln U_2}{\mu}\right) \tag{22-2}$$

其中 TTF 和 TTR 分别表示故障时间和维修时间，U_1 和 U_2 为伪随机数，区间为 $(0, 1]$，λ 表示元件的故障率，μ 表示元件的维修率。元件的运行—维修周期可通过生成 TTF 值和 TTR 值进行模拟。

22.4　海上风电场交流电力系统的优化

22.4.1　优化问题

陆上风电场的电力系统设计在整个风电场中的经济权重相对较低，且相应元件和配置的性能均经过充分证明和测试，因此其重要性并不显著。相反，海上风电场的电力系统设计却至关重要，因为其对海上风电场的整体技术性能和经济可行性具有重大影响。海上风电场电力系统设计是一个复杂问题，需要考虑可变空间和各种相关问题，如系统效率、系统可靠性、风电场所处位置的风速特征等。因此，数学优化技术必定会引导风电场开发商和电气工程师通过求解该优化问题做出最佳决策。

本文根据自由化能源市场中风电场开发商提供的数据介绍了海上风电场电力系统的优化问题。风电场开发商进行电力系统设计优化的目的主要在于最大程度地降低项目的全生命周期成本，并使技术性能符合电网法规和电气标准。海上风电场电力系统优化问题涉及4个重要方面：目标函数、参数、决策变量和问题约束条件。

目标函数是根据风电场开发商最大程度降低项目生命周期中系统总成本的目标建立的。目标函数可能会考虑以下成本：

- 系统元件的资本成本。此类成本通常在项目的整个生命周期中摊销，计算此类成本需要考虑初始资本成本和银行利率。
- 系统元件的运维成本。此类成本通常为年度固定成本。
- 系统元件中能量损失产生的成本。此类成本包括第 22.3.1 节描述的固定能量损失和可变负荷损失。可变负荷损失通常被视为二次项，因为其与有功功率潮流的平方成正比。
- 因系统不可用性造成风电机不发电而产生的成本。此类成本为第 22.3.2 节所述系统可靠性评估的结果。

优化问题的参数与输入数据有关。应注意的是，在项目的不同阶段，一些参数可能是未知条件。主要参数如下：

- 风电机位置。风电机位于风电场预定区域内，风电机的位置选择应考虑环境条件，并遵循实现海上风电场能源效率最大化的标准。
- 公共连接点（PCC）。公共连接点（PCC）是输电网的陆上设施。其位置和电压水平由输电系统运营商（TSO）确定。
- 风速数据。风速数据是在风电场长期收集的数据。通常采用优化模型对这些数据进行处理，以计算风电机的发电量。
- 风电机数据。一般由风电场开发商决定在海上风电场中安装的风电机模型种类。优化模型中通常需要使用风电机的基本数据，如额定功率和功率曲线。
- 系统元件数据。优化模型中可能会考虑的电力系统元件包括中压开关设备、中压和高压电缆以及海上变电站的升压变压器。元件数据取决于系统的额定电压。所需系统元件数据基本包括技术特性、初始资本成本、运维成本和可靠性数据。

决策变量的选择决定了优化问题的大小和复杂程度。优化问题的决策变量类型分为离散变量和连续变量，具体包括：

- 电力系统基本配置。如22.2.1节所述，可分为两种基本配置。两种配置的选择决定了中央集电点（CCP）是海上变电站，还是海上风电场中压电缆至公共连接点（PCC）的集线区域。

- 中央集电点（CCP）。如果中央集电点（CCP）为海上变电站，则海上变电站的数量、位置和容量可能是此基本配置的决策变量。根据升压变压器的数量和额定功率（同属决策变量），可计算出海上变电站的容量。在另外一种基本配置中，中压电缆聚集区的位置可能会被视为优化问题的一项决策变量。

- 高压输电线。如果安装了海上变电站，必须安装高压输电线。高压输电线分为两部分，海底部分和陆上部分。根据公共连接点（PCC）处的电压水平可以得出额定高压。高压输电线的变量为电线数量和高压电缆的额定功率，额定功率可根据导线横截面和高压电缆类型计算得出。必须指出的是，通常假设起点和终点之间的输电线为直线。

- 额定中压。额定中压可以是变量，但大多数情况下，最佳选择是将额定中压视为海上风电场中压系统元件在电气工业方面的最大可用中压。

- 中压集电系统的网格布局。如22.2.2节所述，中压集电网的布局类型也有很多种。除布局类型以外，中压开关设备布置、集群数量以及每个集群中风电机的数量也可视为变量。

- 中压电缆。中压电缆类型和导线横截面属于优化问题的变量。

- 冗余度。除了中压集电系统不同网格布局的固有冗余度以外，冗余元件的安装也可视为优化问题的一个变量。因此，冗余元件的安装不仅需要考虑中压集电系统的元件，还应考虑高压电线和输电系统的升压变压器。

- 母线电压。系统母线的电压幅值和角相应与电力潮流方程一致。

优化问题的主要约束条件如下：

- 风电机的连接。所有风电机必须与电力电缆连接，将产生的电力输送至公共连接点（PCC）。

- 海上变电站的位置。海上变电站必须安装在主管部门许可的风电场区域内。

- 最大视在功率潮流。系统元件必须能够承受流经的最大视在功率潮流。

- 母线电压范围。母线的电压幅值和角相必须在容许范围内。

- 电力潮流方程。应观测所有系统母线（风电机、CCP、PCC）视在功率潮流的平衡，即所有母线的视在功率潮流之和应等于零。电力潮流方程中包含一个非线性系统。

该优化问题是一个混合整数非线性规划（MINLP）问题，因为其包含离散变量和一般非线性项。优化模型的解可以为海上风电场的电力系统提供最佳配置方案。必须将模型解视为系统的基本工程设计方案。因此，可以将该模型解视为系统详细工程开发的起点，进行不同运行条件下电力系统的稳态和动态计算。

22.4.2 求解方法

根据优化理论，前述优化问题可以采用两种方法处理：经典优化与元启发式优化方法。经典优化方法是基于微分法的分析技术。此类方法采用连续函数和可微函数探索并确保问题的局部优化。应用实例中会对该方法进行介绍。相比之下，元启发式优化方法具有实现总体最优值的特殊机制，但并非一定会实现总体最优值。元启发式方法基于高水平策略，以实现解空间和总体最优值。元启发式方法可以采用不可微函数求解优化问题。下文将阐述海上风电场电力系统优化中相关度最高的方法。

文献［24］中应用的是仅限于确定海上变电站优化位置的优化方法。该方法旨在最大程度地缩短中压集电系统的电缆总长度。通过计算所有风电机至海上变电站潜在位置的距离选定最佳位置。

文献［25］～［27］根据元启发式方法构建了集中优化模型。这些模型中采用了遗传算法（GA），并以达尔文自然选择学说为基础。通过遗传算法（GA）可以得出很多潜在解（染色体）群体，采用遗传变异和自然选择的进化过程实现总体最优值。此处所述的染色体由代表问题变量值的遗传因子构成。采用目标函数对这些染色体进行评估，这种函数称为适应度函数。染色体群体通过三个遗产算子进行迭代（逐代演化），即选择、交叉和变异。制定终止准则，以终止演化。迭代过程结束后，通常会在群体中选出几个合适的染色体。

以下介绍了文献［27］中提出的优化模型，该模型在基于遗传算法（GA）技术的模型中是最完整、详细的。在各种预定系统配置方面，该模型同时考虑了交流电力系统和直流电力系统的优化问题。风速分布和海上风电场的位置是该模型的输入数据。该模型的主要变量包括电力系统配置、关键元件选择和电压水平。其目标是在确保可靠性的前提下最大程度地降低均化发电成本。资本成本、维护成本和发电成本均属于均化发电成本。该模型的约束条件包括既定范围内母线电压幅值的变化、所有支线的最大视在功率潮流限制、功率曲线方程和电力潮流方程。

对于采用遗传算法（GA）技术建立的模型，必须对其染色体进行编码。由于所有变量均为离散或指数变量，该模型采用了二进制串方法。各个变量均采用二进制位表示。为评估目标函数并检查群体的技术可行性，必须对染色体的二进制代码进行解码。

采用多样性检查方法建立初始群体。该方法的目的是确保用户定义的最重要遗传因子中初始群体的多样性。因此，染色体关键遗传因子的所有值在初始群体中以相同比例表示。

在遗传算法（GA）选择过程中，采用基于限制竞争选择策略的小生境技术选择当前群体（配对群体）的染色体。小生境技术用于搜索并行峰值，以保持群体的多样性，从而避免局部优化解出现停滞状况。

将交叉和变异算子应用于配对群体，生成新的群体。属于该配对群体的两种染色体（母染色体）结合，交叉算子会产生新的染色体（子染色体）。该模型中采用的是统一交叉算子。该方法在遗传因子层面将母染色体结合。交叉算子应用于整个过程中，概率由用户规定。另一方面，变异算子的用于随机调整染色体中的遗传因子的值，以避免局部优化停滞。根据用户定义的概率应用变异算子，在整个演化过程中，概率会持续小幅度降低。

在每一代均需要对各种终止规则（如演化编号、适应度收敛、群体收敛、最佳个体收敛和变差收敛）进行检测，以评估逐代演化过程的完整性。

海上风电场电力系统优化所用遗传算法（GA）技术的主要问题是局部极小值早熟收敛[26]。早熟收敛会阻止总体最优值搜索，因为群体中的大部分被限制在局部最优点。第一次迭代导致多样性迅速减少，这对早熟收敛问题有很大的影响。

22.5　应用实例

22.5.1　优化模型

22.5.1.1　概述

如前一节所述，现有文献中的大多数可用优化模型都是采用元启发式方法基于遗传算法（GA）构建的。本节介绍了关于一个基于经典分析法的海上风电场交流电力系统优化模型的应用实例[28]。下文描述了该优化模型的主要方面，关于其详细描述，请参见文献［28］。

该优化模型旨在得出电力系统最优设计，以最大程度地降低系统成本，包括资本成本、可变负荷损失成本以及因系统不可用性造成风电机不发电而产生的相关成本。同时，还要确保达到稳态下的技术性能（基尔霍夫电流定律）。该模型考虑了交流电力系统的两种基本配置（图 22-1 和图 22-2）。其中交流电力系统主要元件包括：中压电缆、高压电缆和海上变电站的升压变压器。

22.5.1.2　风电机发电模型

假设海上风电场所在位置的风速在空间中均匀分布，即在任何时候所有风电机的风速均相等。假设风电场所在位置的风速按照瑞利概率密度函数分布[19]。该函数可能通过由一组风速场景构成的离散函数进行近似逼近。如果风速场景未预先设定，则必须同时评估风速场景及其相应概率。

本应用实例中，将风速概率密度函数离散成预定数量的值。每个值代表一个风速场景（e），其中风速为假定常数。通过整合各场景区间范围之间的瑞利函数，可以计算出每个场景的概率。采用风电机功率曲线转换风速场景中的各项值，可以得出风力发电量。

22.5.1.3　系统可靠性评估

系统可靠性分析的目的是评估在系统故障元件中安装冗余元件的适用性。该决策是在冗余元件所需资本成本和海上风电场整个生命周期中因元件故障造成风电机不发电而产生的成本之间进行权衡的结果。该模型中的故障元件包括：

- 海上变电站的升压变压器。
- 输电线路的高压电线。
- 连接风电机与中央集电点（CCP）CCP 是海上变电站的中压电缆。
- 连接风电机和公共连接点（PCC）CCP 是中压电缆至公共连接点的集线区域的中压电缆。

如第 22.3.2.2 节所述，故障元件的故障与修复过程可通过双态马尔可夫链进行模拟。因此，故障元件运行状态和故障状态的概率可通过方程（1）计算得出。

可采用状态空间法进行系统可靠性评估[19]。该方法以所有系统状态研究为基础。系统状态根据每个系统故障元件的可用性或不可用性确定。如果系统状态太多，无法一一列举，可能需要减少系统状态数量，即忽略概率较小的状态。各系统状态最多可以有一个元件不可用（N-1 准则）。将每个元件的状态概率相乘，可以计算出系统状态的概率。

22.5.1.4　场景树

优化模型采用场景树实现两个随机变量，即风速和系统状态，如图 22-7 所示。

风力发电系统手册

由于该模型不考虑时序，场景树适用于表示随机现象。

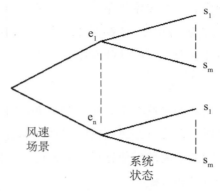

图 22 - 7　场景树

该场景树由风速场景分支和系统状态分支构成。系统状态分支源于风速场景分支。因此，假设两变量在统计上相互独立，则风速场景与系统状态数量的乘积即为场景树的总分支数量。

22.5.1.5　模型应用

假设某海上风电场中有一定数量的风电机，可采用直角坐标系的坐标值确定通用风电机的位置。假设中央集电点（CCP）海上变电站或中压电缆集线区在海上风电场内的位置为已知条件，公共连接点（PCC）的位置也是已知条件。CCP 和 PCC 的位置可以用同一风电机坐标系中的坐标对表示。计算海上风电场设施（风电机、CCP 和 PCC）不同位置之间的电缆长度时，应采用直线距离。

各种风速场景下的风电机发电量是输入变量，可使用风速模型计算得出。将每个风速场景的概率和海上风电场的生命周期相乘，可得到每个风速场景的持续时间。

额定高压根据公共连接点（PCC）处的电压水平设定，而额定中压由用户选定。电缆的不同导线横截面范围和升压变压器的额定电压范围也由用户设定。额定有功功率和初始成本是系统元件的必要参数。另外，评估可变负荷损失时还需要使用电缆的导线电阻数据。

根据第 22.5.1.3 节所述的系统可靠性评估计算系统状态概率时，还需使用系统故障元件的故障率与维修率。从图 22 - 7 所示的树形结构中可以看出，将相应风速场景的持续时间与相应的系统状态概率相乘，可得出每种系统状态的持续时间。

该模型的各个变量如下：

- 二进制变量，关于海上风电场的所有设施之间是否安装具有不同导线横截面的电缆。

- 整型变量，关于海上变电站是否安装不同额定功率的升压变压器。
- 二进制变量，关于系统故障元件中是否安装冗余元件。
- 连续变量，关于每个风速场景和系统状态下电缆中的有功功率潮流。
- 连续变量，关于每个风速场景和系统状态下因系统不可用性造成风电机未产生有功功率。
- 二进制变量，关于中央集电点（CCP）是否设置海上变电站或中压电缆集线区。

该目标函数的作用是最大程度地降低海上风电场整个生命周期中的电力系统成本。该目标函数由三个部分构成：

- 采用法式系统分期偿还的系统元件和冗余元件资本成本[29]。
- 各风速场景和系统状态中，因系统故障元件不可用造成风电机不发电而产生的成本。
- 各风速场景和系统状态下中压和高压电缆中的可变负荷损失成本。电缆中的可变负荷损失由二次项组成。

该模型的约束条件如下：

- 需要确保所有风电机母线在各风速场景和系统状态下的有功功率潮流平衡。由于该模型未考虑母线电压和无功功率潮流，将生成一组线性方程。
- 如果安装海上变电站，也需要确保中央集电点（CCP）母线在各风速场景和系统状态下的有功功率潮流平衡。
- 若海上风电场中任意两设施间存在有功功率潮流，则要求安装电缆。电缆的额定功率必须大于流经该电缆的最大有功功率。可安装冗余电缆，替代系统状态下不可用的故障电缆。
- 若中央集电点（CCP 是海上变电站）和公共连接点（PCC）之间存在有功功率潮流，则要求在海上变电站中安装升压变压器。所有变压器的总额定功率必须大于流经的最大有功功率。可安装冗余变压器，替代系统状态下的不可用主变压器。
- 连接海上风电场中两设施时，只需要选用一根具有特定导线横截面的电缆。
- 每台风电机最多可引出一根电缆。
- 中央集电点（CCP）只有一个指定位置。

该问题属于混合整数二次约束规划（MIQCP）问题，因为其包含离散变量和二次项。该模型以通用代数建模系统（GAMS）语言[30]应用，GAMS 是一种关于数学

风力发电系统手册

规划和优化的高级建模系统。

优化问题的规模一般取决于风电机、风速场景和系统状态的数量。对于一个由数十台风电机组成的真实海上风电场，优化问题的决策变量和约束条件可能会达到数千万个。这种情况下，必须简化优化问题，从而采用 GAMS 语言进行处理。第22.5.2.2 小节描述了优化问题简化的示例。

22.5.2　案例研究

22.5.2.1　海上风电场简介

Barrow 海上风电场（BOWF）[31]位于英国西部的东爱尔兰海域，研究案例中选择了该风电场运行优化模型。

BOWF 设施的位置和电力系统布局如图 22 - 8 所示。BOWF 包含 30 台风电机，共 4 排，其中两排分别有 7 台风电机，另外两排分别有 8 台风电机。各台风电机之间的距离约为 500m，各排之间的距离约为 750m。每台风电机的额定功率为 3MW，则 BOWF 的总装机容量为 90MW。

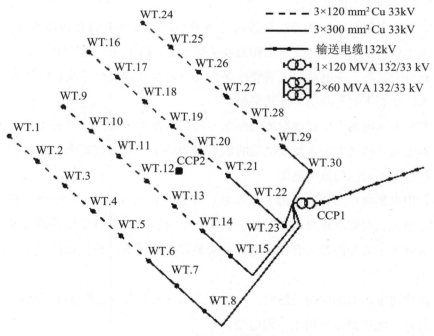

图 22 - 8　BOWF 电力系统实际布局

中压集电系统由 4 条电路组成，连接所有风电机和位于 BOWF 东部的海上变电站（CCP1）。每条中压电路的三芯铜电缆（横截面 120mm²）从海上变电站引出，与最远的风电机相连，但是连接最近的风电机和海上变电站所用的是横截面为300mm² 的三芯铜电缆。120MVA 电力变压器将海上变电站的电压水平从 33kV 增加至 132kV。BOWF 产生的功率通过一条 27km 长的海底电线（132kV）输送至公共连接点（PCC）。公共连接点（PCC）位于 BOWF 东部约 25km 处。该风电场的电缆或电力变压器中未安装冗余元件。

22.5.2.2 输入数据与简化

为减小优化问题的规模，需要对其进行简化，但又不能影响求解问题的普适性：

- 轮毂高度处的平均风速为 9m/s[31]。瑞利概率密度函数可以离散为 5 个风速场景。风电机间的电缆只能连接直线距离小于 700m 的风电机，这相当于每台风电机只能与其同排相邻的风电机连接。
- 考虑了中央集电点（CCP）作为海上变电站和中压电缆集线区的两个潜在位置。一个是海上变电站（CCP1）的当前位置，另一个是 BOWF 的一个中间点（CCP2）。
- 共有 9 台风电机可连接至中央集电点（CCP）的这两个潜在位置。因此选定了距离中央集电点（CCP）最近的 9 台风电机。
- 中压和高压电缆分别选用了两种不同的导线横截面。中压电缆选用横截面为 120mm² 和 300mm² 的三芯铜电缆，而高压电缆选用横截面为 400mm² 和 630mm² 的三芯铜电缆。额定功率、导线电阻值和电缆初始资本成本数据可分别从文献［32］～［34］中获取。
- 海上变电站配备两台额定功率不同的升压变压器，额定功率分别为 60MVA 和 120MVA。升压变压器的成本数据可根据文献［35］推测得出。
- 每种系统状态下最多有一个元件不可用。文献［36］提供了电缆和变压器的故障率与维修率。

简化后，优化问题包括约 84 300 个约束条件、83 200 个连续变量和 264 个离散变量。

22.5.2.3 结果

图 22-9 所示为根据该模型得出的最优解，该最优解显示不需要冗余。这一结果与 BOWF 电力系统的实际布局一致。在最近风电场与海上变电站的连接以及海上变电站中升压变压器的安装数量方面，两种布局之间存在差异。

根据该模型计算得出的 BOWF 实际电力系统布局的成本为 3 490 万欧元（高压

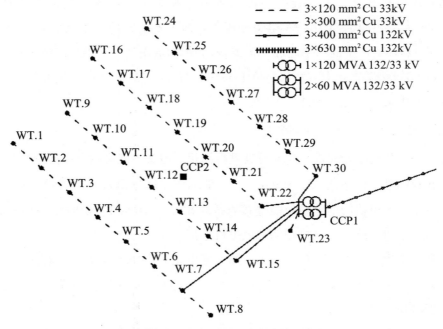

图22-9 BOWF电力系统最优方案

线采用400mm²的三芯铜电缆），但根据该模型得出的最优解成本为3 460万欧元。这说明，通过输入数据假设和模型假定，得出的最优解比BOWF的实际布局更具经济效益。

22.6 结论

海上风能的利用趋势是建设更大型的海上风电场，额定功率会增加至数百兆瓦。电力系统设计是关系海上风电场项目整体可行性的一个关键问题。因此，需要对海上风电场的电力系统进行优化，从而最大程度地降低其生命周期成本，并保持高水平的技术性能。海上风电场电力系统的优化设置了一个混合整数非线性规划（MIN-LP）问题，该问题需要综合考虑电力系统设计的决定性关键因素（包括元件投资成本、系统效率和系统可靠性），以及风能的内在方面，如风速的随机性或风电机的地理位置。

现有文献中大多数关于海上风电场电力系统优化问题的可用优化模型都是采用元启发式方法基于遗传算法（GA）构建的。在这些模型中，需要利用遗传算法（GA）确保早期阶段中群体的多样性，从而避免出现早熟收敛问题。

本章介绍了一个基于优化经典方法的优化模型应用实例。该模型设置了一个混合整数二次约束规划（MIQCP）问题，MIQCP 问题考虑了描述其设计特性的三大关键因素和风电设施的主要要求，从而提供了一个电力系统最优配置方案。该应用实例显示，基于经验方法的模型也可用于处理海上风电场电力系统的优化问题。

参考文献

［1］Fichaux N，Wilkes J，Van Hulle F，Cronin A（2009）Oceans of opportunity. European Wind Energy Association. http：//www. ewea. org/fileadmin/ ewea_ documents/documents/publications/ reports/Offshore_ Report_ 2009. pdf. Accessed 12 Dec 2009.

［2］Krohn S，Awerbuch S，Morthorst PE，Blanco I，Van Hulle F，Kjaer C（2009）The economics of wind energy. European Wind Energy Association. http：//www. ewea. org/fileadmin/ ewea_ documents/documents/publications/reports/E-conomics_ of_ Wind_ Main_ Report_ FINAL-lr. pdf. Accessed 12 Dec 2009.

［3］Lundberg S（2006）Evaluation of wind farm layouts. EPE J 16：14–20.

［4］Bresesti P，Kling WL，Hendriks RL，Vailati R（2007）HVDC connection of offshore wind farms to the transmission system. IEEE Trans Energy Convers. doi：10. 1109/TEC. 2006. 889624.

［5］Robinson J，Jovcic D，Joós G（2010）Analysis and design of an offshore wind farm using MV DC grid. IEEE Transactions on Power Del. doi：10. 1109/TP-WRD. 2010. 2053390.

［6］Meyer C，Höing M，Peterson A，De Doncker RW（2007）Control and design of DC grids for offshore wind farms. IEEE Transactions on Ind. Appl. doi：10. 1109/TIA. 2007. 908182.

［7］Roggenkamp MM，Hendriks RL，Ummels BC，Kling WL（2010）Market and regulatory aspects of trans-national offshore electricity networks for wind power interconnection. Wind Energ. doi：10. 1002/we. 378.

［8］Pechey J，Taylor P，Dixon R，Lawson M，Dinning A（2004）The role of medium voltage electrical system design in risk management for offshore wind farms. Wind Eng. doi：10. 1260/ 0309524043028154.

［9］Franken B，Breder H，Dahlgren M，Nielsen EK（2005）Collection grid topologies for offshore wind parks. In：The 18th international conference and exhibition on electricity distribution. Turin, Italy.

[10] Quinonez-Varela G, Ault GW, Anaya-Lara O, McDonald JR (2007) Electrical collector system options for large offshore wind farms. IET Renew Power Gener. doi: 10. 1049/iet-rpg: 20060017.

[11] Lee MQ, Lu CN, Huang HS (2009) Reliability and cost analyses of electricity collection systems of a marine current farm—a Taiwanese case study. Renew Sustain Energy Rev. doi: 10. 1016/j. rser. 2009. 01. 011.

[12] Liu X, Islam S (2008) Reliability issues of offshore wind farm topology. In: The 10th international conference on probabilistic methods applied to power systems. Rincon, Puerto Rico.

[13] Ullah NR, Larsson A, Petersson A, Karlsson D (2008) Detailed modeling for large scale wind power installations—a real project case study. In: Third international conference on electric utility deregulation and restructuring and power technologies. Nanjing, China.

[14] Kling WL, Hendriks RL, Den Boon JH (2008) Advanced transmission solutions for offshore wind farms. In: IEEE power and energy society general meeting. Pittsburgh, USA.

[15] Walling RA, Ruddy T (2005) Economic optimization of offshore windfarm substations and collection systems. In: Fifth international workshop on large-scale integration of wind power and transmission networks for offshore wind farms. Glasgow, Scotland.

[16] Holmstrom O, Negra NB (2007) Survey of reliability of large offshore wind farms. Part 1: Reliability of state-of-the-art wind farms. Project upwind. http: // www. upwind. eu/ Shared% 20Documents/WP9% 20-% 20Publications/D9. 1% 20 - %20Survey%20of%20reliability. pdf. Accessed 12 Dec 2009.

[17] Negra NB, Holmstrom O, Bak-Jensen B, Sorensen P (2007) Aspects of relevance in offshore wind farm reliability assessment. IEEE Trans Energy Convers. doi: 10. 1109/TEC. 2006. 889610.

[18] Sannino A, Breder H, Nielsen EK (2006) Reliability of collection grids for large offshore wind parks. In: Ninth international conference on probabilistic methods applied to power systems. Stockholm, Sweden.

[19] Billinton R, Allan RN (1992) Reliability evaluation of engineering systems. Plenum Press, New York.

[20] Castro-Sayas F, Allan RN (1996) Generation availability assessment of wind farms. IEE Proc Gener Transm Distrib. doi: 10. 1049/ip-gtd: 19960488.

[21] Leite AP, Borges CLT, Falcao DM (2006) Probabilistic wind farms generation model for reliability studies applied to Brazilian sites. IEEE Trans Power Syst. doi: 10. 1109/ TPWRS. 2006. 881160.

[22] Billinton R, Chen H, Ghajar R (1996) A sequential simulation technique for adequacy evaluation of generating systems including wind energy. IEEE Trans Energy Convers. doi: 10. 1109/60. 556371.

[23] Karki R, Hu P, Billinton R (2006) A simplified wind power generation model for reliability evaluation. IEEE Trans Energy Convers. doi: 10. 1109/ TEC. 2006. 874233.

[24] Hopewell PD, Castro-Sayas F, Bailey DI (2006) Optimising the design of offshore wind farm collection networks. In: 41st international universities power engineering conference. Newcastle upon Tyne, UK.

[25] Li DD, He C, Fu Y (2008) Optimization of internal electric connection system of large offshore wind farm with hybrid genetic and immune algorithm. In: Third international conference on electric utility deregulation and restructuring and power technologies. Nanjing, China.

[26] Zhao M, Chen Z, Hjerrild J (2006) Analysis of the behaviour of genetic algorithm applied in optimization of electrical system design for offshore wind farms. In: 32nd annual conference on IEEE industrial electronics. Paris, France.

[27] Zhao M, Chen Z, Blaabjerg F (2009) Optimisation of electrical system for offshore wind farms via genetic algorithm. IET Renew Power Gener. doi: 10. 1049/iet-rpg: 20070112.

[28] Banzo M, Ramos A (2011) Stochastic optimization model for electric power system planning of offshore wind farms. IEEE Transactions on Power Syst. doi: 10. 1109/TPWRS. 2010. 2075944.

[29] Córdoba M (2006) Fundaments and practice of financial mathematics. Dykinson,

Madrid.

[30] Brooke A, Kendrick D, Meeraus A, Raman R, Rosenthal RE (2008) GAMS—a user's guide. GAMS Development Corporation, Washington, DC.

[31] BOWind. http：//www. bowind. co. uk/.

[32] ABB：XLPE submarine cable systems, Attachment to XLPE cable systems—user's guide. Available E-mail：sehvc@ se. abb. com.

[33] General Cable Corporation：Tables on conductors (in Spanish) . http：// www. generalcable. es/Productos/AyudasTecnicas/tabid/378/Default. aspx. Accessed 12 Dec 2009.

[34] Green J, Bowen A, Fingersh LJ, Wan Y (2007) Electrical collection and transmission systems for offshore wind power. In：Offshore technology conference. Houston, USA.

[35] Lazaridis LP (2005) Economic comparison of HVAC and HVDC solutions for large offshore wind farms under special consideration of reliability. Master's Thesis, Royal Institute of Technology, Stockholm, Sweden. http：//citeseerx. ist. psu. edu/viewdoc/download? doi = 10. 1. 166. 4595&rep = rep1&type = pdf. Accessed 12 Dec 2009.

[36] Bozelie J, Pierik JTG, Bauer P, Pavlovsky M (2002) Dowec grid failure and availability calculation. http：//www. ecn. nl/docs/dowec/10077_ 001. pdf. Accessed12 Dec 2009.

第二十三章
低功率风能转换系统：发电配置与控制目标

Iulian Munteanu，Antoneta Iuliana Bratcu 和 Emil Ceangă[①]

摘要： 本章基于低功率风能转换系统（WECS）在并网应用系统或独立应用系统中的应用，重点介绍其主要控制问题的相关公式和求解方法。本章涉及三类问题：低功率风能转换系统的特性、在并网应用系统中的运行，及其在独立多源孤立负荷系统中的应用，重点关注相关控制问题。此外还对相关文献中的主要研究结果进行了整合。

缩写词与符号

WECS	风能转换系统
LSS/HSS	低速/高速轴
MPPT	最大功率点跟踪
ORC	最优状态特征
PMSG	永磁同步发电机

① E. Ceangă

"Dunărea de Jos" 加拉茨大学，罗马尼亚加拉茨 Domnească 47，800008

e-mail：emil. ceanga@ ugal. ro

I. Munteanu

格勒诺布尔电力工程实验室（G2ELab），法国圣马丹代雷 Mathématiques 路 11 号，BP 46 38402

e-mail：iulian. munteanu@ g2elab. grenoble-inp. fr；iulian. munt@ gmail. com

A. I. Bratcu （✉）

格勒诺布尔图像/语音/信号处理及自动化实验（GIPSA-lab），格勒诺布尔国立理工学院控制系统系，法国圣马丹代雷 Mathématiques 路 11 号，BP 46 38402

e-mail：antoneta. bratcu@ gipsa-lab. grenoble-inp. fr

SCIG	鼠笼式感应发电机
DFIG	双馈感应发电机
v	瞬时风速
Ω_l / Ω_h	低速/高速轴转速
λ	风电机叶尖速比
β	风电机叶片桨距角
C_p / C_Γ	风电机功率系数/转矩系数
Γ_{wt} / Γ_G	风电机/发电机转矩
P_{wt}	风电机（机械）功率
$x_{a,b,c}$	三相变量 x 的相分量
$x_{d,q}$	三维变量 x 的 d 和 q 分量，通过派克变换确定

23.1　概述：基本概念

在过去几年里，大功率风电机的应用呈指数增长。但同时低功率风能转换系统（WECS）的重要性也未减退，目前在孤岛发电、微电网和分布式发电等领域发挥重要作用。相关领域的专家达成一致，将这些系统定义为额定功率低于 100kW 的风力发电系统[11]。由于风能具有不稳定性，人们将其最常见的离网应用与电池充电或其他储能方式相关联。同样，低功率风能转换系统经常应用在其他类型的发电系统中，如光伏发电系统或柴油发电系统，合称为混合发电系统。有关低功率风能转换系统控制的研究至少从两个方面展开：

（a）在并网应用中，低功率风能转换系统采用集成化发电和电能应用理念。在此类系统中，电能直接来自低压用户电网，并且消费者/生产者电网转换双向作用，以确保功率潮流与负荷平衡，不受风力条件的影响。

（b）在孤立（局部）电网中，低功率风能转换系统必须配备备用能源，以弥补风能不足。在这种情况下，需要建立独立多能源系统，包括可再生能源、典型能源及储能设备（动能、电化学能等）。

与高功率风能转换系统不同，低功率 WECS 可先验使用与风电机轴直接连接的永磁同步发电机。在孤立电网应用中，基于此类转换装置，实现不同的控制目标需要各种控制结构，例如在不安装储能设备的情况下确保频率偏差在容许范围内。

本章结构如下：第 23.1 节主要介绍与低功率风电机运行与模拟有关的基本概念。第 23.2 节描述风能转换系统适用的控制原则，即并网系统及独立系统中部分负荷状态下的功率优化和满负荷状态下的功率限制。第 23.3 和第 23.4 节分别涉及与并网风能转换系统和绝缘负荷式风能转换系统有关的问题。虽然并网系统主要涉及将功率优化列为控制目标，但独立系统也包括不同的混合系统装置（配备或不配备储能设备）。由此可得，控制目标多种多样。第 23.5 节为总结部分，同时也提出了一些开放式问题。

23.1.1　小型风电机

低功率系统中使用的原动机的气动设计多种多样。虽然大部分风电场仍然在使用典型的两叶或三叶水平轴风电机[11]，但一些其他风轮类型的风电机也很常见，例如根据 Savonius 和 Darrieus 的理念研发的垂直轴风电机[12]。但是，在超低功率（2kW 以下）领域也出现了一些新的风轮设计，相关示例请参见受喷气发动机技术启发而设计的多叶式风电机[10]。

区分低功率风电机与中高功率风电机的主要气动特征的本质是决定其设计的经济原因。所有相关原理均简单易懂，且实心结构能确保可靠运转。但是，仍然配备了主要保护装置（如确保功率和转速限制的装置）。

必须注意的是，大部分情况下叶片不可变桨距，因此其在轮毂上的位置是固定的。在有些情况下，叶片具有变桨距功能，但是总变桨距控制是通过自动（直接作用式）控制器实现的。控制作用所需能量均由机械转换器（回转质量体）提供，该转换器可以机械方式直接激活末控元件，无需增强控制信号[11]。该系统可用于辅助启动以及限制捕获的风能。在定桨距条件下，此类风轮和垂直轴风轮在大部分工况下均可转动。因此，可以对其进行相应建模和控制。

同时，驱动风轮向气流方向转动的偏航机构通常会被降级用作尾舵。由于转动惯量相对较低，该系统足以保持风电机迎风运转。但是，这改变了风轮的正常偏航方法，可能会减少风能捕获量或导致风电机停转[31]。

23.1.2　发电系统

低功率风能转换系统中使用的发电机类型不仅取决于原动机，而是主要取决于其机械传动。在低额定功率情况下，通常使用三相永磁同步发电机（PMSG）和鼠笼式感应发电机（SCIG）。SCIG 与齿轮驱动机构结合使用，作为原动机，其额定转速是无法比拟的。PMSG 通常应用在绝缘/远程应用中。如果 PMSG 极数较多，则风能转换系统中应配备无齿轮（或直接驱动式）传动装置。

風力发电系统手册

与电力网或交流绝缘负荷的接口有多种不同配置，具体取决于发电机类型以及是否配备储能设备。重要的是，发电机侧变流器与电网/负荷侧变流器可通过直流环节相互作用。发电机侧变流器一般可用作 AC-DC 转换器，而电网/负荷侧变流器则用作电压—电源逆变器（DC-AC，见图 23 - 1）。发电机侧变流器一般有两种配置：与 DC-DC 变流器连接的全控整流器或二极管整流器。

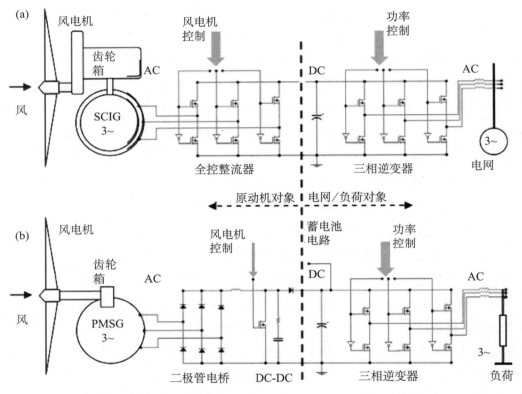

图 23 - 1　低功率风能转换系统的基本结构：（a）基于 SCIG 的并网风能转换系统；（b）基于 PMSG 的三相绝缘负荷风能转换系统

图 23 - 1（a）所示为并网风能转换系统。风电机通过齿轮箱驱动感应发电机。电力电子设备接口为背靠背变流器。发电机侧变流器可由发电机制和电动机制驱动。同样，发电机转矩和转子磁通可分别通过高效矢量控制结构实现，虽然该结构较为复杂。

图 23 - 1（b）所示为绝缘负荷风能转换系统。低速 PMSG 可直接驱动；其电力电子变流器结构非常简单，只适用于发电工况。PMSG 产生的电磁转矩输出量取决于机械通量，并因二极管整流器的应用而显示出加重的涟波效应。蓄电池通过充电控制器与直流环节相连，充电控制器用于监测电池运行状况。

需要注意，图 23 – 1 中显示的配置并非都能在相关文献中找到。可以使用电流—电源逆变器[33]或向三相负荷馈电。发电机侧变流器可能包含降压变流器[37]，电路馈电电池可能包含双向 DC-DC 变流器等。

这些电力电子结构将发电机从电网中分解耦，从而可进行变速运行。还可以采用正弦电流向电网馈电且输出的无功功率具有可变性。主要问题在于，为了改变风电机转速，这些电力电子结构可以实现发电机电流控制，进而实现电磁转矩控制。因此，通过调整风电机的运行点，可以控制其气动效率，进而控制其输出功率。

从系统方面来看，由于采用了中间直流环节，变流链可以分为两个对象。第一个为原动机对象，一般包括原动机、发电机及其电力电子变流器。另一个为电网/负荷对象，包括电网元件、电网侧变流器和直流环节。这两个对象分别受相关变流器的控制（见图 23 – 1）；为实现不同的控制目标，需要更新控制输出。直流侧电流是两个对象的共同变量，根据特定风能转换系统结构和运行条件，两个对象均可考虑直流环节[1]。

23.1.3　风能转换系统建模

风电机的性能主要取决于功率随风速变化的方式，并通过无因次特征性能曲线表示[6]。风电机的叶尖速比是一个变量，可以表示为 $\lambda = R \cdot \Omega_l / v$，即叶片尖端线速度与风速的比值，其中 R 表示叶片长度，Ω_l 表示风轮转速（低速轴转速），v 表示风速。无因次功率系数 C_p 是一个平均模型，用于描述风电机的功率提取效率。C_p 与 λ 曲线的关系变化一般以风电机的气动性能为特征，并且可为风电机控制提供关键信息。风电机所捕获功率可以表示为：

$$P_{wt} = 0.5 \cdot \rho \cdot \pi R^2 \cdot v^3 \cdot C_p(\lambda) \qquad (23-1)$$

其中 ρ 表示空气密度。转矩系数用 C_{Γ} 表示，描述风轮输出转矩（风力矩）Γ_{wt}，表达式为 $C_{\Gamma}(\lambda) = C_p(\lambda) / \lambda$。

对于定桨距风电机，风力矩取决于低速轴转速 Ω_l、风速 v 和 $C_{\Gamma}(\lambda)$：

$$\Gamma_{wt} = P_{wt} / \Omega_l = 0.5 \cdot \pi \cdot \rho \cdot v^2 \cdot R^3 \cdot C_{\Gamma}(\lambda) \qquad (23-2)$$

$C_{\Gamma}(\lambda)$ 表示给定风速下风轮的机械特性 $\Gamma_{wt}(\Omega_l)$。可以建立更详细的气动力学模型，重点关注转动取样、空间过滤或感应滞后等效应[21,29]。低功率风电机的上述效应及其结构动力可以被忽略，从而建立简化模型[38]。

图 23 – 2 表示与两叶片 HAWT 叶尖速比相关的典型稳态 C_{Γ} 和 C_p 变量。应注意，垂直轴风电机的平均气动特性与此差别不大。

选取被动失速调节风轮（虚线）曲线及主动失速调节风轮曲线（实线）进行分

风力发电系统手册

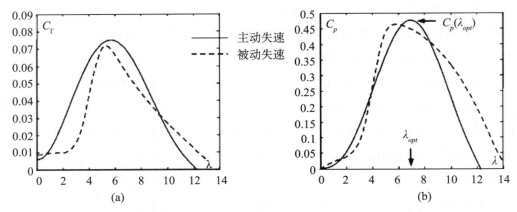

图 23-2　典型 HAWT 的 C_Γ-λ（a）与 C_p-λ（b）曲线[22]

析。C_p 曲线低于理论 Betz 极限（0.59）[6]。特定叶尖速比向对应的功率转换效率存在最大值，用 λ_{opt} 表示。

风轮和发电机通过传动系统进行机械连接，传动系统的结构取决于具体的风能转换系统技术。大部分系统采用倍速器作为驱动机构。在倍速器的作用下，电动机械的转速增加，电磁转矩降低。

机械传动可以分为两部分：低速轴（LSS）和高速轴（HSS）。两个轴之间的耦合可以是刚性的也可以是弹性的。弹性传动系统用于阻尼外因波动（风速或电磁转矩）产生的机械效应。低功率风能转换系统中的传动系统为刚性连接，一般为单级。倍速器会影响 WECS 的重量、可靠性和整体有效性。

发电机是输出电磁转矩 Γ_G 的系统，根据每个发动机的具体情况，定子和转子磁通之间会发生相互作用。在风能转换系统中，发电机会与传动系统发生机械相互作用。根据实施矢量控制的要求，发电机通常在（d, q）坐标内建模[5]。图 23-3（a）阐述了永磁同步发电机（PMSG）的建模原理。

发电机建模包括将电磁变量演化成数学形式。因此，根据发电机的类型建立一组包含电压、流量和电流结果的方程[23]。为了完成原动机对象建模，需要向这组方程中添加 HSS 运动方程，表达式如下：

$$J\frac{\mathrm{d}\Omega_h}{\mathrm{d}t} = \Gamma_{wt} - \Gamma_G \tag{23-3}$$

式中忽略了静摩擦和粘性摩擦，J 表示 HSS 的等效惯性，Γ_{wt} 表示 HSS 产生的风力矩[22]，Ω_h 表示 HSS 转速，Γ_G 表示电磁转矩。

电网/负荷对象包括直流环节和逆变器，逆变器用作电网或负荷的接口。建模的重点是直流侧电容器的能量累积和逆变器的 (d, q) 模型。图 23 – 3（b）阐述了电网的各种建模原理。负荷情况下的要求不同，因此控制目标和建模方程也略有不同。

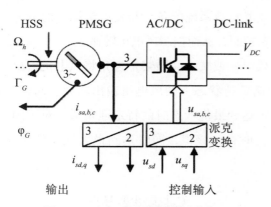

图 23 – 3（a）发电机建模：确定
输入、输出和状态——PMSG

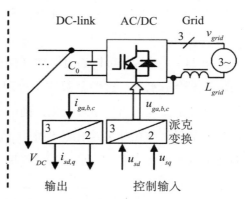

图 23 – 3（b）电网对象建模：确定
输入、输出和状态

23.2　低功率风电机的控制原则

23.2.1　问题

控制问题可以表述为：如何确定风电机的运行点，以实现特定的控制目标。其中最重要的是：

- 在风速大于额定风速条件下控制捕获的功率（满负荷）；
- 在部分负荷条件下将捕获的功率最大化，以符合风速和功率限制；
- 减少可变负荷，以保证机械部件的恢复力水平；
- 风电机的启动与停机。

对于变速定桨距风电机，可以通过发电机控制操作变速机制。控制结构是由定义一个或多个与气动子系统数学模型有关的上述目标决定的[23]。控制器决定了整体动态运行状况，以确保功率调节、部分负荷的能量最大化以及机械负荷减载。

风速超过额定值时，风电机在满负荷状态下运行，应采用空气动力学方式对所捕获功率（可能会随风速立方数变化）进行限制（控制）。下述章节将介绍为实现该目标而采用的一些技术[6]。

根据叶元体理论[6]，必须注意，决定空气动力学行为的关键变量是迎角。迎角随风速增加而增加，但随转速和桨距角 β 的增加而减小。图 23 – 4 显示了迎角变化

对气动效率 $C_z(i)/C_x(i)$ 的影响[23]。

一般来说，在高风速条件下，风电机可通过叶尖速比和（或）桨距角控制迎角，从而降低气动功率。若桨距角固定，则（风轮）变速时，可通过发电机控制恒定风速条件下的气动功率。应注意，变速风能转换系统配备了与发电机耦合的电力电子变流器。该电力结构可实现发电机转矩控制，从而控制风电机转速。

图 23-4 显示，可以通过增加（失速效应）或减小（顺桨）迎角将风电机输出功率降至合适水平。这两种效应均可限制满负荷状态下的风电机输出功率。同样，如果目标是实现输出功率最大化，则应确定达到最优状态时的特定迎角值。对于固定叶片桨距，可在叶尖速比达到最优值 λ_{opt} 时得到该值，同时达到最大气动效率，即功率系数最大值 C_p （见图 23-2 （b））。

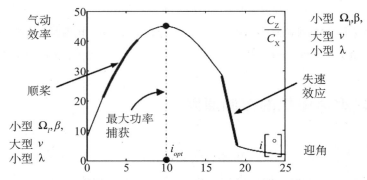

图 23-4　变速变桨距风电机的气动效率曲线：顺桨和失速效应[23]

为确保风电机的安全性，主要控制目标包括两个限制约束条件。一个要求将捕获的功率控制在最大值以下，即 $P_{wt}(t) \leqslant P_{max}$，另一个主要涉及控制低速轴转速，$\Omega_l(t) \leqslant \Omega_{max}$。在部分负荷条件下，未明确要求满足功率限制约束条件，但是在高风速和满负荷情况下，必须通过控制作用确保满足该限制约束条件。在低功率风能转换系统中，可通过向失速状态调整低速轴转速实现该限制约束条件。将风电机调整至可以降低功率系数的状态，既可实现功率限制，如图 23-5 所示。

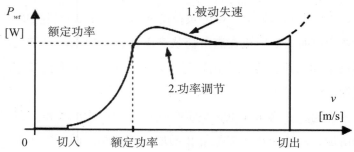

图 23-5　输出功率与风速特征关系图

应注意，受噪音影响，在部分负荷条件下也有必要进行速度限制。图 23 – 5 显示了风电机运行时的风电机功率—风速特征。

23.2.2 部分负荷运行

变速变桨距风电机在部分负荷状态下的控制旨在通过调整发电机转速实现风功率捕获最大化。每各种风速状态下，给定风电机的功率曲线在一定转速下均可达到最大值（C_p 达到最大值）。

这些极大值轨迹在文献中称为最优状态特征（ORC）（见图 23 – 6[25]）。在 Ω_l—Γ_{wt} 平面中，ORC 位于转矩极大值轨迹的右侧（图 23 – 6（b））。将风电机的静态运行点保持在 ORC 上下，可实现功率捕获最大化。换言之，将叶尖速比保持在最优值 λ_{opt}（图 23 – 2（b）），可以使风电机根据风速变速运行，从而实现功率捕获最大化[7]。

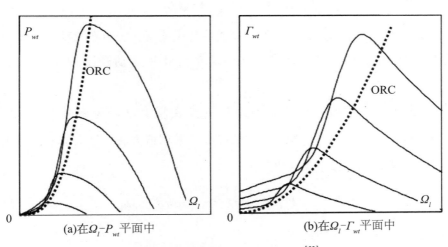

(a)在 Ω_l-P_{wt} 平面中   (b)在 Ω_l-Γ_{wt} 平面中

图 23 – 6 最优状态特征（ORC）[23]

在已知模型/参数、测量变量、所用控制方法和风电机模型版本方面所做的假设在选择最优控制方法时发挥着重要作用。根据风电机模型相关信息的丰富度，特别是转矩特征，变速变桨距风电机的最优控制可通过以下方法实现。

23.2.2.1 最大功率点跟踪

最大功率点跟踪（MPPT）是指整类搜索算法；对于风能转换系统，当参数 λ_{opt} 和 $C_{p\,max} = C_p(\lambda_{opt})$ 未知时，这些搜索算法适用。调整转速控制回路的参考值，使风电机可以在当前风速条件下以最大功率运行。根据 $P_{wt}(\Omega_l)$ 曲线最大值相关运行点的当前位置，风速参考值必须增加或降低。评估该位置是否存在的两种主要方法为：

- 采用变量 $\Delta\Omega_l$ 调整风速参考值，为估算 P_{wt}/Ω_l 的值，需要确定有功功率的相应变化 ΔP，P_{wt}/Ω_l 的符号表示与 P_{wt}（Ω_l）最大值相关的运行点的位置[22]；
- 在当前风速参考值中加入探测信号（例如，慢变低振幅正弦曲线），在有功功率演化中产生可探测反应。此外，通过对比探测正弦曲线相位滞后和有功功率正弦分量的相位滞后，可得出最大值相应运行点的位置[22]。

简要介绍 MPPT 技术，可以忽略风湍流影响和扰乱运行点位置信息的系统动力等因素。

23.2.2.2 根据风速信息采用设定点实现轴转速最优控制

如果叶尖速比的最优值 λ_{opt} 已知，可采用该方法。轴转速是属于闭路控制，以确保 ORC 情况下的运行：

$$\Omega_{lopt}(t) = \frac{\lambda_{opt}}{R} \cdot v(t). \qquad (23-4)$$

该方法中存在一个缺点，即必须测量或估计风速值。安装在发动机短舱中的风速计可以提供固定点的风速信息，这些信息与叶片运动产生的风速存在显著差别[23]。

23.2.2.3 根据轴转速信息采用设定点实现有功功率最优控制

在 λ_{opt} 和 $C_{Pmax} = C_p(\lambda_{opt})$ 均已知的情况下可采用该方法。该方法假设采用有功功率回路，其参考值由以下关系决定：

$$P_{wt_{opt}} = P_{ref} = \frac{1}{2} \cdot \frac{C_p(\lambda_{opt})}{\lambda_{opt}^3}\rho\pi R^5 \cdot \Omega_{l_{opt}}^3 \qquad (23-5)$$

因此，其与转速立方数成正比。

这两种方法均可采用 ORC 跟踪控制回路，其动态特性受风湍流的影响。在大多数情况下，一般采用典型的比例积分（PI）或比例积分微分（PID）控制，但也可采用高级控制技术，以确保更优性能和建模不确定因素的鲁棒性[23]。

风湍流包括 ORC 周围运行点的偏差。这些偏差能够以非对称方式降低转换效率[4]。因此，可以将该最优状态定义为不确切的 ORC，ORC 略微偏向右侧。

另外一个优化策略是利用与 ORC 对应的电磁转矩，其与转速平方值成正比[6]。

23.2.3 满负荷运行

如前所述，在满负荷状态下，风电机运行必须确保所捕获功率在限值范围内。

对于定桨距风电机，这一限制是通过合理控制转速实现的。因此，满负荷状态应可以检测出，且外部控制回路应切换到调节功率控制回路，由此便可利用转速设定点将输出功率降至安全水平。

具体策略取决于风电机的叶片轮廓。如果叶片可以在强转速下感应高风速中的加重失速效应（图23-2（b）中的虚线），则可以通过将风电机转速限制在额定值确保输出功率在安全限制内。通过这种方式，可实现与失速型风电机相似的运行状况（图23-5曲线1）。如果风电机叶片未显示出加重失速效应（图23-2（b）中的实线），则可以通过降低转速使该风电机进入更深层的失速状态。在此种情况下，能够将功率严格限制为额定功率（图23-5曲线2）。

23.3 并网低功率风能转换系统

在确保普适性的前提下，可以考虑在三叶片风电机的原动机中采用直驱永磁同步发电机PMSG（$\Omega_l \equiv \Omega_h$）。图23-1（a）所示为相关发电机的结构。图23-7所示为该结构的控制回路。作为并网风能转换系统，其相当于与电网电压同步的电流发生器[5]。从风中提取的功率通过以下步骤被输送至电网。由PMSG转换的功率产生直流电流，然后被注入直流环节，以增加直流侧电压。运行电网侧变流器，从直流环节中提取大约相同数量的电流，重新建立功率平衡[32]。然后将直流侧电压控制器产生的交流电注入电网。在该结构中，发电机侧逆变器（控制原动机对象）可在MPPT模式下运行，并在安全限值内提供可用功率。简言之，发电机侧变流器可实现对风电机转速的伺服控制，且电网侧逆变器可以实现直流侧电压监控。

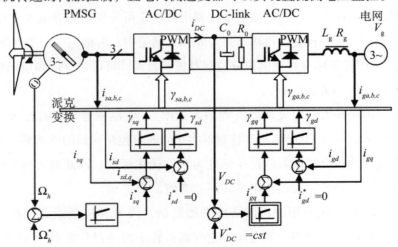

图23-7 并网WECS控制系统

在图 23 - 7 中，Ω_h^* 可通过最大功率（见第 23.2.2 节）和功率限制（见第 23.2.3 节）要求得出。为了列出与此结构控制有关的主要见解，应给出一些建模元素。

为实现控制，给定风速下的风电机机械特征（见图 23 - 6（b））线性分布在典型运行点周围[23]。风电机转矩与转速 Ω_h 有关，表达式如下：

$$\Gamma_{wt} = \Gamma_0 + D \cdot \Omega_h$$

式中，Γ_0 表示零风速转矩，负参数 D 表示机械特征斜率。两者都取决于稳态运行点和当前风速。可根据方程 23 - 3 中的单质量模型推导出传动系统转移函数[23]。

为使发动机的运行状况和挠性传动系统更加平稳，可对 PMSG 进行矢量控制。该控制结构基于 PMSG 派克模型设计[5]。在简化假设（定子绕组的正弦曲线分布、电磁对称、可忽略铁损和不饱和磁路等）下，(d, q) PMSG 模型可以表示为：

$$\begin{cases} v_{sd} = Ri_{sd} + L_d i_{sd} - L_q i_{sq}\omega_s \\ v_{sq} = Ri_{sq} + L_q i_{sq} + (L_d i_{sd} + \Phi_m)\omega_s \end{cases} \tag{23-6}$$

式中，R 表示定子电阻，v_{sd}、v_{sq} 分别表示 d 和 q 定子电压，i_{sd}、i_{sq} 分别表示 d 和 q 定子电流，L_d、L_q 分别表示 d 和 q 感应系数，$\omega_s = p \cdot \Omega_h$ 表示定子脉冲（或电脉冲），Φ_m 表示转子磁链。电磁转矩可以表示为：

$$\Gamma_G = p[\Phi_m i_{sq} + (L_d - L_q)i_{sd}i_{sq}] \tag{23-7}$$

式中，p 表示电极对数。如果风轮具有非凸出磁极，则 $L_d = L_q$ 和电磁转矩可以表示为：

$$\Gamma_G = p\Phi_m \cdot i_{sq}. \tag{23-8}$$

通过利用 PMSG 定子电压，输出电流和机械转矩可分别由派克电流分量 i_{sd} 和 i_{sq} 控制。抗饱和比例积分控制器可用于每个 d 和 q 通道中；解耦结构用于抑制 $d - q$ 相互作用[15]。采用模量标准对比例积分控制器进行微调，可以确保闭路阶跃响应的稳定时间过冲信号得到最优权衡[2]。

关于定子电流最大转矩灵敏度（即最大效率），电枢磁通量位置在 $\pi/2$ 处，因此得出参考值为 $i_{sd}^* = 0$。PMSG 速度控制取决于 q 通道控制回路的外回路。外部回路中采用的速度比例积分控制器的设计标准为对称优化标准，因此可实现最优规模的闭路斜坡响应[2]。该控制器输出电磁转矩参考值，即 i_{sq}^* 值。

必须注意，在实际应用中，该结构更加复杂，因为其包括派克变换 $(d, q) \leftrightarrow (a, b, c)$、正弦曲线 PWM[5] 和电压源逆变器；转子的绝对位置可用于计算这些变换值。

发电机侧变流器三相切换函数 $\gamma_{sa,b,c}$ 也是旋转矢量，在同步旋转（d，q）坐标 γ_{sd} 和 γ_{sq} 中增加了分量。无损逆变器平均模型给出，$v_{sd} = \gamma_{sd} V_{DC}/2$，$v_{sq} = \gamma_{sq} V_{DC}/2$，$i_{DC} = (\gamma_{sd} i_{sd} + \gamma_{sq} i_{sq})/2$，$i_{DC}$ 表示由发动机侧变流器注入直流环节的直流电流。

根据上述建模，q 轴上需控制的简化对象如图 23 - 8 所示。为确保适当动力，可以建立控制结构。

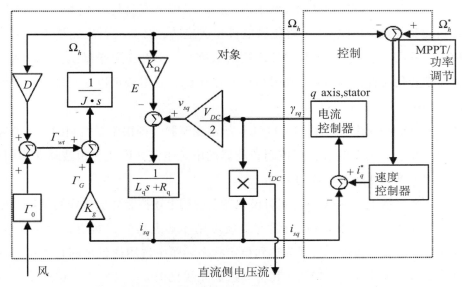

图 23 - 8　q 轴上风电机—发电机线性建模与控制——符号规约与监测状态相对应

根据该建模程序，典型的比例积分控制规律同样适用。图 23 - 8 所示的原动机对象结构将风速作为扰动输入，平均运行周期分量 β_{sq} 用作控制输入。该结构可以输出直流侧电流 i_{DC}。如果转速在 i_{sq} 电流方面的变化非常缓慢，则可在考虑反电动势 E 为常数的条件下设计后一变量控制。应注意，电网侧逆变器保持直流侧电压为常数。为补偿 q 轴上的定子电惯性，需要对电流控制器进行整定（见第 23.6 节第 2 个公式）。为确保稳定性，其参考值不得超过当前风速下最大气动转矩的对应值。

由于气动系统为时变系统（即不同风速和运行点位置的 D 值不同），速度控制器设计略有难度。

首先，考虑其速度，电流回路应为理想回路，无动态电流。应注意，根据最大风电机转矩点相关运行点的位置，斜率 D 的值可正可负。因此，如果采用比例积分控制器，当 D 的正数值达到最大时（即最差情况下），应对该控制器进行整定。闭路系统有两个电极，根据运行点位置的不同可以显示不同的动态运行状况。通过相关代数理论并利用复杂电极，可以验证系统在以下条件下的稳定性：

$$K_g \cdot K_P + D > 0, \qquad \forall D$$

式中，K_g 表示 PMSG 的转矩系数，K_P 表示比例积分控制器增益。上述最差情况下，控制器会出现最慢的动态行为。

MPPT 或功率调节回路可进一步提供转速参考值。为实现控制结构的"平稳"运行，需要考虑抗饱和结构及参考值梯度变化。

除相对简单外，该控制结构还有很多优势。机械电流及其负荷处于完全控制状态（即可避免超负荷风险），可避免风电机超速旋转，必要时可迅速得出输出功率降低值等。总之，通过向直流环节注入输出电流 i_{DC}，PMSG 逆变器设备可以将风电机机械功率转化为直流电功率。通过增加其容量 C_0，该电流可以起到增加直流侧电压 V_{DC} 的作用。

如果发电机侧变流器与图 23 – 1（b）所示变流器（即由不受控制的整流器和斩波器组成）相似，则发电机转矩控制斩波器的电感电流。即使转矩波动非常明显，该方法仍然可确保变速 WECS 的运行。

图 23 – 9 显示了在 1:1 WECS 实时模拟器上使用上述控制方法得到的 WECS 稳态特征[24]。风速 v（5 ～ 20m/s）的慢变斜坡可用作输入信号，如图 23 – 9（a）所示。其速度变化过于缓慢，可视为达到稳定状态。图中选用的是被动失速型三叶片水平轴风电机（额定功率 2kW），其功率系数曲线见图 23 – 2（a）。稳态状态下的输出功率 P_{wt}、功率系数 C_p 和高速轴转速 Ω_h 分别如图 23 – 9（b）、23 – 9（c）和

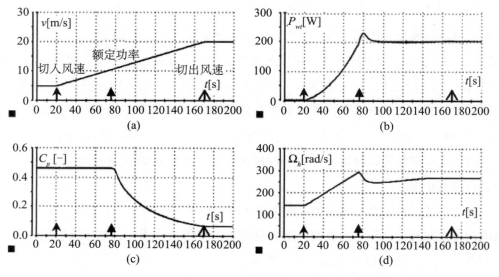

图 23 – 9　低功率风能转换系统的典型稳态运行状况[24]

23 - 9（d）显示所示。在部分负荷状态下，转速参考值可通过 MPPT 算法得出，即转速随风速变化而变化。在满负荷状态下，最外缘功率调节回路会降低转速参考值，随着风速增加，风电机将进入更深层的失速状态。

接下来，本文将介绍电网侧变流器将直流侧功率输送至电网的相关方面。相关对象包括直流侧母线、逆变器和输电网。为了输送可用的有功功率，将三相电流馈送入输电干线，同时将直流侧电压控制为常数值 V_{DC}。风能系统还要能够向电网提供无功功率，以补偿公共耦合点处的电压波动情况。

应注意，（d，q）表示法也可应用于交流系统。控制结构以 q 和 d 输出电流 i_g 派克分量的两个电流控制回路以及外电压控制回路为基础，可以在某一特定值上调节直流侧电压 V_{DC}[15]。这些回路均采用抗饱和比例积分控制器，该控制器需要采用模量最优标准进行整定。直流侧电压控制器可提供 i_{gq}^* 的参考值；如果向电网中提供了无功功率，则 i_{gd}^* 为非零值。内回路输出（d，q）坐标内的电网电压参考值转化为三相系统，并应用于逆变器。派克变换需要使用电网电角。为此，必须采用三相锁相回路[19,28]。

根据电网侧变流器无损（d，q）平均建模可得[23]：

$$\begin{cases} L_g \cdot \dfrac{\mathrm{d}i_{gd}}{\mathrm{d}t} = V_g - R_g \cdot i_{gd} + L_g\omega \cdot i_{gq} - \dfrac{V_{DC}}{2} \cdot \gamma_{gd} \\[2mm] L_g \cdot \dfrac{\mathrm{d}i_{gq}}{\mathrm{d}t} = - R_g \cdot i_{gq} - L_g\omega \cdot i_{gd} - \dfrac{V_{DC}}{2} \cdot \gamma_{gq} \\[2mm] C_0 \cdot \dfrac{\mathrm{d}V_{DC}}{\mathrm{d}t} = \dfrac{3}{2} \cdot [i_{gd} \cdot \gamma_{gd} + i_{gq} \cdot \gamma_{gq}] - \dfrac{V_{DC}}{R_0} - i_{DC} \end{cases} \quad (23-9)$$

式中，L_g 和 R_g 为输出电流滤波器参数，V_g 表示电网电压振幅，ω 表示电网脉冲，C_0 和 R_0 分别表示直流侧电容器和电阻器。γ_{gd} 和 γ_{gq} 表示变流器运行周期的（d，q）分量。

应注意，前两个方程弱耦合（一般情况下，耦合项 $L_g\omega/V_{DC}$ 的值远小于 1），因此可以单独控制两个电流分量 i_{gd} 和 i_{gq}，且相关对象可以表示为 $1/(L_gs + R_g)$。另外还需要注意的是，电流的闭路动力比 V_{DC} 动力快。因此，使用根据前两个方程式得出的稳态值替换第三个方程式中的运行周期 γ_{gd} 和 γ_{gq}，并忽略电网滤波器损失，可以得出：

$$C_0 \cdot \frac{\mathrm{d}V_{DC}}{\mathrm{d}t} = \frac{3}{2V_{DC}} \cdot V_g i_{gq} - \frac{V_{DC}}{R_0} - i_{DC}. \quad (23-10)$$

进而说明电流分量 i_{gq} 和直流侧电压平方值之间的转移函数为一阶滤波器[15]：

$$\frac{V_{DC}^2}{i_{gq}} = \frac{3V_g/2}{C_0 s + 1/R_0}. \tag{23-11}$$

通常会采用 V_{DC}^2 反馈值或典型运行点周围的线性化将电压控制器设计成线性控制器（如比例—积分，PI）。总之，q 通道的电网对象控制结构综合如图 23 - 10 所示。

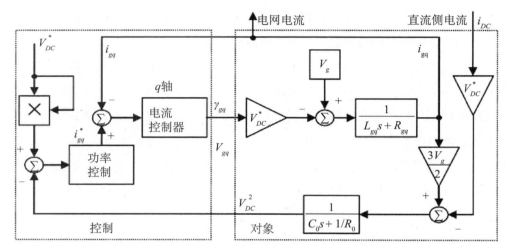

图 23 - 10 q 通道的电网侧逆变器控制结构

该对象包括直流环节，向控制器提供测量值 V_{DC} 和 i_{gq}，并通过 i_{DC} 电流与发电机侧逆变器相互作用。后者会成为干扰项。应注意，该控制结构不是唯一可实施的方法，也可以通过其他方法实现电流控制，如广义积分器（谐振控制器）[20]。

对直流侧电压进行调节控制会产生多种结果。除了将功率疏散到电网以外，还可以保护直流环节免受高电压的损害，并向图 23 - 8 中的对象提供常数参数，从而合理控制发电机电流。

图 23 - 11 所示的 4 个示波器屏幕截图显示的是采用实时模拟获取的结果，表示不同风速条件下两种主操作工况（部分负荷和满负荷）中低功率风能转换系统的动态运行状况。

因此，图 23 - 11（a）描绘的是不同风速条件下部分负荷中的变速运行，中湍流强度 I = 0.15，根据 IEC 标准中的 Von Karman 频谱得出[26]。

根据惯例，向电网提供的有功功率为负值，这在很大程度上取决于风速。由于风能转换系统在不同风速条件下运行，转速和交流输出电流也取决于风速。图 23 - 11（b）显示了风速呈现阵风序列（即满负荷状态下平均风速约为 12m/s 时）时风能转换系统的运行状况。由于功率控制器的作用是缓解风速变化对输出功率的影响，

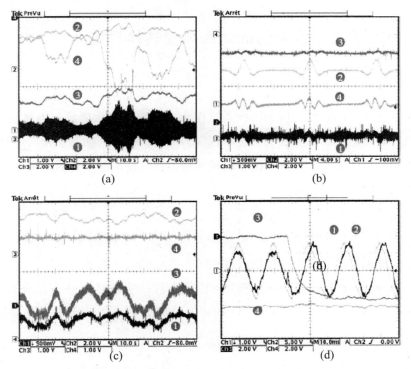

图 23 – 11　变速 WECS 动态运行状况。a*Ch*1 表示电网输出电流 i_{ga}，5A/V；*Ch*2 表示风速 v，2m/s/V；*Ch*3 表示转速 Ω_h，50rad/s/V；*Ch*4 表示输出有功功率 P，200W/V。b*Ch*1 表示直流电流 i_{DC}，5A/V；*Ch*2 表示风速 v，2m/s/V；*Ch*3 表示转速 Ω_h，50rad/s/V；*Ch*4 表示输出有功功率 P，250W/V。c*Ch*1 表示直流电流 i_{DC}，5A/V；*Ch*2 表示风速 v，2m/s/V；*Ch*3 表示发电机 q 分量 i_{sq}，5A/V；*Ch*4 表示 V_{DC}，75V/V。d*Ch*1 表示线电压 v_{ga}，25V/V；*Ch*2 表示电网输出电流 i_{ga}，5A/V；*Ch*3 表示输出无功功率 Q，200VAR/V；*Ch*4 表示输出有功功率 P，200W/V[24]

风速变化导致的功率波动在此处不是关注重点。

图 23 – 11 （c）和图 23 – 11 （d）显示了向电网输送的功率，即电网侧变流器的运行。图 23 – 11 （c）所示为部分负荷状态不同风速条件下向电网输送的功率。由于有功功率随风速变化而不断变化，直流侧电压几乎一直为常数，i_{DC} 也会随风速变化。从图中可以看出，PMSG 定子电流 q 分量的变化与电磁转矩成正比，这是由于变速运行的影响。图 23 – 11 （d）所示为风能转换系统向电网输送无功功率时耦合点 v_{ga} 和 i_{ga} 的电变量状况。

23.4 独立发电配置中的低功率风能转换系统

23.4.1 问题

由于风能具有间歇性，风能转换系统作为偏远地区混合能源发电系统的组成部分，以独立配置运行。混合发电系统中包含多种传统能源，如基于化石燃料的能源、储能装置和可再生能源。独立系统中的风能转换系统受两种干扰的影响：

- 局域电网中的负荷波动；
- 由于风能随机性产生的功率波动。

可以将风速建模为非平稳的随机过程并通过长、中和短期谱模型描述。短期模型涉及取决于平均风速、表面粗糙长度和地面高度的湍流波动[6]。图 23-12 所示为 60 年期的 Van der Hoven 模型。该模型可提供资源的稀缺性信息，表示给定的风能转换系统无法确保功率的特定水平。例如，为提高中期能源水平，可采用化学蓄电池。

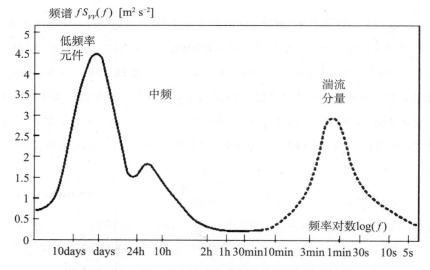

图 23-12　Van der Hoven 风速谱模型下的风能波动

独立风能转换系统设计的问题基本来源于风速的随机性能。包括：

- 必须不间断地供应负荷，考虑中长期风速变化。为增加风能转换系统的功率供应，可以采用备用能源，如中期情况下的电化学储能装置（蓄电池）或长期情况下的柴油发电机。
- 必须确保电能质量：频率、电压、谐波含量、闪变。总之，独立风能转换系统位于能源消耗地点附近，周围的湍流强度较高。湍流波动可以在局域电网中产生重要频率和电压变量。降低波动的方法包括采用动能存储设备（如飞轮）。

根据其结构，独立风能转换系统可以配备或不配备电池。如果不配备电池，可以配备柴油发电机或飞轮。

独立风能转换系统的性能可以通过可再生能源的渗透率反映出来，其界定与提取的风功率（瞬时渗透）或提取的风能（平均渗透）有关[3]。瞬时渗透是指捕获的风功率与负荷要求的功率之间的比例，平均渗透是指给定时间范围（小时、天、月或年）内提取的风能与要求的能源量的比例。

23.4.2　无储能设备的风力——柴油系统

向孤立电网供电的最简单混合系统结构一般不配备储能设备[3,13,17,18,27,36]。此类系统的基本结构包括柴油发电机和基于感应发电机的风能转换系统[3]。风功率不充足时，柴油发电机可以提供部分或全部所需功率。功率限制一般是通过被动失速实现的。在其基本结构中，该系统的平均渗透率低于 20%。为提高平均渗透率而增加风能转换系统的额定功率会导致局域电网中频率和电压波动增加。与所供应能源质量相关的要求按照限制风能转换系统频率和电压容许偏差执行，如图 23 - 13 所示[9]。频率/电压最大容许偏差与频率/电压的相应额定值有关，额定值越小，偏差

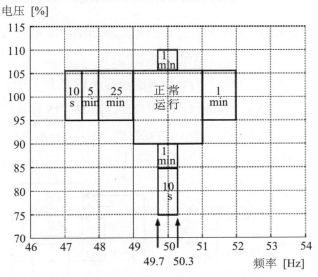

图 23 - 13　频率和电压的最大允许偏差，参考文献[9]

越大。根据这些规定，正常运行容许偏差的总时间不得超过 10h/a。该需求极大地限制了风能转换系统功率在基本风力—柴油配置中的权重。

可以通过控制风能转换系统提高平均渗透率，从而优化部分负荷状态下的能量转换。图 23 – 14 所示为采用双馈感应发电机（DFIG）的风力—柴油系统结构，其中能源优化控制回路以关系式（23 –4）给定的最优转速为基础。

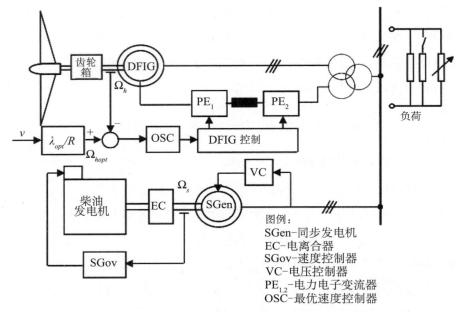

图 23 – 14　遵循风能转换优化控制律的风力—柴油系统

图 23 – 14 所示结构的优点在于其转子变流器功率是发电机额定功率的 30% 。风能转换系统的有功功率和无功功率由变流器控制。

设计最优速度控制器（OSC）时必须考虑两种矛盾需求，即维持最大功率周围运行点的同时又要符合局域电网的容许频率偏差。图 23 – 15 显示了两个子系统（风能转换系统和柴油发电机系统）之间的相互作用，其中 Ω_s 和 Ω_h 分别表示同步发电机和双馈感应发电机转速。

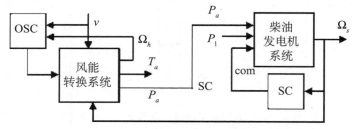

图 23 – 15　风能转换系统与柴油发电机系统的相互作用

图 23 – 15 中，P_l 表示负荷有功功率，P_a 和 T_a 分别表示 DFIG 的有功功率和转矩。作为对风速湍流的响应，控制器 OSC 会使 DFIG 的转矩和功率发生波动，进而影响同步发电机转速回路的动力。另一方面，转速 Ω_s 波动决定了 DFIG 的电磁转矩波动，该转矩波动实际上与（$\Omega_s - \Omega_h$）差值成正比。

从图 23 – 16 所示为风力—柴油系统在恒定负荷与可变风速条件下功率和频率演变的数值模拟结果，可变风速序列如图 23 – 16（a）所示。柴油发电机功率 P_{DG} 和风力发电系统功率 P_{wt} 可以表示为风功率瞬时渗透率的两个值，即图 23 – 16（b）中的 90% 和图 23 – 16（d）中的 50%。图 23 – 16（c）和图 23 – 16（e）分别显示了这两种情况下的频率变化。

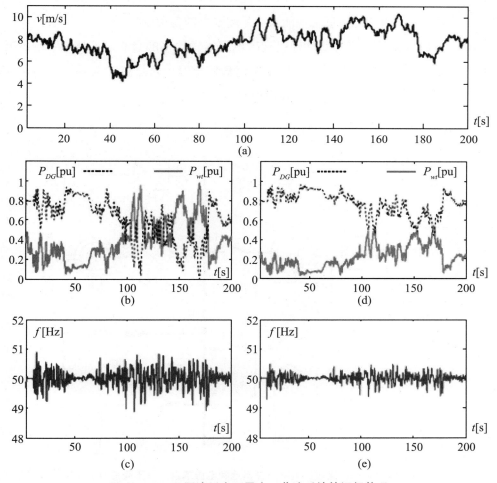

图 23 – 16　不同渗透率下风力—柴油系统的运行状况

根据风力—柴油系统的线性模型，文献[8]设计了关于性能指标的混合系统最优控制律：

$$I = \int_0^\infty \left[\alpha \overline{\Delta\lambda(t)^2} + \overline{\Delta T_a(t)^2} \right] \mathrm{d}t \qquad (23-15)$$

其中 $\overline{\Delta\lambda(t)}$ 和 $\overline{\Delta T_a(t)}$ 分别表示叶尖速比和 DFIG 转矩的标准变化，α 表示对能源效率性能和局域电网频率变化具有重要影响的正系数。使用飞轮是补偿动态频率变化的有效方法，以此实现短期能源存储[16]。飞轮通常会与同步发动机轴永久耦合。

23.4.3 配备交流耦合风能转换系统的混合能源转换系统

如前所述，由于风能具有间歇性，风能转换系统自身无法确保任意风速条件下的交流参数调节。因此，必须配备能够满足此要求的备用设备。

图 23-17 所示为所有能源均通过交流电网输送功率的独立风能转换系统配置。风电机系统配备了最小控制配置：风速超过额定值时，通过被动失速限制风功率，鼠笼式感应发电机（SCIG）是与交流电网直接耦合。

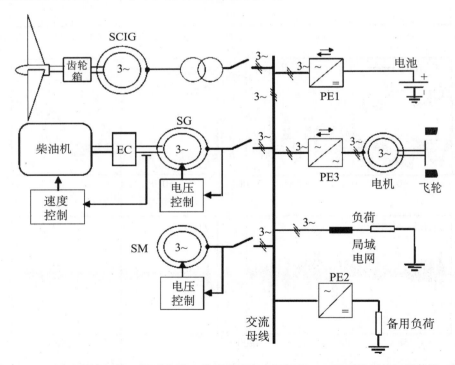

图 23-17 独立混合系统，通过交流环节使电池和电源耦合——不受控制的风能转换系统

不受控制的风能转换系统需要配备辅助硬件，以确保交流参数调节，下文将对此进行详细描述。

混合系统中可能包括能够实现中期能量储存的电池，以及其他可再生能源（如微水力能源或光伏能源）。如果混合系统不使用柴油发电机便能确保负荷所需功率，则认为该系统的风电渗透率较高[30]。柴油发电机不耦合且可再生能源产生的功率超过负荷所需功率时，备用负荷将激活，通过图 23 - 17 所示的静态变流器 PE2 耗散功率。同步电机 SM 用于在柴油发电机不耦合的情况下确保电压和无功功率控制。文献[35]中提出了另一种方法，即采用静态无功补偿器补偿瞬时无功功率，以减少高渗透率无储存设备的风力—柴油系统的电压波动。

降低高风速（即高风湍流水平）条件下的频率变化是一个重要问题。通常使用动能存储设备解决这一问题。动能存储设备可以是与电离合器和发电机之间柴油发电机轴相耦合的定速飞轮，也可以是变速高速飞轮。变速高速飞轮可以通过电机和交流—交流双向变流器接收并转换动能，如图 23 - 17 所示。

图 23 - 18 所示为独立混合配置，机电设备的重量减少，可实现风能转换系统高级控制。

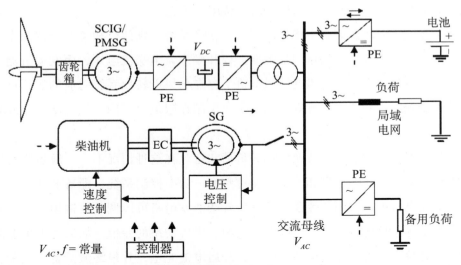

图 23 - 18 独立混合系统，通过交流环节使电池和电源耦合——完全受控制的风能转换系统

风电机通过被动失速和变桨距实现功率限制。本文中，SCIG 通过控制其运行的背靠背变流器将功率传输至局部电网。风能转换系统供应的能源参数（频率、电压、功率系数）由负荷侧变流器控制。为了管理能源消耗，当可再生能源出现短缺时，必须优先考虑局部负荷，以使非优先级负荷控制促进所产生功率与所需功率的平衡。

对于混合系统，一个重要问题是如何在两个层级上构建控制系统。各子系统中的控制器安装在低层级上：柴油发电机的速度控制器（SC）和电压控制器，以及风能转换系统的最优速度控制器（OSC）。高层级上的自动分配器用于管理各种能源提供的功率通量，并考虑优先使用可再生能源。

发电结构的主要目标是确保交流电压参数，不考虑风况和（结构限制内）负荷功率。从风能转换系统的角度看，可以采用以下两种运行模式：柴油发电机运行时，风能转换系统可作为交流同步电流源；风能转换系统作为交流电压源时，可以关闭柴油发电机。

第一种模式假设风能转换系统在受控交流环境中以并网形式运行。需要注意的是，交流电流源不能将电流注入交流电压源与其负荷之间的连接节点（图 23 – 18 所示的交流母线）。交流电压源（即柴油发电机）应能够对交流电流源（即风能转换系统）注入的可变电流快速做出反应，以保持特定的交流电压值。这意味着柴油发电机必须将电流输送至交流母线，并避免调压器饱和。为确保柴油发电机在风电机交流电流变化（由风能转换系统注入）方面能够做出足够迅速的电压反应，可以在直流环节上积累补充能源，或降低直流—调压器频宽。

如果在交流电压源模式中优先运行风能转换系统，则两个相关变流器的作用会发生变化。负荷侧变流器的作用是根据振幅和频率调节交流电压，而发动机侧变流器用于调节直流侧电压[1]。因此，风电机上存在与风能转换系统对应的运行点，且其转速不受控制。必须采取有效措施将转速控制在限值范围内，如主动失速或桨距调节。

该运行模式适用于风能转换系统满负荷状态。在这种情况下，一般需要实现柴油发电机与交流母线的连接和同步；通过频率—功率控制系统，配备 PID 速度控制器的柴油发电机可用作调节装置。这意味着柴油发电机可以调整其输出功率，确保其输出功率等于负荷所需功率与可再生能源所供应功率的差值。如果可再生能源供应的功率有盈余，可以停止柴油发电机，开启电池充电，并最终激活备用负荷。相反，如果可再生能源供应功率不足，应使用蓄电池电量，视预测风速而定，可以启动柴油发电机。

在高层级上实施的控制策略必须能够同时确保一系列对立需求，例如：

- 增加中间渗透率；
- 降低柴油发电机的启动/关闭频率，以确保其可靠性；
- 统一电池的充电/放电周期，以延长电池的使用寿命。

23.4.4 配备直流耦合风能转换系统的混合能源转换系统

混合独立系统中有一种特殊且应用广泛的类型，即不同能源可以通过直流环节相互耦合。一般来说，此类系统为低功率系统，必须采用中期储能电池。当提取的风功率长时间不足时，柴油发电机组与配备永磁同步发电机和电控启动/关闭功能的直流环节耦合。

具有直流环节的混合系统可实现多种配置，视能源的控制方式而定。其中一种可能是，风能和光伏能源通过充电控制器（如图23－19所示）向电池输送功率。在这种情况下，风能转换系统的运行状态由充电控制器决定，无法确保风电机在最优状态特征（ORC）下运行。柴油—发电机组的发电机直接将功率输送至局域交流电网，并确保采用整流器为电池充电。

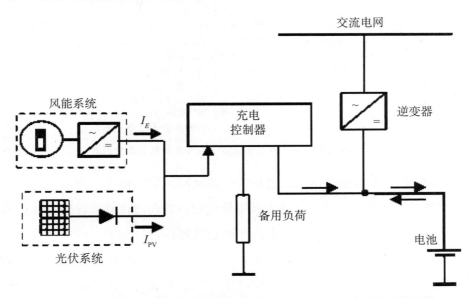

图23－19 混合能源系统（包括风能和光伏太阳能）中的电池充电控制器

一般而言，定桨距风电机与永磁式多极同步发电机直接相耦合。充电控制器采用电子开关，以控制电池充电过程；电池充满后，电子开关激活备用负荷。

为实现发电系统的最优与安全操作，应将直流侧电压控制在特定值。

图23－20所示为具有直流环节的混合系统配置，可以确保实现更好的能量性能。所有能源通过电流控制回路将功率输送至直流环节。风电机配备了功率控制系统，其设定值可以根据方程式（23－5）得出，以确保风电机能够在最优状态特征（ORC）下运行。

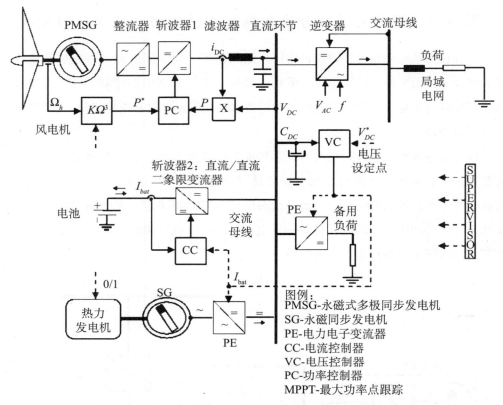

图 23 – 20　各种能源通过直流环节相耦合的独立混合系统

风电机功率控制器驱动内部发电机的电流回路。当风功率长期不足时，备用能源（柴油发电机组）会通过整流器和电流控制回路向直流环节输送功率。直流环节以标准频率和电压向局域交流电网中的逆变器压输送功率。逆变器根据负荷需求从直流环节中引出电流。由此而论，直流侧电容器的电压能够感应所产生功率与负荷所需功率之间的不平衡。直流侧电压控制系统的作用是在局域电网所需功率和/或可再生能源所产生功率发生变化时确保所供应功率与直流环节所需功率之间的平衡。

该控制系统发挥的控制作用为：

- 改变电池电流控制回路的参考值；该回路包括一个二象限直流—直流变流器。应改变变化指示（即充电/放电状态选择）和电池充入/放出的电流值。
- 如果风能资源长期不足，则需控制备用能源（柴油发电机组）的启动/关闭，并建立该能源的电流控制回路参考值。
- 如果发电量过剩，需要控制备用负荷变流器。

23.5　结论

在过去十年，一般优先使用高功率风能转换系统，这是因为根据能源系统的实际发展趋势，能源市场目标是增加风电渗透率。由于低功率风能转换系统中的能量加权降低，在这方面的投资仍然与高功率风能转换系统没有可比性。低功率风能转换系统主要应用在独立配置中。在过去几年里，分散能源发电的开发取得了越来越多的成功，可以通过并网或独立低功率系统向局域电网供电。发电配置可实现多样性，包括传统的并网风能转换系统和配备交流或直流公共总线的独立系统等。考虑到结构的多样性，独立系统中存在的控制问题比高功率风能转换系统更多。

关于配备风能转换系统的独立混合系统，主要问题是如何同时实现最大风功率提取量、增加电池使用寿命（统一充电/放电周期）、降低备用能源（通常为柴油发电机）的耦合/解耦频率。因此，实现不同发电结构中各种场景最优管理的高层级（监控）控制可能会涉及智能电网，这是未来非常值得探索的一个领域。

参考文献

[1] Andreica M, Bacha S, Roye D, Munteanu I, Bratcu AI, Guiraud J (2009) Stand-alone operation of cross-flow water turbines. In: Proceedings of IEEE international conference on industrial technology-ICIT 2009, CD-ROM.

[2] Åsträm KJ, Hägglund T (1995) PID controllers: theory, design and tuning, 2nd edn. Instrument Society of America.

[3] Baring-Gould I, Flowers L, Lundsager P, MottL, Shirazi M, Zimmermann J (2004) Worldwide status of wind-diesel applications. 2004 DOE/AWEA/Can-WEA wind-diesel workshop http://www.eere.energy.gov/windpoweringamerica/pdfs/workshops/2004_ wind_ diesel.

[4] Bianchi FD, Mantz RJ, Christiansen CF (2005) Gain scheduling control of variable-speed wind energy conversion systems using quasi-LPV models. Control Eng Pract 13 (2): 247 –255.

[5] Bose BK (2001) Modern power electronics and AC drives. Prentice-Hall, Englewood Cliffs.

[6] Burton T, Sharpe D, Jenkins N, Bossanyi E (2001) Wind energy handbook. Wiley, NY.

[7] Connor B, Leithead WE (1993) Investigation of fundamental trade-off in tracking the Cpmax curve of a variable speed wind turbine. In: Proceedings of the 12th British wind energy conference, pp 313 – 319.

[8] Cutululis NA, Bindner H, Munteanu I, Bratcu A, Ceanga E, Sørensen P (2006) LQ optimal control of wind turbines in hybrid power systems. European wind energy conference, EWEC '06, http://ewec2006proceedings.info/allfiles2/463_Ewec2006fullpaper.pdf.

[9] Danish Technical Regulation (2004) Wind turbines connected to grid with voltage below 100 kV. Technical regulation for the properties and the control of wind turbines, Doc. No. 177899.

[10] Elena Energie (2010) Elena turbowind. http://www.elena-energie.com/index.php? lang = enin. Accessed 14 June 2010.

[11] Heier S (2006) Grid integration of wind energy conversion systems, 2nd edn. Wiley, Chicester.

[12] HelixWind (2010) Savonius and Darrieus helix wind turbines. http://www.helixwind.com/en/ product.php. Accessed 14 June 2010.

[13] Hunter R, Elliot G (1994) Wind-diesel systems. Cambridge University Press, Cambridge.

[14] Hur N, Jung J, Nam K (2001) A fast dynamic DC-link power-balancing scheme for a PWM converter-inverter system. IEEE Trans Ind Electron 48 (4): 794 – 803.

[15] Hur N, Jung J, Nam K (2001) A fast dynamic DC-link power-balancing scheme for a PWM converter-inverter system. IEEE Trans Ind Electron 48 (4): 794 – 803.

[16] Infield DG (1994) Wind diesel design and the role of short term flywheel energy storage. Renew Energy 5 (1): 618 – 625.

[17] Jeffries WQ, McGowan JG, Manwell JF (1996) Development of a dynamic model for no storage wind/diesel systems. Wind Eng 20 (1): 27 – 38.

[18] Kamwa I, Saulnier B, Reid R (1989) Modelling, simulation and control of a wind-diesel stand-alone grid (Modelisation, simulation et regulation d'un reseau eolien/Diesel autonome). IREQ Research Report.

［19］ Kaura V, Blasko V（1997）Operation of a phase locked loop system under distorted utility conditions. IEEE Trans Ind Appl 33（1）: 58－63.

［20］ Liserre M, Teodorescu R, Blaabjerg F（2006）Multiple harmonics control for three-phase grid converter systems with the use of PI-RES current controller in a rotating frame. IEEE Trans Power Electron 21（3）: 836－841.

［21］ Molenaar D-P（2003）Cost-effective design and operation of variable speed wind turbines. Ph. D. Thesis, Technical University of Delft, The Netherlands.

［22］ Munteanu I（2006）Contributions to the optimal control of wind energy conversion systems. Ph. D. Thesis, "Dunărea de Jos" University of Galati, Galati, Romania.

［23］ Munteanu I, Bratcu AI, Cutululis NA, Ceangă E（2008）Optimal control of wind energy systems—towards a global approach. Springer, London.

［24］ Munteanu I, Bratcu AI, Bacha S, Roye D, Guiraud J（2010）Hardware-in-the-loop-based simulator for a class of variable-speed wind energy conversion systems: design and performance assessment. IEEE Trans Energy Convers 25（2）: 564－576.

［25］ Nichita C（1995）Study and development of structures and numerical control laws for building up of a 3 kW wind turbine simulator（Étude et développement de structures et lois de commande numériques pour la réalisation d'un simulateur de turbine éolienne de 3 kW）. Ph. D. Thesis, Université du Havre, France.

［26］ Nichita C, Luca D, Dakyo B, Ceangă E（2002）Large band simulation of the wind speed for real time wind turbine simulators. IEEE Trans Energy Convers 17（4）: 523－529.

［27］ Palsson M, Uhlen K, Toftevaag T（1997）Modeling and simulation of an autonomous wind/ diesel system equipped with forced commutated converter. In: Proceedings of EPE '97, pp 2646－2650.

［28］ Rabelo B, Hofmann W（2002）DSP-based experimental rig with the doubly-fed induction generator for wind-turbines. In: Proceedings of the 10th international power electronics and motion control conference-EPE-PEMC 2002（CD-ROM）.

［29］ Rodriguez-Amenedo JL, Rodriguez-Garcia F, Burgos JC, Chincilla M, Arnalte S, Veganzones C (1998) Experimental rig to emulate wind turbines. In: Proceedings of the ICEM conference, vol 3, pp 2033 – 2038.

[30] Sebastián R, Quesada J (2006) Distributed control system for frequency control in a isolated wind system. Renew Energy 31 (3): 285 – 305.

[31] Southwest Windpower (2010) Whisper 100. http://www.windenergy.com/products/whisper_ 100. htm. Accessed 14 June 2010.

[32] Spagnuolo G et al (2010) Renewable energy operation and conversion schemes. IEEE Ind Electron Mag 4 (1): 38 – 51.

[33] Tan K, Islam S (2004) Optimum control strategies in energy conversion of PMSG wind turbine system without mechanical sensors. IEEE Trans Energy Convers 19 (2): 392 – 399.

[34] Teodorescu R, Iov F, Blaabjerg F (2004) Flexible control of small wind turbines with grid failure detection operating in stand-alone and grid-connected mode. IEEE Trans Energy Convers 19 (5): 1323 – 1332.

[35] Tomilson A, Quaicoe J, Gosine R, Hinchey M, Bose N (1998) Application of a static VAR compensator to an autonomous wind-diesel system. Wind Eng 22 (3): 131 – 141.

[36] Uhlen K (1994) Modelling and robust control of autonomous hybrid power systems. PhD Thesis, Trondheim University.

[37] Vlad C, Munteanu I, Bratcu AI, Ceangă E (2010) Output power maximization of low-power wind energy conversion systems revisited: possible control solutions. Energy Convers Manage 51 (2): 305 – 310.

[38] Wilkie J, Leithead WE, Anderson C (1990) Modelling of wind turbines by simple models. Wind Eng 4: 247 – 274.

第二十四章
实现环保电力生产和消费
所用的小型风力驱动设备

N. A. Ahmed[①]

摘要：本章主要介绍如何最大程度地利用风能实现清洁、无污染、无害化发电，并减少用户电力消费。本章呈现的材料均基于作者在澳大利亚新南威尔士大学研究环保型风力驱动设备时积累的经验。从广义上说，本章包含两个主题。第一个主题是关于小型水平轴风电机风轮的设计方法，此类风电机可在低速至高速阵风条件下运转并直接发电。第 2 节对这个主题进行了讨论。第二个主题涉及风力驱动设备，其能够在最大程度上降低用户电力消费。所述设备为旋转风电机，应用于建筑通风，可以显著降低用户电力消费，实现最低碳足迹。第 3 节对这个主题进行了讨论。第 4 节综述了作者对未来可能性的设想，并预见了流量控制技术的一体化，以提高未来风电机和屋顶通风器的性能。最后，第 5 节对风电的可持续应用和发展进行了总结。

符号

A	风轮盘面积（ $=\pi r^2$ ）
A_0	尾流横截面积
B	风轮叶片数量
C_P	功率系数
C_T	推力系数

———————————
① N. A. Ahmed（✉）

新南威尔士大学航空航天工程学院副教授兼院长，澳大利亚新南威尔士州悉尼，2052

e-mail：N. Ahmed@ unsw. edu. au

C_{P0}	尾流区功率系数
C_{T0}	尾流区推力系数
c	局部叶片弦长
c_d	局部形状阻力系数
c_l	局部升力系数
d	局部形状阻力
l	局部升力阻力
F	叶端损失系数
f	涡流层间距参数
$G(x)$	无因次循环函数
P	功率
R	叶片半径（风轮盘半径）
R_e	雷诺数
R_O	尾流半径
r	局部叶片半径
S	气流畸变
T	推力
V	自由流速度
v_i	涡流层诱导速度
W	叶片剖面相对速度
w	位移速度
$\overline{w}$	无因次位移速度 ($=\dfrac{w}{V}$)
χ	无因次半径 ($=\dfrac{r}{R}$)
α	叶片剖面迎角
β	叶片角 ($=\phi-\alpha$)
$\Gamma(x)$	径向点 x 处的环量
$\dfrac{\varepsilon}{\chi}$	轴损耗系数
λ	自由流进程比 ($=\dfrac{V}{\omega R}$)

λ_o	尾流进程比
σ	坚固性
ϕ	相对风向角
χ	质量系数
ω	风轮角速度

24.1　概述

2010 年墨西哥湾漏油事故、1989 年瓦尔迪兹号灾难及 1986 年苏联的切尔诺贝利核事故敲响了清洁、无害和可再生能源开发的警钟。但是，与持续依赖化石燃料或核能对世界经济和安全甚至是对人类生存造成的严重损害相比，石油泄露或辐射物质泄露对环境造成的破坏便显得微不足道了。

一直以来，风电机都发挥着将可用的自然资源转化为能源的作用，人们对风电机的记录也较为详细[1~4]。风车以及同时期的水轮是将自然资源转化为动能的两种原动机，在 18 世纪达到了应用顶峰。随后，其应用开始逐渐减少，取而代之的是基于燃料燃烧的热能原动机。但是，在当今时代，随着热能成本的逐渐增加以及人们越来越重视环境的可持续性，风能的开发正逐渐复兴。人们越来越认识到风能开发是应对当前主要问题的一个快速且具有经济可行性的解决方案，能够实现环保发电。

据估计，风电场装机容量每两年半便会翻一番，风力发电成本也会降低 15%，相当于每年降低 6%[5]。目前，风电占全球发电量比例不到 1%。在美国，这一数据略高，根据美国能源部发布的估计值[6]，美国是目前世界上最大的电力消耗国。

如图 24 - 1 所示，最近 10 年内，风力发电总量显著增加[7]。化石燃料价格的提高、资源的不确定性以及不断改进的风力发电技术使风力发电总量不断增加。目前，正在运营或规划中的风电场数量显示，风力发电行业的增长率在可预见的将来仍会持续显著上升。

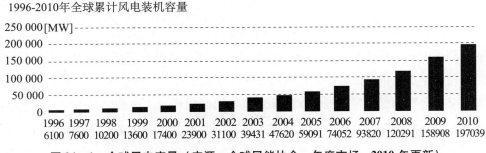

图 24 - 1　全球风电容量（来源：全球风能协会，年度市场，2010 年更新）

目前世界风电总装机容量约为 190GW。中国是目前世界上最大的风力发电市场，总装机容量为 42GW，其次是北美洲[7]。欧洲风电总装机容量约为 85GW，其中德国是欧洲最大的风力发电国[8]。风电领域发展最快的市场是海上风电机开发。原因在于，海上适宜位置选择多，风能质量好，湍流少，低海拔地区风速高。

澳大利亚当前的风电装机容量为 2GW，能够满足全国 2% 的电量需求[9]。小型风力发电系统的相关数据有限，因为用户无需报告其用电数据。与公用事业规模的风电场相比，小型风力发电系统的发电量可以忽略。

24.1.1 风电机分类

通常根据额定功率输出对风电机进行分类。这是各种风电机型号之间最重要的区分因素，该因素决定了风电机的适用范围。风电机的外形尺寸与其功率输出没有直接关系，不同地点的期望风速也不同。

虽然生产商根据功率输出出售风电机，但风电机的相关国际标准"IEC 61400 - 风电机设计要求"规定，风轮扫掠面积小于 $200m^2$ 的风电机为小型风电机，相当于风轮直径约为 16m 的水平轴风电机。

城市环境中应用的风电机通常较小，叶片直径一般小于 2m，功率输出约为 500W。风轮直径约为 1m 的小型风电机通常用在小型游艇上，无需启动发电机便可产生少量电力。大型风电机可应用于远离住宅区的开阔区域。额定功率为 20kW，风轮直径约为 10m 的风电机通常用于偏远地区。

目前，向电网供电的公用事业规模的风电场采用的风电机功率范围为 1 ~ 3MW，风轮直径为 60 ~ 80m。当前最大的风电机额定功率为 7.5MW，风轮直径为 130m。大型风电机最常见的安装方式是成组安装，称为风电场，其输出容量相当于小型燃煤电厂或核电站。

24.1.2 典型设计实践

大部分在用水平轴风电机为 3 叶片迎风设计，发电机位于叶片后方的机舱中。公用事业规模的风电机通常会配备一个齿轮箱，以增加风轮与交流发电机之间的转速。这可以使功率小且价格低廉的发电机以更快的速度运转。一些生产商（如 ENERCON）倾向于采用大型的低速发电机，以消除对齿轮箱的依赖。这样虽然可以降低风电机的复杂性，但是此类发电机必须配备数百个电极才能确保频率正确，从而极大地增加了成本。大型风电机通常采用叶片桨距或叶尖折拢来控制风电机的运转速度。具备大型的最大功率带及防止高风速条件下风电机"超速"是一个关键问题。

小型商用风电机通常采用直流发电机，因为此类发电机常用于向低电压直流负荷提供功率。为降低重量并节约成本，小型风电机通常采用固定叶片设计，这会使其最大功率带受到限制，从而降低效率，但可以降低制造和维护成本。

24.1.3　当前面临的问题

由于风速的不可预测性，很难将风电并入一个持续稳定的供电系统或电网。如果电网中大部分电力来源于风能，则很难维持基本的负荷供应，而且还会经常因过度供应而导致能源浪费。相比之下，海上风电机的输出功率更具可预测性，并且海上漂浮式风电机的设计理念利用了大气中的快速风流，可以向电网提供基本负荷。目前仍在探索风电并网的更有效途径。

在独立发电系统中，风电供应的不确定性还会导致其他问题。在风电供应持续较低的时期，必须采用昂贵的大型蓄电池来供应电力。因此，很少将风电机用作独立发电系统的唯一电源。提升能量储备可提高风电机在离网发电系统中的利用效率，并节约成本。

小型风电机的主要问题在于缺乏清洁的风源，尤其是在城市环境中。周围的建筑物会在地平面附近产生大量湍流风和慢速风。将风电机安装在高塔上可以缓解该问题，但是安装成本也会显著增加，而且有时不被社区居民接受。改进水平轴风电机的叶片设计对于改善其在低风速条件下的性能至关重要。

风电机造成的环境影响也是一个重要关注点，尤其是当风电机靠近居民区时。一些研究表明，大型风电机的低频率振动会对人体健康造成不利影响。小型风电机产生的低频率振动较少，但其通常距离住宅区较近，甚至是安装在建筑物上。因此，必须了解风电机产生并向周围建筑物传输的振动的影响。

风力发电与空气流动速度之间存在立方关系。因此，将风电机安装在高风速区比较有利。但是，高风速会使风电机的零部件（包括电力系统）承受更多应力。在高速湍流风条件下的可靠性是当前风电机设计的一个研究重点。该研究旨在确保将风电机安装在高输出电能区的同时还可以维持其合理寿命。

但是，风电场尚无法实现与传统发电方式同等的成本效益和可靠性。

作为一种清洁、无污染、可再生能源，风能的充分开发不仅依赖于大型多兆瓦风电场，还依赖于可以满足普通家庭电力需求的小型风电机。

本章仅探讨小型风力驱动发电和功率提取设备，即可直接用于发电的设备和直接依靠风力运转的设备。本章呈现的材料均基于作者在澳大利亚新南威尔士大学研究环保型风力驱动设备时积累的经验。具体来说，其研究的风力驱动设备主要是与水平轴风电机和风力驱动旋转式通风器。

24.2　小型风电机

可使用澳大利亚《星期日电讯报》中最近出现的卡通形象，以一种幽默的方式对当前最先进的风力发电技术和公众认知进行恰当描述[10]。

本文所述的小型水平轴风电机是指发电量为 1 ～ 10kW 的风电机。其主要应用于住宅建筑的家用发电，或应用在船只或游艇上。虽然这一理念已产生了很长时间，但到最近才引起世界各国政府的重视。

在澳大利亚，根据全面改革的新南威尔士规划法案，新南威尔士州的用户可以在郊区房屋的屋顶上安装风电机，进行环保发电。据 Silmalis[11] 所述，该州允许在住宅区内安装发电量为 10kW 或以内的风车，或将风车安装在太阳能板上，作为家用发电的替代方案。

风车的高度限制在屋顶以上 3m 内，且应至少距离相邻房屋 25m。如果与太阳能板安装在一起，业主可以将产生的剩余电力出售给电网，从而防止电力价格飙升。根据该计划，计划安装风电机的家庭可以向市政委员会提出 10 天的开发申请。严格的噪音和位置控制可以确保居民区不会变成风电机遍地林立的区域。新南威尔士州规划部部长 Tony Kelly 称，"允许业主安装风力发电和太阳能发电系统会使郊区和乡村地区变成可再生能源的集中利用地，同时又不会影响或最小限度地影响环境和美观"。规划法案的修订内容在 2010 年 4 月 18 日进行了公示。

根据该计划，住宅区内安装的风电机功率限制在 10kW 内，乡村和工业区域的风电机功率限制在 60kW 以内。太阳能馈电系统于 2010 年 1 月引进，家庭售电价格为 60 美分/kWh。据政府估计，通过向馈电系统出售剩余电能每户家庭平均可赚取 1 500 美元。

在美国，纽约部分地区允许在住宅区安装小型风电机。例如，纽约南布朗克斯区一座 5 层的经济适用型公寓大楼上安装了 10kW 的风电机，以补充走廊、电梯等其他公共区域的常规电力需求。

若风电机可以在任何风况下运转，则视为可实现风电机技术的充分开发；这反过来可能会依赖于风电机叶片的最优设计，从而可以在中等至极端风况下时实现有效运转。为提高效率，还需要是被低风速区和高风速区，并设计适用于不同风速条件的风轮。

下节将介绍潜在最优风轮设计的一个简单方法，或轻载荷/高载荷理论的应用，两者均基于涡流理论。其中内在涡流层被视为涡流线的无穷大数，每个无穷小的力延伸至气流边界。轻载荷理论适用于低自由流速度和小型阵风，运行进程比 λ 不足二分之一。需要注意的是，为轻风力载荷应用设计的风轮在重风力载荷区域无法有效运行。

24.2.1　水平轴风电机（HAWT）风轮设计的轻载荷与高载荷理论

24.2.1.1　基本设计思路

适用于飞机螺旋桨的涡流理论一般用于模拟水平轴风电机的运行情况。Larrabee[15] 在人力飞机螺旋桨和风电机风轮的设计中采用了由 Glauert[12]、Betz 和 Prandtl[13] 以及 Goldstein[14] 提出的理论。Larrabee 采用的理论可以称为轻载荷理论，其中假设风轮流管的横截面积变化可以忽略，这意味着叶片桨距较宽，并且不会发生畸变。该假设不适用于高载荷水平轴风电机，因为通过风轮的气流被阻滞，导致涡流层间距与流管横截面出现持续下游变化（图 24 - 2）。

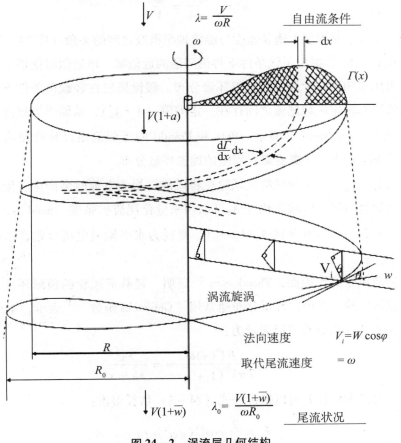

图 24 - 2　涡流层几何结构

新南威尔士大学论文[16~18]将 Betz 和 Prandtl 关系式[13]的计算简单性与 Theodorsen[19]提出的高载荷螺旋桨的涡流理论相结合，得出了一种可以实现功率系数最大化的简单方法，进而可以预测最佳水平轴风电机风轮在其设计进程比（风速/叶尖线速度）状态下的理想叶片几何结构。

下节主要介绍该方法的主要特征。

24.2.1.2 叶片载荷分布

Betz 和 Prandtl[13]提出的"刚性螺旋"定理可以预测（螺旋桨）风轮叶片周围的环量分布，以最大程度地降低诱导能量损失。这种状况与有限桨翼的最小诱导阻力（椭圆形升力分布）相似。该定理表明，当螺旋状涡流层（由前行桨叶旋转形成）在后方被径向恒定位移速度 $\bar{w}$ 取代时，可以实现理想的环量分布（图 24-2）。位移速度是一种"表观速度"，因为涡流层上涡流单元的诱导速度 v_i 直接垂直于自由涡流层。由此，位移可以表示为：

$$\bar{w} = \frac{v_i}{v\cos\phi} = \frac{w}{V} \qquad (24-1)$$

式中，ϕ 表示涡流层上诱导速度与旋转轴平衡线之间的夹角（图 24-2）。

Betz 和 Prandtl[13]提出了该条件下势流问题的近似解。该近似解提供了一组简单的关系，可用来预测叶片周围的理想环量分布。假设风轮在轻载荷条件下运行，且流动的涡流层与恒定区域尾流之间存在一定间隔（$A = A_0$），从而得到该近似解。对于轻载荷条件，Goldstein[14]表示，Betz 和 Prandtl 的近似值足以精确预测低进程比（$\lambda < 0.5$）条件下叶片（螺旋桨）周围的理想环量分布。

需要注意的是，水平轴风电机风轮在将风能转换为电能时会产生气流畸变。在尾流后，风轮盘与尾流区域之比 A/A_0 可以用来量化尾流扩张度。Sanderson 和 Archer[16]认为，如果 $A/A_0 \leq 0.9$ 或 $A_0/A \geq 1.1$，则视为水平轴风电机风轮在重载荷条件下运行。

对于远离风轮的螺旋面，Theodorsen[19]证明，轻载荷风轮的预测环量分布同样适用于高载荷风轮。无因次环量分布通常用"Goldstein 函数"[14]表示，根据 Betz 和 Prandtl 的关系式，该分布可以表示为：

$$G(x) = \frac{B\Gamma(x)\omega}{2\pi V^2(1+\bar{w})\bar{w}} = \frac{Fx^2}{\lambda_0^2 + x^2} \qquad (24-2)$$

其中叶尖损失系数 F 可以通过公式（24-3）估算得出：

$$F = \frac{2}{\pi}\cos^{-1}(\exp -f) \qquad (24-3)$$

涡流层间距参数 f 可以通过下式估算得出：

$$f = \frac{B}{2} \frac{\sqrt{\lambda_0^2 + 1}}{\lambda_0^{2^2}} (1 - x) \qquad (24-4)$$

尾流进程比 λ_0 可被定义为（图 24-1）：

$$\lambda_0 = \frac{V(1 + \overline{w})}{\omega R_0} \qquad (24-5)$$

且与自由流进程比相关，关系式如下：

$$\lambda = \frac{\lambda_0}{(1 + w_d) \sqrt{A/A_0}} \qquad (24-6)$$

对于轻载荷理论的各种假设，$A/A_0 = 1$ 且 $\lambda = \lambda_0$。但是，高载荷理论一般采用 λ_0 而非 λ 作为独立变量，以描述风轮运动。在计算的最后阶段根据方程（24-6）估算 λ 的值。

24.2.1.3　功率系数最大化

预计可在水平轴风电机风轮设计的最初阶段实现功率系数最大化。忽略形状阻力，假设风轮产生的功率取决于环量分布和位移速度。

因此，功率可以表示为：

$$P = C_{P0} 1/2 \rho V^3 A_0 \qquad (24-7)$$

其中 C_{P0} 表示尾流区域的功率系数；风轮后的气流动量变化显示 C_{P0} 由 Theodorsen[19] 决定：

$$C_{P0} = 2\chi w_d (1 + \overline{w}) \left(1 + \frac{\varepsilon}{\chi} \overline{w}\right) \qquad (24-8)$$

质量系数为连续性涡流层之间尾流的诱导速度产生的无因次动量，可以通过下式估算得出：

$$\chi = 2 \int_0^1 G(x) x \, dx = 0(1) \qquad (24-9)$$

该公式可以被视为径向加权平均 Goldstein 函数 $G(x)$。

轴损耗系数表示轴向动量变化比例与尾流动量变化的关系。随着进程比减小，径向与切线方向的诱导速度分量 v_i 也会减小。因此，轴损耗系数会随着进程比的减小而增大（图 24-3）。该参数根据 Theodorsen[19] 得出：

$$\frac{\varepsilon}{\chi} = 1 + \frac{1}{2} \frac{d(\ln\chi)}{d(\ln\lambda_0)} = 0(1) \qquad (24-10)$$

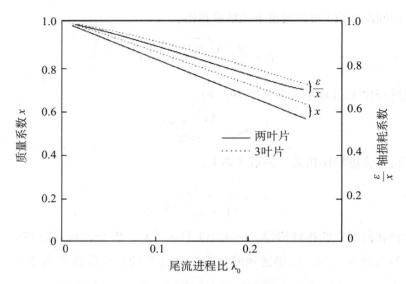

图 24 – 3   质量系数和轴向系数随尾流进程比的变化

最大功率条件，

$$P_{max} = C_{P0max} 1/2\rho V^3 A_0 \qquad (24-11)$$

χ 和 ε/χ 是尾流进程比的函数，如果两者只常数值，则公式（24 – 8）会变成 $\overline{w}$ 的简单立方数。

因此，通过公式（24 – 8）可以推导出最佳条件，并与二次方程式的解相对应：

$$3\left(\frac{\varepsilon}{\chi}\right)\overline{w}^2 + 2\left(1 + \frac{\varepsilon}{\chi}\right)\overline{w} + 1 = 0 \qquad (24-12)$$

$\overline{w}$ 的负根适用于水平轴风电机风轮。可以看出，χ 和 ε/χ 的限值 $\lambda \to 0$ 均有单位值，由此可得公式（24 – 12）的非平方根为 $\overline{w} = -1/3$（$\lambda_0 = 0$）。因此，下标最大值可以省略，并假设 C_{P0} 的值可通过公式（24 – 8）计算得出，而公式（24 – 8）取决于公式（24 – 12）的解。

24.2.1.4   几何关系

无因次形式中的叶片几何结构 c/R 可以通过以下方式推导出。如果假定值为 λ_0，根据公式（24 – 2）～（24 – 4），可得出环量函数 $\Gamma(x)$ 在径向点 x 处的表达式：

$$\Gamma(x) = \frac{2\pi V(1 + \overline{w})wG(x)}{Bw} \qquad (24-13)$$

同样，根据机翼理论，可以得出：

$$\Gamma(x) = 1/2 W C_l c \qquad (24-14)$$

根据速度图（图 24 – 4）可以得出：

$$W = \frac{V}{\sin\phi}(1 + a\cos^2\phi) \qquad (24-15)$$

式中，a 表示干扰系数，与位移速度 $\overline{w}$ 相似，对风车来说，a 为负值。

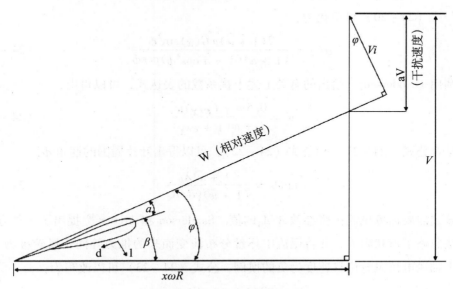

图 24-4　径向点 x 的速度图

最后，结合公式（24-13）～（24-15），可以得出：

$$\Gamma(x) = \frac{1}{2}\frac{V}{\sin\phi}(1 + a\cos^2\phi)C_{lc} \qquad (24-16)$$

引入局部坚固性计算公式：

$$\sigma = \frac{Bc}{2\pi r} \qquad (24-17)$$

结合公式（24-13）、（24-16）和（24-17），可得：

$$\sigma C_l = \frac{2(1 + \overline{w})wG(x)\sin\phi}{\gamma(1 + a\cos^2\phi)w} \qquad (24-18)$$

根据公式（24-5），可得：

$$\frac{w}{\omega} = \frac{(1 + \overline{w})}{(1 + w)}(\lambda_0 R_0) \qquad (24-19)$$

公式（24-18）可简化为：

$$\sigma C_l = \frac{2\overline{w}\lambda_0 G(x)\sin\phi}{(\chi R/R_0)(1 + a\cos^2\phi)} \qquad (24-20)$$

根据图 24-3，可得

$$\tan\phi = \frac{(1 + a)\lambda}{\chi} \qquad (24-21)$$

根据公式（24-5），可得

$$\lambda = \frac{\lambda_0}{(1+\overline{w})R/R_0} \qquad (24-22)$$

公式（24-20）可简化为：

$$\sigma C_l = \frac{2(1+\overline{w})\overline{w}G(x)\sin^2\phi}{(1+a)(1+a\cos^2\phi)\cos\phi} \qquad (24-23)$$

利用 Theodorsen[19] 给出的有关上述干扰系数的表达式，可以得出：

$$a = \frac{0.5\overline{w}+(\varepsilon/\chi)\overline{w}^2}{1+\overline{w}(1+\varepsilon/\chi)} \qquad (24-24)$$

结合公式（24-21）和公式（24-22），可以得出叶片周围的迎角 ϕ：

$$\tan\phi = \frac{(1+a)\lambda_0}{(1+\overline{w})\chi R/R_0} \qquad (24-25)$$

该式需要估算尾流扩张参数 A/A_0 的值。Sanderson 和 Archer[16] 提出了一种方法，该方法忽略了形状阻力，并将尾流中环量分布演变而来的推力等同于风轮推力。根据水平轴风电机风轮位移速度为负的惯例，公式（24-23）可以改写为：

$$\sigma C_l = \frac{-2(1+\overline{w})\overline{w}G(x)\sin^2\phi}{(1+a)(1+a\cos^2\phi)\cos\phi} \qquad (24-26)$$

结合公式（24-17），最终可获得无因次翼弦的表达式：

$$\frac{c}{R} = \frac{-4\pi(1+\overline{w})\overline{w}G(x)\sin^2\phi}{C_l(1+a)(1+a\cos^2\phi)\cos\phi} \qquad (24-27)$$

24.2.1.5 气流扩张 A/A_0 的测定

忽略形状阻力，风轮产生的推力可以表示为（见图24-4）：

$$T = \frac{1}{2}BR\int_0^1 W^2 C_l\cos\phi\,dx \qquad (24-28)$$

结合公式（24-14）、（24-15）、（24-25）和（24-28），可以得出：

$$T = 2\rho V^2 A\frac{\overline{w}(1+\overline{w})}{(1+a)}\int_0^1(1+a\cos^2\phi)G(x)\,dx \qquad (24-29)$$

根据尾流区域的推力系数 C_{T0}，可得：

$$T = C_{T0}1/2\rho V^2 A_0 \qquad (24-30)$$

功率系数 C_{P0} 原理同上（参见文献[5]第28页），可得出：

$$C_{T0} = 2\chi\overline{w}\left[1+\overline{w}\left(\frac{1}{2}+\frac{\varepsilon}{\chi}\right)\right] \qquad (24-31)$$

结合公式（24-29）～（24-31），可得出气流扩张表达式：

$$\frac{A}{A_0} = (1 + a)\chi\left[1 + \overline{w}\left(\frac{1}{2} + \frac{\varepsilon}{\chi}\right)\right]\bigg/\left[2(1 + \overline{w})\int_0^1(1 + a\cos^2\phi)G(x)xdx\right]$$

$$(24 - 32)$$

根据气流畸变参数 S，可得出：

$$S = \frac{2}{\chi}\int_0^1\cos^2\phi G(x)dx \tag{24 - 33}$$

公式（24 - 32）可表示为：

$$\frac{A}{A_0} = (1 + a)\left[1 + \overline{w}\left(\frac{1}{2} + \frac{\varepsilon}{\chi}\right)\right]\bigg/\left[(1 + \overline{w})(1 + aS)\right] \tag{24 - 34}$$

计算气流扩张估计值需要使用方程（24 - 25）、（24 - 33）和（24 - 34）的联立解。可以看出，这些表达式从轻载荷的初始化假设 $A/A_0 = 1$ 开始迅速收敛，针对 A/A_0 采用了简单的收敛性判定准则。如果 A/A_0 为已知，可以得出叶片周围的迎角 ϕ 和方程（24 - 34）中的整合值，从而可以根据方程（24 - 33）得出气流扩张 A/A_0 的新数值。

24.2.1.6　形状阻力的估算

根据图 24 - 4，形状阻力形成的推力可以通过改写公式（24 - 28）计算得出：

$$T = \frac{1}{2}\rho BR\int_0^1 W^2 c(C_l\cos\phi + C_d\sin\phi)dx \tag{24 - 35}$$

将 C_l、$\Gamma(x)$ 和 W 代入公式（24 - 13）～（24 - 15），可得：

$$T = \frac{1}{2}\rho BR\int_0^1\frac{V(1 + \overline{w})w}{B\omega}G(x)\frac{V}{\sin\phi}(1 + a\cos^2\phi)\left(\cos\phi + \frac{\sin\phi}{l/d}\right)dx \tag{24 - 36}$$

根据公式（24 - 5）和（24 - 21）：

$$C_T = \frac{2T}{\rho V^2\pi R^2}$$

$$= -4\lambda\int_0^1(1 + \overline{w})\overline{w}G(x)\frac{V}{\sin\phi}(1 + a\cos^2\phi)\left(\frac{1}{\tan\phi} + \frac{1}{l/d}\right)dx \tag{24 - 37}$$

注意，符号变化应遵循位移速度的负值惯例。

同样，因形状阻力产生的功率的表达式可以修正为：

$$P = \frac{1}{2}\rho R^2\int_0^1 W^2 c(C_l\cos\phi - C_d\sin\phi)\omega xdx \tag{24 - 38}$$

采取与 C_T 相同的方式，

$$C_P = -4\int_0^1(1 + \overline{w})\overline{w}(1 + a\cos^2\phi)\left(1 - \frac{1}{l/d\tan\phi}\right)G(x)xdx \tag{24 - 39}$$

假设 $a = \dfrac{\overline{w}}{2}$，根据轻载荷理论得出相同结果为：

$$C_T = -4\lambda \int_0^1 \Big(1 + \frac{\overline{w}}{2}\cos^2\phi\Big)\overline{w}\Big(\frac{1}{\tan\phi} + \frac{1}{l/d}\Big)G(x)dx \qquad (24-40)$$

且

$$C_P = -4\int_0^1 \Big(1 + \frac{\overline{w}}{2}\cos^2\phi\Big)\overline{w}\Big(1 - \frac{1}{l/d\tan\phi}\Big)G(x)xdx \qquad (24-41)$$

根据上述方法，Sanderson 和 Archer[16] 得出了最优风轮桨叶角分布及两风轮叶片水平轴风电机在轻载荷和高载荷情况下的轮廓形态，分别见图 24-5 和图 24-6。

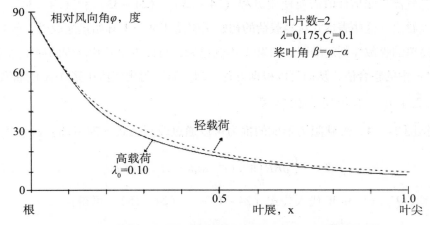

图 24-5　轻载荷与高载荷叶片角分布情况下的理论最优风轮

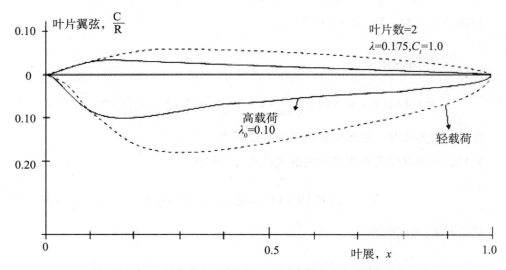

图 24-6　轻载荷与高载荷叶片轮廓最优风轮的理论形状

24.2.2 实验验证

为验证之前阐述的理论，使水平轴风电机适应高阵风环境，作者决定继续进行 20 世纪 80 年代初在新南威尔士大学开展的研究工作，以研发出可用于南极洲澳大利亚莫森站的优化水平轴风电机。南极洲莫森站的气象条件以晨间强风为特点，晨风从东南方向的极地高原吹来，平均高风速在 14m/s 以上，每年有一小段时间（5%）为平静期，飓风的风速在 50m/s 以上[20]。促进开展该项研究工作的另一个动力是莫森站缺乏水资源，解决该问题的一个自然方案是利用风能作为热源融化积雪。但是，在初始研究期间，作者意识到由 Glauert[12]、Betz 和 Prandtl[13]、Goldstein[14] 或 Larrabee[15] 等研究者提出的轻载荷理论通常用于螺旋桨型风车风轮，但在这种情况下不适用于推导水平轴风电机的最优风轮设计。

莫森站风频率分布的异常性有利于得出一种额定风速与平均风速之比接近 1 的风轮设计，而在常用的威布尔分布[20]中，该比值接近 2，从而可以对 Sanderson 和 Archer[16]的分析结果进行探究。

因此，作者尝试采用试验结果巩固水平轴风电机设计高荷载理论的有效性，以根据各种不同的进程比优化电力生产。其对直径为 0.3m 和 0.6m 的两个小型风轮进行了初始试验[17]，结果显示存在低雷诺数（R_e）或规模效应、高荷载、强度、刚度和振动等问题。虽然文献[16]所述理论可以精确地预测径向叶弦和恒定雷诺数（R_e），但是次临界 R_e 会发生层流分离，导致性能损失。此外，l/d 处高雷诺数（R_e）的变化作用会导致性能快速变化。为克服这些问题，需要另外设计两个直径为 1.2m 的三叶片风轮，并需要设计出测量扭矩和风轮轴转速的直接方法。但是，通过这些试验获得的最大效率仅仅是理论值的 85%。为了得出更为精确的结果，需要对试验装置进行改进，并额外进行多次试验。由此获得的最大效率被修正为与试验装置传输系统有关的机械功率，并且与理论值相差很小。

24.2.2.1 风轮设计与制造

本节简要介绍了风轮设计的基础。理论分析[16]显示，两叶片风轮的最佳性能可以用功率系数 C_p 表示，其值约为 0.4，出现在低进程比 λ 条件下（λ 约为 0.14）。在莫森站的高平均风速中，这意味着叶尖速比 TSR 为 7.4，高叶尖线速度约为 100m/s。如果直径为 1.2m 的风轮被设计成输出功率为 1kW、平均转速为 14m/s，则风轮的转速必须达到约 1600r/mim，离心过荷约为 17 000。在极端条件下，即阵风风速为 50m/s 时，风轮转速必须达到 6 000r/mim，离心过荷约为 200 000，并且叶尖线速度超过声速。如果叶尖无折拢或未设置制动，则有必要采用更高的设计进程比或更低的叶尖速比。考虑到这些因素，需要在 C_p 值低于最佳值 0.4 的情况下进行风轮设计。

由于上述研究中使用的风轮出现了损坏，需要采用新的试验风轮，要求如下：三叶片风轮，直径为 1.2m，轮毂直径为 0.4m，Clark Y 叶片截面，设计进程比为 0.333。该风轮为木制风轮（昆士兰枫木），采用数控机械制造，详见文献[17]。

24.2.2.2　风电机试验装置与风洞试验的调整

研究中对风电机试验装置进行了一些调整。其中包括风轮和交流发电机之间的 3:1 齿轮装置，调整后可以获得 10m/s 高自由流速度下的最佳性能结果。

此外，为改善测量误差，设计了一个新风电机机座，以确保风轮可以放置在风洞试验横截面的中心位置。采用双轴配置，而非单轴配置，以最大程度地降低设备安装过程中因错位而产生的误差，同时也采用了更精确的轴速转速计。因此，C_p 中总体误差在 ±0.0025 以内，或者说 C_p 值为 0.25 时总体误差约为该值的 ±1%。

为吸收风轮产生的功率，需要采用直流电机。通过交流发电机为水平轴风电机试验装置提供负荷，由此可以测量为实现预期速度电机所需的相应功率。通过比较交流发电机产生的功率，可以确定交流发电机各种负荷和电机转速下的功率损失，如图 24-7 所示。图 24-7 还给出了用于修正风洞试验数据的校准公式。

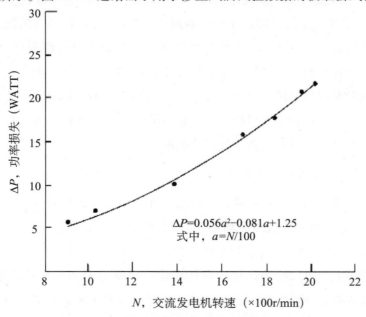

$$\Delta P = 0.056a^2 - 0.081a + 1.25$$
式中，$a = N/100$

图 24-7　系统功率损失与交流发电机转速的关系

第二十四章　实现环保电力生产和消费所用的小型风力驱动设备

试验在新南威尔士大学气动力实验室中大型亚音速风洞的最大测试区 3.05 × 3.05m（10×10ft）进行[21]。图 24－8 所示为改进的水平轴风电机试验装置示意图。

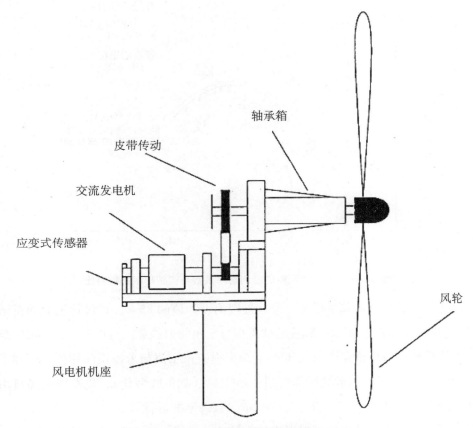

交流发电机

应变式传感器

皮带传动

轴承箱

风轮

风电机机座

图 24－8　水平轴风电机试验装置示意图

24.2.2.3　结果与讨论

图 24－9 所示为新旧风轮配置性能曲线与高荷载理论值的对比情况。为便于查看，将因机械功率损失做出的修正应用于自由流速度为 10m/s 的新配置结果中。解释该图表的结果时，需要注意的是，所用理论规定了一条曲线，该曲线本质上表示不同风轮的最佳性能轨迹。因此，C_p 的结果值只能在设计点与理论值进行对比。受雷诺数（R_e）的影响，C_p 的结果值也不完整，且前期研究中得出的与小型风轮有关的结果在这方面只能用做参考[17]。经确认，该理论会过高估计次临界 R_e 状态下小型风轮的最佳性能，其中螺旋桨的性能呈非线性变化，且超出临界 R_e 范围运行的大型风轮的预测准确性仍需提高。

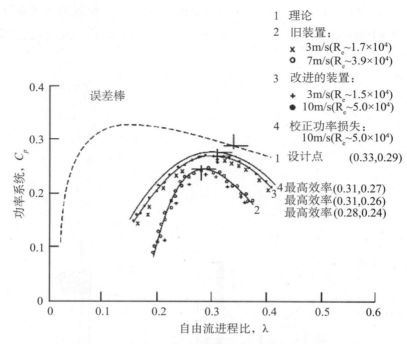

图 24-9　三叶片风轮的预测功率系数与实验功率系数对比

旧装置的结果显示其最佳试验值接近理论设计值的85%，该设计值会随雷诺数（R_e）的增加而增加。新试验装置的结果也显示出相似趋势。可以看出，10m/s条件下的最佳性能约为理论预测值的90%。功率损失校正值与未校正前相比，增加了约3%。需要指出的是，试验装置需要进一步完善（如流线型化），以获得更高自由流速度下的性能曲线，从而复制莫森站14m/s条件下的运行状况。

根据本研究所得结果，可以得出如下结论：Sanderson和Archer最佳损失理论可作为螺旋桨风电机最佳性能设计的合理基础。该理论的主要优势在于其简单易懂，便于绘制设计曲线。由于所需计算可以用手持式计算器进行，从而可以加快设计流程。

24.3　用于降低家庭用电量的小型屋顶风力驱动通风器

本节介绍了本身不发电但可直接利用风能的风力驱动设备的典型特征，该设备可用于节约用电量。本节所述设备为风力驱动屋顶旋转式通风器。

建筑物适当通风既要确保空间内空气的流动与循环，又要确保适宜的温度和湿度，可以使汗液从皮肤上充分蒸发。之前认为不适感、头疼和倦怠完全是由空气中二氧化碳含量增加且氧气含量减少造成的。现在有证据可以证明[21]，此类影响也可能是由身体热调节机制造成的。气流缺乏、相对湿度和温度增加会阻碍汗液的正常蒸发，使皮肤表层无法散热，尤其是在拥挤或通风不良的地方。

同样，尽管空气污染源多种多样，但是室内污染物积聚可能是人体接触的主要风险因素，因为大部分人待在封闭室内和车内的时间平均为 87% 和 6%[22]。室内污染物可能会产生危害性更大的健康影响，因为室内污染物的浓度通常高于室外的污染物浓度[23]。为保持健康的工作环境，现在很多住宅和工厂都要求有充分的新鲜空气流通。从健康因素考虑，亟须关注室内空气质量，美国纽约于 2008 年 12 月通过了相关法律，要求业主将室内空气检测结果通知租户和房屋购买者。

现代建筑的空气调节系统能量消耗仅占基础建筑能源总消耗量的 50%[25]。另外 50% 由其他设备消耗，如公共区域的照明设施、生活热水、电梯等。因此，降低空气消耗或提高能源利用率能够显著降低建筑物的能源消耗和碳排放量。在这种情况下，风力驱动旋转式通风器采用风能作为驱动能源，制造及安装维护成本低，在世界大部分地区的应用较为广泛。

风力驱动旋转式通风器为环保型设备，其运行不产生成本，可以安装在住宅屋顶或移动车辆上或沿窗户侧面安装。其结构简单、轻便、安装成本低。此类通风器一般由耐蚀铝制成。图 24 – 10 显示了屋顶风力驱动通风器的几种常见型号。图24 – 11 所示为新南威尔士大学 Red Centre 建筑物上安装的一系列筒形通风器。

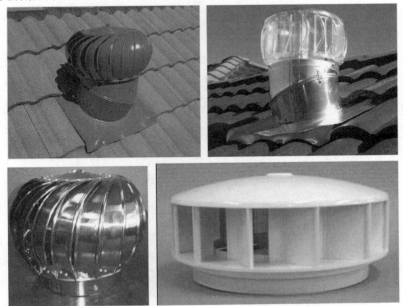

图 24 – 10　屋顶风力驱动式通风器常见型号（图片参见 www. edmonds. com. au）

图 24 –11　新南威尔士大学的筒形离心式通风器

风力驱动旋转式通风器的简易性与事实不符，其运行机制实际上非常复杂。屋顶旋转式通风器类似于垂直轴风电机，同样采用风能驱动。但是，在运行细节上，此通风器更像一台离心式压缩机，但也存在重大差别。离心式压缩机接收轴向空气，并以径向方向驱动轴向空气。相反，旋转式通风器需要处理两种空气源：其接收来自轴向方向的大气自由流，但驱动的空气源不同，即，将建筑物内部受污染的空气排放至大气中。

大部分风力驱动旋转式通风器都会通过一系列反复试验，直到其符合相关规定要求，能够承受 220km/h 的风速，而不会从屋顶上吹下来，也不会对人群造成任何威胁。在新南威尔士大学开展的研究工作[26~30]是对这些通风器气动性能的第一次系统性调查。初期的研究主要是在自然条件下采用简单物理模型进行的风洞试验。其中模型包括固定圆筒和旋转圆筒。此类模型有助于了解通风器的气动力。流动可视化试验在限制范围内进行，同时提供了关于气流性质的有效定性信息，尤其是在与阻力有关的分力方面。阻力可根据测力/转矩传感器的测量值确定。试验发现，通风器尾流的大小不会导致通风器顺流显著增加。通风器尾流的迅速衰减也通过风轮叶片强调了流体混合物的重要性。

最近的研究主要涉及根据计算流体动力学对这些通风器转动叶片范围内的内部气流的研究[31]。本研究旨在探索斜坡屋面对通风器性能的影响。

首先，研究中进行了一些风洞试验。采用的风电机通风器是由 CSR Edmonds（澳大利亚）生产的 Hurricane H100，由一个包含 8 片弯曲叶片的转动部分（风轮）

和一个固定部分（圆筒状基座）组成。图 24 – 12 显示了该通风器各个组件的外形尺寸。

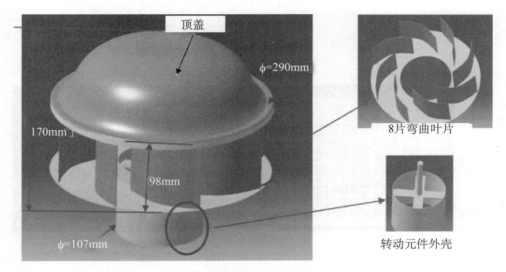

图 24 – 12　风电机通风器建模

在新南威尔士大学气动实验室中的 0.2% 湍流强度开式试验区风洞[1,32]的直径为 76mm 的开式回流管中进行了物理试验。图 24 – 13 所示为试验装置。

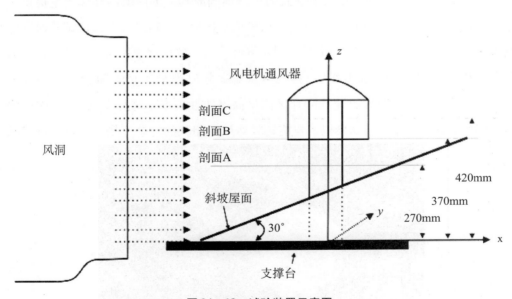

图 24 – 13　试验装置示意图

在三个不同剖面（h = 270mm、370mm、420mm）上获得风洞测量值（见图 24 – 13），同时将自由流速度保持在 10m/s。根据 10s 采样周期过程中记录的数据得出测量点每个压力端口静态压力的平均值。

因此，从该试验中获得的速度矢量和静态压力分布可用作基准数据，用于验证计算流体动力学（CFD）模拟的初始方面。图 24 – 13 所示为风洞试验装置示意图（图 24 – 14）。

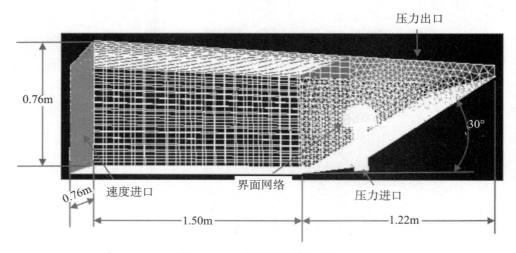

图 24 – 14　特定域与维度建模

计算流体动力学验证为研究旋转式通风器周围或其范围内的内外部流量提供了进一步扩展（图 24 – 15 和图 24 – 16）。试验结果显示，该趋势与在其他试验研究中观察到的趋势相吻合[29,33~35]。此外还对不同叶片尺寸的屋顶通风器展开了研究。通风器叶片高度上升 50% 和 100%，排气质量流率分别会上升 15% 和 25%。结果显示，排气质量流率与迎风风速和叶片之间呈高度线性关系，这与文献[33~35]中的报告值相似。此建模结果成功模拟了与旋转式通风器相关的复杂流场。因此，可以从

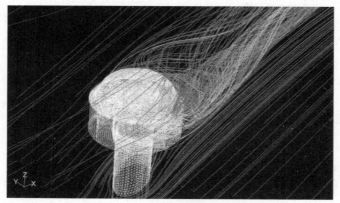

图 24 – 15　10m/s 条件下旋转通风器的气流三维轨迹

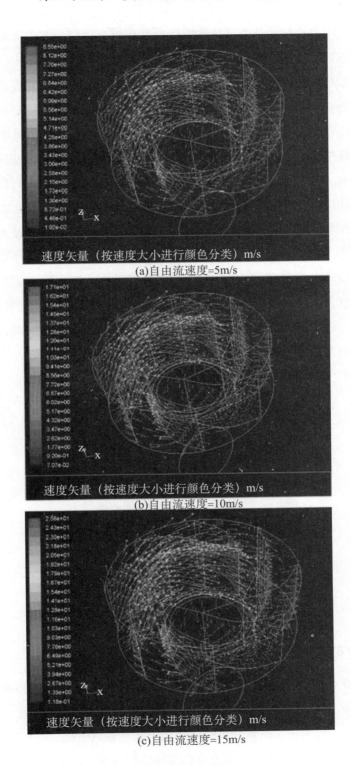

(a)自由流速度=5m/s

(b)自由流速度=10m/s

(c)自由流速度=15m/s

图 24－16　a—c 通风器内三维速度矢量分布

本研究中得出一项有价值的结论：计算流体动力分析可以用于节省屋顶风电机通风器的未来设计和开发成本，同时也可提高其性能。

本文作者积极参与了新南威尔士大学的通风课题研究，该研究促进了澳大利亚研究理事会最近资助的两个产业合作项目。研究中开发出了用于测量和分析高三维流测量值并应用于各种通风研究的新气动技术[36~39]、风力驱动风电机通风器设计的简单概念模型[28]，以及一个更高效的叶片设计方法，该方法已应用于"Hurri-cane"通风器中。抽气量增加近15%，目前由 CSR Edmonds 公司进行商业生产和销售。这些研究还提供了一些工程解决方案，以提高风力驱动通风器在雨中和低风速运行时的安全性与性能，并研发出了有关屋面表面摩擦测量[40]的新技术，形成了混合动力通风器[30,41]的概念基础，从而克服了传统屋顶通风器对风力可用性的依赖性。因此，混合动力通风器"ECPOWER"获得了 2008 年暖通空调领域的 AIRAH 优秀奖，成为澳大利亚在供热、通风/空气调节领域的杰出产品、发明或创新方法。"ECPOWER"（见图 24-17）目前由 CSR Edmonds 公司在世界范围内销售。这些成果在澳大利亚研究理事会向澳大利亚国会所做的报告中有所涉及[42]。

图 24-17　风电 ECOPOWER 的计算机辅助图像

24.4　未来可能性：流量控制技术整合

通过整合被动或主动流量控制技术，可显著提升水平轴风电机和风力驱动通风器的性能。但是，每台旋转式通风器的单位成本为 $50 ～ $200，所以仅从目前的经济性状况来看，此类技术的整合可能更适用于水平轴风电机。

Gyatt 和 Lissaman[43]实施了一项理论和现场试验计划，以研究叶尖设备在水平轴风电机风轮中的应用。该计划的目标是通过降低叶尖损失改善风轮的性能。虽然通过简单的径向叶尖扩展就可以增加功率输出，但是改进后投影面积增加，力矩臂加长，从而导致疾风荷载增加。叶尖设备可以在不损坏结构的前提下增加功率输出量。安装此类设备会改变叶尖轮廓，并形成单元和双元非平面叶尖扩展（翼梢）。三台新叶尖设备的试验结果显示，与原叶尖设备相比，切入风速在4m/s至20m/s以上时，新叶尖设备的功率输出出现了小幅降低（约1kW），恰好进入失速限制区。试验中未测量翼梢的方向和迎角变化。试验报告了机翼尖设备优先选用的翼尖形状，该计划选用的叶尖设备可能并不会改善风轮的性能，因为其未进行最优调整。

Gyatt[44]还测试了小型水平轴风电机涡流发电机的有效性。在入口半叶展、出口半叶展和整个叶片上对反转配置中的涡流发电机阵列进行测试。现场实测数据显示，涡流发电机的功率输出在风速达到10m/s以上时增加至20kW，低速时性能损失较小（小于4kW）。涡流发电机在叶片出口位置的性能效率高于在内部区域的效率。在全叶展情况下，某一地点的平均风速为16mph时，其年发电量增加了近6kW。边缘粗糙度会导致涡流发电机性能降低。叶片桨距角增加会对功率曲线产生影响，与安装涡流发电机的效果相似。涡流发电机可以降低风电机风轮的敏感性，从而增加因故障和漂移导致的边缘粗糙度。

在新南威尔士大学进行的有限研究显示，将Coanda射流用作环流控制技术可以提升水平轴风电机的性能。图24-18所示为在新南威尔士大学气动实验室使用的试验装置。该试验得出了一个重要启示，即必须安装有效的送风系统，进而探索轨道泵的应

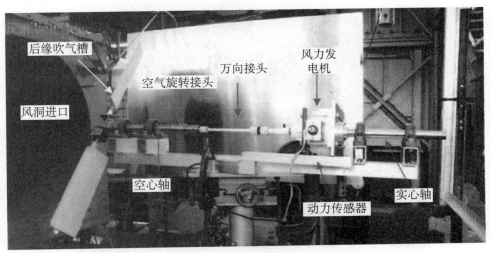

图24-18　水平轴风电机主动流量控制应用的试验装置

用，这一概念首先是由 **Day**[45] 提出的。图 24-18 显示了为提高风电机性能而安装的压缩机。但是，为使其对小型水平轴风电机产生作用，必须将压缩机充分微型化。这是一项主要的工程任务，在适应送风系统方面主要取决于风电机轮毂的尺寸。

为实现有效环流控制，必须完全确保气流不会被完全吹离表面。由于很少有研究记录环流控制在旋转叶片上的应用，因此目前关于固定桨翼或叶片的可用信息仅供参考。

根据已出版的著作，全叶展或叶尖鼓风在固定桨翼或叶片上的性能最佳。假设能够在旋转叶片上实现其最佳性能。此外，还有可能移动后滞点，而且减少或消除风电机的叶尖涡流同样有效。因此，减去所有附加损失后，风轮的运转效率可能会显著提升，从而增加轴功率输出量（图 24-19）。

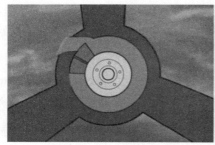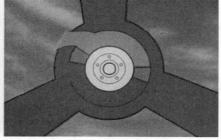

图 24-19　风电机轮毂中微型化压缩机的合理配置示意图

Jessica Watson 的"Pink Lady"号游艇采用了小型风电机，并配合使用太阳能板（图 24-20），这是一个很好的应用示例。可再生风能和太阳能的综合利用可能是未来的一个发展趋势，两者在无风或无阳光的条件下可实现互补。

图 24-20　Jessica Watson 是驾驶帆船环球航行 210 天的最年轻的探险者，
于 2010 年 5 月 16 日完成环球航行（来源：http：//www. news. com. au/）

24.5 结论

风力驱动设备面临的一个主要问题是风能的可用性，也就是说，在零风速或低风速条件下如何驱动这些设备。要实现连续运行功率，还需要采取适当措施存储通过电池或其他方式产生的经济有效的电力。另外，还要设计出可综合采用风能、太阳能与其他能源的混合发电系统，以降低化石燃料能源发电的使用率。

随着风力发电应用越来越普遍，风力发电行业正面临着缺乏小型与大型风电机方面相应规定的难题。在澳大利亚，目前不要求小型风电机生产商和安装者遵循一些认证标准，如光伏发电行业的类似标准。但随着风力发电行业逐渐成熟，必须在全行业范围内推行此类标准，以避免发生潜在事故或成本误差。

最后，本章提出了一种积极乐观的看法。随着人们环保意识逐渐增强，世界各国政府开始制定绿色能源发展政策。这会促进更多的针对性研究，加速技术开发，实现技术突破。引用诺贝尔和平奖得主 Al Gore 的一句话："21 世纪永久免费应用太阳能、风能和地球自然热能的时代即将到来。"

致谢 本文作者感谢 Archer 教授、Terry Flynn 教授（新南威尔士大学实验室人员）及其指导的研究生、Simon Shun 教授、Jason Lien 教授、Dewan Rashid 教授和 Anthony Pissasale 教授为本章编写提供的帮助。此外，本文作者还要感谢 CSR Edmonds（澳大利亚）总经理 Allan Ramsay 和技术总监 Derek Nunn，以及澳大利亚研究理事会为本章编写所需文献材料提供的资金支持。

参考文献

［1］ Needham J（1965）Science and civilisation in China, vol 4, Physics and physical technology, Part II: mechanical engineering, Cambridge Univ Press, Cambridge, pp 556 – 560.

［2］ Wuff HE（1966）The traditional crafts of Persia, their development, technology and influence on eastern and western civilisation. MIT Press, Cambridge, pp 284 –289.

［3］ Kealey EJ（1987）Harvesting the air. Univ of California Press, Berkeley.

［4］ Holt R（1988）The mills of medieval England, Appendix 1. Basil Blackwell Ltd, Oxford.

［5］ Harrison L（2001）Leader: time to turn professional. Wind Monthly, USA, January issue, 2001.

[6] Department of Energy, USA, 1998, as quoted in CNN. com on the topic "Power crisis: indepth specials", 31 Jan 2001.

[7] Sawyer S (2010) Annual market update. http://www. gwec. net/fileadmin/ images/Publications/ GWEC_ annual_ market-_ update_ -_ 2nd_ edition_ April_ 2011. pdf.

[8] Wilkes J (2010) EU wind in power 2010 European statistics. http:// www. ewea. org/fileadmin/ ewea_ documents/statistics/EWEA_ Annual_ Statistics_ 2010. pdf.

[9] Technologies (2010) Clean energy council. http://www. cleanenergycouncil. org. au/cec/ technologies/wind. html.

[10] Lobbecke (2010) Home wind power, cartoon, the daily telegraph, Australia, 20 April 2010, p 109.

[11] Silmalis L (2010) Windmills for your roof, The Sunday Telegraph, Australia, 20 April 2010, p 9.

[12] Glauert H (1935) Airplane propellers, in aerodynamic theory. In: Durand WF, Div L (eds) vol IV, Springer, Berlin, also Dover Publications Inc. , NY, 1963.

[13] Betz A, Prandtl L (1919) Screw propellers with minimum energy loss. Goettingen Nachrichten,Mathematics-Physics, vol 2, p 193.

[14] Goldstein S (1929) On the vortex theory of propellers. Proc R Soc Lond 123 (4): 440.

[15] Larrabee EE (1979) Design of propellers for motor soarers, science and technology of low speed and motorless flight, NASA CP-2085, part 1, pp 285 – 303.

[16] Sanderson RJ, Archer RD (1983) Optimum propeller wind turbines. J Energy AIAA 7 (6): 695 – 701.

[17] Cox DH, Sanderson RJ, Khoo LT, Archer RD (1986) Propeller wind turbine rotor design and testing. In: Proceedings of the 9th Australasian fluid mechanics conference, New Zealand, pp1 – 4.

[18] Ahmed NA, Archer RD (2002) Testing of highly loaded horizontal axis wind turbines designed for optimum performance. Int J Renew Energy 25: 613 – 618.

[19] Theodorsen T (1948) The theory of propellers. McGraw Hill Book Co. , New

York, pp 23 - 38.

[20] Bowden GJ, Adler J, Dabbs T, Walter J (1980) The potential of wind energy in Antarctica. Wind Eng 4 (3): 163 - 176.

[21] Yang W et al (2009) IAQ investigation according to school buildings in Korea. Envi Man 90: 348 - 354.

[22] Kreichelt TE, Kern G (1976) Ventilation in hot process buildings. J Iron Steel Eng 39 - 46.

[23] Jones AP (1999) IAQ and health. Atmos Environ 33: 2464 - 4535.

[24] Biblow AC (2009) NY to require landlords to notify tenants of IAQ results. Real Estate Financ 29 - 31.

[25] Air conditioning design strategy (2003) Report for Melbourne City Council (CH2) by Advanced Environmental Concepts Pty, Ltd, Report no. AESYB2000G \ 0 \ SFT3053, May 2003.

[26] Ahmed NA, Beck J (1996) Destructive wind tunnel tests. UNSW Unisearch Report no. 23214 - 10.

[27] Ahmed NA, Beck J (1997) Wind tunnel tests on ventilators. UNSW Unisearch Report no. 29295 - 01.

[28] Rashid DH, Ahmed NA, Archer RD (2003) Study of aerodynamic forces on a rotating wind driven ventilator. Wind Eng 27 (1): 63 - 72.

[29] Flynn TG, Ahmed NA (2005) Investigation of rotating ventilator using smoke flow visualisation and hot-wire anemometer. In: Proceedings of 5th pacific symposium on flow visualisation and image processing, Whitsundays, Australia, Paper No. PSFVIP-5-214, 27 - 29 Sept 2005.

[30] Shun S, Ahmed NA (2008) Utilising wind and solar energy as power sources for a hybrid building ventilation device. Renew Energy 33: 1392 - 1397.

[31] Ahmed NA, Archer RD (2001) Post-stall behaviour of a wing under externally imposed sound. AIAA J Aircr 38 (5): 961 - 963.

[32] Khan N, Su Y, Riffat SB (2008) A review on wind driven ventilation techniques. Energy Buildings 40: 1586 - 1604.

[33] Lai C (2003) Experiments on the ventilation efficiency of turbine ventilator used for building and factory ventilation. Energy Buildings 35: 927 - 932.

[34] Khan N, Su Y, Riffat SB, Biggs C (2008) Performance testing and compar-

ison of turbine ventilators. Renew Energy 33: 2441 – 2447.

[35] Pissasale A, Ahmed NA (2002) Theoretical calibration of a five hole probe for highly three dimensional flow. Int J Measur Sci Technol 13 (7): 1100 – 1107.

[36] Pissasale A, Ahmed NA (2002) A novel method of extending the calibration range of five hole probe for highly three dimensional flows. J Flow Measur Instrum 13 (1 – 2): 23 – 30.

[37] Pissasale A, Ahmed NA (2003) Examining the effect of flow reversal on seven-hole Probe measurements. AIAA J 41 (12): 2460 – 2467.

[38] Pissasale A, Ahmed NA (2004) Development of a functional relationship between port pressures and flow properties for calibration and application of multi-hole probes to highly 3D flows. Exp Fl 36 (3): 422 – 436.

[39] Lien SJ, Ahmed NA (2006) Skin friction determination in turbulent boundary layers using multi-hole pressure probes'25th AIAA Appl Aerodyn Conference, San Francisco, USA, AIAA-2006 – 3659, 8 – 10 June 2006.

[40] Lien SJ, Ahmed NA (2010) Numerical simulation of rooftop ventilator flow. Build Environ 45 (8): 1808 – 1815.

[41] Ahmed NA (2010) Wind driven natural-solar/electric hybrid ventilators. In: Muyeen Kitami SM (ed) Wind power, Section D: the environmental issues, Chap. 23, In-Tech Organization, Austria, ISBN 978 – 95 – 7619 – 81 – 7, 04 – 22 Feb 2010.

[42] Annual Report 2008 – 2009 (2009) Australian research council, Canberra, ACT, p 92.

[43] Gyatt GW, Lissaman PBS (1985) Development and testing of tip devices for horizontal axis wind turbines. NASA-CR-174991, 1 May 1985.

[44] Gyatt GW (1986) Development and testing of vortex generators for small horizontal axis wind turbines. NASA-CR-179514, 1 July 1986.

[45] Day TD (2006) Circulation control effect and circulation control for non-aeronautical applications. Application of Circulation control Technologies. In: Joslin RD, Jones GS (eds) Progress in aeronautics and astronautics, vol 214, pp 599 – 613.